NOUVEAU

DICTIONNAIRE

D'HISTOIRE NATURELLE.

———

MAM—MED.

Liste alphabétique des noms des Auteurs, avec l'indication des matières qu'ils ont traitées.

MM.

BIOT.......... *Membre de l'Institut.* — La Physique.

BOSC.......... *Membre de l'Institut.* —L'Histoire des Reptiles, des Poissons, des Vers, des Coquilles, et la partie Botanique proprement dite.

CHAPTAL........ *Membre de l'Institut.* —La Chimie et son application aux Arts.

DE BLAINVILLE, *Professeur adjoint à la Faculté des Sciences de Paris, Membre de la Société philomathique, etc. (XV.)* —Articles d'Anatomie comparée.

DE BONNARD...... *Ing. en chef des Mines, Secr. du Conseil gén. etc. (XO.)* —Art. de Géologie.

DESMAREST ... *Professeur de Zoologie à l'École vétérinaire d'Alfort, Membre de la Société Philomathique.* — Les Quadrupèdes, les Cétacés et les Animaux fossiles.

DU TOUR......... —L'Application de la Botanique à l'Agriculture et aux Arts.

HUZARD......... *Membre de l'Institut.* —La partie Vétérinaire. Les Animaux domestiques.

Le Chev. DE LAMARCK, *Membre de l'Institut.* —Conchyliologie, Coquilles, Méthode naturelle, et plusieurs autres articles généraux.

LATREILLE..... *Membre de l'Institut.* —L'Hist. des Crustacés, des Arachnides, des Insectes.

LÉMAN .... *Membre de la Société Philomathique, etc.* —Quelques articles de Minéralogie et de botanique. (LM.)

LUCAS fils..... *Professeur de Minéralogie, Auteur du Tableau Méthodique des Espèces minérales.* — La Minéralogie; son application aux Arts, aux Manufact.

OLIVIER........ *Membre de l'Institut.* —Particulièrement les Insectes coléoptères.

PALISOT DE BEAUVOIS, *Membre de l'Institut.* —Divers articles de Botanique et de Physiologie végétale.

PARMENTIER... *Membre de l'Institut.* —L'Application de l'Économie rurale et domestique à l'Histoire naturelle des Animaux et des Végétaux.

PATRIN......... *Membre associé de l'Institut.* — La Géologie et la Minéralogie en général.

SONNINI........ —Partie de l'histoire des Mammifères, des Oiseaux; les diverses chasses.

THOUIN........ *Membre de l'Institut.* —L'Application de la Botanique à la culture, au jardinage et à l'Économie rurale; l'Hist. des différ. espèces de Greffes.

TOLLARD aîné... *Professeur de Botanique et de Physiologie végétale.* — Des articles de Physiologie végétale et de grande culture.

VIEILLOT..... *Auteur de divers ouvrages d'Ornithologie.* —L'Histoire générale et particulière des Oiseaux, leurs mœurs, habitudes, etc.

VIREY......... *Docteur en Médecine, Prof. d'Hist. Nat., Auteur de plusieurs ouvrages.* —Les articles généraux de l'Hist. nat., particulièrement de l'Homme, des Animaux, de leur structure, de leur physiologie et de leurs facultés.

YVART........ *Membre de l'Institut.* —L'Économie rurale et domestique.

CET OUVRAGE SE TROUVE AUSSI:

A Paris, chez C.-F.-L. PANCKOUCKE, Imp. et Édit. du Dict. des Sc. Méd., rue Serpente, n.º 16.

A Angers, chez FOURIER-MAME, Libraire.

A Bruges, chez BOGAERT-DUMORTIER, Imprimeur-libraire.

A Bruxelles, chez LECHARLIER, DE MAT et BERTHOT, Imprimeurs-libraires.

A Dôle, chez JOLY, Imprimeur-Libraire.

A Gand, chez H. DUJARDIN et DE BUSSCHER, Imprimeurs-libraires.

A Genève, chez PASCHOUD, Imprimeur-libraire.

A Liège, chez DESOER, Imprimeur-libraire.

A Lille, chez VANACKÈRE et LELEUX, Imprimeurs-libraires.

A Lyon, chez BOHAIRE et MAIRE, Libraires.

A Manheim, chez FONTAINE, Libraire.

A Marseille, chez MASVERT et MOSSY, Libraires.

A Mons, chez LE ROUX, Libraire.

A Rouen, chez FRÈRE aîné, et RENAULT, Libraires.

A Toulouse, chez SÉNAC aîné, Libraire.

A Turin, chez PIC et BOCCA, Libraires.

A Verdun, chez BERTI jeune, Libraire.

NOUVEAU DICTIONNAIRE

D'HISTOIRE NATURELLE,

APPLIQUÉE AUX ARTS,

A l'Agriculture, à l'Économie rurale et domestique,
à la Médecine, etc.

PAR UNE SOCIÉTÉ DE NATURALISTES ET D'AGRICULTEURS.

Nouvelle Édition presqu'entièrement refondue et considérablement augmentée ;

AVEC DES FIGURES TIRÉES DES TROIS RÈGNES DE LA NATURE.

TOME XIX.

DE L'IMPRIMERIE D'ABEL LANOE, RUE DE LA HARPE.

A PARIS,

Chez DETERVILLE, LIBRAIRE, RUE HAUTEFEUILLE, N° 8.

M DCCC XVIII.

NOUVEAU DICTIONNAIRE

D'HISTOIRE NATURELLE.

MAM

MAMMIFÈRES, *Mammalia*, Linn., Erxl., etc. Première classe du règne animal, comprenant tous les ANI-MAUX VERTÉBRÉS, À DOUBLE SYSTÈME DE CIRCULATION, À SANG ROUGE ET CHAUD; DONT LES FŒTUS SE NOURRISSENT DANS LA MATRICE DES FEMELLES, AU MOYEN D'UN PLACENTA; ET LES PETITS QUI NAISSENT EN DONNANT DES SIGNES DE VIE, AVEC LE LAIT SECRÉTÉ PAR LES MAMELLES.

L'existence des mamelles fournit le caractère extérieur le plus constant de ces animaux, et jusqu'ici on les a observées dans tous, à l'exception de deux ou trois seulement, encore fort peu connus, et chez lesquels elles ne sont vraisemblablement apparentes que dans le temps de l'allaitement (1).

La plupart des êtres, compris dans cette classe, ayant quatre membres distincts ou extrémités, ont reçu le nom commun de *quadrupèdes vivipares*, pour les distinguer des reptiles à quatre pattes qui sont ovipares. Cette dénomination même est assez généralement admise; mais comme on ne sauroit l'appliquer à la classe entière, puisque cette classe contient beaucoup d'espèces totalement dépourvues d'extrémités postérieures, telles que celles de l'ordre des cétacés, les dugongs et les lamantins, nous avons cru devoir adopter celle de *mammifères* comme étant beaucoup plus générale, beaucoup plus exacte, et comme se rattachant à l'une des fonctions les plus importantes de l'organisation animale.

On a aussi désigné les mammifères par les noms de *mammaux*, de *mamellifères*, de *mastozoaires* et de *mastodirs*; et la branche de l'Histoire naturelle qui traite de ces ani-

---

(1) L'ornithorhinque et les échidnés de la Nouvelle-Hollande.

maux a été appelée *mammalogie*, *mastodologie*, *mastozoologie*
et *mastologie* (*V*. MAMMALOGIE). Les *mammalogistes* ou *mas-
tologistes*, sont les naturalistes qui s'occupent de la mammalogie ou de la mastologie.

L'objet de cet article est de faire connoître les caractères
généraux des mammifères, les mœurs de ces animaux, leur
genre de nourriture, leur distribution géographique sur le
globe, les usages dont ils sont à l'homme, etc. L'article
suivant traitera de leur organisation intérieure et sera spécialement destiné à faire voir que cette organisation n'est
pas tellement identique qu'on ne puisse y apercevoir un certain nombre de degrés, dans chacun desquels on peut observer des rapports intimes avec le genre de nourriture et le lieu
dans lequel l'animal doit la rechercher.

Caractères généraux extérieurs des mammifères.

Outre les caractères qui sont renfermés dans la définition
des animaux mammifères que nous avons donnée ci-dessus,
il en existe bien d'autres intérieurs sur lesquels, pour éviter des répétitions indispensables, nous devons nous abstenir de donner ici aucun développement, nous bornant à
renvoyer à l'article MAMMIFÈRE (ORGANISATION) *V*. ci-après.
Mais il est quelques caractères extérieurs, sur lesquels
nous devons nous arrêter.

Ainsi, l'on peut dire que ces animaux étant essentiellement
constitués pour vivre à terre et pour y marcher, le nombre
normal de leurs pieds est de quatre ; que leur peau (aussi
dans son état normal) est couverte de poils ou de petits
appendices du système cutané, qui, par leur nombre,
forment une enveloppe, où la chaleur animale se conserve ;
enfin, que leur appareil nutritif est pourvu (également
dans l'état normal) d'instrumens particuliers, destinés à diviser ou à broyer les alimens, et à les rendre propres à
une plus prompte digestion.

Les *quatre pieds* qui ont donné naissance au mot *quadrupède* ;
Le *corps couvert de poils* ;
Les *dents enchâssées et à couronne de forme variée*, sont donc
des caractères particuliers au plus grand nombre des mammifères ; mais ces caractères ne le sont pas également à tous
ces animaux, et sont chez quelques-uns sujets à des anomalies.

Après avoir ainsi annoncé les propriétés normales les
plus saillantes des mammifères, il convient de parler des
différences les plus remarquables qu'on observe par la
comparaison extérieure du corps et des membres de
ces animaux avec le corps et les membres des animaux des

trois autres classes de *vertébrés*, les seuls que l'on puisse effectivement en rapprocher sous le point de vue de l'organisation.

Le corps des mammifères est dans une situation horizontale et supporté par ses quatre pieds, comme par
quatre colonnes; sa partie inférieure ne touche pas la
terre (1).

Celui des oiseaux est toujours oblique et supporté seulement par les deux pieds postérieurs.

Celui des reptiles, horizontal comme celui des mammifères, est souvent dépourvu de membres; mais lorsque ces membres existent, ils sont si courts, qu'ils n'élèvent pas le ventre
au-dessus du sol.

Celui des poissons, également horizontal, est suspendu
au milieu du fluide, sur lequel il s'appuie de toute part;
aussi ses mouvemens propres lui suffisent-ils pour changer de place, et ses membres ou nageoires ne sont-ils,
pour ainsi dire, que des appendices presque sans usage,
si ce n'est pour contribuer à la direction.

Les tégumens présentent aussi des différences. Les *poils*
des mammifères sont toujours de petites tiges de substance
cornée, le plus souvent coniques et de forme allongée, sans
barbules ou divisions latérales.

Les *plumes* des oiseaux, au contraire, ont une tige principale garnie de chaque côté de barbules ou petites divisions
plus ou moins compliquées, mais qui existent toujours.

Les *écailles* de la plupart des reptiles et celles des poissons sont des replis solides de l'épiderme, aplatis, de
forme demi-ronde, ou triangulaire ou carrée; et passant souvent l'un sur l'autre, à recouvrement comme les tuiles d'un
toit, bien cependant que dans beaucoup de cas ils soient
placés bout à bout.

L'armature des mâchoires nous offrira encore des
anomalies: chez les mammifères normaux, on observe
des *dents enchâssées* dans les bords des mâchoires. Ces
dents sont destinées, les unes à couper, les autres à déchirer, les autres à broyer les alimens; du reste, leur forme et
leur nombre varient selon la nature de ces alimens.

Les *reptiles* et les *poissons* ont bien aussi souvent des dents
enchâssées; mais ces dents, assez semblables dans leurs

---

(1) Nous parlons toujours de l'état normal des mammifères, des
oiseaux, des reptiles et des poissons.

formes, ne sont, en tout, que de véritables crochets, destinés à retenir la proie plutôt qu'à la déchirer et la triturer.

Si nous comparons maintenant, mais toujours d'une manière générale, les autres parties extérieures des animaux
des quatre premières classes, nous voyons : que la tête,
distincte du corps dans les mammifères (les cétacés exceptés), dans les oiseaux et dans beaucoup de reptiles, est tout-
à-fait confondue avec lui chez tous les poissons ; que
ceux-ci seulement ont des *ouïes* ou bien des ouvertures,
tantôt simples, tantôt pourvues d'opercules solides, placées sur les côtés ou en-dessous de la tête et communiquant
avec la bouche ; que chez la plupart des mammifères seulement on trouve une conque externe de l'oreille, tandis que
le plus grand nombre des reptiles ont la membrane du tympan
à fleur de tête, et que dans les poissons il n'y a aucune
trace d'oreille externe ; que la cornée de l'œil, qui est très-
bombée chez les oiseaux presque constamment élevés dans
les airs, est au contraire fort aplatie dans les poissonsqui habitent un milieu fort dense, et que les mammifères qui vivent
à terre et sur la terre (et c'est le plus grand nombre), ainsi
que les reptiles, ont la convexité de cette cornée transparente
intermédiaire à celle des oiseaux et des poissons. Les paupières sont propres aux trois premières classes ; dans les
mammifères seulement, la supérieure est mobile. Les lèvres
charnues sont surtout particulières aux mammifères, aux
poissons et aux reptiles ; elles n'ont rien d'analogue dans
les oiseaux où les mâchoires sont revêtues de l'armure cornée
qui porte le nom particulier de *bec*. Les mamelles, il est
presque inutile de le répéter ici, sont un attribut exclusivement propre aux mammifères. Chez le plus grand nombre d'entre eux, les organes de la génération ont une issue
différente de celle des intestins ; tandis que dans tous les
oiseaux il n'y a qu'une issue commune. Les organes mâles
sont le plus souvent apparens au dehors, tandis qu'ils ne sont
pas visibles, ou sont extrêmement réduits dans la plupart des
autres *vertébrés*. Les extrémités sont divisées en doigts plus
ou moins mobiles, indépendamment les uns des autres,
dans beaucoup de mammifères et plusieurs reptiles, tandis
que dans les poissons les nageoires se composent de
simples membranes soutenues par des rayons plus ou
moins foibles, susceptibles de fort peu de mouvement et
jamais terminés par des ongles. Le nombre normal des doigts
des pieds des oiseaux ne dépasse pas quatre, le *maximum*
de celui des mammifères est de cinq, etc.

Il nous semble que dès à présent, à l'aide de cet exposé
rapide des caractères comparatifs extérieurs des oiseaux, des

reptiles et des poissons avec les mammifères, et en y joignant les caractères généraux admis pour distinguer des trois autres, la classe qui renferme ceux-ci, nous pouvons nous former une idée de *l'organisation normale* propre à ces mêmes mammifères.

Il faut maintenant nous occuper des différens degrés que présente cette organisation, selon le mode de la génération, celui de la progression, et suivant le genre de nourriture des mammifères considérés entre eux (1), nous bornant toujours à tirer nos caractères de l'observation des formes extérieures.

Les mammifères sont *vivipares*, c'est un de leurs attributs les plus essentiels, c'est-à-dire, qu'ils mettent au monde leurs petits vivans; mais on peut établir, parmi ces animaux, une distinction marquée entre ceux dont les petits naissent à terme, et c'est le plus grand nombre, et ceux chez lesquels les fœtus sortent du corps de la femelle encore dépourvus de poils, et dans une espèce d'état d'avortement, pour s'attacher aux mamelles, et ne les quitter que lorsqu'ils sont à l'état où se trouvent les autres mammifères au moment de leur naissance. Si les organes intérieurs de la génération présentent des anomalies très-marquées et fort caractéristiques pour ces derniers animaux, il est encore des caractères extérieurs ou à peu près extérieurs, faciles à saisir, et qui les distinguent des premiers. Tous ont (les mâles comme les femelles), à la partie antérieure de la ceinture du pubis, deux os surnuméraires appelés *os marsupiaux*, qu'on peut sentir à travers la peau, lesquels sont allongés, aplatis et en forme de languette, se dirigeant sous le ventre. Les uns ont, avec les véritables mammifères, de nombreux rapports par le plus grand nombre de points de leur organisation, tandis que les autres sont tout-à-fait anomaux, même à la classe dans laquelle ils sont placés. Ces derniers se rapprochent, sous plusieurs considérations, des reptiles et des oiseaux; ils ont notamment un cloaque comme les derniers, et c'est chez eux seulement qu'il a été impossible jusqu'à ce jour d'apercevoir les mamelles. Quant aux premiers, chez tous les mâles, les testicules apparens au dehors, sont placés en avant de la verge qui a communément le gland fourchu; et dans les femelles, le plus souvent, la peau du ventre forme une sorte de sac ou de poche renfermant les mamelles, et où les petits sont placés; d'autres fois cette poche

---

(1) Dans ce qui va suivre, nous rentrons dans les vues de M. de Blainville, exposées ci-après dans l'article *mammifères* (Organisation).

n'existe qu'en vestige et se trouve remplacée par deux simples plis. Tous ces animaux, appelés *marsupiaux* par M. Cuvier et *didelphes* par M. de Blainville, se nourrissent de substances tantôt animales, tantôt végétales, et ont leurs dents appropriées en nombre et en formes, à l'usage de ces différens alimens.

Quant aux mammifères monodelphes ou normaux (relativement aux didelphes ou marsupiaux), ils offrent plusieurs degrés d'organisation distincts.

L'homme appartient au premier. Il est destiné pour la marche à deux pieds, pour la station verticale. Ses deux extrémités postérieures servent seules à la locomotion ; les antérieures sont évidemment des organes de préhension ; tout chez lui est conformé pour cette fin : sa forme pyramidale, la largeur de sa base de sustentation, la direction de ses yeux, ses fortes clavicules, ses mains à cinq doigts dont un opposable (le pouce) à tous les autres successivement ou ensemble, etc.

Les animaux grimpeurs, vivant constamment sur les arbres, appartiennent à un second degré. Leurs quatre extrémités sont disposées pour saisir ou accrocher les branches ; ils ont beaucoup d'analogie avec l'homme, par un grand nombre de leurs caractères. Les uns sont éminemment grimpeurs ; ils ont des pouces séparés et opposables aux quatre pieds ; quelques-uns même sont pourvus d'une longue queue très-mobile, susceptible de s'enrouler autour des corps, et qui leur sert comme d'une cinquième main. Chez eux, la préhension avec les mains est moins parfaite que dans l'homme ; aussi quelques-uns manquent-ils de pouce aux extrémités antérieures ; ils sont frugivores ou insectivores, et par leur appareil dentaire, ils ont en général beaucoup de rapports avec l'homme. Les uns ont une forme de tête plus ou moins rapprochée de la sienne (les singes) ; les autres ont un museau pointu qui les fait ressembler aux carnassiers (les makis).

Mais si l'ensemble de l'organisation circonscrit parfaitement ce groupe, il convient encore d'y rapporter des animaux différens sous plusieurs rapports ; les uns modifiés pour le vol, et chez lesquels les doigts ne sont plus opposables au pouce (les galéopithèques), et les autres dont les os des mains et des pieds comme ankylosés, ne peuvent se mouvoir qu'avec difficulté ; dont ces extrémités terminées par un petit nombre de doigts comme soudés ensemble, sont armées de grandes griffes qui en se repliant sur le poignet, forment comme une sorte de pince grossière (les paresseux).

Les mammifères qui se nourrissent de chair ou d'insectes, ou les carnassiers, appartiennent à un troisième degré d'organisation. Leurs dents affectent des formes différentes de celles des dents des premiers dont nous avons parlé ; les canines ou crochets, au nombre de quatre, deux à chaque mâchoire, ne manquent jamais chez eux, et sont le plus souvent d'une grandeur remarquable. Leurs doigts sont nombreux et divisés, armés d'ongles plus ou moins acérés, etc. Ceux qu'on peut considérer comme normaux, vivent à terre, où ils guettent et attendent leur proie. Quelques-uns appuient la plante des pieds de derrière en entier sur le sol, sont peu lestes dans leur démarche, et joignent souvent des alimens végétaux à leur nourriture animale (les ours, etc.).

Les autres, qui ne marchent que sur le bout des doigts, et dont le talon toujours relevé, est prêt à la détente du membre postérieur, sont essentiellement carnassiers (les chats, les chiens) ; enfin, d'autres plus petits, aussi lents que les premiers, et appuyant comme eux le pied de derrière en entier sur le sol, ont les dents molaires formées différemment et propres à broyer les insectes et les vers dont ils vivent (hérissons, musaraignes).

Mais ce degré d'organisation offre plusieurs anomalies remarquables. Il existe des carnassiers insectivores, dont les membres antérieurs prodigieusement allongés et munis de membranes qui ne sont que le développement de la peau du corps, leur donnent la faculté de s'élever dans les airs pour y chercher leur proie qui consiste en phalènes et autres insectes ailés (les chauve-souris). Il en est d'autres qui doivent passer leur vie sous terre, continuellement occupés à creuser des galeries obscures plus ou moins sinueuses, où ils doivent rencontrer des vers de terre ou des larves d'insectes ; ceux-ci ont les mains courtes, latérales ; les os et les muscles de leurs extrémités antérieures extrêmement robustes, et les doigts comme soudés ensemble, armés d'ongles longs, droits, tranchans, très-forts, en un mot, propres à fouir (les taupes). Enfin il en est qui ayant la plus grande analogie avec les carnassiers proprement dits, par leur genre de nourriture, et conséquemment par la forme de leurs dents, ont leurs membres modifiés pour la natation, à laquelle ils se livrent presque sans relâche ; leurs doigts sont réunis par des membranes, et leurs extrémités postérieures, placées très en arrière du corps qui est aminci, sont formées de façon à figurer une queue de poisson.

Un quatrième degré d'organisation est celui qui est propre aux mammifères appelés du nom d'édentés, parce que, ou ils manquent totalement de dents aux deux mâchoires, ou ils sont dépourvus des dents antérieures ou incisives, et ne

conservent que les postérieures ou mâchelières. Les uns on
une langue cylindrique, visqueuse, susceptible de sortir considérablement de la bouche, et qui leur sert à ramasser les fourmis dont ils font leur unique nourriture ; d'autres ont cette
langue médiocre, mais sont fort remarquables par le test
osseux et à compartimens, ou par les écailles triangulaires
et tranchantes qui garnissent de toutes parts leur corps.

Les animaux connus sous le nom de rongeurs, forment
encore une famille très-distincte, appartenant à un cinquième
degré d'organisation. Ils manquent tous de ces dents canines
qui forment un des attributs des carnassiers. Leurs incisives
ou dents antérieures sont presque toujours au nombre de deux
à chaque mâchoire, taillées en biseau ou comprimées et opposées ; leurs mâchelières, tantôt à tubercules mousses, tantôt
à couronne plate, avec des lames émailleuses transverses, sont
propres à triturer les alimens durs et solides que les incisives ont
déchirés par parcelles. Ils sont ou grimpeurs (écureuils), ou
fouisseurs (rat-taupe), ou nageurs tantôt à l'aide des pal-
mures de leurs pieds postérieurs, tantôt à l'aide des cils qui
garnissent les bords des doigts de ces mêmes pieds (ondatra), ou coureurs (lièvres), ou sauteurs (gerboises), ou
marcheurs (paca).

Les *éléphans* présentent un degré d'organisation particulier ;
leur taille énorme, leur peau épaisse et presque entièrement
dépourvue de poils; leur bouche garnie seulement de molaires et
d'incisives supérieures ou défenses, les caractériseroient suffisamment, si leur long nez en forme de trompe ne leur donnoit
aussi un aspect tout particulier. On pourra joindre à ce degré,
ainsi que le pense M. de Blainville, comme anomalie pour
nager, les lamantins et les dugongs dont les molaires à rubans
transverses, l'absence d'incisive inférieure, la présence de deux
petites incisives supérieures, au moins, dans les jeunes individus, la peau épaisse et nue, les deux mamelles pectorales, les
doigts antérieurs, au nombre de cinq démontrent une véritable analogie avec les éléphans. Du reste, ces animaux sont fort
distincts, parce que, comme les cétacés ils n'ont point d'extrémités postérieures et que leur corps se termine tantôt en une
large queue ovale déprimée (lamantin), tantôt en nageoire en
forme de croissant (dugong).

Les cétacés ou les baleines, dauphins, etc., nous paroissent appartenir aussi à un degré d'organisation particulier,
dépendant de leur forme en général, qui approche de celle des
poissons, la tête n'étant pas séparée du corps par un col distinct; du manque d'extrémités postérieures; des nageoires grais-
seuses, cutanées et impaires situées souvent sur le dos; et de
celle qui termine le corps horizontalement; de la peau nue; des

narines transformées en évents sur le sommet de la tête ; de la bouche tantôt pourvue aux deux mâchoires de dents crochues toutes semblables à des canines, tantôt n'en ayant qu'à la mâchoire inférieure, tantôt garnie seulement à celle d'en haut de lames cornées transversales ou de fanons, etc.

Enfin, les mammifères à sabots, appelés ongulogrades par M. de Blainville, sont tous herbivores et ont la dernière phalange de leurs doigts entourée d'un ongle très-épais. Les uns ont le nombre de ces doigts impair, et les autres l'ont pair. Parmi les premiers, on peut distinguer ceux qui ont plus d'un doigt à chaque pied, tels que le rhinoceros et le daman ; et les solipèdes qui n'en ont qu'un seul apparent, tels que les chevaux. Parmi les derniers, on peut séparer ceux qui ont plus de deux doigts à chaque pied, tels que l'hippopotame, les cochons, etc., de ceux qui n'ont que deux doigts (les ruminans), tels que les bœufs, les moutons, les cerfs, les chameaux, etc. (1)

Après avoir ainsi fait connoître les différences extérieures les plus remarquables des mammifères, considérés entre eux et dans leurs principaux degrés d'organisation, il conviendroit sans doute de passer en revue avec beaucoup de détail les diverses parties de ces animaux ; mais nous avons déjà dû, dans l'article *Mammalogie*, nous livrer à un examen à peu près pareil en traitant de la *terminologie* de cette science. Nous n'avons pu rapporter dans cet article, les différens mots usités par les naturalistes pour désigner ces parties, sans en faire une énumération à peu près complète, suivie de la définition de ceux de ces mots qui sont purement techniques, et nous avons souvent cité les noms des mammifères chez lesquels on observe les particularités que nous avons fait connoître, en nous attachant à signaler les rapports toujours constans qui existent entre la conformation extérieure de ces animaux et leurs habitudes naturelles.

Nous croyons donc devoir terminer ici tout ce que nous avons à dire sur les formes extérieures des mammifères, en renvoyant à cette terminologie (*V.* l'article MAMMALOGIE, tome 18, pag. 525).

De la distribution des mammifères sur le globe, et de leurs lieux d'habitation.

Les auteurs qui se sont le plus occupés de considérer les mammifères sous le rapport de leur distribution sur le globe, sont : Buffon, Zimmermann, Fleurieu, Péron, etc.

---

(1) Il seroit peut-être convenable d'adopter la division de ce degré d'organisation en deux, dont les ruminans seuls en formeroient un ; les pachydermes réunis aux solipèdes formeroient l'autre, ainsi que l'a fait M. Cuvier dans son *Règne animal.*

C'est en grande partie d'après eux que nous allons nous occuper de cet objet.

Les mammifères peuvent être d'abord partagés en deux groupes distincts : 1.º ceux qui sont essentiellement aquatiques, comme les cétacés et les amphibies, et 2.º ceux qui se tiennent toujours ou le plus souvent, à terre, comme toutes les autres espèces, dont quelques-unes ont aussi la faculté de s'élever dans les airs au moyen de leurs bras transformés en véritables ailes.

Les *mammifères aquatiques* pourroient eux-mêmes être subdivisés : 1.º en ceux qui sont cosmopolites, c'est-à-dire, dont les espèces ont été trouvées dans toutes les mers du globe ; 2.º en arctiques, c'est-à-dire, ceux du voisinage du pôle nord ; et 3.º en antarctiques ou ceux qui se tiennent principalement aux environs du pôle sud.

De Fleurieu et Péron se sont principalement occupés de la détermination précise des lieux d'habitation des animaux marins, et il résulte, surtout des recherches de ce dernier naturaliste qui s'est attaché surtout au genre des phoques, qu'il n'en est pas une seule espèce *bien connue*, qui, véritable cosmopolite, soit indistinctement propre à toutes les parties du globe. « A une époque, dit-il, où l'histoire naturelle n'avoit pas encore son langage propre et rigoureux, où les méthodes de cette science étoient encore incomplètes et défectueuses, les naturalistes et les voyageurs ayant confondu sous un même nom, pour ainsi dire, à l'envi les uns des autres, des animaux différens, il n'est aucune classe du règne animal qui, dans l'état actuel des choses ne compte plusieurs espèces orbicoles, c'est-à-dire, plusieurs espèces qui sont indistinctement communes à toutes les parties du globe, quelles qu'en puissent être d'ailleurs la position géographique et la température. D'autres espèces quoique restreintes à de certaines latitudes, passent cependant pour être communes à toutes les mers comprises dans ces latitudes; l'existence de ces dernières est regardée comme indépendante des longitudes. Ainsi, on voit répéter chaque jour, dans les ouvrages les plus estimables d'ailleurs, que la baleine franche (*balæna mysticetus*) se retrouve également au milieu des frimas du Spitzberg et des glaces du pôle antarctique ; que les loups marins, les veaux marins, les lions marins, etc., comptent autant d'innombrables tribus dans les mers les plus reculées des deux hémisphères, etc. » Cependant ce célèbre voyageur auquel nous devons une immense partie des espèces nouvelles qui décorent notre muséum d'Histoire naturelle, les a recueillies dans l'hémisphère austral, et il s'est assuré qu'aucune d'entre elles, à quelque classe qu'elle appartînt, ne se trouvoit dans l'hémisphère boréal ; et c'est particulièrement sur les phoques et les cétacés qu'il a fait cette observation; aussi ajoute-t-il, quand on ne consulteroit que la raison et l'analogie, des assertions telles que celles qui tendent à faire admettre l'existence d'animaux cosmopolites, pourroient paroître fort douteuses; mais en recourant à l'expérience, elles se trouvent absolument fausses.

Ainsi, il paroît que la zone torride est comme une barrière insurmontable qui empêche les espèces de mammifères aquatiques de passer d'une région polaire à la région opposée.

D'une autre part, l'Océan Atlantique est séparé de l'Océan Pacifique par l'Amérique; et, s'il existe vers le Nord une communication entre ces deux mers, il y a tout lieu de croire que des glaces éternelles en rendent l'accès impossible pour les animaux. Pour passer de l'une à l'autre, ces animaux seroient donc obligés de doubler tout l'ancien continent, ou bien l'Amérique; mais ils ne pourroient faire ce trajet sans traverser la zone torride, ce qui leur paroît interdit.

Il résulte de ces considérations que les mammifères aquatiques appartiennent à trois régions distinctes, deux arctiques, et une antarctique.

Notre région arctique ou celle de la mer atlantique, a été beaucoup plus de fois parcourue que les autres; aussi fournit-elle le plus grand nombre d'espèces parmi lesquelles nous citerons: la *baleine*, dont la vraie patrie est située sous le 89.ᵉ degré de latitude vers le Spitzberg, quoiqu'on la trouve jusqu'à la hauteur de Terre-Neuve, c'est-à-dire, jusqu'au 40.ᵉ degré; qu'elle s'égare, quoique très-rarement, sur nos côtes, et qu'on ait un exemple d'un individu entré dans la Méditerranée, et échoué près l'île de Corse (1); le *nord caper*, autre cétacé du même genre, qui vit dans la partie de l'Océan Atlantique septentrional, située entre le Spitzberg, la Norwége et l'Islande, ainsi que dans les mers du Groënland; la *baleine noueuse*, la *baleine bossue*, et le *cachalot trumpo*, vus dans la mer qui baigne la Nouvelle-Angleterre; la *baleinoptère gibbar* qui, particulière aux mers du Groënland, s'avance vers la ligne jusqu'au 30.ᵉ degré, et pénètre quelquefois dans la Méditerrannée; la *baleinoptère jubarte*, des mêmes contrées; la *baleinoptère rugueuse*, dont l'habitation est beaucoup plus rapprochée des contrées tempérées de l'Europe; la *baleinoptère museau pointu*, qui non-seulement se trouve auprès des côtes d'Islande et de Groënland, mais encore auprès de celles de Norwége, et

---

(1) C'est particulièrement cet animal que les voyageurs ont cru rencontrer dans toutes les mers du globe.

échoue quelquefois dans le canal de la Manche; le *narwhal*, qui
vit vers le 80.e degré de latitude ; l'*anarnak groënlandois* ; le
cachalot macrocéphale, qui habite les parages du Spitzberg,
auprès du Cap nord et des îles du Finnmarck, les mers du
Groënland, le détroit de Davis, et qui pénètre aussi, mais
rarement, dans la Méditerranée (1) ; le *physale microps*, de
la mer du Nord ; le *physale orthodon*, qui a été pris sous
le soixante-dix-septième et demi degré de latitude; le *physétère
mular* des mers du Groënland et des parages des îles Orcades;
le *delphinaptère beluga* du détroit de Davis; le *dauphin marsouin*,
également des mers du Nord ; le *dauphin gladiateur*, des
côtes d'Islande ; le *grampus* ; le *dauphin couronné*, observé
par le 74.e degré de latitude, etc.

Quelques espèces de cétacés paroissent propres aux latitudes tempérées de notre hémisphère, telles sont : le *dauphin*,
proprement dit, et le *nésarnack* de Bonnaterre, qui vivent
également dans l'Océan et la Méditerranée ; le *dauphin
orque* et le *férès*, celui de *mongitore*, celui de *risso*, particuliers à cette dernière mer, etc.

Quant aux phoques de cette région, nous remarquerons
dans la Mer Glaciale le *phoque à croissant* et le *phoque à capuchon* ; dans des régions plus tempérées, le *phoque commun* ;
dans la Méditerranée, le *phoque à ventre blanc*, etc.

Nous serons forcés de placer dans la même catégorie les
phoques de la Mer Caspienne, et des grands lacs d'eau
douce de la Russie et de la Sibérie, parce qu'on les a regardés comme appartenant à l'espèce du phoque commun,
quoiqu'il ne paroisse pas, ainsi que M. Cuvier le fait remarquer, que cette assertion soit fondée sur une comparaison
exacte.

Enfin, nous placerons encore à la suite des animaux
arctiques de l'Océan Atlantique, les *loutres du Canada*, encore
peu connues, et qui ont été rapportées, mais sans doute par
erreur, à l'espèce de la saricovienne.

Si nous passons maintenant à la seconde région arctique,
ou celle de l'Océan Pacifique septentrional, nous y trouverons aussi de grands cétacés, qui n'ont point encore été
l'objet d'une pêche, et qui par conséquent n'ont été vus qu'en
passant par les voyageurs ; mais nous y trouvons aussi des
amphibies, qui ont été mieux observés. Au nombre de ceux-

---

(1) C'est encore un des animaux considérés comme *orbicoles*.
M. Lacépède rapporte à son espèce les nombreux cétacés, vus par
Péron, Lesueur et Levillain sur la côte occidentale de la Nouvelle-
Hollande, près la baie des Chiens marins; mais Péron regarde ceux-
ci comme appartenant à une espèce antarctique.

ci, nous placerons d'abord : le lamantin de Steller, ou *rytina* d'Illiger (STELLÈRE, Cuv.), trouvé près du détroit de Bering ; la *loutre marine*, commune dans les mêmes parages, sur les îles Aléoutiennes, dans la mer d'Osekoth, etc.; le *morse*, trouvé par Cook sur les côtes du pays des Tschuschis, et vraisemblablement différent de celui de la Mer Glaciale atlantique, puisque, selon la remarque de Shaw, la distinction des défenses, plus ou moins grosses, plus ou moins convergentes, qu'il a observées dans des têtes d'animaux de ce genre, lui fait soupçonner qu'ils constituent deux espèces : le *phoque ours marin* ; le *petit phoque noir* de Buffon ; le *phoque jaune* de Shaw, etc.

Les *phoques à crinière* qu'on trouve aux îles Aléoutiennes, n'étant pas encore suffisamment distingués de ceux du détroit de Magellan, il y a lieu de croire, ainsi que le fait remarquer M. Cuvier, que leur espèce habite dans toute la Mer Pacifique.

Enfin, notre troisième région se forme en entier de la partie polaire de l'hémisphère antarctique. Cette portion du globe présente peu de terres pour servir de refuges aux phoques : et ces terres, qui sont particulièrement la pointe de l'Amérique et celle de la Nouvelle-Hollande, offrent quelquefois les mêmes espèces, ou du moins des espèces très-voisines.

Parmi les cétacés de cette région, il en existe de grands comme les baleines, notamment sur la côte occidentale de la Nouvelle-Hollande, à la terre de Leuwin. Mais, ainsi que nous avons eu l'occasion de le dire, ces cétacés n'ont pas été suffisamment déterminés. Quant à ceux qui ont été bien reconnus, nous citerons le *dauphin de Commerson*, qui se trouve en troupes nombreuses aux environs du Cap Horn, à la pointe méridionale de l'Amérique, dans le détroit de Magellan, auprès de la Terre de Feu ; et le *dauphin de Péron*, trouvé par ce voyageur dans les environs du Cap Sud de la terre de Van Diemen, par le 44.ᵉ degré de latitude australe.

Quant aux phoques, les espèces principales sont les suivantes : Le *phoque à trompe*, ou éléphant marin, qu'on trouve à la fois dans tous les parages méridionaux de la Mer Pacifique, à la Terre de Feu, au Chili, à la Nouvelle-Zélande, et à la Nouvelle-Hollande, principalement sur la grève de l'île King, la plus considérable de celles du détroit de Bass ; un phoque à oreilles, appelé, par Péron, *otarie cendrée*, des mêmes parages ; le phoque à crinière, dont nous avons parlé plus haut, observé dans le détroit de Magellan, etc.

Outre ces animaux que nous venons de nommer, et qui

sont tous propres aux contrées les plus froides des deux hémisphères terrestres, il en est quelques-uns qui restent sous la ligne, ou du moins sous les tropiques, et qu'il convient de citer à part. Ainsi, le genre des lamantins appartient à l'Océan Atlantique ; et les deux espèces qu'il renferme, sous les latitudes chaudes, sont particulières, l'une à l'Afrique, l'autre à l'Amérique. Ainsi, les dugongs qui ne quittent pas la mer des Indes, ne se portent pas plus loin que la baie des Chiens-marins de la Nouvelle-Hollande, vers le pôle antarctique. Il est aussi quelques cétacés qui semblent confinés dans les régions chaudes, tels que le *dauphin d'Osbeck*, des mers de la Chine ; le *dauphin de Pernetty*, des îles du Cap-Vert, etc.

Les *mammifères terrestres* pourroient être partagés en plusieurs séries, d'après les lieux qu'ils habitent :

Les uns ne s'éloignent pas des bords de la mer ; tels sont le kinkajou, le renard crabier, le raton crabier, le didelphe crabier, les dasyures, l'ours blanc, etc. Quelques-uns, comme les hippopotames, cherchent, de préférence, les embouchures des fleuves pour établir le lieu de leur résidence.

D'autres ne quittent jamais le voisinage des rivières ou des étangs, comme le castor, l'ondatra, les rats-d'eau, les loutres, le didelphe touan ou yapock, le desman, l'ornithorhinque, les hydromys, etc.

Il en est qui se tiennent, de préférence, dans les endroits fangeux et marécageux, commes les cabiais, les tapirs, les cochons, etc.

Certaines espèces restent dans les plaines et recherchent les pays où la végétation est abondante, comme les chevaux sauvages, les lièvres, les campagnols, les hamsters, les mulots, etc.

Quelques-unes préfèrent les sommités des plus hautes montagnes, comme les marmottes, le chamois, le bouquetin, le paseng ou type de l'espèce de la chèvre, le mouflon ou l'argali, type de l'espèce de mouton ; et à mesure qu'on s'avance vers le nord, ces animaux habitent à une élévation moins considérable, ce qui est parfaitement d'accord avec les observations qui ont été faites relativement aux plantes. Ainsi quelques espèces, comme celles de l'ours brun et du lynx qui, chez nous, ne se trouvent que dans les Alpes et les Pyrénées, se voient dans les plaines basses et boisées du Nord. Les lemings qui habitent les montagnes des contrées les plus septentrionales ne les abandonnent que lorsque le froid de l'hiver devient trop fort, et se portent au midi en troupes innombrables, pour chercher une température plus douce.

La plupart des animaux domestiques paroissent provenir de contrées fort élevées.

Un très-grand nombre de mammifères habitent les forêts, comme le cerf, les chevreuils, les daims et tous les animaux du même genre, les antilopes, les éléphans, les lapins, les kanguroos, les sangliers, etc. D'autres grimpent sur les arbres, comme les singes, les makis, les tarsiers, les roussettes et quelques autres chauve-souris, les didelphes, les phalangers, les écureuils, les polatouches, les muscardins, les fourmiliers didactyles, les bradypes, etc.

Quelques-uns recherchent les lieux sombres et les cavernes profondes, comme beaucoup de chéiroptères et notamment le rhinolophe fer à cheval.

Beaucoup se font des terriers où ils passent une partie de leur vie; tels sont les taupes, les chrysochlores, les scalopes, les bathyergus, les aspalax, beaucoup de rats, les gerboises, les lapins, les hamsters, les marmottes. Ceux-là recherchent les lieux où la terre est assez abondante et assez meuble pour qu'ils puissent creuser facilement leurs galeries.

Un nombre assez borné est particulier aux pays de sables, comme les gerboises, les dromadaires, etc. Les déserts de l'Afrique sont peuplés des espèces de grands chats, tels que le lion, la panthère, le léopard, etc.

Quant à la distribution géographique des animaux terrestres, elle a donné lieu à plusieurs observations importantes, qui n'ont souffert jusqu'ici aucune contradiction.

Deux espèces seulement véritables cosmopolites, l'homme et le chien, se rencontrent à toutes les latitudes, à toutes les élévations; dans les contrées de plaines comme dans celles de montagnes; dans les cantons fertiles comme dans les lieux incultes; dans les petites îles perdues au milieu de l'Océan, comme sur les continens, etc.: après elles, la plus répandue est, sans contredit, celle du porc qui, appartenant particulièrement à l'ancien continent, se trouve aussi, mais dégénérée, dans presque toutes les îles des divers archipels de la mer du Sud.

Les autres mammifères appartiennent à diverses régions, dont plusieurs très-tranchées, telles que le nord de l'ancien et du nouveau continent; l'Amérique méridionale et la septentrionale jusque vers le cinquante-cinquième degré; l'Afrique; l'île de Madagascar; la Nouvelle-Hollande et les îles qui

en dépendent ; l'Europe tempérée ; l'Asie tempérée et
méridionale , dont la vaste étendue peut encore offrir plusieurs subdivisions, etc.

Mammifères communs à l'Asie et à l'Amérique septentrionales.

L'Amérique communiquant , au moins par des glaces
continues, avec l'Asie , il n'est pas surprenant que le nord
de ces deux parties du monde soit généralement peuplé des
mêmes espèces.

Ces espèces communes sont les suivantes : le castor que l'on
trouve , d'une part, en Sibérie , et de l'autre en Amérique,
entre le trentième et le soixantième degré de latitude septentrionale; le renne, renfermé dans les contrées européennes et
asiatiques qui avoisinent le cercle polaire et le Groënland ,
et qui existe aussi sur les bords de la baie d'Hudson où il
porte le nom de *caribou*, à des latitudes moindres, parce que
le froid y est plus intense que dans l'ancien continent; l'élan
qui se voit dans les mêmes contrées que le renne, mais qui,
cependant, descend plus au midi en Amérique où il est appelé *original* ; l'ours blanc que l'on rencontre sur tous les
rivages de la Mer Glaciale, sur les côtes du Groënland et à
la baie d'Hudson, le renard argenté, ou le renard noir, etc. Le
Glouton et le blaireau se trouvent également en Sibérie et
au Canada , ainsi que l'écureuil gris et l'écureuil suisse.
Tels sont les animaux communs au nord de l'ancien et du nouveau continent ; mais aussi on en observe dans chacun de
ces continens qui leur sont propres, ainsi que nous le détail-
lerons plus bas , en énumérant séparément les animaux de
l'Amérique et de l'Asie.

On a encore voulu joindre aux espèces communes aux
deux continens, celles de l'ours ordinaire, du cerf, du renard,
de la marte, du lynx, du polatouche, etc. ; mais ces animaux
qu'un premier examen fait confondre , offrent des différences
réelles , qui ont été bien constatées par les naturalistes.

Mammifères particuliers à l'Amérique septentrionale.

Ces mammifères sont peu nombreux ; les plus considérables
d'entre eux sont, sans contredit : le bison , espèce de bœuf
remarquable par la très - forte loupe qu'il porte sur les
épaules , et qui n'habite que les contrées les plus au nord,
jusqu'à la Virginie, la Floride, et le pays des Illinois, particulièrement sur la rive droite du Mississipi ; l'ovibos , ou bison musqué , qui se trouve entre le 66.ᵉ et le 73.ᵉ degré de la-

le crâne et les os sont quelquefois portés par les glaces jusques en Sibérie ; l'ours noir, à front plat, et quelques autres espèces peu connues ; le cerf du Canada, plus grand que le nôtre, à bois également ronds, mais plus développés, et qui ne prennent jamais d'empaumure ; le cerf de la Louisiane ou de Virginie ; le belier de montagne, fort voisin de l'argali et du mouflon, par ses formes ; le cerf, appelé wapiti, des bords de Missouri ; l'antilope américaine ; le raton proprement dit (*ursus lotor*) ; le lynx du Canada ; le renard de Virginie ; le renard rouge de la Floride ; le chat cervier des fourreurs ; le porc-épic urson ; le lapin d'Amérique.

Parmi les petites espèces, se distinguent le vespertilion de New-Yorck (de Pennant) ; le vespertilion de la Caroline, fort semblable à notre chauve-souris commune, mais en différant non-seulement par la taille, mais encore par la couleur de son pelage, qui est d'un brun marron en-dessus, et jaunâtre en-dessous ; le rhinopome de la Caroline ; les martes vison et pekan ; la loutre du Canada (encore peu connue, et qu'on a rapportée à l'espèce de la saricovienne) ; l'ondatra, ou rat musqué du Canada, remarquable par son industrie, presque égale à celle du castor ; le campagnol de la baie d'Hudson ; le hamster du Canada (*mus bursarius*, Shaw) ; a gerbille du Canada ; les marmottes monax et de Québec ; l'écureuil gris de la Caroline ; l'écureuil capistrate ; l'écureuil de la baie d'Hudson ; la taupe à museau étoilé ; le polatouche ; la scalope du Canada.

On remarquera que tous les mammifères de l'Amérique septentrionale, dont nous venons de citer les noms, moins quatre (l'ondatra, la scalope, la gerbille du Canada, et l'antilope américaine), tout en différant spécifiquement des animaux d'Europe, se rapportent néanmoins aux mêmes genres, et que deux seulement parmi celles-ci, appartiennent à des genres, dont les espèces habitent des contrées éloignées et des climats différens ; telles sont la gerbille du Canada et l'antilope américaine.

Enfin plusieurs espèces du genre des chats, des renards, un didelphe, celui à oreilles bicolores, sont communs aux deux Amériques quoique essentiellement propres à la méridionale ; ces seuls animaux paroissent avoir pu franchir sans obstacles l'isthme de Panama.

Mammifères particuliers à l'Amérique méridionale.

Ces mammifères sont infiniment plus nombreux que ceux de l'Amérique septentrionale ; et beaucoup d'entre eux offrent des caractères si tranchés, qu'il a fallu en faire des genres distincts.

Les singes qui existent en Asie et en Afrique, à peu près

sous les mêmes latitudes, sont non-seulement différens par
leurs espèces, mais encore par leurs genres, de ceux de
l'Amérique méridionale. Tous ceux-ci ont la cloison des
narines large et ces narines ouvertes sur les côtés du nez;
la plupart ont six molaires à chaque côté des mâchoires;
aucun n'a de callosités aux fesses, ni d'abajoues; aucun ne
manque de queue, et c'est seulement parmi eux qu'on observe
des espèces à queue prenante. Tous ont des mœurs beaucoup
plus douces que celles des singes de l'ancien continent. La
totalité de leurs espèces est renfermée entre le dixième degré
de latitude septentrionale et le quarantième de latitude méridionale. Les Andes n'en nourrissent aucune, ainsi que le
pays des Patagons et la Terre-de-Feu. Elles sont divisées
par tribus sur toute la partie boisée de l'Amérique où coulent les grandes rivières qui viennent se jeter dans l'Océan
Atlantique, telles que le Rio-Grande, l'Orénoque, l'Amazone, la rivière de Saint-François et la Plata. En un mot,
elles appartiennent seulement à la Nouvelle-Grenade, aux
Guyanes, au pays des Amazones, au Brésil et au Paraguay.
Quelques-unes seulement sont propres aux provinces orientales du Pérou.

En allant du nord au midi, nous trouvons à la *Nouvelle-
Grenade*, l'alouate choro, le sajou ouavapi, le sagouin veuve,
l'aote douroucouli; sur les *bords de l'Orénoque* ou des rivières
qui tombent dans ce fleuve, les atèles béelzébuth et chuva,
le lagotriche caparro, l'alouate ourson, les sakis couxio,
capucin et cacajao; sur le *revers oriental des Andes*, l'atèle
chamek et l'ouistiti léoncito; à *la Guyane*, l'atèle coaïta,
l'alouate roux, les sajous brun, cornu, barbu, trembleur
et capucin, les sakis à ventre rouge et yarqué; les ouistitis
tamarin aux mains rousses, vulgaire, marikina et pinche;
au *Para*, l'atèle chuva, les ouistitis mico et nègre;
au *Brésil*, l'alouate guariba, le sajou fauve, les sagouins
saïmiri et moloch, l'ouistiti pinceau; enfin, au *Paraguay*,
l'alouate caraya et le saki miriquouina.

Quant aux chéiroptères, l'Amérique méridionale en offre
un assez grand nombre. Le noctilion longicaude a été trouvé
à *la Martinique*; le glossophage musette à *Surinam*; le grand
vespertilion ou grande sérotine de la Guyane, le vespertilion lasiure, le molosse amplexicaude, le phyllostome vam-
pire et le phyllostome fer-de-lance, l'ont été à la *Guyane*; le
noctilion bec-de-lièvre a été rencontré au *Pérou*; enfin, les
vespertilions très-velu, rouge et poudré, les molosses obscur, châtain, large-queue et grosse-queue, les phyllostomes
fleur-de-lis, à feuille arrondie, rayé et lunette, ont été observés au *Paraguay* par d'Azara, qui nous en a transmis les
descriptions.

Les insectivores n'ont présenté aucune espèce dans l'Amérique méridionale. Il n'en est pas de même des plantigrades et des digitigrades, qui y sont au contraire assez nombreux. La famille des ours n'est représentée que par six espèces seulement bien déterminées : le raton crabier qui diffère du raton laveur de l'Amérique septentrionale et qui habite le Paraguay et le Brésil ; les coatis brun et roux du Brésil et de la Guyane; le kinkajou qu'on trouve également à la Nouvelle-Grenade , dans la Mésa de Guandiaz , dans les forêts de Fernambouc , et , dit-on , dans les grandes Antilles , mais qui n'existe pas dans les provinces de Cumana et des Caraccas ; le glouton grison , commun dans la province du Paraguay et dans celle de Buénos-Ayres , mais plus rare à Surinam ; et le glouton taïra des bois de la Guyane. Les martes de nos contrées et du nord de l'Amérique sont remplacées par les moufettes, dont les espèces, mal déterminées, paroissent occuper tout le centre du pays , entre le Paraguay et la Nouvelle-Espagne. La loutre saricovienne, qui se tient dans les eaux douces de la Guyane et du Brésil , est , pour sa taille et ses formes , intermédiaire entre la loutre d'Europe et la loutre marine.

Le genre des chiens a l'une de ses espèces commune aux deux Amériques ; c'est le renard tricolor ou aguara-chay de d'Azara; les autres sont propres seulement à la méridionale ; ce sont: le loup rouge que l'on trouve également au Paraguay et au Mexique, mais qui ne se porte pas plus au nord; le renard crabier de Cayenne , le culpeu du Chili (espèce peu certaine, décrite par Molina) , et le renard antarctique des îles Malouines ou de Falkland, qu'on a voulu, mais bien à tort , regarder comme une simple variété de l'isatis, du nord de la Sibérie.

Le genre des chats est encore plus abondant en espèces, et parmi celles-ci on en distingue de fort grandes, notamment celle du jaguar (le plus robuste des chats à robe mouchetée), qu'on rencontre au Brésil , au Paraguay , au Tucuman , à la Guyane , au pays des Amazones et au Mexique. Les autres sont : le couguar, qui est répandu depuis le pays des Patagons jusqu'à celui des Iroquois, dans l'Amérique septentrionale; le chibiguazou commun au Paraguay et rare au Mexique ; l'ocelot, au contraire, commun au Mexique et rare au Paraguay ; le serval d'Amérique ; l'eïra et l'yaguarondi, tous trois du Paraguay ; le chat sauvage de la Nouvelle-Espagne ; le margay, de la Guyane et du Brésil; et , si ces espèces existent réellement , le guigua et le colo-colla du Chili , que Molina nous a fait connoître.

Les mammifères marsupiaux , c'est-à-dire , ceux dont les

petits viennent au monde à peine formés, et sont le plus souvent reçus dans une poche placée sous le ventre de leur mère et formée d'un repli de la peau; les marsupiaux fournissent à l'Amérique méridionale un assez grand nombre de leurs espèces. Toutes celles qu'on y rencontre sont carnassières ou insectivores, et elles appartiennent uniquement au grand genre des didelphes et à celui des *chironectes* qui en a été récemment séparé. Celle du didelphe à oreilles bicolores ou sarigue des Illinois est la plus répandue ; on la trouve depuis le Paraguay jusqu'en Virginie, dans l'Amérique septentrionale. Les didelphes crabier, quatre-œil et nudicaude, n'ont été rencontrés que dans les forêts noyées de Cayenne et de Surinam. Les chironectes habitent les bords de l'Yapock. Les didelphes cayopollin, marmose et touan, sont communs à la Guyane et au Paraguay; le nain n'a été observé que dans ce dernier pays.

L'ordre des rongeurs fournit particulièrement des espèces remarquables : notamment celles qui composent le genre *échimys*, dont une, l'échimys épineux, se trouve à Cayenne et au Paraguay, et deux autres, l'échimys huppé ou lérot à queue dorée de Buffon, et l'échimys soyeux, sont propres à Cayenne et à Surinam. Le genre des *hydromys* présente la plus grosse de ses espèces, le coypou de Molina ou quouya de d'Azara. On a rapporté au genre des hamsters, un animal encore peu étudié, le chinchilla du Chili, qui, mieux connu, pourra peut-être en constituer un à part. Les écureuils coquallin, grand et petit guerlinguets, paroissent indigènes, le premier du Mexique, et les deux autres de la Guyane. Les coëndous ou porc-épics à queue prenante appartiennent, l'un, celui à longue queue, au Paraguay, et l'autre au Mexique. Le lièvre tapiti, remarquable par la brièveté de ses oreilles et surtout de sa queue, n'a été rencontré qu'au Brésil. Enfin, cette contrée offre les seules espèces connues jusqu'à ce jour, du genre *cavia* de Linnœus, c'est-à-dire, le cabiai que l'on trouve dans les lieux marécageux du Paraguay, du Brésil et de la Guyane, l'agouti très-commun dans les deux derniers pays, ainsi qu'à l'île Sainte-Lucie, l'akouchi qui ne s'éloigne guère au midi de la Guyane française, le cobaye ou cochon d'Inde, dont la vraie patrie est le Brésil; le paca, qui habite les mêmes lieux, etc.

Nous indiquons encore parmi les rongeurs de l'Amérique méridionale, le hamster anomal qui n'est sans doute qu'un échimys, et qui n'a été rencontré qu'à l'île de la Trinité; le guangue, du Chili, décrit par Molina, qui, peut-être, doit être rapporté au genre hamster; le dégu du même pays et du même auteur, que nous avons rangés provisoirement parmi les loirs ; le viscache de d'Azara (*cavia patagonica*), qu'on trouve depuis le Paraguay jusqu'à la Terre-de-Feu, et qui paroît devoir constituer un genre intermédiaire à ceux des lièvres et des agoutis, etc.

Parmi les édentés, les espèces connues sont, jusqu'à ce jour, le bradype aï, qui habite depuis le Brésil jusqu'au Mexique; le bradype unau commun particulièrement au Brésil et à la Guyane; les tatous géans, à douze bandes et à trois bandes, propres au Paraguay et au Brésil; les tatous à six bandes ou encoubert de Buffon, et à neuf bandes ou cachicame, abondans à la Guyane et au Brésil; le fourmilier tamanoir, répandu dans la Guyane, le Pérou, le Brésil, mais moins commun depuis le Paraguay jusqu'à la rivière de la Plata; le tamandua du Paraguay et du Brésil, le fourmilier à queue variée de Krusenstern, observé au Brésil; le fourmilier proprement dit, ou didactyle, de la Guyane, et les variétés qu'on en a séparées, etc.

Les pachydermes offrent seulement le genre des pécaris, dont les deux espèces habitent depuis le Paraguay jusqu'au Mexique, et le genre du tapir, commun dans les lieux humides et le long des rivières des contrées les plus chaudes.

Parmi les ruminans, nous devons d'abord distinguer les deux espèces qui appartiennent au genre des lamas, la vigogne et le lama proprement dit, particulières au royaume du Pérou, et à la chaîne des Andes; et ensuite toutes celles du genre des cerfs qui se tiennent dans les parties basses du revers oriental de ces montagnes, et souvent dans les savanes noyées, où elles portent le nom général de *mazames*. Ces espèces sont : le cerf de Virginie, qui paroît se trouver également à la Louisiane et au Mexique; le chevreuil d'Amérique (*gouazoupoucou*, de d'Azara; *biche des palétuviers*, Laborde), du Paraguay et de Cayenne; le *gouazoupita* ou *biche des grands bois*, des mêmes pays, et le *cariacou* de Cayenne, de M. Cuvier.

Tels sont les mammifères de l'Amérique méridionale. On voit qu'ils sont bien plus abondans en espèces que ceux de l'Amérique septentrionale; que beaucoup d'entre eux présentent dans l'ensemble de leur organisation des caractères si marqués, qu'on a dû les considérer comme formant des genres particuliers auxquels on a donné les noms de *sajou*, *sagouin*, *alouate*, *atèle*, *aote*, *saki*, *ouistiti*, *lagotriche*, *molosse*, *phyllostome*, *glossophage*, *noctilion*, *coati*, *kinkajou*, *moufette*, *didelphe*, *chironecte*, *échimys*, *hydromys*, *coëndou*, *cabiai*, *agouti*, *cobaye*, *paca*, *bradype*, *fourmilier*, *tatou*, *pécari* et *lama*.

Sur ces vingt-neuf genres, un seul, celui des *hydromys*, renferme des espèces propres à d'autres contrées (à la terre de Van Diémen). Tous les autres sont absolument propres à cette partie du monde. L'Afrique offre, à la vérité, plusieurs genres voisins sous les mêmes latitudes ou à des latitudes plus élevées; mais ces genres sont toujours différens. De même les autres animaux de genres communs aux deux continens, tels que les chats, les chiens, les cerfs, ont aussi bien de l'analogie entre eux, mais ne se ressemblent pas complétement, et forment des espèces distinctes. Cette loi zoologique a été reconnue par Buffon. Il a fait voir que ces animaux, destinés par leur nature à vivre sous des climats chauds, n'ont pu communiquer entre eux, d'abord par les terres, puisque cette communication n'auroit eu lieu que sous les zones glacées qui leur sont interdites, et qu'à plus forte raison elle n'a pu s'effectuer par les mers, puisqu'il y a environ cinq cents lieues, entre les côtes du Brésil et celles de Guinée (les plus rapprochées), et qu'il y en a plus de deux mille des côtes du Pérou à celles des Indes orientales : d'où il suit qu'*aucun des animaux de la zone torride, dans l'un des continens, ne s'est trouvé dans l'autre.*

Mammifères propres à l'Asie et à l'Europe septentrionale.

Passant maintenant au nord de l'ancien continent, nous allons suivre une marche à peu près semblable à celle que nous avons adoptée pour l'Amérique. La première région qui nous occupera comprend toute la partie septentrionale de l'Ancien-Monde; elle est bornée au nord par la mer Glaciale et la mer du Nord, depuis le détroit de Behring jusqu'en Norwége; à l'orient, par la mer Pacifique et la mer d'Ochotsk; au midi, par les chaînes des montagnes où toutes les rivières qui portent leurs eaux dans la mer du Nord prennent leurs sources, tels que les monts Yablonnoy ou Stanavoy, les monts Savansh, la chaîne Altaïque, etc.; et au couchant, par la partie méridionale des monts Ourals, qui séparent l'Europe de l'Asie. Enfin, nous y joignons la Suède, la Laponie et la Norwége.

L'*argali*, espèce de mouton sauvage, et le bouquetin peuplent toute cette lisière de montagnes; mais le dernier n'est point particulier à ce pays, car il se retrouve sur nos Alpes européennes. Le *renne* et l'*élan* sont les principaux des animaux communs à l'Asie et à l'Amérique, qui se retrouvent dans l'espace de terrain que nous venons de circonscrire; de même, l'ours blanc, que nous avons vu exister au Groënland et au Canada, se rencontre aussi fort abondamment le long des rivages que nous avons nommés. Nos ours bruns et nos loups y existent également.

En allant de l'orient en occident, voici les noms des principaux mammifères que l'on rencontre dans cette partie boréale de l'Asie. Au Kamtschatka, les bords de la mer sont

peuplés de loutres marines, et quelquefois les lamantins de
Steller y descendent : les montagnes servent de refuge aux
bouquetins, les forêts aux gloutons, aux martes zibelines et
aux lièvres changeans, lesquels se retrouvent à l'occident jusqu'au fleuve Oby. La marmotte bobak s'y rencontre également, et son espèce se porte aussi au couchant jusqu'aux
rives du Borysthène. Dans le pays des Korekis, situé près
de l'isthme de cette presqu'île, se voient les premiers *renards
bleus* ou *isatis*, qui se rencontrent ensuite sur toutes les terres
des bords de la mer Glaciale, et le long des rivières qui s'y
jettent, soit en Sibérie, soit en Laponie ou en Norwége ; on
dit aussi qu'ils existent en Islande, où ils auront vraisemblablement été portés par les glaces. Vers le même point, se rencontrent aussi les campagnols grégari et économe, qu'on voit
également sur les bords de l'Indigirska et dans d'autres lieux
de la Sibérie.

Jusqu'aux bords de la Léna, les mammifères appartiennent à peu près aux mêmes espèces que ceux du Kamtschatka,
et, près de cette rivière, on rencontre aussi le *rat* et la *souris* de notre pays. Vers sa source, c'est-à-dire près du lac
Baïkal, on rencontre les *chameaux* à deux bosses, les plus
septentrionaux.

Le pays des Samoïèdes présente toujours les mêmes ani-
maux, c'est-à-dire le *renne*, l'*isatis*, l'*ours blanc*, le *glouton*,
les *renards noirs* ou *argentés*, les *martes zibeline* et *hermine*.

Celui qui est arrosé par le Jenissey, au-dessus de la ville
de ce nom, et qui est situé plus au sud, offre encore peu de
variétés. C'est là cependant qu'on rencontre le campagnol
alliaire, la marte de Sibérie, ainsi que le musc, le lièvre tolaï
et l'antilope tseïran, qui se portent d'ailleurs bien plus au sud.

Dans le pays des Ostiaques, situé au sud-ouest de celui
des Samoïèdes, ce sont toujours les mêmes espèces ; de plus,
on rencontre le castor sur la rive gauche du Jenissey, et
l'on y trouve le campagnol à collier, ainsi que le campagnol
doré, qui se propage jusqu'au Kamtschatka.

Entre l'Irtisch et l'Ob, on commence à trouver les rats nain
et orozo, les campagnols à collier et lagure, les hamsters sablé
et songar, le renard corsac, qui peuple, en troupes innombrables, les déserts de la Tartarie, depuis le Volga jusqu'aux Indes.
Entre l'Irtisch et les monts Altaï, habite le pika, qui d'ailleurs se tient sur les montagnes bleues, dans le Koliwan, et
sur toutes les grandes hauteurs de la Sibérie, jusqu'aux confins
de l'Asie et du Kamtschatka.

Les gouvernemens d'Arkangel et de Vologda, ainsi que la
Nouvelle-Zemble, ne sont habités que par des animaux communs aux deux continens, dont les principaux sont les rennes,
et les castors. On y voit l'isatis ; le rat agraire ou sibie, qui
est moins répandu dans les climats tempérés de la Sibérie.

Enfin , si nous entrons dans la presqu'île formée par la Laponie , la Norwége et la Suède , nous trouverons d'abord une chaîne de montagnes très-rapprochée de la mer , et qui suit à peu près exactement les contours de ses côtes. Sur ces montagnes , nous trouverons le campagnol leming , si célèbre par ses émigrations vers le midi. Au nord , c'est-à-dire , sur leur pente vers la mer Glaciale , nous verrons pour la dernière fois , le renne , l'élan , l'isatis, et le glouton dans la Laponie russe , la Laponie danoise , la Finlande et la Norwége. Tout le revers méridional de la Suède nous offrira un mélange des animaux du nord , de l'Asie et de l'Europe tempérée, c'est-à-dire , nos cerfs , nos chevreuils , nos daims , avec quelques rennes et élans ; nos rats , surmulots, souris , mulots , nos campagnols ordinaires et rats-d'eau , avec des polatouches ; nos hérissons , hermines , putois , belettes; notre chauve-souris commune, avec quelques gloutons, quelques lynx ; notre ours brun , notre sanglier , notre chat sauvage , nos musaraignes , le lérot , le campagnol social , etc.

Mammifères du bassin de la mer Caspienne.

Nous distinguerons cette seconde région dans l'ancien continent , parce qu'elle renferme des animaux particuliers et parce qu'elle est assez bien circonscrite par le plateau de Tartarie au levant ; par les montagnes du Mazanderan au sud ; par la chaîne du Caucase au couchant; et au nord par les montagnes qui partent du plateau de Tartarie pour se porter vers la Suède. Au pied de ce plateau on rencontre des chevaux et des ânes sauvages qui en sont descendus ; plus haut, des marmottes de Pologne et des ours ; vers le midi , des porc-épics vulgaires dont l'espèce s'étend à peu près sous la même zone , depuis l'Italie jusqu'aux Indes orientales. Les environs du Caucase fournissent aux bords occidentaux de la mer Caspienne , des œgagres , des bouquetins , des lynx , des sangliers , des renards , des chevreuils , etc. Vers le nord, dans le gouvernement de Casan, on trouve : le mink ou norers (*mustela lutreola* , Pall.), qui fréquente le bord des eaux douces, depuis la mer Glaciale jusqu'à la Caspienne et à la mer Noire; le souslik ou zizel (*marmotta citillus*), qu'on rencontre d'ailleurs depuis la Bohème jusqu'en Sibérie; les campagnols surkerkan et social et le hamster phé, sur la rive droite du Wolga, ainsi que le rat agraire, et le rat nain de Pallas , le hamster noir, la gerboise brachiure et la petite gerboise (cette dernière habite également la Mongolie et la Tartarie méridionale), le pika nain, le tamaricin, etc. C'est à trois degrés tout au plus , au-dessus de la mer Caspienne ,

que l'on rencontre les derniers chameaux et les premiers élans,
en se portant vers le nord, et le hamster voyageur. (*M. acredula.*)

Mammifères de l'Europe tempérée et méridionale.

Cette région comprendra toute l'Europe proprement dite,
excepté la Suède, la Norwége et la Laponie que nous avons
déjà réunies à la première région de l'ancien continent. La
contrée qui s'offre d'abord à nous en quittant le bassin de la
mer Caspienne, est la Russie d'Europe, à laquelle il convient de joindre la Pologne. Là, on observe comme en Norwége et en Suède, un mélange des espèces de l'Europe septentrionale et du nord de l'Asie. Le long de la mer Baltique,
en Livonie et en Courlande, se trouvent encore l'élan et
la marte mink, le glouton, le souslik et le bobak, avec l'ours
brun, le hérisson, le blaireau, la marte, le castor, les musaraignes, quelques-unes de nos chauve-souris, etc. L'aurochs
existe, dit-on, encore, quoique rarement, dans les forêts de
la Lithuanie et de l'Ukraine. Le desman de Moscovie et le
zemni ont été rencontrés près de Voronesch. L'antilope
saïga habite depuis la Moldavie jusqu'en Sibérie, etc.

Quant au restant de l'Europe, on peut distribuer de la manière suivante les animaux qui lui sont propres. L'ours brun, le
chamois, le paseng, le bouquetin, la marmotte et le lynx, se
tiennent sur les hautes montagnes, telles que les Crapacks, les
Alpes autrichiennes, suisses, italiennes, l'Apennin, le Dauphiné, l'Auvergne, les Pyrénées, et les principales chaînes de l'Espagne; les castors qui paroissent appartenir à une
espèce distincte de celle d'Amérique et du nord de l'Asie,
sont relégués sur les bords de quelques grands fleuves, tels que
le Rhône, le Rhin et le Danube. Les hérissons, les loutres,
les belettes, les fouines, les martes, les putois, les hermines, les taupes, les hérissons, les blaireaux, les rats, les mulots, les rats d'eau, les souris, les surmulots, les campagnols,
la musaraigne vulgaire, le loup, le renard, les vespertilions
vulgaire, serotine noctule, pipistrelle, barbastelle, oreillard,
le phyllostome fer-à-cheval, les lièvres, l'écureuil vulgaire,
les cerfs, les daims, les chevreuils, le sanglier, sont à peu
près également répandus partout. L'Angleterre n'a pas
de loups, et le Danemarck de lapins. Ces derniers paroissent propres à l'Espagne, où l'on trouve aussi le fur et et le
porc-épic. Les rochers de Gibraltar donnent asile à des singes
(le macaque magot) dont l'espèce est très-multipliée sur la
côte d'Afrique opposée. L'Italie a le porc-épic comme l'Espagne, et de plus, le loir, qu'on rencontre aussi dans quelques points des Alpes pennines. On a chassé en France et en
Espagne une espèce de genette. L'Europe méridionale offre

encore les lérots et les muscardins qui ne se trouvent plus dans les contrées du Nord ; les hamsters sont pour ainsi dire particuliers à l'Allemagne et à la Pologne. On a rencontré récemment au pied des Pyrénées une espèce nouvelle du genre desman. Daubenton avoit distingué plusieurs sortes de chauve-souris aux environs de Paris, notamment la serotine et toutes celles que nous avons nommées plus haut (1), et M. Geoffroy y a joint l'*échancrée*, qui a été trouvée à Abbeville et à Charlemont. Ce même naturaliste a aussi complété un autre travail de Daubenton sur les musaraignes, en portant le nombre de ces animaux à cinq, savoir : la musaraigne de Daubenton de la Beauce, la musaraigne plaron, aussi de la Beauce et de l'Allemagne, la musaraigne leucode d'Alsace, la musaraigne rayée des environs de Paris et la musaraigne porte-rames des environs d'Abbeville et de Chartres.

Le buffle a été acclimaté en Italie dans les marais pontins, en Calabre et en Sicile. Cette dernière île nourrit aussi des porc-épics. La Corse, la Sardaigne et la Morée ont, sur le sommet de leurs montagnes, le mouflon ou type sauvage de l'espèce du mouton. Les environs de Constantinople ont offert à M. Olivier l'aspalax des anciens ou zemni, qui habite également en Ukraine, en Asie mineure et en Perse.

L'espèce du chameau à deux bosses ne se rencontre que sur un espace très-borné, au couchant et au nord de la mer Noire, sur le chemin de Constantinople à Astracan.

Mammifères propres au plateau de Tartarie.

En commençant à faire l'énumération des mammifères de l'ancien continent, nous avons d'abord embrassé l'étendue de terrain comprise entre la mer Glaciale et le plateau de Tartarie ; ensuite, nous portant à l'occident, nous nous sommes occupés successivement du bassin de la Caspienne, et de l'Europe proprement dite. Maintenant, il faut porter de nouveau nos regards sur l'Asie, et parcourir les différentes parties qui n'ont pas encore fixé notre attention. Nous commencerons par le plateau de Tartarie, et ensuite, tournant autour, nous passerons successivement en revue les différentes contrées qui se trouvent entre lui, d'une part, et la mer Méditerranée, la mer Rouge, la mer des Indes et l'océan Pacifique de l'autre, depuis l'Asie mineure jusqu'à la Tartarie russienne, ou au bassin des rivières qui tombent dans le fleuve Amour.

Ce plateau s'étend en largeur entre le 35.ᵉ et le 48.ᵉ degré de latitude nord, et en longueur entre le 70.ᵉ et le 115.ᵉ

---

(1) C'est-à-dire, la chauve-souris proprement dite, la noctule, l'oreillard, la pipistrelle et la barbastelle.

degré de longitude est; les monts Altaï le bordent au nord,
et au midi se trouvent les montagnes de Thibet, que l'on
croit les plus élevées du globe ; son centre et son extrémité
orientale sont d'immenses déserts connus sous le nom de Cobi.
Nous avons déjà parlé de toutes les contrées au nord et à
l'ouest de ce plateau ; il nous restera seulement à nous occuper de celles du sud et de l'est.

Les plus anciennes traditions s'accordent à dire que l'homme
et tous les animaux domestiques connus avant la découverte
de l'Amérique, sont descendus du plateau de Tartarie. C'est
en effet sur les lisières de cet immense espace que se rencontrent, soit au couchant, soit au nord, les troupes d'ânes
et de chevaux sauvages ; c'est aussi sur les grandes chaînes
de montagnes qui en partent dans diverses directions pour
se porter au loin, que se trouvent le mouflon ou l'argali,
type de l'espèce du mouton ; le paseng ou l'ægagre, type
de l'espèce de la chèvre. Le buffle paroît également en être
descendu. La vache grognante ou yak, si utile aux Thi-
bétains, y est indigène ; et il ne seroit pas impossible qu'elle
fût la souche des zébus, et par suite celle de nos bœufs domestiques. Quelques renseignemens, peu certains à la vérité,
placent aussi vers les frontières de la Chine la patrie originaire des chameaux à deux bosses.

Mais encore certains animaux qui habitent les bords de
ce plateau, appartiennent aux espèces des contrées plus
basses qui l'entourent ; ainsi, vers le nord, nous y retrou-
vons le pika, le glouton, le lièvre tolaï, le sanglier et
l'élan ; et au sud, nous rencontrons les tigres, et même à
peu de distance, les éléphans des Indes, les antilopes
nylgauts, les muscs, etc.

*Mammifères de l'Asie mineure, de la Syrie, de l'Arabie et de la
Perse.*

La région qui renferme ces quatre contrées auxquelles
nous joindrons le revers occidental du Caucase, se trouve
comprise entre les montagnes de ce nom, la mer d'Azof,
la mer Noire, le Bosphore de Thrace, la Méditerranée,
l'isthme de Suez, la mer Rouge, la mer des Indes, le golfe
Persique, et les montagnes du Mazanderan qui se réunissent
au Caucase pour en compléter l'enceinte.

L'hyène rayée et le renard chacal sont les animaux les
plus généralement répandus sur tout cet espace de terrain.
Le revers du Caucase est peuplé de gerboises alagtaga, de
l'espèce de lynx connue sous le nom de *chaus* par les anciens, etc.

Le dromadaire ou chameau à une bosse, se voit particulièrement en Syrie et en Arabie, tandis que celui à deux bosses est propre à la Perse. L'espèce de l'antilope saïga ne descend pas au midi du Caucase. En Asie mineure se trouvent les chèvres, les chats et les lapins d'Angora, renommés pour la finesse de leurs soies. Le daman, qu'on rencontre jusqu'au Cap de Bonne-Espérance, vit en Syrie, ainsi que la gerboise alagtaga. L'Arabie nourrit, dit-on, non loin des rivages de la mer des Indes et sur les bords du golfe Persique, le babouin hamadryade ou singe de Moco. Enfin, la Perse qui s'étend tout le long de ce golfe, offre particulièrement des ânes sauvages ; le lynx caracal qui se trouve aussi en Barbarie et en Arabie; le porc-épic; le hamster phé; le zemni; et il paroît que le Kandahar et le pays de Cachemire ont des chèvres dont les poils, aussi doux que ceux des chèvres d'Angora, servent à fabriquer le tissu des schalls précieux connus sous le nom de *cachemires*.

Mammifères de l'Indostan, de la Cochinchine, de la Chine et de l'archipel des Indes.

Jusqu'ici nous avons observé que les mammifères de l'ancien continent, si l'on en excepte les chameaux, les gerboises, le zemni, l'antilope saïga, et quelques autres qu'on pourroit, à la rigueur, considérer comme méridionaux, sont fort voisins, par leurs formes, de ceux qui habitent nos contrées, et de ceux de l'Amérique septentrionale avec lesquels même quelques-uns sont identiques. Nous avons aussi pu remarquer que tous appartiennent à des genres qui existent dans notre Europe.

D'un autre côté, nous avons été frappés de la différence qui existe entre les animaux de l'Amérique méridionale et ceux de l'Amérique septentrionale. Nous avons vu que la plupart de ces animaux se rapportent à des genres particuliers, et que dans un genre de carnassiers, celui des chats, plusieurs espèces prennent un volume remarquable relativement à celui des animaux congénères, propres aux climats septentrionaux.

Maintenant, après avoir fait presque en entier, pour ainsi dire, le tour de l'ancien continent d'Asie et d'Europe, en partant du point de contact de ce continent avec celui de l'Amérique, nous arrivons à des latitudes à peu près pareilles à celles sous lesquelles nous avons trouvé des changemens si étonnans dans la nature des animaux. Ici également nous allons observer des anomalies remarquables.

La première partie de cet espace est l'Indostan, c'est-à-dire, la vaste presqu'île qui se termine, au sud, par le cap Comorin, et qui est bornée, au couchant, par le fleuve

Indus ; au levant, par le Gange, et au nord par le plateau de Tartarie. Le buffle paroît en être originaire, et l'on y trouve partout l'éléphant d'Asie, ainsi que dans la seconde presqu'île des Indes orientales, c'est-à-dire que cette espèce s'étend depuis l'Indus jusqu'à la mer Pacifique (1). La côte occidentale, nous offre d'abord, dans les montagnes d'où sort l'Indus, le paseng ou chèvre sauvage ; l'antilope nylgault, moins rare à Surate et à Bombay que dans le Bengale, et qui paroît originaire de Guzarate, l'une des provinces les plus orientales de l'empire du grand Mogol ; c'est aussi des mêmes contrées que provient le plus grand des écureuils connus, c'est-à-dire, l'écureuil de Malabar. La côte orientale ou de Coromandel est peuplée d'un bien plus grand nombre d'animaux d'espèces connues. L'on y trouve principalement la guenon malbrouck, l'orang gibbon, la guenon toque, les mangoustes à bande et d'Edwards, et la civette de l'Inde ; la civette rayée ; le tigre royal, comparable seulement, par sa grande taille, au lion d'Afrique et au jaguar de l'Amérique méridionale ; le pangolin ou lézard écailleux, qui n'a de rapport bien marqué qu'avec le phatagin du Sénégal et les fourmiliers du Brésil et de la Guyane ; le guépard, le rat perchal, le rat strié, le petit chat sauvage de l'Inde, le porc-épic ; le cerf noir, le babyroussa et le prochylus d'Illiger (animal rangé d'abord parmi les bradypes, mais qui est une véritable espèce d'ours) ; la musaraigne de l'Inde, l'antilope proprement dite, le cerf muntjac, le chevrotain, l'antilope à quatre cornes, etc.

Le Bengale, situé entre les deux presqu'îles de l'Inde et traversé par le Gange et ses nombreuses ramifications, présente principalement sur les bords de ce fleuve l'espèce du tigre, bien plus nombreuse que dans l'Indostan, et le devenant encore plus à mesure qu'on se porte davantage vers l'orient ; l'axis ou cerf du Gange, qu'on trouve également dans les grandes îles de l'archipel indien ; le macaque bonnet-chinois ; la guenon entelle ; le loris du Bengale ou nycticèbe de M. Geoffroy ; le nyctinome du Bengale, du même naturaliste ; l'antilope nylgault, etc.

L'île de Ceylan, située près du cap Comorin, a des axis, des éléphans et des tigres ; mais aussi l'on y trouve des espèces que l'on ne voit point ailleurs, notamment le macaque ouanderou, le loris grêle, le chevrotain mémina et le vespertilion kiriwoula.

Dans la seconde grande presqu'île de l'Inde au-delà du

____

(1) Cette espèce qui diffère, par de nombreux caractères, de l'éléphant d'Afrique, se rencontre encore dans les grandes îles de la mer des Indes.

Gange, qui se termine elle-même au sud par les deux presqu'îles de Cochinchine et de Malacca, et qui a pour bornes au nord, la Chine et le Thibet, et à l'ouest, la mer Orientale, on distingue plusieurs États; savoir: le royaume d'Ava, le Pégu, le Siam, Malacca, Cambodia, la Cochinchine et le Tonquin. Les éléphans, les rhinocéros unicornes, les tigres sont les mammifères les plus remarquables, communs à toutes ces contrées. La presqu'île de Malacca offre particulièrement le gibbon varié, espèce d'orang, et le porc-épic d'Europe; il paroît que c'est dans le royaume d'Ava que le cerf-cochon a été trouvé; les guenons douc et nasique sont propres à la Cochinchine, et c'est au-delà du Gange qu'habite le porc-épic à queue en pinceau, rapporté par M. de Blainville au genre des rats.

On connoît peu les quadrupèdes particuliers au vaste empire de la Chine; on sait seulement que les espèces du midi sont à peu près les mêmes que celles du Tonquin et de la Cochinchine; que le cheval sauvage, le musc, l'antilope tseiran, se remarquent sur les frontières du Thibet; que le nord ou la Corée, présente quelques espèces de Sibérie, telles que le renard noir et la marte zibeline; que l'intérieur, sans parler des animaux domestiques, parmi lesquels on compte le buffle, offre plusieurs rongeurs, tels que nos souris, nos rats, et une espèce particulière du même genre, le caraco.

Les mammifères du Japon sont les mêmes que ceux du nord de la Chine.

Enfin en remontant plus haut, entre le 40.e et le 50.e d.e de lat., nous rencontrons la Mantchourie ou Tartarie russienne qui n'est autre que le bassin des rivières qui se jettent dans le fleuve Amour, et qui est située au nord-est du plateau de Tartarie, et contiguë à la première région que nous avons distinguée dans l'ancien continent. Nous y trouvons les principaux animaux sibériens, c'est-à-dire, le renne, l'argali, la zibeline, le sanglier et le lynx: plus le chat manoul, le dziggetai, espèce de cheval probablement descendue du plateau de Tartarie, et l'ogotone, petit rongeur du genre pika.

Ici se termine l'énumération des mammifères propres aux continens de l'Europe et de l'Asie réunies. Nous croyons cependant devoir y joindre la liste des espèces qui vivent dans les îles de l'archipel indien, quoique la plupart soient différentes de celles de l'Asie, et qu'elles soient d'autant plus anomales qu'elles habitent des latitudes plus méridionales; et nous reconnoîtrons plus tard que celles de la Nouvelle-Hollande, qui est pour ainsi dire la plus australe de ces îles, sont les plus singulières de toutes.

L'île de Sumatra, de forme allongée, dans la direction du nord-ouest au sud-est, tout-à-fait équatoriale et s'étendant entre le 5.ᵉ degré de latitude sud et le 5.ᵉ degré de latitude nord, nous présente un rhinocéros bicorne différent de celui d'Afrique, le macaque maimon, le macaque ouanderou, l'orang roux, l'éléphant, le tigre, le cerf musc, et l'antilope de Sumatra de M. de Blainville.

Bornéo, la plus grande de toutes, et de forme presque ronde, située à l'orient de Sumatra, est la patrie de l'orang roux, du pongo et de la guenon nasique, qui se rencontre aussi sur le continent indien, probablement en Cochinchine.

L'île de Java, placée à la suite de Sumatra, plus petite, mais de même forme, et située dans une semblable direction, au sud de Bornéo, ayant été le point de relâche de beaucoup de voyageurs, nous offre un nombre d'espèces plus considérable. Celles qui ont été signalées, sont principalement la guenon nègre, le macaque maimon (1), le mégaderme trèfle, la roussette kiodote, le nyctère de Java, le chat melas, le cerf axis, déjà commun au Bengale, le chat de Java, les écureuils à tête blanche et à deux raies, la mangouste et le chevrotain de Java, etc.

Dans les îles Moluques, et notamment à Amboine et à Célèbes, placées à peu près à la hauteur de Bornéo, mais plus au Levant, on a observé l'orang wouwon, le tarsier aux mains rousses, la guenon dorée, la céphalote de Pallas, les phalangers à queue écailleuse, les polatouches taguan et flèche (*petaurista sagitta*), le cerf axis, etc.

Les îles Pelew, qui gisent au moins à dix degrés au nord-nord-est de ces dernières, sont la patrie des galéopithèques.

L'île de Timor, qui vient à la suite de celles de Sumatra et de Java, par le 10.ᵉ degré de latitude australe, a fourni à Péron et Lesueur un nombre assez considérable de chéiroptères, qui ont été décrits par M. Geoffroy Saint-Hilaire; ce sont: les rhinolophes cruménifère et diadème, l'oreillard et le vespertilion de Timor; les roussettes édule, grise, paillée et amplexicaude, et la céphalote de Péron.

Enfin, l'île d'Aroë, assez rapprochée de la Nouvelle-Guinée, est peuplée par une espèce particulière de kanguroo, qui en a reçu son nom.

Nous voyons donc que les contrées méridionales de l'Asie offrent un nombre considérable de mammifères assez différens de ceux de l'Asie septentrionale et de l'Europe réunies, pour former des genres particuliers; tels que les singes

____

(1) Ce sont les singes plus éloignés de la ligne équinoxiale, dans ces contrées.

qui composent ceux nommés : *orang* , *pongo* , *guenon* et *macaques* , tous différant de ceux que nous avons rencontrés dans l'Amérique méridionale, en ce que leurs narines sont très-rapprochées, en ce qu'ils n'ont que cinq dents molaires de chaque côté ; que tous (les orangs exceptés) ont des aba-joues ; que plusieurs manquent de queue, et que d'autres ont des callosités aux fesses, etc. ; ensuite, les genres *loris* , *tarsier* et *nycticèbe* ; puis, les chéiroptères des genres *rous-sette* , *nyctère* , *mégaderme* et *cephalote* ; les carnassiers des genres *mangouste* et *phalanger* ; les grands chats , tels que le tigre , le guépard , le mélas, analogues par leurs dimensions aux chats de l'Amérique méridionale, mais différant d'espèces; l'*éléphant* et les *rhinocéros* unicornes et de Sumatra. En tout, seize genres d'animaux, dont la plupart ont aussi des espèces en Afrique , comme nous le verrons bientôt ; savoir : les orangs , les guenons , les macaques , les mangoustes , les roussettes , les nyctinomes , les mégadermes , les éléphans et les rhinocéros.

Mammifères propres à la Nouvelle-Hollande.

La Nouvelle-Hollande est ce vaste continent situé entre le dixième et le quarante-cinquième degré de latitude aus-trale, et entre le cent huitième et le cent cinquantième degré de longitude orientale. Vers sa pointe méridionale est placée la terre de Diémen , séparée par le détroit de Bass, décou-vert depuis peu d'années seulement. On n'en connoît encore que le contour, et les efforts qu'on a faits pour pénétrer dans son intérieur ont été vains ; mais cependant les recherches qu'on a pu tenter ont procuré une assez grande quantité de quadrupèdes (à l'exception de trois) remarquables en ce que variant beaucoup par leur organisation interne et leurs for-mes extérieures , ils appartiennent cependant tous aux or-dres des *marsupiaux* et des *monotrèmes*, et qu'en cela , ils se rapprochent surtout des *didelphes* et des *édentés* de l'Amé-rique méridionale. Ils composent dix genres particuliers : les *kanguroos*, les *dasyures*, les *pérameles* , les *isoodons* , les *phascolomes*, les *potoroos* , les *koalas* , les *ornithorhinques* , les *échidnés* et les *phalangers volans*. De plus , on trouve dans les mêmes contrées de vrais phalangers , si ce n'est qu'ils ont la queue entièrement velue ; et des *hydromys* qui , sim-ples rongeurs à pieds palmés, ont encore beaucoup de rap-port avec les coypous d'Amérique.

Les principales espèces connues de la Nouvelle-Hollande, sont ainsi distribuées : Sur la côte ouest , le kanguroo à bandes ; sur la côte sud ou Napoléon , le kanguroo de l'île Eugène , l'enfumé et le gris-roux de l'île Decrès ; sur la

côte ouest ou à Botany-Bay, les kanguroos à moustaches et
enfumés, le koala, l'ornithorhinque, les dasyures viverrin
et macroure. Dans l'île King, la plus grande du détroit de
Bass, le kanguroo à cou roux, le phascolonne, et les échidnés soyeux et épineux; sur la terre de Van Diémen, les
dasyures cynocéphale, ursin et nain, l'hydromys à ventre
jaune; sur l'île Maria, le petit phalanger volant, l'hydromys à
ventre blanc, etc.

Mammifères de l'Afrique.

Ici nous quittons tout-à-fait l'Asie et les terres qui en sont
comme la suite, pour nous porter en Afrique. Cette partie du
monde, l'une des plus étendues, a été à peine visitée. Comme
à la Nouvelle-Hollande, nous ne connoissons bien qu'une
petite partie de son périple; et cependant, les points
où l'on a pu faire des observations, ont montré une foule
d'espèces, dont la presque totalité est propre à ce continent et diffère de celles de l'Europe, de la Nouvelle-
Hollande et de l'Amérique. Sa côte septentrionale, connue
des anciens, est celle que nous avons le plus étudiée;
l'Egypte particulièrement, qui en dépend, a été le sujet
de nombreuses observations, et il en est de même du Cap de
Bonne-Espérance et du Sénégal. Du reste, nous n'avons
que des notions très-imparfaites sur les productions naturelles de l'Abyssinie, de l'Ethiopie, de la côte de Mo-
zambique, et sur celles d'Angole et de Guinée.

Le catalogue des mammifères d'Egypte se compose de
vingt-deux espèces environ, savoir: l'hyène rayée et le chacal, qui se tiennent sur les limites du désert, et qui pénètrent,
d'une part, dans beaucoup de provinces du Levant, et de
l'autre, dans l'intérieur de l'Afrique: la mangouste ichneumon, propre à la vallée du Nil; le lynx botté, qu'on trouve
aussi au Caucase; le lièvre d'Egypte qui paroît ne pas différer de celui du Cap; la gerboise gerbo qui se porte en
Syrie; l'antilope bubale qui se montre quelquefois dans la
Haute-Egypte; la gazelle; le mouflon d'Afrique; le renard
d'Egypte; les rats du Caire et d'Alexandrie; le vespertilion
pipistrelle et l'oreillard vulgaire de nos contrées; le nyctère
de la Thébaïde; le rhinopome microphylle; le taphien perforé; le nyctinome d'Egypte; le rhinolophe trident; la
roussette d'Egypte; le hérisson à grandes oreilles, etc.

L'Abyssinie a plusieurs espèces de singes: l'antilope
oryx (ou pasan de Buffon) qui se trouve aussi au Cap de
Bonne-Espérance; l'antilope de Salt de M. de Blainville;
le fennec de Bruce, etc.

Le Dar-Four a des lions, qui, d'ailleurs, paroissent propres à toutes les autres contrées de l'Afrique. La civette,

qu'on voit sur la côte de Congo, s'y rencontre également.

L'Éthiopie a plusieurs singes, parmi lesquels on distingue le mangabey.

La Barbarie, bordée au nord par la Méditerranée, et limitée au sud par les monts Atlas, est peuplée de lions, de panthères, de mouflons d'Afrique, de gazelles, de bubales, de porc-épics, de magots, d'écureuils barbaresques, etc. L'espèce du dromadaire se trouve sur toute la côte septentrionale et occidentale d'Afrique, depuis l'Egypte jusqu'au Sénégal.

Cette dernière contrée, où Adanson a résidé plusieurs années, offre les éléphans d'Afrique les plus septentrionaux, le léopard, les antilopes kob, koba, nagor, nanuguer, guib, kevel et corinne; l'écureuil palmiste et la guenon callitriche qui se trouvent également aux îles du Cap-Vert; le phascochœre; l'hippopotame, autrefois plus répandu dans les fleuves d'Afrique; la guenon patas; le phatagin, si voisin, par son organisation, du pangolin de la côte de Coromandel, et si analogue aux fourmiliers d'Amérique; le galago et le nyctère du Sénégal, le mégaderme feuille, le vespertilion de Nigritie, etc.

La côte de Guinée, située à une latitude plus méridionale, abonde en espèces de singes du genre des guenons, notamment le moustac, le hocheur, le blanc-nez et la diane. C'est là qu'on a trouvé les mandrills les colobes à camail et ferrugineux, ainsi que le galago potto.

L'antilope guevey commence à se rencontrer dans le Congo, et son espèce se porte jusqu'aux environs du Cap de Bonne-Espérance.

La côte d'Angole nous présente l'orang chimpanzé, le macaque proprement dit, ou l'aigrette, ainsi que la civette et le zibeth, qui paroissent habiter tout le centre de l'Afrique, et se porter jusque dans le Dar-Four et l'Abyssinie.

Enfin, les environs du Cap de Bonne-Espérance, jusqu'à cent lieues vers le nord, nourrissent, à eux seuls, plus d'espèces que toutes les autres parties connues de ce continent réunies. L'éléphant d'Afrique, distingué de celui des Indes par ses grosses défenses, son front bombé, ses molaires à losanges au lieu d'être à rubans émailleux; les rhinocéros bicorne et camus, le lion, le buffle du Cap, la giraffe, le zèbre et le couagga sont les principales. Viennent ensuite les antilopes bleues, canna, condous ou condoma de Buffon, gnou, bosbock, caama, ourebi, chèvre prolongeante, guevey, grimm, klipspringer, ritbock, steenbock, grisbock, pourpre et springbock: puis encore, le chacal du Cap, l'oryctérope (analogue aux tatous d'Amérique), le

babouin chevelu , la hyène tachetée, le serval du Cap , le
daman , la genette , le zorille , le ratel , le phascochœre ,
la gerboise du Cap ou pédètes d'Illiger , la musaraigne du
Cap, la taupe dorée ou chrysochlore , les bathyergus du Cap
et rat taupe , le lièvre qui paroît ne pas différer de celui
d'Egypte , etc.

Ainsi l'Afrique produit les animaux qui ont le plus de rapport avec ceux des Indes, quoique en différant toujours spécifiquement , et le plus souvent génériquement. Elle paroît
surtout être la patrie des singes à callosités , et notamment
de ceux à bouche pourvue d'abajoues ; des guenons , dont on
trouve beaucoup d'espèces ; des gazelles ou antilopes ,
des grands chats , etc. Les principaux genres propres
sont les suivans : *giraffe* , *oryctérope* , *magot* , *bathyergus* , *phascochœre* , *pédètes* , *fennec*.

Mammifères de l'île de Madagascar.

Cette île, toute rapprochée qu'elle est de l'Afrique , offre
ce fait fort singulier , qu'aucun de ses animaux (le
sanglier à masque excepté) ne se trouve sur le continent ,
et que , de même , aucun quadrupède du continent ne s'y
rencontre. La plupart des mammifères qu'on y voit appartiennent à des genres particuliers : telles sont les onze espèces
qui composent le genre entier des *makis*, savoir : le vari , le
mococo, le mongous, les makis brun , noir , rouge , à fraise,
à front blanc , roux , à front noir, aux mains blanches : l'*indri*
madégasse ; le singulier animal connu sous le nom d'*aye-aye*,
etc.; le tenrec , le tenrec rayé et le tendrac , si voisins des
hérissons par leur queue épineuse et des taupes par leurs
dents, n'ont également été rencontrés nulle autre part. On y
trouve également le tarsier aux mains brunes , dont l'espèce
congénère habite l'île d'Amboine ; la roussette d'Edwards ,
la mangouste vansire qui a été aussi rencontrée à l'Ile-de-
France , et la genette fossane.

Enfin , pour n'en pas faire une division particulière , nous
placerons encore ici les mammifères de l'île Mascareigne et
de l'Ile-de-France , situées dans la mer des Indes , à la
hauteur de Madagascar et à une distance de bien peu plus
considérable que celle qui sépare cette grande île de l'A-
frique. La première a offert un vespertilion et un nyctinome
qui lui sont propres, la roussette vulgaire et la roussette à
cou rouge. Dans la seconde , on trouve le taphien de l'Ile-
de-France , le vansire et le tenrec qui y ont été transportés
de Madagascar , ainsi que la roussette vulgaire.

Telle est la distribution des mammifères dans l'état de
nature , sur le globe terrestre. On a pu remarquer qu'en

prenant pour termes de comparaison les espèces de nos pays, celles du nord ont beaucoup d'analogie avec elles, et sont fort répandues; tandis qu'à mesure qu'on s'avance vers le sud, des espèces anomales plus ou moins circonscrites se montrent et présentent des formes de plus en plus différentes de celles de nos animaux européens. On a pu également observer que les cinq principaux groupes de ces espèces méridionales, séparés les uns des autres le plus souvent par de vastes mers, ou par des déserts, ou par des isthmes étroits, ou par des régions élevées et froides; c'est-à-dire, ceux de l'Amérique méridionale, de l'Afrique, de Madagascar, de l'Inde et de la Nouvelle-Hollande, ont des rapports d'organisation très-marqués entre eux, mais présentent cependant des différences spécifiques bien tranchées; et d'après cette dernière considération, on peut être tenté de conclure que si ces régions terrestres ont été anciennement jointes les unes aux autres, les animaux n'ont commencé à vivre sur leur sol que long-temps après leur séparation.

Distribution des mammifères domestiques sur le globe.

Quant aux mammifères domestiques, dont nous avons vu la plupart originaires du nord ou bien du vaste plateau de Tartarie, ils ont suivi l'homme, de l'ancien continent, dans tous les lieux où il s'est porté. Le chien est maintenant répandu partout, même dans les îles de l'océan Atlantique. On l'a trouvé à la Nouvelle-Hollande, dans un état presque sauvage, fort analogue au degré de civilisation des habitans de ces contrées. Lors de la découverte de l'Amérique, il paroît qu'il en existoit quelques races dans ce continent, mais ces races ont disparu. Le chien paroît originaire du nord. Il en est de même du renne qui n'est domestique que dans les régions septentrionales de l'Asie, de l'Europe, et au Goënland. Les chevaux le sont dans tout l'ancien continent, jusqu'au cercle polaire, où l'usage des rennes commence; et l'on en peut dire autant de l'âne. Celui-ci est particulièrement fort et robuste en Arabie et en Egypte, en un mot, près du plateau d'où il descend. L'Amérique entière, la Nouvelle-Hollande, l'Afrique méridionale et Madagascar n'ont de chevaux et d'ânes que ceux qu'on y a transportés. Le chameau de Bactriane ou à deux bosses est propre à l'Asie, comme celui à une bosse l'est à l'Arabie, à l'Egypte, et à toute la lisière septentrionale de l'Afrique. L'yak ne quitte pas les montagnes du Thibet; le buffle, originaire de l'Inde, a passé ensuite en Egypte, en Afrique, en Chine, etc.

Les cochons, les moutons et les chèvres, qui ont leurs types sur toutes les chaînes des montagnes de l'Asie et de l'Europe, ainsi que dans celle de l'Atlas, dans l'Afrique septentrionale, se sont acclimatés aux pieds de ces diverses montagnes, et, selon les soins qu'ils ont reçus de l'homme, ont produit de nombreuses variétés. L'Amérique, l'Afrique méridionale et la Nouvelle-Hollande sont encore tributaires de l'Asie et de l'Europe sous ce rapport. Les bœufs n'ont plus de types connus; mais leur espèce, répandue maintenant par toute la terre, paroît originaire de l'Europe centrale et de l'Asie occidentale, et quelques unes de leurs races, les *zébus* ou *bœufs à bosses*, sont les seules que l'on voie dans l'Inde et dans l'Afrique mérid. Le chat domestique, qui provient du chat sauvage, est aussi un animal européen et asiatique. L'éléphant d'Asie est la seule espèce de ce genre actuellement domptée; mais son usage ne s'étend pas au-delà des deux presqu'îles de l'Inde. Les lamas et les vigognes étoient, lors de la découverte de l'Amérique, avec les races de chiens dont nous venons de parler, les seules espèces domestiques à l'usage des Péruviens et des Mexicains.

Enfin, plusieurs espèces de mammifères qu'on pourroit jusqu'à un certain point appeler domestiques, parce qu'elles se sont attachées à l'homme, non pour lui être utiles, mais pour vivre à ses dépens, l'ont suivi dans toutes ses courses, et se sont établies dans presque tous les points de la terre : ce sont notamment le rat, le surmulot et la souris.

De la nourriture des mammifères.

L'espèce de la nourriture est très-variée dans les mammifères. On peut distinguer néanmoins ces animaux en herbivores, carnivores et omnivores, selon qu'ils se nourrissent de substances végétales, de substances animales, ou qu'ils fassent usage à la fois de ces deux genres d'alimens.

Les mammifères qui se nourrissent de végétaux, préfèrent, selon les espèces, les différentes parties des plantes qui leur conviennent. Ainsi les uns ne vivent que d'herbes qu'ils paissent à terre, comme tous les ruminans et les solipèdes : alors les pieds qui, chez eux, servent uniquement à la marche, sont entourés de sabots cornés, et leur corps est élevé; mais le cou se trouve le plus souvent de longueur telle que la bouche peut facilement se porter jusqu'à terre. Dans ces animaux, la lèvre supérieure est disposée de façon, ou la langue est assez allongée pour saisir et arracher l'herbe. D'autres espèces ont le cou très-court, mais alors leur nez est prolongé en une trompe fort grande, terminée par un doigt mobile, et susceptible de servir comme d'une main ; tels sont, par exemple, les éléphans et les tapirs. D'autres, à corps court et difforme, comme les hippopotames et les lamantins, prennent les herbes aquatiques dont ils se nourrissent, en nageant dans les eaux où elles croissent. Quelques-uns à longs bras pourvus d'ongles très-crochus , comme les bradypes , montent sur les arbres , et les dépouillent en entier de leurs feuilles.

Beaucoup de rongeurs vivent en grande partie de tiges de graminées ou de foin.

Certains mammifères recherchent les racines , comme les ours , les sangliers , les rats d'eau, les rats-taupes , etc. ; mais le plus souvent , ceux-ci sont omnivores.

D'autres mangent presque exclusivement des écorces d'arbres ou du bois tendre , comme les castors.

Beaucoup recherchent les grains , tels que les lièvres , les campagnols , les mulots , les hamsters.

Quelques-uns ont un goût particulier pour les amandes ou les autres fruits secs de la même nature ; comme les écureuils , les loirs , les muscardins.

D'autres vivent de fruits pulpeux , comme les lérots , les roussettes , les galéopithèques , les singes , les makis proprement dits , qui cherchent en général les substances sucrées.

Ce sont seulement les herbivores qui font des provisions d'hiver , conservées soit dans des terriers , soit dans des creux d'arbres. Les écureuils et les loirs ramassent des noisettes , et surtout de la graine de faîne ; les hamsters , du blé ; les castors , des écorces et des jeunes branches qu'ils laissent macérer dans l'eau ; la marmotte, du foin; et le pika, qui se nourrit aussi de foin, en prépare de petites meules à la surface du sol; le campagnol économe fait d'amples provisions de bulbes d'une sorte de lis , etc. Le guangue du Chili rassemble aussi dans son terrier, des semences dures et polygones, qu'il arrange avec symétrie, de façon à ne pas perdre de place, etc.

Plusieurs de ces animaux disposés à faire des provisions pour la saison froide , ont la bouche munie de chaque côté d'une vaste duplicature de sa peau interne qui y forme un sac ou *abajoue* servant au transport de ces provisions.

Quelques-uns d'entre eux passent une partie de l'année engourdis, et ne se servent de leurs provisions que quand ils se réveillent dans les jours chauds de l'hiver ou du commencement du printemps.

Les mammifères qui vivent de substances animales recherchent, les uns une proie vivante , les autres des cadavres ou des débris quelconques d'animaux.

Les uns attaquent les mammifères , et particulièrement les espèces herbivores , qui ont peu de moyens de défense. Tels sont les lions , les tigres , les léopards , les panthères, les jaguars, les couguars et toutes les autres grandes espèces du genre des chats. Il en est de même des loups, des renards, des chiens et autres espèces congénères ; mais, en certains cas, celles-ci peuvent joindre une nourriture végétale à celle à laquelle ils sont particulièrement destinés, et leur organisation est d'accord avec ce genre de vie ; leurs mâchoires sont plus longues que celles des carnassiers par excellence, et leurs molaires offrent plus de parties mousses que celles de ces animaux.

Certaines espèces, ordinairement de moyenne ou de petite taille, paroissent attaquer les animaux, principalement pour en boire le sang : tels sont les gloutons, les martes, les fouines, les furets, les belettes et autres carnassiers du même genre, qui se jettent plutôt sur les volailles des basse-cours que sur les quadrupèdes susceptibles de se mettre en état de défense ; les chauve-souris des genres glossophage et phyllostome ont la langue garnie de papilles cornées, avec lesquelles elles entament la peau, et font sortir le sang des animaux endormis pour le sucer ensuite.

Les renards, qui sont les plus foibles des grands carnassiers, ont un genre de vie analogue à celui des martes.

Ces mêmes martes, ainsi que les didelphes, vont sur les arbres chercher les nids, pour manger les jeunes oiseaux ou les œufs qui y sont déposés. Les mangoustes recherchent les œufs des crocodiles et vivent de serpens et de lézards.

Les carnassiers aquatiques, tels que les phoques, les dauphins, les marsouins, les cachalots, les baleines se nourrissent de poissons ou de mollusques, qu'ils avalent en énorme quantité. Les rivières, ou en général les eaux douces, nourrissent aussi quelques quadrupèdes, tels que les loutres, qui détruisent le poisson, ou qui, tels que les rats d'eau, en recherchent le frai.

D'autres animaux vivent de crustacés, qu'ils vont ramasser sur les plages et dans les anfractuosités des rochers : ce sont particulièrement le raton crabier, le renard crabier, le didelphe crabier, le kinkajou et les dasyures.

D'autres se contentent uniquement d'insectes : ils sont faciles à reconnoître à leurs molaires, dont la couronne est garnie de pointes acérées, destinées à briser l'enveloppe solide de ces petits animaux. Les uns, tels que les vespertilions, les rhinolophes, et en général toutes les chauve-souris, les roussettes et les céphalotes exceptées, se nourrissent d'insectes ailés, qu'ils attrapent au vol ; d'autres, tels que les taupes, les scalopes, les desmans, vont chercher sous la terre des lombrics, des larves ou des nymphes ; certains petits quadrumanes du genre des ouistitis, ou quelques autres séparés des makis, grimpent sur les branches des arbres, s'y tiennent assis, et attrapent, avec leurs mains, les insectes qui viennent voltiger autour d'eux; les musaraignes et les hérissons recherchent leur proie à terre; et un fait bien étonnant, constaté par Pallas, c'est que les derniers de ces animaux peuvent manger impunément une grande quantité de cantharides, sans en éprouver le moindre mal, tandis qu'un seul de ces coléoptères suffit pour tuer un chien de moyenne taille.

Parmi les insectivores que nous venons de citer, ceux qui habitent des climats froids, s'engourdissent le plus souvent en hiver, saison pendant laquelle ils ne trouveroient pas la nourriture qui leur convient.

L'Amérique méridionale, l'Afrique, l'Inde et la Nouvelle-Hollande offrent plusieurs animaux de moyenne ou de petite taille, qui n'ont point de dents du tout, et qui vivent uniquement de fourmis. Ces espèces sont toutes caractérisées par un museau plus ou moins prolongé, par une bouche peu ouverte, et par une langue cylindrique, gluante, susceptible de sortir beaucoup, et qu'ils promènent sur les fourmilières, après les avoir ouvertes avec leurs griffes, pour engluer les petits insectes, qu'ils avalent avec une grande rapidité.

Si quelques animaux marins vivent de mollusques, de radiaires ou de polypes, ce ne sont tout au plus que les baleines, dont les fanons sont propres à triturer de semblables alimens.

Quant aux quadrupèdes qui recherchent les charognes ou les cadavres, les principaux sont les loups, les chacals, les hyènes, etc.

L'hyène et le chacal, pressés par la faim, entrent quelquefois dans les habitations des hommes, se jettent sur toutes les substances animales qu'ils rencontrent, comme par exemple sur les harnois du cuir le plus épais, et les dévorent avec fureur.

Les mammifères omnivores sont caractérisés par leurs molaires à couronne, tuberculeuses, mousses et non aiguës comme celles des insectivores, ou comprimées, tranchantes et lobées comme celles des carnassiers proprement dits: les uns se nourrissent de racines, de fruits, et de chair, par occasion, comme les ours et les porcs; d'autres, de graines, de racines, de fruits, d'insectes, de chair fraîche et de charogne, comme tous les rongeurs du genre des rats, quelques loirs, gerboises ou gerbilles, etc.; d'autres, comme le rat d'eau, ajoutent à leur nourriture, qui consiste principalement en racines, des larves d'insectes et des poissons, ou du frai, lorsqu'ils en trouvent.

L'homme est l'exemple d'omnivore le plus frappant qu'on puisse citer.

Du mode de progression des mammifères.

Les animaux de la classe des mammifères peuvent, 1.º ou marcher sur la terre; 2.º ou plonger dans les eaux; 3.º ou s'élever dans les airs.

Leur état normal en fait des animaux terrestres; ce n'est que par l'effet d'une anomalie qu'ils peuvent voler ou nager.

Parmi ceux qui sont destinés à rester sur la terre, on peut distinguer ceux qui marchent sur deux pieds seulement, et chez lesquels les extrémités antérieures ne sont que des organes de préhension (l'*homme*); et ceux qui doivent constamment se servir de leurs quatre pieds, pour marcher, ou grimper, ou sauter, etc., comme les *quadrupèdes* proprement dits.

Dans l'article suivant (sur l'*organisation des mammifères*), on traitera de tous les points d'organisation qui donnent à l'homme la faculté de marcher sur les deux pieds, de tenir son corps droit, etc. Il nous suffira de dire ici que les principaux consistent dans la largeur des plantes des pieds, la force des mollets et des muscles fessiers, la largeur du bassin, la position de la tête sur le cou, la direction des yeux, la brièveté des bras, relativement aux jambes, etc.

Il s'ensuit que chez lui, la progression a lieu par le déplacement des deux membres abdominaux, portés successivement l'un en avant de l'autre, mais sur deux lignes parallèles; la course diffère de la marche, en ce que les mouvemens communiqués à ces membres sont plus rapides.

Les vrais quadrupèdes ont les extrémités à peu près d'égale longueur. Dans le mode de progression, le plus ordinaire chez eux (le *pas*), les bipèdes diagonaux, c'est-à-dire, la jambe droite de devant et la jambe gauche de derrière, ou la jambe gauche de devant et la jambe droite de derrière, agissent successivement; mais, dans chacun de ces bipèdes, le pied antérieur part le premier, et, un instant après, est suivi du postérieur, du côté opposé; ce qui fait que les quatre pieds sont ainsi levés et posés l'un après l'autre. Dans une allure plus vive (le *trot*), les deux pieds de chaque bipède diagonal se lèvent et se posent à la fois. Le *galop* est un autre mode de progression plus compliqué, dans lequel, par exemple, le pied gauche de derrière pose à terre le premier, ensuite la jambe droite de derrière se lève conjointement avec la gauche de devant, et retombent à terre en même temps; et enfin, la jambe droite de devant, qui s'est levée un instant après la gauche de devant et la droite de derrière, retombe à son tour. Dans le *galop à deux temps*, ou le *grand galop*, les deux pieds de devant partent et se posent en même temps, et sont suivis des deux pieds de derrière, qui agissent aussi ensemble. Enfin, dans l'*amble*, les deux jambes d'un même côté partent en même temps, pour faire un pas; et ensuite les deux jambes du côté opposé partent aussi en même temps, pour en faire un autre, et ainsi successivement.

La plupart des quadrupèdes, lorsqu'ils marchent lentement, vont au pas; le trot est propre à certaines espèces, comme le cheval, le renard, quelques chiens, l'ours et l'éléphant, lorsqu'ils se pressent; l'amble, naturel à certains chevaux et à quelques gros chiens, est particulier à l'hyène, et contribue à rendre la démarche de cet animal très-singulière; le galop, et surtout le galop à deux temps, sont employés par les mammifères, lorsqu'ils sont poursuivis vivement, ou lorsqu'eux-mêmes ils chassent une proie.

Quelques mammifères ont les extrémités antérieures beaucoup plus longues que les postérieures; ceux-là ne peuvent marcher droit, comme l'homme, ni à quatre pieds, comme les quadrupèdes: la position de leur corps est oblique. Ils ont en général peu de vivacité dans leur mouvement, et sont plutôt disposés à grimper sur les arbres, qu'à tout autre genre d'exercice.

Mais, au contraire, d'autres, tels que les gerboises, les gerbilles, les kanguroos et les potoroos ont les pieds postérieurs infiniment plus longs que les antérieurs, qui même semblent autant éloignés, par leur brièveté, de la dimension ordinaire, que les postérieurs le sont par leur excès de développement.

Les rongeurs et surtout les lièvres, chez lesquels cette disproportion n'est cependant pas encore excessive, courent en général au grand galop; mais ils évitent de descendre ainsi les pentes des montagnes, car les efforts de leurs membres postérieurs sont tels qu'ils les feroient culbuter; au contraire, ils courent avec plus d'avantage en montant, parce que la pente du terrain, en relevant leur train antérieur, place leur corps dans une situation à peu près horizontale.

Les kanguroos marchent avec la plus grande difficulté; ils se servent de leur queue qui est très-robuste, comme d'un point d'appui pour, avec l'aide de leurs pattes antérieures, relever le train de derrière, et donner aux longues jambes postérieures la faculté de se porter en avant; et lorsqu'ils courent, ou plutôt lorsqu'ils *sautent* (car c'est le mot qui convient ici), ces dernières agissent seules, et lancent le corps à une distance considérable; mais la queue vient à leur secours, et au moment où l'animal touche la terre, elle s'étend et forme avec les deux métatarses, comme un trépied qui le maintient dans la situation convenable pour exécuter un nouveau saut.

La gerboise est de la taille d'un rat; ses pieds de derrière sont encore plus longs que ceux des kanguroos, leur plante est fort courte, et le métatarse en est relevé; la queue très-longue, est velue à son extrémité; aussi observe-t-on une différence remarquable dans la progression de cet animal, comparée à celle des kanguroos. A chaque saut, la gerboise tombe sur ses petits pieds de devant; mais elle se relève avec promptitude à l'aide de sa queue qui fait l'office de balancier, et qui empêche le corps de se renverser en arrière; ce qui arrive lorsque, par accident, elle se trouve coupée.

Dans les martes, les putois, les furets, qui ont les pieds petits et fort éloignés, la marche se fait toujours par un galop à deux temps; le dos étant courbé en arc, afin de rapprocher davantage ces extrémités et d'empêcher le ventre de traîner à terre.

Parmi les mammifères terrestres, il est un grand nombre d'espèces qui ont la facilité de monter sur les arbres pour y trouver leur nourriture. La plupart ont les pouces séparés et opposables aux autres doigts, soit aux quatre pieds, comme dans les singes et les makis, soit aux pieds de derrière seulement, comme dans plusieurs marsupiaux. Cette disposition donne aux animaux qui la présentent la facilité de saisir les branches et de s'appliquer exactement contre elles. D'autres, dépourvus de doigts mobiles, ont dans leurs grands ongles des crochets qui leur servent au même usage, quoique d'une manière assez imparfaite : tels sont les bradypes et quelques fourmiliers.

Enfin, parmi les espèces grimpantes, plusieurs se font remarquer par la faculté qu'elles ont de se servir de leur queue comme d'un cinquième membre, à cause de la mobilité qu'elle acquiert, pouvant s'enrouler par sa pointe aux branchages, et même ramasser des corps assez menus, avec une précision étonnante. Cette queue, dite prenante (*cauda prehensilis*), appartient notamment à quelques singes d'Amérique, aux didelphes, aux phalangers des îles de l'archipel indien, aux coëndous, etc.

Quelques quadrupèdes creusent la terre avec une grande facilité; chez eux, les extrémités sont disposées pour cet usage. Ordinairement, les ongles des pieds de devant sont très-forts, et ces pieds sont très-courts et robustes; aussi ces animaux fouisseurs sont-ils rarement coureurs; si l'on en excepte cependant la gerboise qui pratique sa demeure dans des sables faciles à remuer. La taupe, la scalope et la chry-sochlore sont surtout remarquables par la force de leurs mains, dont tous les doigts réunis forment ensemble comme une sorte de pelle ou de bêche très-propre à entamer la terre : dans ces animaux, le ventre touche à terre.

Les mammifères aquatiques sont de plusieurs sortes : les uns se tiennent sur les bords des rivières ou des fleuves, et y plongent pour saisir leur proie ou pour chercher les racines ou les plantes dont ils se nourrissent. Leurs extrémités sont : tantôt toutes les quatre palmées, comme dans l'ornithorhinque, chez lequel l'expansion de la peau est celle de la paume ou de la plante du pied, et non celle d'entre les doigts, comme cela a lieu dans les loutres et les cabiais (qui ont de même les quatre pieds palmés) ; tantôt ce ne sont seulement que les postérieures, ainsi que cela se voit dans les castors et les chironectes, chez lesquels la peau qui s'étend entre les doigts, est entière ; ou dans les desmans dont les pieds ne sont qu'à demi-palmés; ou dans les hydromys où ils sont palmés aux deux tiers.

L'ondatra, dont les mœurs sont si semblables à celles du castor, a les pieds postérieurs propres à la natation ; mais, au lieu d'avoir les doigts réunis par la peau, chacun d'eux est bordé, à droite et à gauche, d'une rangée de cils allongés, roides et serrés, qui se croisant par la pointe avec ceux des doigts voisins, complètent ainsi une surface propre à offrir une résistance à l'eau.

Parmi les mammifères marins, les phoques et les morses doivent être d'abord distingués, parce qu'ils ont quatre extrémités; chez eux les antérieures ont les doigts réunis, mais armés de griffes, et dans quelques espèces de phoques otaries, la peau du bout de chaque doigt se prolonge en une longue lanière linéaire en forme de bandelette ; les pieds de derrière situés tout-à-fait à l'extrémité du corps, ont aussi leurs doigts apparens, mais réunis par la peau. D'autres, tels que les lamantins et les dugongs, n'ont plus que des membres antérieurs ; mais ces membres ont tous leurs doigts enveloppés d'une peau épaisse sur laquelle on retrouve des vestiges d'ongles. Enfin, les cétacés qui n'ont aussi que des extrémités antérieures, les ont encore moins conformées en membres de quadrupèdes, et l'on n'y voit aucune trace d'ongles.

Les phoques sont des animaux très-agiles qui nagent avec la plus grande facilité, et qui peuvent, au moyen de l'extrême flexibilité de leur colonne vertébrale, exécuter une foule de mouvemens et d'évolutions dans l'eau ; ils viennent à terre, mais ils y marchent avec beaucoup de difficulté. Les lamantins, les dugongs, les stellères, ont encore plus de peine à sortir de l'eau, et sont comme des masses presque inertes, lorsqu'ils sont échoués sur le rivage. Les cétacés ne quittent jamais la mer, où ils nagent avec une prodigieuse vitesse, au moyen des mouvemens de leur queue et de leurs nageoires. Leur queue, à cause de sa forme aplatie de haut en bas et non comprimée de droite à gauche, se meut principalement dans le sens vertical, au lieu de le faire dans le sens horizontal, comme celle des poissons.

Quant aux mammifères volans, ils sont de deux sortes. Les uns ont simplement la peau des flancs très-étendue entre la face postérieure des pattes de devant et la face antérieure des pieds de derrière; comme cela existe dans les galéopithèques, les écureuils et les phalangers volans; alors l'effet de ces expansions de la peau consiste à empêcher le corps lancé d'un point très-élevé, comme la cime d'un arbre, par exemple, de tomber trop lourdement; et leur fonction se borne à celle d'un parachute. Les autres, au contraire, peuvent véritablement voler, c'est-à-dire, s'élever dans l'air au moyen des mouvemens de leurs membres antérieurs, prodigieusement développés, munis de très-longs doigts, lesquels sont séparés les uns des autres par des expansions d'une peau très-fine : telles sont les chauve-souris.

Le vol de ces animaux est comme incertain et vacillant, et il est d'autant plus léger que le corps est garni de membranes ou d'expansions de la peau plus développées; comme cela a lieu, par exemple, lorsque les extrémités postérieures sont réunies par une membrane particulière appelée, à cause de sa position, *membrane interfémorale*, et qui tantôt enveloppe la queue dans toute son étendue, tantôt la laisse dépasser à son extrémité, ou bien en dessous.

*Du mode employé par les mammifères pour rechercher ou saisir
leur nourriture.*

Tous ceux qui ont, comme l'homme et les singes, les extrémités antérieures pourvues de *mains* à doigts mobiles et à pouce opposable, ont en même temps des clavicules complètes. Parmi eux, l'homme, outre la grande perfection de ses organes de préhension, peut encore les armer à son gré d'instrumens de formes variées qui en augmentent l'action, selon les divers buts qu'il se propose. Les singes, qui vivent de fruits, sont organisés pour grimper sur les arbres, et une seule de leurs mains leur suffit pour saisir leur nourriture et la porter à la bouche. Il n'en est point de même de tous les autres animaux claviculés dépourvus de pouces, et dont les doigts mobiles, tous ensemble et dans un seul sens, sont terminés par des ongles crochus : dans ceux-ci, tels que les écureuils, les rats, etc., le concours des deux mains devient nécessaire; aussi ces animaux, pour prendre plus à leur aise leurs repas, ont-ils l'habitude de s'asseoir; ce qui met à leur libre disposition l'usage de leurs membres antérieurs.

Les carnassiers qui n'ont que des clavicules rudimentaires

et dont les doigts sont pourvus de griffes , sont obligés , pour déchirer leur proie, d'appuyer dessus leurs deux pattes anté-rieures et de tirer avec les dents; ce ne sont guère que les chats qui peuvent porter à leur gueule, avec une seule patte , une petite portion de leurs alimens, en la saisissant avec leurs ongles acérés.

Les quadrupèdes mangeurs d'insectes cherchent leur nour-riture à la surface du terrain (musaraigne , hérisson). Quel-ques-uns grattent la terre ou détruisent les habitations des termès qui sont leur aliment principal (fourmiliers); d'autres grimpent sur les arbres dans le même but , et parmi ceux-ci, nous devons remarquer l'aye-aye de Madagascar qui a deux doigts de sa main, surtout l'annulaire, excessivement grêles, fort allongés et comme destinés à aller rechercher les petites larves qui sont cachées sous les écorces. Les chauve-sou-ris, en volant la gueule ouverte , avalent les papillons et les frigancs sans les toucher avec les membres.

Les cétacés et les phoques , en nageant, se comportent comme les poissons, et saisissent leur proie dans le cours de leur natation rapide. Quelques cétacés , cependant, vivent de plus grandes espèces que les leurs : ils savent les attaquer par les parties les moins susceptibles d'être défendues. Un d'entre eux particulièrement, armé d'une longue dent aiguë termi-nant antérieurement son corps , en fait usage , dit-on , pour mettre à mort les baleines , dont la langue seulement lui sert de pâture.

Les herbivores paissent l'herbe à terre ; ce qui leur est rendu facile par l'allongement de leur cou , ou bien , ainsi que nous avons déjà eu occasion de le faire observer , lors-que le défaut qui résulte de la brièveté de celui-ci est com-pensé par l'existence d'une trompe mobile.

C'est, en partie, dans la manière de rechercher leur nour-riture, que les animaux montrent le plus d'INSTINCT (*Voyez ce mot*), et il faudroit ici passer en revue la série entière des mammifères , si nous voulions rapporter toutes les observa-tions dont cet instinct a été le sujet, chacune de leurs espèces ayant le sien propre. Nous nous bornerons à en citer quelques-unes. Beaucoup de quadrumanes, et notamment les guenons , se réunissent en troupes assez nombreuses, pour aller dévaster les jardins et les champs de maïs qui avoisinent les forêts où ils se tiennent habituellement; remplissent leurs abajoues, garnissent leurs mains , et s'en vont ainsi , tant qu'ils ne sont pas inquiétés ; mais si on les poursuit , ils abandonnent ce qui les gêne, et se sauvent au plus vite. Les chéiroptères in-sectivores hibernent dans les contrées septentrionales , et

sont actifs en tout temps dans les pays chauds ; ils ne sortent
que le soir des cavernes, des réduits de vieux édifices ou des
creux d'arbres où ils se tiennent relégués pendant le jour,
enveloppés dans le vaste manteau que forment leurs ailes, et
suspendus la tête en bas par les cinq petites griffes très-
acérées de leurs pieds de derrière. Ils montent et descendent
dans l'air changeant de direction à chaque instant, et saisissent les papillons nocturnes et crépusculaires qui sortent de
leurs retraites précisément en même temps qu'eux, pour s'accoupler. Les glossophages et les phyllostomes vampires sont,
parmi les mammifères volans, ceux qui offrent les habitudes
les plus singulières. Ne se contentant pas de manger des insectes, ils s'approchent, dit-on, des hommes endormis, et
cherchant les parties où les veines sont le plus superficielles, ils commencent à en lécher la peau avec leur
langue, garnie de petites lancettes cornées qui ne tardent pas
à en faire sortir le sang qu'ils s'empressent de sucer. Dans
l'Ile-de-France et dans l'archipel des Indes, on voit vers
le soir, aussi voltiger les plus gros chéiroptères connus, les
roussettes et même les galéopithèques, qui se rapprochent
des dattiers les plus élevés pour en manger les fruits. Les
hérissons, animaux insectivores de leur nature, ne laissent pas
de vivre aussi de fruits, et l'on assure que pour les transporter dans leurs retraites et les dévorer à leur aise, ils se roulent
dessus jusqu'à ce que leurs épines en aient piqué quelques-
uns qui y restent attachés. Le raton laveur de l'Amérique
septentrionale est connu par l'habitude singulière qu'il a
de tremper dans l'eau tous ses alimens avant d'en faire usage.
Le kinkajou, dont la queue est très-longue et prenante, et
qui vit de crabes, fait, dit-on, entrer l'extrémité de cette
queue dans la retraite des crustacés qu'il recherche, jusqu'à
ce que ceux-ci l'aient saisie fortement avec les pinces de
leurs pattes antérieures ; alors il la retire vivement comme
le fait un pêcheur de sa ligne lorsqu'il sent que le poisson a
mordu à l'hameçon. Le glouton n'a reçu ce nom qu'à cause
de ses mœurs carnassières et voraces ; il guette les élans et les
rennes qui habitent les mêmes contrées que lui, monte sur
les arbres à l'aide de ses griffes très-acérées, attend ces
animaux au passage, et souvent fort long-temps ; lorsqu'ils
sont à portée, il s'élance sur eux, se fixe fortement sur
leur dos, leur déchire le cou et ne les quitte point qu'il ne
les ait mis à mort, après leur avoir fait éprouver des douleurs
atroces et avoir répandu tout leur sang. Les ruses des belettes, des martes, des fouines, des putois, ont été signalées ;
on sait que ces animaux buveurs de sang s'introduisent, pendant la nuit, dans les habitations rurales ; qu'ils se jettent

sur les volailles, qu'ils en tuent un bien plus grand nombre qu'il n'est nécessaire pour leur subsistance ; et l'on connoît aussi l'ardeur du furet, animal du même genre, à poursuivre les lapins dans leurs terriers jusqu'à ce qu'il les ait atteints et qu'il les ait saignés au cou. Les chiens, redevenus sauvages, dérogent à l'habitude constamment observée dans les quadrupèdes carnassiers, celle de vivre isolés. Ils se réunissent en troupes afin de poursuivre une proie commune ; ils disposent des relais pour la forcer à la course s'ils ne peuvent l'atteindre facilement ; ces animaux intelligens semblent avoir inventé l'art de la chasse, et l'on peut presque dire que les veneurs n'ont fait que profiter des leçons qu'ils en ont reçues. Rapporter ici toutes les ruses du renard, celles du loup, ce seroit diminuer en quelque sorte l'intérêt des articles qui leur sont consacrés dans ce Dictionnaire. Nous remarquerons seulement que le caractère naturel de ces animaux est empreint de lâcheté chez le loup, et de foiblesse compensée par la ruse chez le renard. Le premier se contente ordinairement de charogne ; mais lorsque la faim le presse un peu, il se jette sur les troupeaux de moutons, et évite autant qu'il est possible le combat avec les chiens commis à leur garde ; enfin, ce n'est que dans la détresse la plus absolue qu'il cherche à se réunir aux siens, et que, devenu plus hardi par nécessité, il ose attaquer l'homme. Le renard, qui se risque toujours moins, qui a un appétit moins véhément, qui, en automne, joint à sa nourriture animale l'usage du raisin, n'emploie jamais la force et s'en tient à la ruse. S'introduisant sous les portes des fermes, il égorge en une seule nuit tout un poulailler, tous les canards d'une basse-cour, et, s'il en a le temps, il enlève ses victimes une à une et va les cacher dans les bois, dans des lieux écartés, où souvent il les recouvre de feuilles, afin de les retrouver au besoin.

L'ours, animal ordinairement paisible, et plutôt herbivore que carnassier, se détermine, seulement dans les années de grands froids et de neige, à attaquer l'homme et les animaux domestiques. Alors, participant aux habitudes des loups, et marchant quelquefois, comme de concert, avec eux, il descend des cimes des montagnes vers les régions moyennes, où il peut espérer de se livrer, avec quelque succès, à l'état de brigandage que la faim lui a fait embrasser.

Les hyènes, farouches à l'excès, quadrupèdes nocturnes, qui dévorent les cadavres humains, quoique placés à des profondeurs considérables, si l'on n'a le soin de mêler des épines à la terre qui les recouvre ; les hyènes qui habitent l'Orient et les contrées les plus méridionales de l'Afrique, ainsi que les chacals, animaux intermédiaires aux loups et aux re-

nards par leur taille et leurs habitudes, vont continuellement,
de compagnie avec les Bédouins, à la suite des caravanes qui
traversent le désert, espérant faire leur proie des hommes
et des animaux égarés, ou des corps abandonnés; ainsi
qu'on voit presque toujours à la suite des navires, des
troupes de requins s'emparant de tout ce qui tombe à la
mer.

Tous les quadrupèdes du genre des chats, depuis le chat
domestique jusqu'au lion, au jaguar et au tigre, ont des
habitudes communes, qui les rapprochent aussi bien les
uns des autres, que le font les divers points de leur organisation interne et leurs caractères extérieurs. Tous chassent
leur proie par surprise, et s'élancent sur elle d'un seul bond
lorsqu'elle est à portée, mais ne la suivent jamais à la course
et à la piste, comme le font les chiens. Les phoques saisissent habilement les poissons vivans, et, avant de les avaler; ils leur ouvrent le ventre d'un coup de dent, et les
secouent pour en séparer les intestins et les matières qu'ils
contiennent.

Parmi les rongeurs, il en est beaucoup qui se pratiquent
des demeures souterraines où ils placent leurs provisions d'hiver, qui consistent en grains, semences sèches et foin; les
autres, sans prévoyance, mangent ce qu'ils rencontrent.
Nous avons déjà eu l'occasion de faire connoître le genre de
vie des fourmiliers, des pangolins, des oryctéropes et des
échidnés, et nous avons également parlé de la difficulté que
les bradypes éprouvent pour se procurer les feuilles dont ils se
nourrissent, et du peu d'instinct dont ils sont pourvus; nous
n'y reviendrons pas ici. Les ornithorhinques, dont le bec
est si semblable à celui des canards, doivent vivre comme
ces animaux, c'est-à-dire, en tamisant la vase des petites
rivières qu'ils habitent, pour en séparer les insectes ou les
larves.

Les éléphans, doués d'un instrument aussi parfait que
l'est leur trompe, s'en servent à une multitude d'usages, et
notamment à porter leurs alimens à la bouche. Avec le dessous de l'extrémité de cette trompe ils forment un pli dans
lequel ils saisissent les touffes d'herbes qu'ils veulent arracher, ou les branches d'arbre garnies de leurs feuilles, qu'ils
veulent briser.

Les cochons, friands de truffes et de certaines racines,
savent parfaitement reconnoître les endroits où ils peuvent
espérer d'en rencontrer, et avec leur nez, soutenu par un
os intérieur (celui du boutoir), ils ont bientôt ouvert la terre
qui les recouvre.

Les ruminans, en général, sont, de tous les mammifères, ceux qui ont le moins d'instinct; aussi leur histoire ne présente-t-elle rien de très-remarquable relativement à la manière dont ils prennent leur nourriture, qu'ils trouvent facilement dans les champs. Néanmoins on remarque que le renne sait gratter la neige pour trouver dessous le lichen dont il fait son aliment principal; que les vaches et les brebis distinguent (ainsi que les chevaux) les herbes qui leur conviennent, et se gardent de toucher à celles qui leur sont nuisibles; que les chèvres, par leur nature, sont portées à gravir les lieux escarpés où croissent les plantes les plus sèches; que les bouquetins et les chamois changent de canton, ainsi que les cerfs, dans les différentes saisons de l'année, pour se rendre dans les lieux où ils rencontrent des plantes dont le goût leur plaît davantage, etc.

Nous ne connoissons pas assez les habitudes naturelles des chevaux sauvages, pour dire si elles présentent quelques particularités remarquables sous le point de vue qui nous occupe; mais nous savons de quelle rare intelligence sont doués ces animaux à l'état de domesticité, pour se procurer les alimens qui leur plaisent; nous connoissons les finesses qu'ils emploient, les secours qu'ils se prêtent mutuellement pour en venir à leurs fins, etc.; ce qui leur est, d'ailleurs, en partie commun avec les chiens et les chats, dont nous n'avons parlé qu'en les considérant dans l'état sauvage.

Pour boire, les mammifères emploient différens moyens. L'homme et quelques singes peuvent prendre de l'eau dans le creux de la main et la porter à la bouche. D'autres animaux, comme les carnassiers et particulièrement les chiens et les chats, tirent considérablement leur langue mince, la replient en dessus en la faisant entrer dans le liquide, et la retirent ensuite avec rapidité, en répétant très-vivement le même exercice un certain nombre de fois. D'autres, comme les chevaux et les ruminans, plongent le bout des lèvres et hument; enfin, l'éléphant aspire avec son nez et remplit une partie des canaux de sa trompe; ensuite il en replie l'extrémité, la fait entrer dans sa bouche jusqu'au gosier, et y souffle avec force tout le liquide qu'elle contient.

Il est aussi des quadrupèdes qui ne boivent jamais, comme quelques-uns de ceux qui se nourrissent d'herbes succulentes, et il en est vraisemblablement ainsi de ceux qui, toujours plongés dans l'eau comme les cétacés et les phoques, ne doivent rien perdre par la transpiration. Les chameaux sont d'une grande sobriété, tant pour leurs alimens que pour leur boisson; néanmoins, lorsqu'ils trouvent de l'eau, ils en prennent beaucoup. Cette eau se rassemble dans les cellules membraneuses qui sont annexées à leur panse, et s'y conserve pure, comme dans un réservoir, pendant plusieurs jours. D'autres quadrupèdes, tels que les tigres et les autres chats, paroissent continuellement altérés.

En général, les mammifères dont la transpiration est abondante, boivent plus que les autres; mais le fait que nous venons de citer relativement aux tigres et aux chats, est comme une anomalie à cette règle, car ces animaux ne suent pas d'une manière sensible. Les chiens, qui suent presque uniquement par la langue, boivent assez abondamment.

Des excrétions des mammifères en général, et des sécrétions extérieures particulières à quelques-uns.

Excrétions. — Les excrémens des mammifères sont d'autant plus abondans, que ces animaux prennent une quantité plus considérable d'alimens, et que ces alimens contiennent moins de parties nutritives susceptibles d'être assimilées. Ainsi, les herbivores en rendent incomparablement plus que les carnivores.

Ils ont aussi plus ou moins de consistance. Ceux des carnassiers qui recherchent la chair pourrie, sont presque liquides ; dans ceux qui brisent et digèrent les os, ils prennent une solidité telle, que leur expulsion en devient douloureuse. Ceux des ruminans et des solipèdes, affectent la forme de pilules, ou de parties arrondies. Chez ceux des solipèdes en particulier, on distingue le plus ordinairement la forme première des alimens dont ils proviennent, et des grains entiers qui ont quelquefois été si peu digérés, qu'ils sont encore susceptibles de germer. Les ruminans, dont les alimens subissent une double trituration et une digestion plus lente, ont leurs excrémens de nature homogène.

Chez les herbivores, leur couleur diffère peu de celle de l'herbe. Chez les carnassiers, ils prennent une teinte plus ou moins rembrunie, si ce n'est ceux qui sont formés d'ossemens, lesquels sont blancs, et ont reçu, en pharmacie, lorsqu'ils proviennent des chiens, le nom d'*album græcum*. Ceux des petits rongeurs, tels que les rats et les souris, de couleur noire, et en plus petites parties, plus ou moins arrondies, étoient aussi d'usage sous le nom ridicule d'*album nigrum*.

L'odeur des excrémens est aussi variable. Dans les carnassiers, elle est en général très-fétide ; et ces quadrupèdes (surtout les chats) ont l'habitude, très-remarquable, de les recouvrir de terre, sans doute afin de dérober aux animaux qu'ils poursuivent, la connoissance de leur présence dans les lieux où ils ont déposé ces excrémens. L'odeur de ceux des ruminans n'est pas désagréable, et même ceux des bœufs sentent un peu le musc.

La saveur des excrémens des carnassiers est extrêmement âcre, et l'on a remarqué qu'ils font cesser toute végétation, pour long-temps, dans les lieux où ils sont déposés en quantité.

Les fumiers provenans des herbivores, au contraire, sont un des moyens puissans de l'agriculture, pour faire produire les terres plus abondamment; et selon les espèces, ils offrent des effets différens; ainsi, le fumier de mouton paroît contenir beaucoup plus de parties salines actives que celui de cheval; et celui-ci, plus que le fumier des ruminans, etc.

Les urines ont aussi une odeur plus ou moins désagréable. Celles des chats, des mouffettes, des putois, des renards, en ont une particulièrement très-pénétrante, et qui persiste long-temps. Elles sont plus abondantes dans les herbivores que dans les carnassiers; elles sont éjaculées diversement, le plus souvent en avant, et quelquefois, comme celles des chats et des chameaux, etc., en arrière.

Quelquefois elles ajoutent aux moyens de défense des animaux, surtout lorsqu'elles sont très-fétides, comme dans les renards et les mouffettes.

Sécrétions particulières. — Certains mammifères présentent au dehors de leur corps et sur différentes parties, des issues garnies de cryptes, qui distillent des matières, de consistance et d'odeur différentes.

Ainsi, le pécari a sur la région des lombes une sorte de fistule toujours ouverte, d'où suinte continuellement un liquide peu épais, qui ne prend point de consistance en séchant, et dont l'odeur, sans être extraordinairement fétide, est néanmoins fort désagréable.

La civette et le zibeth ont, entre l'anus et les organes de la génération, une double poche ouverte par une fente transversale, où différentes petites glandes versent une humeur très-odorante avec consistance de pommade; on en trouve de semblables, mais dont la matière est loin d'être agréable à l'odorat, dans les blaireaux.

Le musc et le castor mâles ont au prépuce deux poches semblables, et la substance qui s'y rassemble, quoique d'une odeur très-forte, réputée agréable, peut être comparée à la matière sébacée qui s'amasse autour du gland, dans les animaux qui l'ont recouvert naturellement par le prépuce.

Les chats, les chiens, et la plupart des carnassiers, ont aussi des glandes situées près de l'anus, qui sécrètent une liqueur qui paroît avoir un attrait particulier dans l'espèce des chiens, ce qui porte ces animaux à se flairer mutuellement lorsqu'ils se rencontrent.

Dans l'éléphant, derrière les oreilles, et dans le chameau, le long du cou, on voit dans le temps du rut, des gerçures s'ouvrir, et une matière visqueuse et fétide en découler.

Dans les musaraignes, à la même époque, la peau des flancs laisse transsuder une liqueur sécrétée par des glandes particulières, situées de chaque côté.

Dans beaucoup de ruminans du genre des cerfs, il y a sous chaque œil une ouverture à la peau, communiquant avec une petite poche, et dans laquelle se rassemble une humeur jaunâtre, onctueuse et transparente.

De la voix des mammifères.

En traitant de l'organisation des mammifères, on donnera la description des organes de la voix dans ces animaux, et l'on fera connoître en quoi ils diffèrent, sous ce rapport, des autres vertébrés. Nous ne devons ici parler de la voix que relativement à sa nature et à ses usages.

L'homme seul peut articuler des sons, ce qui est dû vraisemblablement à la grande mobilité de sa langue et de ses lèvres, ainsi qu'à la forme générale de sa bouche. « Il en résulte pour lui, dit M. Cuvier, un moyen de communication bien précieux; car des sons variés sont, de tous les signes que l'on pourroit employer commodément pour la transmission des idées, ceux que l'on peut faire percevoir le plus loin et dans le plus de directions à la fois. »

C'est à cette propriété, jointe à la perfection de sa main, qu'il doit une grande partie de sa puissance.

Les autres mammifères ne font entendre que des cris; mais ces cris sont encore sujets à des modifications assez variées, et s'ils ne servent point à la communication de leurs idées, ils servent du moins à faire connoître la passion qui les agite. Ainsi, on distingue très-bien le cri de la rage, dans l'animal qui menace sa proie; celui de détresse dans la victime; le cri d'amour d'un sexe pour l'autre; celui de ralliement que la femelle fait entendre pour rassembler ses petits autour d'elle; celui de la colère; et dans quelques espèces même, celui de la reconnoissance envers l'homme.

Le larynx des singes, qui, jusqu'à un certain point, ressemble à celui de l'homme, offre, dans les espèces dont l'organisation les en rapproche le plus, des sacs membraneux plus ou moins étendus, où l'air s'engouffre pour ne produire que des sons plus ou moins rauques et jamais articulés.

Les grands singes d'Afrique, tels que les mandrills ont, pour voix un petit son, *nou*, *nou* prononcé de la gorge et jamais bien haut; les guenons et les macaques font entendre des cris fort secs et désagréables. Les alouates de l'Amérique méridionale qui ont été appelés, par les voyageurs, singes hurleurs, se réunissent par troupes, et l'un d'eux pousse des cris continus, qui peuvent être entendus d'un mille à la ronde; aussi ces singes ont-ils un appareil laryngien qui leur donne un aspect singulier; leur mâchoire inférieure a ses branches très-écartées et très-hautes, afin de recevoir, dans l'espace qui les sépare, un tambour osseux, apparent à travers la peau de la gorge, et qui n'est autre que le corps même de l'os hyoïde renflé et creusé. C'est ce tambour qui est la principale cause du bruit énorme dont ces alouates font retentir les forêts.

Les sajous ou sapajous, aussi de l'Amérique méridionale, n'ont qu'un petit cri flûté, qui leur a fait donner le nom de *singes pleureurs*.

Le maki vari, au rapport des voyageurs, fait un grand bruit dans les bois de Madagascar; mais, dans l'état de captivité, les autres espèces du même genre ne produisent qu'un petit grognement presque continuel.

Les chauve-souris, les musaraignes et autres petits insectivores n'ont pour toute voix qu'un petit cri fort aigu.

Celle de l'ours est un grondement, un gros murmure, souvent mêlé d'un frémissement de dents. Celle du kinkajou, lorsqu'il est seul pendant la nuit, ressemble assez, en petit, à l'aboiement du chien, et commence toujours par un éternuement; lorsqu'on lui fait du mal, cette voix ressemble à celle d'un jeune pigeon; quand il menace, il siffle à peu près comme une oie; quand il est en colère, il pousse des cris éclatans et confus.

Les blaireaux, les belettes, les fouines, les putois, etc., marchent toujours en silence, ne donnent jamais de voix qu'on ne les frappe, et ont alors un cri aigre et enroué qui exprime la colère ou la douleur.

Le *glapissement* du renard est l'espèce de petit aboiement qui fait le cri propre de cet animal : le renard glapit surtout en hiver, pendant la neige et la gelée, et son glapissement est alors terminé par un son de voix plus élevé et plus aigu.

Les *hurlemens* des loups et de plusieurs autres animaux carnassiers sont des cris lugubres et prolongés qu'ils jettent lorsque la faim les presse, et quelquefois lorsque l'amour les transporte. Les loups hurlent surtout pendant la nuit, et c'est durant celles d'hiver qu'on les entend le plus hurler.

Le chien , lorsqu'il a perdu son maître , jette aussi un cri gémissant et douloureux qui est une espèce de hurlement.

Les *aboiemens* de cet animal nous sont plus connus qu'aucun autre cri de quadrupède. Nous en distinguons parfaitement les variétés. Le chien a son aboiement de contentement lorsqu'il revoit son maître , celui de la douleur lorsqu'il est blessé ou frappé , celui de la joie lorsqu'il joue avec d'autres animaux de son espèce , etc. Les chiens de garde , assez silencieux le jour , aboient surtout la nuit. L'aboiement des chiens à la poursuite d'une bête , sert, suivant ses différens accens, à reconnoître à quel point en est la chasse.

La voix de l'hyène , à l'état de nature , est comparée, par quelques naturalistes au bruit que fait un homme qui vomit avec effort ; mais, dans les ménageries, cet animal ne crie jamais que quand on l'irrite, et rend alors un cri de colère , assez semblable à celui des autres carnassiers dans le même cas.

Dans les *miaulemens* des chats, on distingue parfaitement les appels des femelles ; les cris de douleur que leur arrachent les approches des mâles ; les sons bas et doux qu'elles font entendre à leurs petits pour s'en faire suivre, etc. Les mâles, dans leurs combats nocturnes, font retentir l'air des éclats de leur voix , précédés ou suivis de sifflemens étouffés et de grondemens plus ou moins prolongés. Lorsque ces animaux ont toutes leurs aises , et surtout lorsqu'ils sont repus et qu'ils ont chaud , ils produisent un bruit continuel, semblable à celui d'un rouet à filer en mouvement , ce qui dépend d'une conformation particulière de leur larynx.

Le *rugissement* est le cri effrayant et imposant du lion , du tigre , etc. Celui du lion est composé de sons prolongés , assez graves, mêlés de sons aigus et d'une sorte de frémissement ; il est susceptible de variations nombreuses , selon l'âge , le sexe et les passions qui animent les lions. Tous les voyageurs en Afrique s'accordent à peindre la terreur profonde dont se trouvent subitement saisis les autres animaux, et notamment les chevaux, lorsqu'ils entendent autour d'eux , dans l'épaisseur des forêts , ce terrible cri. Le rugissement du tigre est aussi très-fort et soutenu pendant quatre ou cinq minutes; celui de la femelle est plus plaintif, plus entrecoupé, plus prolongé. Selon d'Azara , le rugissement du jaguar peut être rendu par les mots *houa houa* ; il a quelque chose de plaintif, et est fort et grave comme le mugissement du bœuf, tandis que celui des panthères avec lesquelles le jaguar a été long-temps confondu, ressemble au bruit d'une scie.

La voix des phoques peut se comparer à l'aboiement d'un chien enroué ; dans le premier âge , ils ont un cri plus clair, à peu près comme le miaulement d'un chat; les petits qu'on enlève à leur mère, miaulent continuellement; les vieux aboient contre ceux qui les frappent, et font tous leurs efforts pour mordre et se venger. Les morses, lorsqu'ils sont attaqués par les hommes, mugissent d'une manière épouvantable.

Tous les animaux marsupiaux ont en général la voix sourde et basse, et celle de beaucoup d'entre eux n'est même point connue.

Dans les rongeurs, elle n'est, le plus ordinairement, qu'un sifflement. L'écureuil commun et le palmiste ont néanmoins la voix éclatante, et de plus, un murmure à bouche fermée, un petit grognement de mécontentement qu'ils font entendre toutes les fois qu'on les irrite. L'écureuil suisse et le polatouche sapan n'ont aucune espèce de voix, si ce n'est lorsqu'ils sont inquiétés : dans ces circonstances, ils poussent un cri qui ressemble presque à celui du rat. La marmotte et le bobak ont la voix et le murmure d'un petit chien, lorsqu'ils jouent et qu'on les caresse; mais lorsqu'on les irrite ou qu'on les effraye, ils font entendre un sifflet si aigre et si perçant qu'il blesse les oreilles. Selon Erxleben, la voix du hamster est une sorte d'aboiement. Le campagnol rat d'eau, lorsqu'il est poursuivi et qu'il ne peut plus échapper, pousse un cri qui ressemble à un ronflement. Les cobayes cochons-d'Inde ont un grognement semblable à celui d'un petit cochon-de-lait, et une espèce de gazouillement qui marque leur plaisir, lorsqu'ils sont auprès de leurs femelles; la douleur leur arrache un cri très-aigu. Les agoutis et les pacas ont aussi un grognement semblable à celui du cochon, tandis que le cabiai a une sorte de braiement comme celui de l'âne. La voix des rats-taupes est semblable à un ronflement. Le castor exprime ses désirs par un cri plaintif. L'ondatra répand des gémissemens, particulièrement marqués dans les femelles. Les gerboises alagtagas, lorsqu'on les irrite, ont un cri semblable à celui d'un petit chien qui vient de naître, et quelquefois une espèce de ronflement, tandis que le gerbo pousse des sons aigus. Les lièvres et les lapins passent leur vie dans le silence, et crient seulement lorsqu'on les blesse ou qu'on les tourmente : alors les premiers de ces animaux font entendre un son qui a quelque analogie avec la voix humaine. La voix des picas est un sifflement simple et aigu qui ressemble beaucoup au cri d'un petit oiseau, tandis que le sulgan, autre espèce du même genre, a un timbre très-fort et très-grave, à peu près comme celui de la caille. Cette voix est formée de sons simples, mais répétés à des intervalles égaux, trois, quatre, et souvent six fois; et on la distingue quelquefois à la distance d'un demi-mille, quoique l'animal qui la produit soit de très-petite taille. Enfin, le porc-épic a un grognement semblable à celui du cochon, et cette ressemblance lui a valu la première partie de son nom.

Parmi les édentés, l'un a reçu, de l'imitation de son cri, le nom d'*aï*; comme, parmi les rongeurs, un autre quadrupède a reçu celui d'*aye-aye*. L'unau qui, comme l'aï, appartient au genre des bradypes, crie rarement : son cri est bref et ne se répète jamais deux fois dans le même temps. Quoique plaintif, il ne ressemble pas à celui de l'aï. On ne sait pas si les fourmiliers, les pangolins, les oryctéropes, les échidnés et les ornithorinques ont une voix particulière.

Le cri ordinaire de l'éléphant est un grognement qu'il change en une sorte de sifflement, lorsqu'il est irrité. Le nom de *cheval des fleuves*, donné à l'hippopotame, est tiré de la ressemblance de la voix de cet animal avec celle du cheval : son cri de douleur est une espèce de mugissement qui a beaucoup d'analogie avec celui du buffle. Le rhinocéros fait entendre un *grognement* qui se rapproche de celui du *sanglier* et des *cochons*, c'est-à-dire, des cris rauques, brefs et brusques, jetés de temps à autre par ces animaux. Les tapirs n'ont d'autre cri qu'un sifflement grêle, et qu'on ne croiroit pas produit par des quadrupèdes d'une aussi forte stature. Le daman n'en a qu'un très-petit, et de courte durée.

Les chameaux et les dromadaires sont ordinairement silencieux, si ce n'est dans le temps du rut où ils ont un râlement très-désagréable. La voix des lamas qui ont vécu dans la ménagerie de la Malmaison, étoit un petit gémissement *hêm*, comme celui d'une femme qui se plaindroit; ces animaux attendaient quelque temps pour le répéter. Les cerfs font entendre leur *raire* à l'époque du rut; c'est un son très-fort et très-rauque qui se répand au loin. Les antilopes, les chèvres et les moutons *bêlent*; et l'on observe que le bêlement des béliers est plus fort et plus grave que celui des jeunes, des brebis et des moutons châtrés. L'on remarque aussi que la chèvre a son bêlement plus bref que celui du mouton, et que tous ces animaux font principalement entendre cette voix le matin, en sortant de l'étable pour aller aux champs, et le soir, lorsqu'ils en reviennent. La plupart des quadrupèdes du genre des bœufs *mugissent*, c'est-à-dire, qu'ils poussent des sons forts, très-bas et très-prolongés; cependant l'espèce de l'yak offre une différence à cet égard; elle grogne comme le cochon, ce qui lui a valu le nom de bœuf grognant ou de vache grognante (*bos grunniens*). Le zébu, qu'on

considère comme une simple race de l'espèce de notre bœuf,
grogne également ; ce qui fait soupçonner qu'il appartient peut-être plutôt à celle du yak. La voix du bufle est
un mugissement effrayant, beaucoup plus fort encore et
plus grave que celui du taureau.

Le *hennissement* est le cri du cheval lorsqu'il éprouve quelque sensation vive ou qu'il est animé par quelque passion. Il hennit de courage, de fierté et d'amour ; il hennit
au combat, où il semble appeler le danger ; il hennit aux
courses, où il provoque des rivaux, etc. Le *braiement* de
l'âne est un cri rauque et discordant particulier à cet animal,
lorsqu'il éprouve quelque besoin ou qu'il est pressé par
quelque désir.

Enfin les cétacés font entendre, lorsqu'ils échouent, des
hurlemens très-forts, mais peu répétés.

La voix, dans les mammifères, ne sert pas seulement à
transmettre au-dehors l'expression de la situation intérieure
ou morale des individus ; elle est quelquefois employée comme un moyen de conservation des espèces. Ainsi l'on sait que
lorsque les marmottes paissent l'herbe dans quelque prairie
élevée des Alpes, une d'entre elles, placée sur un rocher,
veille à la sûreté de toutes, et que, sentinelle avancée,
elle donne, par un coup de sifflet, le signal de la fuite lorsqu'elle aperçoit l'ennemi. Ainsi les chevaux sauvages se
réunissent en troupe serrée lorsque quelques-uns d'entre
eux, ayant acquis la connoissance d'un danger, témoignent
leur crainte par un hennissement particulier.

La voix sert aussi à rapprocher les sexes dans le temps
de la chaleur. Ordinairement, alors, elle change de nature.
Dans les cerfs, par exemple, la gorge se renfle, et le raire
prend un ton beaucoup plus grave. Celle des animaux féroces
sert d'avertissement aux espèces foibles, et peut ainsi contribuer à leur conservation.

Des sociétés formées par les mammifères.

Sous ce point de vue, l'étude de ces animaux présente diverses considérations. Jamais les carnassiers proprement dits ne
vont en troupes nombreuses, si ce n'est lorsqu'ils sont pressés par la faim, comme, par exemple, les loups, en hiver.
Ils sont toujours isolés, répandus d'une manière assez égale
sur la surface du sol, et rarement en trouve-t-on beaucoup
dans un canton d'une étendue médiocre (1). On remarque

---

(1) Les chiens, redevenus sauvages, font seuls exception à cette
observation ; car les voyageurs s'accordent à dire qu'ils se réunissent
en meutes pour donner la chasse aux animaux.

aussi, dans les espèces monogames, que les mâles n'habitent pas la même retraite que les femelles.

Parmi les herbivores il y a plus de variété à cet égard. Certaines espèces, comme celle du chevreuil, par exemple, vont en petites troupes formées du père, de la mère et des deux jeunes de l'année, ou de l'année précédente. Dans d'autres espèces, comme celle du sanglier, le mâle vit à part, et la femelle marche entourée de ses petits. Dans l'espèce du lapin tout est commun, tous les terriers communiquent, et ces animaux timides à l'excès, toujours sur le qui-vive, entretiennent mutuellement cette terreur panique qui est le fond de leur nature ; les jeunes lièvres, encore plus craintifs, s'il est possible, au lieu de vivre tous au même gîte, ont soin de se tenir à distance les uns des autres, afin de se partager les chances de salut si le chasseur vient à s'approcher d'eux. La plupart des mammifères qui font des provisions, travaillent isolément et chacun pour soi ; mais, cependant, les castors présentent une exception. Ici, au contraire, de nombreux individus se réunissent pour construire un édifice commun. Chacun choisit sa fonction, et parmi ces animaux, on peut distinguer des charpentiers, des terrassiers, des maçons. Leurs cabanes, placées sur le bord des eaux, sont en outre accompagnées de digues lorsqu'elles sont établies sur des rivières ou des ruisseaux dont le niveau peut changer. Leur intérieur est divisé en deux étages et en plusieurs chambres, communiquant entre elles et avec l'eau ; les murs en sont épais et formés de branchages et de terre gâchée. Leur forme générale est celle d'un dôme à voûte surbaissée. Quelquefois vingt ou trente de ces demeures présentent l'aspect d'une bourgade, dont l'architecture est bien préférable à celle des misérables cabutes des Indiens qui habitent les mêmes cantons.

Pendant long-temps on a voulu attribuer aux castors, à cause de leurs mœurs singulières, une intelligence toute particulière ; mais il a été facile de se convaincre, en observant ces animaux isolément, que leurs facultés morales ne sont en rien supérieures à celles des marmottes, des rats, et en général des autres rongeurs. Il n'y a de plus, chez eux, qu'une faculté instinctive qui les porte à exécuter ces demeures si admirables, laquelle est exactement comparable, par exemple, à celle qui dirige tous les insectes constructeurs, chez lesquels on ne peut admettre qu'il y ait des connaissances acquises par la tradition ou par l'exemple. Aussi est-il probable que de très-jeunes castors enlevés à leurs parens avant qu'ils aient pu en recevoir des leçons, et placés dans des circonstances favorables, ne tarderoient pas, lorsqu'ils auroient acquis assez de force, à se livrer aux habitudes qui ont fait remarquer leur espèce.

Les mammifères, qui vivent isolément et qui se creusent des demeures souterraines, ont aussi chacun leur mode particulier de procéder. Les marmottes se font des terriers en forme d'Y avec une seule issue; les hamsters se préparent une ou plusieurs vastes chambres situées à une profondeur considérable, ayant deux galeries, l'une oblique qui est le passage ordinaire, et l'autre perpendiculaire, servant, seulement dans le danger, comme de porte de sortie ; les taupes se pratiquent des galeries tortueuses à peu de profondeur, et dont la terre qu'elles rejettent de distance en distance (les taupinières) fait reconnoître la direction; ayant soin de se réserver une chambre à plusieurs issues où elles déposent leurs petits, et où elles se tiennent le plus ordinairement : les desmans, dont les terriers sont assez semblables par leur étendue à ceux de la taupe, n'ont, pour unique issue, qu'une galerie qui communique sous l'eau d'une rivière ou d'un lac, etc.

Quelques petites espèces monogames, comme les écureuils, se fabriquent en mousse et en petites branches, dans les sommités des arbres les plus élevés, des nids de forme sphérique, avec une petite porte supérieure recouverte par une sorte d'auvent. C'est là où le mâle, la femelle et les petits habitent, ayant leurs provisions d'hiver réparties dans divers creux d'arbres des environs, etc.

Quant aux grands quadrupèdes herbivores, beaucoup d'entre eux vont en troupes plus ou moins nombreuses, et souvent sous la conduite de vieux mâles, comme les éléphans, les chevaux, les zèbres, les couaggas, les lamas et les vigognes, la plupart des espèces d'antilopes, les buffles du Cap, etc. ; d'autres, comme l'hippopotame, la giraffe, les rhinocéros, vivent isolément.

Des rapports des sexes chez les mammifères, et de la durée de la vie.

Dans ce paragraphe, nous traiterons successivement du rut et de ses signes ; de l'âge auquel il se manifeste dans le mâle et dans la femelle ; de l'époque à laquelle il a lieu chaque année ; de sa durée ; du mode d'accouplement ; de la durée de la gestation ; du nombre des petits ; de l'allaitement et de l'éducation de ceux-ci, et de la durée de la jeunesse et de la vie.

On dit que les mammifères entrent en *rut* ou en *chaleur* lorsqu'ils se sentent aiguillonnés par le besoin de la reproduction. Ce besoin est le résultat d'une surabondance de nourriture ; il change presque totalement le caractère des mâles ; ainsi les plus timides hors du temps du *rut*, acquièrent, lorsqu'ils sont inquiétés par les désirs que cet état excite, une sorte de courage, une espèce de fureur même, qui n'est comparable qu'à celle que possèdent en tout temps les animaux féroces.

Les femelles, qui, hors le temps de la chaleur, repoussent les approches des mâles, sont alors tourmentées du désir de se livrer à la propagation de leur espèce ; quelques-unes même les mordent, les suivent partout et les forcent, en quelque sorte, de les satisfaire.

Les signes du rut varient beaucoup selon les espèces. Dans les mâles de celles qui peuvent engendrer en tout temps, comme l'homme, les singes, les chiens, les chats, les chevaux, aucun signe particulier ne se manifeste. Dans la plupart des rongeurs, les testicules, ordinairement petits et comme cachés dans l'abdomen, prennent un volume très-considérable et deviennent fort apparens. C'est, en particulier, ce qu'on remarque dans les rats, les surmulots, etc., où ces parties font, à cette époque, une saillie très-remarquable à la base de la queue, et donnent au corps une figure pointue vers cette extrémité. Alors aussi on voit suinter sur les côtés de la tête des éléphans, derrière leurs oreilles, une liqueur brunâtre, sécrétée par des glandes situées sous la peau. Les chameaux de Bactriane ou ceux de l'espèce à deux bosses, pendant le temps du rut, répandent une odeur insupportable ; ils éprouvent d'abord de fortes sueurs qui durent environ quinze jours, puis il se fait un écoulement à la nuque, non par une ouverture, mais par un suintement à travers la peau. C'est une eau noire, visqueuse et puante, qui salit leur poil et qui oblige de le couper. Dans le dromadaire ou chameau à une bosse, le mâle a, pendant tout ce temps, un écoulement semblable à celui du chameau, et il lui sort à chaque instant deux grosses vessies de la bouche.

C'est au temps du rut particulièrement que tous les animaux qui sont pourvus de poches où se rassemblent des humeurs odorantes, répandent leurs parfums avec le plus de force. Dans la plupart des espèces du genre des cerfs et dans quelques antilopes, le larynx des mâles fait alors une saillie considérable ; et il n'est pas douteux que le changement de ton que leur voix éprouve, n'en soit le résultat.

Dans les femelles, l'époque de la chaleur est, le plus souvent, manifestée par des signes moins marqués que chez les mâles ; alors seulement les organes externes de la génération se tuméfient légèrement, s'entr'ouvrent et sont continuellement humectés par un fluide plus ou moins visqueux, qui, chez les jumens où il est particulièrement abondant, a reçu le nom d'*hippomanès*. Néanmoins, la tuméfaction et la

rougeur excessive des fesses de certaines femelles de singes
doivent être considérées comme un signe du rut ; et sans nul
doute aussi, les écoulemens sanguins qui ont lieu à des
époques régulières et plus ou moins rapprochées, mais
fixes chez celles de quelques espèces. Ces signes de rut dans
les femelles apparoissent un nombre de fois plus ou moins
considérable dans l'année.

L'époque à laquelle le rut ou la chaleur se manifeste
pour la première fois, est ce qu'on appelle, chez l'homme,
l'époque de la puberté. Les organes de la génération, jusqu'alors peu apparens, prennent, dans un espace de temps
assez borné, un développement remarquable, et, dans
quelques espèces, s'entourent de caractères extérieurs
qui persistent jusqu'à la mort. L'*enfance* est l'âge compris entre le moment de la naissance et cette époque. C'est dans sa
durée que s'opère le principal développement du corps; mais
ce développement se continue encore quelque temps après.

Cette durée est dans un rapport à peu près constant avec celle
de la vie entière, et selon les remarques de Buffon, elle en
est, dans nos climats, pour les grands animaux, le septième
environ.

L'époque de la puberté se manifeste constamment plus
tôt dans la femelle que dans le mâle; mais aussi la propriété
génératrice se conserve plus long-temps dans les mâles que
dans les femelles.

Les signes extérieurs de la puberté se montrent, chez les
filles, dans nos climats, entre douze et quatorze ans; et dans
celles des pays chauds, de dix à douze ans. Pour les hommes,
elle a lieu de quinze à seize ans dans le premier cas, et de douze
à quatorze ans, pour le second.

En général, on n'a de renseignemens bien précis sur l'époque
à laquelle les mammifères commencent à produire, que pour
les espèces domestiques ou celles de nos forêts, les seules
que l'on ait pu suivre et étudier à loisir.

Ainsi les chiens commencent à entrer en chaleur à neuf ou
dixmois; les chats, à quinze ou dix-huit (1); les lapins, à
cinq ou six; les lièvres, un peu plus tard; les cochons-
d'Inde, à cinq ou six semaines, etc. Les brebis peuvent
engendrer dès un an, et les béliers ainsi que les boucs et les
cerfs, à dix-huit mois. Les chevaux peuvent produire à deux
ans et demi, et les jumens, un an plus tôt; les chameaux,
selon les anciens, à trois ans; les loups et les louves, à deux
ans; les vaches, à dix-huit mois; les taureaux, six mois plus

____

(1) La lionne de la Ménagerie avoit six ans lorsqu'elle devint en
chaleur pour la première fois.

tard ; l'ânesse , à dix-huit ou vingt mois ; l'âne , à deux ans, etc.

On se garde néanmoins de laisser les animaux domestiques s'accoupler avant leur entier développement, ce qui ne tarderoit pas à causer l'abâtardissement des races : ainsi les chevaux ne commencent à servir comme étalons qu'à quatre ans ; les taureaux et les beliers , qu'à trois ; et l'on ne donne les vaches et les brebis au mâle, qu'à deux , etc.

L'accouplement peut avoir lieu dans toutes les époques de l'année , ainsi que nous l'avons déjà dit , chez certains mammifères. Dans les singes de l'ancien continent , surtout, les mâles sont constamment disposés à cet acte lorsqu'ils sont en état de santé ; mais leurs femelles ne sont en rut qu'à certaines époques , et cet état se manifeste par l'affluence du sang autour de la vulve.

Quelques animaux de nos pays ou des contrées méridionales, sont, tant les mâles que les femelles , toujours en état d'engendrer , et parmi ces animaux on doit distinguer ceux qui reçoivent une abondante nourriture de l'homme , ou ceux qui la lui dérobent en vivant auprès de lui. Dans le premier cas se trouvent les chats et les chiens domestiques, les lapins, les cochons-d'Inde , le cochon , les bœufs , les buffles , les chevaux, les ânes. Dans le second doivent se ranger naturellement les rats, les surmulots , les mulots , les souris , les campagnols , les hamsters. On doit encore y joindre des animaux de ménagerie , chez lesquels il se peut que le changement de climat , et la gêne où ils se trouvent , produisent quelques changemens relativement à l'époque naturelle du rut : tels sont , par exemple , les lions et les autres chats des pays méridionaux , la mangouste et la genette du Cap , la mangouste d'Égypte , l'antilope guon et le zèbre d'Afrique , le cerf axis des bords du Gange , les kanguroos de la Nouvelle-Hollande , etc.

D'autres mammifères ont des époques fixées pour le rut. Ainsi l'hiver est la saison des amours des chats sauvages et des martes de nos contrées ; le loup entre en chaleur depuis décembre jusqu'en février ; le chacal et le corsac n'éprouvent le besoin de l'accouplement qu'en hiver ; l'isatis entre en rut à la fin de février ; l'ours en été ; le hérisson à la fin de l'hiver ; et le lièvre en février et mars ; les castors au commencement de janvier ; l'ondatra d'Amérique et l'écureuil de nos pays au printemps ; le sanglier femelle en janvier et en février. Les dromadaires paroissent aussi plus propres à la génération au mois de janvier qu'en tout autre temps. Le rut des chameaux commence au milieu de novembre et cesse au commencement de février. L'époque principale de l'amour pour les brebis et les chèvres est le mois de septembre ; mais les mâles des unes et des autres sont toujours propres à la propagation. Dans les cerfs de nos contrées, dans les chevreuils et les daims, le rut succède au refait des bois, c'est-à-dire en novembre, et après le rut, ces bois tombent. Les rennes sont dans le même cas.

La durée du rut est plus ou moins prolongée, et, en général, pour les mâles, dans les espèces sauvages, il ne tarde pas à cesser lorsque les femelles ont été fécondées. Chez la plupart de celles-ci, le chaleur disparoît aussi immédiatement après la conception, et alors, ces mêmes femelles qui avoient d'abord recherché les caresses des mâles avec tant d'empressement, rebutent avec rudesse ceux qui veulent s'approcher d'elles. Les femelles des lapins seules paroissent se livrer au coït après l'imprégnation ; mais cela tient à la conformation particulière de leur matrice qui est comme double, et dont chaque ovaire peut être fécondé séparément : aussi cette espèce a-t-elle présenté plusieurs faits bien constatés de superfétation. On a remarqué encore que quelques jumens reçoivent le mâle pendant leur grossesse.

Le mode d'accouplement varie peu dans les mammifères ; en général, cet acte a lieu comme dans nos espèces domestiques d'Europe. On avoit dit que ceux de ces animaux qui, dans l'état ordinaire, ont la verge dirigée en arrière, comme les rhinocéros, les chameaux, les lamas, les dromadaires, etc., s'accouploient en arrière ; mais il n'en est rien ; dans l'érection, leur verge reprend sa direction en avant, et le coït a lieu comme à l'ordinaire, mais, à la vérité, avec plus de difficulté. Les singes seuls s'accouplent à la manière de l'homme ; mais c'est à tort qu'on a prétendu que l'éléphant en faisoit de même.

Selon Buffon, le mâle et la femelle du hérisson ne peuvent s'accoupler comme les autres quadrupèdes ; il faut qu'ils soient face à face, debout ou couchés. Les rats s'accouplent en se mettant debout, ventre contre ventre. Dans beaucoup d'espèces chez lesquelles, comme les chats, les lions, les gerboises, etc., le gland du mâle est muni de pointes cornées plus ou moins longues, et quelquefois dirigées en arrière, l'accouplement est très-douloureux. Chez les chiens il dure fort long-temps, ce qui est dû à une conformation particulière du vagin de la femelle. Dans d'autres, comme dans l'espèce du taureau, il est terminé en quelques secondes. Tantôt la femelle se tient debout, tantôt elle s'accroupit sur ses deux jambes antérieures ; tantôt le mâle se maintient à l'aide de ses deux mêmes membres de devant, ou saisit la peau du cou de la femelle avec ses dents, etc. On a cru long-temps qu'un sixième ongle surnuméraire, qui se trouve au côté interne des pieds de derrière des echidnés et des ornithorhinques étoit destiné à faciliter l'accouplement ; mais on a découvert depuis peu que ces organes avoient un tout autre objet, et que c'étoient des armes empoisonnées dont ces animaux se servoient contre leurs ennemis; et c'est ce que M. de Blainville a confirmé.

Le temps de la gestation est d'autant plus court que l'allaitement dure davantage. Ainsi les animaux marsupiaux sont, sans contredit, ceux dont les petits restent le moins à l'état de fœtus dans le corps de leur mère.

Chez tous les autres quadrupèdes, la durée de la gestation varie beaucoup selon les espèces; et les lois qu'on a cru observer à cet égard, se sont trouvées sujettes à beaucoup d'exceptions; les plus générales cependant sont celles-ci: 1.º la gestation est d'autant plus longue, que les femelles chez lesquelles on l'observe, ont plus de volume; 2.º elle est relative au temps nécessaire aux animaux pour arriver à leur accroissement parfait; mais, nous le répétons, beaucoup d'espèces présentent des exceptions même à ces deux règles. (*Voyez* l'art. GESTATION.)

Quant à nous, nous pensons que cette durée de la gestation se trouve en rapport composé de ces lois avec celles que présente l'organisation en général, et qu'elle peut fournir un caractère bon à ajouter à ceux qui servent à distinguer les groupes principaux de mammifères. Ainsi, dans les *bimanes*, elle est de neuf mois; dans les *quadrumanes* proprement dits ou singes, de neuf mois pour les grandes espèces, et de sept seulement pour les petites : dans les *carnassiers*, de six mois pour l'ours; de cent huit jours pour la lionne ; de neuf semaines pour l'isatis; de cinquante-cinq à cinquante-six jours pour la chatte ; du même temps pour les martes et les fouines ; de soixante-deux ou soixante-trois jours pour la chienne; de neuf mois pour le morse, etc. Dans les *marsupiaux*, elle est plus courte que dans aucun autre animal; car les jeunes sont tellement petits, lorsqu'ils se fixent aux mamelles de leur mère, que ceux des grands kanguroos, par exemple, dont la taille est de cinq pieds de hauteur, n'ont tout au plus qu'un pouce de long. Dans les *rongeurs*, elle est encore de peu de durée: chez le castor, l'un des plus gros de cet ordre, elle est de quatre mois ; chez les lièvres et les lapins, de trente à quarante jours ; chez les loirs, de trente-un jours; chez les écureuils et les rats, de quatre semaines; chez le cochon d'Inde, de trois semaines. Dans les *pachydermes*, elle est chez l'éléphant, de vingt-deux à vingt-trois mois (Cuv., Ménag. du Mus.); chez le cheval et l'âne, de onze à douze mois; chez le zèbre, d'un an et quelques jours (Cuv., Ménag. du Mus.);

chez le tapir, de dix à onze mois ; chez le cochon et le sanglier, de quatre mois. Enfin, dans les *ruminans*, la gestation dure douze mois chez le dromadaire ; neuf mois, chez la femelle du buffle et la vache ; huit mois et quelques jours, chez la biche, le renne et l'élan femelles ; cinq mois et demi, pour la chevrette ; cinq mois, pour la chèvre, la brebis, le mouflon et plusieurs antilopes. On n'a encore aucun renseignement positif sur celle des *cétacés*.

Quant au nombre des portées, on sent qu'il doit être relatif à la durée de la gestation. Aussi les grandes espèces ne produisent-elles pas tous les ans, surtout lorsque l'allaitement a lieu ; les plus petites, au contraire, pullulent prodigieusement, et l'on peut dire qu'en général (les espèces du porc et du lapin domestiques exceptées) (1), le nombre des portées, et dans chaque portée, le nombre des petits, sont d'autant plus considérables que la taille de ces espèces est moindre. Le cochon d'Inde peut produire tous les deux mois, et les hamsters, les rats, les souris, les campagnols, les musaraignes ne font pas moins de trois ou quatre portées dans le courant du printemps, de l'été et l'automne.

Le nombre des petits se trouve également en rapport avec la durée de la gestation, comme on peut le voir ci-après. A chaque portée, les *bimanes* et les *quadrumanes* en font un et rarement deux ; les *chéiroptères*, deux ; les *carnassiers* proprement dits, tels que le tigre, un ; le lion, trois ou quatre ; le chat, quatre ou cinq ; l'ours blanc, deux ; l'ours brun, un à trois ; le loup, le renard et le corsac, quatre à cinq ; l'isatis, cinq à sept ; le blaireau, trois à quatre ; la taupe, quatre à cinq ; les phoques, un ou deux, etc. ; les *marsupiaux*, tels que les didelphes, huit à dix ; les kanguroos, un ou deux ; les *rongeurs*, tels que le castor, deux à trois ; le lapin, quatre à huit ; le hamster, cinq à six ; le rat, le surmulot, la souris et le mulot, huit à dix ; l'agouti, deux, suivant Buffon et d'Azara, et quatre, selon Laborde ; le lérot cinq ou six ; le muscardin trois à quatre ; l'écureuil, trois à cinq ; la marmotte, trois à quatre ; le cochon d'Inde, sept à dix ; les *édentés*, tels que les bradypes, un ; et les tatous quatre à chacune des portées qui sont fréquentes ; le fourmilier, un seul. Les *pachydermes*, tels que les éléphans, les rhinocéros, les hippopotames, un seul ; la truie, douze et jusqu'à vingt ; le tapir, un ; le pecari, deux ; les solipèdes,

---

(1) On conçoit que l'abondance de la nourriture que ces animaux trouvent chez l'homme, a dû modifier leur nature ; aussi les espèces les plus rapprochées de celles-ci ou leurs races sauvages ont-elles un moindre nombre de petits ; le lièvre en a trois à quatre ; et le sanglier, trois à huit.

un. Tous les ruminans, deux au plus, et un seul dans les grosses espèces ; les *cétacés* un, etc.

Lorsque les petits sont nés, la mère en prend un soin particulier jusqu'à ce qu'ils soient assez forts pour se passer de son secours. La femelle du lapin prépare aux siens un lit mollet, qu'elle compose des poils de son ventre, qu'elle arrache peu de jours avant de mettre bas. Celle de l'ours rassemble du foin dans son réduit, pour le même objet, etc.

Ces petits sont d'abord allaités au moyen des mamelles de leurs mères. Ces organes, selon les espèces, sont placés sous leur corps, soit sur la poitrine, soit aux aines, soit sous le ventre. Leur nombre est en général relatif à celui des petits. Dans les grosses espèces qui n'ont qu'un ou deux petits, on n'en compte le plus souvent que deux, tantôt pectorales tantôt inguinales ; dans les espèces moyennes, il y en a ordinairement huit ; mais quelquefois il y en a jusqu'à quatorze.

Dans le plus grand nombre des mammifères, les petits prennent et quittent les mamelles selon leur besoin ; mais chez les *marsupiaux*, ces petits s'attachent au mamelon si fortement, qu'on leur arracheroit la tête plutôt que de les en séparer, et ils restent ainsi jusqu'à ce qu'ils soient couverts de poil, et qu'ils puissent marcher autour de leur mère ; et chez beaucoup d'espèces, la peau du ventre de celle-ci forme une poche dans laquelle sont les mamelles ; cette poche sert longtemps de refuge aux petits, lors même qu'ils ne tettent plus.

Deux quadrupèdes seulement, l'ornithorhinque et l'échidné, n'ont point de mamelles apparentes ; mais on ne sait encore rien de satisfaisant sur leurs mœurs, et particulièrement sur les soins qu'ils donnent à leur progéniture.

On avoit dit que le jeune éléphant tétoit avec sa trompe ; mais c'est une erreur ; il se sert de sa bouche comme les autres mammifères. Quant à la durée de l'allaitement, elle est sujette à varier en raison de celle de la gestation, et de celle du temps nécessaire pour le développement des petits ; ainsi elle se prolonge au-delà de neuf à dix mois chez l'homme, le cheval, et la plupart des grands quadrupèdes ; tandis que dans les rongeurs, qui font chaque année un nombre de portées plus ou moins considérables, elle est très-courte. Chez le cochon d'Inde, par exemple, le plus fécond des mammifères connus, elle se termine au bout de douze ou quinze jours.

Les femelles de carnivores, après avoir nourri leurs petits, dans les premiers jours, uniquement avec le lait de leurs mamelles, vont à la chasse, et apportent à ces petits différentes proies dont elles les accoutument peu à peu à faire usage. Elles semblent alors perdre de leur férocité naturelle, pour jouer avec eux; mais si on les attaque, elles n'en deviennent que plus terribles; et après avoir employé tous les moyens possibles pour mettre en sûreté leur petite famille, elles combattent avec le plus grand acharnement. L'histoire de chaque espèce offre, en général, des détails attachans relativement aux soins que les femelles prennent de leurs petits jusqu'à ce qu'ils aient acquis assez de force pour se suffire à eux-mêmes; mais lorsqu'ils ont atteint cette époque, on voit souvent ces femelles changer subitement de manière d'être à leur égard, et chasser avec opiniâtreté d'auprès d'elles ces petits dont elles avoient fait long-temps l'objet de leur plus tendre sollicitude. C'est particulièrement ce que l'on observe dans les espèces qui n'entrent en rut qu'une fois l'année, ou chez les animaux carnassiers qui ne trouveroient pas suffisamment à vivre, s'ils se multiplioient trop dans le même canton.

La durée de l'enfance correspondant à l'espace de temps qui s'écoule entre la naissance et l'époque à laquelle le rut commence à présenter ses premiers signes, nous nous abstiendrons de parler ici des limites de cet âge, et nous renverrons à ce que nous avons dit ci-avant, en traitant du rut.

C'est dans cet âge principalement que se fait le remplacement des dents de lait. Il n'a lieu que chez les espèces qui ont des dents simples, implantées par de véritables racines. Il commence par les incisives et finit par les molaires. Souvent même celles-ci ne se renouvellent qu'après l'âge de puberté. Le cochon ne perd jamais ses premières dents; elles ne tombent point et croissent toujours. Dans certains quadrupèdes les dents poussent toute la vie, comme les incisives des rongeurs, et les molaires composées de quelques animaux du même ordre et celles des éléphans. Les molaires des éléphans ont en outre cela de particulier avec celles des kanguroos, c'est qu'elles poussent du fond de la mâchoire en avant, au lieu de sortir des alvéoles; mais, au reste, il y a des variétés infinies à cet égard, ainsi que dans les figures que prennent les dents suivant l'âge des animaux; aussi croyons-nous devoir, pour cet objet, renvoyer à l'article DENTS.

Les animaux chez lesquels le remplacement des dents a lieu, mais particulièrement les carnassiers, éprouvent à cette époque critique des douleurs nerveuses qui leur sont quelquefois funestes.

De la durée de la vie dans les mammifères.

Selon la remarque de Buffon, la durée de la vie des quadrupèdes est à peu près sept fois plus considérable que celle du développement complet de leur corps. Chez l'homme elle est cependant beaucoup moindre que chez les autres espèces, relativement à cette proportion. N'étant complétement développé qu'à vingt ans, sa vie devroit se prolonger jusqu'à cent quarante, et en effet quelques individus ont atteint cet âge, ou même ont été au-delà; mais la plupart ne dépassent pas soixante-dix à quatre-vingts ans, et beaucoup meurent plus tôt. On peut dire que cette anomalie à la règle de Buffon, est due à une foule de circonstances qu'il n'est pas de notre sujet d'énumérer ici, et qui sont relatives au genre de vie, à l'abondance ou même à l'excès de la nourriture, au défaut de tempérance, etc., résultats de la civilisation.

On sent aussi que cette règle ne peut exister dans toute sa rigueur chez les animaux domestiques, qui, d'une part, sont soumis aux influences qui peuvent résulter d'une nourriture trop abondante, et qui, le plus souvent d'une autre, sont préservés des excès auxquels pourroit les porter cette abondance même. Aussi dans les animaux domestiques, la durée de la vie semble-t-elle se prolonger, ou pouvoir se prolonger au delà du terme dont nous avons parlé. Le chat vit neuf ou dix ans ; le chien ordinairement quatorze, et même certains individus ont été jusqu'à vingt ; le lion vingt-cinq selon Buffon (1); le maki mococo, au moins vingt; le lapin huit ou neuf; le lièvre sept; la souris peu de temps. Le cochon que l'on engraisse et que l'on tue ordinairement à deux ans, pourroit en vivre vingt ou trente ; et en cela il fait exception, comme dans toutes les considérations relatives à la génération. L'éléphant vit, dit-on, deux cents ans; l'ours trente ; le loup quinze ou vingt ; le cerf trente ou trente-cinq; le daim vingt seulement ; la chèvre huit ou dix ; le dromadaire quarante ou cinquante ; le buffle et le bœuf dix-huit; la vache quatorze ou quinze ; le cheval et l'âne vingt-cinq ou trente, etc., etc.

On ne sait encore rien de précis sur l'âge auquel peuvent parvenir les cétacés et les phoques ; mais il est vraisemblable que, sous ce rapport, ces animaux ressemblent aux poissons, c'est-à-dire, qu'ils vivent fort long-temps. Pour les phoques en particulier, on peut fonder cette présomption sur ce qu'ils sont fort long-temps à croître.

---

(1) Shaw (*General Zoology*) dit que plusieurs lions de la Tour de Londres, ont vécu soixante-trois et soixante-dix ans. Ce fait paroît au moins fort extraordinaire.

*Des rapports des espèces de mammifères entre elles, relativement
aux mœurs.*

Les mammifères herbivores sont généralement d'un caractère doux et tranquille ; la plupart se réunissent pour paître l'herbe, en troupes plus ou moins nombreuses ; leur réunion semble avoir pour objet leur sûreté commune ; car aussitôt que l'un d'entre eux aperçoit l'ennemi, il avertit les autres, et tous fuient ensemble.

Il n'en est pas de même des carnassiers et de plusieurs omnivores. Ceux-ci sont, au contraire, toujours à la piste des herbivores pour en faire leur proie. Ils reconnoissent leur passage habituel, se mettent à l'affût en les attendant, ou suivent leurs traces pour les vaincre à la course. Parmi eux, l'homme, le chien, le loup, les attaquent tous indifféremment, tandis que d'autres espèces ont chacune leur genre de proie particulier, et ne s'en départent point. Ainsi les gazelles et les singes sont comme destinés à la nourriture habituelle du lion ; le lapin à celle du furet ; le renne d'Asie ou le caribou d'Amérique à celle du glouton ; le mouton a celle du loup, etc.

Plusieurs espèces de mammifères herbivores éprouvent l'une pour l'autre une sorte d'antipathie naturelle bien prononcée, qui les engage à se fuir mutuellement et à se fixer dans des cantons différens : tels sont les cerfs et les daims, les lièvres et les lapins. Il en est dont le voisinage est insupportable pour quelques autres, tel, par exemple, que celui du cochon d'Inde qui fait disparoître les rats et les souris des lieux où on l'élève, etc., etc. Il en est de même de plusieurs carnivores, comme le chien et le chat, le loup et le chien et de certains omnivores, comme le rat et le surmulot, etc.

Quelques quadrupèdes, au contraire, paroissent destinés à vivre de compagnie, comme l'homme et le chien, le caracal et le lion, l'hyène et le chacal : c'est que les mêmes intérêts les rassemblent, et qu'ils recherchent le même genre de proie. Le chien s'est tout-à-fait dévoué à l'homme et se contente de ce qu'il lui abandonne. Les hyènes et les chacals se réunissent quand il s'agit de fouiller un cimetière ou d'attaquer des troupeaux ; mais, néanmoins, la défiance la plus absolue règne dans leurs relations, dont la rapine est le seul but. Le caracal surnommé le pourvoyeur du lion, mais à tort, puisqu'il vit des débris laissés par celui-ci, ne le quitte pas, à la vérité, mais s'en tient cependant à une distance respectueuse : c'est un animal parasite, à peu près comme le sont, à l'égard du requin, le pilote et le rémora.

Nous pourrions encore placer ici le rat et la souris qui suivent l'homme partout, pour vivre de ses provisions et des restes de sa table.

Enfin, c'est encore dans ce paragraphe que nous devons parler des unions fortuites ou préparées par l'homme, qui ont lieu entre certaines espèces très-voisines les unes des autres, quoique souvent antipathiques entre elles, telles que le cheval, l'âne et le zèbre, le chameau et le dromadaire, le loup et le chien, le lièvre et le lapin, le belier et la chèvre. L'organisation, plutôt que le penchant naturel, est la cause de ces unions, d'où il résulte des animaux appelés *mulets*, qui sont ordinairement inféconds.

Nous pouvons également placer au nombre des rapports qui existent entre quelques mammifères, ces mouvemens désordonnés et brutaux que la plupart des singes, et surtout les plus grands, manifestent à la vue des femmes.

Des rapports des mammifères avec l'homme.

Dans ce dernier paragraphe, nous avons à indiquer particulièrement : 1.º les dommages que l'homme éprouve dans sa personne ou dans ses propriétés de la part de plusieurs espèces de mammifères; et 2.º les avantages de tout genre qu'il tire des autres.

Le tigre, le jaguar, la panthère, etc., sont les principaux mammifères carnassiers qui attaquent notre espèce à force ouverte dans les forêts des contrées chaudes qu'ils habitent. On a dit et répété que le lion étoit généreux envers elle; mais toutefois sa générosité est celle d'un chat, et il y auroit au moins quelque imprudence à s'y fier. Les loups, les hyènes, les ours ne se jettent sur l'homme que lorsqu'ils sont pressés par la faim, ou lorsqu'ils ont des petits qu'ils croyent devoir défendre. La plupart des autres carnassiers n'engagent le combat qu'à leur corps défendant.

Mais on cite encore comme pouvant causer la mort de l'homme endormi, certaines chauve-souris étrangères, dont la langue est garnie de papilles cornées avec lesquelles elles ouvrent les veines pour sucer le sang ; et chez nous, il arrive quelquefois que des putois ou des fouines s'introduisent dans le berceau d'un enfant nouveau-né, et le sucent jusqu'à le tuer. On sait encore que les cochons qui recherchent la chair avec avidité, ont souvent causé de pareils accidens.

En général, les carnassiers attaquent de préférence les enfans et les femmes, dont ils paroissent connoître la foiblesse.

Quelques grands herbivores, comme les buffles des environs du Cap de Bonne-Espérance, certains éléphans d'un naturel sauvage, et connus dans l'Inde sous le nom de *groudahs*, les rhinocéros, attaquent aussi l'homme lorsqu'ils le rencontrent sur leur chemin, et le mettent à mort en le foulant aux pieds.

Certains mammifères se jettent sur les espèces herbivores qu'il a domptées et dont il a composé ses troupeaux, ou sur les oiseaux qu'il a rassemblés dans ses habitations des champs. Les loups rôdent continuellement autour des parcs où l'on réunit les moutons, et enlèvent ceux qui s'écartent; le renard, la fouine, le putois, les belettes, s'introduisent dans les basse-cours pour égorger les volailles et dévorer les œufs. Plusieurs autres espèces de martes, les didelphes en Amérique, et les dasyures à la Nouvelle-Hollande, offrent des mœurs à peu près semblables.

Les chevaux eux-mêmes, dans les pays montueux et boisés, sont attaqués par les loups, de préférence aux autres animaux; et ils n'ont à leur opposer que des ruades; mais ils le font, avec une sorte d'intelligence, en se rassemblant en cercle, la tête au centre, et le train de derrière en dehors.

Les bœufs, en Afrique, sont quelquefois surpris par les lions, qui, après les avoir tués en leur déchirant la nuque, les entraînent dans leur repaire, avec une facilité qui ne s'explique que par leur force prodigieuse. Ceux du Paraguay sont également enlevés par les jaguars.

Mais les carnassiers sont loin de causer à l'homme des dommages aussi réels que les herbivores, et surtout que les herbivores des plus petites espèces, qui attaquent ses récoltes sur pied ou dans ses magasins. Les cerfs, les daims, les chevreuils, les lièvres, les lapins, dans nos climats, mangent les blés en herbe; les mulots, les campagnols, les hamsters ne vivent que de grains; et encore, le dernier de ces rats ne se contente pas de ce qui peut suffire à sa consommation, il fait des amas de blé, qui, pour chaque individu, peuvent être évalués, chacun au moins, à la mesure d'un boisseau. Les loirs, les lérots attaquent nos fruits d'espaliers; les rats, les surmulots, les souris détruisent nos provisions de tout genre, etc.; les taupes, en cherchant des vers de terre et des larves d'insectes, bouleversent nos prairies; les sangliers que la puissance protége, viennent en troupes innombrables dévorer la récolte de pommes-de-terre, qui parfois est l'unique espérance du cultivateur trompé dans ses autres attentes par l'intempérie des saisons. La loutre saccage nos étangs; le rat-d'eau, en se nourrissant du frai des poissons, nuit à leur aménagement, etc., etc.

Chaque genre, dans les pays étrangers, nous offre des espèces analogues à celles de nos pays, et non moins dévastatrices. En Afrique, ce sont les singes qui viennent remplir leurs

abajoues de grains de maïs, et qui se sauvent au plus vite
en tenant dans chacune de leurs mains autant d'épis de
cette plante qu'ils peuvent en empoigner, après toutefois
les avoir choisis avec grande attention, en commençant d'a-
bord par tout arracher. En Amérique, les agoutis, les cabiais et les cobayes remplacent nos lièvres. Dans l'Inde,
une troupe de quarante à cinquante éléphans a bientôt fait
disparoître toute trace de culture dans un canton entier. Dans
le Nord, des milliers de lemings, descendant tous ensemble des montagnes de la Norwége et de la Laponie, se dirigent, sans changer de route, vers le midi, et rasent, on
peut le dire, toute plante quelconque qui se trouve sur leur
passage; et ces légions sont bientôt suivies d'un autre
fléau; les renards, qui les accompagnent d'abord pour vivre
à leurs dépens, se trouvent obligés de changer de proie,
après la destruction complète de ces lemings, et de se ra-
battre sur les oiseaux de basse-cour, ou les petits quadrupèdes.

Si nous passons maintenant aux avantages que l'homme
retire, pour son utilité, des autres mammifères, nous verrons que tels grands que soient les dommages que nous
venons d'énumérer, ils sont amplement compensés par les
ressources infinies qu'il s'est ménagées, à l'aide du petit
nombre des espèces qu'il a domptées.

La chair des herbivores notamment sert à sa nourriture;
et parmi ces animaux, nous remarquerons le bœuf, le porc,
le mouton, la chèvre, le lièvre, le lapin, le cerf, le daim,
le chevreuil, le chamois, le bouquetin, l'écureuil, le loir,
etc., comme les plus employés à cet usage. Les Lapons
vivent en partie de chair de renne; les Canadiens de celle du
caribou et de l'élan; les Nègres de celle de l'éléphant, du
rhinocéros, de l'hippopotame, des pangolins et des singes;
les Américains de la Nouvelle-Espagne, de celle des tatous;
les Chiliens, de celle du lama et de la vigogne; les Arabes,
de celle du cheval et du dromadaire; les habitans de l'archipel des Indes, de celle des roussettes, etc.

Plusieurs de ces espèces ne sont point employées chez
différens peuples; telles sont: celle du porc dont la chair est
en horreur parmi les Turcs, et celle du bœuf qui est l'objet
de la vénération des Brames.

Quelques parties de gros animaux, comme le pied de l'éléphant et la langue de la baleine, sont estimées comme une nourriture délicate par les Nègres d'Afrique, ou par les matelots
hollandais qui passent la moitié de leur vie au milieu des glaces polaires.

Les phoques, les chiens et la loutre sont presque les seuls

animaux carnassiers dont la chair soit d'usage ; les premiers chez les Kamtchadales : la dernière chez les moines.

Les espèces le plus anciennement domptées par l'homme semblent s'être répandues, comme lui, des parties les plus élevées du centre de l'Asie, dans tous les autres points du globe. Ces espèces sont celles du cheval, de l'âne, du mouton et de la chèvre. Le renne et le chien sont propres aux climats du Nord ; le buffle et l'éléphant, aux contrées de l'Inde, situées au pied des hautes montagnes d'Asie. Le lama est particulier au nouveau continent. L'espèce du bœuf qu'on soupçonne originaire de l'Europe, est très-certainement identique avec le zébu ou bœuf à bosse de l'Inde et de l'Asie, et celui-ci pourroit fort bien ne pas différer de l'yak ou bœuf grognant du Thibet et des frontières de la Chine.

Deux espèces surtout ont servi à vaincre et asservir les autres ; ce sont celles du chien et du cheval : plusieurs autres sont employées à la chasse, comme le guépard, le furet, etc.

Quelques-unes ont été destinées au transport de fardeaux plus ou moins pesans : parmi celles-ci, nous citerons particulièrement le bœuf, le chameau, le dromadaire, l'yak, le cheval, l'éléphant, l'âne et le lama. Plusieurs ont été attelées à des chars de diverses formes, telles que celles des chevaux, des bœufs, des chiens et des rennes ; ou bien ont servi de monture, comme l'éléphant, le cheval, l'âne et le bœuf.

Le chien a de plus été consacré à la garde des bestiaux ; de même que le chat, le cochon d'Inde et, dit-on, l'ichneumon d'Égypte, ont été chargés de défendre les provisions de l'homme des attaques des petites espèces parasites.

L'art de guérir a tiré plusieurs médicamens des produits animaux des mammifères, et sans parler des remèdes ridicules qu'on avoit cru trouver dans les excrémens des chiens et des rats, nous dirons qu'on reconnoît généralement des propriétés relâchantes dans la chair du veau ; que l'huile empyreumatique retirée de la distillation de la corne, est employée dans diverses occasions, et notamment comme vermifuge ; que le sang des bouquetins et des chamois a été considéré long-temps comme propre à guérir de la pleurésie, etc.

Les débris des mammifères sont d'usage dans une foule d'arts ; les tabletiers travaillent la corne et les os, pour en faire des peignes, des boîtes, des moules de boutons, des manches d'instrumens, etc. Les longs poils, comme le crin, sont employés à faire des lignes de pêche, ou des étoffes grossières ; les plus courts ou les plus fins, comme la laine, le poil de chèvre, de lapin, de chat, filés, entrent dans la

fabrication d'une multitude de tissus; les soies ou grands poils
roides servent à la confection des chaussures ; les poils fins
de certaines espèces forment les pinceaux. La peau, diversement préparée, fournit des semelles ou des empeignes de sou-
liers, des gants, des harnois, des valises, des impériales de
voiture, des outres, etc. Les Korekis font des voiles de ba-
teau avec celles de leurs rennes.

Le sang sert à clarifier des liquides, et est surtout utile dans
le raffinage du sucre et dans la fabrication du bleu de Prusse.
Les tendons servent de fil aux Samoïèdes, aux Lapons, et
aux Groënlandais. La graisse, plus ou moins liquide, selon
les espèces où on la prend, se transforme en huile à brûler, en sain-doux et en suif; la moelle des os sert de base à
plusieurs pommades; les intestins, lavés, séchés et tordus,
deviennent des cordes d'instrumens de musique ; la bile sert
à dégraisser les étoffes, ou donne certaines couleurs, etc.

La distillation des chairs et des os fournit plusieurs produits chimiques très-utiles dans les arts, tels que l'ammoniaque, le phosphore, etc., qui sont depuis plusieurs années
l'objet d'exploitations en grand.

Enfin, les fumiers des mammifères herbivores sont pour
ainsi dire le mobile de l'agriculture ; ils rendent à la terre les
principes qui lui sont enlevés annuellement, et contribuent
aussi à l'ameublir. (DESM.)

MAMMIFÈRES. (*Organisation.*) Les mammifères,
sous ce rapport, peuvent être considérés comme appartenant au type des animaux vertébrés ou articulés internes,
et en ayant tous les caractères; puis comme formant un sous-
type assez bien distinct, offrant cependant quelques rappro-
chemens avec celui des animaux ovipares ; et enfin comme
susceptibles d'un assez grand nombre de degrés d'organisation dans chacun desquels peuvent se trouver des modifications plus ou moins importantes, suivant que l'animal
a été destiné à chercher, poursuivre, atteindre, et même
manger sa proie dans différens milieux; ce qui semble en rapprocher quelques-uns des oiseaux ou des poissons, au point
que le vulgaire, avec quelques naturalistes anciens, a pu
en ranger plusieurs dans ces deux classes.

§ Ier. *Ce que les mammifères ont de commun avec les animaux
vertébrés.*

Comme, dans tous ces animaux, la forme générale du corps
est constamment paire ou symétrique, et elle est déterminée
par une enveloppe extérieure ou peau, qui jamais ne traduit les articulations qui existent dans les organes de la loco-

motion; aussi appartiennent-ils aux animaux pairs, articulés, mais internes.

Le corps n'en est pas moins formé d'une série d'articulations plus ou moins mobiles, non perceptibles extérieurement, pouvant avoir un nombre variable d'appendices simples ou complexes, servant à différens usages comme aux appareils des sens spéciaux, à la mastication ou préhension buccale, à la respiration et à la locomotion; mais, dans ce dernier cas, il n'y en a jamais plus de deux paires et jamais moins d'une. On conçoit cependant la possibilité que toutes deux soient rudimentaires.

Le système actif de la locomotion, toujours détaché en très-grande partie du système cutané, dont cependant il n'est qu'une dépendance, est toujours soutenu par une partie passive, solide, développée dans son intérieur, et fracturée en un certain nombre de pièces articulées entre elles pour former un squelette.

Le système nerveux ou excitant de l'appareil de la locomotion est toujours situé au-dessus du repli intérieur de l'enveloppe extérieure ou du canal intestinal, et contenu dans une sorte d'étui ou de gaîne dont les parois, encroûtées de sels calcaires, en se brisant en autant de parties qu'il y a d'articulations, forment ce qu'on nomme une colonne vertébrale, partie principale du squelette. Le système nerveux des sensations externes et internes est placé au-dessus de l'œsophage, caractère commun à tous les animaux pairs; et il est également mis à couvert par une série de vertèbres soudées dont les anneaux se sont dilatés proportionnellement, et dont l'ensemble forme ce qu'on nomme crâne, presque toujours distinct, même à l'extérieur, du reste du tronc, par un étranglement plus ou moins considérable, désigné sous le nom de cou.

Le canal alimentaire est toujours complet, étendu d'une extrémité à l'autre du corps et avec ses deux orifices.

L'appareil digestif se compose constamment d'un foie et d'un pancréas.

Il y a toujours un organe spécial de la respiration, formé des systèmes afférent et efférent, centripète et centrifuge, et des canaux aérifères.

L'appareil vasculaire est toujours complet, c'est-à-dire, composé de ses trois parties, système lymphatique, veines, artères, avec organe d'impulsion ou cœur parfaitement distinct, complet et double.

Les fluides charriés par chaque espèce de vaisseaux, diffèrent entre eux et constamment d'une manière tranchée.

Il y a un appareil de dépuration urinaire.

Jamais il n'y a d'hermaphrodisme suffisant ou non , c'est-à-dire , que les deux sexes sont toujours portés sur des individus différens.

Enfin l'instinct est plus ou moins modifié par l'éducation.

§ II. *Ce qui les distingue comme sous-type.*

Après cette simple énumération des principaux caractères des mammifères considérés comme animaux *vertébrés* (*Voy.* ce mot) , nous allons voir ce qu'ils ont de propre ou de particulier au sous-type qu'ils forment.

C'est dans les organes de la génération que se trouve le caractère le plus éminemment distinctif des mammifères avec les autres animaux vertébrés ; et cette distinction consiste en ce que le produit de la génération ou l'œuf qui se détache de sa mère à la suite de la copulation , le fait sans emporter avec lui de quoi se suffire , en sorte qu'il a besoin d'une double nourriture ; l'une nécessaire , forcée , à l'intérieur d'un lieu de dépôt ou matrice interne, où il se forme , pour ainsi dire, une nouvelle liaison organique avec sa mère ; et l'autre extérieure , moins nécessaire, qu'on nomme allaitement , et qui est exécutée à l'aide d'un système d'organes extérieurs nommés mamelles, d'où a été tiré le nom de mammifères qui les distinguent, ou celui de vivipares , parce que le jeune sujet, quand il naît , offre des traces évidentes de la vie.

Mais, outre ces différences principales, il en est beaucoup d'autres dans presque toutes les parties de l'organisation , dont on ne voit guère la liaison avec celles-ci , et que nous allons faire connoître successivement en suivant l'ordre que nous avons adopté pour une anatomie générale.

La forme du corps des animaux mammifères est , comme il a été dit plus haut, paire ou symétrique. Ordinairement comprimé latéralement , il se divise en tronc , qui comprend l'abdomen ou ventre et la poitrine , en cou, ou partie intermédiaire , en tête ou renflement céphalique à l'extrémité antérieure, et en queue ou prolongement coccygien à l'extrémité postérieure. Enfin ce tronc est supporté ordinairement par une double paire d'appendices composés ou membres , l'une antérieure ou thoracique , et l'autre postérieure ou abdominale ; quelquefois les membres postérieurs n'existent pas, si ce n'est en rudiment, comme dans les mammifères essentiellement aquatiques.

Cette forme est soutenue par l'enveloppe extérieure ou peau. Dans tous les mammifères, cette peau est plus ou moins mobile sur l'appareil de la locomotion ou le système musculaire. D'une épaisseur assez variable, suivant les espèces, et même quelquefois suivant certains degrés d'organisation , et selon les endroits du corps qu'elle recouvre , on peut dire qu'en général elle est plus épaisse vers le milieu du dos, ou à la face externe des membres qu'en dessous, ou à leur face interne; en général elle l'est surtout dans toutes les parties du corps et dans les animaux qui peuvent davantage être exposés à l'action des corps extérieurs sans pouvoir presque s'y soustraire.

Elle est toujours composée : 1.º du derme proprement dit , partie la plus interne; tissu fibreux plus ou moins serré, dans lequel se remarque la variété d'épaisseur; 2.º d'une seconde partie beaucoup plus importante comme organe sentant , et qui est formée du réseau muqueux, peut-être mieux, vasculaire de Malphigi, traversé par ce qu'on nomme le corps papillaire que l'on regarde , sans trop pouvoir le démontrer, comme nerveux; 3.º enfin d'un épiderme plus ou moins épais servant de corps protecteur , cohibant , presque inerte et tout-à-fait extérieur.

Il faut ajouter à cela l'appareil pileux et crypteux ou glandulaire qui , placé plus profondément , vient se terminer à l'extérieur, et déborde au moins , le premier, toute l'enveloppe, et devient un organe de sensation presque spécial.

Tous ces animaux ont pour caractère de sous-type la peau recouverte de poils plus ou moins nombreux, de grosseur, de longueur très-variables suivant les endroits du corps et les espèces auxquelles ils appartiennent; quelquefois ils se réunissent en écailles comme dans les pangolins; d'autres fois, ils forment une sorte de croûte ou enveloppe générale comme dans le lamantin et même dans les cétacés ; en sorte que le nom de *pilifères* pourroit peut-être mieux convenir à ces animaux que celui de mammifères , parce que en persistant à regarder les ornithorhinques et les échidnés comme appartenant à ce sous-type, on peut concevoir qu'ils n'auroient pas de mamelles.

Quoi qu'il en soit, le poil simple est toujours formé de deux parties distinctes : 1.º d'un bulbe ou organe producteur ; 2.º de la partie produite ou du poil proprement dit : la première , constamment vivante ; la seconde , morte aussitôt qu'elle est produite , etc.

Les poils composés ne sont que la réunion d'une certaine quantité de poils simples naissant de la réunion d'un plus ou moins grand nombre de bulbes , comme sont les écailles du pangolin , les ongles, les cornes, etc. (*Voy*. pour plus de détail , l'article POIL.)

C'est toute cette enveloppe extérieure qui constitue l'appareil du contact, du toucher et même une grande partie de celui du tact. C'est elle qui est évidemment la base, la source, l'origine de tout organe des sens, dont l'examen doit donc suivre immédiatement.

Le nombre des organes des sens spéciaux chez les mammifères paroît n'être jamais au-dessus de quatre, du moins si nous en jugeons par analogie, ce qui semble ici fort rationnel.

Le premier, ou du moins celui qui doit être considéré comme le plus constant, comme le plus nécessaire et le plus rapproché du sens général ou du toucher, est le goût. En effet, il paroît qu'il ne possède pas un système nerveux spécial. Son siége semble n'exister que dans la peau qui revêt la partie supérieure de la langue. L'appareil consiste dans les cryptes salivaires et muqueux qui tapissent la cavité buccale, et la principale modification de la peau paroît être dans l'absence plus ou moins totale d'épiderme suivant le degré de finesse du sens, dans le grand développement des papilles ou du corps papillaire, et peut-être aussi dans celui des cryptes, enfin dans l'absence des poils ou au moins de leur partie cornée.

Les différences que cet organe des sens présente dans les mammifères, paroissent tenir plutôt à l'espèce de nourriture qu'au degré d'organisation.

Le sens de l'odorat devient beaucoup plus spécial en ce que, quoique encore établi dans une étendue assez considérable de la peau, il a un appareil et un système nerveux qui lui sont tout-à-fait particuliers. Il offre cela de remarquable, que, comme dans tous les animaux qui en jouissent, c'est toujours la première paire d'appendices de la série d'articulations qui composent l'animal qui le forme; ce qui, joint à d'autres raisons qu'il ne seroit pas ici le lieu de développer, ne permet guère de douter que dans tous les animaux symétriques, la première paire d'appendices, comme les tentacules des limaçons et les antennes des insectes, ne soient des organes d'olfaction.

Dans tous les animaux mammifères, comme dans tous les animaux vertébrés respirant l'air en nature, il est toujours sur le passage du fluide élaborant ou respiratoire.

L'appareil, plus ou moins développé suivant le prolongement des appendices de mastication, consiste en une double cavité située tout-à-fait à la partie antérieure de la tête, ouverte en avant pour sa communication avec l'air extérieur, et en arrière pour le passage de l'air odoré dans l'appareil de la respiration. Cette cavité est composée : 1.º par le vomer, os impair, médian, le premier de tous les os inférieurs de la série des pièces formant la colonne vertébrale, et qui se prolonge plus ou moins en avant, souvent au moyen d'un cartilage, pour former ce qu'on nomme cloison des narines : 2.° supérieurement par les os carrés du nez qui forment une voûte plus ou moins prolongée au-dessus de la cavité ; 3.° inférieurement et latéralement, par la face supérieure de l'appendice de la mâchoire supérieure. C'est entre l'os du nez, l'os maxillaire et prémaxillaire, et l'os vomer prolongé en un cartilage, que se trouve l'orifice extérieur, au-devant duquel s'ajoute un prolongement flexible, cartilagino-musculo-cutané, qu'on nomme nez, et qui peut être plus ou moins modifié dans sa direction, dans son degré d'ouverture, au moyen de muscles cutanés, quelquefois extrêmement développés, comme dans l'éléphant. C'est, entre le corps du sphénoïde antérieur, le vomer, les ptérygoïdes et les post-maxillaires ou palatins, que se voit l'orifice postérieur des narines, qui est toujours double, béant et constant dans sa forme.

Dans chaque cavité ainsi formée, se trouvent deux os d'une structure tout-à-fait particulière, qui servent à augmenter l'étendue de la membrane olfactive, et que je crois appartenir à l'appareil lui-même : l'un est ce qu'on nomme l'ethmoïde, os caverneux, spongieux, occupant la partie supérieure de la cavité nasale, et percé d'un très-grand nombre de petits trous pour le passage des nerfs olfactifs ; il offre de chaque côté un certain nombre de lames un peu recourbées, qu'on appelle cornets, séparées par autant de cavités ou méats. L'autre os est toujours situé en dehors et au bas de la cavité, appliqué contre l'os maxillaire ; peut-être n'est-il qu'un appendice du précédent : c'est aussi un os mince, allongé, recourbé en cornet, d'où lui vient son nom. Ce cornet inférieur peut se diviser en se dichotomisant, quelquefois d'une manière fort remarquable et de telle sorte que toute la cavité nasale semble en être remplie.

Il faut encore regarder, comme propres aux mammifères, les sinus ou cavités qui, creusées dans les os qui se trouvent borner la cavité nasale, communiquent avec elle ; comme les sinus maxillaires, frontaux, sphénoïdaux, etc.

La partie de l'enveloppe extérieure, qui pénètre dans toutes ces anfractuosités, est considérée comme le siége de l'olfaction, quoiqu'il soit plus probable qu'il n'y ait que celle qui tapisse l'os ethmoïde qui doive être regardée comme telle.

Ses principales modifications consistent dans un beaucoup plus grand développement du réseau vasculaire, dans la production d'une grande quantité de mucus plus ou moins visqueux, propre à retenir, pour ainsi dire, les corps odorans dissous dans le véhicule aériforme, dans l'absence totale d'épiderme et de poils, dans son application immédiate sur le système osseux, dont le périoste se confond pour ainsi dire avec elle, et enfin dans la quantité, et très-probablement la nature des nerfs qu'elle reçoit.

Nous devons faire mention ici, comme une dépendance de l'organe de l'olfaction, ou comme intermédiaire pour ainsi dire à ce sens et à celui du goût, de l'organe de Jacobson, ainsi appelé du nom de celui qui l'a découvert. C'est un appareil fort singulier, situé de chaque côté de l'articulation du vomer avec les os de l'appendice maxillaire supérieur, composé d'une sorte de lame cartilagineuse, courbée sur elle-même de manière à laisser une fente dans toute sa longueur supérieure, tapissée à l'intérieur par une membrane muqueuse, vasculaire, se terminant antérieurement par un canal qui s'ouvre dans le trou incisif de Stenon, et par conséquent dans la bouche. Cet appareil n'a encore été trouvé d'une manière certaine que dans les animaux mammifères ; il paroît être, jusqu'à un certain point, en rapport avec l'espèce de nourriture, et peut-être même avec le degré d'organisation.

L'organe de la vision, qui est le second appendice dans tous les animaux pairs, offre aussi plusieurs caractères qui ne sont propres qu'aux mammifères.

Comme dans tous les animaux vertébrés, cet organe des sens, ainsi que celui de l'audition, est tout-à-fait spécial et simple, et n'est qu'une modification de cette partie de l'enveloppe générale que nous avons nommée un *poil*, ou mieux son bulbe ; comme lui, il est formé d'une enveloppe générale fibreuse, nommée ici *sclérotique*, tapissée à l'intérieur par une membrane vasculaire appelée *choroïde*, et enfin à la face interne de laquelle se trouve la membrane nerveuse ou sentante, développement du nerf du bulbe. La face antérieure de ce bulbe seroit percée, sans une partie cornée, transparente, composée de lames ou de cônes extrêmement aplatis, nommée *cornée transparente*, et qui sert en effet à laisser passer les rayons lumineux dans l'intérieur du bulbe qui est entièrement rempli de fluides de différentes densités, nommés *humeur aqueuse*, *cristalline* et *vitrée*, disposée pour des usages qui tiennent à la théorie de la vision. *Voyez* OEIL.

L'œil de tous les animaux mammifères est presque toujours mû dans l'intérieur de la cavité qui le contient, par un assez grand nombre de muscles, quatre et quelquefois huit, droits qui, de la circonférence du trou par où pénètre le nerf de l'organe, vont à l'extrémité des deux diamètres du bulbe, soit sur un ou sur deux plans, et deux muscles obliques : un

supérieur, qui du même point va au-dessus du globe de l'œil,
réfléchi par un anneau situé à l'angle interne ; et l'autre inférieur, qui, de la partie inférieure et extérieure de l'orbite,
va à la face inférieure du bulbe.

Il est constamment mis à l'abri du contact des corps extérieurs au moyen d'un appareil protecteur osseux, formé
de l'os frontal en-dessus, du maxillaire supérieur en-dessous, du zygomatique en dehors, du lacrymal en dedans,
et enfin du palatin et du sphénoïde antérieur en arrière, dont
l'ensemble forme ce qu'on nomme l'orbite.

Cet organe peut encore être mis à l'abri d'une manière
plus complète, mais momentanée, à l'aide d'un double repli
de la peau, mobile, servant de voile, et appelé *paupière*.
Dans tous les mammifères, la paupière supérieure est la plus
mobile ; elle a son muscle élévateur qui, provenant du fond
de l'orbite, et s'épanouissant jusqu'au cartilage qui la borde,
sert à la relever, son propre poids la fermant contre le bord
de l'inférieure. Jamais il n'y a de troisième paupière ou de paupière interne verticale ; ou s'il en existe une, c'est un simple
repli cartilagineux contre lequel le globe de l'œil peut s'avancer, mais qui ne peut presque jamais se développer indépendamment de lui.

Enfin, outre ces appareils de protection, il y a encore,
dans la très-grande partie des mammifères, à moins
qu'ils ne soient aquatiques, un appareil lacrymal formé
d'une ou deux glandes plus ou moins considérables, situées
entre l'orbite et le bulbe, et qui versent leur fluide à la
surface de la peau très-amincie qui tapisse la partie antérieure de celui-ci sous le nom de *conjonctive*, d'où il est
conduit, au moyen d'un canal formé par la réunion des
bords des paupières, jusque vers l'angle intérieur de l'œil.
Là, il est absorbé par les pores dits lacrymaux, et versé,
au moyen du canal et du sac lacrymal, placé essentiellement
dans l'os de ce nom, jusque dans la cavité nasale au-dessous du cornet inférieur des narines.

Le dernier organe des sens est celui de l'audition ou de
l'ouïe. Comme celui de la vision, il est formé, dans les
mammifères, de parties essentielles, et de parties de perfectionnement, destinées à renforcer et à recueillir les sons.

On doit aussi le regarder comme un appendice ayant beaucoup de connexions avec celui de la mâchoire inférieure, de
même que celui de la vision en a beaucoup avec la supérieure.

Considéré dans sa partie essentielle, on y retrouve encore
l'analogue du bulbe du poil. C'est ce que l'on voit dans ce
qu'on nomme le labyrinthe membraneux, ou mieux seule-

ment, dans le vestibule membraneux; on y trouve, en effet, une membrane fibreuse ouverte en arrière pour le passage du nerf, en dehors pour la communication avec l'extérieur, tapissée intérieurement par une membrane vasculaire sécrétant le fluide ou lymphe, dite de Cotunni, dans l'intérieur et le pourtour de laquelle se répandent les filets nerveux. Mais il s'en faut de beaucoup que l'organe de l'ouïe se borne à cela. Dans tous les mammifères, cette partie centrale importante s'étend pour former ce qu'on nomme le *labyrinthe*, c'est-à-dire, trois canaux semi-circulaires, dont deux verticaux et un horizontal, et le limaçon, cavité conique, spirale, partagée en deux par une lame ostéo-fibreuse qui se continue presque jusqu'à son sommet. Tout cet appareil essentiel ou profond de l'organe de l'ouïe est contenu ou enveloppé dans un os particulier, d'un tissu et d'un aspect qui lui ont valu le nom de *rocher*. Il est intercalé entre l'os basilaire ou la dernière vertèbre du crâne, et l'os sphénoïde postérieur; mais il ne doit pas être considéré comme appartenant au crâne proprement dit, ni même comme la racine d'un appendice.

Tous les mammifères, outre cette partie essentielle, possèdent encore les deux autres, c'est-à-dire, celles dont l'usage est de renforcer et de recueillir les sons, ou l'oreille moyenne et l'oreille externe.

L'oreille moyenne a pour base la caisse du tympan, cavité creusée dans l'os de ce nom. Elle communique avec l'organe intérieur par deux orifices, la fenêtre ronde et la fenêtre ovale, en arrière avec les cellules mastoïdiennes creusées dans cet os, en dedans et en avant, à l'aide d'un organe fibro-cartilagineux nommé *trompe d'Eustache*, avec la cavité gutturale dans sa partie latérale, et enfin en dehors avec l'appareil extérieur, par un orifice assez large, fermé par une membrane appelée *membrane du tympan*, attachée à un os désigné sous le nom de *cadre du tympan*. Mais, outre ces différentes ouvertures qui se remarquent dans la caisse du tympan, on trouve dans tous les mammifères une chaîne d'osselets au nombre de trois, ou de quatre suivant quelques auteurs, qui, attachée par une extrémité à la membrane qui ferme la fenêtre ovale, se termine par l'autre à la membrane du tympan.

Enfin, au dehors de cette oreille moyenne, se trouve appliquée sur les parties latérales et postérieures de la tête, la conque auditive qui se compose toujours d'un tube plus ou moins allongé, nommé *conduit auditif externe*, et qui le plus souvent se dilate à son extrémité en une espèce de cornet acoustique fibro-cartilagineux de forme et d'étendue variables, mû par des muscles plus ou moins développés, plus ou moins divisés, des antérieurs, des supérieurs et des postérieurs.

Nous venons d'envisager d'une manière rapide l'enveloppe externe des animaux mammifères comme servant à leur donner une forme déterminée, à les garantir des corps extérieurs, enfin comme les leur faisant apercevoir. Étudions maintenant la couche musculaire qui la double et dans laquelle se trouvent tous les organes actifs et passifs de la locomotion générale ou partielle.

1.º *Des Organes de la locomotion.*

Quoique la partie essentielle de l'appareil de la locomotion soit bien évidemment la partie active ou musculaire, puisque c'est réellement, pour ainsi dire, au milieu d'elle que la partie passive se développe, nous sommes cependant obligés de parler de celle-ci la première, parce que c'est d'après elle que les fibres musculaires se sont disposées en faisceaux ou muscles pour produire tels ou tels mouvemens déterminés.

Des Organes passifs de la locomotion.

La partie passive des organes de la locomotion forme ce qu'on nomme système osseux. Dans tous les mammifères, ce système contient une bien plus grande quantité de matière crétacée ou inorganique que de matière animale, au moins dans l'âge adulte; les os longs avec un tissu diploïque assez prononcé, surtout vers leurs extrémités, ont cependant, ordinairement, une cavité assez grande et constamment remplie de substance médullaire. Ils sont denses, pesans. Leurs parties articulaires sont encroûtées de cartilages recouverts par une membrane synoviale. Ces extrémités articulaires sont long-temps épiphysées après la naissance.

Je n'ai pas besoin de dire que tout l'ensemble des différentes pièces qui composent le système osseux, et auquel on donne le nom de *squelette*, est parfaitement symétrique ou pair.

On le divise comme le tronc ou le corps en général, en partie centrale, et en parties paires ou appendices.

La partie centrale supérieure au canal intestinal est ce qu'on nomme colonne vertébrale, depuis l'extrémité antérieure, ou vomer, jusqu'à la dernière pièce coccygienne.

Les différentes pièces qui la composent, ou vertèbres, se divisent en mobiles et en immobiles.

Les vertèbres mobiles ont un caractère particulier dans le mode d'articulation de leur corps, qui se fait toujours par continuité d'une substance fibreuse, sans appareil synovial.

Elles sont distinguées suivant la région à laquelle elles appartiennent, en *cervicales* qui sont presque constamment au nombre de sept seulement, quelque dimension qu'ait le cou, en *dorsales* ou *thoraciques*, en *lombaires* ou *rénales*, et en *caudales* ou *coccygiennes*, manquant cependant dans une ou deux espèces, et qui forment cet appendice qu'on nomme la *queue*.

Les vertèbres immobiles ou soudées sont celles qui servent à l'articulation immédiate des membres postérieurs, et dont l'ensemble porte le nom de *sacrum*, et celles qui forment la partie principale de la tête ou le crâne, et dont l'immobilité est encore beaucoup plus complète.

Le nombre des vertèbres sacrées n'est jamais de plus de sept et jamais moindre de deux; il n'en existe pas dans les animaux mammifères qui, comme les cétacés et les lamantins, n'ont que des rudimens de membres postérieurs.

Quant au nombre de celles dont le crâne est formé, il ne passe jamais quatre, qu'on nomme l'*occipital*, le *sphénoïde postérieur* et les *pariétaux*, le *sphénoïde antérieur* et *les frontaux*, enfin *le vomer* et *les os propres du nez*. La première, ou l'occipital, n'est jamais composée de plus de quatre pièces, qui sont l'occipital inférieur, les deux latéraux et le supérieur. La seconde peut être formée de trois, quatre, ou même de deux pièces, au moins en apparence, savoir : l'os sphénoïde postérieur avec ce qu'on nomme ses grandes ailes qui n'en sont pas toujours distinctes, les pariétaux, et quelquefois un interpariétal, ou tout au contraire, un seul pariétal. La troisième est composée du sphénoïde antérieur avec ce qu'on nomme les petites ailes, et de deux frontaux ou d'un seul. Enfin, la quatrième, qui est réellement l'antérieure et qui commence la colonne vertébrale, est formée du vomer et peut-être des deux os du nez, quelquefois réunis en un seul.

Le crâne ainsi composé de quatre vertèbres, avec lesquelles se mêlent des appendices employés à différens usages, et dont nous allons parler tout à l'heure, s'articule toujours avec la première vertèbre mobile ou cervicale, par deux condyles ou proéminences articulaires plus ou moins distans.

Les parties paires, ou les appendices, sont toujours placées d'une manière symétrique de chaque côté de la partie centrale. On peut les diviser en simples ou complexes, et en libres et en réunies.

Les appendices qui s'ajoutent de chaque côté de la tête, ou mieux du crâne, semblent former avec lui un tout qui porte le nom général de tête. Ils servent au perfectionnement des organes des sens et à la mastication. Ils sont presque tous complexes et libres.

Le premier appartient à l'appareil de l'olfaction ; c'est ce qu'on nomme le cornet inférieur et la masse ethmoïdale.

Le second sert à l'organe de la vision et à la composition
de la mâchoire supérieure; c'est lui qui forme la plus grande
partie de la face, et même par son prolongement, ce qu'on
nomme museau; il naît en arrière par deux branches, l'une
externe et l'autre interne plus constante; l'externe est formée par l'os zygomatique ou jugal, qui, en s'articulant souvent avec une apophyse de ce nom, de l'os squammeux ou
temporal, forme ce qu'on appelle *arcade zygomatique;* l'interne
se compose de l'apophyse ptérygoïde interne, puis de l'os palatin qui fait une partie de la voûte du palais; ces deux racines se réunissent ensuite sur un seul os appelé maxillaire supérieur, portant le plus souvent des dents, et qui est précédé par l'os incisif ou præ-maxillaire qui termine ordinairement le museau.

Cet appendice n'est jamais mobile sur le crâne dans aucun
sens; et celui d'un côté se réunit à l'autre sans aucune pièce
médiane ou intermédiaire.

C'est la considération de la manière dont il se joint au
crâne, qui forme ce qu'on nomme angle de Camper ou angle
facial.

Le troisième appendice est encore presque double, et il
semble appartenir, à la fois, à l'organe de l'ouïe et à la
mâchoire inférieure; intercalé, pour ainsi dire, entre la
deuxième et la troisième vertèbre de la tête, il se compose
de l'os qui enveloppe l'organe essentiel de l'ouïe, si toutefois il en doit être distingué, de la caisse du tympan, et de
l'os mastoïde, en admettant qu'il en soit distinct; des trois
ou quatre os formant la chaîne des osselets de l'ouïe, du
cadre du tympan, de l'os squammeux ou temporal, et enfin
de la mâchoire inférieure qui, dans tous les animaux mammifères, offre le caractère commun de n'être, à quelque âge
qu'on l'étudie, formée que d'une seule pièce, et de s'articuler
par une partie saillante ou condyle, directement ou sans
intermédiaire, avec l'os temporal ou squammeux.

Cet appendice suit, pour ainsi dire, le précédent; il est
également armé, dans une grande partie de son étendue, de
dents propres à la mastication, fonction qui n'existe réellement que dans les mammifères, et il entre dans la composition
du museau. Mobile de bas en haut, et un peu de droite à
gauche et de gauche à droite en totalité, ce n'est que dans
les rongeurs que l'appendice, de chaque côté, est un peu
mobile sur celui du côté opposé. Du reste, il n'y a pas non
plus de pièce médiane entre eux.

Le quatrième appendice est celui de l'hyoïde, qui appartient à la double fonction de la déglutition et de la respira-

tion ; il est toujours placé à la base de la langue , à laquelle
il sert d'appui, en avant de l'ouverture des organes de la respiration. Il est toujours composé d'une pièce médiane inférieure qu'on nomme corps , et de deux cornes de chaque
côté, qui varient par leur proportion relative, et par le nombre de pièces qui les forme , dont l'une s'articule avec le
crâne , d'une manière plus ou moins immédiate au moyen d'un os qui , dans l'homme , porte le nom de styloïde.
C'est dans cet appendice que commencent ceux qu'on peut
nommer réunis.

Quant aux autres appendices simples de la colonne vertébrale, ils sont beaucoup plus distincts, et ont reçu la désignation générique de *côtes*. Le nom de simples que je leur
donne n'est réellement que par comparaison avec ceux que j'ai
nommés complexes ; car ils sont presque toujours composés
de deux parties , l'une osseuse , la plus importante et supérieure , et l'inférieure , le plus ordinairement cartilagineuse.
Un autre caractère de la plupart de ces appendices , c'est
d'être souvent (comme on vient de voir l'appendice hyoïdien)
réunis à une pièce médiane inférieure , dont la série , articulée bout à bout presque comme le corps des vertèbres, porte
le nom de *sternum*. C'est d'après cela que l'on divise les côtes
en sternales et asternales, ou vraies et fausses. Dans les mammifères, il n'y a jamais de côtes asternales antérieures ; les
postérieures varient en nombre. L'articulation supérieure
des côtes se fait ordinairement avec deux vertèbres , par
la bifurcation de leur extrémité supérieure. Le nombre des
côtes sternales et asternales varie.

C'est à l'ensemble de ces côtes et du sternum qui les réunit
avec les muscles qui doivent les mouvoir , qu'on donne le
nom de poitrine ou de thorax , cavité dans laquelle sont
compris les principaux organes de la respiration et de la circulation.

Dans la très-grande partie des mammifères , la locomotion
générale est exécutée par les appendices composés qu'il nous
reste à examiner, et qu'on désigne sous le nom de membres.
Le plus ordinairement au nombre de quatre bien complets ,
il arrive quelquefois que les deux postérieurs sont rudimentaires ; mais jamais ils ne sont entièrement nuls , quoique
cela puisse se concevoir , comme dans quelques poissons
et un assez grand nombre de reptiles.

Les antérieurs qui tirent leur système nerveux de la région
cervicale , dont ils sont pour ainsi dire les appendices , sont
cependant presque constamment appliqués contre les parties latérales et antérieures de la poitrine, d'où leur est venu

le nom de membres antérieurs ou thoraciques; développés dans l'intérieur du système musculaire, ils sont fracturés en quatre parties principales; la dernière ou terminale l'étant encore au moins six fois, et quelquefois beaucoup davantage, comme dans les cétacés. On donne à ces quatre parties principales, en marchant de la racine à la terminaison, les noms de ceinture osseuse antérieure ou d'épaule, de bras, d'avant-bras, et de main ou de pied.

L'épaule ou la ceinture osseuse antérieure, qu'on peut aussi regarder comme l'analogue d'un appendice simple ou d'une côte, n'est jamais réunie d'une manière immobile avec la colonne vertébrale, dans aucun mammifère. Elle est composée le plus ordinairement de deux os qui se réunissent en angle (la clavicule et l'omoplate), et qui forment un levier brisé, mobile au point de leur jonction, dont une des extrémités, la supérieure, est toujours libre, et l'autre, l'inférieure, articulée d'une manière plus ou moins directe, avec la première pièce du sternum, ou mieux avec celle du côté opposé. Plus l'animal mammifère a dû avoir de mobilité dans tous les sens, et surtout en dehors, et plus cet appareil est complet.

La clavicule est toujours un os long, plus ou moins cylindrique, appliqué au devant de la première côte, articulé d'une part avec la clavicule du côté opposé et la première pièce du sternum, et de l'autre avec l'omoplate, mais ne contribuant que fort indirectement à la formation de la cavité articulaire du bras.

L'omoplate est un os très-plat, fort large, plus ou moins triangulaire, plus ou moins verticalement placé, offrant deux larges fosses d'insertion musculaire, une interne, concave, appliquée contre les côtes, et l'autre convexe et externe, ordinairement divisée en deux parties, de proportion un peu variable, par une sorte de côte ou de lame saillante qui, du bord spinal ou supérieur, se prolonge plus ou moins en une apophyse saillante appelée acromion, avec laquelle s'articule la clavicule quand il y en a.

Le bras n'est jamais formé que d'un seul os, l'humérus, placé entre l'épaule et l'avant-bras; c'est le plus souvent un os long, cylindrique, s'articulant supérieurement par une tête plus ou moins sphérique avec l'omoplate, et offrant de chaque côté deux tubérosités plus ou moins saillantes, qu'on nomme grosse et petite tubérosités, ou trochiter et trochin, parce qu'elles servent à l'insertion des puissances musculaires qui font tourner le bras en dehors ou en dedans. L'extrémité inférieure de cet os offre toujours une disposition d'éminences et de cavités propres à former une articulation ginglymoïdale ou en charnière, et qui est plus ou moins compliquée, sui-

vant la disposition générale des os de l'avant-bras , qui elle-
même est dépendante de celle de la main pour laquelle
toutes les parties de l'appendice semblent modifiées.

L'avant-bras est constamment formé de deux os qui peuvent exécuter deux sortes de mouvemens, l'un à angle droit
ou dans la direction de l'appendice , et l'autre de rotation
dans une direction qui lui est perpendiculaire. L'un de ces
os , fixe , solide , constant , sert à transmettre le poids du
corps à la main ; c'est le radius. Il est toujours complet ;
son extrémité supérieure , articulée avec l'humérus , est
d'autant plus arrondie , que l'instrument de la main est
plus perfectionné , et, au contraire, occupe d'autant plus de
place dans l'articulation , et est d'autant plus ginglymoïdale ,
que l'extrémité doit servir davantage à la simple sustentation ; il en est à peu près de même de l'inférieure qui , dans
les animaux mammifères , les plus essentiellement quadrupèdes , finit par occuper toute l'articulation du poignet. Le
dernier os de l'avant-bras ou cubitus , ainsi nommé , parce
qu'il forme le coude , n'a réellement de fixe que son extrémité supérieure , qui se prolonge toujours au-delà de son
articulation , en une apophyse plus ou moins considérable ,
nommée olécrâne. A mesure que la main devient plus mobile , cet os s'allonge pour ainsi dire davantage , et finit par
toucher à la main , mais toujours beaucoup moins solidement que le radius.

La main qui est la dernière partie de l'appendice , et pour
laquelle il a été modifié dès son origine , est constamment
formée de trois parties qui ont entre elles au moins cinq articulations ou fractures. La première, nommée carpe ou poignet, est toujours composée de deux rangs de petits os, de
nombre et de forme un peu variables , en général réunis
entre eux et avec l'avant-bras par des surfaces d'autant plus
arrondies que l'extrémité est plus ou moins un organe de
préhension. La première rangée est composée d'au moins
trois os , et jamais de plus de quatre ; le scaphoïde , le semi-
lunaire, le cunéiforme et le pisiforme : la deuxième l'est rarement de plus de quatre, si ce n'est dans les singes, le trapèze,
le trapézoïde, le grand os et l'unciforme, et jamais de moins
de trois.

La deuxième partie de la main se divise en paume et en
doigts. La proportion de ces deux parties varie considérablement : la première, composant ce qu'on nomme le métacarpe, est formée d'os longs, placés les uns à côté des autres,
et dans la direction générale du membre; jamais ils ne sont au
dessus de cinq, et c'est dans les mammifères les plus élevés;

rarement ils sont au-dessus de quatre, et jamais au-dessous de trois, au moins en rudiment. Ces os sont retenus entre eux au moyen de ligamens, au plus au nombre de quatre. Le premier, qui est l'interne, est seul excepté dans ceux des mammifères, qui, placés au sommet de l'échelle, ont une véritable main, ou un pouce opposable aux autres doigts.

Les doigts qui suivent la combinaison des os du métacarpe sont la partie essentiellement mobile de l'appendice, c'est-à-dire, celle où les mouvemens acquièrent en nombre ce qu'ils perdent en étendue. Ils sont formés de trois articulations qu'on nomme phalanges, si ce n'est le premier ou le pouce qui n'en a jamais que deux, son os du métacarpe remplaçant, pour ainsi dire, la première. La première articulation avec les os du métacarpe est hémisphéroïdale ; les deux autres ne sont que par charnière, ou ne peuvent s'exécuter que dans deux sens, la flexion et l'extension. La dernière de ces phalanges, connue sous le nom d'onguéale, offre des différences importantes qui tiennent à l'usage des doigts, suivant qu'ils sont des organes de préhension digitale ou de simples organes de sustentation ; sa forme varie beaucoup et se trouve en rapport avec ses tégumens ou ongles.

Nous avons donné pour caractère des animaux mammifères de n'avoir jamais plus de trois phalanges ; il est cependant vrai de dire que les cétacés les ont beaucoup plus nombreuses, ce qui les rapproche sous ce point de vue des poissons.

Les appendices composés ou membres postérieurs, pelviens ou abdominaux, car on leur donne ces différens noms, peuvent manquer presque entièrement ; mais il en reste toujours quelque trace, et il nous semble que c'est l'os ischion qui se trouve servir d'attache aux muscles du penis ; mais cette absence dépend d'une modification pisciforme.

Ils offrent cela de constant, qu'ils sont toujours en rapport direct avec la colonne vertébrale d'où sort le système nerveux qui les anime, et par conséquent ils tendent toujours vers plus de solidité, au point qu'ils peuvent seuls servir à la locomotion générale, ou à la station et à la progression. On peut dire qu'en général ils sont en rapport inverse des antérieurs, c'est-à-dire, que plus ceux-ci sont propres à la préhension, plus ils sont disposés à la station. Considérés d'une manière générale, ce sont évidemment les organes d'impulsion.

Du reste, ils sont composés des mêmes parties que les antérieurs.

1.° D'une ceinture osseuse ou d'attache qu'on nomme bassin, formant une ligne transversale dont les deux extrémités sont également adhérentes, la supérieure au sacrum, l'inférieure à celle du côté opposé, d'où il résulte une immobilité presque parfaite. Elle est toujours formée de trois os ou pièces qui contribuent toutes les trois à la formation de la cavité cotyloïde, ou de l'articulation du membre, mais qui sont immobiles entre elles. La première, la plus importante, la plus grande même, est celle qu'on nomme *iléon*, correspondante à l'omoplate de l'appendice antérieur; c'est également un os large, de forme un peu variable, s'articulant par une de ses extrémités avec le sacrum, et de l'autre avec les deux autres pièces; sa face externe, ainsi que l'interne, forme une vaste fosse appelée fosse iliaque interne ou externe, comme à l'omoplate. Le deuxième os est le pubis, correspondant à la clavicule, mais en différant surtout parce qu'il contribue directement à la formation de la cavité cotyloïde; du reste, placé également perpendiculairement à l'axe du corps, il se joint dans la ligne médiane à celui du côté opposé, sans intermédiaire, par une de ses extrémités, et de l'autre, qui est bifurquée, à l'os des îles et à l'ischion dont il nous reste à parler. Celui-ci n'a pas d'analogue dans la ceinture antérieure, sauf dans des animaux presque sub-mammifères, c'est-à-dire, rapprochés un peu du second sous-type des animaux vertébrés; c'est un os en V, qui par une de ses branches forme une partie de la cavité articulaire, et par l'autre s'unit au pubis; la jonction des deux branches se nomme tubérosité ischiatique. Cet os sert, pour ainsi dire, d'arc-boutant entre les deux autres os, et solidifie la ceinture, comme dans les oiseaux ce qu'on nomme à tort clavicule de l'épaule.

Sur cette ceinture osseuse ainsi solidifiée s'articule l'appendice formé 1.º de la cuisse correspondante au bras, et comme lui composée d'un seul os appelé *femur*, ayant à son extrémité supérieure une tête plus ou moins sphérique, portée sur un cou plus ou moins distinct et oblique, et deux tubérosités, l'une interne et l'autre externe, le grand et le petit trochanter, pour la terminaison des muscles des faces externe ou interne de l'os des îles; l'extrémité inférieure offre une articulation ginglymoïdale, beaucoup plus lâche que celle qui lui correspond dans l'extrémité supérieure, et en outre constamment retournée, c'est-à-dire, la flexion en arrière. La seconde partie ou jambe, analogue de l'avant-bras, est également formée de deux os, placés parallèlement, mais toujours à côté l'un de l'autre: de ce que l'articulation est disposée en sens inverse de ce qui a lieu antérieurement, l'interne, le plus fort, le plus essentiel, celui qui transmet le poids du corps à l'extrémité, et qu'on désigne sous le nom de *tibia*, est évidemment l'analogue du radius, contre ce que dit Vicq-d'Azyr à ce sujet. Son extrémité supérieure, élargie et modifiée pour le fémur, ne pouvoit offrir d'apophyse olécrâne qui est pour ainsi dire remplacée par la rotule ; l'inférieure est disposée pour former avec le pied un ginglyme fort serré. Le second os de la jambe, le moins important, ne va presque jamais jusqu'au fémur, et quelquefois il ne se prolonge pas jusqu'au pied ; son analogue est évidemment le cubitus, collé au côté externe du tibia avec lequel il s'articule seulement en haut (si ce n'est dans les didelphes) ; quand il descend jusqu'au pied, il contribue à former le ginglyme serré dont il vient d'être parlé, au moyen d'une partie plus ou moins saillante, nommée malléole externe, opposée à l'interne terminaison du tibia.

Le pied, composé presque comme la main, peut éprouver les mêmes modifications qu'elle, c'est-à-dire se transformer en organe de préhension digitale, de sustentation unique ou bipède, et enfin d'impulsion ou de sustentation quadrupède ; ce qui est le cas le plus ordinaire.

Le tarse, partie intermédiaire analogue du carpe, n'est jamais composé de plus de sept os également sur deux rangées ; le pisiforme, ou hors-de-rang, se soudant constamment avec l'analogue du semi-lunaire qui porte ici le nom de calcanéum ; du reste, l'astragale est le scaphoïde ici disposé autrement et placé sur les autres ; le scaphoïde est l'analogue du cunéiforme ; quant à la deuxième rangée, elle offre beaucoup moins de différences, et les analogues sont beaucoup plus aisés à retrouver ; ainsi le premier cunéiforme est le trapéze, le deuxième le trapézoïde, le troisième le grand os ; et enfin le cuboïde qui s'articule également avec les deux derniers doigts, est l'os cunéiforme qui offre aussi ce caractère.

Quant aux doigts, c'est absolument la même composition qu'aux mains, tendant à leur ressembler dans les singes, et en sens inverse dans les ongulogrades.

Des organes actifs de la locomotion.

La fibre contractile ou musculaire des animaux mammifères est ordinairement rouge, quelquefois assez blanche, et d'autres fois très-brune ou presque noire, sans qu'il y ait, que je sache, aucun rapport entre ces différences et le degré d'organisation ou la modification. En général, sa couleur, cependant, est beaucoup plus foncée dans les animaux qui vivent dans l'eau.

Les muscles ou la réunion d'un certain nombre de ces fibres contractiles sous une forme et une direction déterminée, quoique toujours dépendante de l'enveloppe de l'animal, peuvent cependant être divisés en deux couches : en cutanés proprement dits, ou ceux qui adhérent réellement encore à la peau, et qui la meuvent; et en profonds ou qui appartiennent réellement au squelette, et viennent d'un os pour se terminer à un autre.

On a dû traiter des premiers à l'article de la peau et de ses annexes ; il ne doit être question ici que des seconds.

Prenant toujours comme point de départ le canal intestinal, qui peut être justement regardé comme l'axe du corps, tous les muscles d'un animal articulé et même pair, peuvent être divisés en supérieurs, en inférieurs et en latéraux, qui comprennent, comme nous le verrons, ceux des appendices simples ou composés. Nous suivrons donc ici cette division.

Ceux de la partie supérieure au canal intestinal sont peut-être les plus importans ; ils forment ce qu'on nomme muscles de la colonne vertébrale, ce qui comprend ceux qui meuvent la tête, les vertèbres et la queue.

Les inférieurs forment une série ou presque un seul muscle étendu du pubis jusqu'à la symphyse de la mâchoire inférieure, et dont les fibres sont parallèles et entrecoupées par la réunion des appendices.

Enfin les latéraux, plus ou moins obliques, presque toujours formés de deux couches qui se croisent, occupent les flancs et servent constamment aux mouvemens des appendices simples, quand il y en a, et même des composés.

Les supérieurs, ou de la colonne vertébrale, prenant le système nerveux qu'elle contient pour axe, peuvent être également subdivisés en supérieurs ou extenseurs, en inférieurs ou fléchisseurs, et en latéraux ou fléchisseurs latéraux.

Les extenseurs, en marchant de la tête à la queue, sont : les petits et grands droits de la tête, et tous les inter-épineux quand ils existent ; on conçoit qu'ils devoient être d'autant plus développés que les mouvemens de telle ou telle vertèbre devoient être plus grands; le petit et le grand oblique de la tête, le transversaire épineux, le multifidus d'Albinus, muscles qui se portant en général d'une apophyse transverse ou articulaire à une épineuse, quelquefois en sens inverse, produisent réellement l'extension directe de la colonne vertébrale, mais peuvent aussi produire une sorte de rotation ou mieux de flexion latérale, quand ceux d'un côté seulement agissent. Il faut y joindre ceux qui recouvrent les précédens, comme les sacro-lombaires, le long dorsal et ses dépendances, les splénius, complexus, digastrique de la tête, et tous les sacro-coccygiens supérieurs.

Tous ces muscles sont ordinairement composés de petits faisceaux charnus, très-nombreux, qui se portent ou directement ou plus ou moins obliquement d'une ou plusieurs vertèbres à une autre, à la suivante, ou même à une beaucoup plus antérieure ou plus postérieure, comme pour la tête ou pour la queue; ils forment des muscles véritablement complexes dans leur composition et leur action.

On conçoit qu'en général ils sont développés proportionnellement aux mouvemens permis de telle ou telle partie de la colonne vertébrale, et que la longueur de leurs fibres est également proportionnelle à l'étendue du mouvement.

Les muscles fléchisseurs de cette même colonne vertébrale n'existent qu'au cou et aux lombes; ce sont le petit et le grand droit antérieur de la tête, le long du cou, le petit psoas, les sous-caudiens.

Les muscles latéraux sont le petit droit latéral, les inter-transversaires, le carré des lombes, les coccygiens latéraux, tous muscles également complexes.

Les muscles inférieurs au canal intestinal sont étendus entre la symphyse du menton et celle du pubis : ce sont, en allant d'avant en arrière, les génio-hyoïdiens, hyo-glosse et thyro-hyoïdiens, sterno-hyoïdien et sterno-thyroïdien ; et enfin le grand droit de l'abdomen qui va quelquefois de la première côte au pubis.

Enfin les muscles latéraux se divisent, comme il a été dit plus haut, en ceux des appendices simples et ceux des appendices complexes.

Ceux des appendices simples sont les inter-costaux, qui peuvent être divisés en abaisseurs et en élévateurs, ou en externes et en internes.

Les plus antérieurs sont ceux qui meuvent la mâchoire inférieure, ou le premier appendice mobile; les élévateurs sont le masseter et le temporal qui ne font réellement qu'un muscle, et les ptérygoïdiens interne et externe : l'abaisseur est le digastrique.

Entre l'appendice de la mâchoire inférieure et l'os hyoïde, il y a pour celui-ci un élévateur qui est le stylo-hyoïdien, et un abaisseur qui est le scapulo-trachélien.

Au-delà viennent les appendices qu'on nomme *côtes* ; il faut regarder comme élévateurs des premières les scalènes, et ensuite les sur et sous-costaux, les inter-costaux internes et externes, même les sous-sternaux, enfin les deux obliques de l'abdomen et le transverse, comme les muscles de ces appendices. Les sterno et cléido-mastoïdiens appartiennent aussi à cette catégorie.

Quant aux appendices complexes, la source ou l'origine des muscles qui meuvent les différentes parties qui les composent, ce sont toujours les muscles élévateurs et abaisseurs qui, ayant entouré la racine de l'appendice, se sont divisés en quatre sections.

Le *sous-clavier* est évidemment l'analogue d'un intercostal ou abaisseur de l'appendice.

Le *trapèze* en est l'élévateur ; et quoique réellement il soit supérieur au canal intestinal, il est cependant l'analogue d'un surcostal ; il en est de même de l'*angulaire* de l'omoplate et même du *rhomboïde*.

Le *grand dentelé* est l'abaisseur de cette partie de la côte ou de l'omoplate ; il me semble qu'il en est de même du *petit pectoral*.

Ces divers muscles offrent des différences assez nombreuses suivant que le membre antérieur a dû servir d'organe de sustentation ou de préhension digitale ; dans le premier cas, le grand dentelé devient extrêmement puissant, et au contraire le sous-clavier et le petit pectoral disparoissent.

Le membre lui-même est mû en totalité sur son pédicule par une série de faisceaux musculaires qu'on peut diviser en tracteurs en avant, en arrière, en haut et en bas; en avant, par le deltoïde dans sa partie acromiale et le sur-épineux ; en arrière, par le grand dorsal, le grand rond et le grand pectoral, les premiers en haut, le dernier en bas; en haut par le sous-épineux et le petit rond, et en bas par le sous-scapulaire. Ces muscles, qui varient, comme on le pense bien, dans leurs proportions relatives, offrent aussi des dispositions, en apparence fort différentes, suivant la position quadrupède ou bipède de l'animal.

L'avant-bras est mû sur le bras par des extenseurs ou des fléchisseurs seulement. Les premiers qui occupent la partie postérieure du bras, forment ce qu'on nomme le *triceps brachial* ; nés de l'omoplate et de l'humérus, ils se terminent à l'olécrâne. Les fléchisseurs sont au nombre de deux, quelquefois presque réduits à un, le *biceps brachial* et le *brachial antérieur*.

Les deux os de l'avant-bras peuvent être mis en mouvement l'un sur l'autre par les muscles *rond* et *carré pronateurs*, qui se portent plus ou moins obliquement du cubitus au radius, en produisant ce qu'on nomme la *pronation*; et en sens inverse par le *court* et le *long supinateur*.

La main, en totalité, peut être fléchie ou étendue directement ou plus ou moins obliquement : par le *radial* et le *cubital antérieur* qui produisent la flexion du carpe; et par le *radial externe* simple ou quelquefois double, et le *cubital postérieur*, qui opèrent l'extension.

Les doigts ou leurs phalanges sont également susceptibles de flexion, d'extension et d'écartement ou de rapprochement les unes des autres, ce qu'on nomme *déduction* ou *abduction* et *adduction*.

Les fléchisseurs, divisés en longs et en courts, suivant que leur origine est à l'humérus ou aux os de l'avant-bras ou au carpe, sont le palmaire grêle, qui ne fait qu'un avec le fléchisseur superficiel et le fléchisseur profond ou perforant, ainsi nommé, parce que ses tendons parvenus sous l'avant-dernière phalange traversent les tendons du fléchisseur superficiel pour aller se terminer à la phalange onguéale.

Les fléchisseurs courts sont celui du petit doigt et celui du pouce, quand ces doigts existent.

Les extenseurs sont tous longs ; ce sont l'extenseur commun, l'extenseur propre de l'indicateur, celui du petit doigt et celui du pouce avec son long et son court abducteur, quand ce doigt existe.

Quant aux abducteurs et aux adducteurs, ce sont les interosseux qui, suivant leur terminaison par rapport aux phalanges, prennent l'un ou l'autre de ces noms.

Des muscles de l'extrémité postérieure. — Nous avons vu que la ceinture osseuse postérieure n'est jamais mobile dans les mammifères sur la colonne vertébrale ; d'après cela, il n'y a pu avoir aucune trace de muscles dans cette partie.

Quant à ceux qui meuvent l'appendice en totalité sur cette ceinture, ils peuvent, comme ceux de l'antérieur, être divisés en quatre groupes.

Le grand fessier est évidemment l'analogue du deltoïde dans sa forme, ses insertions, sa position, et même sa structure.

L'iliaque et le grand psoas réunis sont l'analogue du sousscapulaire, avec cette différence que leur insertion a pu remonter beaucoup plus haut, et venir de la colonne vertébrale.

Le moyen fessier, le petit fessier et le pyramidal peuvent être les représentans des sur-épineux, sous-épineux et petit rond.

Les adducteurs, plus ou moins subdivisés, sont aussi les analogues du grand pectoral ; le carré peut être envisagé comme celui du grand rond, le grand dorsal n'ayant pu exister.

Quant aux muscles obturateurs externe et interne et jumeaux, ce sont évidemment des muscles nouveaux, dont les analogues ne pouvoient exister dans le membre antérieur, parce que l'ischion n'y existe pas ; peut-être se trouvent-ils dans l'ornithorhinque et l'échidné, comme ils existent dans les oiseaux sous le nom de *moyen pectoral*, au membre antérieur.

Les muscles moteurs de la jambe sont , de même qu'au membre antérieur , des extenseurs et des fléchisseurs seulement. Les extenseurs sont : 1.º le droit antérieur analogue de la longue portion du triceps olécranien; 2.º le triceps crural qui représente l'autre portion; vaste muscle composé de trois et quelquefois quatre faisceaux qui vont se terminer avec le précédent , à un gros tendon dans lequel se développe la rotule , et qui va se fixer au tibia. Les fléchisseurs , beaucoup plus subdivisés qu'au bras , sont partagés en externes et en internes , mais d'une manière beaucoup plus tranchée. Les internes qui correspondent au biceps , sont le couturier , le grêle interne, le demi-membraneux et le demi-tendineux , le fléchisseur externe analogue du brachial antérieur est unique; c'est le biceps de la cuisse, qui, de la tubérosité ischiatique, et quelquefois , des parties environnantes , va au péroné.

Les deux os de la jambe n'éprouvant l'un sur l'autre que très-peu de mouvemens, on ne trouve entre eux qu'un seul muscle, le poplité , analogue du rond pronateur, et qui, en effet, du condyle interne, ici externe du fémur, se porte au tibia analogue du radius.

Les muscles du pied peuvent aussi être rapportés aisément à ceux de la main.

Les extenseurs qui sont ici nommés les fléchisseurs du cou-de-pied, sont : 1.º un tibial antérieur, analogue des radiaux externes; 2.º le moyen péronier, analogue du cubital postérieur. Les fléchisseurs de la main, ici les extenseurs , sont le tibial postérieur ou radial antérieur; les gastrocnémiens et soléaire, analogues du cubital antérieur, et comme lui, se terminant au pisiforme qui est ici la tubérosité du calcanéum.

Le long péronier qui , du bord externe du péroné, se porte au côté externe du pied , pour passer derrière et aller se terminer à un os métatarsien, est un muscle nouveau , n'ayant point, que je sache, d'analogue à la main.

Les muscles fléchisseurs des doigts sont, comme à la main : 1.º le plantaire grêle analogue du palmaire grêle , qui doit être regardé comme continué par le court-fléchisseur-superficiel qui alors n'existe ici que sous le pied ; 2.º le fléchisseur profond ou perforant avec ses accessoires, les lombricaux et le carré du pied ; enfin, le fléchisseur propre du pouce.

Les extenseurs sont : 1.º l'extenseur commun, l'extenseur propre du gros orteil, celui de l'indicateur, et celui du petit doigt, nommé petit péronier; enfin , le pédieux ou court extenseur qui n'existe jamais à la main.

Les abducteurs et adducteurs, quelquefois séparés aussi, en courts-fléchisseurs , sont les inter-osseux.

2.º *Des Organes de la digestion.*

Nous venons de terminer l'examen rapide de l'organisation de l'enveloppe extérieure des animaux mammifères, c'est-à-dire, des organes des sensations et de la locomotion; nous arrivons maintenant à traiter du repli intérieur de cette peau auquel on donne le nom de canal intestinal digestif ou antécédent à l'absorption qui constitue l'appareil de la digestion.

Dans tous les mammifères, ce canal, qui est évidemment composé comme la peau, est étendu d'une extrémité à l'autre du corps ou tronc proprement dit de l'animal; mais il forme toujours des replis plus ou moins considérables, en sorte qu'il est constamment beaucoup plus long que lui. Du reste, il est en grande partie parfaitement symétrique.

Des deux orifices qui le terminent, l'antérieur, nommé *bouche*, est toujours plus ou moins fendu transversalement. Les bords de cette fente portent le nom de *lèvres*, l'une supérieure ou antérieure, et l'autre inférieure ou postérieure. Elles sont composées d'une double peau, l'une externe, l'autre interne, et intermédiairement de muscles tout-à-fait cutanés, qui se subdivisent en orbiculaire, élévateur, abaisseurs et diducteurs.

A la suite de cet orifice vient une dilatation plus ou moins considérable du canal intestinal, c'est-à-dire, la bouche proprement dite ou cavité buccale, composée aussi d'une peau intérieure dite membrane muqueuse, et d'un muscle latéral, le buccinateur.

Cette partie du canal intestinal est comprise entre la seconde et la troisième paire d'appendices, ou la mâchoire supérieure et inférieure, et par conséquent proportionnelle à leur étendue.

On y trouve trois appareils distincts :

1.º Celui de l'insalivation, qui n'est réellement qu'une certaine modification de l'appareil général crypteux ou glanduleux de la peau, placé ici tout autour de la bouche, et versant des fluides muqueux ou salivaires, sécretés ou dans les glandes dites molaires, buccales, et dans les glandes salivaires dites *parotides*, *maxillaires* et *sublinguales*, à cause de leur position.

2.º Celui de la mastication, qui est essentiellement opérée par l'action de la mâchoire inférieure sur la supérieure immobile, et au moyen des muscles élévateurs, le *temporal*, le *masséter* et les *ptérygoïdiens*, et des abaisseurs, immédiat, le *digastrique*, et médiats, les *génio-hyoïdiens*, *sterno-hyoïdiens*, etc.

Les mâchoires ne sont pas à nu dans l'intérieur de la

cavité buccale , mais elles sont recouvertes par la peau interne, qui prend sur leur bord une disposition et un aspect particuliers : c'est ce qu'on nomme *gencives*.

Mais en outre , et même le plus souvent , cette peau est armée d'organes extrêmement durs, de forme et en nombre très-variable , que l'on considère comme des os, à juste raison , si l'on a égard à leur composition chimique , mais qui , envisagés sous tous les autres rapports , sont tout-à-fait analogues à de véritables poils. *V.* DENTS et POILS.

C'est au moyen de ces gencives, et surtout de ces dents, qu'est exécutée la mastication des alimens, ce qui a toujours lieu dans les animaux vivipares , au contraire des ovipares.

Les différences que les mammifères offrent dans le mode de mastication, et par conséquent dans les organes qui l'exécutent , tiennent en général à la nature des alimens.

3.º Enfin , le dernier appareil qui se trouve dans la cavité buccale, ou celui de la déglutition , est essentiellement , composé de la langue , et en outre de ce qu'on nomme le palais.

La langue, qui doit être considérée comme le prolongement de la couche musculaire inférieure ou abdominale, est un organe entièrement charnu, composé de deux parties : l'une postérieure, constante , formée de muscles particuliers, parfaitement distincts, attachés à l'appendice que nous avons nommé hyoïde, et qui n'est autre chose qu'une partie du sternum avancée ; et l'autre , antérieure, mobile , moins constante , entièrement formée de fibres musculaires cutanés ; quelquefois n'existant pas, comme dans les cétacés ; ou pouvant être extrêmement longue , comme dans les fourmiliers ; modifications qui paroissent plutôt tenir au genre de préhension de la nourriture , qu'à sa nature.

Le palais , contre lequel agit la base de la langue , dans l'acte de la déglutition , n'est qu'une partie de la peau interne ayant à peu près éprouvé les mêmes modifications que les gencives ; elle est appliquée contre les os de la mâchoire supérieure , et se prolonge au-delà de leur bord postérieur , en un lambeau mou, flexible, musculo-membraneux, nommé *voile du palais*, dont le milieu quelquefois plus long est la *luette*.

A la suite de cette cavité buccale et plus ou moins dans la même direction, mais quelquefois à angle droit comme dans l'homme , vient le canal intestinal qui commence par le *pharynx*.

Le pharynx est une sorte de sac ou de dilatation membrano-musculeuse non-adhérent aux os, attaché par sa circonférence à la voûte palatine , largement échancré en avant pour recevoir la communication de la cavité buccale et celle des fosses nasales, et offrant inférieurement deux ouvertures : l'une qui en est la véritable continuation et qui conduit dans le reste du canal digestif, et l'autre antérieure ou inférieure, qui appartient à l'organe respiratoire. Les muscles qui entrent dans sa composition, sont les constricteurs du pharynx, le stylo-pharyngien, le glosso-pharyngien. De chaque côté de son point de communication avec la cavité buccale, est un amas de cryptes muqueux, formant ce qu'on nomme les *amygdales*.

L'*œsophage* suit le pharynx sans aucune apparence de séparation ; c'est un canal musculo-membraneux plus ou moins allongé, suivant la longueur du cou, qui traverse la poitrine, appliqué contre le corps de la colonne vertébrale, perce le diaphragme, et qui, parvenu dans la cavité abdominale, se dilate plus ou moins pour former l'estomac. (*V.* ce mot.)

C'est dans cet organe que s'exécute, et on ne sait trop comment, malgré le grand nombre d'hypothèses que nous avons à ce sujet, la première digestion, qui consiste dans la conversion en chyme, des substances alimentaires.

La seconde digestion, c'est-à-dire, la conversion en chyle, se fait dans une autre partie du canal intestinal, la première des intestins proprement dits, ou dans le *duodenum*, au moyen de deux fluides d'une nature particulière, la bile et le suc pancréatique qui sont sécrétés par deux organes glanduleux, le *foie* et le *pancréas*.

Le foie, de beaucoup le plus considérable, est un amas d'une quantité innombrable de petits cryptes extrêmement serrés ou très-peu distincts, formant une masse, plus ou moins divisée en plusieurs parties nommées *lobes*, située à la région supérieure ou antérieure de la cavité abdominale, sous l'hypocondre droit ; il est essentiellement composé de deux parties, l'une droite et l'autre gauche, séparées par l'entrée ou la sortie de vaisseaux qui s'y rendent et en sortent, chaque lobe étant quelquefois lui-même subdivisé en lobules.

Le canal excréteur qui en sort, assez souvent dilaté en une vésicule de dépôt, appelée *vésicule du fiel*, qui ne se trouve pas dans sa même direction, va se terminer, sous le nom de *canal cholédoque*, dans le duodenum. Mais jamais il n'y a de *canal cystique* indépendant du canal hépatique, ni de canaux *hepato-cystiques*. Quant aux différences dans la grosseur proportionnelle du foie, dans le nombre des lobes ou lobules, dans l'existence ou l'absence d'une vésicule de dépôt, dans la terminaison du canal cholédoque plus ou moins rapprochée du pylore, elles ne paroissent être en rapport ni avec le degré d'organisation, ni avec l'espèce de nourriture, etc.

Le pancréas est une grosse glande fort analogue pour sa structure avec les salivaires, plate, située transversalement au-devant de la colonne vertébrale, et se terminant par un canal unique, quelquefois dans le canal cholédoque lui-même, ou directement dans le duodenum. Les variations peu nombreuses que les mammifères offrent sous le rapport de cet organe, ne présentent rien de bien remarquable.

À la suite du duodenum viennent les *intestins* proprement dits, qui remplissent presque tout le reste de la cavité abdominale, en y formant des replis ou circonvolutions plus ou moins considérables et proportionnés en général à la nature des alimens. *Voy.* INTESTINS.

Ce canal intestinal et ses annexes seroient presque entièrement flottans librement dans la cavité abdominale, sans une membrane fibreuse, perspirable, en un mot, séreuse, qui, après avoir tapissé celle-ci, se porte à celui-là pour l'envelopper ; c'est ce qu'on nomme le *péritoine*. La partie plus ou moins longue de ce péritoine, dans toute son étendue, qui se porte de la cavité à l'organe, et qui est formée de deux lames entre lesquelles passent les vaisseaux ou les nerfs qui vont de l'un à l'autre, est désignée sous le nom générique de *mésentère* et spécifique de *mésocolon*, *mésorectum*, suivant qu'elle appartient à telle ou telle partie du canal ; et enfin, les replis plus ou moins considérables que ce même péritoine fait dans différentes parties, et essentiellement en passant de l'estomac au colon transverse sont connus sous la désignation d'*épiploon*. Quoiqu'on sache d'une manière générale que ces appendices du péritoine sont essentiellement vasculaires, et surtout veineux, et qu'ils servent spécialement de lieux d'accumulation de la graisse, nous ne pouvons cependant encore guère expliquer les différences que les mammifères offrent sous ce rapport. Tout ce qu'on peut dire, c'est que ceux qui sont susceptibles de s'endormir l'hiver, les ont plus développés qu'aucun autre. Quoi qu'il en soit, le canal intestinal se termine par son orifice postérieur ou *anus*, qui se retrouve dans la ligne médiane, et qui est souvent accompagné d'amas crypteux de nature souvent particulière, quelquefois fort puante, comme dans les carnassiers. Il est percé dans une sorte de muscle cutané orbiculaire, nommé sphincter, et presque tout-à-fait analogue à celui que nous avons vu border l'orifice antérieur du canal digestif.

C'est dans les intestins proprement dits, que s'exécute le départ du résultat de la digestion par l'absorption du chyle et par l'éjection du résidu ou des matières fécales. Cette opération commence par l'action dite péristaltique des intestins, qui agit tant que ceux-ci contiennent quelque chose, et qui est considérablement aidée par l'action médiate des parois de l'abdomen.

Quant au chyle, il se trouve pour ainsi dire dans le cas du chyme, c'est-à-dire, qu'il a encore besoin d'une nouvelle élaboration ; c'est ce qu'on nomme la respiration, exécutée par un appareil qui consiste réellement encore dans une certaine modification de l'enveloppe extérieure, placée dans un lieu déterminé. D'où s'en est suivi la nécessité d'un nouveau système d'organes servant à chasser les fluides, et qu'on nomme système circulatoire.

3.º *Des Organes de la circulation et de la respiration.*

Le système circulatoire, dans les mammifères comme dans tous les animaux vertébrés, se subdivise en deux parties : l'une, pour ainsi dire, centripète, en considérant l'organe respiratoire comme le centre, et l'autre centrifuge ; c'est-à-dire, l'une venant ou apportant de toute la superficie de l'animal, et l'autre y allant ; l'une charriant le fluide qu'elle contient des radicules au centre, et l'autre le transportant du centre aux radicules. La première comprend le système absorbant et le système veineux, qui n'en forment réellement qu'un ; et la dernière, le système artériel : elles sont séparées l'une de l'autre par l'organe de la respiration.

Le système absorbant ou lymphatique est formé de vaisseaux à parois fort minces, extensibles, à replis internes ou valvules, qui, de toute la superficie externe et interne de l'animal, et même de la profondeur des parties, se portent, en formant des anastomoses extrêmement nombreuses, trés-variables, de dehors en dedans, vers le système veineux, dans lequel ils s'embouchent dans leur trajet. Ils se pelotonnent quelquefois d'une manière fort serrée, pour former ce qu'on appelle des ganglions lymphatiques ou glandes mésentériques, suivant leur position.

On le divise en deux parties, d'après la nature du fluide qu'il contient : ainsi, on nomme simplement *système lymphathique* celui qui vient de la surface de la peau et du tissu interne des organes, ne charriant qu'un fluide séreux, appelé lymphe ; et, au contraire, on désigne sous le nom de *système chylifère*, celui qui commence dans l'intérieur du canal intestinal, et qui y puise par des pores absorbans, le chyle proprement dit, sur la nature duquel nous n'avons pas encore de notions réellement suffisantes. Quoi qu'il en soit, ces deux fluides se confondent dans une partie de vaisseaux qui leur est commune, nommée *canal thoracique*, qui les verse dans l'autre partie du système circulatoire centripète ou pneumopète, c'est-à-dire dans le système veineux.

Ce système veineux a une structure tout-à-fait semblable à celle du système à sang blanc ou lymphatique, avec cette différence, qu'il offre un peu plus de régularité dans ses divisions, et qu'il ne forme pas, ou au moins très-rarement, ces pelotons ou ganglions qui se trouvent si fréquemment dans le système lymphatique. Nés dans toutes les parties du corps, ses rameaux, d'abord fréquemment anastomosés au point de former un véritable réseau, augmentent de diamètre à mesure qu'ils diminuent en nombre. Ceux des extrémités postérieures viennent se terminer dans un gros tronc nommé *veine crurale*, qui pénètre dans le bassin, dans la région de l'aine, et forme, en se réunissant à la veine iliaque interne, un seul tronc encore plus considérable (*iliaque primitive*), qui, réuni à angle plus ou moins aigu à celui du côté opposé, constitue l'origine de la veine *cave postérieure* ou *inférieure*. Dans son trajet le long de la colonne vertébrale, elle reçoit successivement les rameaux veineux provenant de la partie correspondante du tronc, des reins, des organes de la génération ; et parvenue au foie, elle reçoit ordinairement, par un seul tronc, toutes les veines *hépatiques* successivement réunies et provenant de la subdivision du tronc de la veine-porte, qui n'étoit lui-même que le point de réunion successif de toutes les veines provenant de tous les viscères de la digestion, et formant ce qu'on nomme *système de la veine porte*. C'est dans ce système que se trouve compris une sorte de ganglion vasculaire analogue aux ganglions lymphatiques, et qui est désigné sous le nom de *rate* ; c'est une masse spongieuse, entièrement vasculaire, sans aucune trace de canal excréteur et sans sécrétion, constamment située vers le côté gauche de l'estomac. Sa forme est extrêmement variable, et l'on ne connoît aucune loi dans ses variations.

C'est après la réunion des veines hépatiques dans la veine-cave, que celle-ci traverse le diaphragme ; après un plus ou moins long trajet dans la poitrine, elle se termine dans le sinus veineux où aboutissent également, mais antérieurement, par un seul ou par deux troncs distincts formant la *veine-cave antérieure* ou *supérieure*, toutes les veines qui rapportent le sang de la partie antérieure du tronc, de la tête et des membres antérieurs. C'est dans l'une de ces grosses veines, la *sous-clavière* ou la *jugulaire*, que se termine le système vasculaire lymphatique, peu avant la communication générale dans le sinus commun.

Arrivé à ce point, le sang noir mêlé de lymphe et de chyle, est conduit dans l'organe pulmonaire, au moyen d'un organe d'impulsion ou musculaire qu'on nomme *cœur*, et d'une série de vaisseaux d'une structure particulière et décroissans

Ce cœur, nommé à sang noir, à cause du fluide qu'il charrie, ou droit à cause de sa position, ou même pulmonaire, se compose de la continuation du sinus ou d'une *oreillette* et d'un *ventricule*, cavité à parois beaucoup plus épaisses, très-musculeuses, qui lance le fluide que lui avoit chassé l'oreillette dans une direction déterminée par des espèces de soupapes ou de valvules dans les vaisseaux nommés *artères pulmonaires*. Ceux-ci offrent une structure toute différente de celle des veines, en ce que dans leur composition anatomique il entre un tissu particulier, jaune, essentiellement élastique, qui, distendu par le fluide chassé par le cœur, réagit sur lui, et contribue par conséquent à continuer l'impulsion. Les artères dites pulmonaires, par leurs subdivisions toujours croissantes, contribuent à la formation de l'organe pulmonaire, et se terminent enfin dans les parois des vaisseaux aériens qui font la partie essentielle de cet organe dont nous devons parler maintenant.

Des Organes de la respiration. — Dans les animaux mammifères, comme dans une partie des non mammifères, cet appareil est extrêmement compliqué, parce qu'il s'y est pour ainsi dire joint un autre appareil qui sert à établir la communication des individus les uns avec les autres, en produisant la voix et par suite la parole ; mais cependant il peut être défini un canal cutané, béant, ramifié et aminci à l'infini, dont la réunion des ramifications jointe à celle des vaisseaux afférens et efférens, constitue ce qu'on nomme le parenchyme des poumons.

Le commencement de ce canal, essentiellement modifié pour former la voix, est ce qu'on nomme *larynx* : il est formé de quatre et même de cinq pièces cartilagineuses : 1.° du *thyroïde*, qu'on pourroit peut-être, jusqu'à un certain point, regarder comme une pièce centrale inférieure ou sternale, en ce qu'elle est réellement comprise dans les muscles longitudinaux inférieurs, mais qui sert ici comme de bouclier à l'appareil essentiel ; 2.° du *cricoïde*, premier anneau de la trachée-artère, un peu modifié en ce qu'il est complet et qu'il est beaucoup plus large en arrière ou en dessus, qu'en avant ; 3.° enfin, de deux cartilages *arythénoïdes* qui sont appuyés sur le bord supérieur du précédent, et à la base desquels s'attache, d'une part, le repli musculo-membraneux qui constitue ce qu'on nomme les *cordes vocales*, tandis que par l'autre, elles sont fixées au thyroïde ; 4.° enfin, la dernière pièce accessoire est ce qu'on désigne sous le nom d'*épiglotte*, pièce ordinairement ovalaire, ainsi nommée parce que, implantée à la base de la langue, elle sert, dans la déglutition des alimens, à couvrir l'orifice du tube pulmonaire, ou glotte.

On trouve, parmi les mammifères, des différences assez nombreuses, sous le rapport de cet appareil; mais, sauf peut-être les rongeurs, elles ne conduisent guère à des résultats généraux et susceptibles d'une explication suffisante.

À la suite de cet organe, le canal pulmonaire prend le nom de *trachée-artère*. Plus ou moins allongée suivant la longueur du cou, cette trachée est toujours formée, outre la membrane muqueuse qui la tapisse intérieurement, d'anneaux cartilagineux, plus ou moins nombreux et toujours incomplets, ou au moins non réunis, et développés dans la couche musculaire de la peau qui est la base de cet organe.

Parvenu dans la poitrine, et plus ou moins profondément, ce canal se partage en deux parties, l'une à droite, l'autre à gauche; divisions qui prennent le nom de *bronches*, et qui continuant sans cesse à se subdiviser, à s'anastomoser, perdent peu à peu les cartilages qui soutenoient leurs parois, s'amincissent de plus en plus, et finissent par former des espèces de mailles, ou d'aréoles, dans les parois desquelles viennent ramper en très-grand nombre et réduits à une ténuité extrême, les vaisseaux afférens et efférens du fluide à élaborer ou élaboré.

C'est à l'assemblage inextricable de ces vaisseaux aériens, des vaisseaux afférens, ou artères pulmonaires, et des efférens dont nous parlerons tout à l'heure, ainsi qu'aux vaisseaux propres de l'organe, enveloppés par une membrane séreuse nommée plèvre, que l'on donne le nom de *poumons* ; constamment au nombre de deux, dans les mammifères, ils ne diffèrent guère que pour leur étendue proportionnelle et pour leur subdivision, plus ou moins profonde en plusieurs parties, qu'on appelle *lobes*. Ils sont toujours complétement libres dans la cavité thoracique ou pulmonaire, dans laquelle réside la cause efficiente de l'introduction et de l'expulsion du fluide élaborant, dans les vaisseaux aériens; ce que nous devons maintenant expliquer ici.

Dans tous les mammifères, la cavité pulmonaire commence sous la huitième vertèbre mobile; elle est formée dans la ligne médiane, supérieurement de la série des vertèbres, et inférieurement de celle des pièces du sternum, latéralement de toutes les côtes vraies ou fausses, celles-ci y étant réunies, et même par les intercostaux. Antérieurement, elle est fermée par les organes qui en sortent ou y entrent, en même temps que par un tissu cellulaire assez serré, et en arrière par un large muscle convexe en avant ou dans la poitrine, concave en arrière ou du côté de l'abdomen, nommé *diaphragme* ; attaché, d'une part, au corps des premières vertèbres lombaires par des appendices qu'on nomme des piliers, il va se terminer en s'irradiant à toute la circonférence du rebord postérieur de la poitrine ; c'est par l'action de tout-cet appareil que la cavité pulmonaire est agrandie, et essentiellement par l'aplatissement du diaphragme, d'où il résulte que l'air est introduit dans le poumon.

Le contact de cet air avec le sang noir, ou fluide à élaborer, produit ce qu'on nomme les phénomènes chimiques de la respiration, ou mieux sa conversion en sang rouge ou fluide évidemment récrémentiel, qu'il ne s'agit pour ainsi dire plus que de transporter dans toutes les parties du corps, pour être employé par la force assimilatrice ; c'est ce qu'exécute l'autre partie de l'appareil circulatoire ou pulmofuge ou centrifuge.

En sens inverse de celle que nous avons désignée comme centripète, elle commence par de véritables veines, ou un système absorbant tout-à-fait analogue pour la structure, au système veineux ; ce sont les *veines pulmonaires* ; nées dans l'intérieur des poumons, des radicules des artères pulmonaires, elles se réunissent successivement en rameaux ou en branches plus considérables, et sortent de l'organe, au nombre de deux ou quatre troncs qui vont verser le fluide qu'elles contiennent dans un organe d'impulsion intermédiaire à cette partie du système centrifuge et au système artériel, et qui, réuni à celui que nous avons vu dans le système centripète, forme l'organe connu sous le nom de *cœur*, qui, par conséquent, peut être regardé comme double. On donne à cette partie le nom de cœur à sang rouge, cœur aortique, cœur droit, à cause du fluide qu'il contient, de ses rapports avec l'aorte, et enfin à cause de sa position. Elle est également composée d'une oreillette, ou sinus, qui reçoit le sang des veines pulmonaires et d'un ventricule à parois encore plus épaisses que dans l'autre, qui le chasse dans le système artériel, presque avec les mêmes dispositions de valvules qui existent pour le ventricule droit.

De la réunion de ces deux organes d'impulsion, accolés l'un contre l'autre, oreillette contre oreillette et ventricule contre ventricule, résulte le cœur situé obliquement dans la cavité thoracique la pointe en arrière, entre la base des deux poumons, et contenu dans une loge particulière, fibreuse, tapissée à l'intérieur par une membrane séreuse, et qu'on nomme *péricarde*.

C'est de la base du ventricule gauche que naît la série des canaux toujours décroissans, qu'on désigne sous le nom générique d'*artères* ; leur structure est tout-à-fait analogue à celle des artères pulmonaires, c'est-à-dire, qu'il entre dans leur composition un tissu jaune élastique, qui en forme la plus grande partie, et qui ne contribue pas peu à la marche

du fluide. Leur mode de distribution, dans toutes les parties
du corps, est encore plus constant que celui des veines, et
d'autant plus qu'on se rapproche davantage des gros troncs.

Dans tous les mammifères, il ne naît du cœur qu'un seul
gros tronc artériel, désigné sous le nom d'*aorte*, qui se recourbe presque aussitôt en arrière, pour aller ensuite, placé
au-dessus du canal digestif, former l'aorte dite abdominale.

De la convexité de cette courbure (*crosse de l'aorte*), naissent les artères de la partie antérieure du tronc, la tête comprise, et celles des membres antérieurs, au nombre de quatre,
deux de chaque côté, nommées *carotide primitive*, et *sous-
clavière*, qui, à droite, naissent par un tronc commun appelé
innominé; la première va essentiellement au cou et à la
tête, tant au dehors qu'au dedans; et la seconde, après avoir
fourni les branches de la racine des membres, se distribue
sous le nom d'artère *axillaire*, puis sous celui de *brachiale*,
à tout l'appendice.

L'aorte recourbée fournit successivement les artères *intercostales*, les *bronchiques*, les *œsophagiennes*, les *diaphragmatiques*, et
enfin, le *tronc cœliaque* qui se subdivise en trois branches principales : une pour l'estomac, sous le nom de *coronaire stomachique*: une autre pour le foie et pour ce même estomac,
nommée *hépatique*; et enfin la troisième ou *splénique*, pour la rate
et un peu pour l'estomac, sous la dénomination de *vaisseaux
courts*; vient ensuite la grosse artère de la plus grande partie
des intestins, qu'on désigne sous le nom de *mésentérique supérieure*. Dans son trajet, l'artère aorte continue de fournir à
droite et à gauche les intercostales, les lombaires, et surtout
les artères *spermatiques* qui vont à l'organe sécréteur de la
génération, et les *rénales* à celui de l'urine; enfin, après avoir
donné la *mésentérique inférieure*, ainsi nommée parce qu'elle se
distribue dans toute la partie inférieure du canal intestinal,
l'artère aorte se divise en trois troncs: un médian qui en est
la véritable continuation et qui suit le prolongement de la
colonne vertébrale sous le nom d'artère *coccygienne* ou de *sacrée
moyenne*, et deux latérales nommées *iliaques primitives*, qui,
après avoir fourni des branches à tous les viscères de la cavité
du bassin, en sort par l'anneau inguinal, sous la dénomination
d'*artère crurale*, et se distribue à tout le membre postérieur,
chaque division prenant sa dénomination de la partie à laquelle
elle se rend.

Le fluide, ou sang rouge, que porte le système artériel à
toutes les parties du corps, paroît cependant avoir besoin
dans les animaux vertébrés, et par conséquent dans les
animaux mammifères, d'une sorte d'élaboration secondaire
qu'on peut nommer *dépuration urinaire*. Par cette fonction

il est sécrété du sang une matière constamment à l'état fluide, dans les mammifères, qu'on désigne sous le nom d'*urine*, et qui est la seule peut-être qui soit entièrement rejetée, et dont la retenue seroit même fort nuisible.

Cet appareil doit évidemment avoir de grands rapports même avec celui de la génération. C'est le seul dont le produit soit entièrement rejeté hors de l'individu, comme le produit de la génération l'est de l'espèce.

L'appareil qui exécute cette dépuration urinaire et constamment en rapport avec celui de la génération, se compose: 1.º d'un organe pair à peu de chose près symétrique, nommé *rein*, et situé hors la cavité péritonéale de chaque côté des premières vertèbres lombaires ; sa structure est évidemment tubuleuse et lobuleuse; 2.º d'un canal d'excrétion appelé uretère, lequel, parvenu dans la cavité du bassin ou de la ceinture osseuse postérieure, se dilate toujours en une poche membrano-musculaire de forme un peu variable, et qu'on désigne sous le nom de *vessie*, d'où sort enfin la continuation du canal sous la dénomination d'*urèthre*, qui dans le sexe mâle a un double emploi, c'est-à-dire, de servir à la sortie de l'urine comme à celle du fluide séminal.

4.º De l'appareil reproducteur ou des organes de la génération.

Dans tous les animaux mammifères, les organes de la génération sont constamment séparés sur deux individus différens, et si quelquefois ils paroissent ou sont même jusqu'à un certain point réunis, ce qui constitue l'*hermaphrodisme*, ils ne sont point parfaits et ne peuvent être d'aucun usage.

Le sexe femelle qu'on doit toujours considérer comme le plus important, puisque dans les animaux inférieurs il peut être le seul existant, est composé :

1.º D'un organe sécréteur, pair, à peu près symétrique, nommé *ovaire*, et situé constamment de chaque côté dans la cavité pelvienne. Sa structure est évidemment remarquable, en ce qu'on n'y voit réellement aucune trace de cette division particulière en œuf, comme l'indiqueroit son nom, et comme cela a lieu dans tous les animaux essentiellement ovipares; en général beaucoup plus petits que dans ceux-ci, leur grosseur n'est pas proportionelle à celle de l'animal. 2.º D'un organe vecteur ou canal qui sert à conduire l'ovule détaché, mais dont l'orifice est béant dans la cavité abdominale ; c'est ce qu'on nomme *trompe utérine* ou de Fallope, parce qu'élargie à son extrémité libre, appelée *morceau frangé*, elle tient de l'autre à un troisième organe qui semble quelquefois n'en être qu'une dilatation et qu'on nomme *utérus* ou *matrice*. Cet utérus, qui forme un des caractères les plus distinctifs des animaux mammifères, est situé dans la cavité pelvienne entre la terminaison du canal intestinal et la vessie urinaire. Sa forme parfaitement symétrique est cependant très-variable. On y distingue en général le corps et les cornes qui n'en sont, pour ainsi dire, qu'une bifurcation, et qui sont assez ordinairement en rapport inverse, c'est-à-dire, que lorsque les cornes deviennent fort grandes, le corps est plus petit, *et vice versâ*. La structure de cet organe est évidemment très – vasculaire, tapissée à l'intérieur par une membrane muqueuse, qui n'étant elle-même qu'un repli de la peau ou de l'enveloppe extérieure, a dû être doublée par une couche musculaire, mais qui est tellement tissue, que sa distinction est fort difficile à en faire, si ce n'est lorsqu'elle approche du moment où elle doit entrer en action. L'*utérus* se termine en arrière par une partie plus ou moins rétrécie qu'on nomme son cou, et ce cou se prolonge plus ou moins dans un cylindre creux plus ou moins considérable, qui en est le canal excréteur; c'est le vagin. Cet organe d'une longueur variable, d'une composition anatomique assez semblable à celle de l'utérus, avec cette différence que devant varier un peu de longueur et de largeur pour s'adapter à l'étendue de l'organe excitant, il contient un tissu caverneux ou érectile, s'ouvre à l'extérieur par un orifice assez large, fermé plus ou moins complétement dans les jeunes individus par une membrane ou *hymen* ; ce canal qui ne se prolonge pas au dehors, est accolé contre et à la partie postérieure de celui de l'urèthre, et tous deux s'ouvrent d'une manière distincte dans une sorte de fente dirigée d'avant en arrière et nommée *vulve*.

Cette vulve est bordée de chaque côté par un repli interne nommé *nymphe*, qui commence à la racine d'un organe symétrique situé dans la ligne médiane, désigné sous le nom de *clitoris*. Cet organe est composé d'un corps caverneux érectile enveloppé par une membrane fibreuse ; il est bifurqué à sa racine, attaché aux os ischions et mû par des muscles particuliers tout-à-fait semblables à ceux de l'organe excitateur de l'individu mâle ; enfin le tout est renfermé dans une sorte de fente extérieure formée par deux lèvres, l'une à droite et l'autre à gauche, et dont la partie antérieure plus renflée, appelée *pubis*, est garnie d'une plus ou moins grande quantité d'une espèce particulière de poils.

Une autre partie qui appartient encore aux organes de la génération dans les mammifères, et dont on a même tiré leur nom classique, est un certain nombre d'amas de cryptes extérieurs lactifères situés d'une manière symétrique et en nombre plus ou moins considérable de chaque côté de la face inférieure du tronc. Ce sont les *mamelles*.

Le sexe mâle offre une disposition d'organes tout-à-fait semblable, dans les parties qui le constituent, mais dont les usages et les fonctions sont très-différentes, au moins en apparence.

L'appareil générateur mâle se divise en effet également en organes sécréteurs, vecteurs, de dépôt, et éjaculateurs ou excréteurs.

L'organe sécréteur, nommé *testicule*, est dans tous les jeunes animaux placé dans la cavité abdominale ; mais dans un assez grand nombre d'espèces, il en sort tout-à-fait pour n'y plus rentrer et être contenu à l'extérieur dans une sorte de poche qu'on nomme *scrotum*, tandis que dans les autres, il ne sort qu'à l'époque où il doit être mis en usage et rentre ensuite. Sa composition anatomique est bien plus simple que celle de l'ovaire, puisqu'il est formé d'un assez petit nombre de canaux, repliés un très-grand nombre de fois sur eux-mêmes, et contenus dans une enveloppe fibreuse, dite, à cause de sa couleur, *albuginée*. De la réunion des canaux séminifères il naît un canal qu'on nomme *canal déférent* qui suit un trajet différent, suivant que le testicule est intérieur ou extérieur, mais qui toujours vient à la racine du canal éjaculateur ou excréteur ; mais avant et très-souvent, il se termine dans une poche plus ou moins boursouflée, divisée par des espèces de cloisons imparfaites en différentes loges qu'on nomme *vésicules séminales* ; c'est la vésicule de dépôt.

De chaque vésicule naît ensuite un petit canal, qui après s'être réuni à celui du côté opposé, est enveloppé dans un gros crypte glanduleux appelé *prostate*, et qui se termine dans le canal éjaculateur analogue au vagin ; celui-ci se prolonge ensuite plus ou moins au dehors pour former une partie de ce qu'on nomme *pénis* ou organe excitateur mâle ; ce canal, qui est commun à l'éjaculation de la semence et à celle de l'urine, est composé dans ses parois fibreuses d'un tissu vasculaire et érectile, et il se termine par un renflement plus ou moins considérable de forme déterminée, mais extrêmement variable selon les espèces, qu'on nomme *gland*. Une différence importante avec ce qui a lieu dans le sexe féminin, c'est que ce canal se prolonge autant que l'analogue du clitoris qui est ici de même forme, de même structure, dans la même position et avec les mêmes attaches et presque les mêmes muscles, mais qui est beaucoup plus long et plus gros, de manière qu'il n'a pu être caché, au moins ordinairement, dans une sorte de fente comme dans la femelle ; l'analogue des grandes lèvres s'y trouve cependant de même dans le bourrelet effacé qui se voit de chaque côté de la verge, et l'analogue des nymphes ou petites lèvres est l'appendice qui forme ce qu'on nomme le *scrotum*, c'est-à-dire, la poche dans laquelle sont renfermés les testicules.

Quant aux mamelles, elles sont presque toujours dans les mâles absolument comme dans les femelles.

Résultat ou produit des organes de la génération. — On donne à ce produit, que l'on conçoit assez généralement formé ou sécrété dans l'ovaire de l'individu femelle, le nom d'*œuf* ou de *fœtus*; ce qu'il offre de caractéristique, c'est qu'il n'emporte pas avec lui une partie propre à le nourrir indépendamment de sa mère; c'est-à-dire, qu'il n'est réellement composé que du germe même et des enveloppes qui lui sont propres. C'est ce qui fait que l'ovule, détaché par l'action médiate du fluide séminal absorbé, a besoin de s'attacher de nouveau dans un lieu déterminé de sa mère, afin d'en extraire ce qui lui est nécessaire pour commencer son accroissement, au moyen d'une implantation vasculaire presque artificielle. C'est là ce qu'on nomme le *placenta*, qui du reste peut varier considérablement sous les rapports de sa forme, de sa complication, etc.; mais qui est toujours formé d'un amas inextricable de vaisseaux veineux et artériels provenant du fœtus et communiquant d'une manière médiate avec ceux de la mère.

L'ovule, pour ainsi dire mûri sur ou dans l'ovaire, détaché de cet organe à la suite de l'acte de la copulation, est entraîné, au moyen de la trompe qu'on suppose presque le saisir, dans l'intérieur de l'utérus ou dans le lieu de dépôt. Cet œuf, dans lequel il est impossible de distinguer rien autre chose qu'une petite quantité d'un fluide albumineux, est enveloppé de deux membranes, le *chorion* et l'*amnios*, entre lesquelles se place une sorte de sac plus ou moins étendu, communiquant avec la vessie urinaire, et qu'on désigne sous le nom d'*allantoïde*. Une fois arrivé dans l'utérus, cet œuf y détermine, ou sympathiquement ou par sa présence, une sorte d'inflammation qui produit l'adhérence de l'une de ses parties avec la cavité utérine; c'est en cet endroit que se développe le système vasculaire dont il a été parlé plus haut, ou le placenta qui, pour faciliter le mouvement du fœtus dans l'utérus, se prolonge en formant un *cordon* dit *ombilical*, parce qu'entré par l'ombilic du fœtus, il pénètre dans la cavité abdominale. Une partie des vaisseaux qui le composent, va porter le sang puisé dans la mère, dans le système veineux du jeune sujet, tandis que par l'autre, les artères ombilicales, il revient au placenta.

Le fœtus ainsi renfermé reste un temps plus ou moins long, dans l'utérus et surtout en sort dans un état plus ou moins formé;

ce qui dépend de certaines circonstances : mais constamment il a besoin après sa sortie d'un nouveau rapport avec sa mère , qui constitue l'allaitement. Cet allaitement, qui s'exécute au moyen des mamelles, est aussi fort variable quant à la durée ; il paroît qu'il est assez généralement en rapport inverse avec la durée de la gestation ; ainsi, dans les mammifères didelphes où la gestation est extrêmement courte , l'allaitement est fort long , et au contraire dans les ruminans , etc.

Les mammifères viennent donc à la lumière dans un état vivant manifeste ; ce qui leur a fait donner le nom de *vivipares* ; mais il y a des différences nombreuses parmi eux sous le rapport de l'état plus ou moins parfait sous lequel ils naissent. En général, il me semble que plus l'animal est descendu dans l'échelle et plus il naît parfait , ou moins on conçoit qu'il a besoin de sa mère , *et vice versâ*.

5.º *Du Système nerveux.*

Le système nerveux ou d'incitation dans les animaux mammifères , offre aussi des différences capitales avec ce qui a lieu dans les autres animaux vertébrés ; mais, pour les faire connoître , il faudroit avoir recours à beaucoup plus de détails que n'en comporte la nature de cet ouvrage.

La structure et la disposition générale sont les mêmes , et l'on peut dire également d'une manière générale, que les différentes parties ont un développement proportionnel à celui de l'organe auquel elles se distribuent. Ainsi ce qu'on nomme à tort les *nerfs olfactifs* , car ce sont de véritables masses cérébrales , sont toujours situés au-dessous des hémisphères ou des grands lobes du cerveau ; et la manière dont les filets qui naissent du ganglion traversent en grand nombre les trous de l'os ethmoïde , pour se distribuer dans la membrane pituitaire, est tout-à-fait particulière aux mammifères. Il en est de même de l'espèce de petit ganglion central qui existe dans son bulbe et d'où sortent les deux ou trois nerfs qui vont à l'organe de Jacobson. Les nerfs optiques ont aussi quelque chose de particulier, en ce qu'ils ne naissent pas aussi distinctement des tubercules quadrijumeaux, que dans les animaux ovipares.

Les nerfs accessoires de l'organe de la vision, connus sous le nom de nerfs musculaires, offrent aussi une disposition particulière , qui est en rapport avec celle des muscles.

La cinquième paire ou les trijumeaux est beaucoup plus développée que dans les animaux ovipares , en ce qu'elle appartient essentiellement aux mâchoires qui peuvent exécuter des mouvemens considérables , déterminés pour une véritable mastication. La portion qui , sous le nom de nerf lingual va à la langue , est par conséquent très-forte.

Les nerfs acoustiques offrent aussi quelques différences, mais qu'il seroit trop long de détailler.

Les nerfs de la huitième paire, parmi lesquels se range le glosso-pharyngien, et ceux de la neuvième paire, etc., offrent également un bien plus grand développement, et surtout la neuvième paire, parce que la langue des mammifères est, sans aucune comparaison, plus développée que dans l'autre sous-type des animaux vertébrés.

Mais c'est surtout dans les ganglions du système nerveux sans appareil extérieur, et qu'on doit peut-être regarder comme des parties centrales, c'est-à-dire, dans les hémisphères du cerveau et dans le cervelet, qu'on trouve les différences les plus remarquables : ainsi les premiers, quoiqu'offrant des différences assez notables dans les divers groupes, sont toujours assez grands pour recouvrir entièrement toute la série des ganglions des organes extérieurs ; leur forme est toujours à peu près ovalaire ; la commissure qui les réunit, ou *corps calleux* ou *mésolobe*, est très-large ; les pédoncules de communication avec le reste de la partie centrale sont fort gros et fort distincts ; l'espèce de cavité qu'on trouve à la face intérieure, et qui est connue sous le nom de *ventricules latéraux*, a une forme bien déterminée ; les saillies qui se voient à leur face inférieure sont plus grosses et plus nombreuses.

Le cervelet offre cela d'assez caractéristique, que sa partie moyenne est peu développée, au moins proportionnellement aux latérales qui la cachent presque entièrement ; aussi leur commissure ou *pont de varole* a-t-elle une grosseur proportionnelle.

Quant au reste du système nerveux central qui se prolonge dans la colonne vertébrale proprement dite, il est évident qu'il offre aussi quelques différences caractéristiques, mais dont nous connoissons peu la raison, et qu'il seroit trop long d'énumérer.

Nous nous bornerons à faire observer que les éminences *olivaires* et *pyramidales* sont plus prononcées chez eux que dans aucun autre animal vertébré.

Le *grand sympathique*, qu'on doit pour ainsi dire regarder comme une sorte de moyen de communication entre la série des ganglions émanés du système central et ceux du cœur et du canal intestinal, existe d'une extrémité de la colonne vertébrale à l'autre, communiquant avec chaque paire centrale : ainsi commençant par le ganglion opthalmique, il se continue dans le canal vertébral des vertèbres cervicales, puis dans le thorax, etc.

Quant au reste du système nerveux, il offre peu de chose

digne de remarque sous un point de vue aussi général que celui sous lequel nous l'envisageons.

§ III.ᵉ *Des différences que les mammifères offrent entre eux.*

Nous venons d'exposer d'une manière générale et rapide ce qu'offrent de commun les animaux mammifères, envisagés sous le rapport de l'organisation ; nous devons maintenant étudier également les différences principales qu'ils peuvent présenter, et d'où dépendent réellement leurs mœurs et leurs habitudes.

Ces différences sont de deux sortes : les unes tiennent, pour ainsi dire, au degré plus ou moins élevé de ces animaux; nous ne pouvons en donner d'autre raison, que la nature a voulu créer des êtres plus parfaits, ou moins dépendans des circonstances extérieures, moins livrés à l'instinct; et alors elle a formé une combinaison plus parfaite des mêmes organes. Quant aux autres différences, elles peuvent exister dans chaque degré d'organisation ; elles tiennent évidemment à quelque but particulier, déterminé, aisé à apercevoir ; aussi pouvons-nous en trouver la raison à *priori*.

1.º *Des différences tenant à la dégradation classique.*

Nous allons d'abord parler des premières : la plus profonde me paroît celle qui tient aux organes de la génération, et qui consiste essentiellement en ce que le fœtus ou jeune sujet est beaucoup moins long-temps à l'état interne ou dans l'utérus, et est, au contraire, bien plus long-temps dans celui de l'allaitement : c'est ce qu'on trouve dans les animaux marsupiaux ou didelphes.

Il est évident que la proportion entre la durée de l'éducation interne et l'externe est assez variable dans les animaux mammifères, et que les uns naissent jouissant presque de toutes leurs facultés, pendant que d'autres ont plus besoin de leurs mères. Mais la grande différence qui existe sous ce rapport, et qu'on remarque entre les didelphes et les monodelphes, tient à une autre raison, qui est, je crois, celle de la dégradation classique. Cela me paroît d'autant plus admissible qu'ils offrent des différences assez considérables dans d'autres parties, et qu'un certain nombre de ces différences se rapproche de ce qu'on voit dans les oiseaux. J'attribue d'autant plus aisément ces différences à une dégradation classique, qu'il est difficile de séparer des didelphes, l'ornithorhinque et l'échidné, qui offrent dans un assez grand nombre de points de leur organisation des rapports évidens avec le sous-type des animaux ovipares, comme un troisième os dans l'épaule, une disposition des membres assez voisine de ce qui a lieu dans les reptiles, et l'organe excitateur mâle de la génération, quoique très-développé, peut n'être nullement perforé, etc. *Voyez*, pour plus de détails, Marsupiaux.

2.° *Des différences tenant au degré d'organisation.*

Les autres différences appartiennent également au degré d'organisation; mais elles tiennent essentiellement aux organes de l'intelligence et aux appareils qui en sont des dépendances immédiates; elles indiquent un animal plus ou moins rapproché de l'homme, plus ou moins susceptible d'éducation, plus ou moins évidemment déterminé par l'instinct: c'est ce que j'appellerai *degré d'organisation*.

Premier degré d'organisation.

Le premier degré est évidemment celui qui renferme l'homme; même en le considérant corporellement, matériellement, il est évident qu'il est infiniment supérieur à toute espèce de mammifère, quoi qu'on en ait pu dire.

Les principales différences tiennent à la station bipède, constante, assurée, que lui seul possède, malgré l'opinion de quelques personnes; à la liberté complète de ses membres antérieurs devenus des organes de préhension, de comparaison, en un mot, de véritables instrumens en rapport avec l'organe inventif ou intellectuel.

Tous les organes de la locomotion ont en effet éprouvé des modifications importantes dans ce but.

Ainsi les vertèbres prises en particulier ont un corps plus large, plus plat; elles vont sensiblement en augmentant jusqu'à la ceinture osseuse postérieure; en un mot, elles offrent davantage la disposition columnaire dans laquelle elles sont encore maintenues par la grande puissance des muscles de l'échine, qui, toutes choses égales d'ailleurs, sont plus forts, plus étendus que dans aucun autre mammifère; aussi leur corps est-il déprimé et large.

Le mode d'arquer en S de la colonne vertébrale, indique aussi cette position verticale.

Les parties solides, immobiles de cette colonne annoncent encore bien mieux cette disposition à la station bipède; ainsi le nombre des vertèbres sacrées, qui est de cinq, leur soudure complète au moyen de l'élargissement des apophyses transverses, pour former le sacrum, et surtout la forme de coin qu'il a pour transmettre, comme la clef d'une voûte, le poids du tronc aux extrémités inférieures; ajoutons à cela la force d'insertion des muscles lombaires à tout le bassin, la force et la largeur de la crête iliaque, etc. Il en est de même de la disposition de cet ensemble de vertèbres soudées et des appendices, qui compose ce qu'on nomme la tête

Son articulation presque à la moitié de sa longueur horizontale, de manière à former un angle droit avec le reste
de la colonne vertébrale; la brièveté de ce qu'on appelle le museau ou les mâchoires, tout détermine la tête à se tenir presque
en équilibre sur la ligne verticale du tronc, sans qu'il ait
besoin d'aucune trace du ligament cervical, qui n'existe pas
même en rudiment, ce qui est bien compensé par la force
des muscles extenseurs de la tête en totalié.

La brièveté du cou, celle des lombes, toutes les parties
non soutenues, indiquent aussi cette disposition, et peut-être
aussi l'absence totale de queue, du moins à l'extérieur; car à
l'intérieur il y a quelques petites vertèbres coccygiennes,
mais sans trace de muscles.

Mais c'est surtout dans la forme, la disposition et la proportion des membres abdominaux, que ce but déterminé est
bien prouvé.

La force, la largeur, la direction perpendiculaire de toute
la ceinture osseuse qui supporte le poids des viscères abdominaux; la largeur de son articulation sacrée et pubienne; l'élargissement du détroit supérieur du bassin, celui
de toute la crète; l'écartement résultant des cavités coty-
loïdes; la largeur des fosses iliaques interne et externe;
l'avancement plus considérable du rebord supérieur de la
cavité cotyloïde; la force du ligament rond; tout dénote
le but auquel elle est destinée, celui d'élargir la base de sustentation.

La force proportionnelle de tout le membre inférieur;
l'épaisseur du fémur; son arqure en avant; la grosseur de sa
tête; la longueur de son cou et l'angle presque droit sous lequel il s'insère au corps de l'os; la force et la saillie du
grand trochanter, celle de la ligne âpre; la largeur et l'é-
paisseur des muscles fessiers, et surtout du grand et de l'i-
liaque, ce qui n'a lieu à ce point que dans l'homme; en général, la grosseur de tous les muscles de la cuisse, ce qui lui
donne une forme presque ronde au lieu d'être aplatie comme
dans les autres mammifères; la largeur de l'articulation
fémoro-tibiale ou de la cuisse avec la jambe par l'aplatissement
et la presque égalité des surfaces articulaires; la force du
ligament croisé, et généralement celle du tendon de l'extenseur, dans lequel se développe la rotule, plus large et plus
aplatie que dans aucun autre mammifère; la terminaison
très-élevée des fléchisseurs de la jambe et leur longueur en
général qui permet que celle-ci s'étende en ligne verticale
sur la cuisse, ce qui met à découvert le mollet de la
jambe qui existe bien dans les mammifères, et qui même est
souvent très-développé, mais qui est caché en dehors par le

biceps qui descend presque au-dessous du péroné, et en
dedans par le demi-membraneux, etc., confirment la disposition bipède.

Il en est de même de la jambe; la force et l'épaisseur du
tibia et de ses articulations, et surtout de la supérieure; l'articulation du pied qui, quoique serrée et ginglymoïdale, a
pu, cependant, permettre quelques mouvemens latéraux;
l'épaisseur des muscles gastrocnémiens et soléaires; la grande
force du tendon d'Achille qui les termine; la petitesse du
plantaire grêle, qui s'est, pour ainsi dire, séparé au calcanéum d'avec le muscle fléchisseur superficiel des doigts de
manière à faire de celui-ci un muscle distinct, sont aussi
en rapport avec le même but.

Le pied offre aussi tous les caractères de la station bipède; sa
forme voûtée dans sa longueur; la chute de la jambe le plus
possible sur le milieu de cette voûte par la grande saillie en
arrière du calcanéum, et, au contraire, le raccourcissement
des doigts; la solidité substituée à la mobilité par la disproportion de la longueur du tarse avec celle des doigts; la longueur et la force du pouce ou gros orteil, ainsi que de son
muscle fléchisseur propre, etc., qui en fait le principal
agent de la station, ou mieux de la résistance sur le sol.
Tout indique à la fois, dans les membres postérieurs, une
disposition columnaire, c'est-à-dire, telle que toutes les parties élargies, fortifiées, se touchent par le plus de points possibles et peuvent être placées et maintenues le plus aisément
bout à bout dans la direction verticale ou dans la station bipède; ainsi qu'un élargissement pour augmenter la base de
sustentation et un moyen de se cramponner sur le sol.

Mais aussi il en a dû résulter moins de vitesse pour parcourir les distances, l'homme, en marchant, étant obligé
de rester un moment suspendu sur un seul pied, et ne pouvant étendre l'autre au-delà d'un certain point sans risquer
de perdre l'équilibre; s'il veut y suppléer par la course,
ses membres postérieurs devant être à la fois organes d'impulsion et de sustentation; il ne peut que difficilement transformer le mouvement vertical en horizontal sans crainte de
tomber, puisqu'il ne le peut faire qu'en donnant à son corps
une direction très-oblique.

Les membres postérieurs, par leur organisation, nous
montrent donc la cause de la facilité, et même la nécessité de
la station bipède de l'homme, en même temps que celle de
son peu de vitesse dans la progression, et de sa difficulté à
nager au moins naturellement, à cause du poids considérable
qu'ils ont dû avoir pour l'usage principal auquel ils étoient
destinés.

La disposition des membres antérieurs est tout-à-fait en sens inverse, c'est-à-dire, que tout a été préparé pour la mobilité.

D'abord, la forme du thorax plutôt déprimée de haut en bas que latéralement, éloigne considérablement les membres l'un de l'autre, de manière qu'ils ne pourroient que difficilement soutenir le tronc dans la station quadrupède ; joignez à cela la foiblesse du muscle grand dentelé et même du grand pectoral qui servent, pour ainsi dire, de sangle sur laquelle est porté le poids du tronc dans les mammifères essentiellement quadrupèdes.

Ainsi la clavicule longue est mue par un muscle sous-clavier assez puissant.

L'omoplate fort large dont la fosse sous-épineuse est plus grande que la sus-épineuse, indique des muscles moteurs du bras en totalité fort considérables, ce qui est confirmé par la grande saillie de l'acromion et de l'apophyse coracoïde.

La forme, la réunion des trois parties du deltoïde ; sa disposition verticale, telle qu'il peut éloigner le bras du tronc ; l'existence du petit pectoral ; la forme du grand ; celle du grand dorsal ; tout indique une grande mobilité, une grande facilité à être écarté du tronc, dans le membre thoracique, et par conséquent le contraire de ce qu'il auroit fallu dans un mammifère quadrupède pour servir presque seulement à la sustentation : mais c'est surtout dans la disposition de l'avant-bras, des doigts et des muscles de ces parties, que se trouve un des caractères les plus remarquables de l'espèce humaine.

Dans l'articulation huméro-cubito-radiale, une grande partie est occupée par celle en charnière du cubitus, ce qui a dû laisser à celle du radius, manche de la main, une forme tout-à-fait arrondie, et par conséquent un mouvement de rotation sur son axe, en sorte que cet os portant la main, peut tourner très-aisément sur le cubitus sans qu'il y ait aucun mouvement dans l'avant-bras, et que la main peut être portée dans la supination et dans la pronation. En effet, les muscles qui exécutent ces deux mouvemens, c'est-à-dire, le rond et le carré pronateur et le court supinateur, sont plus développés et plus favorablement placés par rapport à l'os qu'ils doivent mouvoir, que dans aucun autre mammifère. Mais, dans une disposition contraire, la main seroit très-vacillante dans la pronation, c'est-à-dire, dans la disposition nécessaire à la marche du quadrupède.

La composition de la main pour laquelle tout le membre a été modifié, la disposition et la forme de ses os offrent

un degré de perfectionnement qui n'appartient réellement
qu'à l'homme ; ainsi la grosseur du pouce, la facilité de son
opposition avec chacun des autres doigts, d'où est provenue
l'épaisseur des muscles de l'éminence thénar ; la manière
dont les doigts sont terminés ; l'épaisseur et la largeur de
leur extrémité ; la forme et la disposition des ongles qui protégent la dernière phalange (dont la figure est particulière), plutôt qu'ils ne l'enveloppent, tout dénote dans la main de l'homme un instrument au moyen duquel il peut juger la forme des
corps, saisir les plus fins, etc. ; ajoutons à cela l'indé-
pendance presque parfaite des mouvemens de chacun de ces
doigts, provenant de la profondeur de la division des muscles
extenseurs et fléchisseurs communs, de l'existence d'un
long fléchisseur du pouce séparé dans toute son étendue, et
de ce que les extenseurs propres ne vont qu'à chaque doigt
auquel ils appartiennent, et nous pourrons, par l'inspection
seule de l'organisation de la main, juger de toutes les actions
dont elle est susceptible. Enfin, on peut dire hardiment qu'il
n'est aucun point des membres postérieurs comme des membres antérieurs, qui n'indique l'usage pour lequel ils sont
destinés : la station et la progression pour les uns, la préhension et le tact pour les autres.

Nous venons de voir dans les organes de la locomotion de
l'homme une disposition particulière, telle qu'il lui seroit
impossible de marcher à quatre pieds ; ce qui démontre une
nécessité évidente pour la marche bipède directe ou verticale.

Nous trouvons dans les organes des sens une disposition
qui lui est également, jusqu'à un certain point, particulière.

Ainsi la finesse et la nudité de la peau sont encore en rapport évident avec le but vers lequel il étoit appelé, la société,
par l'absence de toute arme défensive et offensive. En général, l'espèce humaine est couverte d'une assez petite quantité de poils, si ce n'est au-dessus de la tête et autour du
menton, où ils peuvent atteindre une longueur extrêmement
remarquable.

On a fait l'observation que ceux de l'avant-bras ne suivent
pas la direction ordinaire, mais sont en sens inverse, et qu'il
y en a plus à la face abdominale que sur la dorsale ; ce qui
indique assez que les membres antérieurs ne devoient pas
tomber essentiellement en en bas, et surtout que la face
abdominale, à cause de la station verticale, devoit être plus
exposée que la dorsale.

Les organes des sens spéciaux offrent aussi des différences
notables ; mais il n'y en a que quelques-unes dont on puisse
aisément voir le rapport avec le reste de l'organisation.

Dans l'organe du goût on ne trouve rien qui soit spécial ;

mais seulement peut-être dans l'appareil musculaire, sur lequel il est développé : ce qui tient à d'autres fonctions, et entre autres à celle de la formation de la parole.

L'organe de l'olfaction est remarquable par sa foiblesse dans le système nerveux qui l'anime, dans la petitesse de la cavité olfactive, dans celle des cornets inférieurs qui sont constamment simples, et par conséquent, dans le peu d'étendue de la membrane pituitaire. La forme du nez proprement dit, son peu de mobilité, la direction de ses ouvertures qui est telle qu'elles sont tout-à-fait inférieures et dans la direction même de la bouche, sont encore des caractères propres à l'espèce humaine, et qui forment une de ses imperfections. Il en est de même de l'absence totale de l'organe de Jacobson.

L'appareil de la vision offre quelques différences importantes, et dont plusieurs indiquent encore la disposition générale du corps de l'homme : ainsi la direction des deux yeux presque dans la même ligne droite antérieure, et la légère échancrure du bord extérieur de l'orbite ; l'existence des sourcils ; l'absence de la seconde rangée des muscles droits ou du muscle suspenseur, sont évidemment en rapport avec la station bipède. Quant à l'existence de la tache de Sœmmering au côté externe de l'entrée du nerf optique, dans la rétine, caractère qui lui est commun avec les véritables singes, on ne peut guère que constater son existence, sans en tirer aucune induction.

Il en est à peu près de même de l'oreille externe qui offre des caractères tout-à-fait particuliers dans sa forme, qui en tout a la figure arrondie, bordée supérieurement et terminée inférieurement par un lobule, dans son immobilité presque complète, à cause de la foiblesse de ses muscles moteurs ; dans la manière dont elle est appliquée contre la tête : caractères qui tous sont sans aucun rapport nécessaire avec le reste de l'organisation.

Si, après avoir envisagé ces deux appareils, nous descendons à ceux de la nutrition ; nous trouvons, comme on le pense bien, une modification moins importante, parce qu'elle appartient seulement au genre de nourriture qui est évidemment omnivore.

Les mâchoires, en général, sont courtes ; la bouche médiocrement fendue ; les lèvres ont une forme qui n'appartient qu'à l'homme, par la disposition des coins de la bouche et de son milieu : il y a un véritable menton par la saillie en avant de la symphyse de la mâchoire inférieure dont les deux branches se réunissent en formant un angle presque droit et écarté en dehors, de manière à donner à la face une forme presque carrée.

L'articulation de la mâchoire inférieure et ses muscles indiquent une mastication directe de haut en bas, et un peu
latérale : ce qui se trouve en rapport avec le système dentaire.

Les dents des deux mâchoires se correspondent, à peu
de chose près, par leur couronne, si ce n'est les antérieures incisives qui se croisent d'arrière en avant, mais elles
ne s'engrènent pas, ainsi que les canines qui sont à peine
plus longues que les incisives; d'où ces dents peuvent agir
pour couper, comme l'indique leur nom. L'os qui les porte
n'est qu'à peine séparé de l'os maxillaire dans le très-jeune
sujet. La cavité buccale est petite, en forme de fer à cheval;
il n'y a jamais de rides au palais, le canal incisif de Sténon
est nul et à peine rudimentaire. La bouche se joint au pharynx
à angle tout-à-fait droit. L'œsophage est très-court, à cause
de la brièveté du cou, et n'est que médiocrement épais.

L'estomac est simple, mais cependant assez grand; son
cul-de-sac droit est assez développé, et la partie pylorique
est indiquée.

Le foie est assez volumineux, peu divisé et se portant
beaucoup moins à gauche qu'à droite.

Le canal intestinal est assez médiocre en étendue et en
capacité, de manière à indiquer, comme le système dentaire, un animal omnivore. Les gros intestins sont cependant
bien distincts des grêles; le colon est assez gros et étendu;
le cœcum proprement dit, est presque nul, et il n'y a qu'un
simple appendice cœcal. Enfin les bords de l'anus n'offrent
aucune trace de cryptes odorans. Le grand épiploon est fort
étendu, etc.

Les différences qui peuvent exister dans le système circulatoire centripète ou absorbant, ne peuvent être, comme on
le pense bien, que peu considérables, ou au moins peu importantes. On a cependant remarqué que les ganglions mésentériques sont épars dans le mésentère, et ne sont point
réunis en une masse plus ou moins considérable, pour former ce qu'on nomme le pancréas d'Asellius, comme cela
a lieu dans la plupart des autres mammifères.

Les différences dans le système veineux ne tiennent qu'à
des circonstances pour ainsi dire locales; c'est-à-dire qu'elles
sont dépendantes du plus ou moins grand développement des
organes.

Dans le système de la respiration, le larynx offre des
différences assez considérables, mais qu'il est assez difficile
de saisir, ou du moins de trouver en rapport avec la formation
de la parole. Il est bien vrai que l'homme n'offre pas cette
poche qui se trouve entre l'hyoïde et le thyroïde qu'on voit dans

presque tous les singes, et même chez les chauve-souris, d'après l'observation de M. Jacobson; mais il est également évident que cette différence ne suffit pas pour expliquer la faculté de la parole, comme l'a voulu Camper.

Les poumons sont toujours très-divisés, et le lobule sous-cardiaque presque nul ou rudimentaire.

Nous ne trouvons à indiquer dans le cœur, ni dans les gros vaisseaux, d'autres différences que celles qui dépendent de la position et du plus ou moins grand développement des organes auxquels se rend une artère; ainsi aucun mammifère n'a des artères céphaliques, vertébrales et carotides internes aussi grosses, parce qu'aucun n'a le système nerveux d'intelligence aussi développé. Il en est de même des artères collatérales des doigts de la main; c'est ce qui fait que l'artère radiale est si développée et a pu être interrogée si aisément pour connoître l'état de la circulation.

Au contraire, aucun mammifère n'a une artère coccygienne ou sacrée moyenne aussi petite, parce que la queue n'est chez l'homme que rudimentaire.

Comme l'appareil de la dépuration urinaire n'offre que de légères différences de forme, je passe de suite aux différences que présentent les organes de la génération, pour ne parler que des principales. L'utérus n'a aucune trace de cornes, et depuis l'âge de la puberté, chaque mois il se produit, dans son intérieur ou peut-être dans son canal excréteur, une sorte d'exhalation sanguine, nommée règles, fort abondante, qui ne cesse qu'avec la faculté de la reproduction. Les mamelles, seulement au nombre de deux, sont placées sur la poitrine. Dans le sexe mâle, les organes sécréteurs ou testicules, contenus dans la cavité abdominale jusqu'au cinquième mois, en descendent alors entraînant avec eux un prolongement du péritoine, traversent l'anneau inguinal et se logent dans le scrotum, où ils restent constamment. C'est à cette disposition et à la station verticale qu'est due la facilité qu'a l'homme, et surtout dans l'enfance, d'avoir la maladie connue sous le nom d'hernie.

L'organe excitateur mâle est pendant verticalement; il n'a point de muscle dorsal ni de rétracteur du prépuce.

Le produit de la génération reste neuf mois dans l'utérus; il n'a pas de membrane allantoïde, ou du moins elle est excessivement petite, et désignée sous le nom de vésicule ombilicale; il naît les yeux fermés par une membrane dite pupillaire; la tête extrêmement grosse, les membres antérieurs proportionnellement plus gros que les postérieurs, sans aucune trace de dents, au moins ordinairement. Mais c'est dans le système nerveux et surtout dans celui de l'intelligence que se trouvent les différences les plus considérables. Nous avons déjà vu que nul mammifère ne présente un crâne aussi développé dans tous les sens ; d'où on doit conclure que le cerveau ou le contenu l'est proportionnellement. En effet, le développement des ganglions de l'intelligence ou des hémisphères est tel, qu'ils ont pour ainsi dire caché tout le reste, et même le cervelet qui en est entièrement recouvert ; mais non-seulement ils sont très-élargis et très-allongés en avant comme en arrière, mais encore le nombre et la profondeur de leurs circonvolutions sont beaucoup plus considérables que dans les autres mammifères.

Les pédoncules de communication avec le reste du système nerveux, et surtout avec celui de la colonne vertébrale, sont très-gros et très-épais ; il en est de même de ceux du cervelet ; les commissures, c'est-à-dire, les moyens de communication des ganglions semblables entre eux, sont aussi plus larges, plus étendus ; d'où un plus grand pont de varole, un plus large corps calleux, etc.

Au contraire, le système central du reste de la colonne vertébrale est plus petit, et surtout comparativement avec la grandeur du cerveau. C'est absolument le contraire dans les autres mammifères, et d'autant plus qu'on descend davantage dans l'échelle.

Le grand sympathique est évidemment plus distinct, plus développé.

Deuxième degré d'organisation.

Le deuxième degré d'organisation dans les animaux mammifères est évidemment celui qui comprend la grande famille des singes. Beaucoup moins rapprochés, qu'on ne le pense peut-être généralement de l'homme, ils se lient presque insensiblement au troisième groupe ou à celui des carnassiers *V*. SINGES. (Organisation.)

Troisième degré d'organisation.

Le troisième degré d'organisation est par conséquent celui des carnassiers, que l'on devroit placer à la tête des animaux mammifères, si l'on avoit voulu suivre scrupuleusement le système dentaire, ou mieux, tirer les caractères de l'espèce de la nourriture.

Dans ce groupe, il est évident que les modifications les plus importantes ont dû consister dans une grande finesse des sens, pour apercevoir promptement une proie, dans les organes de la locomotion qui ont dû offrir le déploiement subit d'une grande force musculaire, pour l'arrêter et la saisir, et par conséquent même, dans un système d'intelligence en rap-

port. En effet, on trouve par l'étude de l'organisation de
ces animaux, que le système cutané est souvent pourvu d'espèces de poils d'une nature particulière placés de chaque
côté du museau, pour augmenter l'étendue de leur sphère
sentante ; ce sont les moustaches ou *vibrissæ*. Les yeux
deviennent en général plus grands. On commence à apercevoir chez eux un second rang interne des muscles droits ;
le fond de la choroïde offre une couleur variable, connue
sous le nom de tapis ; la paupière interne ou troisième
paupière est plus développée. L'orbite n'est plus fermée en
arrière du côté de la fosse temporale, ni même terminée dans
son rebord. Dans l'appareil de l'olfaction, outre l'augmentation totale de la cavité, par le grand prolongement des
appendices servant de mâchoires, on trouve que les lames
dépendantes de l'ethmoïde et du cornet inférieur sont beaucoup plus nombreuses, beaucoup plus serrées, de manière
quelquefois à paroître entièrement remplir la cavité : aussi,
la partie du système nerveux qui appartient à l'olfaction,
est-elle sans comparaison beaucoup plus grosse que dans le
degré précédent ; l'organe de Jacobson commence à paroître, et est quelquefois assez développé. La peau de l'organe du
goût n'offre rien de bien remarquable. Il n'en est pas de même
de l'organe de l'ouïe ; outre son étendue, en général plus considérable, la caisse du tympan est plus grande, et souvent comme
double ; et en outre, tout l'appareil extérieur acquiert une étendue, une forme et une facilité de direction par l'augmentation et la subdivision tranchée des muscles, qui en font un
véritable cornet acoustique.

L'ensemble de l'appareil de la locomotion est évidemment dirigé vers plus de légèreté, plus de souplesse ; d'où il
résulte une sorte de marche que l'on avoit assez bien désignée sous le nom de digitigrade, quoique quelques-uns ne
l'aient pas encore aussi prononcée. Ainsi, le tronc, en général assez allongé, se termine en arrière par une queue fort
longue : la région lombaire, et même celle du thorax, sont
susceptibles de quelques mouvemens de latéralité, d'où
provient le mouvement vermiforme de quelques espèces ; mais
surtout la colonne vertébrale est susceptible d'arquer en en
haut, de manière à pouvoir servir dans le saut ; le thorax
proprement dit est ordinairement comprimé ; les côtes qui le
forment sont grêles, presque carrées ; il en est de même des
pièces du sternum, d'où résultent des intervalles musculaires
plus grands, et par conséquent une plus grande puissance de
mouvemens, en même temps qu'un espace, pour les exécuter, plus étendu. La tête considérée en totalité s'articule
beaucoup plus en arrière, et tend déjà à être dans la direc-

tion du tronc , quand l'animal est debout. La proportion de
l'aire de la face avec celle du cerveau augmente, et par conséquent l'angle facial diminue ; il n'y a pas de front bien
sensible : le crâne semble très-comprimé latéralement par
la grande étendue des fosses d'insertion des muscles élévateurs de la mâchoire inférieure. Enfin , le diamètre du
canal vertébral comparé à celui de la cavité cérébrale, augmente d'une manière sensible. Dans la disposition des membres, on trouve confirmé ce qu'indique le tronc. Ainsi , les
antérieurs n'offrent que rarement des clavicules , et seulement dans les petites espèces qui fouissent ou se creusent
des terriers : l'omoplate est , il est vrai , assez large ; mais
elle n'offre plus d'apophyse coracoïde , ni d'acromion bien
marqué. L'articulation de l'avant-bras indique de plus en
plus que le mouvement de flexion l'emporte sur celui de
rotation. Aussi la tête du radius s'élargit peu à peu, et occupe
une plus grande place dans l'articulation totale ; il s'ensuit
que l'état de pronation devient un peu plus forcé , aussi tous
les muscles se disposent-ils pour cela. Le rond pronateur
et le court supinateur descendent plus bas ; le carré pronateur est plus petit. Les os du poignet diminuent en nombre
par la réunion du scaphoïde avec le semi-lunaire , quelquefois par l'absence de celui qui devoit soutenir le pouce. Au
contraire le pisiforme augmente ; aussi le muscle cubital postérieur qui s'y fixe , acquiert-t-il de la force , et simule-t-il
quelquefois un petit mollet ; les radiaux externes et leurs
antagonistes augmentent proportionellement. Quant aux doigts
et aux muscles qui les meuvent, on voit que les os du métacarpe s'allongent peu à peu , se relèvent dans la marche ,
et se serrent de manière à sembler quelquefois n'en faire
qu'un ; celui du pouce tend au contraire à disparoître , et
même disparoît quelquefois entièrement, comme dans les
hyènes ; les doigts au contraire se raccourcissent , se serrent
les uns contre les autres, et sont terminés par des phalanges
onguéales , en grande partie entourées par des ongles courbés , plus ou moins tranchans ou aigus. Les puissances
musculaires sont nécessairement modifiées d'après ces dispositions. Ainsi, la prédominance des fléchisseurs sur les extenseurs devient plus grande ; au contraire , la division de leurs
différens faisceaux est moins profonde, et quelquefois presque nulle , si ce n'est vers la terminaison des tendons ; d'où
il résulte que les doigts ne peuvent presque pas se mouvoir
indépendamment les uns des autres. Ajoutons que ceux du
pouce , quand il existe , ne sont pas plus séparés, au moins
le fléchisseur , que pour les autres doigts , et que par con-
sequent il ne peut plus y avoir aucune trace d'opposition ou

de préhension digitale; quand elle a lieu, c'est incomplétement, et entre tous les doigts et le poignet. D'après cela, on conçoit que tous les muscles abducteurs et adducteurs des doigts, ou ne servent presque plus que comme fléchisseurs, ou au moins, quand ils écartent les doigts, le font presque également pour tous, et de manière seulement à élargir la griffe. Si les membres antérieurs ne sont encore ni des organes de sustentation bien solides, ni des organes de préhension, mais quelque chose pour ainsi dire d'intermédiaire, ceux de derrière deviennent évidemment propres à l'impulsion, et surtout au saut, et les pièces qui les composent peuvent se fléchir fortement les unes sur les autres. Les os des îles sont ordinairement allongés, étroits, et dans la direction du tronc; le fémur est plus court que long. Le tibia et le péroné emboîtent d'une manière fort serrée le pied, qui est, comme la main, ordinairement allongé dans le tarse et le métatarse, et raccourci dans les doigts; il est fort rare que ceux-ci soient au-dessus de quatre. Le calcanéum est toujours fort saillant en arrière, et recourbé en dessus, de manière à indiquer qu'il n'appuie presque jamais sur le sol dans la marche. Quant aux muscles de ces membres abdominaux, on peut dire qu'en général les antérieurs et les postérieurs, ou ceux qui produisent les flexions et les extensions, sont fort développés. Ainsi, la grande étendue de la région lombaire, et la longueur de la fosse iliaque, déterminent des muscles fort longs, et par conséquent d'une grande étendue d'action; les fléchisseurs externes descendent fort bas à la jambe : il en est de même des internes qui sont très-larges, ce qui donne à la cuisse une forme très – comprimée. Les muscles du calcanéum sont également dans le même cas, et remontent fort haut dans leur insertion au fémur. Le plantaire-grêle devenu un muscle assez puissant, est évidemment le fléchisseur superficiel des doigts; son tendon passe en effet sous le calcanéum sans s'y attacher, et se continue avec le court fléchisseur, en sorte que par le propre poids du tronc, les doigts tendent à se cramponner sur le sol pour assurer la station, par l'effort que produit la saillie du calcanéum sur le tendon du fléchisseur. Du reste, toutes les considérations dont il a été question, en parlant des membres antérieurs, se reproduisent ici et avec plus de force.

Quant aux autres modifications que les animaux mammifères de ce groupe ont éprouvées dans l'appareil de la nutrition, elles tiennent essentiellement à la nature de la substance alimentaire. Ainsi, la gueule est très-fendue; les mâchoires, ordinairement assez courtes et fortes, sont armées de trois sortes de dents, et essentiellement de longues canines, propres à retenir et à dilacérer la proie, et de molaires plus ou moins tranchantes ou carnassières, suivant le degré de carnivorité. *V*. Dents. La mâchoire inférieure articulée avec le temporal, au moyen d'un condyle transverse fort large, est disposée de manière à ce que le mouvement de haut en bas soit presque le seul permis. Aussi les muscles temporaux, masseter, et même ptérygoïdes, sont-ils très-puissans; ce qu'indiquent la force des crêtes, la profondeur et la largeur des fosses d'insertion, la grande convexité en dehors et en haut de l'arcade zygomatique. Le reste du système digestif est en rapport avec cette première disposition. En effet l'estomac est petit, à parois peu épaisses; les intestins, ordinairement assez courts, sont d'un diamètre assez petit, et presque semblables dans toute leur étendue, au point que la distinction en intestins grêles et gros intestins ne peut être admise. Le cœcum est nul, ou n'est représenté que par un très-petit appendice. Enfin, l'anus est assez souvent entouré de cryptes glanduleux très-odoriférans.

Les organes de l'absorption et de la circulation veineuse n'offrent rien de bien particulier; il en est de même de ceux de la respiration et de la circulation artérielle. On trouve cependant le lobule sous-cardiaque du poumon assez développé : le cœur est proportionellement plus gros, peut-être, que dans aucun autre groupe; aussi la circulation artérielle est-elle fort active. Quant aux autres différences, comme dans les organes de la voix, il n'y a rien qu'on puisse regarder comme absolument dépendant du degré d'organisation.

L'appareil de dépuration urinaire est en général assez développé; et cependant la vessie est petite, et l'urine paroît être fortement animalisée.

Quant à l'appareil de la génération, l'utérus a ses deux cornes bien distinctes, quoique le corps soit encore assez marqué; le vagin est fort long et étroit; les mamelles presque toujours au-dessus de deux, sont rangées de chaque côté de l'abdomen. Dans le sexe mâle, lestesticules sont presque toujours extérieurs; le pénis ou organe excitateur est soutenu par un os symétrique, développé dans le milieu du tissu caverneux, et quelquefois sillonné par la place du canal de l'urèthre.

Dans le système nerveux de l'intelligence, il existe des différences caractéristiques, qui sont en grande partie traduites par la forme du crâne. Ainsi, la cavité cérébrale devient de plus en plus petite, proportionnellement avec la face ou le développement des appendices de la mastication; l'angle facial diminue par conséquent d'une manière évidente;

le front est presque nul ou surbaissé considérablement en
arrière ; la grande excavation des fosses temporales diminue
d'autant la cavité cérébrale ; la sortie de la moelle épinière
est dans la direction, et proportionnellement plus grande
comparativement avec le diamètre de la cavité ; la disposition des trous de sortie des nerfs offre aussi des caractères
véritablement tranchés, mais qui demanderoient trop de
détails pour être mentionnés.

Le cerveau considéré en masse est encore assez gros ; les
hémisphères sont cependant raccourcis en avant, comme en
arrière, où ils laissent à découvert le cervelet ; les circonvolutions sont beaucoup moins nombreuses, moins profondes ; le cervelet est très-fort ; l'appendice vermiforme commence à se développer d'une manière sensible, et ses lobes
à diminuer proportionnellement. Aussi le pont de varole est-
il plus petit proportionnellement.

Les différences qui tiennent à la partie centrale, et surtout à la proportion des ganglions de chaque appendice et des
organes des sens, peuvent être en général regardées comme
en rapport avec le développement des parties auxquelles ils
fournissent des nerfs, et demanderoient trop de détails pour
être exposées dans un ouvrage comme celui-ci.

Ainsi donc, en dernière analyse, toute l'organisation indique dans ces animaux une intelligence médiocre, des sens fort
aigus, et une disposition locomotile, pour ainsi dire élastique, ou telle que le tronc, et surtout les membres antérieurs et postérieurs pouvant être considérablement fléchis,
peuvent aussitôt être débandés comme un ressort, et exécuter des sauts considérables.

Il ne faut cependant pas croire que ce degré d'organisation soit tellement uniforme, qu'il n'offre pas des différences, suivant qu'un animal appartient ou à son commencement ou à sa fin. En effet, il est de toute évidence que
les chauve-souris, les ours, diffèrent moins du degré d'organisation des singes, que les chiens, les hyènes, etc.

Quatrième degré d'organisation.

J'aurai assez peu de choses à dire du groupe des véritables édentés, ainsi nommés parce que leur système dentaire toujours, incomplet, est quelquefois entièrement nul.
Ce sont cependant des animaux entièrement carnassiers ou
insectivores, que l'on pourra peut-être regarder comme une
sorte de passage du groupe des carnassiers vers les ongulogrades ; comme dans le degré d'organisation des mammifères
rongeurs, les derniers offrent aussi un passage vers ce même
groupe.

La peau des édentés normaux (1) est toujours fort épaisse, ou encroûtée de matière calcaire, ou couverte de pois grossiers, quelquefois réunis en espèces d'écailles, en sorte qu'en général elle tend à leur former une sorte d'enveloppe défensive, plutôt qu'un organe de sensation. Quant aux autres organes des sens, ils paroissent en général assez peu développés.

Les organes de la locomotion sont en général disposés vers le but d'employer les membres antérieurs à exécuter des efforts considérables; aussi, tous ont une colonne vertébrale composée de vertèbres nombreuses, à apophyses d'insertions musculaires très-fortes, et pouvant aisément se fléchir en dessous, de manière à permettre que l'animal puisse se rouler en boule; elle est prolongée en arrière en une queue très-longue et très-puissante, mue par des muscles proportionnels.

Les membres, et surtout les antérieurs, sont généralement courts; assez souvent, il y a des clavicules, mais quelquefois il n'y en a aucune trace; l'humérus offre des crêtes d'insertions très-puissantes; l'avant-bras, toujours composé de deux os bien distincts, disposés dans leur articulation avec le bras pour la flexion et l'extension seulement, et nullement pour la rotation, porte une main large, courte, très-forte, à doigts également courts, le plus souvent au nombre de cinq, et terminés par des ongles épais, ayant quelquefois la forme de petits sabots.

Les membres postérieurs sont en général dans le même cas; mais la ceinture osseuse est souvent foible, en ce que les pubis peuvent ne pas être réunis; du reste, quoique moins puissans que les antérieurs, ils sont terminés par des pieds qui appuient entièrement sur le sol et qui leur ressemblent beaucoup.

Quant à l'appareil de la nutrition, il n'offre en général rien de bien remarquable. Il faut cependant noter que souvent la langue est extensible, cylindrique et fort longue, c'est-à-dire, vermiforme, et sert à saisir la proie; que les mâchoires, quoique assez prolongées, sont très-foibles, surtout l'inférieure, et qu'elles sont entièrement dépourvues de dents ou n'en ont que d'une seule sorte (des molaires), mais qui sont d'une structure presque particulière. Quant au canal intestinal proprement dit, il indique assez bien des animaux se nourrissant de substances animales, etc.

Le système nerveux de l'intelligence paroît être assez développé, et cependant l'angle facial est extrêmement petit; tant le museau est dans la direction du crâne, qui lui-même s'articule avec la colonne vertébrale à son extrémité; du reste,

---

(1) Car il n'est ici question que de ceux-là seulement; nous réservant de traiter ci-après des *cétacés* ou édentés *normaux* page 136, et 141.

il est presque lisse à sa partie inférieure, à cause de la presque totalité des apophyses ptérygoïdes qui appartiennent à la mastication; on trouve dans la disposition des différentes parties qui le composent, dans celle des trous par où sortent les nerfs, dans la forme des loges des organes des sens, des particularités qui n'appartiennent qu'à ce groupe.

Cinquième degré d'organisation.

Le cinquième degré d'organisation que l'on peut observer parmi les mammifères, et que l'on pourroit regarder presque comme collatéral du troisième et du quatrième, considérés comme un seul, est celui qui comprend les rongeurs. S'il commence par des animaux évidemment plus élevés en intelligence que certains carnassiers, et surtout que les derniers, il finit, au contraire, par une famille qui a un grand nombre de rapports avec les ongulogrades, en sorte qu'envisagé en totalité, il doit être regardé comme plus descendu dans l'échelle que les carnassiers. *Voyez* pour plus de détails le mot Rongeurs, (Organisation.)

Sixième degré d'organisation.

Immédiatement après ce degré, vient le sixième qui comprend des animaux peu nombreux, mais véritablement remarquables par plusieurs points de leur organisation et même par leur intelligence, quoiqu'on l'ait peut-être beaucoup exagérée; c'est celui que j'ai désigné sous le nom de *gravigrades* ou d'animaux à marche pesante, et qui comprend les éléphans, les mastodontes et les lamantins. Essentiellement et uniquement herbivores, comme tous ceux qui composent le septième et dernier degré, on peut cependant dire qu'ils sont intermédiaires aux mammifères du cinquième et à ceux du septième. En effet, si l'on trouve, comme chez la plupart de ceux-ci, une peau ou derme extrêmement épais, couvert d'une très-petite quantité de poils, les organes des sens sont, comme chez ceux-là assez peu développés; ainsi l'appareil olfactif est assez peu considérable, par la petite étendue de la cavité nasale, et le peu de complication des cornets : l'organe de Jacobson est au contraire fort développé, mais ce que l'on trouve chez eux de plus singulier, c'est bien certainement le prolongement du nez et sa conversion en un organe fort délicat de préhension ou du tact; on trouve dans l'organe de la vision quelque chose de remarquable dans l'existence d'une troisième paupière bien distincte, mais qui n'est réellement qu'une modification du muscle orbiculaire, dont une partie soutient et tire en avant le cartilage mobile; l'organe de l'ouïe offre encore quelque chose d'assez singulier dans la forme de la conque auditive externe, qui ne peut être comparée avec rien de ce qu'on trouve dans les autres animaux mammifères.

Les organes de la locomotion indiquent, comme on le pense bien, une disposition propre à soutenir un poids aussi considérable qu'un si vaste animal ; les vertèbres par leur forme ont une certaine analogie avec celles de l'espèce humaine, surtout dans la région cervicale qui est extrêmement courte pour soutenir une tête aussi énorme et considérablement appesantie encore par les défenses dont elle est armée ; aussi cette sustentation est-elle puissamment aidée par un énorme ligament cervical qui, des apophyses épineuses des vertèbres dorsales, se porte dans une profonde excavation de l'occiput ; la région thoracique est fort longue, au contraire de la portion lombaire qui n'est composée que de trois vertèbres seulement, et toutes deux offrent une forte arqure en en haut ; les muscles des différentes parties de cette colonne vertébrale ne sont cependant pas aussi considérables qu'on auroit pu être porté à le croire.

La poitrine est très-large et formée par un grand nombre de côtes.

Les membres antérieurs et même les postérieurs, quoique ayant peut-être plus d'analogie générale avec ceux des rongeurs qu'avec ceux des animaux ongulés, sont cependant disposés de manière à former de véritables colonnes ; ainsi, les antérieurs n'ont aucune trace de clavicule ; l'omoplate fort large est entièrement verticale, sa cavité tout-à-fait dirigée en en bas ; il en est de même de l'humérus qui est proportionnellement fort élevé ; il se termine inférieurement par un simple ginglyme, il est vrai, peu serré, occupé d'une manière toute particulière par le radius dont la tête est assez petite, tout-à-fait en avant, et par le cubitus qui est fort gros, pourvu d'une énorme apophyse olécrâne et qui, chose remarquable, partage avec le radius l'articulation de la main. Celleci très-courte, verticale comme le reste du membre, est formée par cinq doigts bien complets, mais disposés, au moyen de ligamens palmaires très-forts, de façon à n'en former, pour l'usage, qu'un seul, bordé d'une manière presque irrégulière par les ongles, et tapissé en dessous par un épais matelas graisseux, élastique, qui aide à rendre la pression du tronc moins douloureuse. Les muscles de cette extrémité sont disposés d'une manière relative ; cependant on y aperçoit toujours plus d'analogie avec les rongeurs qu'avec les ongulés ; cela est aussi évident pour les membres postérieurs ; la ceinture osseuse formée par l'os des iles est très-considérable, son articulation avec le sacrum est fort large et solide, et la cavité cotyloïde est tout-à-fait inférieure, de manière à favoriser plutôt la sustentation que l'impulsion. Le fémur fort élevé est cependant grêle, comprimé; il est entièrement droit et a quelque ressemblance avec celui de l'espèce humaine; la jambe est bien complète et elle se termine par un pied en tout semblable à celui de devant. En général, les os composans soit courts ou longs, se touchent par des surfaces élargies, aplaties de manière à offrir sous ce point de vue quelque rapport avec l'homme. Alors les muscles extenseurs ont dû l'emporter de beaucoup sur les fléchisseurs, qui a effectivement lieu.

Dans l'appareil de la nutrition, il faut remarquer la petitesse de l'ouverture buccale et une disposition des lèvres et du système dentaire assez analogue à ce qu'on voit dans les rongeurs; il en est de même de la petitesse de la langue, de la grandeur de l'appareil salivaire, et même de l'étendue et de la disposition du canal intestinal.

Dans le système circulatoire, nous dirons seulement que le péricarde est si mince, qu'il paroît presque nul; du reste, les autres différences ne sont pas susceptibles d'être rapportées ici.

Les organes de la génération offrent plusieurs dispositions notables; ainsi l'utérus n'a pas de corne; le vagin, extrêmement long à son orifice, est, dans l'état naturel, très-porté en avant; mais il peut être à la volonté de l'animal; retiré en arrière au moyen d'un muscle particulier; le canal de l'urèthre s'ouvre très-profondément dans son intérieur, de manière qu'à l'extérieur on n'aperçoit que l'orifice du vagin; c'est une disposition qui se retrouve dans plusieurs rongeurs, etc. Les mamelles ne sont jamais qu'au nombre de deux, et sont parfaitement pectorales; caractère qui éloigne ce groupe des rongeurs et des ongulés; quant à l'appareil génital mâle, on trouve encore quelque chose à noter, comme l'absence de scrotum, ainsi que cela se remarque dans beaucoup de rongeurs, mais jamais dans les ongulés; et l'absence d'os dans l'intérieur de la verge, qui a aussi une forme particulière, ce qui a également lieu dans tout genre bien établi.

Quant au système nerveux d'intelligence, à juger par la grosseur de la tête ou du crâne, on le croiroit encore plus volumineux qu'il n'est, parce que les deux tables des os du crâne sont fortement séparées par une cellulosité d'au moins un pouce d'épaisseur, communiquant avec les sinus frontaux; le front est cependant assez marqué, assez élevé; le trou occipital est assez peu reculé; le diamètre de la cavité cérébrale comparé à celui de la colonne vertébrale est assez grand; en un mot, tout indique un système d'intelligence assez développé; et en effet, le cerveau vu en masse a un certain rapport avec celui de l'homme, par la forme des hémisphères, le nombre et la proportion de circonvolutions, et en ce que le cervelet en est presque entièrement couvert ; celui-ci est également assez développé , arrondi ; ses lobes sont médiocres et réunis par un pont de varole assez saillant.

Septième degré d'organisation.

Le septième et dernier degré d'organisation est celui qui se compose des animaux ongulés. Tous essentiellement herbivores; ils sont évidemment les plus éloignés de l'homme, qui est toujours notre terme de comparaison. On trouve cependant parmi eux quelques différences assez notables , comme nous en avons vu parmi les carnassiers , et comme il y en a parmi les singes et même les rongeurs , qui ont permis de les diviser en plusieurs sections. Nous en traiterons aux articles ONGULÉS, PACHYDERMES, SOLIPÈDES et RUMINANS.

Nous terminerons ici l'examen des différences principales qu'offrent les animaux mammifères , suivant les degrés d'organisation auxquels ils appartiennent ; ce qui comprend jusqu'à un certain point le genre de nourriture. Voyons maintenant celles qui tiennent aux lieux dans lesquels ils ont dû chercher leur nourriture de quelque genre qu'elle soit , à l'époque de la journée à laquelle ils la recherchent , et même celles qui tiennent à la continuité ou à la suspension de leur énergie vitale. Les différences qui appartiennent aux deux premières sections sont explicables jusqu'à un certain point ; celles de la dernière ne le sont nullement.

3.° *Des différences tenant aux lieux dans lesquels les mammifères doivent chercher leur nourriture.*

Les modifications que les mammifères de différens degrés d'organisation ont éprouvées d'après les lieux dans lesquels ils ont été destinés à chercher , poursuivre et atteindre leur proie , en font, pour ainsi dire , des êtres anomaux dans chaque degré. On peut les considérer sous les trois points de vue suivans : 1.° anomalies pour le vol ou pour chercher leur nourriture dans l'air; 2.° anomalies pour fouir ou chercher la nourriture dans la terre ; 3.° enfin anomalies pour nager ou chercher la nourriture dans l'eau. Toutes ces modifications n'ont en général lieu que pour les organes extérieurs , c'est-à-dire , ceux des sens et de la locomotion, et il est possible qu'il y en ait dans tous les degrés d'organisation.

1.° *Des anomalies pour le vol* — On pourroit presque dire que les mammifères qui ont été disposés pour chercher leur nourriture dans les arbres , pour y grimper aisément , sont le premier degré de cette modification. En effet il n'est aucun mammifère devant plus ou moins se soutenir dans l'air, qui ne soit obligé de commencer par s'élever à une hauteur plus ou moins

considérable ; et cette espèce de mouvement est exécutée ou
par une préhension digitale des pieds de devant et même de
ceux de derrière , comme dans les singes , ou en embrassant
l'arbre , comme dans les ours , ou enfin , au moyen d'espèces de crochets , comme dans les chats , les paresseux et
même les écureuils ; mais ce dont il est question , c'est de
cette modification qui fait que l'animal peut quitter le sol
élevé qui le portoit , se soutenir et même se diriger dans les
airs ; on conçoit bien que cela doit être exécuté au moyen
d'une large expansion cutanée que l'animal pourra déployer subitement et avec laquelle il pourra frapper l'air d'une manière plus ou moins prompte et réitérée. Le premier rudiment
de cette disposition est dans quelques rongeurs de la famille
des écureuils ou polatouches , qui ont sur les flancs un repli
de la peau qui s'étend du membre antérieur au postérieur ,
et même dans quelques espèces de phalangers , animaux didelphes ; mais ces animaux ne peuvent s'en servir que pour
tomber moins lourdement d'un point élevé à un point plus bas
et plus ou moins éloigné , vers lequel ils s'élancent.

On trouve un degré plus avancé de cette anomalie dans
quelques espèces de la famille des singes, c'est-à-dire , dans
les galéopithèques ; en effet, dans ces animaux , tout le membre antérieur est considérablement allongé. L'avant - bras a
acquis la disposition uniquement ginglymoïdale qu'il a pour
une autre raison dans le dernier degré d'organisation ; et
comme on le pense bien , les muscles moteurs et surtout les
abaisseurs principaux , comme le grand pectoral et même le
petit, sont très-développés ; au contraire les membres postérieurs sont sensiblement diminués , ainsi que la queue qui est
presque nulle pour porter le centre de gravité dans l'axe des
membres thoraciques. Mais ce qui complète cette disposition
anomale et qui permet à ces animaux presque de voler , quoiqu'à d'assez petites distances , c'est la grande expansion cutanée soutenue de muscles péaussiers proportionnés , qui remplit l'espace compris entre le cou et l'avant-bras , et surtout
celle qui réunit entièrement le membre antérieur au postérieur.

Enfin , le *summum* de cette modification est l'anomalie
que présentent les chauve-souris , premier groupe du degré
d'organisation des carnassiers, et qui a été exposée en détail
à l'article CHÉIROPTÈRES.

2.º *Des anomalies pour fouir.*—La seconde anomalie que peuvent présenter les différens degrés d'organisation des mammifères, est celle d'où résulte la possibilité de fouiller dans l'intérieur de la terre. Moins profonde que la précédente et la
suivante , elle consiste essentiellement dans une certaine mo-

dification des membres antérieurs, et dans une différence de proportion des organes des sens.

Le premier degré de cette anomalie peut être trouvé dans les mammifères qui se creusent un terrier pour s'y retirer eux et leurs petits ; mais elle devient bien plus prononcée dans ceux qui n'en sortent presque jamais, et qui y cherchent constamment leur nourriture végétale ou animale.

C'est dans les carnassiers que nous en trouvons le premier exemple, dans la taupe, la chrysochlore et quelques petits genres voisins. Chez ces animaux, on trouve que les membres antérieurs sont proportionnellement aussi beaucoup plus développés que les postérieurs, qui sont très-grêles. Le thorax, point d'insertion des muscles de l'épaule, prend une solidité particulière par la prompte ossification du cartilage des côtes, par celles des pièces du sternum, et par l'existence d'une sorte de bréchet ou de crête médiane ; la clavicule très-forte, très-solide, se porte beaucoup en avant ; l'omoplate est très-large, pourvue d'apophyses acromion et coracoïde très-prononcées, et dénotant des muscles proportionnels ; l'humérus perd beaucoup de sa longueur pour acquérir une largeur telle qu'il est presque carré, tant les crêtes d'insertion et de terminaison sont développées ; les deux os de l'avant-bras, quoique moins forts, le sont cependant encore assez ; enfin, la main qui a une forme de pelle, est très-courte, très-large, terminée par cinq ongles tranchans fort épais, et est encore augmentée par un os, comme surnuméraire, tranchant, qui en occupe le bord cubital ; il faut ajouter à cela que tout le membre, porté, à sa racine, sur les parties latérales du cou, se retourne en dessus et en arrière, de manière à ce que la main agisse constamment dans cette direction.

Une autre modification qui appartient encore jusqu'à un certain point aux organes de la locomotion, c'est que le nez ou le museau est modifié pour être un instrument propre à excaver ou fouir, en même temps qu'il est explorateur par l'organe de l'olfaction : de là l'ossification du cartilage de la cloison des narines, le grand développement des muscles du nez, et enfin la grande force des muscles extenseurs de la tête dont le raphé tendineux intermédiaire s'ossifie.

Quant aux organes des sens, on conçoit que celui de l'ouïe se développe considérablement par une étendue proportionnellement plus grande, par une caisse de beaucoup plus large, un conduit auditif très-court avec un orifice très-évasé, sans aucune espèce de conque.

Au contraire, le sens de la vue diminue de plus en plus, et finit presque par ne plus exister qu'en rudiment. C'est ce qu'on voit en effet dans plusieurs animaux rongeurs, et spécialement dans le zemni. Si les membres antérieurs sont un peu moins bien conformés pour fouiller, les yeux disparoissent presque entièrement, et l'organe de l'ouïe paroît au contraire aussi se développer en proportion inverse.

3.° *Anomalies pour nager.* — Enfin, la troisième anomalie que peuvent présenter les animaux mammifères, est celle dans laquelle ils sont disposés à chercher leur nourriture dans l'eau. Comme ce fluide offre de plus grandes différences que l'air dans lequel habitent cependant toujours les mammifères qui vivent dans la haute région de l'air ou dans la terre, il n'y a rien d'étonnant que les modifications soient plus profondes et affectent non-seulement les organes des sens et de la locomotion, mais même ceux de la respiration et de la circulation. C'est en effet ce qui a lieu.

Les modifications que les animaux mammifères destinés à vivre plus ou moins dans l'eau, ont éprouvées dans l'organisation des sens, consistent essentiellement dans le nombre et la brièveté des poils qui finissent, pour ainsi dire, par s'agglutiner et par former une sorte d'enveloppe générale, comme dans les lamantins et les cétacés; dans l'absence de la conque auditive qui finit par disparoître presque entièrement, comme dans plusieurs cétacés chez lesquels il est presque impossible de trouver de trace de trou auditif externe ; dans la convexité du cristallin de l'œil, qui devient de plus en plus grande au point d'être sphérique dans les espèces qui vivent constamment dans l'eau ; enfin dans l'absence de glandes lacrymales, et par conséquent de pores et de canaux lacrymaux. Il est également évident que chez ces animaux, le système olfactif tend à diminuer.

Dans les organes de la locomotion, on a fait l'observation que les os perdent leur cavité médullaire et deviennent spongieux dans toute leur étendue : c'est du moins ce qui est évident chez tous les cétacés ; mais ce qui est plus remarquable, c'est que le corps prend une forme générale pisciforme, c'est-à-dire, ordinairement atténuée en avant comme en arrière, et renflée au milieu; c'est ce dont on voit déjà une certaine apparence dans les loutres, et encore mieux dans les phoques, quoique ces animaux aient quatre membres complets. Mais c'est ce qui est encore bien plus manifeste chez les lamantins et les cétacés, où il n'existe plus réellement que de très-légers rudimens de bassin, et qui ont une colonne vertébrale terminée par une queue extrêmement puissante, très-large, fort déprimée, et formée à l'extérieur par une large expansion horizontale, quelquefois bifurquée et servant de nageoire.

De cela seul que la colonne vertébrale devient, comme
dans les poissons, le principal agent de la locomotion,
on doit concevoir que les différentes vertèbres qui la composent acquièrent plus de mobilité les unes sur les autres.
Le tissu qui sépare leur corps est en effet plus lâche, plus
long, plus spongieux; les anneaux qui le recouvrent en
dessus, sont beaucoup plus grands et cependant considérablement plus étroits, au point que les vertèbres finissent par
ne plus s'articuler entre elles par des apophyses articulaires.
Etant plus mobiles, plus distantes, il s'ensuit que non seulement
les muscles de la colonne vertébrale sont généralement plus
forts, mais sont plus subdivisés, plus distincts, etc.

Les membres, au contraire, ont une tendance à s'élargir
en même temps qu'à se raccourcir pour avoir à la fois plus
d'action et plus de force sur le fluide qu'ils doivent frapper;
mais il y a des différences considérables à ce sujet, suivant
que la modification est plus ou moins profonde.

Les modifications que les organes de la digestion proprement dite ont éprouvées, paroissent peu considérables et consistent peut-être seulement en ce que la mastication devient
moins importante, que les glandes salivaires diminuent de
plus en plus, au point peut-être de disparoître, et que la langue plus courte devient presque adhérente. Quant au reste
du canal digestif, on ne voit pas trop comment la nature
du milieu dans lequel se trouve l'animal auroit quelque influence sur lui. Il n'en est pas de même des organes de la
respiration et d'une partie de ceux de la circulation.

Tout animal mammifère respirant nécessairement l'air en
nature, et l'ouverture de ses organes de la respiration ne
pouvant qu'être assez légèrement modifiée en plus ou en
moins, surtout celle de la trachée-artère, il est évident que
d'après le mécanisme de l'inspiration et de l'expiration, qui
est constamment le même chez tous, l'animal, quand il est
dans l'eau, doit nécessairement suspendre sa respiration,
sans quoi, lorsqu'il viendroit à respirer, il feroit entrer de
l'eau dans ses poumons, et par conséquent s'asphyxieroit;
mais la prolongation de l'inspiration ou de l'expiration quoique plus aisée, dépendant, au moins la première, de l'action
musculaire, est nécessairement susceptible de fatigue, et par
conséquent ne peut durer que très-peu de temps, quelque
habitude même qu'on voudra en supposer à l'animal. Il sera
donc obligé de venir à la surface de l'eau pour se reposer et
respirer, et par conséquent de cesser à chercher ou à poursuivre sa proie. Il a donc fallu chez ces animaux une certaine
modification dans l'orifice par où arrive ou s'échappe l'air dans
l'acte de la respiration, telle que le fluide aériforme pût être re-

tenu sans effort, et sans que le fluide aqueux pût être introduit dans le poumon. Or, cette modification ne pouvant être à l'ouverture du larynx, par plusieurs raisons, mais surtout parce que la gueule eût été toujours remplie d'eau, elle n'a pu être qu'à celle des narines qui est le véritable passage de l'air dans la respiration, chez les animaux mammifères. L'essentiel de cette modification consiste en ce que les cartilages des trous des narines ont été disposés de manière à ce que dans l'état de repos, ils sont étroitement serrés contre la cloison médiane, en sorte que dans cet état comme dans celui de mort, leur ouverture est hermétiquement fermée, et que, pour les ouvrir, il faut une action musculaire qui agisse en sens inverse de la direction du cartilage qui forme une espèce de soupape. Il résulte de là que lorsque l'animal a introduit une quantité plus ou moins considérable d'air dans ses poumons, en ouvrant les narines, il n'a qu'à cesser d'agir sur la soupape, elle se ferme, et l'air est pour ainsi dire emprisonné, faisant effort contre elle au moyen des côtes et du diaphragme qui tendent à revenir à leur état naturel : en un mot, l'animal est tout-à-fait dans le cas d'un homme qui, après avoir inspiré, se fermeroit les narines, et laisseroit ensuite tomber ses forces inspiratrices. On conçoit donc qu'alors il peut se mouvoir, se diriger dans l'eau, y exécuter un assez grand nombre de fonctions, sans craindre d'introduire de l'eau dans les voies aériennes ; mais il est aussi évident qu'il n'y peut rester qu'un temps assez court, dans la crainte d'asphyxie, et en outre d'engorgement du poumon. La nature a encore diminué cet inconvénient, 1.º en aggrandissant considérablement les veines, en les multipliant d'une manière remarquable, et surtout en faisant que la veine-cave et surtout l'inférieure, forme dans le foie de vastes sinus extrêmement remarquables par leur étendue ; et 2.º en faisant que les poumons soient extrêmement grands, et par conséquent en formant la cavité thoracique très-ample et surtout très-dilatable, ce qui aide encore puissamment à la locomotion. Quant à l'ouverture du trou de Botal ou à la communication entre les oreillettes du cœur, il est bien certain qu'il n'en existe de traces dans aucun des animaux mammifères aquatiques.

Il étoit assez difficile de concevoir des modifications dans les organes de la génération ; aussi n'y en a-t-il pas qu'on puisse attribuer au séjour qu'habitent ces animaux.

Le premier degré de cette anomalie peut être trouvé dans quelques espèces de musaraignes et de rats qui n'ont guère, que je sache, d'autre modification, que des rangs de poils durs, de chaque côté des doigts, disposés de manière à les élargir, et par conséquent à faciliter la natation, et quelquefois en outre la queue comprimée, comme les desmans et les ondatras.

Un deuxième degré est celui qui comprend les animaux mammifères, qui, comme les castors ont les pieds postérieurs palmés, c'est-à-dire, les doigts réunis par une membrane; les membres en général assez courts, et la queue très-élargie, déprimée et puissante; peut-être ont-ils déja quelques-unes des modifications dont il a été parlé plus haut.

Il faut regarder comme le troisième, celui qui renferme les loutres, et surtout les saricoviennes, dont le corps est très-allongé, étroit en arrière, la colonne vertébrale extrêmement mobile; la queue très-forte, quoique non comprimée ni déprimée; le poil court, les oreilles de même; la conque presque nulle; les pattes très-distantes, fort courtes, terminées par des doigts palmés. On trouve aussi dans ces animaux, un cristallin très-convexe, et des narines susceptibles de n'être ouvertes que volontairement, etc.

L'ornithorhinque, animal qui, d'après le degré d'organisation, ne devroit pas être placé ici, doit cependant suivre immédiatement les loutres, sous le rapport que nous envisageons; en effet, son corps a tout-à-fait la forme d'un poisson, et il est terminé par une queue fort large et déprimée; le poil qui la recouvre est court et serré; les membres très-courts, retournés en arrière, sont terminés par des mains fort larges à cinq doigts réunis et même dépassés par des membranes natatoires; l'oreille externe est nulle; le cristallin est très-convexe; l'ouverture des narines est très-probablement volontaire.

Le cinquième degré me paroît devoir être formé par la nombreuse famille des phoques, dont le corps fusiforme, couvert de poils très-serrés, très-courts, est terminé cependant par une petite queue qui ne sert nullement à la locomotion ou natation : il n'en est pas de même des membres; les antérieurs fort courts, élargis dès leur racine et dans leurs os même, sont terminés par cinq doigts bien complets, très-écrasés, bien distincts, mais réunis par une large membrane qui est couverte de poils presque semblables à ceux du reste de la peau; quelquefois elle dépasse même les ongles, comme cela se voit dans les phoques à oreilles; mais c'est surtout dans les postérieurs qu'on voit une disposition singulière. D'abord le bassin et surtout les os des hanches sont très-allongés, très-resserrés, ce qui tend à amoindrir le tronc. Les membres sont réellement assez longs, mais surtout les pieds. Ils sont portés et retenus en arrière par une singulière disposition musculaire, de telle sorte qu'ils sont, depuis la jambe, tout-à-fait dirigés en arrière et dans la direction du tronc. Ils se regardent par leur face interne, de manière que dans la natation, ils s'appliquent exactement et verticalement l'un contre l'autre, et n'imitent pas mal la queue verticale d'un poisson. En effet, les cinq doigts sont tous fort longs, mais surtout les deux terminaux, c'est-à-dire le pouce et le petit doigt qui dépassent de beaucoup les autres, et simulent une sorte de queue échancrée. Je n'ai pas besoin d'ajouter que ces doigts, ordinairement tous onguiculés, sont réunis par une peau en tout semblable à celle du reste du corps.

Dans les organes des sens, quelques phoques ont à peine un appendice pour oreille externe, et la conque auditive ne consiste que dans un canal extrêmement étroit qui, placé immédiatement derrière l'œil, se glisse cependant fort en arrière pour arriver au tympan. Les yeux sont très-gros, très-saillans; le cristallin est très-convexe, et les cavités olfactrices sont encore assez grandes, ainsi que les cornets inférieurs qui sont extrêmement multipliés comme dans les carnassiers, au groupe naturel desquels les phoques appartiennent; la langue presque lisse, est courte et un peu bifurquée, etc.

Dans les organes de la respiration, on trouve que la cavité thoracique est fort grande, composée de parties actives, en beaucoup plus grande proportion que de passives qui sont extrêmement mobiles, et d'un diaphragme presque entièrement charnu et très-concave, d'où il résulte une poitrine susceptible d'une augmentation momentanée considérable. La trachée-artère a en général la forme de celle du degré d'organisation auquel ils appartiennent; mais l'orifice des narines a été modifié comme il a été dit plus haut. Le cartilage dit latéral est tellement disposé, que ses deux branches, au lieu de s'écarter pour former une ouverture ovale, sont collées l'une contre l'autre de manière à laisser entre elles une simple fente possible de forme semilunaire. Un énorme muscle dilatateur des narines, releveur de l'aile du nez, s'attache dans toute la concavité de la branche externe, d'où il résulte que l'orifice est plus ou moins ouvert par son action. C'est ce que l'on voit très-aisément sur l'animal vivant, qui dans le repos, ou quand il entre dans l'eau, a constamment ses narines fermées, et qui ne les ouvre que pour expirer ou inspirer.

Quant aux organes de la circulation: le cœur est fort gros; les vaisseaux veineux vraiment remarquables par leur nombre et leur grosseur. L'on trouve les veines caves et surtout l'inférieure, d'une extensibilité considérable, et en outre un énorme sinus qui se voit dans le foie, et qui n'est que la racine de la veine porte. Je dois ajouter que ces animaux ont un degré de calorique beaucoup plus considérable qu'aucun mammifère ordinaire.

Le sixième degré est celui des lamantins, dont malheureusement l'organisation ne nous est pas complétement connue. L'examen de toute son organisation prouve qu'il appartient au groupe qui contient les éléphans, dont il n'est qu'une modification propre à vivre dans l'eau. Les organes des sens offrent sans doute des modifications importantes, mais que nous ne connoissons guère bien. La peau, fort épaisse, paroît n'être couverte d'aucun poil; mais, d'après ce que dit Steller de l'espèce du Nord, les poils verticaux, très-serrés, forment une couche que la hache seule peut entamer. Les cavités nasales paroissent peu considérables, et le cornet inférieur peu divisé. Les yeux sont extrêmement petits, et très-probablement le cristallin presque entièrement convexe. L'organe de l'ouïe offre son enveloppe osseuse ou le rocher peu ou point serré entre les os de la base du crâne, et il n'y a aucune trace de conque extérieure. Quant aux organes de la locomotion, la modification est encore bien plus profonde que dans les animaux précédens, en ce que la colonne vertébrale devenue l'agent principal de cette fonction, se prolonge en une queue très-forte, très-puissante, dont les vertèbres ont des apophyses d'insertion et surtout transverses très-considérables, et par conséquent des muscles proportionnés. La tête est tout-à-fait dans la direction du tronc; les vertèbres cervicales qui paroissent n'être qu'au nombre de six, et qui ont assez de rapport avec celles de l'homme, sont très-courtes; il n'y a plus de vertèbres soudées pour former le sacrum, parce qu'il n'y a plus d'autres traces de membres postérieurs, qu'un petit os suspendu dans la chair, et servant d'attache aux muscles de la verge. Les membres antérieurs raccourcis, élargis, quoique parfaitement complets à l'intérieur, sont cependant tellement enveloppés par la peau, que les doigts ne sont pas divisés à l'extérieur, et ne forment qu'une large nageoire comprimée, bordée de trois ongles seulement. Nous connoissons peu de choses sur le reste de l'organisation de ces animaux; cependant nous savons que la cavité thoracique est très-considérable, et que le cœur est très-gros, légèrement bifurqué à la pointe, et que l'orifice des narines est modifié pour retenir l'air contenu dans les poumons; mais nous ignorons la nature de cette modification; certainement elle n'a aucun rapport avec ce que nous allons voir dans le septième degré d'anomalie pour vivre dans l'eau.

Ce degré renferme les véritables cétacés, qui, d'après notre manière d'envisager les mammifères, appartiennent au

groupe des mammifères édentés, mais qui sont si profondément modifiés pour vivre dans l'eau, qu'une fois hors de
cet élément, et sans qu'il soit possible d'en deviner la cause,
ils meurent au bout de très-peu de temps.

Dans tous ces animaux, on n'aperçoit plus aucune trace
de poils proprement dits, de quelque nature qu'ils soient;
mais leur peau est entièrement couverte par une couche de
fibrilles, d'organes mous, perpendiculaires, réunis les uns contre les autres, qui lui forment une sorte d'enveloppe, et que
je regarde comme une certaine modification des poils.

Tous les organes des sens spéciaux ont atteint le plus grand
degré de modification aquatique : ainsi la cavité nasale qui
n'est plus à l'extrémité du museau, est percée presque verticalement à la racine du front à cause d'une certaine disposition des organes de la respiration, et est extrêmement petite;
on n'y trouve aucune trace de cornets supérieurs ni inférieurs, et la membrane nasale, pour ainsi dire endurcie
par le passage de l'eau rejetée par les narines dans l'acte
de l'expiration ou de la déglutition, n'offre presque plus aucun des caractères d'une membrane pituitaire; d'où il suit que la
partie du système nerveux qui va à cette partie de l'organe de l'o-
dorat, est extrêmement petite, tout-à-fait rudimentaire, quoique véritablement existante; il n'en est peut-être pas de même
de la partie inférieure ou maxillaire. La surface supérieure
de la langue, qui est presque entièrement adhérente, est tout-
à-fait lisse et paroît presque cornée, ce qui dénote une sensation du goût fort peu développée. L'organe de la vision,
sans cils ni sourcils, sans appareil lacrymal, est pour l'ordinaire extrêmement petit; du reste, il offre les modifications
qu'il devoit éprouver d'après le milieu dans lequel l'animal
étoit appelé à exécuter toutes les fonctions de la vie, c'est-
à-dire, une cornée aplatie, et au contraire, un cristallin
très-convexe. Enfin, l'organe de l'ouïe, dont l'enveloppe
osseuse ou rocher n'est également pas saisi dans les os du
crâne, a sa caisse du tympan presque membraneuse, et une
trompe d'Eustache qui se termine dans une cavité qui commence près de l'apophyse ptérygoïde et qui s'étend en arrière jusqu'à l'apophyse mastoïdienne; elle offre de remarquable, que dans tout son trajet ainsi que dans sa dilatation,
il y a des brides fibreuses qui avoient pu en imposer quelque
temps et la faire prendre pour un sinus veineux, et cela d'autant plus aisément que l'on trouve fréquemment dans cette
partie une grande quantité de sang veineux épanché. Quant
à la partie extérieure de l'organe de l'ouïe, on ne trouve
qu'un canal auditif externe, presque rudimentaire, et se ter-

minant à la peau, par un orifice si petit, qu'il est souvent impossible de l'apercevoir.

Les organes de la locomotion offrent une disposition assez analogue à ce qui a lieu dans le sixième degré de cette anomalie, c'est-à-dire, que le corps a une forme générale tout-à-fait pisciforme, par le grand développement de la queue et par l'absence totale des membres postérieurs; mais il y a une modification encore plus profonde par la séparation de l'extrémité élargie de la queue en deux parties, de manière à simuler tout-à-fait une nageoire, il est vrai, horizontale, et parce que, sur le milieu du dos, il s'élève souvent un repli de la peau, qui ressemble tout-à-fait à ce qu'on nomme nageoire dorsale dans certains poissons, mais avec cette différence essentielle, qu'elle n'est jamais soutenue par des os intérieurs ou rayons. Du reste, la tête est tout-à-fait dans la direction du tronc, ou articulée à l'extrémité de son diamètre longitudinal; le cou est si court, que les six dernières vertèbres sont minces presque comme du papier dans les petites espèces, et soudées; il n'y a plus de distinction des vertèbres lombaires, sacrées et coccygiennes, puisqu'il n'y a plus de bassin: mais toutes sont extrêmement mobiles dans tous les sens, les anneaux n'étant souvent pas articulés entre eux. Aussi, les muscles de la tête et du rachis sont-ils extrêmement développés, mais sans particularité bien remarquable.

Les membres antérieurs, quoiqu'ayant beaucoup de ressemblance avec ce qui a lieu dans le degré précédent, sont cependant encore bien plus profondément modifiés; en effet, non-seulement ils ne sont pas séparés en doigts, mais il n'y a aucune trace d'ongles; les deux os de l'avant-bras, quoique bien complets, sont cependant extrêmement aplatis, comprimés, de manière à se toucher; et à peine peuvent-ils se fléchir dans l'avant-bras, qui est entièrement renfermé sous la peau du corps; il n'y a de véritablement libre que la main, qui ne peut guère se fléchir qu'en arrière ou sur le bord cubital, mais qui est extrêmement développée par le grand nombre de phalanges qui composent les doigts, passage évident vers les poissons; du reste, tous les os du carpe, du métacarpe et des doigts sont très-aplatis, et ne sont plus réellement, surtout les derniers, articulés entre eux; ils sont plutôt tous compris dans la masse de tissu fibreux, dans lequel se résolvent pour ainsi dire les puissances musculaires, qui n'existent bien distinctes que dans la partie supérieure des membres, et qui disparoissent peu à peu vers son extrémité.

Les deux autres appareils, susceptibles de modification dans cette espèce d'anomalie, sont encore bien plus singulièrement disposés. Ainsi, les organes de la respiration offrent quelque chose qui n'appartient qu'à eux, et qui les a fait désigner sous le nom de souffleurs. Je ne parlerai ni des poumons, qui n'offrent rien de remarquable, si ce n'est leur étendue et leur non-division, ni de la cavité thoracique qui leur est proportionnelle, etc., mais seulement je décrirai le canal nasal respiratoire et l'entrée de la trachée artère ou du larynx. J'ai déjà dit, en parlant des cavités nasales, qu'elles ne se dirigent pas d'arrière en avant, c'est-à-dire, de l'os ptérygoïde et palatin qui en forme toujours le bord postérieur, jusqu'à l'extrémité des os incisifs, comme cela a lieu dans tous les autres mammifères; mais qu'elles se recourbent de bas en haut, en sorte qu'elles semblent venir s'ouvrir à la racine du front; le fait est, qu'elles ont réellement presque la disposition accoutumée, emais que les os intermaxillaire et maxillaire sont considérablement plus allongés, et qu'elles ne se prolongent point dans toute leur longueur. Cette disposition singulière a été établie, pour que l'animal puisse aisément respirer, quoique presque entièrement contenu dans l'eau, en s'élevant seulement assez pour que la partie la plus élevée de la tête fût à la surface du fluide. Du reste, ce canal est partagé en deux, par le vomer comme dans tous les mammifères, et il se termine entre lui et les os du nez qui sont entassés contre le frontal, le maxillaire supérieur et l'incisif. Mais, ce qui n'a lieu dans aucun d'eux, c'est que ces deux orifices assez ordinairement peu symétriques, au lieu d'être à peu près libres et béants, sont au contraire susceptibles d'être fermés par une disposition musculaire. D'abord, l'ouverture postérieure ou pharyngienne a les muscles, dits du voile du palais, c'est-à-dire, ptérygo et pétro-staphylins, disposés de manière à former une sorte de canal ou de sphincter qui peut serrer ou entourer fortement la pyramide que fait le larynx dans les arrière-fosses nasales elles-mêmes, comme nous allons le voir tout à l'heure. Quant à l'orifice extérieur, la manière dont il peut être ouvert ou fermé, est beaucoup plus compliquée. A la partie supérieure du front ou de la tête de tous les véritables cétacés, ou mieux à la partie la plus élevée, se voit à l'extérieur l'orifice des narines, qui quelquefois est double, un pour chaque narine, mais d'autres fois est simple au moins superficiellement, et dont la forme est un croissant transversal, dont les cornes sont dirigées en avant ou en arrière, ce qui est peu important; ce qui l'est davantage, c'est que cet orifice, dans l'état de repos et de mort, est parfaitement fermé, au moyen d'une espèce de tampon, qui en forme le bord inférieur, de manière qu'il faut un effort musculaire assez considérable qui le tire en en bas, pour que la narine soit ouverte: cet effet est produit par un muscle considérable, ana-

logue de l'abaisseur de l'aile des narines qui, de toute la face
supérieure de la base de l'os incisif, et même du maxillaire, se
porte en conséquence vers ce tampon, qui est fibro-cartilagineux; on trouve en outre que le reste de l'orifice est également
ment pourvu de fibres musculaires nombreuses, dont l'action
tend au même but. Tout cet appareil forme une masse assez
considérable, qui remplit toute la concavité de la racine du
front, et qui même y forme une espèce de bosse plus ou
moins considérable. C'est dans l'intérieur de cette bosse,
sous la couche musculaire, dont nous venons de parler, que
se trouvent des espèces de poches ou de sinus tout-à-fait
membraneux, de forme, à ce qu'il paroît, un peu variable,
suivant les espèces, mais parfaitement symétriques, et qui
communiquent assez librement avec la cavité nasale. Elles
sont formées par une membrane molle, veloutée, très-
vasculaire, assez épaisse, formant des sillons ou plis assez régulièrement disposés, et évidemment très-différente de celle
qui tapisse les os qui composent le canal respiratoire; c'est
là ce que quelques personnes regardent comme l'appareil
principal de l'éjection de l'eau, quand les cétacés soufflent et
expirent; ce qui nous paroît assez difficile à admettre,
comme nous allons le montrer quand nous essayerons d'expliquer ce phénomène; mais auparavant connoissons la modification du larynx. Cet organe, appareil beaucoup plus développé que dans aucun autre animal mammifère, quoique
ces animaux n'aient pas de voix bien connue, est extrêmement
élevé dans les cartilages arythénoïdes et dans l'épiglotte, de
manière qu'il forme, au-dessus de la base de la langue, une
sorte de pyramide, qui se recourbe obliquement de bas en haut,
de manière à pénétrer assez avant dans le canal unique, formé
par les muscles péristaphylins, à l'ouverture postérieure des
fosses nasales : d'où il résulte que le canal aérien est presque
continu dans ses deux parties, et que dans l'acte de la déglutition des solides, comme dans celle des liquides, le bol alimentaire ne doit pas passer par dessus l'épiglotte, mais de
chaque côté. Mais d'où provient donc l'eau que tous ces animaux
paroissent rejeter, et qui leur a valu le nom vulgaire de
souffleurs, dans quelle fonction et comment la lancent-ils
ainsi ? L'opinion reçue jusqu'ici est, que c'est dans la déglutition des alimens solides que cette eau est introduite dans
la cavité buccale, et que, pour que l'estomac n'en soit pas
gorgé, elle est successivement remontée le long du canal aérien, accumulée dans les poches de l'ouverture extérieure des
narines, et enfin, éjaculée avec plus ou moins de force, par
l'action des fibres musculaires qui entourent ces poches, et qui
agissent sur elles. Mais tout cela paroît fort difficile à admet-

tre : d'abord, nous avons vu que la pyramide du larynx est fortement serrée par l'espèce de sphincter que forment autour d'elle les muscles du voile du palais, et que par conséquent il est difficile, pour ne pas dire impossible, que l'eau vienne par-là ; secondement, dans la déglutition dans l'eau, l'animal ne peut réellement avaler tout au plus que la petite quantité de fluide qui se trouve remplir dans la bouche la place que n'occupe pas le bol alimentaire ; et en effet, on voit le phoque très-bien avaler sa proie dans l'eau, sans être obligé de rejeter de ce fluide ; troisièmement, il est bien certain que la membrane qui tapisse les poches nasales, n'indique nullement une disposition ni une structure propre à l'usage qu'on veut lui attribuer ; et enfin, l'on sait, par des observations directes, que c'est dans l'expiration que cette éjection de l'eau a lieu, et que l'air qui sort avec elle, est extrêmement infect, ce qui dénote qu'il a été long-temps conservé dans l'organe pulmonaire, en sorte qu'on pourroit penser que ce jet, qui paroît proportionnel à la quantité d'air contenu dans le poumon, est formé dans l'expiration par l'eau qui se trouve au-dessus de l'orifice des narines.

Quoi qu'il en soit de cette opinion, on trouve encore dans les cétacés le *summum* de la modification du système veineux, dont il a été parlé plus haut ; en effet, il est difficile de concevoir un animal qui ait ce système aussi développé dans toutes les parties du corps, et surtout sous la peau et à la base de la tête ; on trouve en cet endroit de vastes sinus, établissant des communications nombreuses entre toutes les veines de ces parties ; et la grande quantité de sang que j'ai toujours trouvé dans le système veineux de tous les individus que j'ai disséqués, me fait présumer que la cause de la mort de ces animaux, quand ils sont hors de l'eau, est une véritable apoplexie cutanée ; de cette grande abondance de sang veineux, ou presque noir, qui circule peut-être même dans le système à sang rouge, résulte la couleur bleuâtre et très-foncée des muscles, la grande abondance de graisse sous-cutanée, et peut-être quelque modification dans le degré de chaleur, qui me paroît n'avoir encore été observé par personne.

On peut encore attribuer à la modification profonde que ces animaux ont dû éprouver, leur mode d'accouplement ventre à ventre, et cependant de côté, se tenant au moyen de l'entrelacement du membre supérieur, et le mode d'allaitement dans lequel le fœtus qui naît, à ce qu'il paroît, fort développé et en état de se mouvoir, est disposé en sens inverse de la mère, c'est-à-dire, de la tête à la queue.

4.° *Des Mammifères dormeurs.*

Il peut encore exister dans les différens degrés d'organisation des animaux mammifères, une singulière modification,
assez inexplicable dans son but, comme dans sa cause, quoique nous la connoissions assez complétement dans ses effets;
c'est celle de l'engourdissement ou d'une sorte de torpeur
léthargique, dans laquelle plusieurs d'entre eux tombent à
l'approche de l'hiver, ce qui les fait désigner sous le nom
d'animaux dormeurs ou hibernans; quoique les effets de
cette hibernation varient un peu, surtout sous le rapport
de l'intensité, on peut dire qu'ils sont toujours à peu près
les mêmes, comme on a pu le voir à l'article des mœurs
et habitudes des mammifères. Le but paroît être de suspendre dans un animal la faculté de vivre complètement, par la difficulté qu'il auroit de trouver de quoi
se nourrir, et par conséquent de soutenir l'activité de sa
vie. D'après cela, on peut, *à priori*, penser que l'organisation de l'animal a dû tendre à se rapprocher de celle qu'il
avoit dans l'état de fœtus; et c'est en effet ce qui a lieu jusqu'à un certain point. Ainsi, dans tous les animaux mammifères qui jouissent de cette singulière propriété, le ralentis-
sement de la circulation dans le système veineux, que je crois
plus abondant chez eux, détermine la production d'une plus
grande quantité de graisse dans les différentes parties du
corps, mais surtout dans les appendices du péritoine, qui
sont toujours plus nombreux et plus étendus que dans les autres espèces; les capsules surrénales, dont nous ignorons au
juste l'usage, mais que nous savons être plus développées dans
le fœtus que dans l'adulte, sont plus fortes, et prennent
quelque accroissement dans les animaux dont nous parlons.
Il en est de même du thymus et de ses appendices, c'est à-
dire de ces organes granuleux qui, dans les animaux dormeurs,
comme dans les marmottes, les loirs, les chauve-souris, se
trouvent pour ainsi dire envelopper le cou, se porter même
entre les deux épaules, comme dans les chauve-souris, etc.,
d'après l'observation de M. Jacobson. Enfin, il m'a semblé
que dans les blaireaux, les artères céphaliques sont plus petites. Voilà, je crois, le peu qu'on sait à ce sujet, et ce qui
n'est rien moins que suffisant pour déterminer au juste la
cause de cette singulière faculté. Tous les degrés d'organisation
ne possèdent pas d'espèces sujettes à l'hibernation; ainsi on n'en
connoît pas dans les singes, ce qui tient peut-être, à ce qu'il
n'y a pas de singes dans les pays froids, car il est probable
que ce n'est que dans ces pays qu'il y a de véritables animaux
dormeurs; le troisième degré, ou celui des carnassiers, en con-

tient au contraire beaucoup , et surtout parmi ceux des pays
froids; ainsi les ours, les blaireaux, les musaraignes, les
taupes, les hérissons, etc.; le quatrième, ou celui des rongeurs, en contient aussi un certain nombre, comme la marmotte, les loirs, plusieurs rats, etc. ; et dans les autres degrés
on n'en connoît pas.

5.ª Des Mammifères nocturnes.

On peut encore concevoir quelques modifications dans
l'organisation de certains mammifères, qui ne peuvent chercher leur nourriture que pendant la nuit, ou mieux dans les
crépuscules. Toutes les modifications que l'on peut imagi-
ner chez eux, *à priori*, ne peuvent guère se trouver que dans
les organes des sens, et spécialement dans ceux de la vision
et de l'ouïe : c'est en effet ce qui est confirmé, *à posteriori*.
Chez tous les mammifères nocturnes, les yeux sont extrêmement développés, et par conséquent les orbites qui les
contiennent, au point qu'il semble y avoir quelquefois un
certain rapprochement avec les oiseaux, comme dans les
galagos, les tarsiers, etc. ; mais je ne sache pas que dans
la structure même de l'organe, il y ait quelque différence
au moins appréciable, dont on puisse déduire la propriété
d'être sensible à une très-petite quantité de rayons lumineux; la cornée transparente est cependant peut-être proportionnellement plus grande, et par conséquent l'iris qui,
chez eux, est extrêmement mobile, a une très-grande étendue.
Quant à l'organe de l'ouïe, il m'a paru également plus développé dans ses différentes parties; mais spécialement la
substance osseuse qui, sous le nom de rocher, enveloppe le
labyrinthe, paroît être moins épaisse, et par conséquent
mettre la forme de celui-ci plus à découvert; la caisse du
tympan est évidemment plus renflée et plus bulleuse, c'est-
à-dire à parois plus minces; enfin, l'ouverture extérieure de
la caisse du tympan, et par conséquent la membrane qui la
ferme, est beaucoup plus large, et en outre beaucoup moins
enfoncée, ou plus superficielle; tout le canal auditif externe
est court, et surtout remarquable par la grande dilatation de la
conque, qui est quelquefois énorme, comme on le voit dans
les galagos, l'aye-aye, les chauve-souris, les chats, etc.

On trouve des mammifères modifiés sous ce rapport, essentiellement dans les deux premiers degrés d'organisation,
c'est-à-dire parmi les singes et les animaux carnassiers,
comme les sakis ou singes de nuit, les galagos, les tarsiers,
l'aye-aye parmi les makis; les chauve-souris, ou au moins
la très-grande partie : plusieurs carnassiers, comme les chats,
les phoques, les hérissons etc. Plusieurs rongeurs sont aussi,

jusqu'à un certain point, dans ce cas, comme les écureuils, les lapins, etc. Il en est peut-être de même dans quelques espèces de ruminans.

6.ᵉ Des mammifères carnassiers, omnivores, frugivores, etc.

Les mammifères peuvent enfin offrir des modifications importantes qui tiennent à la nature des substances qui doivent servir à leur nutrition, et dont le siége, est essentiellement dans ce qu'on nomme les organes de la digestion. Quoiqu'on aperçoive jusqu'à un certain point quelques rapports entre ces modifications et celles qui tiennent à l'appareil extérieur, c'est-à-dire, aux organes des sens et surtout à ceux de la locomotion, mais seulement pour le mode de recherche, d'attaque et de préhension, il me semble qu'elles doivent être regardées comme parfaitement indépendantes, et que l'on peut concevoir, dans chaque degré d'organisation, des animaux qui pourroient vivre de toute espèce d'alimens.

Les substances dont se nourrissent les animaux sont nécessairement animales ou végétales ; mais, dans chacune de ces espèces, il y a un assez grand nombre de différences : ainsi la substance animale peut être vivante, ou presque vivante ou morte, et même avancée dans la putréfaction, quand l'animal la mange ; elle peut provenir d'animaux de différentes classes, et qui offrent quelque particularité qui nécessitera quelque modification, sinon dans le mode de préhension, au moins dans celui de la mastication ; et quant aux substances végétales, elles peuvent, sous le rapport que nous envisageons, c'est-à-dire, suivant la quantité proportionnelle de substance réelle qu'elles contiennent, et leur dureté, offrir encore de bien plus nombreuses différences ; ainsi quelquefois ce sont des fruits secs ou plus ou moins pulpeux ; des graines, des écorces, du bois, des racines tuberculeuses ou même des feuilles assez souvent très-aqueuses. Si nous ne pouvons pas concevoir à présent toutes les modifications que la différence dans la nature des alimens doit apporter dans le canal digestif ou intestinal, il en est cependant quelques-unes dont nous pouvons trouver une explication plausible. Ainsi nous avons vu, aux articles DENT, ESTOMAC et INTESTINS, que lorsque l'animal doit être au *summum* de la carnivorité, son système dentaire toujours complet, tranchant, commence un canal intestinal, ordinairement court, étroit, peu ou point distinct en intestins grêles et gros, que les dilatations connues sous le nom d'estomac et de cœcum sont très-peu développées, et surtout la dernière qui est souvent presque nulle ou à peine rudimentaire. Or, l'on trouve une ex-

plication plausible de ces différences en admettant qu'une substance animale contenue sous un même volume, donne une
bien plus grande quantité de matière nutritive qu'une végétale.
Cette manière de voir est confirmée, par ce qu'en général
on remarque dans l'appareil digestif des animaux les plus essentiellement herbivores, c'est-à-dire, ceux qui se nourrissent de feuilles vertes ou d'herbes; en effet, chez eux le
système dentaire est ordinairement incomplet, et le canal
digestif extrêmement large et long, offre de gros intestins
immenses pour leur largeur et leur étendue, un cœcum très-
développé et un estomac remarquable par son énorme dilatation et par sa complication, au point qu'il a pu s'ensuivre
cette fonction particulière qui a valu aux derniers animaux
mammifères le nom de *ruminans*.

Mais, entre les deux extrêmes, il y a un grand nombre de
nuances qui, je le répète, ne sont guère explicables. On se
contente de dire que les mammifères omnivores ont une disposition de l'appareil digestif intermédiaire, et que les espèces carnivores ou frugivores, suivant qu'elles se rapprochent plus ou moins de l'une des deux extrémités, en ont une
à peu près proportionnelle; ce qui est vrai jusqu'à un certain
point.

Les différences qui tiennent à ce que l'animal mammifère
mange sa proie entière ou par morceaux, sont expliquées par
la forme seule des dents; il en est de même de celles qui
dépendent de la classe d'animaux à laquelle a appartenu cette
proie; ainsi les insectivores ont leurs dents et surtout les
molaires hérissées et pointues, fort aiguës; et les espèces qui
mâchent peu, mais qui avalent leur proie presque subitement, ont les dents nulles ou extrêmement incomplètes
comme la plupart des édentés.

Tous les six derniers degrés d'organisation que j'établis
parmi les mammifères d'après l'ensemble de leur organisation, me paroissent pouvoir offrir, la plupart, des modifications dépendantes de l'espèce de nourriture, quoique cependant chacun d'eux offre une disposition spéciale portée,
pour ainsi dire, à l'excès.

Ainsi dans celui des quadrumanes ou des singes, les singes
de l'ancien continent paroissent se nourrir exclusivement de
fruits; mais ceux d'Amérique et surtout les derniers commencent à y mêler des insectes; aussi leurs dents molaires
deviennent-elles plus hérissées; et enfin les derniers makis
surtout ne se nourrissent presque plus que de substances animales ou d'insectes, tandis que si le genre bradype appartient à ce degré, il en sera pour ainsi dire le ruminant.

Le troisième degré ou celui qui comprend les carnassiers,

se nourrit en effet beaucoup plus ordinairement de substance animale, et même de chair, que de toute autre chose; aussi est-ce là que nous trouvons le *summum* de la disposition analogue du canal intestinal; mais il y a ensuite beaucoup de nuances jusqu'à certaines espèces qui sont exclusivement frugivores; ainsi les chats et petits genres voisins sont à la tête; viennent ensuite les chiens, les hyènes, puis les taupes, les hérissons, les blaireaux, les ours, les chauve-souris, dont plusieurs ne mangent absolument que des fruits, comme les roussettes; en sorte que cet ordre contient des animaux essentiellement carnivores, de simples carnassiers, des omnivores, des insectivores et enfin des frugivores.

Le quatrième degré ou celui des édentés offre beaucoup moins de différence, à moins qu'on ne veuille y conserver le bradype ou paresseux, qui en sera l'herbivore presque ruminant, à cause de la grande complication de l'estomac. Quant aux autres genres normaux ou anomaux, ils offrent cela de commun d'être, à ce qu'il paroît, tous carnassiers, et de se nourrir d'animaux généralement beaucoup plus foibles qu'eux; aussi leur système dentaire est-il nul ou fort incomplet. L'estomac des dauphins est cependant ordinairement singulièrement compliqué, sans qu'on puisse en trouver réellement une raison bien satisfaisante.

Dans le cinquième degré, quoique, au contraire des deux précédens, la nourriture principale soit évidemment composée de substances végétales, il y a cependant encore quelques différences importantes; ainsi l'on trouve des espèces qui se nourrissent presque indifféremment de substances animales ou végétales, comme les rats, les écureuils qui mangent des œufs d'oiseaux; aussi ces animaux ont-ils les dents molaires à tubercules assez pointus. Enfin, dans les autres groupes qui se nourrissent de graines, de fruits, d'écorces, on trouve aussi quelques nuances de différences dans l'appareil digestif, jusqu'à ce qu'on arrive aux derniers qui ne mangent presque que de l'herbe, comme les lièvres et les lapins où elles sont encore plus marquées, au point que quelques personnes veulent que ce soient des animaux ruminans, ce que je ne trouve pas impossible, car on ne voit pas que ce soit une raison du contraire de n'avoir pas l'estomac entièrement conformé comme celui des véritables ruminans.

Dans le sixième degré, les lamantins paroissent avoir un estomac assez compliqué; ce sont évidemment les plus herbivores; viennent ensuite les éléphans dont l'organisation indique bien nettement une disposition à une nourriture entièrement végétale, à peu près comme dans les rongeurs; et enfin les mastodontes que la forme de leurs dents permet de croire avoir été au moins radicivores, peut-être même comme l'ont voulu Hunter et quelques observateurs américains, carnivores, ce qui pourroit n'être pas aussi hors de vraisemblance qu'on le pense communément parmi nous.

Enfin, dans le septième degré ou celui des ongulogrades, on trouve aussi des différences notables et susceptibles d'être parfaitement saisies entre les espèces qui préfèrent souvent la chair aux substances végétales, comme les cochons et peut-être les tapirs qui ont un système dentaire complet, jusqu'aux ruminans qui se nourrissent presque exclusivement d'herbe et dont l'appareil digestif considéré en totalité, offre le *summum* du perfectionnement pour la nourriture végétale.

L'étude un peu détaillée des mammifères que je range dans la sous-classe des didelphes, nous offriroit cette dégradation de l'appareil digestif encore beaucoup mieux marquée que dans les monodelphes, depuis les sarigues proprement dits jusqu'aux kanguroos qui offrent un estomac complexe fort singulier, et aux phascolomes qui ont le moins grand nombre de dents, au point que, sous ce dernier rapport, on trouve une série de différences presque insensibles, et telle qu'il est déjà fort difficile de bien caractériser les genres par ce moyen. On y trouve également des édentés carnassiers. *V.* pour plus de détails MARSUPIAUX. (BV.)

MAMMIFÈRES FOSSILES. Nous nous bornerons, dans cet article, à donner l'énumération des fossiles de mammifères, connus jusqu'à ce jour, et dont la découverte est due presque entièrement aux savantes et nombreuses recherches de M. Cuvier.

La plupart de ces fossiles, les plus entiers et les plus reconnaissables, ont été trouvés dans les terrains meubles et d'alluvion, qui forment les couches les plus superficielles du globe ; d'autres ont été rencontrés dans de vastes cavernes et non réunis par la matière pierreuse. Enfin, les plus anciennement enfouis ont été recueillis dans les couches régulières et en place, formées dans l'eau douce et recouvertes par des couches également régulières, mais d'origine évidemment marine.

Plusieurs lieux en ont aussi offert qui ne sont point dans les circonstances que nous venons de détailler ; ce sont notamment les rochers qui bordent la Méditerranée, dont la matière en général paroît avoir été déposée originairement dans des fentes où elle a formé des filons.

Ainsi, il est de fait constant que ces fossiles sont à peu près les plus superficiels de tous ceux qu'on a observés jusqu'à ce jour, comme il l'est que les ammonites et les encrinites sont les plus profonds , et par conséquent les plus anciennement déposés.

Les plus anciens quadrupèdes fossiles , c'est-à-dire , ceux dont les débris reposent dans des couches en place , appartiennent pour la plupart à deux genres inconnus dans la nature vivante.

Les plus superficiels ou ceux des terrains meubles se rapportent le plus souvent à des genres connus , mais toujours à des espèces qu'on ne sauroit confondre avec les vivantes , quoiqu'elles en soient fort voisines.

Ces fossiles se trouvent le plus ordinairement dans des lieux où les espèces qui offrent le plus d'analogie avec elles ne vivent point maintenant. Ainsi , l'on rencontre en Europe et en Sibérie , des hippopotames , des éléphans , des rhinocéros, dont les genres sont relégués dans les contrées les plus chaudes du globe.

Plusieurs des animaux fossiles des terrains d'alluvion doivent aussi constituer des genres particuliers. Ceux-ci n'ont point de représentans dans la nature vivante.

Le plus grand nombre des animaux auxquels appartenoient les fossiles de mammifères en général, se rapprochent de ceux qui composent l'ordre des pachydermes ; d'autres sont propres aux ordres des carnassiers , des rongeurs, des marsupiaux , des ruminans, des solipèdes et des cétacés.

Voici l'énumération de leurs genres et de leurs espèces , dont nous avons traité séparément dans divers articles de ce Dictionnaire.

ANOPLOTHERIUM. Genre jusqu'alors inconnu , qui montre des rapports singuliers entre les diverses tribus des pachydermes , et qui se rattache à quelques égards à l'ordre des ruminans. Il renferme cinq espèces, savoir : 1 , A. *commune* ; 2 , A. *secundarium* ; 3 , A. *medium* ; 4 , A. *minus* ; et 5 A. *minimum* ; toutes observées dans les carrières de pierre à plâtre des environs de Paris.

PALÆOTHERIUM. Autre genre nouveau , ayant , avec les mâchelières et les trois doigts à chaque pied des rhinocéros, les incisives et les canines des tapirs. Des dix espèces bien déterminées qu'il comprend , les cinq premières ont présenté leurs ossemens mêlés avec ceux des anoplotherium, dans les couches de pierre à plâtre des environs de Paris , et les autres dans des terrains d'eau douce des environs d'Orléans , de la vallée du Rhin , et dans les terrains de transport de la montagne Noire , etc.

Ces espèces sont les suivantes : 1 , P. *magnum* ; 2 , P. *medium* ; 3 , P. *crassum* ; 4, P. *curtum* ; 5 , P. *minus* ; 6, P. *giganteum* ; 7 , P. *tapiroides* ; 8 , P. *buxovillanum* ; 9 , P. *aurelianense* ; 10 , P. *occitanicum*. Deux autres, moins connues, ont offert leurs débris la première auprès d'Issel, la seconde auprès de Soissons.

TAPIR. Genre américain. Une petite espèce dans la montagne Noire, en Languedoc. Une autre gigantesque, mais encore incertainement placée dans ce genre tapir, attendu qu'on n'en connoît que des molaires trouvées dans différens points de la France.

HIPPOPOTAME. Genre africain. Une grande espèce, très-voisine de la vivante, trouvée dans le val d'Arno, en Toscane, et dans le midi de la France, dans des terrains d'alluvion.

Une seconde, de moitié plus petite, dont les débris ont très-vraisemblablement été rencontrés en France.

RHINOCÉROS. Genre indien et africain. Une grande espèce, qui ne se rapporte à aucune de celles connues jusqu'à ce jour dans les terrains d'alluvion d'une infinité d'endroits d'Europe et de Sibérie, où elle a été trouvée ensevelie dans les glaces, avec sa chair et sa peau.

ÉLÉPHANT. Genre indien et africain. Une espèce bien caractérisée, et connue depuis long-temps sous le nom de *mammont*, ou *mammouth*, dont les débris existent en énorme quantité, en Sibérie, où même l'animal a été également trouvé avec sa chair et sa peau, et dans divers lieux de l'Europe et même de l'Amérique, toujours dans des terrains meubles.

MASTODONTE. Genre inconnu, mais très-voisin des éléphans, et formé de cinq espèces, dont la plus anciennement connue est le *mammouth* des Anglo-Américains ou *l'animal de l'Ohio*, rencontré surtout près de ce fleuve de l'Amérique septentrionale. La seconde, ou *mastodonte à dents étroites*, trouvée à Simorre, en Languedoc, et dans plusieurs endroits de l'Amérique ; la troisième, ou *petit mastodonte*, de la Saxe et de Montabusard ; la quatrième, ou *mastodonte des Cordilières*, découverte à la Cordilière de Chiquitos, par le célèbre M. de Humboldt ; la cinquième et dernière, ou *mastodonte humboldtien*, trouvée par le même voyageur à la Conception du Chili

DIDELPHE. Genre américain ; une espèce dans les couches en place de pierre à plâtre des environs de Paris, mêlée aux débris d'anoplotherium et de palæotherium.

BŒUFS. Quatre espèces, dont une des tourbières, semblable à la nôtre ; une seconde des terrains meubles de Sibérie, ayant la plus grande ressemblance avec le buffle à grande corne, ou arni de l'Inde ; une troisième, très-voisine de l'aurochs, trouvée dans la vallée du Rhin et en Amérique, dans le Kentukey ; enfin, une quatrième trouvée en Sibérie, sur les bords de l'Ob, laquelle a les plus grands rapports avec celle de l'ovibos ou buffle musqué du Canada.

CERF. Sept espèces, dont trois inconnues, savoir : 1.º *L'élan d'Irlande*, trouvé dans de la marne et des sables, en Ir-

lande , et dans les sables de la forêt de Bondy , près Paris :
2.° le *daim de Scanie* , rencontré dans une tourbière , près du
petit Svedala en Scanie ; 3.° le *renne d'Etampes*, dont les bois
ont été découverts par Guettard, dans les sables de la vallée de
cette ville. Les autres n'ont point paru différer des espèces
vivantes ; savoir : le *daim fossile d'Abbeville* , le *chevreuil fossile d'Orléans* , le *chevreuil des tourbières de la Somme* , et le *cerf
fossile*. Tous ces débris ont été rencontrés dans du sable , du
tuf ou des tourbes , et sont par conséquent très-récens.

CHEVAUX et SANGLIERS. Les os de ces quadrupèdes sont
aussi communs dans les couches meubles que ceux d'aucune
grande espèce , et le plus souvent on les rencontre , surtout
ceux de cheval , avec les débris des éléphans. En général ,
ceux qu'on a recueillis , ne sont pas suffisamment conservés
et caractérisés pour qu'il soit possible de décider s'ils appartiennent , ou s'ils n'appartiennent pas aux espèces vivantes.

OURS. Les cavernes de la Franconie , et notamment celles
de Gaylenreuth , ont été trouvées remplies d'une énorme
quantité de débris de deux espèces d'ours , différentes de
celles qui vivent actuellement, et avec eux se voient pêle-
mêle des ossemens de carnassiers , de genres différens.

CHIENS. Quatre espèces fossiles de ce genre ont été signalées sur la découverte de quelques fragmens. Deux d'entre elles gisoient dans la pierre à plâtre des environs de
Paris , ce qui les rend contemporaines des palæotherium et
des anoplotherium ; une troisième, voisine du loup, accom-
pagnoit les ours de Gaylenreuth ; enfin la quatrième , aussi
du même lieu , ressembloit particulièrement au renard.

HYÈNE. Les mêmes cavernes, et d'autres lieux , ont offert aussi les débris d'une hyène d'un tiers plus forte que
celle d'Orient.

CHAT. Un grand chat, voisin, pour ses formes, et sa taille
du jaguar d'Amérique a également été rencontré dans les cavernes de Franconie, avec les ours , les hyènes et les chiens.

MEGATHERIUM. Genre inconnu, très-voisin , de celui des
bradypes, qui se compose de deux grandes espèces, dont une
au moins égale au rhinocéros par ses dimensions, a été rencontrée dans les sables des bords de la rivière de la Plata ,
et la seconde , le *megalonyx* , des cavernes de la Virginie ,
est plus petite , sa taille égalant seulement celle du bœuf.
Ces animaux paroissent avoir vécu à peu près à la même
époque que les mastodontes , les éléphans et les rhinocéros
fossiles.

ELASMOTHERIUM de Sibérie. Ce quadrupède fossile décrit
par Fischer , est intermédiaire aux tatous, aux éléphans et
aux rhinocéros.

Campagnol et Pika fossiles. Les brèches calcaires rouges observées sur différents points de la côte de la Méditerranée, ont offert, dans deux de leurs gisemens, des fragmens de têtes, qui ont été rapportés, par M. Cuvier, à des espèces inconnues des genres pika (*lagomys*) et campagnol; ils se trouvoient mêlés avec des débris de ruminans, et de chevaux, semblables en tout à nos animaux vivans, et avec des coquilles terrestres d'espèces qui vivent sur les lieux mêmes.

Castor. Les tourbières de la Somme, et les couches de lignite de quelques points de la Suisse, ont offert des débris de castors presque identiques avec les parties correspondantes de l'espèce vivante. Le *tragontherium* de Fischer est une espèce fossile de ce genre.

Lamantin. L'on a trouvé des os qui appartenoient à une espèce inconnue de ce genre, dans diverses situations, et notamment dans les argiles plastiques placées au-dessous du calcaire à cérithe; ce qui est la position la plus profonde dans laquelle on ait trouvé des ossemens de quadrupèdes.

Cétacés. Les débris de grands cétacés sont abondans dans les terrains meubles; mais on s'est encore peu occupé de leur détermination. Une petite tête, trouvée dans les sables, où l'on a creusé le bassin d'Anvers, a été rapportée au genre des *dauphins*, et paroît appartenir à une espèce jusqu'ici inconnue.

Nous renvoyons les détails relatifs aux formes et aux gisemens de tous les fossiles, que nous venons de citer à leurs articles particuliers. (DESM.)

MAMMOK. Nom tartare du Coton. (LN.)

MAMMOLE. Synonyme de Raquette blanche. (B.)

MAMMON. Manière fautive d'écrire le nom du *manoul*, espèce de Chat qui se trouve en Asie. (S.)

MAMMONE. *V*. Macaque maimon. (DESM.)

MAMMONT (et non MAMMOUT). C'est le nom que les habitans de la Sibérie donnent à l'animal dont on trouve les ossemens fossiles aux environs des grandes rivières de cette contrée. Ce sont des os et des dents d'éléphans, de rhinocéros, d'espèces voisines de l'éléphant d'Asie et du rhinocéros bicorne, mais cependant distinctes. On a vu plusieurs fois dans les glaces des rivières les plus septentrionales, des corps entiers de ces animaux, avec la chair et la peau; mais on ne sait depuis quelle époque ils y étoient conservés. Ces animaux étoient couverts de poils, ce qui porte à faire croire qu'ils ont habité dans les pays glacés où l'on découvre leurs restes. Le bon état de conservation de leurs dépouilles indique également qu'ils n'ont pu être transportés d'autres contrées par des courans de mer, ainsi qu'on l'a prétendu. D'ailleurs, ils

constituent des espèces distinctes qui n'existent vivantes nulle
part dans les parties connues du globe.

Les plus abondans de ces débris, ceux qui ont fait connoître qu'ils provenoient d'éléphans, sont des défenses de la nature de l'ivoire, généralement plus grandes que celles des éléphans vivans et offrant à peu près la même courbure. Néanmoins, on en a trouvé quelquefois qui sont contournées en
grandes spirales comme le serpentin d'un alambic. M. Patrin
en a vu une dans le cabinet de l'académie de Pétersbourg; et
M. Sauer, dans la *Relation du voyage de Billings*, décrit celles
qui furent découvertes par ce navigateur. *V.* DENTS.

Messerchmidt et Breynius, dans les Transactions philosophiques, ont parlé d'une défense très-courbée de Sibérie, qui
avoit quinze pieds six pouces cinq lignes (mesure romaine)
de longueur.

Les Anglais ont adopté le nom de *mammont* pour le grand
animal dont on trouve les dents et les ossemens dans le lit
de l'Ohio et dans d'autres contrées de l'Amérique septentrionale. *V.* MASTODONTE.

Quelque étrange que paroisse l'opinion des Sibériens sur
l'habitation souterraine du mammont, car ils pensent que tous
les débris de rhinocéros et d'éléphans proviennent d'un même
animal, elle est fondée sur un fait qui la rend en quelque sorte
plausible. Ceux qui habitent les contrées voisines de la Lena
voient quelquefois ce fleuve ou les rivières qui s'y jettent, déterrer dans les couches sablonneuses de leurs rivages, des cadavres encore frais et sanglans, d'animaux énormes qu'on
n'aperçoit jamais sur terre : il est donc assez naturel de penser qu'ils habitoient au-dessous de sa surface. Le savant his-
torien Muller, que M. Patrin a vu à Moscou en 1779, lui a
avoué qu'il l'avoit cru lui-même.

Tous les naturalistes connoissent l'histoire du rhinocéros
trouvé sur les bords du Viloui, dont Pallas a envoyé la tête
à Pétersbourg; tout l'animal avoit été si bien conservé dans le
sable glacé qui l'enveloppoit, qu'on voyoit encore les cils de
ses paupières. M. Adams, en 1802, qui découvrit aussi un
éléphant également entier sur les bords de la mer, en envoya
un pied et des touffes de poils au cabinet de Pétersbourg.
Plusieurs mèches de ces poils, dont les plus longs ont huit ou
dix pouces, sont conservées dans notre Muséum de Paris.

Pendant le cours de son voyage en Sibérie, M. Patrin a
vu plusieurs marchands de fourrures qui fréquentoient ces régions boréales, et qui lui ont assuré que ces cadavres entiers
se trouvoient assez souvent, et qu'ils ne doutoient nullement
que ce ne fussent des animaux qui vivoient habituellement sous
terre. (DESM.)

MAMMOUTH. *V.* MAMMONT. (DESM.)

MAMMULE. Sorte de CUPULE ou de CONCEPTACLE dans les LICHENS. Elle est saillante, bombée et dépourvue de bourrelet.

On en voit des exemples dans le genre CONIOCARPE. (B.)

MAMOEIRA. Nom portugais du PAPAYER. *Mamaon* est celui des fruits, ainsi nommés, parce qu'ils ressemblent à des mamelles. (LN.)

MAMOLARIA. L'un des noms de l'ACANTHE, chez les anciens. (LN.)

MAMONET. *V.* MACAQUE MAIMON. (DESM.)

MAMONO. Nom que les Portugais du Brésil donnent au RICIN ou *palma-christi.* (LN.)

MAMPATA et **NEOU.** Arbre du Sénégal observé par Adanson, et qui, selon Jussieu, a des rapports avec le genre *parinari* d'Aublet; mais il en diffère par le noyau du fruit qui est moins relevé d'anfractuosités, et par les étamines qui sont peut-être au nombre de quinze, opposées trois à trois à chaque division du calice, et par l'ovaire adhérent au calice par un côté. (LN.)

MAMUCH. Nom arménien du PRUNELLIER, *Prunus spinosa.* (LN.)

MAN. Nom épirote du MURIER. (LN.)

MAN, MANHU des Hébreux, ou *manne du désert,* ou *manne des Israélites.* On sait que cette substance servit, en Arabie, de nourriture aux Hébreux pendant quarante ans, lorsqu'ils fuyoient de l'Égypte. La manne tomboit du ciel toutes les nuits, elle se putréfioit pendant le jour. Aucune opinion satisfaisante n'a encore été donnée sur ce que pouvoit être cette manne du désert, et le nom de *man* ne doit pas faire croire que ce soit un suc végétal, car tous les sucs que les Arabes nomment et ont nommés de tout temps *men* ou *man,* sont loin d'être nutritifs, mais ils sont des purgatifs plus ou moins doux ou des sucs résineux; par conséquent la manne sucrée du frêne ou notre manne des boutiques ne peut être la manne des Hébreux. D'ailleurs ces sucs végétaux ne se produisent que durant une époque de l'année, pendant les grandes chaleurs, et la manne tomboit en toute saison. Ainsi ce ne peut être la manne liquide que les Arabes ramassent encore sur le mont Sinaï, qu'ils transportent au Caire dans des pots de terre, et qu'ils nomment *terniabyn* ou *thereniabyn* et *trumgybin,* noms qui rappellent celui de térébenthine, mais qui ne paroissent pas indiquer la même résine, mais une très-voisine.

Le manhu ne peut être non plus la manne persique ou de

l'alhagi, comme le soupçonnoit Rauwolfius. L'*alhagi* est un arbrisseau (*Hedysarum alhagi*, Linn.) qui croît dans tout l'Orient, et principalement en Arabie, et que les Arabes nomment *agul*, *alhasser* et *alhaagi*. Ses branches et ses feuilles se chargent, pendant les chaleurs de l'été, d'une liqueur qui se condense durant la fraîcheur des nuits, en forme, soit de petits grains ronds et rougeâtres, soit de petits flocons blancs comme du coton. Cette manne est le *transchibis* ou *tiriam-jabyn* des Arabes. Elle est purgative, mais à forte dose.

L'on a voulu prouver aussi que les champignons sont la fameuse manne des Hébreux ; mais c'est encore une chose insoutenable par une multitude de raisons : la croissance rapide et la fugacité de la plupart de ces végétaux terrestres, et qui ne paroissent qu'en certaines saisons, ne sont rien en comparaison du renouvellement rapide et constant d'une substance céleste qui se décomposoit peu après sa chute.

Il y a plusieurs autres sentimens sur la manne des Hébreux ; mais comme ils conduisent tous à des conclusions vagues, nous les passerons sous silence. (LN.)

MANABO, *Manuhœea*. Nom d'un genre de plantes établi par Aublet, et depuis réuni aux ÆGIPHILES. *V*. NUXIE. (B.)

MANACA. Palmier de l'Amérique méridionale que les botanistes n'ont pas été à portée d'observer, et dont le genre n'est pas encore connu. (B.)

MANACUS. Nom générique, en latin moderne, des MANAKINS, dans l'ornithologie de Brisson. (V.)

MANAGUIER, *Managa*. Arbre de la Guyane, médiocre, à feuilles alternes, ovales ou ovales allongées, acuminées par une longue pointe, entières, vertes, épaisses, caduques, et portées sur de courts pétioles, dont on ne connoît pas encore les fleurs.

Les fruits sont des baies sphériques de la grosseur d'une noix portées trois ou cinq ensemble aux aisselles des feuilles, sur des pétioles communs, partagées chacune en deux loges par une cloison mitoyenne, à laquelle sont attachés plusieurs rangs d'osselets ovales, aplatis, chagrinés, contenant une amande à deux cotylédons, et enveloppés d'une substance gélatineuse, transparente et jaune. (B.)

MANAGURELL. Nom du COENDOU à la Nouvelle-Espagne. *V*. l'article de ce mammifère. (S.)

MANAKIN, *Pipra*, Lath. Genre de l'ordre des oiseaux SYLVAINS, de la tribu des ANISODACTYLES et de la famille des ÆGITHALES. (*V*. ces mots.)

Caractères : bec trigone à la base, plus haut que large, court, convexe en dessus, comprimé vers le bout ; mandibule supérieure courbée et échancrée vers son extrémité, l'inférieure retroussée et acuminée à la pointe; narines ovales et ouvertes en devant, couvertes à la base d'une membrane et de petites plumes; langue . . . . ; quatre doigts, trois devant et un derrière; les extérieurs réunis jusqu'au-delà du milieu; l'intermédiaire joint avec l'interne à la base; ailes courtes; la première rémige plus courte que la sixième; la quatrième la plus longue de toutes.

On doit à Sonnini le peu que l'on sait des habitudes naturelles de ces oiseaux. Ils habitent les grands bois des climats chauds, ne fréquentent jamais les lieux découverts ni les campagnes voisines des habitations. Les manakins ont le vol rapide, court et peu élevé, ne se perchent pas au faîte des arbres, mais sur les branches à une moyenne hauteur. Leur nourriture de choix sont les petits fruits. Ils vivent aussi d'insectes. On les rencontre le matin, depuis le lever du soleil jusqu'à neuf ou dix heures, en petites troupes de huit à dix. Chaque troupe est composée d'individus de la même espèce. Quelquefois ces troupes se réunissent et se mêlent même à d'autres espèces de genre différent. Lors de ces réunions, ils font entendre un petit gazouillement fin et agréable, et gardent le silence le reste du jour; hors cette espèce d'assemblée, ils vivent solitaires, seul à seul, et se retirent dans les endroits les plus fourrés des forêts. Quoiqu'ils ne fréquentent ni les marais ni le bord de l'eau, ils se plaisent dans les lieux humides et frais, qu'ils préfèrent aux endroits secs et chauds.

Un astérisque indique les espèces que je n'ai pas vues en nature ni figurées.

* Le MANAKIN BLEU, *Pipra cœrulea*, Lath. On ne connoît pas le pays qu'habite cet oiseau; il a le bec et les pieds bruns; la langue dentelée à son extrémité; la tête, les ailes et la queue noires; le dessus du corps bleuâtre; le dessous d'un blanc jaunâtre, et la taille du manakin rouge.

Le MANAKIN BLEU A POITRINE POURPRÉE. C'est, dans Edwards, le COTINGA CORDON BLEU.

Le MANAKIN DU BRÉSIL, de la pl. enl. de Buffon, n.º 302, fig. 1, est donné pour une variété du *casse-noisette*; il n'en diffère que par la couleur des petites couvertures supérieures des ailes qui sont blanches. *V.* MANAKIN GOITREUX.

* Le MANAKIN CENDRÉ, *Pipra cinerea*, Lath. Le plumage de cet oiseau est de couleur cendrée, plus pâle sur les parties inférieures du corps, et presque blanchâtre sur le ventre; longueur totale, près de trois pouces et demi. On ne connoît pas sa patrie.

1. Mainate religieux. 2 Manakin à longue queue.
3. Pardalote moucheté.

Le Manakin chaperonné de noir. *V.* Casse-noisette, article du Manakin goîtreux.

Le Manakin a collier. *V.* Manakin maizi.

* Le Manakin Desmarest, *Pipra Desmaresti*, Leach, *Misc. zool.*, tom. 1, pag. 94, pl. 41, est d'un bleu noir éclatant, avec le ventre blanc ; l'anus, la gorge et la poitrine rouges. On le trouve, mais rarement, dans l'Australasie.

Le Manakin a front blanc. *V.* Manakin varié.

Le Manakin a front rouge, *Pipra rubrifrons*, Vieill., se trouve dans l'Amérique méridionale. Il a le front et le croupion rouges ; le dessus de la tête et du cou, le dos et les couvertures supérieures des ailes, noirs ; les pennes brunes à l'intérieur, et vertes en dehors ; les deux pennes intermédiaires de la queue longues et étroites ; les autres plus courtes et toutes de la couleur du dos ; le menton et les joues d'un gris pâle, qui, par gradation, devient blanc sur toutes les parties inférieures ; le bec et les pieds jaunes. Taille du *manakin à gorge blanche*. Cet individu est au Muséum d'Histoire naturelle.

* Le Manakin goîtreux, *Pipra gutturosa*, Desmarest, pl. 10 de l'*Hist. des Manakins* de cet auteur, a le bec, le dessus de la tête, le dos, les ailes et la queue noirs ; le reste du corps blanc ; les pieds jaunes ; quatre pouces trois lignes de longueur totale ; les plumes de la gorge longues, effilées et présentant une sorte de goître, lorsque l'oiseau les relève, d'où est venu le nom que M. Desmarest lui a consacré.

La femelle est totalement rousse, mais d'une nuance plus claire en dessous du corps.

Le Manakin a gorge blanche, *Pipra gutturalis*, Lath., pl. enl. n.° 324, fig. 1. Cette espèce se trouve à Cayenne. Tout son corps est couvert de plumes d'un noir luisant, à l'exception du devant du cou, de la gorge, et du bord intérieur de quelques pennes des ailes, qui sont blancs ; les plumes de la gorge forment une espèce de cravate, qui finit en pointe sur la poitrine ; le bec est noirâtre en dessus et blanc en dessous ; les pieds et les ongles sont rouges. Longueur, trois pouces huit lignes.

La femelle est figurée dans l'*Hist. des Manakins* de M. Desmarest. Elle a le dessus de la tête, le dos et les couvertures supérieures des ailes d'un vert-olive foncé ; la gorge, la poitrine et le ventre blancs ; l'œil situé au milieu d'une tache noire, allongée ; les pennes des ailes et de la queue d'un noir-brun et bordées d'un vert olive.

* Le Manakin a gorge rouge, *Pipra nigricollis*, Lath. Cet oiseau, dont on ne connoît pas la patrie, a quatre pouces de longueur ; le bec brun ; le dessus du corps d'un noir bleuâtre ;

la gorge et le bas-ventre noirs; le ventre blanc et les pieds noirs.

* Le MANAKIN A GORGE ROUGE, *Pipra gularis*, Lath. Taille du *manakin à tête d'or*; dessus de la tête, du cou et du corps d'un noir bleuâtre; gorge, devant du cou et bas-ventre rouges; ventre blanc; bec et pieds noirâtres. Cette espèce a été rapportée de l'île d'Huaheine.

Le CASSE-NOISETTE, *Pipra manacus*, à de si grands rapports avec le *manakin goîtreux* mâle, que M. Desmarest me paroît fondé à le présenter pour une variété. Comme le cri de cet oiseau imite exactement le bruit que fait le petit outil qui sert à casser les noix, on lui en a donné le nom. Ce manakin se trouve à la Guyane dans les lisières des grands bois, se tient plus ordinairement à terre, se pose quelquefois sur les branches les plus basses, vit en petite famille, mais ne se mêle pas avec les autres manakins; il est très-vif, très-agile, sautille continuellement, se nourrit d'insectes, et fait souvent la chasse aux fourmis.

Le GRAND MANAKIN. *V.* MANAKIN TIJÉ.

Le MANAKIN GRIS HUPPÉ. *V.* COQUANTOTOTL.

Le MANAKIN A LONGUE QUEUE, *Pipra caudata*, Lath., pl. G. 4, n.º 2 de ce Dictionnaire, a quatre pouces et demi de longueur; un beau bleu est la couleur dominante de son plumage, avec des reflets, spécialement sur le cou; le sommet de la tête est rouge; les ailes sont noires; les deux pennes intermédiaires de la queue dépassent les autres de près de neuf lignes: le bec est brun, et les pieds sont d'une nuance plus pâle. Ce manakin habite dans l'Amérique méridionale.

Le MANAKIN NOIR ET BLANC. *V.* MANAKIN GOÎTREUX.

Le MANAKIN NOIR HUPPÉ. *V.* MANAKIN TIJÉ.

Le MANAKIN NOIR ET JAUNE. *V.* MANAKIN. ROUGE.

Le MANAKIN ORANGÉ. *V.* ibid.

* Le MANAKIN PLOMBÉ, *Pipra plumbea*, Vieill. Tout son plumage est d'une couleur de plomb foncée, ou d'un roux cendré, plus rembruni en dessus qu'en dessous, à l'exception des pennes de la queue et des ailes, qui sont noirâtres et bordées de cette même teinte plombée, et des couvertures supérieures de l'aile qui sont noires, et bordées de même que les pennes: l'iris est brun; le bec tout noir, arrondi à la base, robuste et presque droit. Longueur totale, quatre pouces deux tiers. C'est le *pico de punzon obscuro plumado* de M. de Azara. Comme je ne suis pas certain que cet oiseau soit du genre *manakin*, je ne le place ici que pour l'indiquer à ceux qui le verront en nature.

Le MANAKIN POINTILLÉ. *V.* PARDALOTE POINTILLÉ.

* Le Manakin a poitrine dorée , *Pipra pectoralis* , Lath. Le Brésil est la patrie de ce manakin, dont la tête , le cou , la poitrine , le dos , les ailes et la queue sont d'un noir-bleu foncé ; un croissant d'un beau jaune doré traverse la poitrine et se recourbe sur chaque côté du cou ; le reste du plumage est d'un ferrugineux foncé ; le bec a une teinte pâle; les pieds sont cendrés.

* Le Manakin a queue en pelle , *Pipra longicauda* , Vieill. Cette espèce se trouve dans l'intérieur des bois du Paraguay , où elle se tient vers les trois quarts de la hauteur des arbres les plus élevés. Elle est peu farouche et peu inquiète ; son cri est un sifflement triste et un peu tremblant, qu'elle répète trois ou quatre fois de suite. Les deux pennes intermédiaires de la queue sont fort longues, et quoique faites comme les autres jusqu'au point où elles les dépassent , elles s'y rétrécissent beaucoup et s'y terminent en forme de petite pelle.

Le mâle a les plumes du dessus de la tête d'un rouge vif, mais elles sont orangées à leur naissance , et leurs barbes ont le brillant de la soie ; du noir couvre les côtés , et le derrière de la tête , le menton , la gorge , les ailes en dessus, les couvertures inférieures de la queue, dont les deux pennes intermédiaires sont bleu-de-ciel , ainsi que le bord des autres , les petites couvertures supérieures du tiers extérieur de l'aile et le reste du plumage ; l'iris est brun ; le tarse rougeâtre. Longueur totale , cinq pouces sept lignes. Le plumage de la femelle est d'un vert un peu sombre , mêlé d'un brun plombé sur les couvertures inférieures de l'aile, et de la couleur de l'argent au-dessous de ses pennes. C'est le *pico de punzon cola de pala* de M. de Azara.

J'ai sous les yeux trois autres manakins à longue queue, qui se trouvent dans l'Amérique méridionale. Le premier a la tête , le manteau, les pennes primaires des ailes et la queue noirs; le bas du dos, le croupion, les couvertures supérieures de la queue d'un beau rouge ; les pennes secondaires rousses en dehors ; les joues d'un gris sombre ; la gorge grise ; les parties inférieures blanches ; le bec brun ; les pieds gris ; les deux pennes intermédiaires de la queue , dépassant les autres d'environ un pouce et demi , grêles et pointues dans la partie qui excède les autres.

Le second, que je soupçonne un jeune , a les parties supérieures d'un verdâtre mêlé de cendré; la gorge , le devant du cou de cette dernière couleur , qui prend une nuance verdâtre sur la poitrine et qui est remplacée par du blanc sale sur le ventre et sur les parties postérieures.

Le troisième porte une huppe rouge ; les ailes et la queue

sont d'un beau noir ; le reste du plumage est d'un bleu de ciel foncé ; le bec et les pieds sont d'un rougeâtre rembruni. Cet individu a été dernièrement apporté du Brésil par M. Delalande fils, naturaliste attaché au Muséum d'Histoire naturelle.

Le Manakin rayé. *V.* Pardalote a tête rayée.

Le Manakin rouge, *Pipra aureola*, Lath. ; pl. enl. de Buffon, n.° 34, fig. 3. Le mâle de cette espèce, que l'on trouve à la Guyane, a le bec noir ; le dessus de la tête, le cou et la poitrine d'un rouge vif ; le front et les côtés de la gorge orangés ; le dessus du corps, les couvertures, les pennes des ailes et de la queue, le croupion et le ventre noirs : cette couleur est mélangée de rouge et d'orangé sur la dernière partie ; les pennes alaires, excepté la première, ont à l'intérieur, vers le milieu de leur longueur, une tache blanche, et sont jaunes en dessous ; les couvertures inférieures sont jaunâtres ; le bec et les pieds noirâtres. Longueur totale, trois pouces trois lignes. La femelle, figurée dans l'*Histoire des manakins* de M. Desmarest, est olivâtre dessus le corps ; d'un jaune olive sur les parties inférieures, et a le sommet de la tête ceint d'un filet rouge ; du reste elle ressemble au mâle. Les jeunes diffèrent en ce que tout leur corps est olivâtre, avec des taches rouges sur le front, la tête, la gorge, la poitrine et le ventre ; d'autres sont variés de rouge sur les mêmes parties, mais sur un fond gris verdâtre ; enfin, quelques-uns ont en outre des plumes noires au dos, au ventre, etc.

Le *manakin orangé* est une variété d'âge de cette même espèce.

Le Manakin rouge huppé. *V.* Pichitli.

* Le Manakin rougeâtre, *Pipra superciliosa*, Lath. Cet oiseau de la Nouvelle-Hollande est de la taille du *manakin rayé* ; le bec et les pieds sont bruns ; le plumage est en dessus du corps d'une teinte rougeâtre, et en dessous d'un blanc sali de jaunâtre ; au-dessus de l'œil est une tache blanchâtre, surmontée d'une ligne noire ; les ailes sont brunes ; la queue est noire et courte ; les deux pennes intermédiaires sont bordées, et les autres terminées de blanc.

Le Manakin roux huppé. *V.* Rubetra.

* Le Manakin superbe, *Pipra superba*, Pallas, Lath. Cet oiseau, dont on ignore le pays, a, dans ses couleurs et sa taille, beaucoup d'analogie avec le *grand manakin* ou le *tijé*. Les plumes de son front couvrent les ouvertures des narines ; le bec est entouré de soies ; une petite huppe d'un rouge de feu prend naissance sur le sommet de la tête ; un croissant bleu est sur le haut du dos ; les pennes des ailes sont brunes et pointues à leur extrémité ; la queue est courte, d'un noir

foncé, ainsi que le bec et le reste du plumage ; les pieds sont jaunâtres.

Le MANAKIN A TÊTE BLANCHE , *Pipra leucocilla* , Lath. ; *Pipra leucocephala*, Desmarest, Gm., pl. enl. de *Buffon*, n.º 34, fig. 2. Il a trois pouces huit lignes de longueur ; le bec gris-brun, les pieds noirs ; le dessus de la tête blanc, et le reste du plumage d'un noir d'acier poli ; des individus ont les plumes du bas de la jambe jaunâtres et mélangées de rouge. On le trouve à la Guyane.

Le MANAKIN A TÊTE BLEUE, *Pipra cyanocephala*, Vieill. , a le capistrum et les joues d'un vert–olive ; le reste de la tête d'un joli bleu de ciel ; le dessus du cou , le manteau et les couvertures supérieures des ailes d'un beau vert–olive, tirant au jaune sur le croupion ; les pennes alaires et caudales noires et bordées à l'extérieur de vert ; la gorge , le devant du cou et tout le dessous du corps d'un jaune foncé, glacé de vert sur les flancs ; le bec et les pieds noirs. Taille du *manakin orangé*. On trouve cette espèce à l'île de la Trinité.

Le MANAKIN A TÊTE D'OR, *Pipra erythrocephala*, pl. enl. 34, fig. 3 , est de la taille du *manakin à tête blanche* ; il a le bec blanchâtre ; les pieds couleur de chair ; le dessus de la tête , la nuque et les joues d'un orangé doré et brillant ; le reste du plumage , les ailes et la queue d'un noir pourpré ; le bas de la jambe orangé.

M. Desmarest a donné la description et la figure d'un individu qu'il soupçonne être la femelle. Il est plus gros que le mâle, et a le corps olivâtre ; la tête d'un gris assez foncé, qui s'étend jusque sous le cou. Ces oiseaux habitent la Guyane.

*Le MANAKIN A TÊTE ROUGE, *Pipra erythrocephala*, var., Lath. Cet oiseau, de la taille des précédens, a le dessus de la tête rouge ; le reste du corps , les ailes et la queue d'un noir d'acier brillant ; les jambes jaunâtres , avec une tache oblongue d'un rouge vif à l'extérieur des plumes ; le bec et les pieds jaunâtres. Il se trouve à la Guyane.

Le MANAKIN TIJÉ , *Pipra pareola* , Lath. ; pl. enl. de *Buffon* , n.º 687 , fig. 2. Sa longueur est de quatre pouces et demi. Les plumes qui couvrent la tête sont d'un rouge brillant, et assez longues pour prendre la forme d'une huppe lorsque l'oiseau les relève : un beau bleu colore le *dos* et les petites couvertures supérieures des ailes ; un noir velouté est répandu sur le reste du plumage, l'iris est d'un bleu de saphir ; le bec est noir ; les pieds sont rouges.

On connoît plusieurs variétés d'âge ou de sexe ; tels sont : 1.º le *tijé guacu* de Cuba, qui diffère par la couleur des grandes plumes de la tête, qui sont d'un rouge jaunâtre. 2.° dans le *manakin vert à huppe rouge* des pl. enl. n.° 3o3 , fig. 2 , un vert sombre remplace le noir et le bleu du tijé ; ce même vert borde les pennes des ailes et de la queue ; dans d'autres, le bleu est plus foncé ; cette nuance indique un individu avancé en âge ; plusieurs ont des plumes bleues et noires , mêlées avec les plumes vertes ; ce sont des oiseaux en mue. Le jeune , dans son premier âge , figuré dans l'*Histoire des manakins* de M. Desmarest, est d'un gris olivâtre , et n'a point de huppe. La femelle , figurée dans le même ouvrage , est en dessus d'un vert olivâtre assez obscur et d'un vert jaunâtre terne en dessous.

* Le MANAKIN VARIÉ, *Pipra serena*, Lath. Bec noir, front d'un blanc mat ; sommet de la tête d'une couleur d'aigue-marine ; croupion d'un bleu éclatant ; ventre d'un orangé brillant ; reste du plumage , bec et pieds noirs ; longueur , trois pouces et demi. Quelques individus ont le milieu de la poitrine pareil au ventre.

* Le MANAKIN A VENTRE ORANGÉ, *Pipra capensis*, Lath. S'il est certain que les oiseaux que l'on désigne par le nom de *manakin* , forment un genre particulier aux climats chauds de l'Amérique, celui-ci ne peut en être un , puisqu'il se trouve dans les terres du Cap de Bonne-Espérance. Il a le bec et les pieds noirs, le plumage noirâtre en dessus , d'un jaune orangé pâle en dessous , et environ quatre pouces de longueur.

* Le MANAKIN A VENTRE ROUGE, *Pipra hæmorrhoa* , Lath. Le pays qu'habite cet oiseau est inconnu. Sa longueur est de trois pouces neuf lignes; son bec et ses pieds sont bruns ; le dessus du corps est noir ; le dessous blanc , avec une tache rouge sur le bas-ventre ; les couvertures inférieures de la queue sont presque aussi longues que les pennes.

Le MANAKIN VERT A HUPPE ROUGE, des pl. enl. de *Buffon*, n.° 3o3, fig. 2 , est donné pour un jeune de l'espèce du MANAKIN TIJÉ. *V.* ci-dessus.

Le MANAKIN AU VISAGE BLANC. *Voy.* PLUMET BLANC. (V.)

MANAKUS. *V.* MANACUS. (DESM.)

MANAM – PADAM. La plante que Rheede représente (Malab. 10 , t. 65) sous ce nom est, selon Willdenow , son *elsholtzia paniculata* ou l'*hyssopus cristatus* de Lamarck. (LN.)

MANAQUIN. *V.* MANAKIN. (S.)

MANAQUIN CHAPERONNÉ DE BLANC d'Edwards ; c'est le MANAKIN A TÊTE BLANCHE. (V.)

MANATE DE SAINTE HÉLÈNE. Dampier donne ce nom au PHOQUE LION MARIN , *Phoca leonina* , Linn. (DESM.)

MANATI. Les naturels de plusieurs contrées de l'Amé-

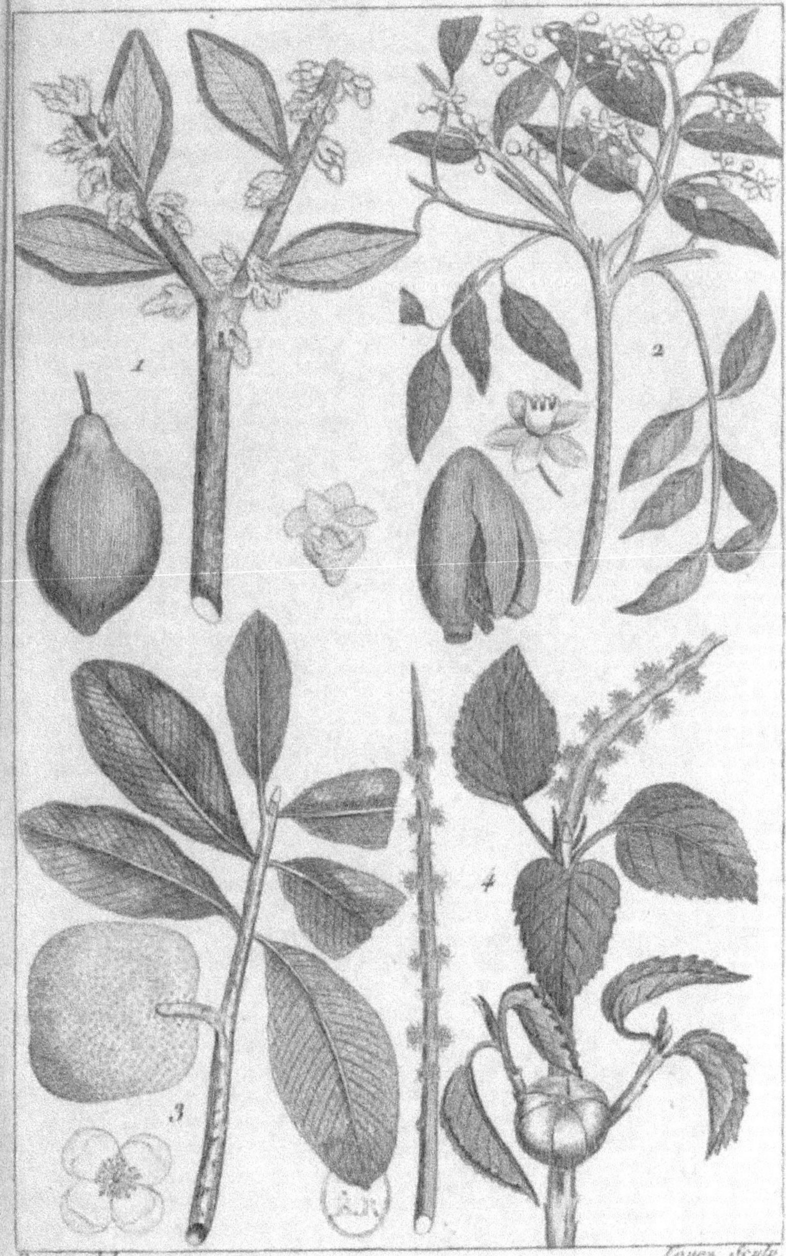

1

2

4

3

Bessin del.

Voyez Sculp.

1. Mabolo des Philippines.   3. Mamei d'Amerique.
2. Mahogan acajou.   4. Mancenillier veneneux.

rique méridionale donnent ce nom au LAMANTIN D'AMÉRIQUE. *V*. l'article de cet animal. (s.)

MANATUS. Nom générique latin du *lamantin*, adopté par Rondelet, Scopoli, Storr, Lacépède, Cuvier, Illiger, etc. Il dérive du nom vulgaire de cet animal. *V*. MANATI.

Il est assez surprenant qu'Illiger, qui a changé tous les noms reçus, formés sur les dénominations vulgaires latinisées, ait conservé celui-ci. (DESM.)

MANAVIRI. M. de Humboldt dit que c'est un des noms mexicains du KINKAJOU. (DESM.)

MANCANDRITE. Quelques oryctographes ont donné ce nom aux espèces d'*alcyons* voisins de l'*alcyon figue*, qu'on trouve fossiles. *V*. au mot ALCYON. (B.)

MANCANILLA de Plumier. C'est le genre *hippomane* de Linnæus, maintenant divisé en deux, *hippomane* et *sapium*. *V*. MANCENILLIER. (LN.)

MANCENILLIER, *Hippomane mancinella*, Linn. (*Monœcie monadelphie*.) Arbre très-vénéneux, de la famille des tithymaloïdes, qui croît en Amérique, dont les fleurs sont incomplètes et unisexuelles, et qui porte des fleurs mâles et des fleurs femelles sur le même pied. Il est élevé, très-rameux, d'une moyenne grosseur, et lactescent dans toutes ses parties. Son port et son feuillage lui donnent l'apparence d'un grand *poirier*. Son écorce est épaisse, assez unie et grisâtre. Son bois est dur et compacte, comme celui du *noyer*. Ses feuilles, que soutient un assez long pétiole, tombent tous les ans; elles sont alternes, ovales, dentées sur leurs bords, et pointues; leur surface supérieure est d'un vert luisant et foncé, l'inférieure présente un vert pâle. (*V*. pl. G 12, où il est figuré).

Les fleurs du *mancenillier* sont petites, et d'un pourpre foncé; elles naissent à l'extrémité des branches sur de longs épis, garnis, de distance en distance, de chatons arrondis, contenant chacun trente fleurs mâles ou environ. Les fleurs femelles sont solitaires et placées au bas des épis mâles, et sur de jeunes rameaux qui ne portent point d'épis. Les premières (les mâles) sont composées d'un très-petit calice à deux dents, et d'un filament grêle, chargé de quatre anthères, disposées en croix sur les parties latérales de son sommet. Les secondes ont un ovaire arrondi, entouré d'un calice à trois feuilles, et surmonté d'un court style, qui, en se divisant, offre ordinairement sept stigmates. Le germe, après sa fécondation, devient un drupe charnu, dont le noyau renferme plusieurs loges, dans chacune desquelles on trouve une semence oblongue. Ce noyau, de la grosseur à peu près d'une petite châtaigne, est obtus à sa base, profondément sillonné, et armé dans son pourtour et à son sommet d'apophyses pointues et tranchantes. Le fruit a une forme sphérique, et presque point d'ombilic. Sa peau est lisse, d'un vert jaunâtre et rougeâtre : il ressemble beaucoup à une pomme d'api. Cette apparence trompeuse jointe à son odeur agréable, invite à le manger ; mais sa chair spongieuse et mollasse contient un suc laiteux et perfide, qui, d'abord d'un goût très-fade, devient bientôt caustique, et brûle à la fois les lèvres, le palais et la langue.

Les feuilles, l'écorce et le bois de *mancenillier* sont pleins du même suc ; c'est un poison très-âcre et mortel. Les Indiens y trempent le bout de leurs flèches, quand ils veulent les rendre funestes à leurs ennemis. Ces armes conservent très-long-temps leur qualité vénéneuse. Bomare dit en avoir vu la preuve à l'arsenal de Bruxelles, où on lança une de ces flèches dans les fesses d'un chien. Quoiqu'elle eût été empoisonnée cent quarante ans auparavant, le malheureux animal ne confirma pas moins, par une prompte mort, que le poison n'étoit pas encore éteint. Une seule goutte de suc de *mancenillier* produit sur la peau des ampoules, comme feroit un charbon ardent. On peut juger par-là des ravages qu'il causeroit intérieurement. Autrefois, quand on vouloit couper cet arbre, on commençoit par faire tout autour un grand feu de bois sec, pour lui enlever une partie de sa séve laiteuse et malfaisante ; après cette opération, pendant laquelle on évitoit avec soin la fumée, on y mettoit la hache. Aujourd'hui les ouvriers prennent seulement la précaution de se couvrir les yeux et le visage d'une gaze, afin de se garantir de l'impression fâcheuse des gouttes de liqueur qui pourroient arriver jusqu'à eux.

Les crabes qui se nourrissent des fruits de *mancenillier*, causent de graves accidens à ceux qui en mangent, accidens dont la suite est souvent la mort. Le remède est l'eau de mer en boisson, au rapport de M. de Tussac.

Malgré les propriétés dangereuses du *mancenillier*, on ne doit point ajouter foi à tout ce qu'on a dit de l'influence maligne de son ombre, et des vertus nuisibles de la rosée ou de la pluie qui a touché son feuillage. Je me suis reposé plusieurs fois sous ces arbres pendant plus de deux heures et dans un temps de pluie, sans qu'il me soit arrivé le moindre accident. Cependant je ne crois pas que l'air qui les entoure soit pur et sain ; et je ne conseillerois à aucun voyageur de choisir cet abri pour y passer la nuit, ou même pour y dormir une partie du jour.

Les *mancenilliers* sont communs dans les Antilles et sur le continent qui avoisine ces îles ; ils croissent ordinairement sur les bords de la mer. Voilà pourquoi on trouve souvent autour d'eux une grande quantité de *crabes*, comme on en trouve aussi beaucoup, par la même raison, sur les rivages couverts de *mangliers*. Car ce n'est certainement pas le fruit du *mancenillier* qui les attire ; je n'ai jamais vu ces insectes ni aucun autre animal manger de ces fruits.

Le bois que fournit cet arbre dure très-long-temps, a un beau grain, et prend aisément le poli. Il est d'un gris cendré, veiné de brun, avec des nuances de jaune. On l'emploie en Amérique à faire des meubles, et surtout de très-belles tables, dont la surface est lisse et semble marbrée. A Saint-Domingue, on donne aux fruits du *mancenillier* le nom de *mancenilles* ou *pommes de mancenilles*. Les corps gras et huileux en sont le meilleur antidote. Quelques auteurs ont écrit qu'un gobelet d'eau de mer bu sur-le-champ, prévenoit aussi les funestes effets de ce poison.

Nous ne dirons rien de la culture artificielle de cet arbre en Europe ; quoiqu'il se trouve dans les jardins de quelques curieux, et quoique Miller prétende qu'il fait un assez bel effet en hiver dans les serres, par le vert brillant de ses feuilles, peu d'amateurs seront tentés d'élever un végétal aussi malfaisant.

Il existe aux Antilles une autre espèce de *mancenillier à feuilles de houx* (*hippomane spinosa*, Linn.), qui n'est pas aussi élevé que le précédent. Ses feuilles sont d'un vert luisant, garnies d'épines à chaque dentelure, et subsistent toute l'année. Ces deux espèces constituent le genre qui porte leur nom. Le *mancenillier à feuilles oblongues de laurier*, dont parle Plumier, appartient à un autre : c'est le *gluttier des oiseleurs* (*sapium aucuparium*). *V.* GLUTTIER. (D.)

MANCENILLIER DES MONTAGNES. On appelle ainsi, à Saint-Domingue, un sumac, dont le suc a les qualités délétères du vrai *mancenillier*, et dont le bois est propre à faire des meubles. (B.)

MANCHE DE COUTEAU. Nom vulgaire des Solens. (B.)

MANCHE-HACHES. Les Créoles de la Guyane désignent ainsi un arbre dont ils estiment le bois pour en faire des manches de hache. C'est le CARAIPE A PETITES FEUILLES, (*Caraipa parvifolia*, Aubl.). *V.* CARAIPA. (LN.)

MANCHES DE VELOURS, *Mangas de velado* des Portugais. D'après les dimensions et les caractères qu'on donne à ces oiseaux, on les prendroit pour des *pélicans* ; mais, suivant d'autres indications, ils offrent plus de rapports avec les *cormorans*. On dit que c'est à l'anse du Cap de Bonne-

Espérance que paroissent les *manches de velours*. On leur donne ce nom, soit parce que leur plumage est comme du velours, soit parce que la pointe de leurs ailes est d'un noir velouté, et qu'en volant ces ailes paroissent pliées comme nous plions le coude. Suivant les uns, ils sont tout blancs, excepté le bout de l'aile qui est noir, et ils sont gros comme une *oie* ou un *cygne*; selon les autres, ils sont noirâtres en dessus et blancs en dessous. (v.)

MANCHETTE GRISE. AGARIC de couleur grise, qui croît en touffe au pied des arbres, et dont le chapeau est plissé en forme de manchette. Il n'est pas dangereux. Paulet l'a figuré pl. 44 de son *Traité des Champignons*. (B.)

MANCHETTE DE NEPTUNE. C'est le nom vulgaire du MILLÉPORE CELLULEUX qui ressemble à de la dentelle. (B.)

MANCHETTE DE LA VIERGE. C'est le LISERON. (B.)

MANCHIBOUI. Nom caraïbe du fruit du MAMMEI. (B.)

MANCHOTS, *Sphenisci*. Famille de l'ordre des OISEAUX NAGEURS et de la tribu des PTILOPTÈRES. *V.* ces mots. *Caractères*: pieds à l'arrière du corps; jambes à demi-nues; tarses réticulés; quatre doigts dirigés en avant; trois palmés; pouce et doigt interne réunis seulement à la base par une très-petite membrane; rémiges et rectrices nulles; bec ou comprimé latéralement et crochu à la pointe, ou cylindrique et incliné vers le bout. Cette famille ne renferme que deux genres sous les noms de GORFOU et d'APTÉNODYTE. *V.* ces mots.

Le MANCHOT proprement dit. *V.* GORFOU TACHETÉ.

Le MANCHOT ANTARCTIQUE. *V.* GORFOU ANTARCTIQUE.

Le MANCHOT A BEC TRONQUÉ. *V.* GORFOU de Brisson.

Le MANCHOT DU CAP DE BONNE-ESPÉRANCE. *V.* GORFOU TACHETÉ.

* Le MANCHOT DU CHILI, *Aptenodytes chilensis*, Lath. Oiseau peu connu, dont on a fait un manchot, et qui en diffère essentiellement en ce qu'il n'a que trois doigts réunis par une membrane; son plumage est de trois couleurs, gris, bleu et blanc; les deux premières couvrent le dessus du corps, et l'autre domine sur la poitrine et le ventre; grosseur du *canard commun*; cou plus long; tête comprimée sur les côtés et très-petite relativement au volume du corps; bec mince et un peu recourbé en bas.

On le trouve au Chili; il niche dans le sable; sa ponte est de six à sept œufs, selon Molina, à qui l'on doit ces détails.

« Le MANCHOT DE CHILOÉ. *V.* GORFOU DE CHILOÉ.

Le MANCHOT A COLLIER DE LA NOUVELLE-GUINÉE. *Voyez* GORFOU A COLLIER de la Nouvelle-Guinée.

Le MANCHOT (GRAND). *V.* GRAND GORFOU.

Le MANCHOT DES HOTTENTOTS. *V.* GORFOU TACHETÉ.

Le MANCHOT HUPPÉ DE SIBÉRIE. *V.* GORFOU SAUTEUR.

Le MANCHOT DES ÎLES MALOUINES. *V.* GRAND GORFOU.

Le MANCHOT MAGELLANIQUE. *V.* GORFOU MAGELLANIQUE.

Le MANCHOT DE LA NOUVELLE-GUINÉE. *V.* GRAND GORFOU.

Le MANCHOT PAPOU. *V.* APTENODYTE DES PAPOUS.

Le MANCHOT (PETIT). *V.* PETIT GORFOU.

Le MANCHOT SAUTEUR. *V.* GORFOU SAUTEUR. (V.)

MANCHOT. C'est un poisson du genre PLEURONECTE, *Pleuronectes mancus*, Linn. (DESM.)

MANCHOTTE. On donne ce nom au TORDYLE NOUEUX. (B.)

MANCIENNE. C'est la VIORNE COMMUNE. *V.* ce mot. (B.)

MANDA et LAMANDA. Noms qu'on donne, à Java, à un grand serpent, peut-être au DEVIN. (DESM.)

MANDAR. Boddaërt, et d'après lui Vicq-d'Azyr, donnent ce nom à l'ORYCTÉROPE. *V.* ce mot. (DESM.)

MANDARU. Nom indien, sous lequel Plukenet a fait connoître quelques espèces de bauhinia. Le TSIETTI MANDARU de Rheede, est la POINCILLADE (*Poinciana pulcherrima*, Linn.), arbrisseau des Indes, qu'on réunit maintenant aux BRESILLETS, *Cæsalpinia*. (LN.)

MANDATIA. Nom brasilien d'une légumineuse du genre DOLICHOS, et qui a du rapport avec l'espèce dite LABLAB. (LN.)

MANDEL et MANDELBAUM. Amande et Amandier, en allemand. (LN.)

MANDELINE. Nom vulgaire de l'ERINE ALPINE. (B.)

MANDELSTEIN. Les minéralogistes allemands donnent ce nom aux roches qui offrent des noyaux, de nature quelconque, de forme arrondie ou oblongue comme celle des amandes, et qui sont enveloppés par la pâte ou qui même se fondent avec elle. Ce sont proprement les *amygdaloïdes* des minéralogistes français, et ce nom, comme celui de *mandelstein*, est plutôt l'indication d'une structure que celle d'un minéral particulier. On a décrit ou classé, sous ces noms, plusieurs sortes de roches différentes qui, n'ayant pas de nom particulier, et se ressemblant par la structure, se sont trouvées naturellement rapprochées. Dans toutes ces roches, les noyaux sont évidemment d'une formation contemporaine à celle de la pâte qui les enveloppe, ou d'une formation postérieure et due à l'infiltration ou mieux à la transsudation, sorte de cristallisation faite dans la pâte de la roche lors de sa liquidité par la sortie de quelques-uns de ses principes qui, par leur accumulation dans les cavités créées par eux, et par une pression plus ou moins égale, ont formé des noyaux plus ou moins sphériques. Il faut entendre, par infiltration, l'opération qui amène de l'extérieur dans les fentes et les cavités d'une roche poreuse, une substance qui lui est étrangère.

Ce mode de production des noyaux distingue éminemment les amygdaloïdes des pouddingues, qui sont une agglutination après coup d'une multitude de cailloux qui doivent leur adhérence à un ciment formé après leur dépôt. Dans les méthodes allemandes, les *mandelsteins* sont essentiellement des roches ou de grunstein, c'est-à-dire, à pâte composée d'amphibole et de feldspath, ou de basalte et de wacke, c'est-à-dire, à pâte formée de pyroxène et de feldspath. Les premiers rentrent dans nos amygdaloïdes, et sont généralement des mandelsteins primitifs ; les autres rentrent dans nos laves amygdaloïdes, et ce sont les mandelsteins de transition ou secondaires. En général, les mandelsteins appartiennent aux diverses formations de ces rochers appelés *trapp*. Ils sont souvent porphyritiques, c'est-à-dire, que leur pâte offre des cristaux disséminés qui appartiennent le plus souvent au feldspath, à l'amphibole et au pyroxène.

M. Tondi admet les espèces de mandelstein ou amygdaloïdes suivantes :

1. *Grunstein varioleux* ou *variolite.* — Roche à contexture granulaire, formée de feldspath compacte et de lamelles d'amphibole, avec des globules disséminés de feldspath compacte.

2. *Grunstein globuleux.* — Les noyaux sont des globes testacés de feldspath et d'amphibole. C'est ici où se place le beau granite orbiculaire de Corse.

Ces deux grunsteins amygdaloïdes sont des roches subordonnées aux granites, au gneiss ou au schiste argileux.

3. *Grunstein amygdaloïde* ou qui renferme des cellules remplies de diverses substances, et qui forme une nature particulière du terrain primitif stratiforme.

4. *Amygdaloïde de transition* (*Ubergans mandelstein*). Grunstein argileux ou argile ferrugineuse rougeâtre, avec cellules

vides en partie, et en partie remplies de substances de différentes natures. Souvent la pâte est porphyritique, c'est-à-dire,
qu'elle renferme disséminés des cristaux de feldspath.

5. *Amygdaloïde* proprement dite ou secondaire (*Floetz mandelstein*), qui se rapporte à la formation des trapps secondaires. M. Tondi divise ainsi cette espéce :

    a. — à base de basalte.
    b. — — — de grunstein.
    c. — — — de wacke.
    d. — — — d'argile.
    e. — — — de talc zoographique.
    f. — — — de fer oxydé argilifère.

Elles contiennent la prehnite, la mesortype, la stilbite, le
quarz et plusieurs de ses variétés ; la chaux carbonatée,
l'analcime, la chabasie, l'harmotome, l'arragonite, la strontiane sulfatée, etc.

Toutes ces variétés sont des laves plus ou moins altérées
dans leur tissu, et qui, d'après l'observation de M. Cordier,
ont leur pâte composée de deux élémens, qui sont le pyroxène et le feldspath (*V.* LAVES). C'est ici que se placent
les amygdaloïdes d'Oberstein et de Fassa, en Tyrol, de
même que les laves amygdaloïdes du Vicentin, du Val-di-
Noto, etc.

Il est à remarquer que dans cette nomenclature ne se
trouvent point placées les roches pétrosiliceuses qui sont si communes en Corse et qui ont été très-peu étudiées jusqu'ici,
et auxquelles le nom d'amygdaloïdes convient parfaitement. Dolomieu, en étudiant les roches amygdaloïdes dont
il avoit une fort belle collection, prétend qu'on ne devoit donner au nom d'amygdaloïde que l'acception d'un adjectif ; il ne
l'accordoit même qu'aux roches amygdaloïdes dont les
noyaux étoient ronds ou oblongs. Il avoit nommé brèches de
fausse apparence ou variolite, ou roche glanduleuse, les
autres roches confondues jusque-là avec les amygdaloïdes,
et dont la forme des noyaux est assez remarquable pour devenir un caractère important. Mais comme Dolomieu n'a
pas donné des noms propres aux espèces de roches qu'il re-
connoissoit, il en résulte, qu'à l'exception de l'espéce variolite, toutes les autres sont restées confondues, et la réfor-
me proposée est nulle. La confusion s'est rétablie bientôt.

Nouvellement M. Brongniart a proposé de conserver ou
plutôt d'affecter le nom d'amygdaloïde à la roche dite variolite, par Saussure, Dolomieu, Delamétherie et Patrin.
V. VARIOLITE, LAVES, AMYGDALOÏDES, (L.N.)

MANDEOCHADE. C'est un des noms de pays du Manioc , *Jatropha manihot.* (L.N.)

MANDHATYA, MANGILI et **MARA.** Noms ceylanais d'une espèce de Condori , *Adenanthera pavonina* , L. (L.N.)

MANDIBULES (*Ornithologie*). On appelle ainsi les deux parties dont se compose le bec des oiseaux ; des auteurs les nomment *mâchoires* , et d'autres n'appliquent ce nom qu'à la partie supérieure. Quant à leurs diverses conformations , *Voy.* le mot Bec à l'article Ornithologie. (V.)

MANDIBULES (*Insectes*). Les *mandibules* (*Mandibulæ*) , que quelques auteurs appellent *maxillæ* , parce que ce mot peut les faire confondre avec les *mâchoires* , sont ordinairement les parties les plus apparentes et les plus solides de la bouche des insectes : elles se trouvent placées immédiatement au-dessous de la lèvre supérieure , et au-dessus des mâchoires ; elles sont cornées et arquées , souvent dentelées , quelquefois très-prolongées en avant ; elles se meuvent latéralement. Elles ne portent jamais de palpes ou antennules.

Les insectes qui se nourrissent d'alimens solides , sont les seuls pourvus de mandibules plus ou moins fortes , selon la dureté de ces alimens. Ceux qui vivent de substances animales ont les mâchoires plus allongées et plus saillantes que ceux qui rongent le bois ; et ceux-ci les ont plus fortes que les autres qui se nourrissent de feuilles de végétaux. *V.* Bouche des insectes. (O.)

MANDIBULÉS , *Mandibulata.* Famille d'insectes , de l'ordre des parasites, formée du genre Ricin de Degeer. *Voyez* ce mot. (L.)

MANDIBULITE. On a donné ce nom aux *mâchoires fossiles* des poissons. *V.* au mot Poissons Fossiles. (B.)

MANDIIBA et **MANDIOCA.** Noms brasiliens du Manioc. (L.N.)

MANDOBI , MANDUBI et **MONOBI.** Noms brasiliens de la Pistache de terre , *Arachis hypogea.* Le Mandubi d'Angola est le *pois d'angole* , c'est-à-dire , le *glycine subterranea* , L. , qui est l'*arachis africana* de Burmann , cultivée en Afrique. Dans le royaume de Sofala, on l'appelle *jugo.* Voy. Glycine. (L.N.)

MANDOLA. L'un des noms italiens de l'Amandier. (L.N.)

MANDRAGORE , *Mandragora.* Genre de plantes, selon quelques botanistes , espèce du genre Belladone , selon le plus grand nombre. *Voyez* au mot Belladone.

La *mandragore* a un calice turbiné, à cinq divisions; une corolle campanulée, à cinq découpures deux fois plus longues que celles du calice; cinq étamines, dont les filamens sont dilatés à leur base; un ovaire supérieur biglanduleux, surmonté d'un style à stigmate capité et sillonné; une baie globuleuse dont les placentas sont saillans, et qui renferme plusieurs graines à embryons en spirale, situées près des bords du périsperme.

Les racines de cette plante sont vivaces, longues et grosses comme le bras, plus souvent simples, et quelquefois divisées en deux ou trois branches. De leur sommet sortent plusieurs feuilles lancéolées, longues d'un pied, et larges de quatre pouces, au centre desquelles se développent successivement plusieurs fleurs solitaires, portées sur des pédoncules très-courts, qui deviennent des fruits jaunes, gros comme des noix. Toute la plante, et surtout ses fruits, a une odeur forte, puante, et est placée parmi les remèdes stupéfians ou narcotiques. Elle purge par haut et par bas, en donnant des convulsions. On n'en fait point ou peu d'usage dans la médecine moderne.

Les anciens, et quelques modernes, ont donné une grande importance à la mandragore; mais elle est fondée sur des idées superstitieuses, ou sur des fables ridicules. Sa racine, lorsqu'elle est fourchue, représente souvent les cuisses d'un homme ou d'une femme, et au moyen de quelques coups de couteau, on y imprime les marques de la partie extérieure de l'un ou de l'autre sexe, d'où résulte la mandragore mâle et femelle, et les propriétés pour faire engendrer, pour faire accoucher, etc. De pareilles sottises ne méritent pas plus d'une phrase dans un ouvrage raisonnable.

La mandragore croît naturellement dans les parties méridionales de l'Europe, et moyennes de l'Asie, aux lieux ombragés et humides. On la cultive quelquefois dans les jardins; mais elle n'y est d'aucun avantage, et peut être dangereuse. (B).

MANDRAGORAS des Grecs, *Mandragora* des Latins. Plantes célèbres chez les anciens. Dioscoride en indique deux espèces; l'une nommée *mandragore noire* ou *femelle*, et *thridacias*, dont les feuilles couchées par terre sont plus petites que celles de la laitue, et d'une odeur désagréable. Ses fruits ressemblent aux cormes (*sorbus domestica*); ils sont jaunâtres et odorans. Sa racine se divise en deux ou trois branches noirâtres en dehors, blanches en dedans: elle ne pousse point de tige. La seconde espèce est appelée *mandragore blanche* ou *mâle*, et *morion*; ses feuilles sont plus grandes, et blanches comme celles de la bette: ses fruits deux fois plus gros, de couleur de safran, d'une odeur agréable mais appesantissante : ces fruits, lorsqu'on les mange, causent l'assoupissement. La racine est la même, mais plus grande, et plus blanche. Pline reconnoît ces deux espèces de *mandragora*, qui ne paroissent point du tout être le *mandragoros* de Théophraste ou le *morion* de quelques auteurs grecs. En effet, le *mandragoros* de Théophraste est une plante qui se plaisoit dans les lieux ombragés, et autour des cavernes, ce qu'exprime le nom de *mandragoras*, qui vient d'un mot grec qui signifie caverne, ou plutôt étable à troupeaux, parce que primitivement on faisoit retirer les troupeaux dans des cavernes qui servoient ainsi d'étables. Ses feuilles sont radicales, plus petites que celles du *mandragoras* mâle, et sa racine est blanche et de la grosseur du doigt : cette plante est également vénéneuse et assoupissante. On a pris pour elle, mais à tort, le *physalis somnifera*, et surtout la BELLADONE, qui ont la tige rameuse, mais dont les fruits noirs et de la grosseur des fruits du mûrier, expliqueroient pourquoi les Grecs nommoient *morion* leur plante. Théophraste a laissé une description trop incomplète de son mandragoros, pour que nous puissions le reconnoître : cependant il n'a dû indiquer qu'une solanée. Quant aux deux *mandragoros* dont nous avons d'abord parlé, ils répondent à notre fameuse MANDRAGORE ou *mandegloire*, dont il existe deux variétés, l'une à fruit rond, qui est la *mandagore mâle*, et une à fruit en poire, qui est la *mandragore femelle*.

Les anciens ont attribué de grandes vertus à ces plantes, dont les principales étoient de faire engendrer, et faciliter singulièrement l'accouchement. A cet effet, on préparoit avec sa racine, et de différentes manières, une liqueur qu'on appliquoit en cataplasme sur l'estomac; on faisoit encore usage de cette liqueur par petite dose, pour provoquer le sommeil : elle étoit mortelle à forte dose. Elle passoit pour ophthalmique et propre à calmer les douleurs : on l'employoit comme vomitif.

La *mandragore*, très-célèbre chez les anciens, a reçu différens noms qui ont trait à ses vertus vraies ou supposées. Pythagore lui donne le nom de *antropomorphon*, et Columelle celui de *semihomo*, parce que la racine, ordinairement divisée en deux, imite la partie inférieure du corps humain. Le nom de *Circœa* ou *Circée*, qui se prend ici pour *enchanteresse*, lui étoit plus communément appliqué, parce qu'on supposoit que cette racine, quoique réfrigérante, excitoit à l'amour. Ses autres noms sont les suivans : *xerathe*, *antimonium*, *antimion*, *bombachylum*, *minon*, *mandragoras*, *mandragoron* (Hipp.), *antimelon* et *dircœa*. C'étoit l'*apemum* des

Égyptiens ; le *cammarum* ou *diamonon* et *archine* de Zoroastre ;
l'*hermiones* ou *gunogeonos* des prophètes et des mages ; le *mala
canina* des Romains , etc.

La belle-de-nuit n'est point du tout une des *mandragoras*
des anciens, comme quelques auteurs l'ont cru ; cette plante
est originaire d'Amérique, et a été long-temps connue sous le
nom de *merveille du Pérou*. Le GIN-SENG a été aussi comparé à la
racine de mandragora ; c'est ce qui l'a fait appeler *mandragore du Japon*.

La véritable *mandragore* est l'*atropa mandragora* de Linnæus ; Tournefort en faisoit un genre distinct de celui de la
belladone , que Linnæus met aussi dans l'*atropa*. Adanson ,
contre son ordinaire, ne reconnaît point le genre *mandragora*
de Tournefort ; il le rapporte au solanum. Jussieu , Ventenat et d'autres auteurs , ont adopté l'opinion de Tournefort.
Voyez MANDRAGORE ci-avant. (LN.)

MANDREGORE et MANDEGLOIRE de Chine. *Voy.*
GIN-SENG. (LN.)

MANDRET. Jeune RENARD , en languedocien. (DESM.)

MANDRIGOULO. C'est la MANDRAGORE , en Languedoc. (LN.)

MANDRILL , *Cynocephalus* , Bris., Erxl. ; *Papio* , Geoff. ,
Simia , Linn. Genre de singes de l'ancien continent , caractérisés par un museau très-allongé, un angle facial de trente
degrés d'ouverture , le renflement des os maxillaires supérieurs , les rides obliques dont leur face est marquée , leur
queue très-courte , leurs bras à peu près égaux en longueur
aux jambes , les larges callosités de leurs fesses , leurs abajoues , etc.

Les mandrills ont beaucoup de points de ressemblance
avec les babouins, dont ils ont particulièrement le nez tronqué au bout comme le museau d'un chien , les narines étant
ouvertes sur la troncature ; mais les babouins ont une queue
longue, et leurs os maxillaires supérieurs sont peu sensiblement renflés.

Le pongo de Bornéo est aussi fort voisin des mandrills ;
mais ce singe , dont on ne connoît encore bien que le
squelette, en diffère en ce que ses bras sont infiniment plus
longs que ses jambes ; en ce que sa tête a une forme toute
particulière , le front étant très-reculé , le crâne petit et
comprimé , la face pyramidale , les branches montantes de
la mâchoire inférieure très-relevées , et renfermant vraisemblablement dans l'espace qui les sépare quelque tambour osseux analogue à celui des alouates ; caractères qui
manquent absolument aux mandrills.

Les magots et quelques macaques , sont , après les orangs et le pongo , les seuls singes de l'ancien continent , qui n'ont point de queue ou qui en ont une très-courte ; mais les magots et les macaques ont les narines obliques sur la face , comme les guenons, et ne diffèrent principalement de celles-ci , dans le caractère qu'offre leur tête , qu'en ce que leur museau est proportionnellement plus allongé.

Les mandrills habitent l'Afrique équatoriale. Ce sont des singes d'une figure hideuse et d'une brutalité extrême , auxquels seuls on peut rapporter les enlèvemens de négresses dont on accuse ordinairement les orang-outangs. Ils sont d'ailleurs, comme ces derniers , souvent désignés par le nom d'*hommes des bois*.

Première Espèce. — Le MANDRILL , *Cynocephalus mormon* ; *Simia maimon*, Linn. (jeune âge.) — *Simia mormon*, Linn. (adulte.) — MANDRILL (jeune âge) et CHORAS (adulte), Buff. , tom. 14 , pl. 16 et 17 , et suppl. tom. 7, fig. 9. — — BOGGO des voyageurs. — BARRIS de Gassendi. — MANDRILL (mâle non entièrement adulte), Audeb. , *Hist. nat. des singes* , fam. 2, sect. 2, fig. 1. — Cuvier, *Ménag. du Mus.* — GRAND BABOUIN, Pennant. — BABOUIN VARIÉ , Shaw. *Voyez* pl. G 6 de ce Dictionnaire.

L'on a long-temps considéré les différens âges de cette espèce comme formant des espèces distinctes , et c'est aux observations suivies de M. Geoffroy sur les mandrills de la ménagerie , qu'on doit la certitude qu'ils n'en constituent réellement qu'une seule.

Le mâle qui a pris tout son développement, a jusqu'à cinq pieds de longueur. Son corps est trapu et ses membres robustes ; son pelage est d'un gris-brun olivâtre en dessus , blanchâtre en dessous ; son menton est garni d'une petite barbe jaune citron pointue. La face est longue oblique ; les joues nues renflées, sillonnées de rides profondes longitudinales , sont d'un bleu changeant en violet livide ; un ruban étroit de couleur de sang, couvre toute la longueur du nez, et l'extrémité de cette partie même devient écarlate ; les oreilles sont nues , anguleuses en leur bord supérieur et postérieur, d'un noirâtre tirant sur le bleu ; les pieds et les mains sont aussi de cette couleur ; les fesses sont nues , fort larges , d'un rose vif , nuancées sur les côtés de lilas et de bleu ; l'anus est placé très-haut ; les parties génitales sont d'un rouge de feu , d'autant plus tranché qu'elles sont absolument nues.

« Les jeunes mandrills et les femelles , dit M. Cuvier (*Ménagerie du Muséum*), ont le museau plus court et d'un bleu uniforme. Le rouge ne vient au nez des premiers, que quand leurs canines se développent entièrement. C'est alors aussi que les saillies et les rides des joues commencent à paroître. Les femelles ne prennent jamais de rouge décidé, seulement le bout de leur nez devient un peu rougeâtre dans le temps de leur écoulement périodique. Ce dernier état leur arrive assez régulièrement chaque mois, et dure quinze jours ; il est accompagné d'un gonflement bien singulier des parties qui environnent l'anus ; il s'y forme alors une protubérance inégale, rouge et comme enflammée, de la grosseur d'une tête d'enfant ou plus forte encore ; en même temps ces femelles répandent beaucoup de sang, et quelquefois une liqueur blanche. C'est au commencement et à la fin de cet état qu'elles sont le plus portées à l'amour ; les mâles sont extraordinairement ardens en tout temps, et s'épuisent souvent à force d'excès ; leur semence a cela de particulier, qu'à l'instant où elle tombe à terre, elle s'y fige et s'y durcit comme feroit de la cire liquide. »

De tous les singes connus, les mandrills sont, sans contredit, les plus lascifs ; ils recherchent la jouissance des femmes, et ceux qui sont renfermés dans les ménageries se livrent aux actions les plus brutales devant elles ; mais, selon l'observation de M. Cuvier, il s'en faut bien que toutes aient le pouvoir de les exciter au même point. Un mandrill du Muséum entroit dans des accès de frénésie à l'aspect de quelques-unes, et on voyoit clairement qu'il choisissoit celles sur lesquelles il vouloit porter son imagination. Il ne manquoit pas de donner la préférence aux plus jeunes, et les distinguoit dans la foule ; il les appeloit de la voix et du geste, et on ne pouvoit douter que, s'il eût été libre, il ne se fût porté à des violences.

Ces singes ont le nez presque toujours morveux et dégouttant, et ils se lèchent les narines. Leur voix ordinaire est un petit son, *aou*, *aou*, prononcé de la gorge ; et quand on les irrite, ils râlent un peu de la gorge, mais jamais bien haut. Ils se tiennent quelquefois debout sur leurs pieds de derrière, mais ils ne marchent pas debout. On les trouve à la côte d'Or et en Guinée ; et c'est à tort qu'on a indiqué la fausse espèce du *chorus* ou mandrill mâle adulte, comme habitant l'île de Ceylan.

Seconde Espèce. Le MANDRILL BRUN, *Simia Leucophæa*, Fr. Cuv., Ann. Mus., tom. IX, pl. 37. — Cette espèce dont on ne connoît encore que de jeunes individus, a été reconnue par M. Frédéric Cuvier. Ils ont la face toute noire, tandis que les mandrills du même âge l'ont bleue. Tout le dessus de leur corps est d'un gris un peu jaunâtre, plus brun sur la tête et le long de l'épine, sur le bras, les jambes et la partie inférieure des cuisses ; le ventre et la poitrine sont blanchâtres ; le dessous du menton est jaune, et les poils de la queue, gris. Ce singe vient probablement des côtes d'Afrique. (DESM.)

MANDRO. Nom du RENARD, dans le midi de la France.

MANDSIADI. Nom malabare du CONDORI A GRAINES ROUGES (*Adenanthera pavonina*, L.). (LN.)

MANDUBI. C'est, dans Marcgrave, la GLYCINE SOUTERRAINE. (B.)

MANDURRIA. Nom générique des IBIS et des COURLIS, au Paraguay. (V.)

MANÈQUE. Variété de la MUSCADE. *V.* au mot MUSCADIER. (B.)

MANÈS. Nom donné, par les Caraïbes, à un mastic d'un violet foncé, fait avec la cire molle que leurs abeilles fournissent. (L.)

MANESTIER ou **MUNISTIER.** Gesner et Jonston désignent sous ce nom le *bonasus* ou l'*aurochs*. (DESM.)

MANETOU. C'est l'AMPULLAIRE. (B.)

MANGA, MANGAS et **MANGI.** Noms malais des fruits du MANGUIER de l'Inde, et de ceux de plusieurs autres arbres indiqués à l'article MANGIUM. (LN.)

MANGABEY, *Simia æthiops*, L. Mammifère quadrumane du genre des GUENONS. (DESM.)

MANGABEY A COLLIER, *Simia fuliginosa*. Autre singe du même genre. (DESM.)

MANGA–BRAVA. Les Portugais de l'Inde désignent par ce nom une espèce d'AHOUAI (*cerbera manghas*, L.), que les Malais nomment *caju-sussu* et *caju-gorita*. (LN.)

MANGA-CHAPAY. Arbre qui fournit des petits mâts aux îles Philippines. On ignore son nom botanique. (B.)

MANGA–NARI. Plante du Malabar, figurée par Rheede (Mal. 10, t. 6), qui paroît être une espèce de *gratiola* et l'*ambula* d'Adanson, qui est l'*ambulia* de Lamarck. (LN.)

MANGAE. Nom que les naturels du Chili donnent au CONDOR. (S.)

MANGAIBA. Nom brasilien du MAMEI. (B.)

MANGAIO. Nom du DOLIC LABLAB, chez les Portugais. (LN.)

MANGANAISE et **MANGANAIZE.** *V.* MANGANÈSE. Quelques minéralogistes ont fait ces noms féminins ; mais il est reçu maintenant de les faire masculins, comme tous ceux des autres métaux. (LN.)

MANGANÈSE et **MANGANAISE.** Métal fragile, d'un blanc brillant dans sa fracture. Sa texture est grenue ;

il est dur, cassant, mais il s'aplatit un peu sous le marteau
avant de se briser; il est encore plus difficile à fondre que
le fer forgé; fondu avec d'autres métaux, il s'allie avec eux,
excepté avec le mercure. Sa pesanteur spécifique est de 6,25.

Ce métal chauffé avec le contact de l'air, passe à l'état
d'oxyde, blanchâtre d'abord, et qui noircit à mesure que
l'oxydation devient plus complète.

A froid, il n'a aucune action sur le gaz oxygène et l'air
sec; mais il en a une légère sur ces gaz humides. Les chimistes connoissent quatre espèces d'oxydes de manganèse:
1.º le protoxyde de manganèse ou manganèse oxydé au
minimum, qui est vert; on le trouve dans la nature combiné
avec le soufre dans le manganèse sulfuré; 2.º le deutoxyde
de manganèse qui renferme une plus grande quantité
d'oxygène et qui est blanc; il existe dans le manganèse lithoïde; 3.º le tritoxyde de manganèse; il est brun-marron,
plus oxygéné encore; et 4.º le peroxyde de manganèse qui
contient plus de sa moitié d'oxygène. C'est le plus commun
dans la nature.

La prodigieuse avidité de ce métal pour l'oxygène est une
propriété bien digne d'attention, et Fourcroy fait, à ce
sujet, la remarque suivante. « J'ai observé, dit-il, que les
petits globules de manganèse s'altèrent très-promptement
par le contact de l'air; ils se ternissent d'abord et se colorent en lilas et en violet; bientôt ils tombent en poussière
noire et ressemblent alors à l'oxyde de manganèse natif. Cette
oxydation rapide du manganèse a toujours été pour moi quelque chose de très-singulier. Elle prouve la forte attraction
qui existe entre le manganèse et l'oxygène de l'atmosphère. »
(*Chimie*, 2. p. 488.)

L'attraction puissante du manganèse pour l'oxygène, fait
qu'on ne trouve jamais ce métal dans la nature qu'à l'état
d'oxyde, et qu'il est très-difficile de traiter ses mines pour
l'obtenir à l'état de régule. Fourcroy est cependant parvenu
à réduire l'oxyde de manganèse à l'état métallique, sous la
forme de grenailles qui avoient jusqu'à deux ou trois lignes
de diamètre, et qui étoient enveloppées d'une fritte vitreuse.
Il observa, dans le cours de ses opérations, que les fondans,
bien loin de favoriser la réduction du métal, l'empêchoient,
au contraire, totalement.

M. John a remarqué que si, pendant la fusion, le manganèse se combinoit à une petite quantité de fer provenant de
la poussière de la houille avec laquelle le creuset est bras-
qué, le culot n'éprouvoit aucune altération à l'air, et pouvoit
être conservé sans risque dans un flacon bouché. Dans cet

état, il possède une certaine malléabilité et est attiré par l'aiguille aimantée. M. John en conclut qu'il n'est pas impossible de rencontrer le manganèse natif dans la nature.

L'existence du manganèse soupçonnée par Cronstedt, en 1758, fut annoncée par Gahn en 1770. Son oxyde, qui est si commun, avoit été confondu avec les mines de fer. En 1771, Schecle démontra que cet oxyde contenoit un métal particulier très-difficile à réduire. Quelques années après, vers 1774, Gahn obtint, pour la première fois, un culot de ce métal. Quelque avide que soit le manganèse pour l'oxygène, il l'abandonne avec la même facilité qu'il l'absorbe ; il suffit de le faire chauffer pour l'en dégager abondamment. C'est même le moyen le plus sûr d'obtenir l'air vital dans toute sa pureté, que d'exposer l'oxyde (peroxyde) de manganèse à l'action du feu dans un appareil pneumato-chimique où on le recueille pour les usages des chimistes et pour ceux que la médecine en fait quelquefois, et peut-être trop rarement. En distillant de l'acide muriatique (hydrochlore) sur cet oxyde, on obtient de l'acide muriatique suroxygéné (acide chlorique) qui a la propriété de blanchir les matières végétales et de rendre aux tableaux leur première fraîcheur.

Les diverses espèces de manganèse qu'on trouve dans la nature sont les suivantes : 1.º manganèse natif ; 2.º manganèse oxydé ; 3.º manganèse lithoïde ; 4.º manganèse carbonaté ; 5.º manganèse muriaté ; 6.º manganèse phosphaté ; 7.º manganèse sulfuré. Plusieurs de ces espèces sont encore très-mal connues, et, à l'exception du manganèse oxydé, toutes les autres sont rares ou peu répandues. Toutes ces combinaisons de manganèse se distinguent aisément des autres substances métalliques ; par l'essai au chalumeau avec du borax et un peu de potasse, on obtient un verre coloré en violet. Cette propriété de colorer le verre de borax en violet est particulière à l'oxyde de manganèse ; il colore ainsi toutes les pierres où il se trouve. La tourmaline rouge, la lépidolithe, le quarz améthyste, la chaux carbonatée manganésifère, et beaucoup d'autres substances que nous ne citons pas, en sont des exemples. Nous allons faire connoître les diverses espèces de manganèse suivant l'ordre alphabétique de leur nom, quoique ce ne soit pas la marche adoptée par les minéralogistes. Nous terminerons par les articles de renvois.

MANGANÈSE CARBONATÉ. *Manganèse minéralisé par l'acide aérien,* Cronstedt., Bergm., Kirw.; *Manganèse oxydé carbonaté,* Haüy (en partie). Cette espèce, dont l'existence a été constatée par plusieurs minéralogistes et par des chimistes célèbres, a été confondue avec le manganèse lithoïde dont

elle est distincte si les analyses qu'on en a données sont exactes.
Elle a de même une couleur rose , mais plus approchante de
celle de la framboise ; elle a des variétés blanches ; son tissu
est lamelleux , et ses lamelles sont nacrées ou brillantes. On
en cite de brune et de jaunâtre. Son caractère essentiel est
dans la présence de l'acide carbonique.

Voici les analyses de deux variétés de cette espèce.

	Lampadius.	Descostils.
	(*Kapnick.*)	(*Bohème.*)
Manganèse oxydé.	. 48	. 53
Acide carbonique.	. 49	. 35,6
Fer.	. 8	. 8
Silice.	. 1	. 4
Chaux.	. 0	. 2,4

On voit , par ces analyses, que la silice est en fort petite
quantité , tandis que dans le manganèse lithoïde , elle fait
plus du tiers et même plus de la moitié de la masse.

Le manganèse carbonaté se trouve à Nagyag (Proust)
en Transylvanie et à Kapnick en Hongrie. Il forme des
concrétions globuliformes ou des veines dans le manganèse
lithoïde , et est accompagné des mêmes substances. Il y est
aussi en masse compacte. Celui analysé par M. Descostils
lui avoit été communiqué par M. Lelièvre , qui le croyoit
de Bohème. Il s'éloigne par sa couleur gris–brunâtre , et ressemble à un fer spathique. Il est infusible au chalumeau ,
mais devient noir et attirable. Son analyse demanderoit à
être répétée.

On indique encore du manganèse carbonaté rose dans la
mine de la Rivera, vallée de Suze en Piémont. Il y est accompagné de diallage, coloré par le chrôme. Il se rencontre
aussi , dit-on, dans d'autres mines du même pays ; mais
comme il existe une grande confusion dans les ouvrages
entre le manganèse lithoïde et le manganèse rose , nous
n'affirmons rien.

MANGANÈSE LITHOÏDE , Brong., Bourn. ; *Chaux
de manganèse de Nagyag*, Berg. , Sciag. , édit. Lamet. 2 , pag.
258; *Rother braunstein* , W. ; *Manganèse oxydé carbonaté* , Haüy
(en partie); *Red manganese ore* , James. Vulgairement, *manganèse rose; manganèse siliceux.* Cette espèce est facile à reconnoître , en ce qu'elle ressemble à une pierre compacte
dont la couleur est généralement le rose et ses nuances.
Elle offre des variétés d'un jaune pâle ou brunâtre, et même
blanches; elle est très-dure , étincelle sous le choc du bri-

quet et raye le verre. Sa cassure est inégale, et ses écailles
ont un peu de translucidité sur les bords. Sa pesanteur spécifique est de 3,2 à 3,6. Au chalumeau, elle ne fond pas,
mais se noircit. Cependant M. Lelièvre est parvenu à la
fondre.

Ses principes essentiels sont l'oxyde de manganèse et la
silice unie à une fort petite quantité de fer, et sans un atome
d'acide carbonique.

On en distingue deux variétés qui passent de l'une à l'autre
sans offrir des limites distinctes.

Le *manganèse lithoïde lamelleux* (*Mangans spath.*, *Blaet-
triger Rothstein*, Haussm.). Il se distingue par sa structure
lamelleuse à très-petites lamelles qui m'ont paru offrir des
angles droits ou à très-peu près, et des plans qui annonceroient
une forme prismatique. Ses couleurs sont : le rose passant
au lilas, au pourpre et au rose de chair. Sa pesanteur spécifique est de 3,6. L'analyse du manganèse lithoïde lamelleux de Suède, a donné, suivant Berzelius, pour principes
de cette pierre :

Manganèse oxydé.	52,60
Silice.	39,60
Fer oxydé.	4,60
Chaux.	1,50
Matières volatilisées.	2,75
	101,05

Ce manganèse existe dans les mines de fer qui gisent dans
les montagnes de gneiss, près de Langbanshyttan, province
de Wermelande, en Suède ; il accompagne le grenat, le fer
sulfuré magnétique et la chaux carbonatée. On le rencontre
aussi dans la mine d'Orlez, près d'Ekathérinbourg en Sibérie, et en Norwége.

Manganèse lithoïde compacte. Le tissu de cette variété n'est
pas lamelleux, mais serré et compacte comme celui du silex,
ou finement granulaire. Il est ordinairement d'un rose pâle
ou de fleur de pêcher passant au brunâtre, au jaunâtre et au
blanc. Ses couleurs sont quelquefois mélangées. Sa pesanteur
spécifique et de 3,2. Il est composé, suivant

	Lampadius.	Ruprecht.
	(*Sibérie.*)	(*Nagyag.*)
Manganèse oxydé.	61	35
Silice.	30	55
Fer oxydé.	5	5
Alumine.	2	5

Cette variété se rencontre dans les mêmes mines que la précédente, et en Transylvanie : elle abonde, notamment à Nagyag et à Kapnick. Dans le premier de ces lieux, elle accompagne le tellure aurifère et la chaux carbonatée manganésifère : à Kapnick, elle s'associe au zinc sulfuré, au cuivre gris, au plomb sulfuré, au spath perlé ou chaux carbonatée ferro - manganésifère, au quarz, etc. ; à la Romanèche, près de Mâcon, on en trouve une variété accompagnée de chaux fluatée. Elle forme des veines dans le manganèse oxydé terne.

Le manganèse lithoïde seroit peut-être mieux indiqué par le nom de manganèse oxydulé. Il ne doit pas être confondu avec le manganèse carbonaté ; celui-ci est fort rare, et son existence même, dans certaines localités, est fort douteuse.

On ne fait aucun usage, dans les arts, du manganèse lithoïde ; cependant les Russes font des boîtes agréables par leur couleur rose, avec celui qui vient de la mine d'Orlez, près d'Ekathérinbourg. On en voyoit dans le cabinet de M. de Drée, à Paris, un petit vase, dont le corps avoit six pouces de hauteur. Il a été vendu, il y a un an, 253 francs, en vente publique. Il est malheureux que sa belle couleur lilas soit généralement salie par des veines noires.

Le manganèse violet en prismes ou radié, trouvé dans la vallée d'Aost en Piémont, et décrit par Napione et Viviani, et dont le premier a donné l'analyse, est une variété de la lépidote manganésifère ; par conséquent elle ne doit point être classée avec le manganèse rose comme le soupçonne Jameson. (LN.)

MANGANÈSE NATIF. M. de la Peyrouse indique ce métal dans la mine de Sem, sur la montagne de Rancié, vallée de Vic-Dessos, dans les Pyrénées. Il l'y a observé sous forme de boutons un peu aplatis, salissant les doigts, ayant le tissu lamelleux et la couleur du manganèse métallique. Ces boutons étoient malléables jusqu'à un certain point, et n'avoient aucune action sur l'aiguille aimantée. C'est le seul exemple de l'existence du manganèse métallique dans la nature, si toutefois l'observation de M. de la Peyrouse, qui date de 1782, est exacte. La plupart des minéralogistes en doutent. L'avidité du manganèse pour l'oxygène est la principale raison qui s'oppose à son existence à l'état de pureté dans la nature. Nous ne croyons pas que l'on ait retrouvé, dans la mine de Sem, des boutons semblables à ceux décrits par M. de la Peyrouse, quoique le manganèse oxydé y abonde. (LN.)

MANGANÈSE MURIATÉ (*M. chloruré*). Bergmann est assez porté à croire que l'on pourroit trouver cette espèce de manganèse. M. Hielm prétend l'avoir découvert dans des eaux minérales, près le lac Veltern. Depuis, aucun minéralogiste n'a indiqué ce sel très-déliquescent, et par conséquent très-soluble dans l'eau; d'où l'on peut douter de son existence dans la nature. Les chimistes en obtiennent deux espèces dans leurs laboratoires: l'un rose, qui est un trito-muriate de manganèse; et l'autre blanc, qui est un dento-muriate.

MANGANÈSE OXYDÉ, Haüy. (*Braunsteiners*, W., *manganèse peroxydé*, Chimicor). Il y a peu de substances minérales qui soient aussi universellement répandues dans la nature que le manganèse oxydé, et qui s'y présentent sous un aussi grand nombre d'aspects différens. Les minéralogistes étrangers ont cru même devoir le diviser en plusieurs espèces.

Les Allemands reconnoissent avec Werner, 1.º le manganèse gris (*graubraunsteiners*); 2.º le manganèse noir (*schwartz braunsteiners*). Mais ces deux divisions ne pouvant renfermer quelques variétés moins communes, qui s'en éloignent, Haussmann a établi pour elles l'espèce *wad*.

Les minéralogistes français ont suivi, ou les divisions par couleur, parce qu'elles sont en accord avec celles propres aux divers degrés d'oxydation du manganèse, ou la division en deux, selon l'aspect, soit métallique, soit terne; les uns réunissent toutes les variétés en une seule espèce, et les autres les partagent en deux; mais comme elles ont toutes pour caractère commun d'être un oxyde de manganèse infusible gris-noir ou brun très-tachant, nous avons cru devoir les laisser réunies en une seule espèce, que nous diviserons ainsi qu'il suit pour en faciliter l'étude:

1.º Manganèse oxydé cristallisé.
2.º Manganèse oxydé argentin.
3.º Manganèse oxydé terne.
4.º Manganèse oxydé léger.
5.º Manganèse oxydé dendritique.

§ I.er — *Manganèse oxydé cristallisé.*

Nous diviserons ce groupe en deux: dans le premier, nous placerons les variétés qui ont la couleur grise de l'acier, et dans le second, celles qui ont l'aspect noir, quoique les unes et les autres soient cristallisées et jouissent de l'éclat métallique.

A. Variétés dont la couleur est grise.

Manganèse oxydé métalloïde gris, Haüy; *Manganèse métalloïde chalybin*, Brong.; *Magnesia*, Wall.; *Graubraunsteiners*, W.; *Grey manganese ore*, James.; *Manganèse cristallisé*, Romé-del'Isle. On reconnoît ce manganèse à son éclat métallique et à sa structure presque toujours radiée ou fibreuse. Il est d'un gris d'acier ou de fer passant au noir. Il tache les doigts, et les variétés les plus compactes laissent sur le papier une trace grise. Il est infusible au chalumeau. Sa poussière est noire. Sa pesanteur spécifique varie entre 3,53 et 4,75. Il est composé de petits prismes striés dont la structure est lamelleuse. Ces prismes sont tantôt disposés en rayons, tantôt entrelacés, et quelquefois en druse, qui présente plusieurs formes particulières. Mais ces cristaux sont rarement parfaits, étant généralement déformés par de nombreuses stries longitudinales. M. Haüy a reconnu que leur forme primitive est celle d'un prisme droit rhomboïdal d'environ 100° et 80°, lequel se subdivise dans le sens des petites diagonales de ses bases. Ce même savant décrit trois variétés de forme ; ce sont :

La *primitive* : c'est le prisme droit rhomboïdal, déjà observé par Romé-de-l'Isle ; mais ce naturaliste lui supposoit des angles de 115° et 65°.

La *quadrioctonal* : le prisme à huit pans à sommet dièdre.

La *dioctaèdre* : le prisme à huit pans à sommet tétraèdre.

Il y a lieu de croire que les formes cristallines sont plus multipliées. M. le comte de Bournon en possède même qui appartiennent à treize modifications différentes du prisme tétraèdre rhomboïdal primitif.

D'après MM. Cordier et Beaunier, les principes de ce manganèse sont les suivans :

	Tholley.	Allemagne.	Piémont
Manganèse oxydé.	45,5	45,5	44
Oxygène.	38	36,5	42
Fer oxydé.	2	o	3
Carbone.	o	o	1,5
Chaux carbonatée.	o	8,5	o
Baryte.	1,5	3	o
Silice.	7,5	7	5
Perte.	5,5	o,5	4,5

On peut distinguer dans cette sous-espèce les variétés suivantes :

1.º *Manganèse oxydé cristallisé radié* (*Manganèse oxydé métalloïde gris aciculaire*, Haüy ; *Strahliger-grau-braun-steiners*, W., le *manganèse radié gris rayonné*, Broch.). Il se présente en cristaux réguliers, en prismes cannelés, quelquefois très-gros et entrelacés, en laissant des vides entre eux, et en massles formées de prismes fasciculés et rayonnés. Sa couleur dans la

cassure fraîche, est le gris d'acier éclatant; mais à l'air, il se
couvre d'une poussière noire. Il est fragile et tachant. Sa pesanteur spécifique est de 4,10, terme moyen. Muschenbroëck
indiquoit 3,5 à 4,32, et Brisson 4,75.

Ses principes sont, d'après Klaproth:

	Ilfeld.	Moravie.
Fer oxydé noir.	90,50	89,00
Oxygène.	2,25	10,25
Eau.	7,00	0,50

Cette espèce appartient aux terrains primitifs; elle se rencontre principalement à Ilfeld au Hartz; à Ilmenau et Saal-
feld en Thuringe; dans le comté de Nassau à Miess, en
Bohème, et à Huttenberg en Carinthie. On l'indique encore: en Angleterre, dans le Cornouailles, le Devonshire,
le Sommersetshire et le Derbyshire; en Écosse, près d'A-
berdeen; à Christiansand en Norwége; en Silésie, à Kon-
radwaldau, à Kupferberg; en Piémont, au Saint-Gothard;
àSchio, près Vicence; en Sibérie, au Chili, etc.

2.º *Manganèse oxydé cristallisé fibreux* (*Fafrigesgrau-braun-
steiners*. Ullman; *Haarformiges graubraunsteiners*, Mohs; vulg.
manganèse aciculaire ou *satiné*). Ce manganèse est pour le moins
aussi répandu que le précédent, dont il a l'éclat métallique;
mais il s'en distingue en ce qu'il est formé par des prismes
capillaires extrêmement fins, satinés, qui sont réunis en faisceaux disposés en boutons, en mamelons, en croûtes minces
et en stalactites sur les mines de fer hématite qu'il accompagne habituellement. Il y en a une variété dont les prismes
capillaires sont déliés et lâchement entrelacés, comme on le
voit dans l'antimoine sulfuré, appelé vulgairement *argent
en plume*. On le rencontre abondamment dans les mines de fer
du département de l'Arriége, de la Saxe et de l'Allemagne
en général, en Norwége, etc.

3.º *Manganèse oxydé cristallisé lamelleux* (*Blættriges graubraunsteiners*. W.; *Manganèse gris lamelleux*, Broch.). Bien que la
structure lamelleuse ne soit point particulière à ce manganèse, elle y est beaucoup mieux prononcée et peut lui servir
de caractère. Il se présente en outre avec une certaine apparence qui le fait reconnoître. Son éclat est le même, quelquefois plus vif; ses formes cristallines plus variées et plus
difficiles à déterminer, et l'on indique parmi elles la cubique;
mais on a sans doute pris pour telle la forme primitive très-
raccourcie. Il existe aussi en masse; il est plus fragile que le
manganèse oxydé radié. Sa pesanteur spécifique est de 3,74.
On le trouve à Ilfeld au Hartz; à Johangeorgenstad en Saxe;

en Bohème, en Transylvanie, en Tirol, à Salzbourg, etc.

4.° *Manganèse oxydé cristallisé compacte*. Il est en masse compacte d'un gris d'acier et à contexture subgranulaire. Il se trouve principalement dans la mine de Saint-Marcel, en Piémont, où il est accompagné de grammatite soyeuse d'un beau violet. Il ne faut pas le confondre avec le manganèse oxydé terne.

Le manganèse oxydé cristallisé se rencontre en Suède, à la montagne de Skidenberg près de Tiwaden; dans les collines de Mendip; dans le Sommersetshire, en Angleterre; en France, au Canigou, dans les Pyrénées, à Siverac (Aveyron), à Davejan (Languedoc), à Tholey (Vosges), à l'Aveline, près St.-Diez; à l'île d'Elbe; en Toscane, près Chianciano; à Schio, dans le Vicentin; en Piémont; à Felsobanya, en Hongrie; à Conradswalde, en Silésie: à Schmalkade, dans le Henneberg, en Franconie; à Ilmenau, et dans la mine de Schneekopf, près de Langenwiese, en Thuringe; à Kamsdorf, Annaberg, Johangeorgenstadt, Eibenstock, Scheibenberg, et Altenberg, en Saxe; au Hartz, à Ilfeld, Osnabruk et Weslar, et dans plusieurs autres lieux, etc., etc.

B. Variétés de manganèse oxydé, dont la couleur est noire.

5.° *Manganèse oxydé cristallisé noir*. Cette variété est le *blættrieher schwarzbaunsteiners* d'Haussmann, c'est-à-dire, sa mine de manganèse noir lamelleux. C'est aussi cette variété que M. de Bournon croit qu'on pourroit désigner par *fer oxydule manganésien*. Elle n'a été trouvée jusqu'à présent qu'à Ehrenstoch, près d'Ilmenau, en Thuringe. Elle est tantôt amorphe à structure lamelleuse un peu radiée, tantôt en très-petits cristaux qui sont des octaèdres allongés (1). Selon M. de Bournon, ces octaèdres sont réguliers et leurs angles solides sont quelquefois remplacés par quatre plans situés sur les faces de l'octaèdre et faisant avec elles un angle d'environ 150° 30'. Ces cristaux sont diversement groupés entre eux ou mélangés et disséminés avec le manganèse gris, ou le même manganèse amorphe. Celui-ci forme des concrétions quelquefois très-minces et granuleuses. Sa poussière est d'un brun rougeâtre foncé. Les cristaux exercent une légère action sur

---

(1) L'octaèdre un peu allongé, considéré dans un certain sens, est une double pyramide surbaissée à base rhomboïdale. Il pourroit être pris ici pour la forme du manganèse oxydé *dioctaèdre*, Haüy, sans le prisme; mais si l'octaèdre de M. de Bournon est régulier, on ne peut pas admettre notre conclusion.

l'aiguille aimantée, d'après l'observation de M. de Bournon.

Cette variété est probablement une espèce distincte. Elle a pour gangue l'antimoine sulfuré et la baryte sulfatée.

§ II. — *Manganèse oxydé argentin.*

Manganèse oxydé métalloïde argentin, Haüy ; *Manganèse métalloïde argentin*, Brong. : *Manganschaum*, Karst. ; *Braunsteinschaum*, Widenm. Sa couleur n'est pas toujours le blanc d'argent, comme sembleroit l'indiquer l'épithète d'argentin qu'on lui donne ; car cette couleur passe au brun et au brun-rougeâtre. Ce manganèse est extrêmement remarquable par son éclat brillant et luisant, et par sa grande légèreté lorsqu'il est en masse. Il est composé de petites paillettes très-fines. Il ne se trouve guère qu'accompagné de fer hématite noir, et de fer spathique. Il forme à leur surface des couches minces festonnées, d'un bel effet, ou pulvérulentes, douces au toucher, très-tachantes, et dans leurs cavités, de très-petites masses spongieuses ou écumeuses et mamelonnées, d'un éclat argentin remarquable, qui ressort davantage par son contraste avec le noir de la pierre ou le noir velouté du manganèse oxydé qui tapisse le plus souvent ces cavités. Le manganèse oxydé argentin contient du fer lorsque sa couleur tend au brun et au rouge : on observe tous ses passages à l'eisenrham (fer oligiste luisant. vol. XI. p. 383), qui comme lui se distingue par sa légèreté et son éclat luisant. On les trouve ordinairement associés dans les mêmes mines. Il existe abondamment dans les mines de fer de Sem, département de l'Arriége. On le rencontre également dans la mine de fer carbonatée de Baigorry (Hautes-Pyrénées); à Articol (Isère); en Saxe, en Bohême, etc.

§ III. — *Manganèse oxydé terne.*

On le distingue à son aspect terne, rarement un peu velouté, et quelquefois ayant un lustre métallique ; sa structure n'est jamais complétement cristalline ; il est noir parfait, ou noir bleuâtre, ou noir violâtre, ou brun-noir, ou brun de bistre, ou gris bleuâtre; il est ou compacte, ou friable, ou terreux; et le plus souvent assez dur pour rayer le verre ; sa pesanteur spécifique dépasse 4,0 ; et elle est communément de 4,3, cependant la variété friable est plus légère.

Ses variétés principales et qui sont les types des autres, sont les suivantes :

1. *M. ox. ter. compacte* (*Mang. terne compacte*, Brongn. ; *M. ox. gris compacte?* H ; *Manganèse oxydé barytifère*, ejusd. ; *dichtes grau braunsteiners*, W). On le trouve en masses amorphes ou tuberculeuses, tubériformes, mamelonnées, concrétionnées, en stalactites, botryoïdes et dendritiques. Il

est d'un noir légèrement bleuâtre ou brun sans éclat métallique, terne; il offre quelques très-petites paillettes qui
brillent çà et là, et qui sont de même nature. Il se brise
assez difficilement; sa cassure est inégale ou conchoïde; ses
éclats ont les bords aigus et rayent le verre. La cassure découvre quelquefois des surfaces agréablement velontées par
du manganèse oxydé pulvérulent. Quoique dur, il est cassant; sa pesanteur spécifique est de 4,2 à 4,4.

Le manganèse oxydé terne compacte est loin d'être composé exclusivement de manganèse oxydé, comme on pourra
en juger par les analyses suivantes :

	St.-Micaud	Périgueux	Romanèche	Laveline
Manganèse oxydé jaune,	35	50	50	65
Oxygène.	33	17	33,7	17
Fer oxydé rouge	18	13,5	0	0
Carbone	0	0	0,4	0
Chaux et magnésie Fer et manganèse	} 7	6	0	0
Chaux carbonatée	0	0	0	7
Baryte	4	5	14,7	9
Silice	3	7	1,2	6
Perte	0	1,5	0	6

Ces quatre analyses, dont les deux dernières ont été faites
par M. Vauquelin et par Dolomieu, et les deux premières,
par MM. Cordier et Beaunier, indiquent la baryte comme
principe constituant. M. Vauquelin s'est assuré que cette
substance étoit non-seulement mélangée, mais intimement
combinée avec le manganèse. Il a reconnu 3,0 de cette terre,
dans le minerai de manganèse oxydé de Franc-le-Château,
près de Vesoul. La présence de la baryte porte M. Haüy à
former de ces divers manganèses, un groupe particulier
qu'il place en appendice à la suite du manganèse oxydé. C'est
celui qu'il nomme manganèse oxydé barytifère. MM. Brochant, Brongniart, et Jameson, d'après eux, le rapportent
au *dictes grau-braunsteiners* de Werner.

D'autres analyses annoncent que la baryte ne se trouve
pas toujours dans le manganèse oxydé compacte. L'une de
ces analyses faite par M. Vauquelin, le prouve. En effet,
ce chimiste a reconnu que la mine de manganèse de Saint-
Diez dans les Vosges, qui est très-compacte, n'étoit composée que de manganèse oxydé, 82; chaux carbonatée, 7; silice, 6; eau, 5. Observons cependant que la baryte sulfatée
accompagne très-fréquemment les diverses variétés de manganèse oxydé, au Hartz, où elle leur sert de gangue.

Le manganèse terne compacte est assez répandu ; il en existe à Wurzelberg, au Hartz, dans le pays de Nassau, en Norwège ; mais les deux localités les plus intéressantes, sont en France. La première est celle de Romanèche près de Mâcon ; et la seconde, celle du Suquet, à huit lieues de Périgueux.

La mine de manganèse de Romanèche, dans le département de Saône et Loire, a été décrite par Dolomieu (*Journal des Mines*, n.° 19, pag. 27). Cette mine est à trois lieues au sud de Mâcon, sur la pente orientale d'une chaîne de collines qui se prolonge du nord-nord-est au sud-sud-ouest. Le noyau de ces collines est granitique ; près de Mâcon, il est revêtu de couches calcaires auxquelles succède un grès quarzeux ; à Romanèche, le granite se montre à découvert : c'est immédiatement sur ce granite que repose la mine de manganèse.

« Cette mine, dit Dolomieu, ne constitue ni une couche ni un filon, mais une sorte d'amas en forme de bande, laquelle a dix toises à peu près dans sa plus grande largeur, et près de deux cents toises dans sa longueur connue ; sa direction est du nord-est au sud-ouest (elle est, peu s'en faut, parallèle à la chaîne des collines).

« Elle se montre à affleurement et même elle s'élève au-dessus de la couche végétale dans sa partie nord-est.... Mais elle se plonge sous le sable, l'argile et le grès, en s'étendant vers le sud-ouest.....

« Dans son flanc sud-est, elle paroît bornée par une couche de pierre calcaire, qui alors recouvre le granite ; mais son flanc nord-ouest est encaissé dans le granite même, qui, formant une espèce de gradin, paroît avoir empêché qu'elle ne s'étendît plus loin, lorsque la cause quelconque qui la charrioit est venue la déposer sur l'emplacement qu'elle occupe.

« L'épaisseur de la masse de manganèse est de sept pieds au moins, et quelquefois de quinze et au-delà. Cet *oxyde de manganèse* est d'une couleur brune noirâtre, sans forme déterminée ; quelques morceaux sont mamelonnés, d'autres sont granulés comme les oolithes. L'intérieur du minerai jouit d'un certain brillant métallique. Sa cassure est inégale, et présente le grain de l'acier. Quelquefois son tissu est strié, palmé, dendritiforme ; on y voit des globules striés du centre à la circonférence. Ce manganèse raye non-seulement le verre, mais encore le cristal de roche ; et il étincelle vivement sous le choc de l'acier. Sa pesanteur spécifique varie de trois à quatre mille.

« Dans sa plus grande partie, ajoute Dolomieu (pag. 36), cette mine est exempte de mélange : ce n'est qu'accidentellement qu'on la trouve comme empâtée avec du spath fluor d'une couleur violette très-foncée ; mais ses cavernosités et ses fissures contiennent une argile gris-rougeâtre très-fine et très-ductile. »

Le manganèse de Périgueux se trouve particulièrement au Suquet, hameau de la commune de Saint-Martin-de-Fresseingas, et vers Saint-Jean-de-Colle, district d'Exideuil, à huit lieues de Périgueux. On le rencontre en morceaux épars, à la surface du terrain, et à quelques pieds de profondeur, dans une terre argileuse noirâtre. Il y est mêlé avec des masses de jaspe jaune ou de pechstein dans lequel il est même contenu. Il forme des rognons plus ou moins volumineux et irréguliers. Le lieu où on le ramasse au Suquet (Sacquet ou Soquet) est élevé et situé, d'après M. Gillet, au passage du calcaire au gneiss qui touche au granite. Le manganèse compacte de Périgueux est connu vulgairement sous les noms de *magnésie noire*, *de savon des verriers*, *de pierre de Périgueux*, *de mine de manganèse*, *de craie noire*.

Cette variété de manganèse se trouve encore à Dyo, près de l'abbaye de Sept-Fond (Allier), en rognons, dans une pierre calcaire.

A la Rochetta, près de la ville de la Spezzia, sur la côte de Gênes, on observe un gîte de ce manganèse oxydé compacte ; il est disposé en veines et en rognons, dans un jaspe qui se présente avec les couleurs jaune, rouge, violette et noire.

2. *M. ox. terne friable* (*Schwartz braunsteiners*, W.). Il n'a point d'éclat ; il est d'un brun noirâtre, passant à la couleur du tabac ou du bistre ; il est tendre, friable ; sa cassure est terreuse ; il est beaucoup moins pesant que la variété précédente, et même léger ; il tache fortement ; sa poussière est d'un brun jaunâtre ou noirâtre.

On le trouve amorphe, ou en concrétions formées de feuillets minces, ondoyans ; on le rencontre aussi en stalactites et en forme de grappes composées de petits mamelons. Il accompagne principalement les mines de fer hématite, et le manganèse gris. A Johangeorgenstadt, on le voit en rognons dans une lithomarge d'un blanc de neige. A Schmalkalden, dans le Henneberg en Franconie, on trouve une variété concrétionnée dendroïde. Il y en a de ramuleux à Scheibenberg en Saxe ; il existe en petits globules ou mamelons feuilletés, accompagné de zinc carbonaté concrétionné, à Kadaïnsk en Sibérie, etc.

Le pays de Trèves, le Wirtemberg, la Saxe, la Lusace,

offrent ce manganèse qui y est souvent l'objet d'exploitations importantes.

Nous pensons que c'est une variété de ce manganèse que Klaproth (Beytr. 3. 311) a analysée, et dans laquelle il a trouvé :

Manganèse oxydé brun . . . . . . 68.
Fer oxydé. . . . . 6,5o.
Eau . . . . 17,5o.
Carbone. . . . . 1.
Baryte . . . . 1.
Silice . . . . 8.
                               ————
                               102,00

3. *M. ox. terne terreux* (*Erdiches graubraunsteiners*, W) le *manganèse gris terreux*, Broch.). Il est gris-noirâtre, sans éclat, tendre, et composé de petites particules ou écailles très-fines ; il tache fortement ; sa cassure est terreuse, à grain fin, et sa pesanteur spécifique médiocre. On le trouve en masse ou disséminé dans la mine dite Johannis, près de Langeberg, dans l'Erzgebirg en Saxe et ailleurs. Il ne faut pas le confondre avec le manganèse oxydé argentin.

4. *Mang. ox. terne fuligineux*. Il est sous forme d'une poussière veloutée ou soyeuse, et de couleur noire ou brune. Il accompagne les autres variétés du manganèse oxydé terne, et notamment la variété compacte. Il remplit leurs interstices ou leurs cavités, et quelquefois en les brisant, on découvre des surfaces agréablement veloutées par ce manganèse, et qu'on a comparées à de la fumée. Le manganèse du Périgord en offre de beaux exemples ; les mines de Sem en présentent également.

§. IV. — *Manganèse oxydé léger* (*Wad.* anglor. Haussm., James.; *manganèse oxydé brunâtre*, en partie, H.; *manganèse terne*, *terreux*, Brongn., en partie).

Ce manganèse se fait remarquer par sa très-grande légèreté, qui l'a fait comparer par les Anglais à de la bourre, à de la ouate. Ses couleurs sont le brun de bistre, le brun du bois et le brun-grisâtre. Sa cassure inégale est ordinairement terne et terreuse. Lorsqu'on le raye, sa rayure est luisante ; il est fortement tachant et très-tendre.

On en distingue trois variétés :

1. *Fibreuse*, (*fafriges*, *Wad.*, Hausm.). Elle est d'un brun de noix, et se rencontre en masse ou en concrétions feuilletées, dont la cassure est fibreuse et l'éclat luisant et

métallique. On la trouve à Iberg, près de Grund, au Hartz, etc.

2. *Terreuse* (*wad.*, Léonh., Karst. ; *ochriges wad.*, Haussm; *ochry wad.*, James. ; *manganèse oxydé noir-brunâtre , pseudoprismatique et concrétionné*, Haüy). Elle est amorphe, en masse globuleuse, réniforme, et en stalactites, en grappes de diverses formes : elle est aussi en concrétions minces, onduleuses, et quelquefois massive, mais toujours très-légère ; elle n'a point d'éclat, et jouit de tous les caractères indiqués plus haut.

On la rencontre dans la plupart des mines de fer où l'on trouve le manganèse oxydé gris , notamment à Iberg , au Hartz ; mais elle est moins abondante que les autres variétés.

Nous rapportons ici le *manganèse oxydé brun pseudo-prismatique* de Saint-Jean-de-Gardonenque , dans les Cévennes, qui a le singulier caractère de se diviser naturellement en petits prismes irréguliers, et qui gît dans le granite. Il laisse dégager aisément son oxygène, lorsqu'on le chauffe un peu avec de l'acide sulfurique.

3. *Pulvérulente.* (*Black wad.* , Kirw. ; *loses wad.*, Haussm ; *pulverulent ochry wad.* , James. ; *manganèse noir-brunâtre pulvérulent* , Haüy ; vulg. , *manganèse inflammable*). Elle est d'un brun foncé, passant au brun roussâtre , au brun de fumée et au brun noirâtre. On la trouve enveloppant d'autres minéraux, et en nids complètement pulvériformes , traversée de fer oxydé ochreux jaunâtre.

Elle est aussi conglutinée en masse fragile , assez légère pour nager sur l'eau. — Suivant Wedgwood , elle est composée de

Manganèse oxydé	43.
Fer oxydé	43.
Plomb et mica accidentels	9,5.
	95,5

Quand on mêle ce manganèse bien séché , avec un quart de son poids d'huile de lin , et qu'on chauffe doucement le mélange , il s'enflamme au bout d'une demi-heure. Dans cette circonstance , l'oxygène qui se dégage du manganèse se combine avec l'huile que la chaleur a échauffée , et détermine une combustion spontanée : cette inflammation n'est donc pas due à du bitume , car ce manganèse n'en contient pas. Chauffé à 95° du pyromètre de Wedgwood , il se change en scorie ; mais à 144° , il donne un verre parfait.

Cette variété se trouve spécialement dans le Derbyshire,

en strates plus ou moins puissantes, à Fortwai. Il y en a encore
à Leadhills en Ecosse; elle existe aussi en Thuringe, dans la
montagne de Glükstein près de Mellis. On s'en sert pour la
peinture, et notamment pour peindre les bâtimens.

Suivant M. Lucas, le minerai de manganèse oxydé-brun-
jaunâtre, découvert par M. Faujas-Saint-Fond à la Voulte
(Ardèche), est analogue au *wad* de Karsten. Le minerai
de la Voulte est associé au bitume, et a pour gangue le fer
spathique. On trouve dans le voisinage, une riche mine de
fer oligiste.

§ V.ᵉ —*Manganèse oxydé dendritique.* (*Manganèse oxydé noir-
brunâtre ramuleux*, Haüy.)

C'est un oxyde de manganèse, qui forme à la surface des
pierres, ou dans leurs fissures, ou dans leur masse même,
des ramifications ou herborisations très-délicates, souvent
fort élégantes, et qui imitent certains végétaux. Il y en a de
plusieurs sortes : les unes sont fort adhérentes, et les autres
pulvérulentes ; les premières sont les plus communes.

L'alliance constante de ce manganèse avec le fer oxydé,
produit un grand nombre d'herborisations, de teintes diverses, mais toujours comprises entre le noir parfait et le
brun de bois. On remarque que quelques dendrites, lorsqu'on les chauffe, deviennent violettes, celles-ci sont du
manganèse oxydé presque pur.

Les dendrites de manganèse ont un peu de relief et un
éclat luisant ou brillant, qui tranchent sur le fond de la pierre.
Suivant M. Patrin on trouve dans les monts Ourals, à la mine de
fer de Nijni-Taghil, un grès quarzeux, pénétré de manganèse, disposé en dendrites, qui se montrent en tout sens
dans l'intérieur même de la pierre. Les fissures de ce grès
sont tapissées d'épaisses incrustations de cet oxyde, qui y est
sous la forme d'étoiles rayonnantes d'un pouce de diamètre,
qui ont une couleur grise, et l'éclat de l'acier le mieux poli.

Le manganèse oxydé dendritique se trouve dans toutes sortes
de pierres, mais principalement dans les pierres feuilletées. Les
marnes, les pierres calcaires, les agathes, offrent souvent
de superbes dendrites en ce genre. On peut citer celles de la
Hesse, et celles de Papenheim, comme les plus remarquables. On en trouve également de fort curieuses sur la surface
du fer hématite de Scheibenberg, en Saxe. Quelques-unes
de ces dendrites ressemblent à de la poix qu'on auroit fait
couler ; dans les mines de fer carbonaté de Carinthie on en
trouve qui sont brunes, et composées de très-petits grains

brillans. La malachite de Sibérie offre entre ses feuillets des dendrites qui sont dues au manganèse, etc.

Gisement du manganèse oxydé. — Cette substance, quoique très-abondante dans diverses sortes de terrains, se trouve spécialement dans le granite, le gneiss, le micaschiste, et le porphyre, qui appartiennent tous à d'anciennes formations. Elle compose des amas, des filons et des veines, dont l'existence est contemporaine à celle de ces roches. La plupart de ses variétés se trouvent souvent réunies dans le même gisement ; les variétés ternes, terreuses et friables se rencontrent dans les grès secondaires en veines, en rognons, ou en nids. Les mines de fer hydraté compacte, dites hématites, sont très-souvent accompagnées de manganèse oxydé en différens états. On observe même que ces deux substances minérales sont fréquemment associées. Nous avons fait connoître à l'article du manganèse oxydé terne compacte, le gisement du manganèse de Périgueux et de Romanèche, qui en donnent deux exemples.

Saussure décrit ainsi les mines de *manganèse* de Saint-Marcel, dans la vallée d'Aost, en Piémont (§ 2294.)

« Cette mine est en entier au jour, sur la face escarpée d'un rocher, dont le fond est un gneiss à mica vert. Quelques personnes croient que cette mine est une couche qui pénètre dans la montagne ; mais M. Davise (le propriétaire), qui en a suivi les travaux, ne le pense pas : il croit que c'est une espèce de grand rognon qui n'a point de suite, du moins immédiate, ni dans l'intérieur, ni à l'extérieur de la montagne.

« La partie exploitée, que l'on peut cependant considérer comme faisant partie d'une couche, ou du moins comme un rognon parallèle aux couches de la montagne, a douze ou quinze pieds d'épaisseur du côté du jour, et va en s'amincissant à mesure qu'elle pénètre dans les montagnes où elle se réduit dans le fond à une épaisseur de cinq à six pieds ; sa profondeur, depuis son entrée jusqu'au fond, est d'environ cinquante pieds. Je ne mesurai pas la longueur ou l'étendue que cette veine paroît occuper dans la montagne ; mais je jugeai qu'elle n'avoit que deux ou trois cents pieds au plus. Elle descend du côté de l'ouest de quinze à vingt degrés dans le haut, et d'un peu moins dans le bas. La montagne est, comme je l'ai dit, d'un gneiss dont le mica est verdâtre, et dont les couches sont à peu près horizontales. »

Nous avons fait connoître les localités les plus intéressantes où se trouvent le manganèse et ses variétés, et en même temps nous avons indiqué les substances qui les accompagnent dans leurs mines. Nous rappellerons ici le fer et la baryte.

On exploite le manganèse dans un grand nombre d'endroits de l'Allemagne et de l'Angleterre. Il est moins commun en Italie et en Espagne.

La France est riche en cette espèce minérale, dont les gisemens les plus importans sont dans les Vosges, à Chambourg près de Tholey ; dans le département de Saône et Loire, à Romanèche et à Saint-Micaud ; à Saint-Jean de Colle, près de Périgueux ; à Saint-Jean-de-Gardonenque, dans les Cévennes ; à la montagne de Rancié près le village de Sem, dans la vallée de Vicdessos, département de l'Arriége, gisement qui a été décrit par M. Picot de la Peyrouse ; à Lapineuse, près d'Arles, département des Pyrénées-Orientales ; à Bretennich, près Dachstuhle, ci-devant département de la Sarre ; à la Voulte, département de l'Ardèche ; dans le département du Var, où les Génois sont venus pendant long-temps le chercher, pour leurs verreries, etc. Ce minéral est moins abondant en Amérique. M. de Humboldt l'a observé dans une couche de grès, à l'ouest de la ville de Cuença, dans le royaume de Quito. On l'a découvert dans l'île de Cuba, au Mexique, etc.

Le manganèse oxydé joue encore un très-grand rôle dans la nature ; non-seulement il est le principe colorant de beaucoup de minéraux ; mais il se retrouve dans le sang des animaux, et même dans certaines fleurs.

Le fer hydraté hématite, le grenat, l'épidote, sont quelquefois mélangés de cette substance ; et les minéralogistes regardent ces mélanges comme des espèces ou variétés distinctes. Les lignites ou bois fossiles contiennent aussi du manganèse oxydé. (LN.)

Usages. — Le manganèse oxydé sert non-seulement aux chimistes en leur fournissant abondamment l'oxygène, ou en saturant de ce gaz l'acide muriatique ; mais il est encore d'un grand usage dans les arts, et surtout dans les verreries et dans les manufactures de faïence et de porcelaine. Il donne aux émaux plusieurs belles nuances purpurines, et il a la propriété de blanchir le verre en lui enlevant les teintes bleues qui lui ont été communiquées par les matières combustibles. L'oxygène du manganèse, dégagé par la chaleur, brûle les matières étrangères, et rend ainsi au verre sa blancheur et sa pureté.

M. Picot de la Peyrouse a reconnu que la présence de l'oxyde de manganèse dans la mine de fer spathique, aide beaucoup à la fusion de ce minerai, et qu'il contribue à la formation de l'acier de fonte ou de l'acier naturel.

Le premier de ces effets est dû au dégagement de l'oxygène, qui augmente prodigieusement l'intensité du feu ; et qui facilite par-là la combinaison du carbone avec le fer, d'où résulte la formation de l'acier. On trouvera dans le précieux recueil des mines, un grand nombre de mémoires intéressans sur ce sujet, et sur le manganèse en général.

Passinges, dans la description minéralogique du Forez, dit qu'il y a, près du château de Vougy, à une lieue et demie au nord-est de Roannes, une carrière de pierre calcaire, dont on fabrique d'excellente chaux. Cette pierre est mêlée de couches assez épaisses d'oxyde de manganèse ; elles sont placées au-dessus ou au-dessous d'une légère couche de grès fin, et le tout est adhérent à la pierre calcaire.

Bergmann a observé que l'oxyde de manganèse qui se trouve joint à la pierre de Lena, en Uplande, lui donne éminemment la propriété de la *chaux maigre*, c'est-à-dire, de se consolider très-promptement, d'acquérir une très-grande dureté, et de résister à l'action de l'eau et aux influences de l'atmosphère. Guyton Morveau a confirmé l'observation de Bergmann, et nous a appris qu'on pouvoit donner à la chaux commune toutes les propriétés de la chaux maigre, en y ajoutant une petite quantité d'oxyde de manganèse.

Saussure, en décrivant la pierre de Saint-Gingouph, dont les carrières sont sur les bords du lac de Genève, près des rochers de Meillerie, dit que cette pierre, qui donne la plus excellente chaux maigre, est composée de trois parties distinctes : celle qui forme la partie dominante est grise ; elle est coupée par des couches d'une pierre tendre, noirâtre ; et le tout est entremêlé de veines de spath calcaire blanc. Lorsque cette pierre est calcinée, le fond gris devient fauve, et les veines noires et blanches prennent une couleur violette. Saussure a reconnu qu'elles contiennent du *manganèse*, et que c'est à la présence de cet oxyde que la chaux de Saint-Gingouph doit son excellente qualité. (PAT.)

MANGANÈSE PHOSPHATÉ, Brong. (*mang. phosphaté ferrifère*, Haüy ; *Eisenpecherz*, W. ; *Phosphormangan*, Karst. ; *Triplite*, Hauss. ; *Ferphosphaté*, Broch.). Il est en masse compacte d'un brun-noir passant au brun rougeâtre, et, intérieurement, mat ou luisant, avec le lustre de la résine. Sa cassure est inégale, légèrement conchoïde, quelquefois sublamelleuse. Dans ce dernier cas, on y observe trois joints qui, suivant M. Haüy, paroissent perpendiculaires entre eux ; il y en a deux qui, ayant à peu près la même netteté, sont plus sensibles et plus faciles à obtenir que le troisième, ce qui peut faire présumer que la forme primitive est un prisme droit à base carrée, dans lequel ces bases ont une étendue différente de celle des pans.

Le manganèse phosphaté est opaque ; ses esquilles sont cependant un peu translucides. Il raye le verre ; sa poussière est brune ou rouge-brune ; sa pesanteur est de 3,43 à 3,77 ; il fond au chalumeau en un émail noir, et il se dissout entièrement dans l'acide nitrique. Sur cent parties il est composé, suivant M. Vauquelin, de

Manganèse oxydé.	42
Acide phosphorique.	27
Fer oxydé.	31

Ce minéral a été découvert aux environs de Limoges, il y a une quinzaine d'années, par M. Alluaud. On le trouve disséminé entre les lits de granite de la colline de Barat ; c'est dans le même granite qu'on a rencontré l'aigue-marine. Le fer phosphaté y est maintenant fort rare.

L'on avoit d'abord pensé que cette espèce pouvoit être une combinaison du fer phosphaté et du manganèse phosphaté ; mais des expériences de M. Darcet prouvent que la quantité de fer est très-variable, et qu'elle est d'autant plus petite que la couleur du minéral est moins foncée. Les échantillons qui ont la teinte la plus claire sont du manganèse phosphaté très-pur. (LN.)

MANGANÈSE SULFURÉ, Haüy, Brong.; *Schwarzers*, Mull.; *Manganglenz*, Karst.; *Baunsteinkies*, Leonh. Cette espèce est assez difficile à reconnoître malgré ses caractères. Le meilleur est celui donné par sa poussière qui est verdâtre ; sa couleur habituelle est le noir ; mais lorsqu'on la brise, elle est d'un gris noirâtre avec l'éclat métallique qui se ternit bientôt à l'air. Sa râclure a de l'éclat.

La structure de ce minéral est lamelleuse ou granulaire, compacte et terreuse ; suivant M. Haüy, la variété lamelleuse est divisible en prisme rhomboïdal qui se subdivise dans le sens des diagonales de sa coupe transversale. Sa râclure est luisante. Le chalumeau n'a point d'autre action sur lui que de laisser dégager le soufre qu'il contient.

M. Proust fait observer que lorsqu'on verse de l'acide sulfurique étendu d'eau sur le manganèse sulfuré réduit en poudre, il y a un dégagement très-rapide de gaz hydrogène sulfuré.

Il est composé de

	Vauquelin.	Klaproth.
Manganèse oxydé au minimum.	85	82
Soufre	15	11 50
Acide carbonique.	0	5
Perte.	6	1 50

Ces analyses sont celles du manganèse sulfuré de Nagyag, en Transylvanie. Ce minéral s'y trouve associé au tellure aurifère et aux diverses substances qui accompagnent celui-ci. Il forme de petites veines ou de petits amas d'un noir de fumée. On en cite en Cornouailles ; on dit aussi qu'il existe dans les mines de Guanaxuato, au Mexique, avec le tellure. (LN.)

MANGANÈSE AÉRÉ. Bergmann, Cronstedt. *V*. MANGANÈSE CARBONATÉ. (LN.)

MANGANÈSE ARGENTIN. *V*. MANGANÈSE OXYDÉ ARGENTIN. (LN.)

MANGANÈSE BLANC de De Born. C'est le MANGANÈSE LITHOÏDE BLANC. Celui de Cronstedt et de Karsten (Lesk. min.) pourroit bien être le manganèse carbonaté ; il est blanc, brunit ou rougit au feu et fait effervescence avec l'acide nitrique en laissant dégager une odeur hépatique. (LN.)

MANGANÈSE CARBONATÉ SILICIFÈRE. *V*. MANGANÈSE LITHOÏDE. (LN.)

MANGANÈSE EN ÉCUME, ou FLEURS DE MANGANÈSE. *V*. MANGANÈSE OXYDÉ ARGENTIN. (LN.)

MANGANÈSE EFFLORESCENT. *V*. MANGANÈSE OXYDÉ TERNE TERREUX, et MANGANÈSE OXYDÉ LÉGER PULVÉRULENT. (LN.)

MANGANÈSE FULIGINEUX. *V*. MANGANÈSE OXYDÉ TERNE FULIGINEUX. (LN.)

MANGANÈSE GRANATIFORME de Brochant. *V*. GRENAT MANGANÉSIFÈRE. (LN.)

MANGANÈSE GRIS. *Graubraunsteiners* des Allemands. C'est le MANGANÈSE OXYDÉ CRISTALLISÉ et le MANGANÈSE OXYDÉ TERNE COMPACTE, dont la couleur est généralement d'un gris métallique ou bleuâtre. (LN.)

MANGANÈSE HYDRATÉ. Quelques minerais de manganèse oxydé terreux brun noirâtre, ont offert à l'analyse jusqu'à dix-sept et demi pour cent d'eau. Klaproth a obtenu ce résultat en analysant un manganèse que Karsten rapporte au *wad* (*manganèse oxydé léger*) ; mais Wedgwood n'a pas trouvé d'eau dans le *wad*. Nous avons pensé que le minerai analysé par Klaproth étoit une simple variété du *manganèse oxydé terne friable*, et nous avons rapporté son analyse à cet article. Il est probable que ce manganèse, qui se distingue par sa couleur moins foncée et par son association assez constante avec le fer hydraté, est lui-même un *manganèse hydroxydé* ou *hydraté*. Ce soupçon a été émis par M. Lucas, et il mérite d'éveiller l'attention des chimistes sur ces sortes de manganèses aussi variés qu'abondans. (LN.)

MANGANÈSE MÉTALLOÏDE, Brongniart. *Voy*. MANGANÈSE OXYDÉ CRISTALLISÉ, et MANGANÈSE OXYDÉ ARGENTIN. (LN.)

MANGANÈSE NOIR (*Schwarz braunsteinerz* des Allemands). *V.* la cinquième variété du MANGANÈSE OXYDÉ CRISTALLISÉ et le MANGANÈSE OXYDÉ TERNE FRIABLE. (LN.)

MANGANÈSE OCHREUX. *Voy.* MANGANÈSE OXYDÉ TERNE FRIABLE ET PULVÉRULENT. (LN.)

MANGANÈSE OXYDÉ BARYTIFÈRE, Haüy. La plupart des variétés du manganèse contiennent de la baryte, non-seulement en mélange, mais intimement unie. Les minéralogistes n'ont pas cru devoir, à cause de cela, distinguer le manganèse oxydé compacte de Romanèche près de Mâcon, qui, jusqu'à présent, est la mine dans laquelle on a trouvé le plus de cette terre (quatorze pour cent). M. Cordier a trouvé de la baryte dans le manganèse oxydé cristallisé. *V.* MANGANÈSE OXYDÉ TERNE COMPACTE. (LN.)

MANGANÈSE OXYDÉ INFLAMMABLE de Beurard et des auteurs allemands. *V.* MANGANÈSE OXYDÉ LÉGER PULVÉRULENT. (LN.)

MANGANÈSE OXYDÉ TERREUX BITUMINIFÈRE, Lucas. *V.* à la suite du MANGANÈSE OXYDÉ LÉGER PULVÉRULENT. (LN.)

MANGANÈSE OXYDE VIOLET, SILICIFÈRE. M. Haüy avoit d'abord nommé ainsi, et d'après Napione, l'ÉPIDOTE MANGANÉSIFÈRE. *V.* ÉPIDOTE. (LN.)

MANGANÈSE OXYDULÉ de Dolomieu. C'est le manganèse oxydé terne compacte et barytifère de Romanèche, près Mâcon, dans lequel le manganèse est à un degré foible d'oxydation. *V.* MANGANÈSE OXYDÉ TERNE COMPACTE et MANGANÈSE LITHOÏDE. (LN.)

MANGANÈSE DES PEINTRES. *V.* MANGANÈSE OXYDÉ LÉGER. (LN.)

MANGANÈSE ROUGE, *Roth braunsteinerz*, W. *V.* MANGANÈSE CARBONATÉ et MANGANÈSE LITHOÏDE. C'est aussi le nom d'une variété du manganèse oxydé, terne et compacte, qui est sous forme de concrétions sphériques, dont l'intérieur est fibreux et rayonné comme l'hématite. Il se trouve en Piémont et près de Sem et de Lapeyrouse, département de l'Arriége. (LN.)

MANGANÈSE TERNE, Brongniart. *V.* MANGANÈSE OXYDÉ TERNE et MANGANÈSE OXYDÉ LÉGER. (LN.)

MANGANÈSE VIOLET, Napione, Brochant. C'est l'épidote manganésifère. *V.* ÉPIDOTE. (LN.)

MANGANGLANZ, de Karsten. *V.* MANGANÈSE SULFURÉ. (LN.)

MANGANIUM. Un des noms latins du MANGANÈSE. (LN.)

MANGANSCHAUM, de Karsten. *Voy.* MANGANÈSE OXYDÉ ARGENTIN. (LN.)

MANGARATIA. Nom brasilien d'une espèce de Gingembre. (ln.)

MANGARSAHOE. Flaccourt, dans son *Voyage de Madagascar*, dit qu'il y a dans cette île une espèce d'*âne sauvage*, dont les oreilles sont si longues, que lorsqu'il descend
une montagne, elles s'abattent sur ses yeux et l'empêchent
de voir devant lui. Les Madécasses l'appellent *mangarsahoe*,
et les Français ont appliqué le même nom à une montagne
située à douze lieues du Fort Dauphin, parce que cet *âne*
s'y tient ordinairement. (s.)

MANGE-BOUILLON ou les **SOUFFRETEUSES.**
Goëdart, *part.* 11, *expér.* 10, donne ce nom aux larves du
Cione du bouillon blanc (*curculio verbasci*, Fab.), et qui,
suivant lui, ont pour ennemis une petite araignée et un petit animal qui a de petites pincettes au front ; celui-ci détruit à son tour l'araignée, qu'il coupe par le milieu du
corps.

Goëdart fait ici une observation dont on peut tirer plus
d'avantage que des précédentes. Une fumigation, faite avec
la partie cotonneuse du bouillon blanc, entremêlée avec
de la térébenthine de Venise, est un souverain remède
contre les hémorroïdes. Cet auteur en a fait souvent l'expérience. (l.)

MANGE – FOURMIS. *V.* Fourmilier Tamanoir.
(desm.)

MANGE-FROMENT. Nom donné par Goëdart, *part.*
11, *expér.* 18, à une larve qui est évidemment celle de la
coccinelle sept-points. Cette larve, la nymphe et l'insecte parfait, sont très-reconnoissables aux figures qu'il en donne.
Valmont de Bomare a cru que cette chenille étoit celle de
l'alucite des blés. (l.)

MANGE-ŒUFS DE GRILLONS. *V.* Destructeur
de chenilles. (l.)

MANGE-SERPENT. C'est, suivant Kolbe, une espèce du Pélican que l'on appelle ainsi dans la colonie du
Cap de Bonne-Espérance, parce que les serpens font sa
nourriture habituelle.

Levaillant donne aussi le nom de *mange-serpent* au *secrétaire. Voyez* son *Ornithologie d'Afrique* et le mot Secrétaire.
(s.)

MANGE-TOUT ou **POIS SANS PARCHEMIN.** *V.*
l'article Pois. (ln.)

MANGERICAO. C'est le Basilic, en Portugal. (ln.)

MANGEUR D'ABEILLE DES INDES. C'est, dans
Edwards, le Guêpier à collier de Madagascar. (v.)

MANGEUR D'APPAT. On donne ce nom, aux îles de France et de Bourbon, à une BALISTE toute noire, qui, ayant une bouche extrêmement petite, mangeant par succion, s'empare toujours de l'amorce de l'hameçon avec lequel on cherche à la prendre. (B.)

MANGEUR DE CHÈVRES. Nom vulgaire du BOA SCYTALE qui avale les chèvres. (B.)

MANGEUR (GRAND) DE FOURMIS. *V.* FOURMILIER TAMANOIR. (DESM.)

MANGEUR D'HOMMES. *V.* AROMPO et MANTICHORE. (S.)

MANGEUR D'HUÎTRES. *V.* HUÎTRIER. (V.)

MANGEUR DE LOIRS. *V.* MANGEUR DE RATS. (S.)

MANGEUR DE MILLET. Nom vulgaire du COCOTZIN à l'île de Cayenne, selon Barrère, parce que cette petite espèce de tourterelle détruit les récoltes de mil. Pour moi, qui ai habité la Guyane pendant plusieurs années, je n'y ai entendu donner d'autre nom à l'oiseau dont il est question, que celui d'*ortolan*. *V.* au surplus TOURTERELLE, COCOTZIN, à l'art. PIGEON. (S.)

MANGEUR DE NOYAUX. L'une des dénominations vulgaires du GROS-BEC. *V.* ce mot. (S.)

MANGEUR (PETIT) DE FOURMIS. C'est le FOURMILIER DIDACTYLE. (DESM.)

MANGEUR DE PIERRE. Petit *ver* qui se trouve dans l'ardoise. *V.* LITHOPHAGE. (O.)

MANGEUR DE PLOMB. Le Page du Pratz, dans son *Histoire de la Louisiane*, tom. 2, pag. 115, dit que l'on y nomme les plongeons, *mangeurs de plomb*, parce que quand ils voient le feu du bassinet, ils plongent si promptement, que le plomb ne peut les toucher. *V.* PLONGEON. (S.)

MANGEUR DE POIRES. On donne ce nom à une petite chenille qui se nourrit de l'intérieur de la poire nommée la *sucrée*. Cette chenille est probablement celle de la *pyrale des pommes* (*pyr. pomana*, Fab.). (L.)

MANGEUR DE POIVRE. *V.* KOULIK, à l'art. TOUCAN. (S.)

MANGEUR DE POULES. Dénomination vulgaire donnée, en différens pays, à diverses espèces d'oiseaux de proie qui se jettent sur les volailles. (S.)

MANGEUR DE RATS. C'est le BOA RATIVORE. (B.)

MANGEUR DE RIZ. Nom appliqué à un *troupiale* (*oriolus oxyoorus*), au *gros-bec padda* et à l'*ortolan de riz* ou *acutipenne*. (V.)

MANGEUR DE VERS, *Sylvia vermivora*, Lath. *V.* l'art. FAUVETTE, pag. 278, sous le nom de PIPIT VERMIVORE. (V.)

MANGHAS. C'est, à Ceylan et dans l'Inde, une espèce d'AHOUAI (*cerbera manghas*), dont le fruit, connu en
Europe dès le temps des Bauhin, a les propriétés de la noix
vomique. (LN.)

MANGHOS. *V.* MAO. (LN.)

MANGIER. *V.* MANGUIER. (B.)

MANGIFERA, c'est-à-dire qui porte le *mangi* ou *manga*,
noms que les Malais donnent au fruit du MANGUIER. Bontius
a créé le nom de *mangifera*, pour désigner l'arbre qui produit ce fruit, et Linnæus s'en est servi pour désigner le genre
qui le comprend. *V.* MANGUIER.

M. Dupetit-Thouars présume que le *mangifera pinnata*,
Linn., est peut-être le même arbrisseau qui croît à l'île
de Madagascar, que les Madécasses nomment *voa-sorindi*,
qui est le manguier à grappes de l'Ile-de-France, et dont
les fruits, plus petits que celui du manguier, servent de
nourriture. Cet arbrisseau constitue son genre *sorindeia*. Quant
au *mangifera pinnata*, L, il est rapporté au MONBIN (*spondias
mangifera*, L.) par Willdenow, qui croit que ce peut être le
spondias amara; Lk., figuré pl. 50 de l'ouvrage de Rheede.

Le *mangifera glauca* de Rottbol est le genre *schrebera* de
Willdenow. (LN.)

MANGIUM. Rumphius (Amb. 3, tab. 68—77) donne
ce nom à quinze espèces différentes d'arbres ou arbrisseaux des Indes orientales. La plupart sont des espèces de PALÉTUVIERS et de MANGLIERS (*rhizophora*), ou des
genres faits à leurs dépens, et des espèces de COQUEMOLLIERS
(*avicennia*). Dans ce nombre est aussi compris le *pagapate*
de Sonnerat et quelques arbrisseaux inconnus aux botanistes
d'Europe. *V.* MANGLIER, BLATTI et PALÉTUVIER. (LN.)

MANGLE. Sloane, Plumier, Plukenet, décrivent sous
ce nom diverses espèces de *conocarpus*, de *rhizophora*, le
bucida buceras, et l'*avicennia tomentosa*. Il est plus spécialement le nom vulgaire d'une espèce de *rhizophora* (*R. mangle*, L.), et Adanson en a fait celui du genre de cette plante
connue et nommée ainsi par C. Bauhin. (LN.)

MANGLE. *V.* MANGLIER. (D.)

MANGLE BLANC. Espèce de FROMAGER. (B.)

MANGLE GRIS. Le CONOCARPE DROIT porte ce nom
à la Guadeloupe. (B.)

MANGLE-GRIS. C'est aussi une espèce de COQUEMOL-

LIER (*avicennia tomentosa*, Linn., ou *caju-mantekka* des Malais). (LN.)

MANGLE ROUGE. C'est le RAISINIER. (B.)

MANGLE ROUGE. C'est le RHIZOPHORE GYMNORHIZE,
à la Guadeloupe. (B.)

MANGLIER ou MANGLE. Nom donné par les voya-
geurs à des arbres ou arbrisseaux de divers genres, qui croissent dans les Antilles, le long des rivages de la mer, et dont
les racines sont le plus souvent baignées par les flots.

On distingue principalement trois espèces de mangliers, le
gris, le *blanc* et le *rouge*. Le premier est le CONOCARPE DROIT
de Linnæus (*conocarpus erecta*); il ressemble à un petit saule,
a des feuilles lancéolées, et des cônes disposés en panicule.
Le second est le CONOCARPE COUCHÉ du même auteur (*conocarpus procumbens*), à feuilles ovoïdes et à cônes sessiles. La
troisième espèce est le véritable manglier (*rhizophora*, Linn.),
dont les branches sont pendantes et souvent chargées d'huîtres; ces branches s'enfoncent dans la vase et y prennent
racine. Ce manglier est plus élevé que les deux autres. Il a
une germination toute particulière. J'en donne la description à l'article RHIZOPHORE. *Voy.* ce mot, et les mots BRU-
GUIÈRE, LAGUNCULAIRE, CONOCARPE, ÆGICÈRE et PALÉ-
TUVIER.

Il ne faut pas confondre les *mangliers* avec le MANGUIER.
V. ce mot.

Dupetit-Thouars qui a publié, dans le Journal de Botanique, une très-importante dissertation sur le manglier, dissertation dans laquelle il établit ses véritables rapports, en
cite quatre espèces certaines, appartenant à l'Inde et îles voisines.

Le MANGLIER D'OVIÉDO qui a les feuilles ovales-obtuses et
les corymbes pauciflores.

Le MANGLIER DE RHEEDE, qui a les feuilles ovales-acuminées et les corymbes pauciflores.

Le MANGLIER DE RUMPHE à feuilles ovales-acuminées et les
corymbes multiflores.

Le MANGLIER DE CHINE à fleurs quinquéfides. (B.)

MANGLIER-BLANC ou MANGLE-BOBO et MANGLE-
FOU. Noms donnés dans les colonies aux CONOCARPES. (LN.)

MANGLIER VÉNIMEUX, C'est l'AHOUAI MANGHAS,
Cerbera manghas, L. (LN.)

MANGLILLE, *Manglilla*. Genre de plantes établi par Jussieu dans la pentandrie monogynie, et dans la famille des hilospermes. Il a pour caractères : un calice très-petit, divisé en cinq parties ; une corolle en roue, divisée également en cinq parties ; cinq étamines ; un ovaire à stigmate sessile ; un drupe globuleux à une loge et à une semence.

Extrêmement voisin des ARDISIES et des ARDANS, ce genre renferme trois espèces, une du Pérou, qui rentre dans le genre CABALLAIRE, et deux qu'il prend dans le CAÏMITIER de Linnæus. (B.)

MANGO. Nom de pays du fruit du MANGUIER. (LN.)

MANGOICHE. Espèce de SERIN qui se trouve, dit-on, à Madagascar. (V.)

MANGOLT et MOLDAN. Noms suédois de la POIRÉE (*Beta cicla*), dite Mangold en Danemarck. (LN.)

MANGOS. Nom vulgaire d'un poisson du genre POLY-NÈME.

On le donne aussi aux MANGLIERS. (B.)

MANGOSTANA (Rumph. Amb. 1, tab. 43) (*V.* MAN-GOUSTAN). Cet arbre de l'Inde est le genre *garcinia*, Linn. Le *bivaldia*, Scopoli, et le *cambogia*, Linn., lui sont réunis. (LN.)

MANGOUSE. Manière fautive d'écrire le nom de la MAN-GOUSTE. *V.* ce mot. (S.)

MANGOUSTAN ou MANGOSTAN, *Garcinia mangostana*, Linn. (*dodécandrie monogynie*, famille des guttifères). Arbre fruitier originaire des îles Moluques, d'un beau port, ayant de loin l'apparence d'un *citronnier*, et qui s'élève à dix-huit ou vingt pieds, avec une tige droite et une tête égale et régulière. Il est connu depuis long-temps dans les diverses contrées de l'Inde. On l'y cultive surtout pour la bonté de ses fruits qui sont délicieux et les meilleurs de l'Asie. Dans quelques colonies hollandaises, il sert en même temps à orner les jardins ; on le préfère même au marronnier d'Inde pour former des avenues. Son feuillage brillant et touffu procure un ombrage épais et agréable.

Le mangoustan a donné son nom à un genre de la famille des GUTTIFÈRES, et il en est l'espèce la plus remarquable. Le caractère de ce genre est d'avoir un calice durable et à quatre folioles ; une corolle à quatre pétales plus grands que le calice ; environ seize étamines ; un ovaire supérieur ovale ou rond, surmonté d'un stigmate sessile et persistant, découpé ordinairement en huit parties. Le fruit est une baie sphérique recouverte d'une enveloppe coriace, et couronnée par le stigmate. Son intérieur est divisé en plusieurs loges entourées d'une pulpe succulente, et renfermant chacune une semence anguleuse. *V*. pl. G 8, dans ce Dictionnaire.

La tige du MANGOUSTAN CULTIVÉ est revêtue d'une écorce grisâtre et crevassée : elle pousse de chaque côte plusieurs branches opposées, obliques l'une à l'autre, et garnies de feuilles entières, ovales, pointues, lisses et fermes. Les fleurs, presque solitaires naissent dans les aisselles des feuilles à l'extrémité des rameaux. Leur couleur est jaune et aurore (d'un rouge foncé selon Miller). Le fruit, qui a la grosseur d'une petite orange, est contenu dans une espèce de coque d'un demi-doigt d'épaisseur, dont l'épiderme est un peu semblable à celui de la grenade, mais moins amer. Cette enveloppe est grise ou d'un vert jaunâtre en dehors, et rouge en dedans ; elle contient un jus de couleur pourpre, et elle n'adhère point au fruit, ou s'en détache avec la plus grande facilité. La baie qu'elle renferme est légèrement sillonnée, et divisée en autant de segmens et de loges, qu'il y a de rayons au stigmate. Ces segmens, quelquefois inégaux, sont circonscrits d'une membrane comme ceux de l'orange, et remplis d'une pulpe blanche, succulente, un peu transparente, et d'une saveur délicieuse. Ils contiennent chacun une semence de la figure et de la grosseur d'une amande dépouillée de sa coque, et dont la substance approche beaucoup de celle des châtaignes pour la consistance, la couleur, et la qualité astringente. Garcin observe que peu de ces semences sont bonnes à planter, c'est-à-dire qu'elles avortent pour la plupart.

Les fruits du mangoustan ne flattent pas moins l'odorat que le goût ; ils exhalent un parfum suave qui approche de celui de la framboise, et ils ont, dit-on, à la fois la saveur de la fraise, du raisin, de la cerise et de l'orange. Ils sont rafraîchissans, très-sains, et n'incommodent jamais. On les donne aux malades ; quelque répugnance qu'ils aient pour toute autre nourriture, ils mangent ces fruits avec plaisir, et ceux qui les refusent sont regardés comme dans un état désespéré. Bomare dit que le docteur Solander étant dans le dernier période d'une fièvre putride dont il fut attaqué à Batavia, recouvra par degrés sa santé, en suçant ce fruit délicieux. Sa chair est laxative, tandis que son écorce est styptique et astringente ; la décoction de celle-ci est très-bonne dans la dyssenterie, maladie commune dans l'Inde ; on s'en sert aussi, en gargarisme, contre les aphthes. Les Chinois emploient cette écorce dans la teinture en noir, pour lui

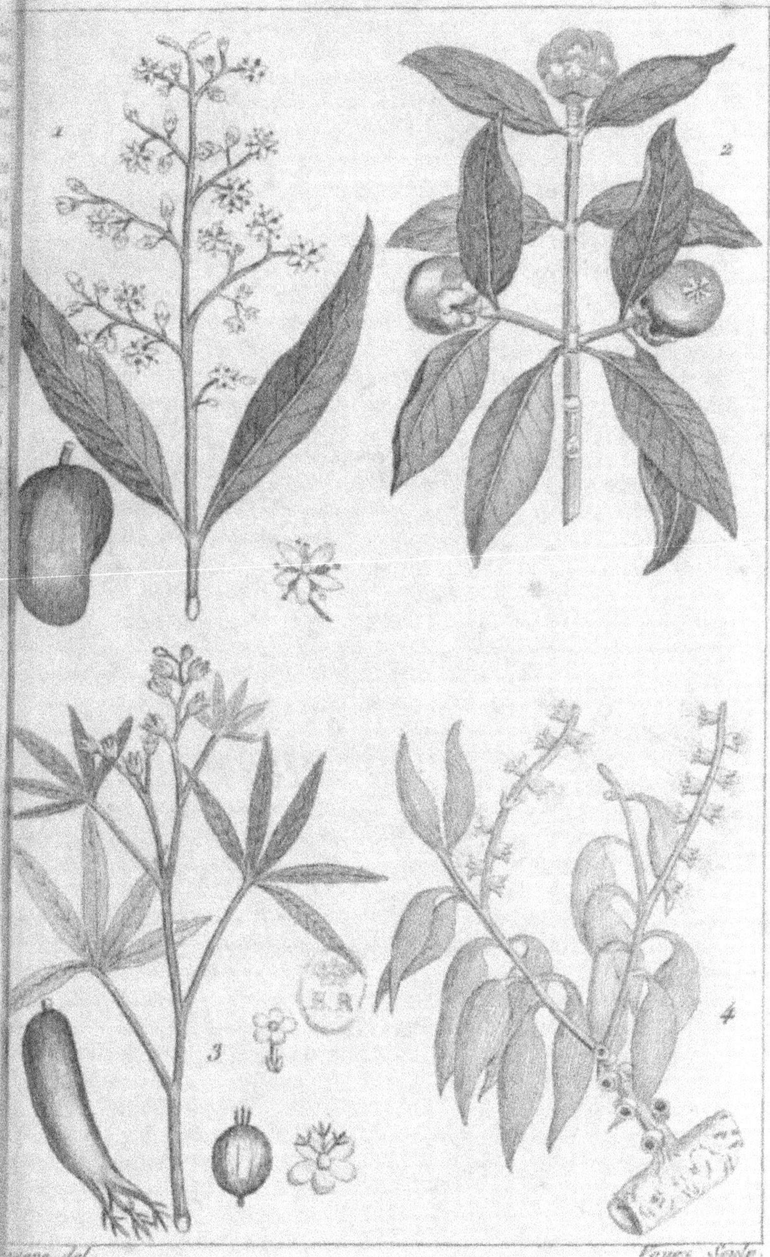

1. *Manguier commun.*
2. *Mangoustan cultivé.*
3. *Médicinier manioc.*
4. *Mélaleuque bois blanc.*

donner de la consistance. Le bois de mangoustan n'est bon qu'à brûler.

Les autres espèces du même genre qui offrent quelque utilité, ou quelque agrément sont :

Le MANGOUSTAN DES CÉLÈBES, *Garcinia celibica*, Linn., vulgairement *brindonnier*, arbre peu élevé, dont les feuilles sont ovales, lancéolées, et les fleurs unisexuelles et dioïques. Il croît dans les Indes orientales. Son fruit, de la grosseur à peu près d'une petite pomme, a un goût qui approche de celui du MANGOUSTAN CULTIVÉ. On en compose un sirop pectoral et une gelée excellente.

Le MANGOUSTAN A BOIS DUR, *Garcinia cornea*, Linn., ainsi nommé parce que son bois est presque aussi dur que la corne, pesant et très-difficile à travailler. Il est employé dans les charpentes, et on préfère pour cet usage celui des jeunes individus, comme moins dur. Cet arbre croît à Amboine sur les montagnes. Il a un tronc élevé, et des feuilles lancéolées, sans nervures. Son fruit, dans sa fraîcheur, a une odeur de résine. De son écorce et des gerçures de ses rameaux, il transpire une liqueur visqueuse et jaunâtre, qui prend une forme concrète.

Le MANGOUSTAN CAMBOGE, *Garcinia cambogia*, Gærtn. *Cambogia gutta*, Linn. Cet arbre est grand, et a dix à douze pieds de circonférence. Il porte des feuilles ovales, lisses, entières et pointues aux deux bouts. Ses fleurs sont jaunâtres ou de couleur de chair. Son fruit, gros comme une orange, a un goût légèrement acide et se mange cru ; les Indiens l'emploient dans leurs alimens comme astringent. Quand on fait des incisions à ses racines ou à son tronc, il en découle une liqueur très-visqueuse, sans odeur, et qui, à ce que l'on croit, forme en se séchant cette gomme-résine, opaque et d'un jaune safran, connue sous le nom de GOMME-GUTTE. *V.* ce mot.

Le MANGOUSTAN MORELLIER, *Garcinia morella*, Lam. Cette espèce est ligneuse comme les autres et croît à Ceylan. Elle donne, selon Hermann, une gomme-gutte de meilleure qualité que celle produite par le mangoustan camboge. Son fruit est une baie à quatre loges, grosse comme une cerise, et couronnée par un stigmate rude, et relevé d'un même nombre de bosses.

Le MANGOUSTAN DE MALABAR, *Garcinia malabarica*, Lam. C'est vraisemblablement le plus élevé de tous les arbres de ce genre. Sa hauteur est d'environ quatre-vingts pieds; son tronc a souvent cinq pieds de diamètre. Il pousse un très-grand nombre de branches garnies de feuilles ovales - obtuses ou très - peu pointues. Les fleurs, d'un blanc jaunâtre, exhalent au loin une odeur suave et aromatique. Le fruit a la grosseur d'une balle à jouer ; sa pulpe est glutineuse et acide ; elle acquiert en mûrissant une saveur douce assez agréable.

Ce bel arbre croît presque partout sur la côte du Malabar. Il se couvre de fleurs au printemps et dans l'automne ; et on le voit chargé de fruits pendant une grande partie de l'année. Il en donne dès l'âge de sept ans , et ne cesse d'en produire qu'après avoir vécu un siècle. Le suc que ces fruits contiennent est si abondant qu'il se fait jour à travers leur écorce , sur laquelle il se répand ; épaissi par l'air , il devient une espèce de gomme transparente et roussâtre, avec laquelle on fait dans le pays une bonne colle qui est d'un grand usage. Les Juifs et les Portugais s'en servent pour relier leurs livres, parce qu'elle les préserve des insectes ; et les pêcheurs en enduisent leurs filets pour qu'ils soient de plus longue durée. *V.* les mots BRINDONE et OXYCARPE. (D.)

MANGOUSTE , *Ichneumon*, Lacépède , Duméril , Tiedeman. — *Mangusta*, Oliv. — *Viverra* et *mustela* , Linn., Erxl.; — *Herpestes* , Illiger. — Genre de mammifères carnassiers digitigrades , assez voisin de celui des civettes.

Ces animaux ont à chaque mâchoire six incives , dont la seconde de chaque côté , à celle d'en bas , est plus petite que les autres , et rentrée comme cela se voit également ment dans les martes ; les canines sont fortes , courtes et coniques. Les molaires , au nombre de cinq de chaque côté et à chaque mâchoire , en ont une sixième surnuméraire , très-petite , placée en avant , et qu'on ne trouve que dans les jeunes individus. A la mâchoire d'en haut , les deux premières dents (*fausses molaires*) sont presque exactement coniques ; la troisième (*carnassière*) est large et hérissée de fortes pointes, qui s'entre-croisent avec celles de la troisième et de la quatrième d'en bas , qui ont la même forme (les deux premières dents de cette mâchoire inférieure étant coniques comme les supérieures). Les deux dernières dents d'en haut sont tuberculeuses, grandes et étroites , et opposées à la dernière molaire d'en bas qui est également tuberculeuse. Le corps est allongé et les pattes courtes ; ces pattes sont à cinq doigts , à demi-palmés, et armés d'ongles aigus demi-rétractiles ; la langue est garnie de papilles cornées longues et acérées ; les yeux sont susceptibles d'être recouverts par une membrane nictitante entière ; il y a vers la partie inférieure du ventre , une poche volumineuse simple , dans la profondeur de laquelle est percé l'anus ; le poil est court dans toutes les espèces , sur la tête et les pattes , et long sur les autres parties du corps , etc.

Les mangoustes ont les plus grands rapports avec les martes, par la forme allongée de leur corps, par leur démarche incertaine, et surtout par leur manière de vivre. Elles appartiennent toutes aux contrées chaudes de l'ancien continent où elles se tiennent ordinairement au bord des eaux, attaquant les rats, les reptiles, et se jetant par occasion dans les habitations des hommes, où elles font les mêmes dégâts que les putois et les fouines chez nous, en égorgeant les volailles et mangeant les œufs.

Elles ont plusieurs de leurs caractères communs avec les martes, les civettes et quelques petites espèces de gloutons, propres à l'Amérique méridionale; mais la présence de la poche près de l'anus sert à les distinguer des martes et de ces gloutons; et, de plus, ceux-ci sont plantigrades, tandis que les mangoustes ne posent leur talon que pour prendre du repos, ou se dresser sur les pieds de derrière. La forme de leur tête qui est pointue, et la longueur de leur queue, les éloignent encore des martes, qui ont la tête assez arrondie et la queue moyenne. Quant à la différence qui existe entre les civettes et les mangoustes, elle consiste particulièrement dans la position de la poche double, située entre l'anus et les organes de la génération dans les civettes, tandis qu'elle est simple et confondue avec l'anus dans les mangoustes. De plus, les civettes et les genettes sécrètent dans ces poches une humeur très-odorante, qu'on ne retrouve pas dans les mangoustes.

Ces animaux ont un genre de pelage très-particulier; leurs poils sont presque toujours annelés de brun sur des fonds plus clairs, et leur robe n'offre jamais les taches ou les bandes tigrées des civettes et des genettes.

Toutes les espèces de mangoustes ont le même port, ce qui indique qu'elles forment un genre très-naturel. Une d'entre elles, l'ichneumon d'Egypte, est fort célèbre.

Première Espèce.—MANGOUSTE A BANDES, *Ichneumon mungo*, Geoff.; — *Viverra mongoz*, Linn.; — MANGOUSTE DE L'INDE, Buff., tom. XIII, pl. 19; — *Mungo*, ou *Mungutia* des Indiens. Kœmpfer, *Amœn. Exotic.*, 574, tab. 567; — Geoff., Mém. d'Egypte, pag. 138.

Cette espèce est particulière à l'Inde (1). Voici sa description: Sa taille est de neuf pouces et demi à dix pouces; sa tête a un peu moins de trois pouces de longueur, et sa queue

____

(1) L'individu dont il est fait mention dans le recueil intitulé *Curiosités de la nature et de l'art*, venoit du royaume de Calicut.

Kœmpfer dit que cet animal habite toute l'Asie méridionale jusqu'au Gange.

en a sept. Sa couleur générale est le brun ; son dos et ses flancs sont couverts de poils longs, blanchâtres, terminés de roux, et marqués dans leur milieu d'un large anneau brun, bien tranché. Ces poils sont disposés de manière que les anneaux bruns d'un certain nombre d'entre eux arrivent à la même hauteur, pour former, depuis les épaules jusqu'à l'origine de la queue, douze à treize bandes transversales, d'un brun foncé, séparées l'une de l'autre par une teinte rousse, produite par l'extrémité des poils. Les bandes des lombes surtout sont très-distinctes, et séparées par une teinte d'un gris piqueté de brun, provenant également de la pointe des poils de cette partie. La tête et les épaules sont couvertes d'un poil ras, gris-brun ; la machoire inférieure et les lèvres sont roussâtres ; les pattes et la queue sont brunes. Cette dernière partie finit en pointe.

M. Geoffroy, comptant les intervalles qui séparent les bandes brunes comme des bandes parallèles à celles-ci, dit que le pelage de cette mangouste est orné de bandes alternativement rousses et noirâtres, au nombre de vingt-six à trente. Quant à nous, ne faisant mention principale que des bandes brunes dont le nombre est de douze à treize environ, nous sous-entendons les bandes roussâtres ou grises, qui les séparent et qui sont en même nombre. Ainsi, malgré cette différence apparente, notre description s'accorde avec celle de M. Geoffroy.

Kœmpfer assure que la *mangouste de l'Inde* ne redoute pas la morsure des serpens ; qu'elle les poursuit avec acharnement, les saisit et les tue, quelque venimeux qu'ils soient, et que, lorsqu'elle commence à ressentir les impressions de leur venin, elle va chercher des antidotes, et particulièrement une racine (*ophioriza mongos*, Linn.) que les Indiens de Java et de Sumatra ont nommée de son nom, et qu'ils disent être un des plus sûrs et des plus puissans remèdes contre la morsure des vipères et des serpens. Le père Vincent Marie, qui a parlé de cette *mangouste* dans ses voyages, dit « que l'antipathie que cet animal a pour les serpens est extraordinaire, et qu'il ne semble s'occuper qu'à leur tendre des embûches.... Les chasseurs ont observé qu'il va déterrer les racines d'une certaine plante, soit pour se guérir, soit pour se préserver de l'effet du venin. »

Seconde Espèce. — MANGOUSTE D'EDWARDS (*Ichneumon Edwardii*), Geoff. Description de l'Egypte, tome II, page 138, n.° 2. — Edwards, *Birds*, pl. 199.

M. Geoffroy, sur la seule inspection de la figure qu'Edwards donne (Oiseaux, pl. 199) d'une petite mangouste des

Indes orientales, a cru pouvoir la considérer comme une espèce distincte. Son museau est brun rougeâtre ; tout son dos et en même temps sa queue sont annelés de brun sur un fond olivâtre, etc. Enfin, c'est la seule mangouste qui ait les ongles noirs.

Troisième Espèce. — MANGOUSTE NEMS, *Ichneumon griseus ;* Geoff. Descript. de l'Egypte. Hist. nat., tom. 2, pag. 138, n.º 3. — Le NEMS, Buffon., Suppl, pl. 27 ; — MANGOUSTE DU CAP, *Viverra cafra*, Gm.

Elle est d'un cinquième plus grande que la première espèce ou la mangouste à bandes ; sa queue se termine de même en pointe ; son pelage est plus clair, d'une couleur uniforme, tant sur le dos que sur les pattes ; de petits traits d'un brun roussâtre, disséminés également, et dont il y en a autant que de poils, font voir en gris-roux la teinte totale, qui est au fond jaune de paille.

Telle est la description que M. Geoffroy donne de cette espèce. L'individu conservé dans la collection du Muséum d'Histoire naturelle de Paris, nous a paru avoir treize pouces environ de longueur. Son pelage est assez uniformément d'un gris pâle légèrement teinté de brun, parce que la partie apparente des poils au dehors, est à peu près marquée d'anneaux étroits de cette couleur, tandis que tout le restant est d'un blanc sale ; sur les flancs et près de l'encolure, les anneaux colorés des poils forment comme des bandes transverses assez indécises, mais analogues, par leur disposition, à celles de la mangouste à bandes ; les poils étant plus courts sur la tête et sur les extrémités des pattes que partout ailleurs, leurs grivelures ou leurs anneaux bruns y sont fort rapprochés ; ce qui rend la couleur de ces parties plus foncée. La queue est couverte de poils longs, blanchâtres, ayant chacun un anneau brun vers son milieu ; les poils de la croupe et de la queue sont longs et durs.

Cette espèce est des Indes, comme les précédentes, selon M. Geoffroy ; mais l'individu décrit par Buffon venoit de la partie orientale de l'Afrique. Le mot *nems* ou *nims* qui sert à le désigner, est le nom de la mangouste d'Egypte, en langue arabe ; ce qui vient à l'appui de la patrie que Buffon lui assigne. Ce nems de Buffon étoit mâle, et avoit treize pouces dix lignes de longueur du museau à l'anus ; le tronçon de sa queue avoit un pied ; tout son corps étoit couvert d'un poil long, jaspé d'un brun foncé, mêlé d'un blanc sale, et qui avoit dix lignes de longueur. Le fond du poil de la tête, autour des yeux, étoit d'une couleur jaunâtre claire ;

ses jambes étoient couvertes d'un poil ras fauve foncé; son œil étoit vif; et l'iris d'un fauve foncé.

Quatrième Espèce. — MANGOUSTE VANSIRE, *Ichneumon galera*, Geoff. Descript. de l'Egypte, Hist. nat., tom. II, pag. 138, n°. 4. — *Mustela galera*, Linn. — VANSIRE, Buff., tom. XII, pl. 21.

Le vansire, dit M. Geoffroy, donné jusqu'ici comme une espèce voisine du furet, est une vraie mangouste, et il s'en est assuré sur deux individus qui ont vécu à la ménagerie. Cet animal, plus petit que la mangouste à bandes, a le poil gris-brun, pointillé de jaunâtre, et les pattes brunes. Sa tête et ses extrémités sont d'un brun plus teinté de roux que le reste du corps. Ses oreilles sont grandes et brunes. Sa queue, de moyenne épaisseur à sa base, est couverte de poils assez longs, bruns, annelés comme ceux du corps, de blanc jaunâtre, avec cette différence que les anneaux de cette couleur sont ici beaucoup plus larges.

L'individu qui a servi à cette description a été rapporté par Péron et Lesueur de l'Ile-de-France, où son espèce, qui est originaire de l'île de Madagascar, a été propagée. A Madagascar, elle porte le nom de *vohang shira*, d'où Buffon a fait le nom de vansire.

Tout ce que l'on sait des habitudes naturelles du *vansire*, se réduit à ceci, c'est qu'il aime beaucoup à se baigner dans les eaux qui sont à sa portée.

Le crâne du vansire diffère de celui de l'ichneumon, selon M. Geoffroy, en ce que la boîte cérébrale est à proportion plus renflée et plus large, et que l'apophyse de l'os jugal, et celle du coronal, ne sont pas assez prolongées pour se rencontrer, s'unir, et compléter l'orbite.

Cinquième Espèce. — MANGOUSTE DE JAVA (*Ichneumon javanicus*), Geoff. Descript. de l'Egypte, Hist. nat., tom. II, pag. 138, n.° 5. Cette nouvelle espèce, rapportée par M. Leschenault de Latour, a les plus grands rapports avec la précédente. Elle lui ressemble par la taille, et à peu près par les couleurs; seulement elle a en marron ce qui est en brun dans l'autre; ses poils, sur la tête et les jambes, sont d'une seule couleur et d'un marron foncé.

Nous avons vu dans la collection du Muséum d'Histoire naturelle de Paris, les trois individus de cette espèce qui en font partie. L'un, adulte, a le corps long d'environ dix pouces, et sa queue n'en a guère que huit. Son poil nous a paru en général d'un brun teinté de roux, et piqueté de jaunâtre, d'une manière très-égale, sur le corps et les flancs, ce qui est produit par les anneaux, alternativement bruns et jaunâtres, qui marquent chaque poil ; la tête est d'un brun-marron, à poils d'une couleur uniforme ; le dessous de la gorge est également brun ; les extrémités des pattes sont plus foncées que tout le reste du corps ; la queue est moins épaisse à sa base, que celle de la mangouste d'Egypte, et couverte de poils assez longs, annelés comme ceux du corps. Les oreilles sont très-ouvertes ; mais leur conque est très-peu développée ; à la racine des poils, sur le corps, on observe un feutre d'un gris-brun. Le second individu ne diffère du premier qu'en ce que sa teinte générale est beaucoup plus rousse.

Le troisième individu, qui paroît très-jeune, est beaucoup plus petit. Le poil en-dessus de son corps, est d'un gris légèrement verdâtre, le ventre est d'un blanc sale, et la gorge d'un blanc plus pur.

On doit peut-être rapporter à cette espèce la *belette de Java* de Séba, qui, selon cet auteur, est nommée dans son pays natal *kager-angan*.

Sixième Espèce. — MANGOUSTE ROUGE, *Ichneumon ruber*, Geoff., Descript. de l'Egypte, Hist. nat., tom. 2, pag. 139, n.º 6.

Cette mangouste, dont la patrie est inconnue, existe dans la collection du Muséum d'Histoire naturelle de Paris. Elle a près de quinze pouces de longueur, et sa queue en a onze. La teinte générale de son pelage est le roux ferrugineux très-éclatant, particulièrement sur la tête et sur la face interne des quatre membres. Les poils du dos et des flancs sont marqués d'anneaux alternativement roux foncé et roux jaunâtre ou fauve, qui font paroître cette partie comme piquetée de cette dernière couleur. Le dessus de la tête est d'un roux très-vif, d'écureuil, et les poils y semblent d'une teinte uniforme ; ceux du menton, du dessous du cou, de la poitrine, sont d'un jaune-roux égal ; et cette teinte devient un peu plus foncée sous le ventre.

La queue, en mauvais état dans l'individu que nous avons observé, paroît avoir été couverte de poils roux sans anneaux bruns. M. Geoffroy dit qu'elle est plus épaisse et plus longue que celle de la mangouste à bandes.

Septième Espèce. — La GRANDE MANGOUSTE, Buff., Suppl., tom. 3, pl. 26 ; *Ichneumon major*, Geoff., Descript. de l'Egypte, Hist. nat., tom. II, pag. 139, n.º 7.

Cette mangouste, dont on ne connoît pas le pays, mais

que M. Geoffroy soupçonne avoir été rapportée de l'Inde
par Sonnerat, est la plus grande de toutes les espèces de ce
genre ; sa longueur est double de celle de la mangouste à
bandes ; son poil est annelé de fauve et de marron ; mais les
anneaux fauves sont si étroits, que l'autre couleur domine
partout. Sa queue, qui se termine en pointe, prend, vers l'extrémité, une couleur plus foncée ; ses doigts sont couverts de
poils ras et serrés, comme en montrent les animaux qui
vont à l'eau.

M. Geoffroy, d'après qui nous rapportons cette description, considérant le caractère qu'offrent les pattes de cette
espèce, met en doute si elle ne se livreroit pas à la pêche ?

La grande mangouste de Buffon a, suivant ce naturaliste,
le museau un peu plus gros et un peu moins long que les
autres espèces : le poil plus hérissé et plus long ; les ongles
aussi plus longs; la queue plus hérissée et également plus longue
à proportion du corps. C'est sans doute de la même, dont le
célèbre Daubenton fait mention, dans la description des mangoustes, en disant, qu'elle avoit vingt-deux pouces de longueur depuis le bout du museau jusqu'à l'origine de la queue,
qui étoit longue de vingt pouces. Les longs poils de cet animal avoient jusqu'à deux pouces et demi, et il se trouvoit
entre eux une sorte de duvet plus court et de couleur roussâtre.

Huitième Espèce. — MANGOUSTE D'ÉGYPTE ; *Ichneumon
pharaonis*, Geoffr. ; *Viverra ichneumon*, Linn., Schreb. ; —
MANGOUSTE, Buff., *Suppl.*, tom. 3, pl. 26 ; — *Ichneumon*
d'Hérodote et des anciens ; — vulgairement *rat de Pharaon*, —
Geoffr., Descript. de l'Egypte, *Hist. nat.*, tom. 2, page 139,
n.° 3 ; — ejusd., *Ménag. du Mus.*, *Voyez* pl. G 6. de ce Dictionnaire.

La mangouste d'Egypte a jusqu'à un pied et demi de
long, sans compter la queue, qui est égale au corps, et
qui est garnie à son extrémité d'une touffe de très-longs
poils divergeant de haut en bas, et s'étalant en éventail.
Son poil est plus gros, plus sec, plus cassant que celui de la
grande mangouste avec laquelle seulement on pourroit la confondre, et ce poil est annelé de fauve et de marron. Un anneau fauve termine chaque poil, et quoique les anneaux marrons soient plus larges, il résulte de leur arrangement une
distribution de couleur si égale, que la teinte générale n'est
autre que le mélange de ces deux couleurs. Les pattes sont
noires ou marron foncé, ainsi que le museau.

L'*ichneumon* étoit un des animaux sacrés de l'antique et su-
perstitieuse Egypte. Les habitans d'Héracliopolis lui ren-

1. Malbrouck.   2. Mandrill.   3 Mangouste d'Egypte.

doient les honneurs divins après sa mort. « On l'entretenoit,
dit Sonnini (*Journal de physique* , mai 1785), avec grand
soin de son vivant ; des fonds étoient assignés pour sa nourriture ; on lui servoit , comme aux chats , du pain trempé dans
du lait , ou du poisson du Nil , coupé par morceaux , et le
tuer étoit un crime. Objet du culte d'un peuple célèbre ;
prétendu protecteur du pays le plus singulier du monde contre un fléau des plus fâcheux chez un peuple agricole ; étranger et inconnu dans nos climats , que de motifs pour produire le merveilleux ! Aussi n'a-t-il pas été épargné. La plupart des voyageurs ont vu l'ichneumon sans l'examiner , et
l'esprit prévenu par les contes que les anciens et les modernes ont débités à son sujet, ils les ont copiés successivement
dans leurs relations (1). » Ayant été à portée d'observer l'ichneumon , Sonnini tâche de fixer l'opinion que l'on doit
prendre de son utilité , en réduisant à leur juste valeur les
services que l'on a vantés , et encore plus exagérés.

Assez semblables, pour les habitudes , aux *furets* et aux
putois , les ichneumons se nourrissent de rats et de reptiles ,
d'œufs et d'oiseaux. Ils rôdent autour des habitations , lorsque les grandes eaux du Nil les forcent d'abandonner les
campagnes , afin de surprendre les poules et de dévorer leurs
œufs ; et ce goût vorace et destructeur ne peut se perdre par
l'éducation , les bons traitemens et l'abondance de nourriture : aussi, quoique ayant de grandes dispositions à la fami-
liarité, les ichneumons ne sont pas, ou du moins ne sont plus
domestiques en Egypte. Non-seulement on n'en élève pas
dans les maisons , mais les habitans actuels n'ont plus même
le souvenir que leurs pères en aient élevé.

« L'appétit naturel des ichneumons pour les œufs, dit Sonnini , les porte à fouiller quelquefois dans le sable , et à y
chercher ceux que les crocodiles y déposent ; et c'est particulièrement de cette manière qu'ils s'opposent , en effet , à
la trop grande multiplication des crocodiles ; car l'on regarde
comme un conte , et l'on a bien raison, la prétendue habitude
des ichneumons , de s'élancer dans la gueule béante des crocodiles , de se glisser dans leur ventre , et de n'en sortir qu'a-
près leur avoir rongé les entrailles. Si l'on a vu quelques-
uns de ces animaux se jeter avec fureur sur de petits crocodiles
qu'on leur présentoit , c'est l'effet de leur goût pour toutes les
espèces de reptiles , et nullement celui d'une haine particu-

____

(1) Ælien dit que les ichneumons sont hermaphrodites (sans doute
à cause de l'existence de la poche près de l'anus) ; qu'à la saison
d'amour ils se battent à outrance , et que les vainqueurs se réservant
les droits et les jouissances des mâles , soumettent les vaincus à la
condition de femelles.

lière ou d'une loi de la nature, en vertu de laquelle les ichneumons auroient été spécialement chargés de retarder la
propagation de ces animaux. Il eût été au moins aussi raisonnable de dire que la nature n'avoit placé la mangouste sur
la terre, que pour empêcher la multiplication des poules,
auxquelles elle nuit en effet beaucoup plus qu'aux crocodiles.

« Les ichneumons sont très-communs dans plus de la moitié septentrionale de l'Egypte, c'est-à-dire, dans cette partie
comprise entre la mer Méditerranée et la ville de Siout. Au
contraire, ils sont très-rares dans l'Egypte supérieure, et il
est une chose à remarquer, c'est qu'ils sont moins communs
où les crocodiles sont moins rares, et qu'on les trouve abondamment dans les lieux où les crocodiles n'existent pas. »

Quoique l'ichneumon soit assez commun en Egypte, M.
Geoffroy n'a pas eu souvent occasion de l'observer. « Il est,
dit-il, très-difficile de l'approcher ; je ne connois pas d'animal plus craintif et plus défiant. Il n'ose se hasarder de courir
en rase campagne, mais il suit toujours, ou plutôt il se glisse
dans les petits canaux ou les sillons qui servent à l'irrigation
des terres. Il ne s'y avance jamais qu'avec beaucoup de ré-
serve. Il ne lui suffit pas d'apercevoir qu'il n'y a rien devant
lui dans le cas de lui porter ombrage ; il ne s'en rapporte
point à sa vue, il n'est tranquille, il ne continue sa route
que quand il l'a éclairée par le sens de l'odorat. Telle est sans
doute la cause de ses mouvemens ondoyans et de l'allure incertaine et oblique qu'il conserve toujours dans la domesticité. Quoique assuré de la protection de son maître, il n'entre
jamais dans un lieu qu'il n'a pas pratiqué, sans témoigner de
fortes appréhensions : son premier soin est de l'étudier en
détail, et d'en aller en quelque sorte tâter toutes les surfaces,
au moyen de l'odorat... Cependant, on diroit qu'il a quelque peine à percevoir les émanations odorantes des corps ;
ses efforts pour y réussir sont rendus sensibles par un mouvement continuel de ses naseaux, et par un petit bruit qui
imite assez bien le souffle d'un animal haletant et fatigué
d'une longue course.

« On l'apprivoise facilement ; il est doux et caressant. Il
distingue la voix de son maître, et le suit presque aussi
exactement qu'un chien : on peut l'employer à nettoyer une
maison de souris et de rats, et on peut être assuré qu'il y
aura réussi en bien peu de temps. Il n'est jamais en repos,
furète sans cesse partout, et s'il a flairé quelque proie au fond
d'un trou, il ne quitte point la partie qu'il n'ait fait tous ses
efforts pour s'en saisir. Il tue sans nécessité ; il se contente
alors de sucer le sang et le cerveau des animaux qu'il a mis

à mort et quoique une proie aussi abondante lui soit inutile, il ne souffre pas qu'on la lui retire. Il a coutume de se cacher pour prendre ses repas ; il s'enfuit, avec ce qu'on lui donne, dans l'endroit le plus retiré et le plus sombre. Il ne faut pas alors l'approcher ; il défend sa proie en grognant et même en mordant. » L'ichneumon lappe en buvant comme le *chien* ; il pisse en levant une de ses jambes de derrière, et il a l'habitude singulière de renverser, lorsqu'il a bu, son vase, de manière à se verser sous le ventre l'eau qui y est contenue. Son cri d'amour est un grognement sourd qui a quelque douceur. Il paroît éprouver une grande jouissance à rafraîchir le fond de la poche située près de son anus, en la mettant en contact avec tous les corps froids et saillans qu'il aperçoit.

« L'ichneumon a pour ennemis principaux le *chacal*, le *renard* et le *tupinambis* : ce dernier animal ne se trouve que dans l'Egypte supérieure, au-dessus de Girgé. C'est un grand lézard qui vit des mêmes proies, qui use des mêmes artifices pour se les procurer, et qui, furetant de même dans les profonds sillons des campagnes, se trouve sans cesse sur son chemin. Il n'est guère plus grand que l'ichneumon ; mais comme il est beaucoup plus courageux, et surtout plus agile, il en vient facilement à bout. »

L'ichneumon porte en Egypte le nom de *nems*. « Ce nom, dit M. Geoffroy, n'a aucune signification, et il pourroit appartenir à l'ancienne langue des Egyptiens, comme celui de *temsaah* pour le crocodile ; et alors celui des Grecs *ichneumon*, qui exprime un animal sans cesse occupé de la découverte de sa proie, pourroit bien n'en être que la traduction. Quant à la dénomination de *rat de Pharaon*, sous laquelle l'ichneumon a été aussi connu, il paroît qu'elle lui a été donnée par les Européens établis au Caire. » (DESM.)

MANGROVE. Nom anglais du PALÉTUVIER D'AFRIQUE.
(B.)

MANGUEIRO. C'est le nom qu'on donne, sur la côte orientale d'Afrique, à un petit arbre qui forme un genre particulier. C'est le *tilachium africanum*, Lour. (LN.)

MANGUEL et **MEXOCOLT.** Noms mexicains de l'*acanga*, espèce du genre des ANANAS (*bromelia*), selon Hernandez. (LN.)

MANGUES. Synonyme de MANGLES, au Brésil. (LN.)

MANGUEY. Nom que les Mexicains donnoient à l'AGAVE (*Ag. americana*), duquel, dit le voyageur Linschott, ils tiroient de l'eau, du vin, de l'huile, du vinaigre, du miel, du sirop, du fil, des aiguilles, et une infinité d'autres choses : aussi observe-t-il qu'on le cultive autour de toutes les maisons. Les feuilles pressées laissent jaillir une liqueur douce; après les avoir fait macérer, elles donnent de la filasse; l'aiguillon qui termine chaque feuille sert d'aiguille.

Jacques Antoine Cortusus de Padone, directeur du jardin botanique de cette ville, cultiva le premier, en Europe, en 1561, cette plante maintenant naturalisée dans tout le midi. (LN.)

MANGUIER, *Mangifera*, Linn. (*pentandrie monogynie*). Genre de plantes de la famille des térébinthacées, qui a des rapports avec le MONBIN, l'ANACARDE et l'ACAJOU, et qui comprend des arbres étrangers, dont les fleurs sont disposées en grappes ou en panicules. Chaque fleur a un calice découpé en cinq segmens lancéolés, une corolle de cinq pétales, cinq étamines avec des anthères jumelles et mobiles, et un ovaire supérieur arrondi, surmonté d'un style à stigmate simple. Le fruit est une prune ou un drupe qui varie dans ses dimensions, sa forme et sa couleur. Il contient une noix oblongue, comprimée, couverte à l'extérieur de filamens, et dans laquelle se trouve une seule semence. *V.* SCHREBÈRE.

Le MANGUIER COMMUN, MANGUIER DOMESTIQUE, ARBRE DE MANGO, *Mangifera indica*, Linn., dont on voit la figure pl. G 18 de ce dictionnaire, est un arbre fruitier qui croît naturellement, et que l'on cultive dans les Indes et au Brésil. Il est fort gros, s'élève à la hauteur de trente ou quarante pieds, et offre, par le nombre et la disposition de ses branches, une cime ample et étalée. Son bois est cassant. Son tronc est revêtu d'une écorce épaisse et noirâtre, qui devient rude avec l'âge. Ses feuilles ont sept à huit pouces de longueur sur deux ou plus de largeur. Elles sont simples, opposées, terminées en pointe et marquées de nervures jaunâtres. Les fleurs, assez petites, naissent en panicules lâches vers les extrémités des branches. Les fruits offrent différentes formes. Ils sont, en général, légèrement comprimés sur les côtés, et un peu arqués en manière de rein; quelquefois ils ont une conformation bizarre. On en voit de diverses couleurs sur un même arbre, les uns verdâtres, les autres rouges, jaunes ou noirs. Il y en a qui n'excèdent pas la grosseur d'un œuf de poule : d'autres pèsent jusqu'à deux livres. Tous sont savoureux, d'un très-bon goût et d'une odeur agréable. Sous une peau assez forte, quoique mince, ils contiennent une pulpe jaune, succulente, plus ou moins filamenteuse; et leur noyau, large et aplati, renferme une amande fort amère.

Ces fruits, selon Rumphe, ont une saveur délicieuse, qui ne le cède guère qu'à celle des fruits du *mangoustan*. Ils sont d'autant meilleurs, que le noyau est plus petit, et on préfère les espèces qui n'ont point de fibres ou qui en ont peu. La *mangue* est bienfaisante et purifie le sang : on la coupe par morceaux et on la mange crue ou macérée dans le vin. Les Indiens en font des gelées, des compotes, des beignets et d'excellens *achars*. (On donne le nom d'*achar*, dans ce pays, à tous les fruits confits dans le vinaigre.) On peut manger une grande quantité de *mangues*, sans être jamais incommodé. On doit à M. de Tussac des notes fort intéressantes sur les avantages qu'on retire à Saint-Domingue de la culture du Manguier.

Cet arbre est difficile à élever en Europe. Il porte des fruits deux fois par an, et depuis l'âge de six ou sept ans jusqu'à cent ans.

On trouve à Madagascar, et on cultive dans le jardin botanique de l'Ile-de-France, une autre espèce de ce genre, le *mangifera pinnata*, L., qui a des feuilles ailées, et dont les fleurs sont polygames et à dix étamines. Son fruit est ovale, et de la grosseur d'une *olive*. Sa saveur est analogue à celle du *manguier domestique* des Indes. C'est un arbrisseau qui s'élève à douze ou quinze pieds. (D.)

MANGUIER BLANC. Espèce de COQUEMOLLIER qui se trouve dans l'Inde, à Madagascar et sur les côtes de la mer Rouge, mêlée avec les véritables mangliers (*Rhizophora*). C'est le *rack* de Bruce et le *lignum ignarium* de Rumphius. Son bois, qui brûle lentement sans s'éteindre, est employé par les habitans des pays où il croît, pour entretenir le feu. C'est le *caju-api-api* des Malais et l'*afe* des Madécasses. (L.N.)

MANGUIER A GRAPPES. *V.* SORINDEIA et MANGIFERA. (L.N.)

MANGUSTA. *V.* MANGOUSTE. (DESM.)

MANI, *Symphonia*. Arbre à rameaux tétragones, à feuilles opposées, ovales, acuminées, fermes, vertes, lisses, et à fleurs d'un beau rouge, les unes solitaires et axillaires, les autres en bouquets à l'extrémité des rameaux, qui forme un genre dans la polyadelphie polyandrie, et dans la famille des guttifères.

Ce genre offre pour caractères : un calice divisé profondément en cinq découpures ovales, concaves, épaisses et persistantes ; une corolle de cinq pétales connivens ; quinze à vingt étamines roulées en spirale autour du pistil, et dont les filamens sont aplatis et réunis par le bas en cinq faisceaux ; un ovaire supérieur, arrondi, strié en spirale et surmonté d'un style qui se termine par cinq stigmates écartés ; une capsule ovale, uniloculaire dans sa maturité, de couleur brune, où sont renfermées deux à cinq semences anguleuses et couvertes d'un duvet roussâtre. Avant sa maturité, il contient cinq loges remplies d'une substance glaireuse.

Le *mani* croît naturellement dans la Guyane, et est figuré pl. 3i3 de l'ouvrage sur les plantes de ce pays, par Aublet. Toutes ses parties, entamées, rendent un suc jaune résineux, qui s'épaissit et devient noir en se desséchant. Il est très-abondant, et on l'emploie à caréner les barques, les cordages, enfin à tous les usages du goudron d'Europe.

Les sauvages consolident, par le moyen de ce suc, les fils qui attachent les dents de poissons, dont ils arment leurs flèches; et en le mêlant avec d'autres résines plus solides, ils en font des flambeaux. (B.)

MANIAN. *Voyez* MAGNA. (DESM.)

MANICAIRE, *Manicaria.* Genre de plantes de la famille des PALMIERS, établi par Gærtner seulement sur les organes de la fleur, le fruit ne lui étant connu que par une description incomplète de Clusius.

Il a pour caractères: une spathe universelle très-grande, fusiforme, fibreuse, ne s'ouvrant point, mais se dilatant beaucoup; des spathes partielles nulles ou très-petites; un régime commun aux deux sexes, à grappes simples, grêles, velues et ferrugineuses; des fleurs mâles très-nombreuses, couvrant presque toutes les grappes, et composées d'un calice monophylle court, scarieux; une corolle de trois pétales coriaces et de vingt étamines; des fleurs femelles en petit nombre et sessiles dans la partie inférieure des grappes; leur calice et leur corolle étant quatre fois plus grands que ceux des mâles, et renfermant un ovaire supérieur, trigone, triloculaire, surmonté d'un style conique, à stigmate simple; une noix ou un drupe.

Ce genre ne contient qu'une espèce qui vient dans la Guyane hollandaise. (B.)

MANICO. Nom portugais de la STRAMOINE. (LN.)

MANICOLE. Nom d'un PALMIER, cité par Bancroft, et qui est inconnu. (LN.)

MANICOU. C'est le DIDELPHE A OREILLES BICOLORES. (DESM.)

MANICOU. Espèce de CRABE. (B.)

MANICUP. *V.* PLUMET BLANC. (V.)

MANIER. Nom picard de la PIE-GRIÈCHE ÉCORCHEUR. (V.)

MANIGUETTE. *V.* CANANG AROMATIQUE. (LN.)

MANIGUETTE et MALAGUETTE. *Voy.* TRYN EL FYL. (LN.)

MANIGUETTE. Nom qu'on donne, chez les droguistes, à la graine du CANANG AROMATIQUE. On le donne aussi à

l'Uvaire de Ceylan; et par suite d'une erreur, Aublet l'a
encore appliqué à l'Unone d'une seule couleur. (b.)

MANIHOT. Nom américain du Manioc, de quelques
espèces de Jatropha et d'une espèce de Ketmie, *Hibiscus
manihot*, Linn. (ln.)

MANIKAU. Nom des Fraises, à Java. (ln.)

MANIKIN. C'est, à la Côte-d'Or, le nom de la Guenon
Mone. *V.* ce mot. (s.)

MANIKON de Théophraste. Plante rapportée au *stramo-
nium* par Adanson. (ln.)

MANIKOR, *Pipra papuensis*, Lath., pl. enl., n.º 707.
Selon Buffon, cet oiseau doit être exclus du genre des *manakins*, dont il diffère par les deux pennes du milieu de la
queue, qui sont plus courtes que les pennes latérales, et
par le défaut de l'échancrure à la mandibule supérieure.
De plus, M. Desmarest observe, dans son *Histoire des manakins*, que le *manikor* a le bec plus long et plus aplati que
ceux-ci, et que ce seroit un *gobe-mouche* s'il n'avoit pas le bec
sans échancrure. Sonnerat l'a rapporté de la Nouvelle-
Guinée. Il a trois pouces trois lignes de longueur, le bec
noir, le dessus de la tête, du cou et du corps, les ailes et
la queue d'un noir verdâtre; le dessous du corps d'un blanc
sale; une tache oblongue orangée sur la poitrine; les pieds
noirs. (v.)

MANIKUP. *V.* Plumet blanc. (s.)

MANIL. *V.* Mani. (s.)

MANIL-GALE et VANVALLI. Noms brachmanes
d'une espèce de Sapotilier, *Achras dissecta*. (ln.)

MANIL-KARA. Nom malabare d'une espèce de Sapotillier, *Achras dissecta*. Adanson fait de cette plante un
genre différent du *sapota*. Il le nomme *manilkara*, et le caractérise ainsi : fleurs en ombelles terminales, composées
d'un calice à six divisions; d'une corolle à dix-huit divisions
sur deux rangs; de six étamines; d'un style à un stigmate;
d'une baie à une ou deux loges, contenant chacune un osselet ovoïde. *V.* Sapotillier. (ln.)

MANILLE. Vipère de l'Inde, dont la morsure est fort
redoutée dans ce pays. (b.)

MANINE. C'est, dans Adanson, la Clavaire coralloïde. (b.)

MANINGA. L'un des noms portugais du Dattier. (ln.)

MANIOC, MAGNOC ou MANIHOT, *Jatropha ma-
niot*, Linn. Arbrisseau des contrées chaudes de l'Amérique,
intéressant par la fécule nourrissante que donne sa racine,

et qui appartient au genre MÉDICINIER. (*V.* ce mot) Il s'é-
lève à la hauteur de six à sept pieds. Sa tige est tortueuse,
noueuse, pleine de moelle et revêtue d'une écorce lisse, rougeâtre. Elle se partage en rameaux fragiles garnis, surtout
vers leur extrémité, de feuilles alternes, profondément palmées, soutenues par de longs pétioles : ces feuilles sont
glabres, un peu fermes, lisses, et d'un vert glauque en dessous : les lobes ou segmens qui les divisent varient par le nombre de trois à sept ; ils sont très-entiers, lancéolés, pointus,
un peu élargis dans leur milieu, longs quelquefois de cinq à
six pouces. Les fleurs sont monoïques, sans calice, de couleur
rougeâtre ou d'un jaune pâle, et de la grandeur à peu près de
celle de la *douce amère ;* elles ont chacune un pédoncule propre, et forment des grappes lâches, réunies au nombre de
trois à quatre, soit aux aisselles des feuilles, soit dans la bifurcation des rameaux. Dans les fleurs mâles, la corolle
est découpée jusqu'à moitié, en cinq segmens ovales ; dans
les femelles, les divisions se prolongent jusqu'à la base. Les
secondes portent un ovaire qui devient un fruit presque sphérique, relevé longitudinalement de six angles assez saillans.
Ce fruit est glabre, légèrement ridé à l'extérieur, et composé de trois coques, renfermant chacune une semence luisante, de la forme de celle du RICIN, d'un gris blanchâtre
avec de petites taches un peu foncées.

Cette plante est cultivée dans les Deux-Indes et en Afrique ; elle est surtout très-répandue en Amérique et dans les
Antilles, où elle fait la base de la nourriture des Nègres.
Elle offre un assez grand nombre de variétés relatives à la
couleur des tiges, des fleurs et des racines, à la grosseur de
ces dernières, aux divers temps nécessaires à leur entier développement, et à la qualité de la fécule qu'on en tire.

Il n'est peut-être point, dans les deux continens, de plante
à la fois plus singulière et plus productive que celle-ci. À côté
d'un aliment sain et précieux, elle recèle un poison mortel.
Mais l'art le plus simple sépare aisément l'un de l'autre : il
consiste à extraire par la compression, le suc vénéneux que
contient la racine de manioc, et à soumettre ensuite à l'action du feu sa partie solide, pour la convertir en farine ou en
pains plats bons à manger. Pour cela, on met en usage divers
procédés dont je parlerai tout à l'heure, et qui, malgré leur
simplicité, sont tellement sûrs, que jamais la *cassave* n'a incommodé personne. On donne le nom de *cassave* aux galettes
plates et rondes préparées avec la râpure sèche de cette racine. Dans quelques parties de l'Amérique, en faisant cuire
cette râpure, on la laisse en grains ou grumeaux, qu'on
mange à peu près comme nous mangeons en Europe le riz.

Le manioc est un arbrisseau très-précieux, non-seulement par l'utilité, la grosseur et l'abondance de ses racines, mais encore par la facilité extrême avec laquelle on le multiplie : comme il est rempli de moelle, il prend aisément de bouture. D'ailleurs, il croît promptement, et se plaît dans les terrains médiocres et secs, pourvu qu'ils soient bien aérés. Les ressources alimentaires qu'il procure aux habitans de l'Amérique, équivalent à celles que les Européens et les Asiatiques trouvent dans le blé et le riz. Le manioc a même sur ces dernières plantes un grand avantage, en ce que la récolte de sa racine est beaucoup moins éventuelle que celle des deux grains dont je viens de parler, lesquels sont toujours exposés aux intempéries de l'atmosphère, sujets à être renversés par des vents violens, ou gâtés par des pluies continuelles. Sa récolte est aussi plus considérable ; le plus beau champ de blé ou de riz ne nourrit point autant d'hommes qu'une surface égale de terrain planté en manioc. Enfin, les racines de cette plante mûrissant à diverses époques de l'année, et à des termes différens, selon les espèces, laissent au cultivateur la faculté d'attendre, pour les enlever, le moment qui lui convient. Rarement récolte-t-on à la fois une pièce entière de manioc. On se contente d'arracher la quantité de racines dont on a besoin pour la semaine ou le mois ; l'excédant reste en dépôt dans la terre, et s'y conserve en bon état. Cependant, on ne doit pas y laisser ces racines trop long-temps, parce qu'elles pourriroient ou deviendroient trop dures. Quand le sol est de bonne qualité, et que la saison leur a été favorable, elles acquièrent quelquefois la grosseur de la cuisse, et une longueur d'un pied et demi à deux pieds.

Parmi les variétés qu'on cultive, celles qui ont une teinte de rouge ou de violet, sont les plus communes, et passent pour les plus estimées et les plus profitables. L'intérieur des racines est toujours d'une grande blancheur, et le suc dangereux dont elles sont pénétrées, a la couleur de lait. Cependant une sous-variété appelée *camanioc* à Cayenne, a ce suc doux ; aussi peut-elle être mangée sans danger. Ces racines sont ordinairement plus grosses que des betteraves ; elles viennent souvent trois ou quatre attachées ensemble. Quelques espèces mûrissent en sept ou huit mois, d'autres en neuf ou dix : mais les meilleures, et celles dont on fait le plus d'usage, ont besoin de douze à quinze mois pour parvenir à une maturité complète.

Quand le moment de la récolte est arrivé, on ébranche les tiges du manioc, et, sans beaucoup d'effort, on les enlève avec les racines qui sont peu adhérentes à la terre. Après avoir séparé ces racines de leurs tiges, on les transporte sous un hangar, on en râcle l'écorce avec un couteau, comme on ratisse les navets : puis on les lave et on les râpe. Elles sont mises en cet état dans des nattes ou des sacs de toile, et soumises, pendant plusieurs heures, à l'action d'une forte presse. Après avoir suffisamment exprimé le jus de cette râpure, on la passe au travers d'une espèce de crible un peu gros, et on la porte dans le lieu destiné à la faire cuire, pour en fabriquer de la cassave ou de la farine de manioc.

Pour faire la cassave, on se sert d'une platine de fer ronde, ayant environ deux pieds de diamètre, épaisse de six à sept lignes, et élevée sur quatre pieds entre lesquels on allume du feu. Quand cette platine commence à s'échauffer, on couvre toute sa surface de râpure de manioc, jusqu'à l'épaisseur de deux doigts, ayant soin de l'étendre également partout, et de l'aplatir avec un large couteau de bois fait en spatule. On la laisse cuire sans la remuer. Les grains, au moyen de l'humidité qu'ils recèlent encore, s'attachent les uns aux autres, et ne forment bientôt qu'un seul corps, qui diminue beaucoup d'épaisseur en cuisant ; on le retourne sur la platine, pour donner aux deux surfaces un égal degré de cuisson. Le tout forme alors une galette plate, fort mince, de couleur dorée, et qui a la même forme ronde et le même diamètre que la platine. C'est cette galette qu'on appelle *cassave*. On la met refroidir à l'air, où elle achève de prendre une consistance sèche et ferme, qui la rend très-aisée à rompre par morceaux.

La farine de manioc préparée ne diffère de la cassave qu'en ce que les grains de râpure, au lieu d'être liés les uns aux autres, restent en petits grumeaux qui ressemblent à de la chapelure de pain, ou plutôt à du biscuit de mer grossièrement pilé. Pour faire une grande quantité de cette farine, on se sert d'une poêle de cuivre à fond plat, de quatre pieds environ de diamètre et de sept à huit pouces de profondeur. Quand cette poêle est échauffée, on y jette de la râpure de manioc, et, sans perdre de temps, on la remue en tous sens avec un rabot de bois. Ce mouvement empêche les grains de s'attacher les uns aux autres ; ils perdent leur humidité et cuisent également. Quand ils sont cuits (ce qu'on reconnoît à leur couleur un peu roussâtre et à leur odeur savoureuse), on les retire avec une pelle de bois ; on étend cette farine sur des nappes de grosse toile, et lorsqu'elle est refroidie, on l'enferme dans des barils, où elle se conserve long-temps.

Les cassaves s'appellent aussi *pains de cassave*, et la farine de manioc porte, dans beaucoup d'endroits, le nom de *couaque*. Plus la cassave est mince, plus elle est délicate. On la mange rarement sèche, et sans préparation secondaire, ainsi que la farine de manioc. Avant de s'en servir, on trempe légèrement l'une et l'autre dans de l'eau pure ou dans du bouillon. Alors, ces substances renflent considérablement, et font une nourriture solide et saine que quelques habitans des îles et les nègres préfèrent au pain. J'ai toujours trouvé cette nourriture fort peu savoureuse et même insipide.

La cassave et le couaque ont l'avantage de se conserver pendant quinze ans et plus, sans altération. Aublet dit avoir gardé tout ce temps-là, dans une boîte, du couaque, qui, le dernier jour, étoit aussi sain et aussi bon que le jour où il avoit été enfermé. Dix livres de cette substance, ajoute-t-il, suffisent à un voyageur pour le faire vivre quinze jours ; ceux qui s'embarquent sur le fleuve des Amazones, n'emportent pas d'autres provisions. En versant un peu d'eau ou du bouillon chaud ou froid, sur deux onces de couaque, il y a de quoi faire un bon repas ; cette farine gonfle prodigieusement et reprend l'humidité qu'elle a perdue. On peut en nourrir même les chevaux.

Le suc exprimé de la racine de manioc, entraîne avec lui une FÉCULE extrêmement fine et du plus beau blanc, qui se dépose d'elle-même au fond du vase où ce suc est recueilli ; quand on la froisse entre les doigts, elle craque comme l'amidon. Pour l'obtenir, on décante le suc après quelques heures de repos, et on lave à plusieurs eaux la matière amilacée qu'il recouvroit. Avec cette matière, qui est légère et très-blanche, on prépare différens mets fort délicats, tels que des massepains, des échaudés, des galettes, etc. Elle sert quelquefois à fabriquer de la poudre à poudrer ; pour cela, on la fait sécher à l'ombre, on l'écrase, et on la passe à travers un tamis fin. Elle est aussi employée, en guise de farine, à frire le poisson, à donner de la liaison aux sauces, et à faire de bonne colle à coller le papier. Dans la Guyane française, cette fécule porte le nom de *cipipa*. Les naturels de cette partie de l'Amérique tirent aussi un grand parti de la racine de manioc, pour composer des boissons enivrantes.

On vend en Europe la fécule de MANIOC, sous les noms de *tapioca* et de *tipiaca*. (D.)

MANIPI. Nom imposé par les Papous au GOURA COURONNÉ. *V*. ce mot. (V.)

MANIPOURI. *V*. MAÏPOURI ou TAPIR. (S.)

MANIS. Nom latin des mammifères du genre PANGOLIN. *V*. ce mot. (DESM.)

MANIS-BESAAR. Dans les Indes orientales, c'est une espèce d'ORANGER. (LN.)

MANISCHAR. Nom arménien de la VIOLETTE DE MARS (*Viola odorata*). (LN.)

MANISURE, *Manisuris.* Genre de plantes de la monoécie triandrie et de la famille des graminées, qui offre pour
caractères : des épis axillaires, aplatis, distiques, contenant
huit à neuf fleurs mâles et autant de fleurs femelles entremê-
lées ; chaque fleur mâle presque sessile, bombée, composée d'une balle à quatre valves égales, dont deux extérieures
à stries granuleuses, deux intérieures plus étroites, membraneuses, et de trois étamines. Chaque fleur femelle entièrement sessile, attachée à la base externe de la fleur femelle,
et composée d'une balle de deux valves inégales ; l'extérieure
hémisphérique, presque osseuse, très-rugueuse ou granulée,
striée en long et en large, se recourbant en dessous ; l'intérieure très-petite, presque carrée, glabre. Point de balle
qui tienne lieu de corolle. Un ovaire supérieur arrondi, à deux
styles dont les stigmates sont velus ; une semence arrondie,
renfermée dans la balle calicinale.

Ces caractères sont extraits de l'ouvrage encore manuscrit
que j'ai rédigé sur les plantes graminées de la Caroline, et
diffèrent de ceux qui ont été donnés jusqu'à présent aux *ma-
nisures* ; mais ils ont été décrits et dessinés sur le vivant, de
sorte qu'on peut compter sur leur exactitude. Il se pourroit,
au reste, que le *manisure queue de rat* eût une fleur différente
de celle du *manisure granulaire*, que j'ai observé.

Ce dernier a les racines fibreuses, vivaces ; le chaume solide, strié, un peu velu, haut de deux pieds ; de chacun de
ces nœuds naît un épi, une feuille et un rameau, qui donne
lui-même naissance à un second épi, à une autre feuille et à
un autre rameau, et cela jusqu'à quatre et même cinq fois.
Les feuilles sont alternes, très-velues, surtout à leur base,
assez larges et longues d'un demi-pied. Leur gaîne est courte,
renflée, comprimée et très-velue.

Cette plante se trouve dans presque toute l'Amérique méridionale, et même dans une partie de la septentrionale.

J'ai observé qu'elle est commune dans certains cantons cultivés de la Caroline voisins des rivières, qu'elle fleurit en
août, et que les bestiaux ne la recherchent pas.

L'autre espèce croît dans l'Inde et dans les Antilles.

Le genre PELTOPHORE de Palisot-Beauvois est fait aux
dépens de celui-ci. (B.)

MANITANBOU. Le SAPOTILLIER porte ce nom à la
Guyane. (LN.)

MANITHONDI de Ceylan. C'est le HENNÉ (*lausonia spinosa*). (LN.)

MANITOU. On a donné ce nom à une coquille du genre
des TONNES, que les sauvages révèrent comme un dieu.
Voyez au mot TONNE ; *V.* aussi DIEU-MANITOU. (B.)

MANITOUM ou **MANICOU.** Suivant le P. Dutertre, c'est le SARIGUE. *Voyez* au mot DIDELPHE. (DESM.)

MANJA–CURINI. Espèce de CARMANTINE (*Justicia infundibuliformis*), qui croît au Malabar, *Rheed* 9 , tab. 62). (LN).

MANJA–KUA , Rheed. , *Mal.* 11 , t. 10. C'est le nom malabare d'une espèce de CURCUMA (*curcuma rotunda* , L.). (LN.)

MANJA–PU–MARAM , Rheed. , Mal. 1 , t. 21. Le NYCTANTHE (*Nyctanthes arbor tristis*), est ainsi appelé par les habitans de la presqu'île de l'Inde. C'est le *pariatiku* des Brames. (LN.)

MANJELLA–KUA. (Rheed. , Mal. 2 , t. 11.) C'est une espèce de CURCUMA (*C. longa*), au Malabar. (LN.)

MANJEL–PALINGA. Nom qu'on donne , au Malabar, au quarz cristallisé. (LN.)

MANJHANSO. En languedocien , c'est le nom du POU. (DESM.)

MANJHO–PERO ou **BANAR.** En Languedoc , on donne ce nom au GRAND CAPRICORNE (*cerambyx heros*). (DESM).

MANJHO–ROSO. Le CAPRICORNE A ODEUR DE ROSE (*Cerambyx moschatus*) est ainsi appelé dans la même province. (DESM.)

MAN–KO. Selon Boym , c'est le nom du MANGUIER , en Chine. (LN.)

MANKOP. C'est le PAVOT , en Hollande et en Danemarck. (LN.)

MAN–MAN–TIA. Nom donné , en Cochinchine , au MOZAMBÉ PENTAPHYLLE (*cleome pentaphylla* , L.). *Man-man-tlang* est le nom d'une autre espèce (*cleome icosandra* , L.). Ces deux plantes croissent dans toute l'Inde. (LN.)

MANELLI. Arbrisseau de la presqu'île de l'Inde , qui seroit un ASPALATH (*aspalathus indica*), selon J. Burmann. (LN.)

MANETTIA d'Adanson. Ce genre de plantes comprend une espèce de *mesembryanthemum* de Dillen et de Linnæus. Ses caractères sont : calice à quatre divisions; corolle de trente à quarante pétales imbriqués ; dix à vingt étamines ; quatre styles, autant de stigmates; capsule à quatre valve, et quatre loges polyspermes; feuilles opposées; fleurs solitaires, axillaires ou terminales.

Le *mesembryanthemum noctiflorum* et ses variétés (*Dill. Eltham,* t. 206) restent dans ce genre. (LN.)

MANETTIA. Ce genre de *mutis*, adopté par Linnæus, répond au *nacibæa* d'Aublet. On y rapporte l'*ophiorhiza* de Forskaël. *V.* NACIBE. (LN.)

MANNA. Dioscoride donne ce nom à un suc végétal concret, qu'il compare à l'encens, et il lui attribue les mêmes propriétés, mais à un moindre degré. Au reste, sous ce nom de *manna*, les anciens ont compris plusieurs sucs végétaux concrets ou liquides, l'encens, le mastic, et peut-être notre manne. Leurs productions n'étoient pas bien connues, ce qu'expriment assez les noms de *miel céleste*, de *miel aérien*, et de *manne céleste*, qu'on leur donnoit. On croyoit que la manne étoit un produit du ciel. Pline dit expressément *mel ex aere, cui cælestis natura.* Les anciens supposoient que c'étoit une vapeur terrestre que la chaleur des jours de l'été volatilisoit, et que le froid de la nuit condensoit en liqueur ou rosée douce, qui recouvroit les arbres et les arbustes. Les Perses nommoient à cause de cela, la manne, lait des arbres, et les Grecs, rosée ou miel aérien (*drosomeli* et *aeromeli*.) Il ne s'agit pas ici de la *manne* des Israélites; elle est totalement inconnue, et son origine purement miraculeuse, peut dispenser de tout commentaire à son égard. *Voyez* MANNE, MAN. (LN.)

MANNABLOD. C'est l'HIÈBLE, en Suède. (LN.)

MANNE, *Manna.* Suc végétal, concret, d'un blanc jaunâtre, soluble dans l'eau, d'une odeur qui approche de celle du miel, et d'une saveur douce et un peu nauséabonde. Il découle de lui-même ou par incision, de certaines plantes, principalement du *frêne de Calabre*, connu dans ce pays sous le nom d'*orne*. C'est le *fraxinus rotundiori folio* de Bauhin. Voyez à l'article FRÊNE, la description que j'en donne d'après Gaspard Carramone, qui l'a observé sur les lieux mêmes.

C'est pendant les fortes chaleurs de l'été que l'écoulement de ce suc a lieu. Quand il s'est épaissi, on lui donne différens noms, selon la manière dont il a été recueilli et suivant la partie de l'arbre qui l'a fourni; car il sort non-seulement du tronc et des branches du frêne, mais il transsude aussi de ses feuilles. Il peut alors être regardé comme une espèce de MIÉLAT. (*V.* ce mot.) Les habitans de la Calabre appellent celle qui coule d'elle-même, *manna di spontana*, et celle qui sort par une incision faite à l'arbre, *manna forzatella*; la *manna di fronde* est la manne qu'on recueille sur les feuilles, et la *manna di corpo*, celle qu'on retire du corps de l'arbre.

La manne est un purgatif doux, convenable à tous les âges. On en fait prendre aux plus petits enfans; il faut alors choisir la manne en larmes, comme la plus légère. On l'administre presque toujours avec quelque sel, ou bien avec le séné, le tamarin ou toute autre substance végétale. Dans tous les cas, on doit toujours la faire bouillir un peu, et avant de l'employer, s'assurer de sa bonne qualité; lorsqu'elle a une odeur d'aigre ou de levain, elle est vieille et doit être rejetée. On dit que la manne purge par son propre poids et comme par indigestion: voilà pourquoi, sans doute, celle qu'on nomme *en sorte*, et qui est plus lourde, purge plus fortement que la *manne en larmes*. Quoi qu'il en soit, la manne est regardée par les médecins comme le purgatif le plus sûr, dans tous les cas où l'évacuation des matières fécales est indiquée, et où il s'agit de dissiper la tension du ventre et de pousser par les selles toutes les humeurs grossières. La dose est depuis une demi-once jusqu'à deux onces et demie ou même trois onces, dissoutes dans du bouillon ou dans quelque décoction.

(D.)

MANNE CÉLESTE ou AÉRIENNE. *V.* MANNA. (IN.)

MANNE DES HÉBREUX. On sait que les Israélites, voyageant dans le désert de Sin, murmuroient contre Moïse, regrettant les ognons d'Egypte, et mourant de faim. Mais sur le soir, il leur tomba d'abord des cailles du ciel; le matin suivant, il se répandit un brouillard ou une rosée; lorsqu'elle fut évanouie, elle laissa sur les arbustes du désert de petites concrétions analogues au givre. Les enfans d'Israël se dirent l'un l'autre, *man hou* (ils ne savoient ce que c'étoit), et Moïse leur dit : Voilà le pain que l'Eternel vous a donné à manger. Chacun en recueillera un homer, ou la dixième partie d'un épha (mesure de 20 livres) par tête. Dès le matin, la chaleur du soleil fondoit cette substance; ceux qui en conservoient jusqu'au lendemain (excepté la veille du sabbat, où l'on en recueilloit au double pour ce jour-là), la trouvoient corrompue, et il s'y développoit des vers. Le seul jour du sabbat étoit privilégié. Les Hébreux vécurent pendant quarante ans de cette *manne*, dans le désert. (*Exode*, ch. 16.) *Josué*, ch. 5, dit qu'elle cessa au pays de Chanaan.

Cette *manne* étoit de la grosseur d'une semence de coriandre, blanche ou rousse comme du bdellium, et d'un goût analogue aux beignets au miel. (*Exode*, ch. 16, vers. 31, *nombres* 11, vers. 7.) On la pulvérisoit, on la mettoit cuire, ou l'on en faisoit des gâteaux. C'est ainsi que vécurent six cent mille hommes de pied, selon l'Écriture, (*nombres* 11), en y ajoutant parfois des cailles et des sauterelles. Saint Jean-Baptiste, retiré, de même, au désert de Judée, ne vivoit que de sauterelles et de miel sauvage, ἀκρίσι μέλι, la même substance que la *manne* des Israélites, suivant Saumaise, et les plus doctes commentateurs. (*Mathieu*, ch. 3 , vers. 4.)

Man est un mot arabe , hébreu et chaldéen , qui désigne une sorte de miel aérien concrété sur des feuilles ou rameaux d'arbres , et il a été traduit , soit par les Septante , soit par les autres auteurs bibliques , par μάννα , *manne*. Les médecins arabes , qui firent , les premiers , usage de cette substance dans la matière médicale , en distinguèrent plusieurs sortes , suivant les végétaux desquels on la recueilloit. Ainsi , Avicenne dit que la *manne terengiabin* , ou *trungibin* , ou *tiramjaben* , abonde dans la province du Chorasan , surtout au delà du fleuve Oxus , et en Perse , sur l'*Alhaagi* , arbrisseau épineux. On apporte aussi , dit – il , du mont Casseran , un suc gras , en consistance de rob , ou une sorte de miel aérien qu'on recueille pour manger. Selon ce médecin , c'est une rosée du ciel qui se dépose et se concrète sur les végétaux. Sérapion parle aussi de la *manne* de l'Alhaagi , de celle des rameaux des palmiers ; mais de plus il décrit une sorte de sucre *hahoscer* , déposé sur les rameaux d'un arbrisseau à feuilles ovales , larges , ayant pour fruit , deux gousses qu'il compare aux testicules d'un chameau ; cet arbrisseau fournit en outre un lait si âcre et si caustique , que les bestiaux n'y touchent point : probablement , cette matière sucrée , déposée sur ses feuilles ou rameaux , est le *zirquest* , ou vulgairement le *siracos* des Persans. (*Voyez Sérapion de temperam. simplic.*, cap. 50 , *de zucharo*). Les Arabistes , tels que Actuarius , Chariton , Jean l'archiâtre , ont conservé le mot *manne* , ainsi que Suidas ; mais les anciens Grecs et Latins ne l'employoient pas , et même , on ne recueilloit pas encore de *manne* en Calabre , sur les frênes , au temps des anciens Romains , pour l'usage de la médecine.

Les anciens Grecs connurent le miellat des feuilles d'arbre où les abeilles le vont recueillir (Aristote, *Hist. anim.*, l. 5, ch. 22.) Toutefois Hippocrate ne traite nulle part de ces dons célestes , selon l'expression des poëtes (*cœlestia dona* , Virgile), car son κέδρινον μέλι paroît n'être qu'une térébenthine de cèdre , à moins qu'on ne les croie analogues à la *manne* du mélèse , dite de Briançon.

Galien parle , non de la *manne* , mais d'un *miel* aérien , très-liquide , recueilli au mont Liban , dans des vases , lorsqu'il découle des arbres , ou sur des peaux , en agitant ces arbres. Ce ἐρσογαλι ou ἀεριμελι fut bien connu des anciens. Aristote , dans ses *Admir. auscult.* , rapporte qu'on recueille un *miel* aérien des arbres de Cappadoce , et qu'en Lydie , les habitans en font des trochisques , ou pastilles pour manger. Théophraste dit qu'on en trouve sur des feuilles de chêne, de tilleul, de figuiers, à l'état concret comme du bois, μελιτώδη χυλόν (Théophr., *Hist. Plant.*, liv. 3, ch. 9.) Athénée cite un Amyntas qui, dans son séjour en Asie, avoit vu recueillir sur les arbres, un *miel* aérien, dont on préparoit des gâteaux. (*Deipnos.*, liv. 12). Dioscoride fait aussi mention de quelques arbres de Syrie, d'où découle un miel liquide comme de l'huile, ἐλαιόμελι. Aëtius, Paul d'Egine, Alexandre de Tralles, ont également connu cette exsudation.

Parmi les modernes, plusieurs auteurs ont traité des diverses *mannes* de l'Orient, susceptibles de servir d'aliment. Garcias ab Orto a vu apporter à Bassora une sorte de miel concret, contenant des portions de feuilles ou d'autres impuretés, et formant des fragmens divers. Quant à la *manne trungibin* des Arabes et des Persans, elle est en petits grains ; c'est l'ἀερόμελι μέλι d'Aristote. Une autre *manne* liquide étoit apportée dans des outres à Goa, au golfe d'Ormuz ; c'est le *ziracost* des Persans. Garcias ajoute que le trungibin vient sur de petits buissons épineux comme nos genêts.

Ce que Galien avoit vu ramasser vers le mont Liban, Pierre Belon l'observa au mont Sinaï. Des caloyers, moines de l'ordre de Saint-Basile, vivent une partie de l'année avec la *manne* qu'ils recueillent sur divers arbustes.

L'emploi habituel de cet aliment, quoique laxatif pour nous, cesse d'avoir cet effet à cause de l'accoutumance. De même, la casse et les tamarins qui sont purgatifs, n'agissent point comme tels sur les Orientaux, qui en mangent communément, et qui sont naturellement constipés, à cause de la chaleur.

Plusieurs peuples vivent donc en Asie des exsudations mielleuses des arbres, lorsque le soleil fait extravaser leur séve sucrée pendant les mois les plus chauds. Le géographe Abulféda, citant plusieurs peuples orientaux, les Sères, les Brachmanes, les Eudéens et Nébuzéens, dit qu'ils se nourrissent de fruits et de poivre (bétel), et *reçoivent leur pain quotidien du miel de roseau* qu'ils recueillent. C'est une exsudation analogue au sucre que donnent plusieurs holcus et d'autres graminées. Ce fait étoit déjà connu de Théophraste, qui nomme cette sorte de concrétion μέλι καλάμινον. Sénèque, *epist.* 85, rapporte aussi que dans les Indes on trouve un miel concret entre les feuilles de roseaux, soit par l'effet de la rosée du ciel, soit par extravasion d'une séve sucrée épaissie. On voit, dit-il, quelque chose d'analogue sur nos plantes, mais moins manifestement, et l'insecte né pour cet objet en fait son butin.

Rauwolf retrouva en Arabie la manne de l'alhagi, ou de l'algul (*itiner. part.* 1. *c.* 8) ; cette espèce de *sainfoin* (*V.* ce mot) ligneux, s'élevant comme un sous-arbrisseau très-épineux, et ressemblant à notre genêt, est l'*hedysarum alhagi*, qui se rencontre dans plusieurs îles de l'Archipel grec, en Crète, en Chypre, à Rhodes, comme en Syrie, en Perse, dans les déserts de l'Arabie, selon Olivier (*Voyag. empir. othom.*, t. 3, page 188) ; et aussi en Egypte, suivant Raffeneau Delille (*Descr. de l'Egypte, mém. d'Hist. nat.*, tom. 2, p. 9), mais qui ne produit sa *manne* que sous les régions les plus ardentes de l'Arabie et de la Perse. Cette manne, qui est le *thérenjabin*, se forme sur toutes les parties de la plante, mais principalement à la tige, en petits grains ronds comme des semences de coriandre ; leur saveur est celle du sucre pur ; ils s'écrasent comme lui sous la dent, et ne purgent nullement, quoiqu'on en mange une certaine quantité. Cette matière devient brunâtre presque comme la mélasse, lorsqu'on la garde long-temps. Elle se recueille assez abondamment en Perse, pour que tous les droguistes de ce pays en vendent. Elle est rarement exempte d'impuretés, mais se trouve mêlée de feuilles ou de gousses, et d'autres parties du végétal. Elle est fort usitée comme béchique ou pectorale. On la recueille vers la fin de l'été, en août, pendant plus d'un mois, et à toutes les heures de la journée.

Dans le désert du mont Sinaï, qui se trouve à peu près à la même latitude que Ispahan, il y a beaucoup d'*Agoul* (alhagi) ; on y doit recueillir également de cette manne ; mais, dit Niebuhr (*descript. de l'Arabie*, page 129), si les enfans d'Israël en ont eu toute l'année, excepté le jour du sabbat, pendant quarante ans, cela s'est fait par miracle, car la manne *tarandsjubin* ne se trouve que pendant quelques mois (1).

Dans le Curdestan, à Mosul, Merdîn, et dans le Diarbekr, on ne se sert que de manne, au lieu de sucre, pour toutes les pâtisseries et d'autres mets ; en quelque quantité qu'on en mange, elle ne purge pas. Entre Merdîn et Diar-

---

(1) Malgré l'amour des prodiges, chez les Orientaux, personne d'entre eux ne croit que la *manne* tombe du ciel ; car on n'en trouve ni à terre ni sur tous les végétaux. Voyez sur ce sujet les ouvrages suivans :

John Fothergill, Observations on the manna persicum *Phil. trans.*, tom. 43, n.° 472, p. 86-94.

Welleejus Hayberg, Dissertatiunculæ de cœlesti illo cibo *man* dicto, è Exod. XVI, particul. 1. resp. *Frid. Rossingius,* Haffniæ, 1743, 4.° 16 pag.

bekr, la manne se recueille principalement sur des arbres
à noix de galle, *quercus ballota*, ou les chênes du Levant. La
récolte qui s'en fait en août, devient plus abondante après
d'épais brouillards, ou en temps humide, qu'en temps
trop sec. La manne recueillie au lever du soleil, en secouant les feuilles, est la plus blanche et la plus pure ; dans
le jour elle se fond en partie au soleil ; alors, pour la séparer des feuilles où elle se concrète, il faut les râcler ;
d'autres la font dissoudre dans l'eau chaude. Celle qui est
râclée sur les feuilles, reste la plus impure, et ressemble à
de la manne grasse, *manna forzatella* ou *essemma*, selon
J.-B. Capello. (*V*. son *Lessico farmaceutico*, etc.). Cette
manne se trouve aussi en Perse ; elle se tire de Mossul. Les
Persans en ont une autre sorte qui se nomme *cherker*, apportée du nord du Khorasan et de la petite Tartarie. Elle
est plus purgative que celle de la Calabre ; mais on ignore
quel arbre la produit.

Enfin, on recueille encore en Perse, et sans doute en
Arabie, une autre sorte de *manne* ou *sucre*, sur l'*O'char* ou
l'*Ascher*. C'est une apocynée contenant un lait très-âcre,
reconnue pour être l'*asclepias procera*. (Raffen. Delille,
Descr. de l'Égypte, tome 2, page 9), ou le même arbrisseau
dont a parlé Sérapion, cité ci-devant ; il a été décrit aussi
dans la *Pharmacopée persane* de Frère Ange de Saint-Joseph.
(Paris, 1681, in-8.º, p. 361.) Ce sucre blanc et doux
recouvre, comme une farine, les feuilles de cet arbuste, surtout lorsqu'elles sont piquées par les larves d'une mouche.
Mais ce végétal, du reste, est caustique.

Plusieurs autres végétaux, dans ces contrées ardentes,
exsudent un miellat plus ou moins abondant, ou une séve
sucrée qui s'extravase et se concrète par l'effet de la chaleur.
Ainsi, Bruce aperçut un suc glutineux très-sucré sur une
graminée sauvage d'Abyssinie. (*Voyage* tom. 5, p. 62.)
L'érable à sucre, et d'autres arbres à séve douce, portent
également des *mannes* plus ou moins agréables en aliment.

Par l'analogie des formes, on a nommé *manne* d'encens et
de mastic, les petites miettes de ces sucs résineux. *Voyez*
MAN et MANNE. (VIREY.)

MANNE D'ENCENS. *V*. OLIBANUM. (LN.)

Hieronymus de Willhelm, Dissertatio inaugur. de manna καρυφμένη
Lug. Bat. 1744, in-4.º

Joh. Pontoppidan, Dissert. de mannâ Israëlitar., pars prima resp
Erasm. Lindegaard. Hauniæ, 1756, in-4.º

Anton. Deusingius, Dissertationes de mannâ et saccharo. Groning.
1659, in-12. Et aussi la dissertation de *Cl. Saumaise*, de mannâ et
saccharo, à la suite de ses homonymes de matière médicale, etc.

MANNE DU LIBAN. *V.* Mastic. (ln.)

MANNE DE PERSE ou en Grains. *V.* Alhagi. (ln.)

MANNE DE RIVIÈRE. *V.* Éphémère. (l.)

MANNELLI. Nom de l'Aspalath des Indes, sur la côte Malabare. (ln.)

MANOA et **MENONA.** Noms indiens du Corossol à fruits hérissés. (ln.)

MANOA. Rumphius figure le Corossol muqueux sous ce nom, *vol.* 1, *tab.* 45 de son Herbier d'Amboine. (b.)

MANOO-ROA. Les naturels des îles de la Société nomment ainsi le Paille-en-cul. (s.)

MANORINE, *Manorina* μανός, *rarus*, ρίν, *naris*), Vieill. Genre de l'ordre des oiseaux sylvains et de la famille des chanteurs. *V.* ces mots. *Caractères* : bec court, un peu grêle, à base garnie, sur les côtés, de petites plumes, dirigées en avant, et couvrant l'origine des narines, anguleux en dessus, très-comprimé latéralement, entier, pointu ; mandibule supérieure un peu arquée du milieu à la pointe, et couvrant les bords de l'inférieure ; celle-ci un peu plus courte et droite ; narines amples, occupant, en longueur, la moitié de la mandibule supérieure, s'étendant de l'arête jusqu'aux bords du bec, élargies à la base, et finissant un peu en pointe, couvertes d'une membrane, à ouverture linéaire, et située en-dessous ; tour de l'œil nu ; ailes à penne bâtarde allongée, large et pointue ; la première rémige plus courte que la sixième ; les deuxième et quatrième égales, la troisième la plus longue de toutes ; quatre doigts, trois devant, un derrière, les antérieurs grêles ; l'intermédiaire soudé avec l'extérieur à la base, et totalement séparé de l'interne ; le pouce très-épais, et plus long que les doigts latéraux ; ongles crochus, étroits et aigus, le postérieur le plus fort et le plus long de tous. Cette nouvelle division n'est point dans l'analyse de mon ornithologie élémentaire, et je me suis cru fondé à l'établir, attendu que l'espèce qui en est le type, ne pouvoit, selon moi, se classer convenablement dans aucun genre connu.

La Manorine verte, *Manorina viridis*, Vieill., se trouve à la Nouvelle-Hollande. Elle a le bec et les pieds jaunes ; les plumes des côtés du *capistrum*, et qui s'avancent sur les narines, d'une couleur noire ; le *lorum* jaune, et comme velouté ; deux moustaches noirâtres, qui partent de la mandibule inférieure, et descendent sur les côtés de la gorge ; le plumage, généralement d'un vert olive, tirant un peu au jaune sur les parties inférieures, et foncé sur les couvertures supérieures, et sur le bord interne des pennes alaires ; la

queue un peu arrondie à son extrémité ; les ailes en repos
n'en dépassent pas la moitié ; le bec est long de six lignes,
depuis le front, et de huit lignes, à partir des coins de la
bouche ; longueur totale, cinq pouces neuf à dix lignes. La
femelle ne diffère du mâle qu'en ce qu'elle n'a point les
plumes du *lorum* jaunes, ni de moustaches noires, et que
son plumage est d'un vert plus terne et assez uniforme. Ces
oiseaux sont au Muséum d'histoire naturelle, et un mâle fait
partie de la collection de M. Baillon. (v.)

MANOTE. Nom vulgaire de la Clavaire coralloïde (b.)

MANOUL. Nom tartare d'un quadrupède du genre des
Chats. (desm.)

MANOUSE. Nom du Lin qu'on apporte du Levant. (b.)

MANS. C'est le nom que les agriculteurs donnent à la
larve du *hanneton.* Ils l'appellent aussi *ver blanc* et *ver turc.*
Voy. Hanneton. (o.)

MANSANA. Ce genre de plante, établi par Sonnerat
(Voy. Guin., tab. 94), et adopté par Gmelin, répond au zizyphus des botanistes, puisque la plante sur laquelle il est
fondé est le *perim toddal* de Rheede, c'est-à-dire le Jujubier proprement dit (*zizyphus jujuba*, Linn.). *V.* Jujubier. (ln.)

MANSANILLA et Mansenillier d'Adanson. *V.* Mancenillier. (ln.)

MANSARD ou **MAUSART.** C'est, suivant Salerne, le
nom sous lequel on connoît, en Picardie, le Ramier. (s.)

MANSEAU. Nom du Ramier, en Brabant. (s.)

MANSFENI (*Falco Antillarum*, Lath.), espèce d'Aigle.
Cet oiseau a la grosseur du *faucon*, la tête noire à son sommet, le ventre blanc, et le reste du plumage de couleur
brune. Quoiqu'il soit armé de serres puissantes, il ne s'attaque jamais qu'aux oiseaux foibles, comme les grives, les
alouettes de mer, et quelquefois aux ramiers et aux tourte-
relles ; il mange aussi des serpens et des lézards.

Le P. Dutertre a vu le *mansfeni* aux Antilles ; on le trouve
aussi le long des rivages vaseux de l'Amérique méridionale ;
il porte au Para le nom de *ouyra-ouasson panema*, ce qui veut
dire, dans la langue du Brésil, *oiseau sans bonheur*, parce
que, moins farouche et moins défiant que les oiseaux du
même genre, il se laisse approcher et prendre dans les
piéges. (s.)

MANSIADI. C'est, dans Rheede, le Condori. (b.)

MANSIEKA. Nom du Fraisier, en Finlande. (ln.)

MANSIENNE. Espèce d'Obier, *viburnum*, Linn. (b.)

MANSIULO. C'est l'Hellébore en Espagne. (l.n.)

MANSJOUS. Pirogues que les Indiens font avec le bois de différentes espèces de jacquier. (s.)

MANSKRAGT. Nom hollandais de la Livèche. (l.n.)

MANSUETTE. Grosse Poire pyramidale, courbée, obtuse, jaunâtre, tachetée de brun. (l.n.)

MAN-SY-LAN. Nom donné en Chine, à la Crinole d'Asie. (*Crinum asiaticum*, L.). (l.n.)

MANTANNE et Mancienne. Espèce de Viorne. *V.* ce mot. (l.n.)

MANTE, *Mantis.* Genre d'insectes, de l'ordre des orthoptères, famille des coureurs, ayant pour caractères : cinq articles à tous les tarses; élytres et ailes couchées horizontalement sur le corps ; corps étroit et allongé ; tête découverte ; les deux pieds antérieurs plus grands que les autres, avec les hanches longues, les cuisses fortes, comprimées, armées d'épines en dessous, et les jambes dentelées et terminées par un fort crochet; le premier segment du tronc le plus grand de tous, formant le corselet, ordinairement long, étroit et plus large antérieurement; antennes sétacées, simples dans les deux sexes ; front point prolongé en manière de corne.

Les mantes ont le corps étroit et allongé, ne sautant point; les antennes sétacées, simples, plus courtes que le corps, composés d'un assez grand nombre d'articles, insérés près du front; la tête triangulaire, verticale, avec les yeux grands, et trois petits yeux lisses distincts; (*voyez*, quant aux organes de la manducation, l'article Mantides) le corselet allongé, formé en majeure partie du premier segment, dont l'extrémité antérieure est souvent dilatée et arrondie sur les côtés; les pattes antérieures avancées, avec les hanches fort grandes, les cuisses comprimées, dentelées; les jambes également dentelées, terminées par un fort crochet, et s'appliquant sous la cuisse; les autres pattes menues ; l'abdomen oblong, ayant à son extrémité deux appendices coniques, articulés, et une pièce en forme de lame écailleuse, comprimée, arquée sur le dos, formée elle-même de plusieurs pièces courtes, reçues entre deux valves de l'anus. Les élytres sont horizontales, couchées l'une sur l'autre le long du côté interne, étroites, allongées, peu épaisses, demi-transparentes ; les ailes sont plissées en éventail dans leur longueur.

Ces insectes s'éloignent beaucoup des *blattes*, qui ont aussi cinq articles aux tarses, mais dont le corps est ovale, et

dont la tête est cachée sous le corselet; des *phyllies*, parce
que celles-ci ont le corps très-aplati, imitant, avec les élytres, des feuilles; des *spectres*, en ce que ces derniers ont le
corps en forme de bâton. La lèvre inférieure, dans ces genres, n'a pas d'ailleurs quatre divisions égales, et les pattes
antérieures ont une autre forme.

Les mantes diffèrent essentiellement des *criquets* et des
sauterelles, en ce qu'elles ont cinq articles aux tarses, et
qu'elles ne sautent point; leurs deux pattes antérieures sont
très grandes; et leur servent à saisir et percer les insectes
dont elles se nourrissent. Comme elles les étendent souvent, on s'est imaginé qu'elles devinent et indiquent les
choses; et on leur a donné le nom latin de *mantis*, qui signifie *devin*.

Ces insectes sont propres aux pays chauds. L'Europe n'en
offre que quatre à cinq espèces; celle que l'on trouve plus
fréquemment dans les provinces méridionales de l'Allemagne et dans la plupart des départemens du midi de la France,
est appelée en jargon languedocien *prega-diou* (*prie-dieu*),
parce qu'elle élève continuellement ses pattes de devant et
les joint ensemble, de sorte que le peuple la regarde comme
un insecte sacré.

Dans l'état de nymphe, les mantes ont sur le dos quatre
pièces aplaties, qui sont des fourreaux renfermant les élytres et les ailes; elles marchent et agissent comme l'insecte
ailé, vivent de rapine, et mangent tous les insectes qu'elles
peuvent attraper par le moyen de leurs pattes antérieures,
qui font l'office de pinces.

Roesel a conservé des mantes, en les nourrissant avec
des mouches et d'autres insectes qu'elles saisissoient avec
beaucoup d'adresse. Elles sont si cruelles et si carnassières,
qu'elles se tuent les unes et les autres, et se mangent sans y
être forcées par la faim. Le même auteur a vu des petits
nouvellement éclos, s'attaquer avec fureur, en élevant leur
corselet en l'air, et tenant leurs deux pattes antérieures
jointes et prêtes à combattre. Ayant voulu voir l'accouplement de ces insectes, il enferma dans un poudrier un mâle
et une femelle; ils s'attaquèrent aussitôt avec acharnement,
et le combat finit par la mort de l'un des deux. M. Poiret
ayant aussi renfermé sous verre un mâle et une femelle,
celle-ci saisit le mâle avec les pointes aiguës de ses pattes,
et lui coupa la tête. Comme la vie de ces insectes est extrêmement tenace, le mâle vécut encore long-temps; la femelle reçut ses caresses, et finit par le dévorer.

Les œufs que pondent les femelles sont rassemblés, et

en un paquet allongé , couvert d'une espèce d'enveloppe, de la consistance du parchemin. A mesure qu'ils s'échappent de l'ovaire , il en sort avec eux une espèce des bouillie ; c'est cette matière qui, en se desséchant , forme l'enveloppe coriace qui les couvre. Ces œufs sont allongés , de couleur jaune , et placés sur deux rangées dans le paquet ; la femelle attache ordinairement cette masse à la tige de quelque plante.

J'avois, dans la première édition de cet ouvrage , partagé ce genre en cinq coupes.

La seconde division forme maintenant le genre EMPUSE. *V.* ce mot.

MANTE SCROPHULEUSE , *Mantis strumaria*, Linn.; Mérian, *surin.* , tab. 27. Son corps est court; son corselet a la forme d'une sorte de bouclier rond, jaune , parsemé de quelques taches rougeâtres ; ses extrémités latérales sont vertes ; les élytres ressemblent à des feuilles, et sont d'un vert foncé; les ailes ont latéralement une tache d'un jaune foncé.

Elle se trouve dans l'Amérique méridionale.

MANTE RELIGIEUSE , *Mantis religiosa*, Linn. G. 3, 17 de cet ouvrage. Linnæus avoit bien distingué cette espéce de la *mante prêcheuse (oratoria*). Les auteurs qui ont écrit après lui, les ont confondues , et ont embrouillé la synonymie. Il est vrai que Linnæus avoit commencé à le faire. Il sera facile d'éclaircir cette difficulté , si l'on sépare ces deux espéces , et si l'on rapporte tous les synonymes cités , à la mante religieuse : l'espèce nommée *prêcheuse* n'a été connue, jusqu'à nos jours, que de Linnæus. Draparnaud, savant professeur d'histoire naturelle à Montpellier , et dont la perte excite encore nos regrets , a tiré cette espèce de l'oubli où elle étoit , et nous en a donné une bonne figure.

La mante religieuse est verte; le corselet a une petite carène dorsale : ses bords latéraux sont d'un jaune roussâtre , un peu dentelés; les élytres sont bordées légèrement de jaunâtre. Les pattes antérieures ont une tache d'un noir bleuâtre, au côté interne des hanches , et leurs jambes ont une teinte d'un roussâtre clair. L'insecte est long de près de deux pouces. Il n'est pas rare dans le midi de la France. On commence à le trouver aux environs de Paris.

MANTE PRÊCHEUSE , *Mantis oratoria*, Linn. Cette espèce , beaucoup plus petite que la précédente , en diffère essentiellement par la tache œillée et d'un noir bleuâtre qui est au milieu de chacune de ses ailes. On la trouve en France sur les bords de la Méditerranée. Draparnaud l'a décrite

dans le n.º 69 du *Bulletin des Sciences de la Société philomathique*. MANTE HEUREUSE , *Mantis fausta* , Fab.

Son corps est linéaire ; ses élytres sont d'un brun cendré ,
sans taches.

Elle se trouve au Cap de Bonne-Espérance. Les Hottentots voyent en cet insecte une divinité tutélaire , et dont la
présence est d'un bon augure.

MANTE PAÏENNE. *V.* MANTISPE.

Voyez aussi, pour les autres espèces, la monographie du genre
mantis , de Lichtensteins , insérée dans le sixième volume
des *Transactions* de la société linnéenne. (L.)

MANTEAU (*fauconnerie*). C'est le pennage des oiseaux
de vol, considéré sous le rapport de ses couleurs : un *manteau uni* , un *manteau bigarré*. (S.)

MANTEAU. Les fleuristes désignent par ce nom les
feuilles qui enveloppent les dehors de la fleur des ané-
mones. (LN.)

MANTEAU BLEU ou BLEU-MANTEAU. *V.* l'article MOUETTE. (V.)

MANTEAU DUCAL. Nom marchand de quelques coquilles du genre des PEIGNES. (B.)

MANTEAU DU CHRIST. C'est, en Espagne, le nom
d'une espèce de STRAMOINE (*Datura fastuosa*). (LN.)

MANTEAU NOIR ou NOIR-MANTEAU. *V.* GOÉ-
LAND A MANTEAU NOIR , à l'article MOUETTE. (V.)

MANTEAU-ROYAL. Nom donné à une CHENILLE ,
parce que ses taches rougeâtres, relevées de jaune clair, imitent grossièrement des fleurs-de-lis. (L.)

MANTEAU ROYAL. C'est l'ANCHOLIE commune. (LN.)

MANTEAU DE SAINTE-MARIE. C'est la COLO-
CASE. (LN.)

MANTECOSA et MANTEQUERA. Noms de la
POIRE DE BEURRÉ, en Espagne. (LN.)

MANTEGAR. *V.* MANTIGER. (DESM.)

MANTEIA. Nom de la RONCE, chez les Daces. (LN.)

MANTELET. Genre de coquillages établi par Adanson
dans son *Histoire des Coquilles du Sénégal*. Ce genre fait le
passage des CÔNES aux VOLUTES. La principale espèce (le
POTAN) est placée parmi les *cônes* par Gmelin , sous le nom
de *conus bullatus*. Le manteau de l'animal qui habite cette
coquille ne peut la recouvrir qu'en partie , et il est parsemé
en dehors de petits filets charnus qui se relevent ou s'a-
baissent à la volonté de cet animal. (B.)

MANTELET DES DAMES. Nom vulgaire de l'ALCHE-MILLE. (B.)

MANTELURE (*vénerie*). C'est la couleur du dos d'un chien de chasse, lorsque sa couleur est différente de celle des autres parties. (S.)

MANTÈQUE. Graisse de différens animaux, dont les Arabes et les Barbaresques font un grand usage, en guise de beurre, pour préparer leurs mets. (S.)

MANTES DE MER. *V.* STOMAPODES et SQUILLE. (L.)

MANTICHORE. Nom d'un animal fabuleux qu'on supposoit être un quadrupède cruel et terrible, et dont on trouve des descriptions pleines de merveilleux dans Ctésias, Aristote, Ælien et Pline. Suivant le premier de ces auteurs, cet animal est de couleur rouge, et a trois rangs de dents à chaque mâchoire. Aristote et Pline ajoutent qu'il a les oreilles et les yeux comme ceux de l'homme : ils disent son cri semblable au son d'une trompette, et assurent que l'extrémité de sa queue est hérissée de pointes, avec lesquelles il se défend contre ceux qui l'approchent, et qu'il darde même au loin contre ceux qui le poursuivent. Enfin, ils prétendent qu'il est d'une telle agilité, que sa course semble avoir la rapidité du vol. Pausanias rapporte la plupart de ces contes, mais sans y donner de confiance ; car il commence par déclarer qu'il croit que cet animal n'est autre chose qu'un *tigre*; à quoi il y a toute apparence : et sans doute que le danger d'approcher de ce terrible animal, et la peur que son aspect inspire, ont produit ces fables populaires que les naturalistes n'ont pas dédaigné de recueillir. (Daubenton. *Dict. encycl. des Quadr.*, pag. 184.). (DESM.)

MANTICORE, *Manticora*. Genre d'insectes, de l'ordre des coléoptères, section des pentamères, famille des carnassiers, tribu des *cicindélètes*.

Fabricius, trompé sans doute par la forme des élytres des manticores, et ne leur ayant vu que quatre antennules, crut que ce genre avoit beaucoup de rapports avec celui des *pimélies*; mais les antennules au nombre de six, les mandibules grandes et dentées, le nombre de pièces des tarses, tous ces caractères annoncent que ce genre est très-éloigné de celui des pimélies, et qu'il est, au contraire, très-voisin des *carabes*, et encore plus des *cicindèles*. M. Clairville pense même qu'il n'est pas distinct du dernier. Mais, outre que les manticores ont l'abdomen presque en forme de cœur renversé, embrassé entièrement par les élytres, et que ces élytres forment latéralement une carène aiguë, ces insectes s'éloignent encore des cicindèles et des autres genres de la même tribu, par la longueur du pénultième article de leurs palpes maxillaires extérieurs, qui surpasse celle du dernier article des mêmes palpes.

Panzer avoit d'abord confondu d'autres insectes de la même famille, nos *pogonophores*, avec les manticores.

Fabricius ne mentionne que deux espèces, propres l'une et l'autre à l'extrémité méridionale de l'Afrique.

La plus connue est le MANTICORE MAXILLAIRE, *Manticora maxillosa*, Oliv., *Col.*, t. 3, n.° 37, pl. 1, fig. 1. Le corps est noir, la tête est grosse, inégale ; les yeux sont arrondis ; le corselet est plus petit que la tête ; il est lisse, postérieurement élevé, cannelé, échancré, avec les bords tranchans ; les élytres sont planes, presque lisses au milieu, avec la partie postérieure et les bords latéraux, chagrinés ; les côtés sont saillans, légerement dentelés. On ne trouve point d'ailes au-dessous des élytres, quoique ces dernières ne soient pas réunies. Les pattes sont assez longues ; les tarses sont composés de cinq articles.

Ce manticore a la démarche vive des carabes ; il court sur le sable de la partie la plus méridionale de l'Afrique, et se cache souvent sous les pierres ; il se nourrit d'autres insectes ; sa larve est inconnue. (O. 1.)

MANTIDES, *Mantides*, Latr. Tribu d'insectes, de l'ordre des orthoptères, famille des coureurs, ayant pour caractères : point de pieds propres au saut ; tarses à cinq articles ; élytres et ailes couchées horizontalement sur le corps ; corps étroit et allongé ; tête découverte ; le premier segment du tronc le plus grand de tous, composant le corselet, soit étroit et allongé, soit dilaté de chaque côté, et en forme de rhombe ou de cœur ; antennes sétacées, insérées entre les yeux, composées d'un grand nombre d'articles ; trois petits yeux lisses, rapprochés en triangle sur le front ; labre entier ; mandibules incisives ; palpes filiformes, pointus au bout, non comprimés ; languette à quatre divisions presque également longues ; les deux pieds antérieurs beaucoup plus forts que les autres, ravisseurs, avec les hanches longues ; les cuisses grandes, comprimées, anguleuses, armées en dessous de deux rangées d'épines ; les jambes dentelées inférieurement, terminées par un fort crochet ; l'extrémité postérieure de l'abdomen ayant ordinairement deux appendices en forme de stylets, composés de plusieurs petits articles.

Sous le nom de *mantides*, je désignois d'abord une famille d'insectes du même ordre, correspondante au genre *mantis* de Linnæus. Les espèces avec lesquelles Stoll compose sa division des *spectres*, y étoient aussi comprises ; mais, comme l'a judicieusement remarqué M. Marcel de Serres, ces derniers orthoptères se nourrissent uniquement de végétaux ;

tandis que les autres ou les mantides propres, sont carnassiers; c'est ce qu'indiquent leurs mandibules et leurs pattes antérieures très-différentes des quatre suivantes, par leur grandeur, la longueur remarquable du premier article de leurs hanches; leurs cuisses longues, comprimées, anguleuses, ayant en dessous deux rangées d'épines plus ou moins nombreuses; et leurs jambes dont le côté inférieur offre aussi deux séries longitudinales de dentelures, avec une épine très-forte et très-aiguë au bout. Ces orthoptères peuvent étendre ces deux pattes en avant et saisir les insectes vivans dont ils se nourrissent, en les faisant passer entre les cuisses et les jambes des mêmes pieds. Dans cette circonstance, l'animal replie, avec beaucoup de prestesse, la jambe sous la cuisse, et les piquans dont ces parties sont armées retiennent, par leur engrenage, l'insecte saisi, et doivent même souvent l'offenser. Ces pieds, à raison de leur conformation particulière et de leur usage, ont reçu le nom de *ravisseurs* (*raptatorii*).

Les mantides diffèrent en outre des spectres, par leur tête triangulaire, comprimée verticalement, transverse et pourvue de trois yeux lisses; par l'insertion de leurs antennes; par la forme de plusieurs parties de leur bouche; par la composition de leur tronc, dont le premier segment, beaucoup plus considérable que les autres, est seul découvert et représente le corselet des coléoptères; enfin, par les appendices de l'anus. (*V.* MANTE, PHASME et PHYLLIE.)

Les femelles pondent une quantité d'œufs beaucoup plus grande; ils composent un paquet d'une forme approchant de l'ovale, y sont disposés symétriquement et renfermés dans de petites loges, réunis et recouverts par une matière gommeuse d'un gris jaunâtre ou roussâtre, dont la surface extérieure présente des stries ou des cannelures. Ces œufs sont attachés à différentes plantes.

Les mantides sont propres aux pays chauds.

Cette tribu est composée des genres EMPUSE et MANTE. *V.* ces mots. (L.)

MANTIENNE. *Voyez* VIORNE. (LN.)

MAN-TIGER (homme tigre). Bradley donne ce nom au MANDRILL. (DESM.)

MANTIRA. Nom caraïbe du GAYAC. (B.)

MANTISIE, *Mantisia.* Plante de l'Inde, fort rapprochée des GLOBBA et des AMOMES, mais que Curtis, *Botanical Magazine*, n.° 1320, croit devoir constituer seule un genre dans la monandrie monogynie et dans la famille des BALISIERS.

Ce genre a pour caractères : un calice à trois divisions; une corolle à trois lobes, un filament très-long, accompagné de deux appendices subulés et portant une double anthère; un style aigu. (B.)

MANTISPE, *Mantispa*. Nom donné par Illiger à un genre d'insectes, dont l'espèce la plus connue a été placée avec les *raphidies*, par Scopoli et Linnæus, mais que Fabricius, Olivier, Stoll, etc., associent, avec d'autres espèces analogues, au genre des *mantes*. Ces insectes, en effet, ressemblent beaucoup aux derniers orthoptères, par la plupart de leurs caractères extérieurs, et surtout par la forme de leurs premières pattes; mais ils ont quatre ailes transparentes, réticulées et inclinées en toit, ce qui paroît devoir les rapprocher des raphidies, genre de notre famille des planipennes, ordre des névroptères. Quoi qu'il en soit, les mantispes n'en forment pas moins un genre bien tranché. Si on le range dans l'ordre des orthoptères, il sera distingué des mantes par la nature et la situation des ailes, et par les antennes très-courtes, grenues, et d'épaisseur égale. Si on le transporte avec les névroptères, on ne pourra le confondre avec un autre genre du même ordre, à raison de la forme particulière des deux pattes antérieures, qui sont propres, ainsi que les mêmes des mantides, à saisir les petits insectes dont ces animaux se nourrissent. *V.* les articles MANTE et MANTIDES.

Les mantispes ne diffèrent pas essentiellement des mantes, quant aux parties de la bouche, la forme de la tête, et celle du corselet et des pattes; tous les tarses ont aussi cinq articles. L'Europe ne nous offre qu'une seule espèce de ce genre; mais l'Afrique, les Indes orientales et l'Amérique méridionale nous en fournissent quelques autres, et qui ont été, pour la plupart, représentées par Stoll. (*V.* mon *Gener. crust. et insect.*, tom. 3, pag. 94.)

MANTISPE VILLAGEOISE, *Mantispa pagana; mantis paguna*, Fab.; Panz., *Faun. insect. Germ.*, fasc. 50, tab. 9.

Cette espèce est petite, d'une couleur ferrugineuse, avec les yeux noirs; les ailes transparentes, réticulées, et ayant à la côte une tache ferrugineuse.

Elle se trouve à Orléans, dans le midi de la France et en Allemagne. J'en ai pris plusieurs individus aux environs de Montelimart, dans un taillis de chênes. (L.)

MANTODDA. Arbrisseau du Malabar (Rheed. 9, t. 22), dont Adanson fait un genre voisin de celui du tamarin, et qu'il caractérise ainsi qu'il suit : fleurs en épi terminal; calice tubuleux à cinq dents; corolle à trois pétales; fruit multiloculaire, sec, à graines sphériques. On ignore le nombre des étamines. Les feuilles sont ailées et sans impaire. (LN.)

MANTOUR. *Voyez* KUEYLEY. (LN.)

MAN-TSIEN-YONG. Nom donné, en Chine, à un arbuste cultivé en bordure comme le buis l'est en Europe. C'est le DYSSODA *fasciculata*, Lour. Les Cochinchinois, qui trouvent chez eux cette plante, et qui en font le même usage, la nomment *man-thien-huong*. (LN.)

MANUCODE, *Cicinnurus*, Vieill.; *paradisea*, Lath. Genre de l'ordre des oiseaux SYLVAINS, de la tribu des ANISODACTYLES, et de la famille des MANUCODIATES, *V.* ces mots. *Caractères*: bec garni à la base de très-petites plumes dirigées en avant, grêle, convexe en dessus, un peu comprimé par les côtés; mandibule supérieure finement entaillée et fléchie vers le bout; l'inférieure plus courte et droite; narines recouvertes par les plumes du *cuspistrum*, et nullement apparentes; langue médiocre, cartilagineuse, ciliée à la pointe; ailes allongées, à penne bâtarde très-courte; la première rémige plus courte que la sixième; les deuxième et troisième les plus longues de toutes; les secondaires égales en longueur ou à peu près; plumes hypocondriales larges, allongées, tronquées à leur extrémité; les deux rectrices intermédiaires filiformes, bouclées à la pointe; quatre doigts, trois devant, un derrière; les extérieurs réunis à la base; l'intérieur libre. Cette division ne renferme qu'une seule espèce que l'on trouve dans l'Asie orientale. Les baies sont sa nourriture principale, et les buissons sa demeure habituelle.

Le MANUCODE dit le ROI DES OISEAUX DE PARADIS, *Cicinnurus regius*, Vieill.; *paradisea regia*, Lath., pl. 5 des *Oiseaux dorés*, article des *Oiseaux de paradis*. Il a cinq pouces et demi du bout du bec à celui de la queue; l'iris jaune; une petite tache noire à l'angle interne de l'œil, le sommet de la tête d'un bel orangé velouté; le cou, la gorge d'un mordoré brillant satiné, mais plus foncé sur la gorge, au bas de laquelle est une raie transversale blanchâtre, suivie d'une large bande d'un vert doré, à reflets métalliques (la raie est jaune sur quelques individus, et le ventre mélangé de vert et de blanc); sur celui-ci, cette partie, le bas-ventre et les couvertures inférieures de la queue sont d'un gris-blanc; du dessous des ailes, sur chaque côté du ventre, naissent de larges plumes grises à leur base et dans la plus grande partie de leur longueur, traversées ensuite par deux lignes, l'une blanche, l'autre très-étroite, d'un beau roux, et toutes terminées par une riche couleur de vert d'émeraude doré; un rouge velouté embellit le dos, les couvertures et les pennes des ailes; [illegible], et ses motifs ne sont pas sans valeur; mais les

celles-ci sont jaunes en dessous; la queue est d'un brun-rouge;
les deux filets, qui tiennent lieu des deux pennes intermédiaires, sont rouges, se prolongent très-loin au-delà des ailes, se
replient sur eux-mêmes en dedans à leur extrémité, sont
garnis, dans cette partie, de barbes assez longues, et forment
un rond dont le centre est vide ; ce cercle est d'un vert
d'émeraude à reflets dorés; le bec et les pieds sont d'un jaune
un peu brunâtre, et les ailes dépassent la queue dans leur
état de repos.

Le *manucode*, que Clusius regarde comme le conducteur
des *oiseaux de paradis* proprement dits, d'où lui est venu le
nom de *roi* de ces oiseaux, se trouve à Sop-Clo-o, l'une des
îles Arou, et spécialement à Vood-Jir ; mais on ne l'y voit
que pendant la mousson de l'ouest ; il y vient de la Nouvelle-
Guinée, à ce que croient les natifs qui assurent n'avoir jamais trouvé son nid. C'est un oiseau solitaire ; il ne se perche jamais sur les grands arbres, voltige de buissons en buissons, et se nourrit des baies rouges que produisent certains
arbrisseaux. Les insulaires le prennent avec des lacets faits
d'une plante qu'ils appellent *gumunally*, et avec de la glu qu'ils
tirent du fruit à pain (*artocarpus communis*, Forster, *Nov. gen.*)

MANUCODIATES, *Paradisei*, Vieill. Famille de l'ordre
des oiseaux SYLVAINS, de la tribu des ANISODACTYLES. *Voy.*
ces mots. *Caractères* : pieds médiocres, un peu forts ou grêles;
tarses annelés ; quatre doigts, trois devant, un derrière ; les
extérieurs réunis à la base ; plumes ou hypocondriales ou
cervicales, longues et de diverses formes ; bec emplumé à la
base, comprimé latéralement, robuste ou grêle, le plus souvent échancré, fléchi à la pointe ; queue composée de douze
rectrices. Cette famille renferme les genres SIFILET, LOPHO-
RINE, MANUCODE et SAMALIE. *V.* ces mots. (V.)

MANUGUETTO. Le CALAMENT DES CHAMPS porte ce
nom en Languedoc. (LN.)

MANUL ou **MANOUL**. *V.* à l'article CHAT, l'espèce du
MANOUL. (DESM.)

MANULÉE, *Manulea*. Genre de plantes de la didynamie
angiospermie, et de la famille des personnées, qui présente
pour caractères : un calice divisé en cinq parties linéaires et
persistantes ; une corolle monopétale, à tube grêle, à limbe
divisé en cinq découpures subulées, dont les quatre supérieures sont rapprochées; quatre étamines, dont deux plus
courtes; un ovaire supérieur, ovale ou arrondi, avec un
style filiforme, un peu moins long que les étamines, et
à stigmate simple ; une capsule ovale, bivalve, à loges polyspermes, à cloisons formées par le bord rentrant des valves.

Lamarck propose de réunir à ce genre les ÉRINES et les

botanistes qui ont écrit après lui , n'ont pas cependant adopté son sentiment.

Les *manulées* sont des plantes à feuilles opposées ou alternes, et à fleurs formant des épis ou des grappes axillaires ou terminales. On en compte une quarantaine d'espèces, toutes du Cap de Bonne‑Espérance , et fort rares dans les jardins d'Europe. Elles ont été mentionnées par Bergius sous le nom générique de NEMIE. (B.)

MAN‑XEU‑CO. Nom du PAPAYER , *Carica papaya* , en Chine. On y mange les PAPAYES mûres ou non mûres , mais diversement préparées. (LN.)

MANZANA. Synonyme espagnol de POMME. (LN.)

MANZANILLA. Nom espagnol des ANTHÉMIDES ou CAMOMILLES. (LN.)

MANZAO, MANZO. Nom de l'ÉLÉPHANT D'AFRIQUE , dans le Congo. (DESM.)

MAO, MAU, MANGA et MANGHOS. Noms indiens qui appartiennent au MANGUIER (*mangifera indica*, L.). (LN.)

MAO‑HIAM. C'est , en Chine , le nom du SCHENANTE (*Andropogon schœnanthus*). Les jeunes feuilles de cette graminée servent d'assaisonnement pour les alimens , et leur communiquent une saveur et une odeur des plus agréables. (LN.)

MAO‑HOA‑QUA. Nom du FIGUIER , dans la Chine. (LN.)

MAOKA. Nom d'une variété du COTONNIER. (B.)

MAONG‑TAY‑CO. C'est , en Cochinchine , le nom de la balsamine des jardins (*Impatiens balsamina*). Elle y est cultivée pour l'ornement , ainsi que plusieurs autres espèces décrites par Loureiro , et qui sont inconnues en Europe. L'une d'elles , l'*impatiens mutila*, Lour. , porte, dans le pays , le nom de MAONG‑TAY‑TAN. (LN.)

MAOS. Nom suédois du GOÉLAND GRIS. (V.)

MAOU. C'est , à l'Ile‑de‑France , la KETMIE A FEUILLES DE TILLEUL. *V.* ce mot. (B.)

MAOU DE LA GUYANE. C'est le COURATARI d'Aublet. *V.* ce mot. (LN.)

MAOUM. L'OSEILLE A FEUILLES AIGUES porte ce nom. (B.)

MAOURELO. C'est le TOURNESOL , en Languedoc. (LN.)

MAPACH. Suivant Nieremberg , c'est le nom mexicain du RATON LAVEUR (*Ursus lotor*). (DESM.)

MAPANE , *Mapania*. Plante à racines traçantes ; à tiges

simples, triangulaires ; à feuilles sessiles, engaînées, imbriquées, ovales, pointues et membraneuses ; à fleurs disposées en tête au sommet de chaque tige, et accompagnées par une collerette de trois folioles très-grandes, ovales-allongées et très-ouvertes, qui forme un genre dans la triandrie monogynie et dans la famille des cypéracées.

Ce genre a pour caractères : un calice de six folioles imbriquées, ovales, allongées et dentées ; trois étamines ; un ovaire supérieur, terminé par un style simple à trois stigmates filiformes ; une seule semence.

Cette plante se rapproche beaucoup des Killingies. Elle a été trouvée, par Aublet, dans les forêts noyées de la Guyane. (B.)

MAPAS. C'est la même chose que l'Amapas. (B.)

MAPEURITA ou MAPURITA. Nom d'une espèce de Moufette, dans quelques provinces de l'Amérique méridionale. (DESM.)

MA-PIEN-TSAO. Nom que l'on donne, en Chine, à une plante cultivée, qui, suivant Loureiro, est la Verveine officinale (*Verbena officinalis*, L.). (LN.)

MAPIRA. Adanson nomme ainsi le genre *olyra*, Linn., parce que ce dernier nom étoit, chez les anciens, celui d'une plante différente de celle à laquelle Linnæus l'applique. (LN.)

MAPOU. Nom qu'on emploie, dans les Antilles, pour désigner tous les bois légers et mous, tels que ceux des Fromagers, du Baobab, etc.

Jacquin a appliqué ce nom à son Malacoxyle pinné, grand arbre de l'Ile-de-France, dont la fructification n'est pas encore connue. (B.)

MAPPIA. Micheli donne ce nom à un genre fondé sur une plante labiée que Linnæus réunit au lamium : c'est le *lamium orvala*. Adanson le donne au genre *cunila* de Linnæus, P. Fabricius (Helmst. 106) à une crapaudine (*sideritis elegans*), dont il fait un genre ; enfin, Schreber l'applique au genre soramia d'Aublet, maintenant réuni au *tetracera*, par Willdenow, et au *doliocarpus* par Decandolle. Ce dernier naturaliste adopte le *mappia* de Micheli. *V.* Tetracère. (LN.)

MAPROUNIER, *Ægopricum*. Arbrisseau à feuilles alternes, pétiolées, ovales, acuminées, entières, et à fleurs disposées en panicules terminales, accompagnées de bractées, qui forme un genre dans la monoécie monandrie, et selon Jussieu, dans la famille des tythimaloïdes.

Chaque fleur mâle offre : un calice tubuleux, trifide ; une étamine à anthère à quatre lobes ; et chaque fleur femelle un calice campanulé, trifide, persistant ; un ovaire supérieur, ovale, glabre, surmonté de trois styles divergens, persistans, et à stigmates simples.

Le fruit consiste en une capsule sèche, globuleuse, lisse, triloculaire, et composée de trois coques monospermes et bifides. Les semences sont anguleuses et enveloppées d'une triple tunique.

Cet arbre croît à la Guyane, où il a été observé par Aublet. Il perd ses feuilles chaque année. (B.)

MAPURIE, *Mapuria*. Genre de plantes, établi par Aublet dans la pentandrie monogynie. Il a pour caractères : un calice turbiné, à cinq dents ; une corolle à tube court et à cinq divisions ; cinq étamines ; un ovaire inférieur, à style unique et à stigmate bilamellé.

Ce genre ne contient qu'une espèce, qui a été placée par Poiret parmi les SIMIRES, et par Willdenow parmi les PSYCHOTRES. (B.)

MAPURITA. *V.* MAPEURITA. (DESM.)

MAQUE-BREU. Nom picard du LABBE. (V.)

MAQUEREAU. Poisson du genre des scombres, que Cuvier regarde comme devant servir de type à un sous-genre, d'après l'éloignement qui existe entre la première et la seconde nageoire dorsale.

Ce poisson a été connu des anciens. Aristote, Ælian, Athénée, parmi les Grecs ; Pline, Columelle, Ovide, parmi les Latins, l'ont mentionné dans leurs ouvrages. Il a été l'objet d'un article plus ou moins étendu, dans tous les auteurs modernes qui ont traité des poissons de mer, ou qui ont parlé des pêches. Enfin, peu d'espèces des mers d'Europe sont plus célèbres et plus utiles.

Le corps du *maquereau* est allongé ; sa tête est longue et finit en pointe ; l'ouverture de sa bouche est large ; sa langue est libre, pointue et unie. Sa mâchoire inférieure avance ; elle est garnie, ainsi que la supérieure, d'un rang de petites dents pointues, son palais en a deux ; ses narines sont oblongues et doubles ; ses yeux sont grands, et couverts au printemps, d'une peau qui disparoît en été ; les opercules des ouïes sont composés de trois lames ; le tronc est couvert, de petites écailles. Il est noir en dessus, irrégulièrement fascié de noir ou de bleu sur les côtés, et argenté sous le ventre. Sa ligne latérale est voisine du dos, et accompagnée de taches oblongues ; son anus est plus près de la queue que de la tête ; le premier rayon de ses nageoires anale et dorsale est aiguillonné ; ses nageoires sont petites, grises ; celles du dos sont fort écartées, et celle de la queue est fourchue. *V.* au mot SCOMBRE.

Comme le HARENG (*Voyez* ce mot), le maquereau passe

l'hiver dans la profondeur des mers. Pleville-Peley les a vus
enfoncés en partie dans la vase, près du Groënland, à cette
époque de l'année. Il arrive sur les côtes en grandes troupes,
à la fin du printemps, pour y frayer. Les voyages annuels
et réguliers que leur fait faire Anderson, sont le fruit de
son imagination. Il dépose ses œufs, qui sont très-nombreux,
puisqu'on en a compté cinq cent quarante-six mille six cent
quatre-vingt-un dans une seule femelle de moyenne taille,
sur les pierres du rivage. Les petits poissons, et surtout les
harengs, qu'il poursuit avec un grand acharnement, lui servent de nourriture : on dit même qu'il recherche les corps
humains noyés. Sa longueur ordinaire est de quinze ou dix-
huit pouces ; mais on en cite de péchés en Angleterre, qui
pesoient cinq livres. Ceux de la Méditerranée sont plus petits que ceux de l'Océan, ils atteignent rarement un pied.
On les prend avec le filet *à hareng* à plus larges mailles,
mais encore plus fréquemment à la ligne amorcée d'un morceau de hareng ou d'autre poisson, ou de viande. La pêche
est surtout favorable, lorsqu'il fait un vent frais et fort. Elle
dure environ trois mois ; mais on la prolonge dans quelques
endroits, en jetant de temps en temps dans la mer des préparations de caviar, ou de petits poissons appelés *gueldre* et
ressure, qui fournissent aux maquereaux une nourriture de
leur goût. On le prend encore pendant la nuit, à la lumière
des flambeaux, dans les jours de calme. La quantité qu'on
prive de la vie, chaque année, par ces différens moyens, sur
les côtes d'Europe, est extrêmement considérable ; mais on
ne s'aperçoit pas que le nombre en diminue. Il meurt aussitôt qu'il est sorti de l'eau, et ne tarde pas ensuite à devenir phosphorique.

Une partie des maquereaux péchés en Europe se mange
fraîche, soit sur les bords de la mer, soit dans l'intérieur des
terres, où on en transporte le plus loin possible; une autre,
et c'est la plus forte, se sale ou se marine. On emploie deux
procédés pour exécuter le premier de ces moyens de conservation. Après avoir vidé et lavé les maquereaux, on les remplit
de sel et on les stratifie encore avec du sel dans des tonneaux;
ou bien, après les avoir vidés et lavés, on les met dans la sau-
mure, et après qu'ils s'en sont imprégnés pendant plusieurs
jours, on les met dans d'autres tonneaux avec du sel. Cette
dernière manière étoit déjà employée du temps des Romains,
au rapport de Pline. Il paroît, par un passage de ce même
naturaliste, qu'on l'employoit fréquemment pour composer
le *garum*, liqueur fameuse chez ces maîtres du Monde.

La chair des maquereaux est d'un excellent goût, aussi est-
elle fort recherchée des gourmets ; mais comme elle est grasse,

on ne sauroit la conseiller aux personnes dont l'estomac est foible, car elle leur cause des indigestions, dont les suites sont quelquefois graves.

Les maquereaux sont appelés *macarel*, *auriol* et *verrat* sur les côtes françaises de la Méditerranée, et *cheoillés* sur celles de l'Océan, à l'époque de leur arrivée, lorsqu'ils sont encore pleins de laites ou d'œufs. Une variété qui n'a pas de taches sous la ligne latérale, porte, sur les mêmes côtes, le nom de *marchais*.

Il paroît que le nom que porte ce poisson, vient de ce qu'il suit les petites *aloses*, qui sont appelées *pucelles*, et qu'il semble les conduire à leurs mâles. (B.)

MAQUEREAU BATARD. C'est le *Scomber trachurus*, Linn., dont Lacépède a fait un genre sous le nom de Caranx. (B.)

MAQUEREAU DE SURINAM. C'est le Scombre cordyle. (B.)

MAQUERÉE. *V.* Macrée. (PAT.)

MAQUL *V.* Aristotèle. (B.)

MAQUIRE, *Maquira.* Arbre de moyenne grandeur, à feuilles alternes, ovales, acuminées, qui a paru à Aublet appartenir à la famille des Composées, mais dont il n'a pu examiner les parties de la fructification.

Il se trouve à Cayenne. (B.)

MARA et **MATA.** Noms du Lentisque, en Espagne. (LN.)

MARA. *V.* Mandhatya. (LN.)

MARABILLAS. Nom sous lequel les Espagnols ont fait connoître les premiers, en Europe, la *belle de nuit*; c'est sous ce nom et sous celui d'*hachalendi*, que Clusius l'a décrite dans sa *Flore de l'annonie*. (LN.)

MARABOU. Nom que l'*argala* porte au Sénégal et dans diverses contrées de l'Inde. J'ajoute à sa description, que le mâle a une fraise composée de plumes assez longues pour s'étendre en dessus de la tête en forme de capuchon, lorsqu'il est en repos, le cou reployé sur sa poitrine; et de plus, que les plumes des côtés du croupion sont plus ou moins longues, soyeuses, d'un blanc de neige, à barbes décomposées et frisées. Ces plumes sont d'un haut prix dans l'Inde, et servent d'ornement à la coiffure des femmes.

On voit un grand nombre d'*argalas* à Calcuta et à Chandernagor où ils sont sous la protection du gouvernement, attendu qu'ils rendent de grands services, en dévorant toutes les immondices qui se trouvent dans les rues; aussi une amende de 10 ou 12 guinées est la peine qu'encourt celui qui tue un *argala*. Ces oiseaux y sont tellement apprivoisés, qu'ils ne manquent pas de se rendre tous les jours, à l'heure du dîner, devant les casernes, où ils se tiennent alignés sur le rempart avec autant de régularité qu'une compagnie de grenadiers, en attendant la fin du repas pour dévorer les restes qu'on leur jette, et surtout les os, qu'ils avalent entiers et qu'ils se disputent avec acharnement. C'est à tort que j'ai décrit l'*argala* dans le genre JABIRU, car il appartient à celui de la CIGOGNE. Le jeune est d'un brun sombre où le vieil est gris, et a l'occiput et le cou couverts, en grande partie, d'un duvet gris. (v.)

MARACA et TAMARACA. Noms que les Brasiliens donnoient à une espèce de courges grosses comme la tête, et dont ils faisoient des instrumens de musique, en les vidant, et mettant dedans des graines sèches ou des cailloux. Thevet dit que les Américains nomment la plante qui produit ces courges, *cohyne*. Voy. MACOQWER. (LN.)

MARACANA. Nom que les *aras* portent au Paraguay, et que M. de Azara a généralisé aux PERRUCHES. (V.)

MARACAXAO. Nom mexicain d'un oiseau que l'on dit être un CHARDONNERET VERT de la Nouvelle-Espagne. (V.)

MARACAYA. Vrai nom du *margay*, espèce de CHAT, au Brésil. (s.)

MARACOANI. Nom donné, par Pison et Marcgrave, à un crustacé du Brésil. (*Cancer vocans*, Linn.). *V.* GELASIME MARACOANI et OCYPODE. (L.)

MARACOC. Nom brasilien et générique des fruits de GRENADILLE, Linn., qui sont susceptibles d'être mangés, principalement de l'*incarnate*. (B.)

MARA COUJA. Nom brasilien des GRENADILLES, *Passiflora*, Linn. *V.* MURUGUJA. (LN.)

MARAGNA ou MARAGAIA. Au Brésil, c'est le *maragay*. (DESM.)

MARAGNAO ou MARACAIA, sont les noms que Marcgrave donne au même animal. *V.* MARACAYA. (DESM.)

MARAIGNON. On appelle ainsi, dans quelques cantons, les jeunes ANGUILLES, ou une de leurs variétés. (B.)

MARAIL. *V.* GIACOTIN et YACOU. (V.)

MARAIN ou MERREIN. Les chasseurs donnent ce nom à la *tige* ou *perche* de chaque corne de la *tête ou bois* du CERF. *V.* ce mot. (DESM.)

MARAIS. Grand espace de terrain, dont le sol est perpétuellement imbibé d'une eau stagnante. Les marais sont fréquens surtout dans les contrées septentrionales du globe, et principalement dans le voisinage de la mer, où le peu d'inclinaison du sol fait répandre dans les plaines les eaux qui s'y rendent de toutes parts, et où le défaut de chaleur ne permet pas à l'évaporation d'enlever ces eaux surabondantes.

Tout le pays, depuis la Hollande jusqu'en Danemarck, n'est, pour ainsi dire, qu'un marais; et de là, en suivant les côtes de la Baltique, on est presque toujours dans des contrées marécageuses. Quand j'ai traversé la Samogitie et la Courlande, quoique les routes fussent larges et parussent faites avec soin, les chevaux étoient dans la fange jusqu'au jarret, et les campagnes étoient couvertes d'eau; la ville même de Mittau n'étoit qu'un cloaque impraticable; il est vrai qu'on n'étoit qu'à la fin d'avril, et c'étoit à peine la sortie de l'hiver pour ces contrées.

Dans les climats froids, l'intérieur même des plus vastes pays offre des marais considérables; la Russie en a dans presque toutes ses provinces, et la route, d'environ deux cents lieues de Pétersbourg à Moscou, est souvent pontée, c'est-à-dire, formée de troncs de pins ou de sapins placés à côté les uns des autres en travers du chemin. Cette espèce de chaussée de bois est élevée de trois à quatre pieds au-dessus des terrains aquatiques qui bordent la route à droite et à gauche.

L'Asie boréale a des marais fréquens et quelquefois d'une étendue immense. La plupart même de ses forêts sont marécageuses et totalement impraticables. Les collines et les montagnes y sont elles-mêmes souvent inabordables par les marais que forment à leur base les eaux qui en descendent, et qui, ne trouvant point d'écoulement dans des plaines argileuses, s'y répandent en tout sens. Lorsque je me détournois de la route pour aller observer les montagnes que je voyois à quelque distance, il m'est arrivé bien des fois d'être arrêté tout à coup par un marais impraticable, à l'instant même où je me croyois sur le point de gravir les rochers. On trouve même fort souvent des marais dans les hautes vallées des grandes chaînes de montagnes et jusque sur leurs sommets, quand ils sont aplatis et d'une certaine étendue, ce qui n'est pas rare dans ces contrées, où les montagnes primitives sont beaucoup plus dégradées que celles de nos Alpes, et n'offrent que rarement des formes hardies et des sommets élancés.

Les marais des plaines de la Sibérie sont communément infectés d'une odeur d'hydrogène sulfuré, par la décomposition du sulfate de magnésie ou de sel d'Epsom qui se forme continuellement sur leurs bords.

Quelques-uns sont imprégnés de sulfate de fer par les sources vitrioliques dont ils reçoivent les eaux; et les arbres qui s'y trouvent ensevelis, sont tellement pénétrés d'oxyde ferrugineux, qu'ils forment un minerai d'une excellente qualité; et le fer qu'il donne, n'est nullement cassant comme l'est ordinairement celui qui provient des *mines limoneuses* des autres pays.

Les exhalaisons que produisent ces marais, sont sans doute une des causes des maladies dont les habitans de ces contrées ne sont affligés que trop souvent; mais il faut bien que d'autres causes y concourent aussi, car dans les temps même les plus froids on en éprouve les atteintes, quoiqu'alors on ne puisse pas en accuser les exhalaisons des marais.

L'un des plus grands services que les gouvernemens puissent rendre à l'humanité, c'est le desséchement des contrées marécageuses; mais il faut, pour des entreprises de cette nature, beaucoup de courage, de persévérance et d'argent. C'est avec ces moyens que les Hollandais sont parvenus à faire d'une région couverte d'eaux stagnantes et de roseaux, l'une des plus belles et des plus intéressantes parties de l'Europe.

J'ai vu dans les environs de Pétersbourg, un changement de cette nature, opéré bien promptement. En 1778, j'herborisai dans de vastes marais qui environnoient le monastère de Saint-Alexandre, au bord de la Néva; quand je revins de Sibérie, en 1787, ces marais avoient disparu; je les trouvai remplacés par des jardins anglais et des maisons de plaisance.

Quoique les marais d'une certaine étendue ne se trouvent guère que dans les contrées septentrionales, il en existe néanmoins qui ne sont que trop fameux dans une des plus belles contrées de l'Europe méridionale; ce sont les *marais pontins*, dont les funestes influences causent l'appauvrissement et la dépopulation d'une partie des États du pape.

Les *marais pontins* sont un espace d'environ huit lieues de long sur deux lieues de large, situé dans la campagne de Rome, le long de la mer, tellement inondé et marécageux, qu'on ne peut le cultiver ni l'habiter. On estime la totalité de la surface marécageuse et déserte à quarante-huit mille arpens de Paris, chacun de neuf cents toises carrées. Ces marais sont terminés au midi par la mer, ou par des lacs d'eau salée qui communiquent à la mer; à l'orient, par le *monte San-Felice*, le rivage de Terracine, etc.; au nord, par les collines qui viennent de Velletri; et au couchant, par les campagnes de Cisterna.

Plusieurs rivières, entre autres l'*Amaseno*, l'*Ustente*, et surtout la *Teppia*, qui descendent des montagnes voisines, concourent à former ces eaux stagnantes.

Ces marais produisent en été des exhalaisons si dangereuses, qu'on les regarde, à Rome même, comme étant la cause du mauvais air qui l'infecte pendant les grandes chaleurs, quoiqu'elle en soit éloignée de quinze lieues.

Les anciens Romains firent des travaux immenses pour parvenir au desséchement de ces marais infects : le consul Appius Claudius, environ trois cents ans avant l'ère vulgaire, paroît être le premier qui se soit occupé de ce grand projet. Lorsqu'il fit construire sa fameuse route qui traverse les *marais pontins*, il y fit faire des canaux, des ponts et des chaussées, dont il reste encore des parties considérables.

Ces moyens néanmoins furent insuffisans ; car Martial nous apprend qu'avant les travaux qu'Auguste y fit exécuter, cette contrée étoit encore toute pestilentielle ; et l'on voit même ensuite que, malgré les travaux d'Auguste, l'on éprouvoit à Rome, du temps de Pline, les effets de son mauvais air.

Dans le temps de la décadence de l'empire, les travaux furent complétement négligés, et n'ont été repris que par les papes. Boniface VIII, élu en 1294, fut le premier qui s'occupa du desséchement des *marais pontins* ; plusieurs de ses successeurs y firent travailler ; mais ce fut surtout Sixte-Quint qui se distingua dans cette entreprise importante ; malheureusement les travaux furent interrompus et négligés après sa mort. Benoît XIV et ses successeurs s'en sont occupés, mais, à ce qu'il paroît, assez foiblement : cependant l'entreprise de ce fameux desséchement ne seroit assurément pas inexécutable, s'il est vrai, comme semblent le prouver les nivellemens pris en 1759, sous les yeux de M. Bologuini, gouverneur de Frosinome, que toutes les excavations qu'il y auroit à faire ne seroient que de cent soixante-dix mille toises cubes, et que la dépense n'excéderoit pas un million de notre monnoie.

Tous les amis de l'humanité ne peuvent que former les vœux les plus ardens, pour que les souverains de Rome prennent enfin la courageuse et ferme résolution de faire tous les sacrifices nécessaires pour exécuter complétement un projet qui seroit digne de cette ancienne capitale du monde. (PAT.)

MARAIS SALANS. On donne ce nom à des terrains bas qui sont situés le long des côtes de la mer, qui les couvre dans les hautes marées, et qui, en se retirant, y laisse de l'eau qui s'évapore et dépose le sel dont elle étoit chargée.

Il y a des *marais salans* naturels, et d'autres qui sont l'ouvrage de l'art. L'étang de Martigues, sur les côtes de Provence, entre Marseille et le Rhône, est environné de *marais salans*, formés des mains seules de la nature. Les *marais salans de Peccais*, sur les côtes de Languedoc, près d'Aigues-Mortes, sont l'ouvrage de l'art, de même que ceux qu'on a pratiqués sur les côtes de l'Océan, dans le pays d'Aunis, le Bas-Poitou, la Bretagne et la Normandie. Ce sont de grands espaces de terrain que l'on creuse un peu au-dessous du niveau des grandes marées, et dont le fond est nivelé et battu de glaise, pour retenir l'eau salée qu'on y introduit par des écluses pratiquées à cet effet; et l'on n'en laisse entrer qu'une médiocre quantité, de manière qu'elle puisse être toute évaporée par la chaleur du soleil. (PAT.)

MARAJAIBU. Palmier brasilien, peu connu, mentionné par Pison, et dont il donne une description incomplète. (LN.)

MARALL. Nom que le CERF mâle porte en Sibérie, sur les bords de l'Irtisch; la femelle s'appelle LANE. *V.* CERF. (S.)

MARALIE, *Maralia.* Arbuste de Madagascar, de la pentandrie trigynie, et de la famille des ARALIÉES, qui constitue seul un genre, dont l'expression caractéristique est: calice très-petit; corolle de cinq pétales; un ovaire inférieur; une baie à trois semences. (B.)

MARANA. Nom arabe d'une espèce de STRAMOINE, *Datura metel.* (LN.)

MARANGOUIN. *V.* MARINGOUIN et COUSIN. (L.)

MARANO ou ARCISOUS. C'est, en Languedoc, le nom des MITTES du fromage. (DESM.)

MARANTA. Genre de plantes consacré par Plumier à la mémoire de Maranta, botaniste italien, qui publia à Venise, en 1559, une Méthode pour apprendre à connoître les simples. Ce genre de Plumier a été adopté par les botanistes. *V.* au mot GALANGA. Le genre *Donax* de Loureiro doit y être réuni, mais non pas le *thalia*, Linn., comme le dit Adanson. (LN.)

MAR-API. Plusieurs volcans de Java portent ce nom, qui signifie, dans cette île, MONTAGNE DE FEU. (LN.)

MARAPUTE. Nom donné à un quadrupède du genre des chats, et qu'on a rapporté, vraisemblablement à tort, au SERVAL, sur la côte de Malabar. (DESM.)

MARASAKKI. Nom de pays de la BASELLE. (B.)

MARASCA. C'est, en Italie, le nom d'une petite espèce de cerise acide (la griotte), avec laquelle on fait la liqueur alcoolique qu'on appelle marasquin. C'est de Trieste, de Venise, et surtout de Zara, en Dalmatie, que vient le meilleur marasquin. On obtient cette liqueur en écrasant les cerises et leurs noyaux, en y mêlant un centième de leur poids de miel, et en les distillant lorsqu'elles commencent à éprouver le même degré de fermentation qu'on fait subir au raisin pour faire le vin. (LN.)

MARATHRE, *Marathrum.* Plante aquatique, à feuilles alternes décomposées, à folioles linéaires, et à fleurs solitaires radicales, qui seule forme un genre dans l'heptandrie digynie, et dans la famille des NAÏADES.

Ce genre offre pour caractères : cinq à neuf étamines attachées au sommet d'un pédoncule, et accompagnées d'appendices qui tiennent lieu de calice et de corolle ; un ovaire supérieur ovale, surmonté de deux stigmates sessiles ; une capsule entourée de filamens qui persistent, biloculaire, bivalve, et renfermant un grand nombre de petites semences.

Cette plante croît dans la Nouvelle-Grenade, et est figurée pl. 11 du superbe ouvrage de Bonpland, sur les plantes équinoxiales. Elle se rapproche beaucoup, par le fruit, du PONOS-TÈME de Michaux. (B.)

MARATHRON et **MARATIS**. Noms du FENOUIL chez les Grecs. *V.* FŒNICULUM. (LN.)

MARATTIE, *Marattia*. Genre de *fougères* établi par Swartz, et que Jussieu a appelé MYRIOTHÈQUE. (B.)

MAR AU BAZ. Nom persan du FAUCON. (V.)

MARAVILLA. Nom de la TIGRIDIE PAVONIE au Pérou. (B.)

MARAVILLA. Le SOUCI porte ce nom en Espagne. (LN.)

MARAYE. *V.* MARAIL à l'article YACOU. (V.)

MARBRE (*Marmor*). — Dans l'acception vulgaire de ce mot, il faut entendre toute substance minérale susceptible de recevoir un beau poli, et d'être propre à orner et à décorer nos habitations. Les anciens comprenoient sous ce nom le granite, le porphyre, les marbres proprement dits, et beaucoup d'autres sortes de pierres calcaires, mais à tort, puisque ces derniers diffèrent beaucoup des deux premiers, qui sont des matières plus dures, composées d'élémens différens et avec lesquelles ils n'ont point de ressemblance, même dans leur mode d'agrégation.

Les véritables *marbres* sont des carbonates calcaires très-solides, à tissu compacte ou cristallin, qui reçoivent un poli vif. Ils ne font point feu sous le choc du briquet : ils se laissent rayer par une pointe de fer, et ils font effervescence avec les acides. Ils sont plus ou moins siliceux, ou argileux, et diversement mélangés d'autres matières étrangères. Les marbres sont capables de prendre un brillant poli qui, joint à leur grande solidité, à la beauté, et à la diversité de leurs couleurs, les fait rechercher pour la construction et l'embellissement des édifices les plus somptueux, et des monumens qu'on veut rendre magnifiques et durables. Ils attestent la richesse des particuliers qui les prodiguent dans leurs palais, et la puissance des nations qui élevèrent jadis ces nombreux et vastes monumens, dont les ruines amoncelées rappellent encore la grandeur et le luxe qui avoient présidé à leur construction. Les marbres sont des matières qui résistent le mieux à la destruction ; on en a la preuve dans ces précieuses statues, qui sont un monument éternel du génie des artistes de l'ancienne Grèce ; elles ont supporté les atteintes de vingt siècles, sans que la faux du temps ait pu même effleurer le poli brillant de leur surface. Des colonnes de *marbre* qui ont été, pendant cette longue durée, sans cesse exposées aux intempéries de l'atmosphère, ont été moins altérées que le granite même. Cependant le *marbre* est beaucoup moins dur ; mais son grand usage est expliqué par la facilité avec laquelle il se laisse travailler, et par son exploitation qui est infiniment moins dispendieuse. Les monumens en granite et en porphyre indiquent le plus haut degré du luxe et de la richesse. Les édifices décorés en *marbre* sont des monumens de magnificence moins éclatans, qu'on peut construire partout, parce que le *marbre* est plus abondant.

On ne doit pas confondre le *marbre* avec l'*albâtre*, qui est également un carbonate calcaire ; car l'albâtre est plus dur que le marbre, et jouit d'une certaine translucidité, que ce dernier n'a jamais ; en outre, son tissu est cristallin à couches ondulées ou moelleuses ou concretionnées, tandis que dans le *marbre* la structure n'offre point ces caractères. L'albâtre est le produit d'un sédiment qui se forme par l'infiltration à travers des couches calcaires. Au contraire, le marbre forme des montagnes et des contrées entières ; on en obtient aisément des colonnes des plus fortes dimensions, tandis que de petites colonnes en albâtre sont des objets précieux et de la plus grande rareté.

L'on dit vulgairement *froid comme du marbre*, *dur comme du marbre* ; les *marbres* sont plus tendres et moins froids que les granites et les porphyres, auxquels ces phrases se rapportoient primitivement, parce que, classés parmi les *marbres*, ils s'en distinguent par leur dureté plus considérable, et par leur densité qui les empêche de se mettre, aussi promptement que la pierre commune, à la température de la main qui les touche.

Le marbre offre un grand nombre de variétés, et l'on a suivi plusieurs méthodes pour les classer ; les quatre principales sont les suivantes :

§ I.er *Méthode fondée sur la structure e t la composition.*

1.º Les *marbres statuaires*. Ce sont ceux uniquement formés par une cristallisation confuse, et dont le tissu est à petites lamelles enlacées les unes entre les autres, et qui ressemblent a celui du sucre. On peut les subdiviser de cette manière.

A. *Marbres saccharoïdes*, qui sont uniformes dans toute leur étendue ; les uns sont à gros grains comme le *marbre de Paros* ; d'autres à très-petits grains, comme les *marbres de Carrare*.

B. *Marbres cipolins* ou *chipolins*, qui sont les marbres saccharoïdes, gris ou blanc-verdâtres, traversés de bandes rayées, parallèles entre elles, et formées de petites lignes ou fils de talc stéatiteux, le plus souvent vert. — Exemple : Marbre *cipolin antique*.

C. *Marbres serpentineux*. Ceux qui, comme le *vert antique* et le *vert porreau antique*, sont une cristallisation confuse de calcaire spathique avec de la serpentine en filamens enlacés ou compactes. Exemple : le *vert de mer*, le *vert d'Égypte*, le *polzeverra*, le *vert de Suze*, etc.

2.° Les *marbres proprement dits*. Ils sont compactes, traversés quelquefois de veines spathiques. Leurs taches diversement colorées ont une disposition qui, sous les noms de *marbrure* et de *marbré*, est devenue un objet de comparaison. Ces marbres ne présentent point de débris de corps organisés, ni des fragmens qui puissent les faire confondre avec les lumachelles et les brèches. Exemple : Marbre *portor*, marbre *rouge antique*, *jaune de Sienne*, marbre *noir de Namur*, etc.

3.° *Marbres lumachelles* ou *coquilliers*. Ils contiennent des débris plus ou moins nombreux de coraux ou de coquilles pétrifiés. On les divise en :

A. *Marbres madréporiques*. Ils ne contiennent que des débris de coraux. Exemple : *Lumachelle de Saint - Amour*, près Nantua, qui est composée de menus débris d'encrines ; *marbre de Sainte - Anne*, qui offre de nombreux restes de madrépores, ainsi qu'une grande partie des marbres de la Flandre et de la Belgique.

B. *Marbres coquilliers*. Ceux qui ne présentent que des coquilles éparses et bien distinctes entre elles. Exemple : Le *drap mortuaire antique*, le *marbre ammonitique d'Altorf*.

C. *Marbres lumachelles vrais*, qui semblent uniquement formés de coquilles. Exemple : *Lumachelle d'Astracan*, *lumachelle grise de Bourgogne*, etc.

4.° Marbres *brèches-lumachelles*. Ils sont à la fois brèches et lumachelles. Exemple : *Brèche-lumachelle de Vérone* ; elle est à grandes parties. *Brocatelle d'Espagne* ; elle est à petites parties.

5.° *Marbres brèches*. Ils sont formés de fragmens anguleux réunis par un ciment de même nature. Les brèches sont

d'autant plus distinguées , que leurs couleurs sont plus variées et plus tranchées. Il y a des brèches à *grands traits.*
Exemple : Le *vert antique brèché* , la *brèche Africaine ;* et des
brèches à *petit traits* , comme le *seme-santo* , etc.

6.ª Les *marbres-poudingues.* Ils sont une réunion de cailloux ou de noyaux arrondis , cimentés par une pâte le plus
souvent sableuse. Il y a des poudingues à *grands traits.* Exemple : *Brèche d'Alet* , près d'Aix , en Provence; et *brèche de Vérone.* Le marbre dit *brèche dorée antique* est un exemple d'un
marbre poudingue à petites parties : on diroit d'un sable
agglutiné.

§ II. *Méthode fondée sur les couleurs et sur leurs dispositions.*

De toutes les méthodes employées pour classer les variétés
de *marbre* , la plus mauvaise est celle qui a pour fondement
les couleurs et la disposition de ces mêmes couleurs. En
effet , rien n'est moins constant. Si quelques *marbres* sont
toujours d'une même teinte ou bariolés des mêmes couleurs,
comme le marbre de *Sainte-Anne* , il en est un grand nombre qui sont très-variables , par exemple , le *campan* et le
vert de mer. Cette méthode de classification n'est plus adoptée , quoique Wallerius , Linnæus et Daubenton en aient
fait usage. Dans cette méthode, les marbres sont divisés ainsi
qu'il suit :

1. *Marbres unicolores.* Ce sont les marbres qui sont d'une
seule couleur, ou qui sont peu altérés par des teintes ou des
veines d'autres couleurs. Ce sont, en général, les plus beaux
etc.

On doit distinguer principalement ceux qui suivent :

a. *Blanc* , à contexture grenue ; exemple , *marbre de
Luni ;* — blanc à gros grains , *marbre de Paros* ; d'un blanc de
neige , à gros grain et étincelant ; *marbre grec dur.*

b. *Blanc* , à contexture compacte ; — exemple , *palombino.*

c. *Gris* , à contexture spathique à petits grains , *marbre gris
de Saravezza* dit *Bardiglio*; — à gros grains , le *bigio antico* des
Italiens; — compacte , *marbre gris de Flandre* , *marbre du Jura.*
Ceux-ci sont ordinairement de ton inégal et nuageux.

d. *Bleu-grisâtre* , à contexture spathique , à petits grains ;
le *bleu turquin* , de Staremma.

e. *Jaune clair ou rosé* , à contexture compacte ; le *jaune antique.* — Jaune d'œuf ; le *jaune de Sienne.* Ces marbres sont
veinés de brun et de rouge.

f. *Rosâtre* ou *roussâtre* par nuances ou rubans et à contexture
spathique , à grain fin ; le vrai *pavonazzo antique* des Italiens.

g. *Rouge* à contexture compacte ; le *rouge antique.* J'ai observé le premier, qu'il est sablé de très-petits points blancs presque invisibles à l'œil ; il offre aussi des veines noires et des veines blanches.

h. Noir, à contexture compacte. — Noir parfait ; le *noir antique* (*luculleum marmor*, de *Pline*). — Noir moins foncé ; le *marbre noir de Namur*, de *Theux*, de *Spa*, etc.

2. *Marbres à couleurs disposées par bandes*, (*marmor polyzonos*, Linn.). Ils sont ordinairement de deux couleurs : exemple, ardoisé et blanc, le *bleu antique*; blanc et vert, le *cipolin*.

3. Marbres *à couleurs entrelacées; vert-de-mer*, *vert d'Égypte*, *polzeverra*.

4. Marbres *à couleurs bariolées* et irrégulièrement disposées ou panachées.

a. Marbre *bicolor*; le marbre dit Sainte-Anne.

b. Marbre tricolor; le *portor*, le *sarancolin*, la *brèche de veyrette*.

c. Marbre *versicolor* ou *panaché*, la *brèche violette*.

d. Marbres figurés. Exemples : le *marbre figuré de Hesse*, sur lequel on voit des dendrites qui imitent les arbres, les buissons, etc., et la *pierre de Florence* qui représente des ruines de villes, des tours, des paysages, etc.

§ III. *Méthode géologique.*

Les *marbres* se trouvent dans presque toutes les contrées qui possèdent des pierres calcaires en masses considérables ou stratifiées en couches nombreuses. Dans ces contrées, les marbres des couches inférieures surtout sont beaucoup plus beaux qu'ailleurs. La nature n'a pas formé tous les marbres à la même époque ; les uns sont primitifs, et les autres secondaires. Ces derniers appartiennent à divers âges. Il y en a de très-anciens ; ils appartiennent aux terrains que les naturalistes désignent par le mot de *transition*. Ils sont très-rarement coquilliers. On peut citer pour exemples, la *brèche* dite *tarantaise* et le *marbre campan* dans lequel M. Lucas a observé des térébratules. Ces marbres secondaires anciens sont les plus beaux, et ils offrent des couleurs plus vives et plus agréables. Les autres marbres secondaires sont le plus souvent coquilliers. On aura une idée plus exacte des marbres primitifs et des marbres secondaires par ce qu'en dit Patrin (1.ere édit.), que voici :

[*Marbres primitifs.* —Buffon ayant pensé que la formation de la matière calcaire étoit uniquement due aux animaux marins, la plupart des observateurs embrassèrent son opinion, et confondirent, comme lui, le *calcaire primitif* et le *calcaire secondaire.* Palassau, entraîné par son zèle pour la connoissance de la nature, parcourut dans tous les sens et dans toutes les directions la chaîne immense des Pyrénées; partout il vit les couches de marbre tellement entrelacées avec les couches des autres roches indubitablement primitives, qu'il lui parut évident que leur formation avoit été simultanée.

Lorsque l'ouvrage de Palassau parut, en 1781, sous le titre modeste d'*Essai sur la minéralogie des Pyrénées*, on regarda l'auteur comme un extravagant, d'avoir osé avancer des faits qui mettoient la nature en contradiction avec Buffon; et l'ouvrage tomba dans l'oubli : mais toutes les observations qui ont été faites depuis celles de Palassau, notamment celles de Saussure, dans la seconde partie de ses *Voyages*, ont pleinement confirmé l'existence des *marbres primitifs*. J'en ai observé moi-même fréquemment dans les immenses chaînes de montagnes de l'Asie boréale, depuis les monts *Oural* jusqu'au fleuve *Amour*, dans une étendue de plus de mille lieues, et partout j'ai reconnu qu'il étoit impossible de supposer que ces couches de marbre fussent d'un seul instant postérieures aux autres couches de roches primitives dans lesquelles on les voit enclavées.

Le dépôt de cette matière calcaire ne s'étoit point fait d'une manière égale : des circonstances particulières, des attractions plus ou moins fortes déterminèrent la formation de quelques couches plus épaisses que les autres, et moins mêlées de feuillets schisteux.

Lorsque le granite vint à soulever toutes ces couches, celles qui se trouvoient les plus épaisses et dont la matière étoit encore à demi-fluide, retombèrent entièrement sur elles-mêmes, et formèrent au pied des grandes chaînes ces cordons de collines calcaires mêlées de schistes et de serpentines, qu'on observe à la base méridionale des Alpes, le long de la côte de Gènes, et dans plusieurs vallées des Pyrénées.

Les couches calcaires les plus minces qui se trouvoient interposées entre les feuillets schisteux, purent se soutenir à un certain point, à l'aide de ces schistes où elles se trouvoient comme emboîtées. Elles ne furent donc pas totalement déformées et entassées en grandes masses; mais, cédant peu à peu à leur mollesse et à leur pesanteur, elles formèrent dans l'intérieur même de ces bancs schisteux, ces couches contournées de mille manières, où, malgré les zigzags et les fréquentes anfractuosités, on n'aperçoit aucune solution de continuité, et où toutes les couches sont parallèles entre elles. Ce phénomène a mis à la torture les géologues, qui tantôt l'ont attribué à un jeu de cristallisation, et tantôt à d'autres causes qui n'étoient pas plus satisfaisantes, tandis qu'il devient un accident tout simple, quand une fois l'on a reconnu que les montagnes primitives ont été formées par l'intumescence du granite qui les a soulevées.

Là où les couches les plus épaisses de matières calcaires se sont entièrement affaissées sur elles-mêmes, elles ont formé des masses homogènes, sans aucune division, ou du moins ce ne sont que des fissures accidentelles. Ces marbres sont grenus et sensiblement cristallisés dans toutes leurs parties. Ils sont communément d'une seule couleur, blancs, gris, rouges ou noirs, et sans mélange de matières étrangères, excepté d'un peu de silice, qui s'y trouve intimement combinée, et dont on ne connoît la présence qu'en les faisant dissoudre dans un acide. J'ai essayé de cette manière les échantillons les plus purs ; j'ai toujours obtenu un sédiment quarzeux ; le quarz est parfois si abondant, que ces marbres donnent du feu contre l'acier.

Ce sont ces grandes masses de *marbres homogènes* qui fournissent les *marbres blancs statuaires*, tels que ceux de Paros et de Carrare : ils ne sont jamais dans une situation fort élevée.

Ceux qui se sont trouvés interposés entre les feuillets schisteux, ou même avec les couches de serpentine, donnent les marbres qu'on a nommés *cipolins* ou *chipolins*, qui offrent de longues veines parallèles les unes aux autres, et ondulées en divers sens ; ceux-ci peuvent se trouver dans le voisinage du sommet des montagnes.

Il n'est pas nécessaire de dire que ces marbres ne contiennent jamais de coquilles ni d'autres productions marines, puisque leur formation est de beaucoup antérieure à l'existence de toute espèce de *corps organisés*. On en voit quelques-uns qui renferment des grenats, du fer octaèdre, et même des pyrites, tout comme les schistes primitifs. Romé-de-l'Isle dit qu'il a vu, dans le plus beau *marbre blanc* de Carrare, des taches et des veines noirâtres produites par une multitude de très-petits cristaux de fer octaèdres, attirables à l'aimant, absolument semblables à ceux qui se rencontrent dans les pierres ollaires de l'île de Corse. Enfin, Ramond a trouvé sur le sommet du pic d'Eres-Lids, près Barège, des bancs calcaires qui constituent un *marbre primitif blanc verdâtre*, tout parsemé de petits grenats dodécaèdres, rouges, opaques, de la grosseur d'une tête d'épingle. Une autre variété présente le grenat en gros cristaux irréguliers. Ces bancs de marbre alternent avec des bancs de roches indubitablement primitives.

On a vu à l'article BRÈCHE, que les *brèches calcaires* ne sont autre chose que les *marbres primitifs* eux-mêmes, dont les couches ont été bouleversées lorsqu'elles étoient encore dans un état de mollesse. A l'article Dolomie, j'ai dit que cette substance pouvoit être considérée comme un *marbre primitif* différant des autres par sa texture plus fine et par sa propriété d'être phosphorescente par la collision et le frottement.

Ferber, dans ses *Lettres sur l'Italie*, dit qu'on voit au palais Borghèse, à Rome, des tables de *marbres blancs antiques* qui ont quatre empans de hauteur sur un empan de largeur, et deux travers de doigt d'épaisseur, qui ont la singulière propriété d'être élastiques : « Quand on place, dit-il, une de ces tables dans une situation verticale sur un de ses petits côtés, et qu'on imprime à l'extrémité opposée un mouvement de pendule, elle *fait des vibrations* qui décrivent alternativement de chaque côté une *courbe, et la pierre se redresse d'elle-même par son élasticité.* » Des écrivains non moins respectables que Ferber, ne sont point de son avis là-dessus, et ils disent formellement que cette pierre n'est point *élastique*, mais seulement *flexible*.

Il y a une belle variété de *dolomie schisteuse*, dans laquelle Fleuriau de Bellevue a découvert la propriété d'être flexible comme les fameuses tables du palais Borghèse. Elle se trouve à Campo-Longo, dans la vallée Levantine, au nord du lac Majeur.

Marbres secondaires. — Les *marbres secondaires* sont assez souvent disposés par couches régulières, qui approchent plus ou moins de la situation horizontale ; leur tissu est ordinairement compacte, et leur cassure lisse, terne et presque conchoïde. Il arrive cependant quelquefois que le *marbre secondaire* a un tissu cristallisé ; mais on y observe toujours quelques parties compactes qui décèlent son origine.

Les pierres *calcaires* secondaires n'ont pas été toutes formées à la même époque ; elles l'ont été successivement. Les unes, qui ne contiennent point ou très-peu de corps marins, paroissent avoir été déposées lorsqu'il n'existoit encore dans l'Océan aucun être organisé : tels sont les *marbres secondaires* proprement dits ; d'autres, d'une formation postérieure, ne contiennent que quelques débris de corps marins ; ce sont les *marbres secondaires coquilliers*, etc. ; enfin, d'autres encore, qui sont de dernière formation, se trouvent presque totalement composés de coquilles, de madrépores et d'autres productions marines ; telles sont les *lumachelles*.

Parmi ces pierres calcaires, soit *secondaires*, soit *anciennes*, soit *coquillières*, il y en a beaucoup qui ont mérité le nom de *marbres* par leur tissu, qui les rend susceptibles de recevoir un poli proportionné à leur dureté, et qui offrent des couleurs plus ou moins vives, plus ou moins variées; car c'est la beauté des couleurs qui fait le principal mérite des marbres.

Ces couleurs sont presque toujours dues à des oxydes métalliques, et surtout à des oxydes de fer différemment modifiés, et qui ont en même temps considérablement augmenté la dureté de ces pierres. Sans la présence de ces matières métalliques, la plupart des marbres ne seroient que des pierres calcaires communes; car il y a de ces pierres qui sont presque aussi dures, aussi denses, et d'un grain aussi fin que les marbres, et auxquelles néanmoins on ne donne pas ce nom, parce qu'elles sont sans couleurs décidées, ou plutôt sans diversité de couleurs bien tranchées. On peut considérer ces pierres à grain fin et que l'on peut polir, mais qui pèchent par les couleurs, comme une nuance entre les pierres communes et les *marbres proprement dits*. (PAT.)

§ IV. — *Méthode historique et géographique.*

Par cette méthode, les *marbres* sont divisés en *marbres antiques* et *en marbres modernes*. Les premiers sont ceux que les anciens ont employés, et dont les carrières sont demeurées inconnues ou bien sont épuisées. Les *marbres modernes* sont ceux que l'on emploie de nos jours.

MARBRES ANTIQUES. — Sous le nom de *marbres*, les Grecs et les Romains comprenoient toutes les matières susceptibles de recevoir un poli brillant; mais il paroît que ce nom fut donné en premier lieu par les Grecs au *marbre blanc*, ainsi que l'étymologie du mot marbre l'indique. Marbre dérive du mot latin *marmor* qui vient du grec *marmaros* ou *marmarigué*, qui signifient *blanc* et *éclatant*. Le marbre blanc se distingue en effet par sa blancheur et par son poli brillant.

Long-temps avant les Romains, les Grecs et les Orientaux employoient avec profusion les marbres de leurs contrées; les Romains portèrent ensuite ce genre de luxe à un degré qu'aucune nation sans doute ne pourra imiter. Les édifices d'Athènes étoient tous en marbres exploités dans les carrières qui entouroient cette célèbre et ancienne cité; mais Rome, capitale du monde connu, vit construire et orner ses moindres constructions, en *marbres* apportés à grands frais du sein de l'Arabie, de la Haute-Égypte, du fond de l'Asie, de la Grèce et des contrées les plus lointaines. Cet amour pour les *marbres* étrangers ne s'introduisit à Rome qu'après la conquête de la Grèce. Ce fut lors de la décadence de la république, qu'il devint plus qu'une passion; sous les empereurs romains, il fut un excès. Du temps d'Adrien, époque où le bon goût commençoit à décliner, les *marbres* furent prodigués partout, et les ruines de la *Villa Adriani*, celles d'*Orta* près de Rome et le Château-Saint-Ange, attesteroient ce fait, s'il n'étoit consigné dans presque tous les auteurs anciens. « Nous abattons des montagnes, dit Pline ; nous les arrachons de leur place pour avoir des matières propres à contenter notre faste ; nous enlevons ces barrières posées par la nature sans doute pour séparer les nations entre elles, et l'on construit des vaisseaux uniquement pour transporter des *marbres*. » La mer de *Marmara* doit son nom à une de ses îles appelée *Marmora* anciennement *Proconnèse*, parce qu'elle fournissoit beaucoup de *marbres*.

Pétrone, à propos de la passion de Néron pour construire des palais et y prodiguer des *marbres*, fait observer malicieusement, qu'après avoir détruit les montagnes, on pénètre à de telles profondeurs pour avoir des *marbres*, que les Mânes peuvent espérer de revoir le jour. Pline reproche aux censeurs d'avoir réprimé la somptuosité des repas, et de n'avoir porté aucun règlement afin d'arrêter le goût pour les marbres étrangers. Il nous apprend que Mamurra de Formie qui avoit suivi César dans les Gaules, fut le premier qui revêtit de feuilles de marbre les murs de sa maison du mont Cœlius à Rome, et qui l'orna de colonnes. Il parle encore, et à plusieurs reprises, de Marcus Scaurus et de sa prodigalité. Ce Romain, d'une richesse inconcevable, étant édile, fit apporter à Rome trois cent soixante colonnes de *marbre* pour décorer un théâtre qui ne devoit servir qu'un mois, et dans l'ornement duquel les tentures d'or et d'argent n'avoient pas été épargnées. Pline fulmine contre ce goût désordonné de ses concitoyens. Lucius Crassus l'orateur fut blâmé et tourné en ridicule par Marcus Brutus, pour avoir placé à sa maison du Mont Palatin, six colonnes de *douze* pieds, en *marbre* du mont Hymette près d'Athènes ; cependant, cela n'étoit rien en comparaison des dépenses que Lucullus faisoit en *marbres*, et entre autres pour un certain *marbre noir*, dit *marmor luculleum*, qu'il affectionnoit. C'étoit le même qu'on avoit vu au théâtre de Scaurus, et qu'on tiroit de l'Egypte, de la Phrygie ou de l'Asie, à ce que l'on croit. Les provinces romaines imitèrent la capitale de l'empire, et le marbre brilloit partout. Constantin, en transportant le siége de l'empire romain de Rome à Byzance, voulut faire oublier Rome. Il éleva à Constantinople de beaux édifices où les *marbres*, les granites et les porphyres se montroient de tous côtés. Les Grands, en quittant Rome, contribuèrent aussi à détruire la splendeur de cette cité, que des guerres désastreuses, des envahissemens abaissèrent tout-à-fait. Le sac de Rome, plusieurs fois répété par les barbares venus du Nord, renversa tous les temples et tous les monumens publics ; et les statues et les colonnes de *marbre* déterrées du milieu des ruines de ces édifices naguères si superbes , servirent pendant long-temps à faire de la chaux. La durée de ce vandalisme donne une idée de l'immense quantité de *marbres* entassés dans Rome. L'Orient , soumis à la loi de Mahomet , perdit le goût des beaux arts que les Arabes avoient cherché , sous les califes , à protéger , et dont la superbe mosquée de Cordoue , ornée de douze cents colonnes en marbres de toutes espèces , d'Espagne , est un exemple manifeste ; mais ce zèle des Arabes fut de courte durée. Les mouvemens politiques s'opposèrent aux progrès des sciences , et firent oublier ou ne permirent point de continuer un genre de faste qui ne se trouve que dans les grands empires , ou qui ne prospère que dans les temps de calme. Les nations n'ayant plus alors les mêmes relations ni les mêmes intérêts , suivirent d'autres directions. L'Orient devenu iconoclaste par religion , refusa à l'Occident les *marbres* qu'il y apportoit autrefois en quantité. Encore aujourd'hui , ses habitans mutilent les statues que la faux du temps a respectées. Les restes des monumens les plus célèbres de l'antiquité disparoissent sous leurs yeux , sans exciter en eux aucun sentiment de regret. Toutes ces causes firent cesser d'abord l'exploitation des *marbres* , puis en firent oublier les carrières , et nous ne connoissons plus les *marbres* employés par les anciens , c'est-à-dire , les *marbres antiques* , que par les statues , les colonnes et les débris des monumens que le hasard ou des fouilles heureuses nous font découvrir au milieu des ruines des villes anciennes les plus opulentes.

C'est vers les quinzième et seizième siècles que le goût pour les *marbres* reprit de la vigueur. Les règnes glorieux des Médicis souverains de la Toscane, le relevèrent entièrement. Alors des mains sacriléges n'allèrent plus déterrer les statues de *marbre* pour les livrer au feu. Michel-Ange avoit reconnu et prouvé que l'étude de l'antique étoit le vrai guide du bon goût dans l'art de la sculpture. L'érection de l'église de Saint-Pierre à Rome , montra l'heureux parti qu'on pouvoit tirer des *marbres antiques.* Pise, Florence et Rome devinrent bientôt célèbres par leurs propres ruines. Les obélisques brisés furent relevés avec effort ; les colonnes de marbre redressées décorèrent les temples et les palais ; de riches particuliers réunirent , à l'imitation des Médicis et des souverains pontifes , les sculptures en marbre , ensevelies jusque-là dans les ruines : Rome renaquît de ses cendres. Les efforts des Médicis couronnés d'un plein succès répandirent le goût des beaux arts non-seulement dans toute l'Italie , mais il gagna

petit à petit les nations environnantes. L'Italie, pour satisfaire à son luxe, chercha dans son sein des *marbres*, et bientôt elle en eut de nombreuses carrières ; et c'est ici que commence l'histoire des marbres modernes dont nous parlerons
plus bas. Il nous reste à faire connoître les espèces les plus
remarquables des *marbres antiques* ; mais avant, nous devons
rappeler en peu de mots quels sont ceux dont les anciens
nous ont parlé comme les plus célèbres.

Pline dit expressément que les premiers *marbres* qu'on ait
employés, sont les marbres blancs de l'Archipel ; on s'en
servoit pour représenter les dieux. Les *marbres* panachés de
diverses couleurs n'eurent d'abord point d'emploi ; mais par
la suite on s'en servit comme d'une pierre plus dure, pour
la construction des édifices qui demandoient de la solidité,
et qui devoient avoir une longue durée. Quand on eut découvert les moyens de polir les *marbres*, on en fit des colonnes
et d'autres objets d'ornement. La Grèce et l'Asie n'épargnoient
point les marbres, et les ruines encore existantes de Palmire
en sont la preuve. Le plus célèbre de tous les *marbres* blancs
antiques, est celui qu'on tiroit de l'île de Paros (*marmor pa-
rium*, Pline) ; on le nommoit *lychnites*, parce que les ouvriers
l'exploitoient à la lueur des lampes. Le débit en étoit si considérable, qu'on enlevoit jusqu'aux plus petites couches. Des ouvriers couchés à plat ventre l'extrayaient avec effort. L'île de
Paros ne fournit plus de ce marbre ; ses carrières sont épuisées.

Pline cite encore : 1.º le *marbre blanc* de Luni (*marmor lu-
nense*), près de Carrare, remarquable par sa blancheur ;
2.º le *marbre thasien* de l'île de Thase, dans la mer Egée,
et le *marbre blanc* de Lesbos, qui avoient servi pour faire presque toutes les statues antiques ; 3.º le *lygdinum* qui étoit
transparent comme l'albâtre, et qui nous est demeuré inconnu ; 4.º le *marbre* de l'île de Proconnèse dans la mer de
Marmara, qui a tiré son nom des *marbres* que cette île fournissoit en abondance ; il étoit blanc veiné de noir : c'est peut-
être notre *bleu antique* ? 5.º le *marbre de Chio* qui se tiroit
du mont Pelléno, en blocs d'une grandeur énorme ; 6.º le
marbre blanc cappadocien qui étoit si transparent que Néron en
fit construire un petit temple sans fenêtres, où le jour passoit à travers le *marbre* même qui formoit les murs. Il est à
croire que cette pierre étoit un sulfate de chaux, analogue
à celui que nous nommons albâtre blanc de Volterra, car
aucun marbre proprement dit ne jouit d'un pareil degré de
translucidité ; 7.º le *pentélique* (*marmor pentelicum*) qui se
tiroit du mont Pentelès ; 8.º le *marbre blanc du mont Hymette*,
etc. ; 9.º les marbres arabiques qui l'emportoient pour la
beauté sur le marbre de Paros.

Parmi les *marbres* d'autre couleur, il y avoit 1.º le *marbre noir* (*marmor, luculleum*) dont nous avons déjà parlé ; 2.º le *marbre rouge d'Egypte* (*marmor œgyptum*), il répond à celui que nous appelons *rouge antique* ; le voyageur Bruce en a retrouvé les carrières en Egypte, entre le Nil et la mer Rouge. Il paroît même que la mer Rouge doit son nom à la couleur de ce marbre, qui avoit servi à la construction de l'ancienne ville d'Edom (maintenant Qosseyr), mot phénicien qui signifie *rouge*, que les Grecs ont traduit en celui d'*Erythrée*, qui signifie la même chose dans leur langue ; les Latins l'ont rendu par *rubrum*, et les modernes par la traduction littérale de ce mot ; ainsi, on disoit primitivement la *mer d'Edom*, et c'est mal à propos que l'on a traduit *mer Rouge*, au lieu de *mer de la ville rouge* ; 3.º le *marmor lacædemonum* ou *spartum*, qui paroît être notre vert antique, *V.* Brèche ; 4.º le *marmor calysteum* qui est, dit-on, notre *cipolin*. Il y a encore, 5.º le marbre numidique qu'on croit être notre bleu turquin ou le jaune antique ; 6.º le *marmor coraliticum* ; on le trouvoit sous la forme de petites masses d'un blanc d'ivoire, sur les bords du fleuve Coralus en Phrygie : c'est peut-être le *palombino* ; 7.º le *marmor alabandicum*, de la ville d'Alabanda : il étoit fort noir ; 8.º le *marbre de Milet* ; il étoit noir-brunâtre et tacheté de jaune d'or, sans doute comme le *portor* ; 9.º le *phengites* qui étoit blanc, tacheté de rouge et de jaune, qu'on croit être un albâtre ; 10.º le *marmor augustum*, et 11.º le *marmor tyberium* avoient été apportés d'Egypte sous les empereurs Auguste et Tibère. C'étoient des *marbres verts*, le premier à nuances blanches, ondées, et le second à nuances blanches, floconneuses et imitant des paquets de cheveux. Ils répondent sans doute aux marbres appelés, de nos jours, *verts d'Egypte*, etc.

Pline réunit aux *marbres* le porphyre vert, dit *serpentin*, le porphyre rouge antique, le granite rose antique et le basalte d'Ethiopie, et leur applique l'épithète générique de marbres, quoiqu'ils soient de matières beaucoup plus dures et de nature très-différente.

Il n'y a point de traité complet sur les marbres employés autrefois, et que l'on retrouve dans les ruines et les fouilles des anciennes villes.

On doit à Ferber l'indication d'un assez grand nombre d'espèces de marbres antiques, qui sont connus à Rome; mais il en existe beaucoup plus qu'il n'en a décrit (1). Les marbriers romains profitent des moindres accidens dans un *marbre* antique, pour en faire une sorte distincte, le tout pour aug-

---

(1) Dolomieu se proposait de publier un travail spécial sur cet objet, et son ouvrage n'aurait pas manqué d'être fort instructif.

menter leurs bénéfices. Voici l'indication des *marbres antiques*
les plus intéressans :

1.° Le *Paros*. C'est un marbre blanc-grisâtre, à gros grains,
confusément disposés. L'on en distingue trois variétés : un
très-blanc, et à grains fort petits; un autre blanc, à gros
grains, qui est appelé *moderne Paros;* et un troisième jaunâtre.
Les sculpteurs grecs firent un grand usage de ce *marbre;* aussi
nous reste-t-il un grand nombre de statues en *marbre de Paros.*
Les principales sont la Vénus de Médicis, la Diane chas-
seresse, la Vénus sortant du bain, la Minerve colossale dite
la Pallas de Vellétri, Ariane dite Cléopâtre, la Junon du
Capitole, etc. Les fameuses tables d'Arundel sont aussi en
marbre de *Paros.* Elles furent découvertes dans l'île de Paros.

2.° Le *Pentélique*. Il est blanc, à grains fins, et zoné de
verdâtre; c'est le *cipolin statuaire* des marbriers italiens. On
l'exploitoit au mont Pentelès, près d'Athènes. Les principaux
monumens de cette ville antique en sont presque tous construits. Les statues dont les noms suivent, et qui ornoient autrefois notre Muséum, sont en *marbre pentélique;* le Torse du
Belvédère; Bacchus en repos; Jason dit Cincinnatus; le
Discobole en repos; le trône de Saturne; le trépied d'A-
pollon, et les inscriptions athéniennes, dites *marbres de Nointel.*

3.° Le *grechetto*. Il est d'un blanc de neige, et beaucoup
plus dur que les précédens. Il y en a de deux variétés : l'une
à grains très fins, l'autre à gros grains. Le Faune à l'attache
et le philosophe Zénon, sont deux statues en marbre grec.
Au reste, il y a un très-grand nombre de statues en divers
marbres grecs; car les Grecs tiroient des marbres blancs de
beaucoup d'endroits de leur pays et des îles de l'Archipel.

4.° Le *marbre de Luni*, en Toscane, d'un blanc vif et pur, à
contexture serrée, à grains très-fins; il prend un très-beau
poli, et se prête facilement aux ouvrages les plus délicats. Les
carrières de ce marbre sont épuisées. Les anciens s'en sont
beaucoup servis. L'Antinoüs du Capitole, l'Antinoüs bas-
relief, le bas-relief représentant la cérémonie de la concla-
mation, sont en marbre de Luni, ainsi que l'Apollon du
Belvédère, selon l'opinion de Dolomieu.

5.° *Marbre de Carrare*. Ce marbre, très-employé par les
Romains, l'est encore par les modernes. Ses carrières, exploitées depuis deux mille ans, furent ouvertes du temps de
Jules-César, et sont loin d'être épuisées, quoique les *marbres* de cette contrée soient transportés en grande quantité
dans toute l'Europe, et même en Amérique. Toutes les statues et les ouvrages en *marbre blanc*, qu'on fait en Europe,
sont en *marbre de Carrare.* Chacun connoît ce marbre à contexture granulaire, à grain fin, très-serré. Il est blanc, veiné

de gris. Dans le centre de ces blocs, on trouve assez souvent des cristaux de roche, d'une limpidité peu commune : on les nomme *diamans de Carrare* Il y a une variété de ce *marbre*, qui est rayée de verdâtre par du talc, c'est le *cipolinacci di Carrara* des Italiens. Le prix du marbre de Carrare est à Paris de 72 francs le pied cube. Carrare est une petite ville, dont les habitans tirent leur richesse de l'exploitation des *marbres* et de la vente des nombreuses sculptures, statues, vases, colonnes, cheminées, carreaux, tombes, etc., qu'on y exécute, pour être exportées dans les diverses contrées de l'Europe.

6.° Le *marbre blanc* du mont Hymette. Il est d'un blanc-grisâtre, et prend un poli un peu luisant. La statue de Méléagre est en *marbre du mont Hymette*.

7.° Le *Bigio antico*, ou gris antique. Ce marbre est d'un gris-blanchâtre, à fort gros grains spathiques. Il prend un beau poli, et jouit d'une certaine translucidité. On trouve dans les anciens monumens des tronçons et des colonnes de ce marbre, que les Romains tiroient probablement de Cambo, près de Bayonne, où il en existe un absolument semblable, et où l'on voit des traces non équivoques d'anciennes exploitations. Ce *marbre* est très-fétide, lorsqu'on le frappe. *V.* l'article CHAUX CARBONATÉE FÉTIDE.

8.° Le *turquin* ou *bleu turquin antique*. Le *marbre numidique* dont parlent les anciens auteurs, est d'un gris-bleuâtre ; son nom de turquin dérive probablement de celui de Turquie, contrée riche en marbres, et non pas du mot italien turchino, qui signifie bleu céleste. Le turquin est un *marbre* à grains fins brillans. Les modernes donnent ce même nom à un *marbre* semblable, qui s'exploite auprès de Carrare. Le *bardiglio di Staremma* est une variété de couleur plus claire. Les anciens tiroient ce marbre d'Afrique, de la Mauritanie, suivant M. Tondi. Il y en a de pareil dans le département de l'Arriège.

9.° Le *bleu antique*. C'est un marbre à gros grains de couleur, blanchâtre avec des ondes et des bande d'un bleu d'ardoise, en zig-zags interrompus. Il est rare, et jouit d'une légère lucidité, lorsqu'il est en plaque mince.

10.° Le *petit bleu antique*, ou le *petit antique*. Ces noms lui sont donnés à cause de la finesse de son grain, et d'une certaine ressemblance que ses couleurs ont avec celles du *bleu antique*. Sur un fond blanc, se trouvent de nombreuses bandes longitudinales, gris d'ardoise, plus intenses que dans les *marbres* précédens ; des bandes, formées de plusieurs lignes ou rubans parallèles, serpentent et forment des nœuds qui donnent à ce *marbre* un aspect agréable. Il prend un très-beau poli. Les anciens l'ont sans doute tiré des mêmes car-

rières où on l'extrait encore actuellement, celles de Staremma en Toscane.

13.º Le *cipolin*. Le beau *cipolin antique* est un marbre à contexture beaucoup plus dure que les autres. La couleur de son
fond est le gris-verdâtre, et il offre de larges bandes ou rubans verts, lesquels sont dus à du talc vert. Le *cipolin* est
une véritable dolomie, car c'est de la chaux carbonatée
magnésifère granulaire. Les anciens ont beaucoup employé
ce beau marbre, qu'ils tiroient, à ce que l'on croit, de Ca-
lystos, dans l'île d'Eubée. Son genre d'emploi le plus convenable est en colonnes. On en voit de très-belles dans le
Muséum, au Louvre. Les colonnes du fameux temple de
Sérapis, à Pouzzolles, près Naples, sont en *cipolin*. Les modernes ont retrouvé des *cipolins*, aussi beaux que l'antique,
au Saint-Bernard, en Dauphiné et en Corse.

14.º Le *vert antique*. C'est un *marbre* serpentineux, qu'on
peut classer dans les brèches. Sa pâte est un calcaire blanc,
à petites lames, comme le *marbre blanc*, et les nombreux
fragmens qu'elle contient sont verts-d'herbe et verts-noirâ-
tres; mais le ton dominant est le vert taché de blanc. Il y en
a de deux variétés principales: dans l'une, les parties ser-
pentineuses et les parties calcaires sont tellement fondues,
que l'on hésiteroit à classer ce marbre au rang des brèches;
l'autre, par un caractère contraire, reçoit le nom de *vert antique bréché*; dans une troisième, on observe des fragmens
bruns et des fragmens gris; toutes les parties n'ont que de
petites dimensions. Ce *marbre* est sans contredit un des plus
magnifiques et l'un des plus propres à la décoration intérieure
des édifices somptueux. Ses couleurs, agréablement nuancées,
et son ton sévère, le rendent très-propre à cet usage. L'on
en voit quatre colonnes au Louvre, dans la salle où étoit
placé le Laocoon. Ce *marbre*, qui se trouve fréquemment
dans les fouilles des anciens monumens, est néanmoins fort
cher: il est très-probablement le *marmor spartum* ou *lacedémo-
nium* des Romains, qui, si l'on s'en rapporte au nom, devoit
exister aux environs de Lacédémone, en Morée, et non pas
auprès de Thessalonique, en Macédoine.

15.º Le *marbre vert-poireau antique*. Il est vert foncé,
nuancé de vert clair et de vert noir, par petites veines ou
taches. C'est un mélange de serpentine, d'une substance tal-
queuse et d'un peu de calcaire; sa poussière est blanche,
sa texture fibreuse, et son poli très-vif.

16.º Le *marbre vert-sanguin antique*. Il est d'un vert grisâtre,
avec des taches éparses blanchâtres, rouges ou noires, qui
ne sont point dues à des entroques, comme on l'a dit. Ce
marbre n'est pas une lumachelle, mais plutôt une brèche, ou

pourroit même soupçonner qu'il provenoit des carrières qui fournissoient la brèche, dite d'Afrique: car dans celle-ci, on trouve quelquefois des parties qui ressemblent complétement au *vert-sanguin antique*, qui, du reste, est aussi rare, et, par cela seul, fort cher; il n'a rien qui flatte la vue.

17.º Le *marbre cervelas antique*. Ce *marbre* a le faux aspect de certaines variétés du *campan*; mais il est d'un ton plus obscur. Il est composé de nombreuses veines grises et blanches, qui enlacent un très-grand nombre de petites parties rouges ou rougeâtres, blanchâtres, et même gris-verdâtres: dispositions qui rappellent le nom trivial de ce *marbre*. Ce marbre est rarement en blocs, même un peu volumineux. On suppose que les anciens le tiroient d'Afrique. Le *marbre de Sigean*, en Languedoc, le remplace dans le commerce, et y porte le même nom.

18.º Le *palombino*. C'est un *marbre* blanc-grisâtre et très-compacte. Il est rarement en grosses pièces. Il y en a une variété parfaitement pure, d'un grain et d'un ton égaux, qui le rapprochent de l'ivoire ou de la porcelaine. Une autre variété est granuleuse. Le *palombino* tient le milieu entre les *marbres proprement dits* et les autres calcaires compactes. Son poli n'est pas très-éclatant. Son nom lui vient de sa couleur, qui ressemble quelquefois à celle du pigeon blanc.

19.º Le *marbre noir antique*. Celui-ci est d'un noir parfait, et très-rarement en grand volume. Il y en a de très-dur, comme l'a dit Ferber, et que les Italiens ont nommé *paragon*, parce qu'il ressemble en cela, et par sa couleur, à la véritable pierre de touche, qu'ils appellent spécialement *paragon*.

20.º Le *marbre rouge antique*. Il est d'un rouge-foncé, çà et là tacheté de blanc, et veiné de noir. Le rouge antique est sablé de petits points blancs; c'est ce qui le distingue de tous les autres marbres rouges. Sa pâte, parfaitement compacte, le rend susceptible de recevoir un beau poli. Les anciens le tiroient de l'Égypte. C'est un de leurs plus beaux marbres, et c'est maintenant l'un des plus chers. L'Antinoüs égyptien et la statue colossale de Marcus Agrippa, qu'on voit à Venise, sont en rouge antique.

21.º Le *marbre jaune antique*. Il est d'un jaune-rosâtre, ou bien d'un jaune-paille, rarement d'un jaune-doré. On assure qu'il se tiroit de Macédoine; d'autres disent de Lacédémone. Il n'est pas moins estimé que le précédent, et aussi cher, surtout lorsqu'il est d'un jaune-rosé, égal de ton. On prétend qu'on peut contrefaire le beau jaune antique en chauffant du marbre jaune de Sienne; sa couleur devient alors d'un rosâtre-jaune.

22.º Le *portor antique*. Marbre à fond noir, marqué de grandes taches ou bariolures irégulières d'un jaune doré et de veines blanches, rares. Il se tiroit de Luni, auprès de Carrare, d'où on le tire encore. On a découvert un *marbre* absolument pareil en France, à Saint-Maximin, dans le département du Var. Il servit, du temps de Louis XIV, à la décoration du château de Versailles.

Les marbres antiques que nous allons indiquer sont tous des brèches. Nous les rapportons ici parce qu'il n'en a point été parlé à l'article brèche.

23.º *Seme santo* ou *brèche vierge*. Cette brèche, la plus rare de toutes, est ainsi appelée par les marbriers de Rome, parce qu'on n'en a trouvé qu'un seul bloc dans les ruines du tombeau de Caïus Cestius, et qu'il servit long-temps d'autel consacré à la Vierge. *Seme santo* signifie d'*origine* ou de *race sainte*, et n'a pas du tout de rapport avec le mot de semence, comme on l'a imprimé. Cette brèche est formée de très-petites parties anguleuses blanches, brunes, rouges, fauves et jaunâtres, qui tranchent fortement les unes à côté des autres, et lui donnent de la ressemblance avec l'habillement d'arlequin. On en voit des échantillons très-petits dans les cabinets. Il y a néanmoins une variété à taches plus grandes et à couleur plus obscure, qui est beaucoup moins rare ; on l'appelle *arlechino* et *amendola*; mais on ne doit pas la confondre avec la brèche arlequine ou *traccagnina* des Italiens.

24.º Le *grand antique*. Magnifique brèche composée de fragmens et de linéamens d'un noir foncé et d'un blanc de neige bien mélangés ; et il y en a des variétés dont les taches sont très-petites, et d'autres où elles sont grises. Ce marbre remarquable par ses couleurs, est d'une grande beauté. On prétend qu'il contient des coquilles : nous n'en avons point vu dans les colonnes que nous avons été à même d'examiner; mais au reste, la présence des coquilles dans ce marbre n'auroit rien d'extraordinaire. On ignore absolument d'où les anciens le tiroient.

25.º *Brèche arlequine* ou *traccagnina des Italiens*. C'est un mélange d'une multitude de moyens et petits fragmens rouges, noirs, bruns, gris, jaunes ou d'un blanc-sale, liés par une pâte fauve. Toutes ces couleurs ont un ton rembruni particulier. On trouve des marbres presque analogues à celui-ci dans le Siennois, à Aix en Provence, et à Aste dans les Pyrénées.

26.º *Brèche, fleur de pêcher* Marbre antique, formé de grands fragmens de couleur de fleur de pêcher ou de violette, liés par une pâte grise ou blanche. On connoît de grandes colonnes et

de grandes tables de ce marbre extrêmement rare, qui se tiroit probablement de la côte de Gênes.

27.º Le *porta-santa*. Brèche antique qui a servi à la décoration de la porte de Saint-Pierre à Rome, d'où lui vient son
nom. Elle est mélangée de taches inégales bleues, blanches,
rouges et grises, ce qui la rapproche de la précédente.

28.º La *brèche jaune antique*, *giollo brecciato* et *breccia dorata*
des Italiens. Jaune clair, taché de jaune foncé ou bien mélangé
et veiné de rouge et de jaune fondus ensemble, avec quelques
veines blanches. Les grandes colonnes de l'intérieur du Pan-
théon, à Rome, paroissent être de ce marbre; elles ont vingt-
sept pieds de haut sur environ trois pieds et demi de dimension.

29.º La *brèche africaine antique* est une des plus bizarres qu'on
puisse citer. Elle est fond noir relevé par des fragmens très-
petits et très-grands d'un rouge de chair, ou gris, ou d'un rouge
sanguin avec des veines obscures. Cette brèche vient-elle d'A-
frique, ou bien sa couleur noire lui a-t-elle fait donner son
nom ? Elle n'est pas très-commune. On en voit une colonne
de huit pieds de haut dans la salle des Muses au Louvre.

30.º L'*occhio di pavone* (*œil de paon*). Il est roux avec des yeux
blancs, ou plutôt des cercles blancs d'un pouce de diamètre.
Ce marbre extrêmement élégant se tiroit très-probablement
d'Espagne, où l'on en trouve encore à présent un qui lui ressemble beaucoup. Ses yeux semblent dus à des segmens de
coquilles.

31.º *Brèche violette antique*, improprement dite *brèche d'Alep*
ou d'*Alet*. Cette brèche, remarquable par le grand nombre de
variétés qu'elle présente, est décrite à l'article Brèche. Les anciens la tiroient probablement des environs de Carrare, où
l'on exploite de nos jours des brèches pareilles.

Nous terminons ici nos exemples des *marbres antiques*. Ils sont
choisis dans les marbres antiques qu'on voit habituellement
dans nos musées. On peut prendre connoissance, à l'article
Lumachelle, des lumachelles antiques les plus remarquables.
Nous allons passer aux marbres modernes.

MARBRES MODERNES. — Ils se divisent en marbres d'Europe et en marbres étrangers. Notre intention n'est
pas de faire connoître tous ceux qu'on a décrits : des volumes
ne suffiroient pas pour remplir cette tâche fastidieuse ; mais
nous indiquerons seulement les plus célèbres et les plus employés.

MARBRES D'EUROPE. — Nous avons déjà fait remarquer que ce fut en Italie que le goût des marbres reprit naissance
à l'époque où les beaux arts reprirent aussi leur éclat. Il est

donc naturel de commencer l'énumération des marbres européens par ceux d'Italie.

I. ITALIE. L'Italie est extrêmement riche en toutes espèces
de marbres, dont plusieurs sont transportés dans toute l'Europe.

1.° La Sicile compte plus de cent sortes de marbres, la
plupart très-beaux ; et dans cette quantité ne sont pas compris les lumachelles de Trepani ni les albâtres. Le plus recherché et le plus élégant des marbres siciliens, est le *sicile*, dit
sicile antique à cause de sa beauté. Ses couleurs rouges, blanches, vertes ou grises, sont très-vives, imitent celles des jas-
pes et forment des taches, des rubans rayés, des veines. Il
est susceptible d'un lustre éclatant. On en distingue deux variétés principales ; l'une ressemble à une brèche, l'autre est
remplie de coquilles bivalves. Ce marbre est un des *marbres
modernes* les plus chers à Paris. Il est rarement en morceaux
volumineux. On en fait des tables, des cippes, des socles et
des placages.

2.° Les *marbres de Sienne*, en Toscane, sont de plusieurs
sortes ; il faut distinguer : le *jaune de Sienne* ; il est d'un jaune
doré avec des flaques et des veines gris-noirâtres ou rougeâtres ; il est fort employé en Italie, n'est pas rare à Paris,
et s'exploite à Montarenti, à deux lieues de Sienne ; la *brocatelle de Sienne* s'exploite à la *Montagnola*. Elle est composée de petites parties jaunâtres formant, par leur réunion,
de grandes taches entourées de veines gris-bleuâtres tendant
au rouge. Il y a aussi près de Sienne une brèche analogue,
ou très-voisine de la brèche arlequine antique, ou *traccagnina*
des Italiens.

3.° Les *marbres vénitiens*, et en particulier ceux du Véronais, sont extrêmement variés. On compte, seulement aux
environs de la ville que nous nommons, trente carrières qui
fournissent chacune plusieurs espèces de marbre. Le *mande-
lato* est un marbre véronais mélangé ou taché de jaunâtre et
de blanchâtre.

Le *marbre rouge* de Vérone est d'un rouge vif tirant sur l'hya-
cinthe. Il contient des cornes d'ammon. On voit assez rarement ce marbre à Paris. On y emploie, sous le nom de *brèche
de Vérone*, une espèce de poudingue jaunâtre à noyaux ronds
ou oblongs, jaunes, bruns, rouges et gris, cimentés par une
pâte sablonneuse composée de grains des mêmes couleurs. Il
est rare à Paris. Le socle de la statue du Nil, au Muséum, est
en ce beau marbre.

4.° Le *marbre vert de Florence*. C'est un marbre serpentineux. Il ne faut pas le confondre avec la *pierre de Florence*. V.
ce mot.

5.º Le *verde di Prato* est un marbre serpentineux dur, vert, tacheté de vert-noir et de blanc. Ses carrières sont aux environs de la ville de Prato ou Prado, en Toscane.

6.º Le *marbre de Rovigo*. Il est blanc, mais inférieur en qualité au *marbre blanc* de Carrare. On le trouve auprès de Padoue. Un marbre blanc analogue est exploité près de Pise.

7.º *Marbres de Bergame*. Il y en a de vert tacheté de gris et de noir, et d'un noir intense.

8.º Le *marbre de Mergozzo*, au bord du lac Majeur. Il est blanc, veiné de noirâtre. La plupart des églises de Milan sont ornées de ce marbre, et la cathédrale en est bâtie. Dans le Milanais, on remarque encore le *marbre noir* de Côme, et le bleu veiné de brun de Margorrée.

9.º Les *marbres de Carrare* et *de la côte de Gênes*. Nous avons déjà parlé des marbres blancs de Carrare, et de Luni, village voisin de Carrara. Nous avons dit aussi que nous tirons de cette côte de l'Italie, le marbre dit *vert de mer*, qui est un marbre serpentineux vert, veiné de blanc, et flaqué de rouge sombre. Dans une variété appelée *vert d'Égypte*, on ne voit point de flaques rouges, et dans une autre qui est le *polzeverra* ou *polcheverra*, les parties blanches abondent et les filets verts sont lâchement embrouillés. Il y a encore les *bleus turquins* unis et veinés, dits *bardiglio*, qu'on exploite près de Staremma; les marbres panachés de rose et de blanc, dits *fior di persico, pavonnazoa fricano, et breccia* de Seravezza; le beau *portor* noir taché de jaune et veiné de blanc qu'on trouve à *Porte Venere*, d'où dérive son nom, qui ne signifie pas du tout *porte-or*; la *brèche violette* de Carrara qui offre beaucoup de variétés, etc.; il y a aussi des marbres noirs sur la côte de Gênes, mais elle abonde en marbres bleus et en marbres serpentineux. Ces derniers portent le nom de *vert de Gênes*. On tire du mont Alcino près de Gênes, un marbre noir veiné de blanc, et de l'île d'Elbe un beau marbre blanc.

10.º Les *marbres du Piémont*. Ils ont beaucoup de rapports avec ceux de Gênes. Il y a le marbre blanc statuaire de Ponte, à cinq lieues de Turin. Le *vert de Suze* est vert et blanc imitant le vert antique, mais infiniment moins beau. On le trouve à Bussolino près de Suze.

11.º Les *marbres de l'Abruzze* les uns blancs et les autres coquilliers. Plusieurs portent dans le commerce les noms de *lumachelle grise d'Italie* et de *lumachelle calchaos*, etc.

II. Marbre de France. Il y a en France un nombre infini de marbres; les plus beaux, et ceux qu'on emploie habituellement à Paris se tirent du nord de la Belgique et des Pyrénées. Le goût passionné pour les marbres date, en France, du règne glorieux de Louis XIV. Le faste de ce roi conquérant le conduisit dans des dépenses incalculables , en construction de somptueux palais où les *marbres antiques* les plus rares , et ceux que l'industrie française découvrit sur notre sol, vinrent s'accumuler. Ce goût du prince devint celui de ses courtisans, et bientôt les marbres furent à la mode, non-seulement en France, mais dans toute l'Europe. C'est là la cause et l'origine de la découverte et de l'exploitation de ces beaux marbres que nous fournissent les Pyrénées, le Languedoc, la Provence et surtout la ci-devant Flandre. Examinons ceux de ces marbres qui méritent d'être cités : nous ferons cette énumération dans l'ordre alphabétique des départemens où ils se trouvent, en y comprenant les marbres de la Belgique.

ALLIER. — Le *marbre du Bourbonnais*. Il est tricolor, bariolé de rouge, de jaune et de bleu; on le tire d'auprès de Moulins. On en voit à Paris.

La *bracatelle de Moulins*. Ce marbre est coquillier, gris-bleuâtre, veiné de brun et de jaune doré. Les marbres blancs et colorés dont on a refait le pavé de Notre-Dame, à Paris, sont tirés du Bourbonnais; la carrière en fut découverte par Caylus, en 1760.

HAUTES ALPES. — *Marbre noir de Saint-Firmin*. Il est très-compacte et d'un noir foncé. Ce département offre beaucoup d'espèces de marbres qu'on emploie à Grenoble. Il se trouvent principalement aux Eygliers et à Saint-Maurice, dans le Valgodinar. Dans ce dernier lieu on trouve du *cipolin*.

ARDÈCHE. — *Marbre du Pousin*. Il est gris cendré, jaspé et zoné de gris noirâtre avec quelques veines blanches. Il contient quelques coquilles de couleur presque noire. On l'exploite au village du Pousin et à Chaumerac. Son exploitation est en pleine activité; il se transporte dans les villes environnantes et jusqu'à Marseille. Le beau pont qui existe sur la Drome, entre Lauriole et Liveron, est de ce marbre.

ARDENNES. — *Marbre rouge de Givet*. Il est rouge, nuancé de taches et de veines plus claires. Il contient des débris d'entroques, qui sont changés en calcaire blanc spathique. La *brèche de Givet*, marbre noir veiné de blanc. Ces deux marbres ne sont pas rares à Paris. Il y a aussi le *marbre rouge* de Charlemont, qui est veiné de blanc et rouge, et qui contient également des entroques.

ARRIÉGE. — Ce département est fort riche en marbres de plusieurs sortes. Il en existe des carrières immenses dans la montagne de Cos et dans la vallée de Salat. Les plus beaux ressemblent à la belle brèche violette antique, au bleu turquin, etc. On en compte vingt-sept variétés en tout, qui ont servi et qui sont encore en usage dans les villes de ce département et dans celles des départemens environnans.

Aube. — *Marbre lumachelle gris avec ammonites.* Il prend un beau poli.

Aube (ci devant Languedoc). — *Marbre rouge de Languedoc*, vulgairement le *Languedoc*. Il est d'un rouge de feu mêlé ou zoné de blanc et de gris irrégulièrement contourné. Les huit colonnes de l'arc de triomphe du Carrousel sont de ce marbre, qu'on ne doit point confondre avec le marbre de la Ste-Beaume, près Saint-Maximin dans le département du Var, c'est-à-dire, en Provence, non loin de Toulon, et qui est plus terne et à zones moins contournées. — *Marbre de Narbonne.* Il est blanc et mélangé de gris. — Le *campan vert.* Il est d'un vert brun taché de rouge, de rose et de gris, avec des filets verts. On lui donne aussi, à Paris, le nom de *marbre sanguin* et de *marbre cervelas.* — Le *marbre griotte* ou *la griotte.* Chacun connoît ce beau marbre du Languedoc. Il est d'un rouge foncé et semé de nombreuses lignes spirales noires qui forment des ovales, dont le centre est le plus souvent blanc et spathique. Ces ovales sont dus à des coquilles dont la tranche se dessine en ligne spirale. La griotte doit son nom à la ressemblance de sa couleur avec celle des cerises, dites griottes. Il y en a plusieurs variétés : l'une est traversée de veines ou de bandes blanches; c'est la *griotte de France* des marbriers; une autre est veinée de vert; mais la plus belle griotte est d'un rouge de sang, sans bandes de couleurs différentes. On la nomme *griotte d'Italie*, quoiqu'on n'en trouve point en Italie. Ce marbre a été extrêmement recherché en France, en Italie et en Espagne. Maintenant il a moins de vogue. On le vend très-cher. Il se trouve à Caunes près de Narbonne, et non pas dans le département de l'Hérault, ni dans celui de la Nièvre, dont les marbres sont différens.

Bouches du Rhône. — La *brèche d'Aix* qui s'exploite aux villages d'Alet et du Tolonet. Elle est jaunâtre, tachée de gris, de brun et de rouge. On lui donne à Paris le nom impropre de *brèche d'Alep.* — La *brèche de Memphis* est d'un rouge-violet rempli de petits points ou fragmens gris ou blancs, qui sont dus à des entroques. Elle nous vient par la voie de Marseille, et l'on suppose qu'elle s'exploite en Provence; car, en Egypte, il n'existe aucun marbre de cette espèce.

Calvados. — *Marbre de Caen* (*V.* à l'article Lumachelle). Nous avons dit à cet article, et d'après tous les auteurs, qu'on exploitoit ce marbre dans les environs de Caen; mais M. Lamouroux nous a certifié qu'il n'y avoit jamais existé, et nous trouvons ailleurs que ses carrières sont à Caunes en Languedoc, nom que l'on aura très-mal à propos changé en celui de Caen. *V.* Manche.

Charente inférieure. — Dans le pays d'Aunis on découvrit, en 1775, près de Saint-Jean-d'Angely, un *marbre co-quillier*, composé, comme les *lumachelles*, d'une infinité de petites coquilles : ce marbre offre deux variétés, l'une à fond gris et l'autre à fond jaunâtre ; toutes les deux prennent un beau poli.

CÔTE D'OR (*V.* aussi à l'article LUMACHELLE). — Dans ce département, on exploite à Saint-Romain une brèche couleur de brique foncée, et qui contient des fragmens anguleux couleur jaune d'œuf ; c'est la *brèche Saint-Romain* du commerce. — Le *marbre de la Loudre*, près Montbart, est à fond gris semé de taches brunes. — Le *marbre de Dromont* est une brèche jaune qui approche du jaune antique. — La *brèche de Roche-pot*, près de Beaune, est rouge et blanche. Elle fut découverte en 1756.

JEMMAPES. — Le *petit granite* (*V.* au mot LUMACHELLE). Ce département, ainsi que ceux qui l'avoisinent, sont très-riches en marbres.

MAINE-ET-LOIRE. — *Marbre d'Angers.* Il est gris, veiné de blanc.

MANCHE. — Les communes de Grimonville, Règneville, Mont-Martin et Haute-Ville, sont situées sur un plateau entièrement composé de *marbre gris*. On trouve encore le marbre à Camprand près de Coutances, aux environs d'Aiglande sur la Vire, et près de Lestre, entre Montebourg et Saint-Vast.

HAUTE-MARNE. — *Marbres de Langres.* Ils sont gris et co-quilliers.

MONT-BLANC. — *Cipolin de la tuile.* C'est un très-beau cipolin. La colonne antique de Joux ou de Jupiter, qui s'élève sur le col du petit Saint-Bernard, est faite avec ce marbre, suivant de Cambry. — *Brèche tarentaise* ou *brèche de Villette.* Cette belle brèche, dans laquelle on trouve accidentellement des nautilites, est décrite au mot BRÈCHE. Elle est très-chère à Paris. Son exploitation est interrompue.

NORD. — *Marbre de Rancé.* Il est mélangé de blanc et de rouge-brun, avec des veines blanches cendrées et bleues. — Le *marbre de Barbançon.* Il est noir, veiné de blanc ; on l'emploie beaucoup en Flandre et en Belgique. Ce département offre un grand nombre de *marbres* qui se distinguent par le nom des villes ou villages auprès desquels sont situées leurs carrières.

OURTHE. — Le *marbre noir* de Theux, et de Spa, et le *marbre de Hon*, qui est d'un gris-blanc, taché d'un rouge sanguin, sont les plus estimés. On en fait des tables, des chambranles de cheminées, etc. *V.* SAMBRE-ET-MEUSE, et NORD.

Pas-de-Calais. — Le *marbre de Marquise*, vulgairement appelé *brocatelle* de Boulogne ou de Picardie. C'est une espèce de brocatelle à grandes taches jaunâtres, mêlées de filets rouges. — *Marbre Napoléon.* Il est gris et bréchiforme, il offre beaucoup de veines. « Ce qui a donné l'occasion de découvrir ce marbre, c'est la colonne que les troupes du camp de Saint-Omer, après une grande victoire, votèrent à la gloire de Bonaparte, pour être élevée à Boulogne, sur les bords de la mer. » (*V.* Brard, Trait. page 384).

On apporte à Paris des blocs de ce marbre moins beau que célèbre ; on en fait des tables, des dessus de commodes, de cheminées, etc.

Pyrénées, Basses-Pyrénées et Hautes-Pyrénées. — Les collines et les vallées qui sont au pied de cette chaîne de montagnes abondent en Marbre. — Le *marbre blanc* de Bayonne et celui de Loubie, remplacent dans le pays le *marbre* de Carrare, dont ils n'ont pas la finesse du grain. Il y a aussi un *marbre* blanc-grisâtre, à gros grains, etc., à *Cambo :* il est fétide et pyriteux. Il fut exploité par les anciens. — Le *marbre Campan*, l'un des plus connus des marbres de France. Il en existe des carrières fort étendues au bourg de Campan, à une lieue de Bagnères ; son fond est blanc, et rouge foncé ou isabelle ; mais il est rempli de filets, de veines vertes extrêmement embrouillées, et qui forment une espèce de réseau à mailles déchirées, entre lesquelles ressortent les couleurs du fond, à la manière des brèches ; à travers tous ces mélanges filent des veines blanches spathiques très-irrégulières. Le Campan est un marbre serpentineux ou talqueux, qu'on ne peut employer que dans l'intérieur des bâtimens, parce qu'il se détruit à l'air. On nomme dans le commerce : 1.º *Campan vert*, celui qui est vert d'eau, avec des filets d'un vert foncé, disposés en forme de réseau, à mailles allongées ; 2.º *Campan isabelle*, celui dont le fond est d'un rose tendre ; 3.º *Campan rouge*, celui qui est d'un rouge sombre, veiné d'un rouge encore plus foncé. On a tiré de ce marbre des colonnes de 12 et 18 pieds de hauteur. — *Marbre de Sarencolin* ou *Serencolin*, à l'est de Campan, au lieu dit Valdor. Ce marbre ressemble à une brèche à grands traits ; il offre des bandes droites, et des taches grises, jaunes, et d'un rouge de sang. — *Marbre de Veyrette* ou *d'Antin* ; il est blanc et rouge de feu, comme l'exprime le nom d'Antin, qui dérive des mots celtiques *An tun*, qui signifient *de feu*, d'où vient *marbre d'Antin*, *marbre de feu*. — *La brèche d'Aste* ; elle est composée de petites parties ou fragmens jaunâtres et noirs, entremêlés de veines et de taches blanches, peu nombreuses. — Les autres *marbres* des

Pyrénées se trouvent, dans l'ordre suivant, en prenant la chaîne du côté de Bayonne. — Près d'Arrètes, vallée de Barrenons, *marbre gris*. — A Sarrance, vallée d'Aspe, *marbre gris* veiné de blanc. — A Sévignac, vallée d'Ossau, *marbre gris coquillier* parsemé de numismales, qui forment des taches de couleur blanche. — A Loubie, même vallée d'Ossau, *marbre blanc primitif;* il est quelquefois mêlé de gris. Toute la vallée de Barège offre, de distance en distance, des rochers de *marbre gris :* on en exploite quelques-uns, et notamment à Saint-Sauveur. — Dans la vallée de Bastan, près les bains de Barège, est un *marbre blanc*, veiné de vert. — A Saint-Bertrand, sur la Garonne, est un *marbre vert*, mêlé de taches rouges et blanches. — A Saint-Béat, vallée d'Arran, *marbre gris et blanc.*—A Seix, sur le Salat, plusieurs variétés de beaux *marbres gris* d'une seule couleur, vert et blanc, violet et blanc, etc., tous mêlés de feuillets schisteux verdâtres, comme le *marbre* de Campan. On les appelle *marbres de la taule.* Les carrières sont maintenant presque épuisées. (*Voyez* département de l'Arriége). — A Villefranche en Roussillon, *marbre blanc, vert et rouge.*

SAMBRE-ET-MEUSE. — Les *marbres noirs* de Dinan, de Namur, de Thée et de Saint-Remi, et celui gris et blanc, dit Sainte-Anne, s'exploitent dans ce département. Ils sont très en usage à Paris. Les premiers servent à faire des carreaux et des monumens funèbres. Ils perdent leur poli à l'air. Ils sont fétides quand on les frotte. Les tables de nos cafés sont en marbre de Sainte-Anne ; on en fait des dessus de commodes et d'autres meubles ; des chambranles de cheminées, etc. ; ces couleurs et leur disposition les rendent très-propres à l'usage habituel, car les raies et les taches s'aperçoivent moins que sur tout autre *marbre*. Il est madréporique. — La *brèche de Dourlais* ou *de Valffort* est noire, grise et blanche sur un fond rouge. Les grandes plaques qui revêtent les pilliers de l'église Saint-Roch, à Paris, sont de ce *marbre. — Marbre de Leff.* Il est d'un rouge pâle, veiné de blanc, bordé de gris. Les *marbres* de cette sorte sont très-multipliés, et portent à Paris le nom spécial de *marbres* de Flandre. Il y en a un qui est d'un *rouge brun*, relevé par des fragmens de madrépores, changés en calcaire spathique d'un beau blanc opaque.

SAÔNE-ET-LOIRE. — *Marbre de Tournus*, à sept lieues de Mâcon. Il est rouge et jaune, et fort employé à Lyon, bien qu'il ne soit pas susceptible d'un beau poli. — *Marbre de Châlons.* Il est coquillier, blanc et rouge foncé. Les obélisques élevés sur le pont de Châlons, sont en ce *marbre.*—Le *marbre* de Bourbon-Lancy est gris, veiné de blanc et de jaune doré ; ce *marbre* étoit connu des Romains , qui en ont fait un pavé qui subsiste encore dans la salle des bains.

SEINE-ET-MARNE. — *Marbre* , ou *pierre de Château-Landon.* Il est d'un gris-jaunâtre , et susceptible d'un assez beau poli , comme on en peut juger sur les piédestaux de *marbre* qui sont aux extrémités du pont d'Iéna à Paris. On l'emploie pour faire des dalles d'église. Il a servi à la construction de l'arc de triomphe , non achevé , qui est à l'extrémité des Champs-Elysées.

VAR. —Le beau *portor* , dont on voit des colonnes dans le château de Versailles , a été tiré des carrières de Saint-Maximin , près de Toulon ; il est noir , taché de jaune et de blanc , comme celui de Porto-Venere , sur la côte de Gênes , mais moins éclatant. — La fameuse montagne de la Sainte-Beaume est toute composée de *marbres* remarquables par leurs couleurs. Ils ont été exploités autrefois. L'un d'eux est rouge , veiné de blanc ; c'est sans doute ce qui a fait dire que le *marbre de Languedoc* (*V.* AUDE) étoit le même ; et ce qui a fait placer ensuite la Sainte-Beaume en Languedoc. — La Provence offre , dans la chaîne calcaire qui borde ou forme sa partie haute , un grand nombre de beaux marbres.

VIENNE. — On découvrit en 1776 , dans le Poitou , près de la Bonardelière , une carrière de fort beaux marbres : l'un est d'un rouge foncé , mêlé de taches jaunes ; l'autre est en grands blocs , d'une couleur uniforme , ou grise , ou jaune , sans aucun mélange.

III. ESPAGNE. — En Espagne , comme en Italie et en Grèce , il y a des collines entières de *marbre blanc.* On voit près d'Alméria , ville maritime du royaume de Grenade , une montagne que Bowles décrit ainsi : « Pour se former « une juste idée de cette montagne , il faut se figurer un « bloc de *marbre blanc* , d'une lieue de circuit , et de 2000 « pieds de hauteur , sans aucun mélange étranger. Le som- « met est presque plat : on y découvre le *marbre* en plusieurs « endroits , et l'on voit qu'il n'éprouve aucune altération « des injures de l'air... Il y a un côté de cette montagne « coupé presque à pic , qui paroît comme une énorme mu- « raille de mille pieds d'élévation , toute d'une seule pièce , « où la plus grande fissure n'a pas six pieds de longueur , et « à peine deux lignes de largeur. »

Aux environs de Molina , on trouve un *marbre* couleur de chair et blanc ; un autre qui est rougeâtre , blanc et jaune , dont le grain est aussi beau que celui du *marbre* de Carrare.

Le *marbre* de Naquera , près de Valence , se trouve à fleur de terre , en couches qui ont peu d'épaisseur , mais beaucoup de solidité ; il est d'un rouge obscur , orné de veines capillaires noires , qui lui donnent une grande beauté.

Dans le Guipuscoa et dans la province de Barcelone en
Catalogne , on voit des *marbres* semblables au *serancolin.*

Les *marbres* les plus distingués de l'Espagne sont : les
marbres blancs primitifs de Cordoue en Andalousie , de
Filabre , à trois lieues d'Alméria , de Molina en Aragon ,
de Grenade , de Badajoz ; les *marbres* blancs tigrés de gris ,
de la Manche ; les *marbres* gris de Tolède , et ceux d'Elvire ,
royaume de Grenade ; les *marbres* noirs de Moron , de
Biscaye et de la Manche ; le noir veiné de jaune , dit *portor
d'Espagne* , qui se trouve en Biscaye ; le noir veiné de blanc ,
de Morviédro ; les *marbres* violets ou d'un rouge sombre ,
flambé de jaune , qu'on tire de Tortose en Catalogne ; le
même de Valence , taché de jaune aurore ; le rouge de
Séville ; le rose veiné de blanc , de Santiago , qui constitue une montagne près d'Antequerra ; le marbre rouge de
Molina ; le beau *marbre* vert de Grenade ; la *brocatelle* ,
(*V.* ce mot) dite d'Espagne ; les *marbres lumachelles* rouges ,
de Grenade et de Cordoue , et noirs de Biscaye ; les belles
brèches jaunes et noires , de Riela en Aragon , rouge ,
jaune et noire , de la Vieille-Castille , et violette et jaune du
même pays et qu'on emploie même à Paris , etc. L'Espagne
abonde en *marbres* de toutes les couleurs , et qui , comme
ceux de l'Italie , méritent d'être placés au premier rang. Les
anciens se plurent à orner de marbres les monumens qu'ils
élevèrent en Espagne. La voûte du théâtre romain de Tolède
est soutenue par trois cent cinquante colonnes ; les églises de
Madrid , et l'Escurial , sont enrichis des plus beaux marbres
d'Espagne.

IV. PORTUGAL. — La ville de Lisbonne tire le marbre
qu'elle consomme de la montagne de Cintra , qui en est à 7
lieues ; il est rougeâtre , et contient des débris de coraux ,
et d'autres fossiles de couleur blanchâtre. Celui de Villaviciosa , dans l'Alentejo , est moucheté de gris ; et celui de
Troncao , d'un jaune pâle , veiné de gris.

V. ANGLETERRE. — Ce royaume possède un grand nombre
de marbres qui ne le cèdent point , pour la beauté , aux marbres du continent ; mais ils sont peu connus hors de cette île.
Voici les plus remarquables.

Angleterre. — On y trouve quelques *marbres* à contexture
granulaire ; mais presque tous sont des marbres compactes.
Le *marbre* d'Anglesey , appelé *marbre de Mona* , est d'un vert
noir , irrégulièrement maculé de rouge et de blanc ; il ressemble au *vert antique.* C'est un *marbre* serpentineux. Il y a
aussi des *marbres* noirs en Angleterre.

Écosse. — Le *marbre* de Tirée. Il y en a deux variétés : l'une d'un rose de chair, qui contient de petits cristaux épars de pyroxène vert, de mica brun, d'amphibole vert et de chlorite verdâtre; l'autre variété, d'un blanc verdâtre ou bleuâtre, renferme du mica et de l'amphibole. Ce beau marbre primitif est fort rare à Paris, où on ne le voit que dans les cabinets de minéralogie. Il mériteroit de devenir l'objet d'une spéculation commerciale. — *Marbre Jona*, ou *d'In-colmkill-Pebbles*. Il est d'un blanc de neige ou d'un blanc verdâtre, et à contexture spathique à grain fin. Il contient de la grammatite, et quelquefois de la stéatite qui le colore en jaunâtre. C'est un *marbre* magnésien fort dur. — *Marbres de Sky*, île qui appartient à la famille de lord Macdonald. Ces marbres sont blancs de neige, de diverses nuances de gris, de vert et de jaunâtre. — Les *marbres* statuaires d'As-synt, dans le Sutherland, les uns gris ou blancs, et les autres panachés de blanc, de jaunâtre, de gris, etc. — Les *marbres* de Glen-Tilt, qui sont blancs ou gris, veinés de jaune et de vert. — Le *marbre de Ballischulisch*, qui est gris ou blanc, très-compacte, et en gros blocs. — Le *marbre de Boyn*; il est gris ou blanc, taché de rouge, etc. Les *marbres* d'E-cosse sont transportés en Angleterre. On travaille à Paris un *marbre* serpentineux vert, qui y porte le nom de *marbre* d'Ecosse, et qui paroît venir de ce pays.

Irlande. — Les marbriers anglais tirent leurs *marbres* noirs d'Irlande. Dans le comté de Waterford, on trouve des marbres panachés de toutes sortes; de châtains, de blancs, de jaunes, de bleus. Dans la paroisse de Whitechurch, près de Kilcrump, il y a un *marbre* gris, agréablement nuagé de blanc. A Loughlougher, dans le comté de Tipperary, on trouve un *marbre* de couleur pourpre. D'autres parties de l'Irlande offrent des *marbres* qui prennent un beau poli, etc.

VI. ALLEMAGNE. — Cette vaste contrée est loin d'être privée de *marbres*; les variétés en sont très-nombreuses. Le *marbre de Ratisbonne* est blanc, l'on en fait de grandes tables. Cette ville en a un aussi qui est rouge. — Le *marbre blanc de Hildesheim* est d'un blanc d'ivoire ou gris de cendre; le *marbre de Wolfenbuttel*, dans le duché de Brunswick, est d'un blanc grisâtre; le *marbre d'Osnabruk* en Westphalie, est noir; à Goslar, il y a un *marbre* gris cendré, orné de dendrites noires; à Querfurt en Saxe, il y en a un gris; et à Rochlitz, un qui est vert et serpentineux. Le Tyrol fournit divers beaux *marbres*; la plupart verts et serpentineux, ou talqueux, et veinés de jaune ou de blanc; on les exploite dans le Trentin. Il y a des *marbres* rouges en Bohême. Le *marbre de Hesse* est d'un jaune paille, et orné d'arborisations noires très-délicates, etc. Il y a de très-beaux *marbres* au Hatrz, un entre autres qui ressemble au Campan.

VII. Suisse. — Presque tous les *marbres* suisses se ressemblent ; ils sont gris, ou bruns, ou violets, tachés ou veinés de blanc.

VIII. Suède, Danemarck, Norwége. —Ces royaumes sont pauvres en *marbres*. A Gillebeck, à sept lieues de Christiania en Norwége, est une carrière qui fournit un *marbre* dans lequel se trouvent de la pyrite, des grenats, de l'actinote, etc., et qu'on emploie à Copenhague. La Suède consomme le *marbre* de la carrière de Fragernich, située à trente lieues de Stockholm, entre Norkioping et Nikioping. Ce *marbre* primitif est blanc, veiné de talc vert. On en fait des tombes, des tables, des mortiers, des boîtes à beurre, etc.

IX. Russie et Sibérie. — En Sibérie, les monts *Oural* fournissent les *marbres* les plus beaux et les plus variés. La plupart se tirent des environs d'Ekathérinbourg, ou ils sont travaillés, et de là transportés en Russie, et surtout à Saint-Pétersbourg. La dernière impératrice y a fait bâtir, pour Orlof son favori, un vaste palais qui est entièrement revêtu de ces beaux *marbres* en dehors et en dedans. Catherine fit aussi construire avec ces *marbres* l'église d'Isaac, qui est décorée de colonnes en *marbre* blanc, veiné de gris bleuâtre. Je n'ai point vu, dit Patrin, de *marbre* blanc statuaire dans les monts Ourals ; mais j'ai vu, dans la partie des monts Altaï traversée par l'Irtiche, d'énormes rochers de *marbre* parfaitement blanc et pur, dont on pourroit tirer de grands blocs ; mais on se contente d'en faire de la chaux pour le service d'une forteresse voisine.

MARBRES ÉTRANGERS — Marbres d'Asie. Il y a sûrement en Asie encore plus de *marbres* qu'en Europe ; mais ils sont peu connus.

Le docteur Shaw parle d'un *marbre* arborisé du mont Sinaï, et d'un autre qu'on tire près des bords de la mer Rouge.

Russel, dans son *Histoire naturelle d'Alep*, parle aussi, et d'une manière imparfaite, des *marbres* de Syrie.

Chardin dit qu'il y a plusieurs sortes de *marbres* en Perse, du blanc, du noir, du rouge, et d'autres qui sont mêlés de blanc et de rouge.

Morier, dans son Voyage en Perse, fait mention d'un très-beau *marbre*, dont est construit le tombeau du poëte persan Hafitz. Ce *marbre*, qu'il nomme *marbre de Tabriz*, est verdâtre, avec des veines tantôt rouges, tantôt bleuâtres.

Il y a, suivant Laloubère, une belle carrière de *marbre blanc* auprès de Siam.

L'Indostan offre aussi de beaux marbres.

A la Chine, dans quelques provinces, le *marbre* est si commun, que plusieurs ponts en sont construits. A douze ou quinze lieues de Pékin, il y a des carrières de *marbre blanc.*

Marbres d'Afrique. On sait que, dans les monts Atlas, il existe des *marbres* analogues à ceux de l'Espagne. On observe en Égypte, entre la mer Rouge et le Nil, et au-dessus de l'ancienne Thèbes, des carrières de *marbres* qui ont été exploitées dans l'antiquité. Actuellement, on n'en extrait plus de *marbres;* elles sont abandonnées, comme toutes les carrières de l'Asie-Mineure et de la Grèce, qui fournirent autrefois de si beaux *marbres.*

Marbres d'Amérique. On a découvert aux États-Unis différens *marbres*, d'un effet agréable, et de diverses couleurs. Il y en a de gris-bleuâtres. Les principaux endroits où on les trouve, sont Stockbridge et Lanesborong, dans la province de Massachussets; Vermont, en Pensylvanie, dans les montagnes Vertes; Middleburg, en Virginie, situé à onze milles de Vergennes, etc. L'Amérique méridionale abonde en *marbres* de toutes sortes. Molina dit qu'ils sont très-communs au Chili, et de diverses variétés. On y trouve le *marbre blanc* statuaire.

Marbres de l'Australasie. Si l'on en juge par les divers échantillons de minéraux et de roches rapportés de ce nouveau continent, par les naturalistes de l'expédition du capitaine Baudin, on ne peut pas dire qu'il soit riche en *marbres.* Cependant ils ont rapporté, de l'île de Timor, un *marbre jaune*, avec des entroques d'un beau blanc. Il se trouve dans la baie de Coupang. Nous en avons parlé à l'article des LUMA-CHELLES.

Emploi des marbres et manière de les polir.

Les beaux *marbres* blancs, à grains fins, servent à la sculpture, de préférence à tous autres. On les emploie aussi au même usage que tous les autres *marbres*, c'est-à-dire qu'on en fait des colonnes, des vases, des tables, des revêtemens, des chambranles de cheminées, etc. Ils jaunissent à l'air, et se tachent facilement. On leur rend leur blancheur en les lavant avec une eau légèrement acidulée, ou avec de l'acide muriatique oxygéné. Tous les *marbres* qui sont entièrement composés de parties calcaires, craignent peu les injures du temps, et souvent leur résistent. Il n'en est pas de même des *marbres* mélangés de calcaire et de substance d'autre nature. Ils se décomposent à l'air; c'est pourquoi ces *marbres* s'emploient de préférence pour les ornemens intérieurs des bâtimens. Tels sont tous les *marbres* serpentineux et talqueux : par exemple, le *vert de mer*, le *vert antique*, le *campan*, etc.

Un marbrier intelligent doit dresser les *marbres* bariolés ou veinés dans le sens qui peut plaire davantage. S'il tranche à contre-fil un *marbre* rayé comme le *cipolin*, il lui ôte toute sa beauté. Ces *marbres* sont dans le même cas que les arbres, dont les coupes obliques ou parallèles aux couches, produisent autant de dessins différens, plus ou moins agréables.

On travaille les *marbres* au tour et à la scie. Ce tour et ces scies sont mus par des hommes ou par des machines faites exprès. Dans le premier cas, la main-d'œuvre est plus chère, et l'on est presque sûr d'avoir un objet moins bien fait. A Paris, l'on ne travaille le *marbre* qu'à main d'homme. L'on peut dire que la plupart des marbriers de cette capitale ne veulent pas se donner la peine de perfectionner leur ouvrage. Le poli qu'ils donnent est imparfait, et laisse toujours quelque chose à désirer. Il n'en est pas de même des marbriers d'Italie, d'Allemagne et d'Angleterre : le poli qu'ils donnent au marbre est plus vif et éclatant comme une glace.

Lorsque le *marbre* a été tourné ou scié, à l'aide du grès humide, on l'use avec de la brique, pour donner à sa surface plus d'égalité ; ensuite, on l'aplanit avec de la pierre ponce, si le *marbre* est de couleur pâle, ou bien, s'il est coloré, avec une masse de plomb piquée en-dessous, et de l'éméril humecté. Lorsque le *marbre* a acquis par ce moyen un certain luisant, on prend un mélange, composé de deux parties de limaille de plomb et d'une d'alun, et on frotte le *marbre* avec un linge, jusqu'à ce qu'il soit presque poli ; alors, on ajoute de la potée d'étain, et on continue à frotter avec le même linge, sans mouiller, jusqu'à ce que le *marbre* soit tout-à-fait poli. Pour le *marbre* blanc, on emploie, au lieu de potée d'étain, de la potée d'os calcinés, qui contient de l'alun, et pour le *marbre* rouge, du tripoli fin. (LN.)

MARBRÉ (*Polychrus*). Genre de reptiles sauriens établi par Cuvier pour placer l'IGUANE MARBRÉ qui n'a pas de crête dorsale, dont les doigts ne sont pas dilatés, dont la gorge est extensible, et qui change de couleur à son gré comme le CAMÉLÉON. (B.)

MARBRÉ BISTRE. Paulet a figuré sous ce nom un BOLET de petite taille, de couleur brune marbrée de blanc qu'on trouve en automne dans les bois des environs de Paris, et qu'on mange. (B.)

MARBRÉ-COULEUVRE. Petit BOLET qui croît dans les bois des environs de Paris, et que Paulet a figuré pl. 172 de son Traité des champignons. Sa disposition à s'altérer fait croire qu'il est dangereux. On le reconnoît à son chapeau marbré de jaune, de rouge, de brun en dessus et verdâtre en dessous, et à sa chair dont la couleur change quand on l'entame. (B.)

MARBRÉ FEUILLE MORTE. Espèce de BOLET figuré par Paulet pl. 172 de son Traité des champignons. Son chapeau, en dessus, est de couleur blanchâtre, découpé en divers sens et fortement sillonné ; en dessous il est gris. Son pédicule est blanc. On la trouve en automne dans les bois. Sans être excellente, elle se mange. (B.)

MARBRÉ OLIVATRE. Champignon du genre des BOLETS, qu'on voit figuré pl. 172 du Traité des champignons par Paulet. Il se reconnoît à sa petitesse et à la couleur olivâtre marbrée de son chapeau. On le trouve en automne dans les bois des environs de Paris. Rien ne fait croire qu'il ne puisse être bon à manger. (B.)

MARBRÉE. Nom vulgaire de la LAMPROIE MARINE. (B.)

MARCANTHE, *Marcanthus.* Plante voluble, à feuilles ternées, accompagnées de stipules ; à folioles ovales, rhomboïdes, velues ; à fleurs blanches, portées sur des pédoncules communs axillaires, qui, selon Loureiro, forme un genre dans la diadelphie décandrie et dans la famille des légumineuses.

Ce genre offre pour caractères : un calice à quatre divisions tubuleuses, colorées, velues, persistantes, les deux latérales plus courtes ; une corolle papilionacée, longue, à étendard ovale, émarginé, à ailes très-longues, à carène aiguë et ascendante ; dix étamines, dont neuf réunies à leur base, et quatre plus grosses ; un ovaire supérieur, oblong, à style velu et à stigmate obtus ; un légume droit, presque cylindrique, épais, aigu et polysperme.

Le *marcanthe* croît à la Cochinchine, où on le cultive à raison de ses fruits, qu'on mange, quoiqu'ils ne soient ni savoureux ni salubres. (B.)

MARCASSIN. Nom du jeune *sanglier*, avant que ses défenses aient poussé. *V.* l'histoire du SANGLIER à l'art. COCHON. (DESM.)

MARCASSITE. On désigne sous ce nom la pyrite (*fer sulfuré*) qui est susceptible de poli, et dont on fait quelques bijouteries communes, en la taillant à facettes. La pyrite arsenicale et les minerais de cobalt cristallisé ont encore reçu le nom de *marcassite*. On a donné aussi à la pyrite arsenicale celui de *pierre de santé*, parce qu'on s'imaginoit qu'étant portée en bague, elle indiquoit, par son éclat plus ou moins vif, l'état de la santé de celui qui l'avoit au doigt. J'ai encore vu des vieillards, en Allemagne, qui ajoutoient foi à cette prétendue propriété de la marcassite.

Ce qu'on appelle *miroir des incas*, est également une pyrite, tantôt blanche, tantôt jaunâtre, dont on a trouvé, dans les tombeaux des Péruviens, divers échantillons qui avoient été polis de manière à pouvoir servir de miroir. (PAT.)

MARCASSITE ARGENTÉE. *V*. BISMUTH NATIF. (LN.)

MARCASSITE CUIVREUSE. *V*. CUIVRE PYRITEUX. (LN.)

MARCASSITE D'OR ou DORÉE. *V*. ZINC SULFURÉ. (LN.)

MARCEAU. Espèce du genre SAULE. (B.)

MARCESCENT. On appelle fleur *marcescente*, celle qui se dessèche sur la tige, et y reste quelque temps dans cet état avant de tomber. *V*. FLEUR à l'article PLANTE. (D.)

MARCHAIS. Variété du MAQUEREAU qui n'a pas de taches.

On appelle aussi de ce nom le HARENG qui a frayé, c'est-à-dire, vide de laite et d'œufs. (B.)

MARCHAND. Les planches enluminées de l'*Hist. nat. de Buffon* représentent sous ce nom de *marchand*, la MACREUSE A LARGE BEC. *V*. CANARD MARCHAND.

Dans les Antilles, on donne le nom de *marchand* à l'URUBU. *V*. GALLINAZE URUBU. (S.)

MARCHEI et MORCHEI. Noms serviens de la CAROTTE. (LN.)

MARCHETTE (*Chasse*). On comprend sous cette dénomination toutes sortes de machines, de quelque forme et matière qu'elles soient, qui tiennent un piège tendu, et sur lesquelles il faut que l'oiseau se pose pour le détendre. (V.)

MARCHEW. Nom de la CAROTTE, en Pologne. (LN.)

MARCHITA. L'un des noms arabes du CRESSON. (LN.)

MARCK. Nom allemand de l'ACHE, *Apium graveolens*. (LN.)

MARCOTTE. Branche quelconque tenant au tronc, et que l'on couche en terre afin qu'elle y prenne racine. La marcotte diffère de la bouture, en ce que celle-ci est séparée du tronc, lorsqu'on la met en terre. (D.)

MARDAGOUCH ou BARDAGOUCH. Noms arabes de l'ORIGAN d'Égypte, *Origanum ægyptiacum*, L. (LN.)

MARDAKUSI. Nom arabe de la MARJOLAINE. (LN.)

MARDER. Nom allemand de la *fouine*, espèce du genre MARTE. On l'appelle aussi *haus marder*, *stein marder*, pour la distinguer de la *marte* proprement dite, qui porte les noms de *feld marder*, *wild marder*, *baum marder*. (DESM.)

MARE. Petit amas d'eau dormante et pour l'ordinaire un peu croupissante, qui se forme naturellement dans les terrains bas, ou que l'on se procure artificiellement dans une ferme, pour des usages domestiques et d'agriculture. (PAT.)

MAREB. Nom donné, en Nubie, au SORGHO, *Holcus sorghum*, L. (LN.)

MAREC. *V.* CANARD MAREC. (V.)

MARECA. Nom générique sous lequel les naturels du Brésil comprennent tous les *canards*; cependant Marcgrave a appliqué ce nom à deux espèces du même pays, le MAREC et le MARÉCA.*V.* le mot CANARD. (S.)

MARÉCAGES. Lieux bas, humides et fangeux, qui se couvrent de roseaux, de joncs et d'autres plantes aquatiques, et qui servent de retraite à divers reptiles et aux oiseaux d'eau. C'est dans les lieux marécageux que se forment principalement les tourbières. (PAT.)

MARÉCHALE. Un des noms vulgaires du ROSSIGNOL DE MURAILLE. (V.)

MARÉCHAL ou RESSORT (*Entom.*). *V.* TAUPIN. (L.)

MARÉES. Ce mot désigne un mouvement périodique et réglé, en vertu duquel les eaux des grandes mers s'élèvent et s'abaissent deux fois en vingt-quatre heures. Newton a prouvé que ce phénomène étoit une conséquence nécessaire des attractions exercées par le soleil et la lune sur les eaux des mers; aussi reconnoît-on manifestement dans leur variation l'empreinte du mouvement de ces deux astres. L'analyse moderne a été beaucoup plus loin, et elle a lié les phénomènes des marées aux positions des deux astres d'une manière si intime, que l'on en peut prévoir les plus petites circonstances par le calcul aussi exactement que par l'observation; sauf toutefois l'action des causes subites et irrégulières, comme les vents et les tempêtes que l'on ne peut assujettir à aucune loi. (BIOT.)

MARÉE MONTANTE. *V.* FLUX. (PAT.)

MAREKANITE, ou plutôt MARIKANITE. « On a donné ce nom, dit Brochant, à un minéral trouvé par M. Pallas, près d'Okhotsk en Sibérie, sur les bords de la rivière *Marechanka*. Il est en morceaux arrondis. (Il paroît avoir eu originairement cette forme.) — Sa surface est *lisse*, *éclatante*. — A l'intérieur il est très-*éclatant*, d'un *éclat vitreux*. — Sa cassure est parfaitement *conchoïde*. — Il est *demi-diaphane*, ou seulement *translucide*, *dur*, *difficile à casser*, — *très-aigre*, — *médiocrement pesant*.

Cette substance, ajoute-t-il, a de grands rapports avec le *perl-stein* ou l'*obsidienne*; mais M. Karsten a pensé qu'elle devoit en être séparée (*Min. Tabell.*, p. 7.). Elle contient, suivant l'analyse de M. Lowitz, 74 de silice, 12 d'alumine,

3 de magnésie , 7 de chaux , et 1 d'oxyde de fer. » (*Nouv. Voyag. de Pallas*). (1).

Voilà ce que dit Brochant , p. 553 du second volume de sa *Minéralogie* , qui a paru dans l'année 1803. Mais comme j'avois moi-même rapporté de Sibérie cette substance , j'étois entré à son occasion dans quelques détails de plus , dans mon *Hist. nat. des Minéraux* , qui a paru en janvier 1801. Je la regardois comme un verre de volcan , ainsi que Brochant paroît la considérer lui-même , et je donnois en même temps la description des matières qui l'accompagnent. Voici ce que j'en disois dans l'article des Verres volcaniques.

« Les anciens volcans de l'Asie septentrionale ont aussi
« produit des matières vitreuses : il y a près du port d'*Okhotsk* ,
« sur le golfe du Kamtschatka, une colline volcanique, appelée
« *Marikan* , formée d'un sable blanc entièrement vitreux , et
« dans lequel on trouve épars *des globules de verre et d'émail*
« *volcanique*. Ce sable, très-remarquable, paroît au premier
« coup d'œil un sable coquillier ; il est tout composé de frag-
« mens d'un blanc nacré , convexes d'un côté et concaves de
« l'autre. Ces fragmens proviennent des débris d'une singu-
« lière variété de globules vitreux : ils sont tout au plus de la
« grosseur d'un pois, d'un blanc nacré , parfaitement sphé-
« riques, et tout-à-fait semblables à des perles. Ils sont entiè-
« rement composés de couches concentriques , aussi minces
« que des pelures d'oignons , et qui se détachent les unes des
« autres : ils sont en miniature ce que sont en grand les boules
« de basalte. Ces petits globules sont opaques , mais les feuil-
« lets qui les composent sont parfaitement transparens.

« Il y a dans le même sable deux autres variétés de globules
« différens de ceux-ci. (*Ce sont ceux auxquels on donne aujour-*
« *d'hui le nom de marékanite*.) Ils sont moins régulièrement
« sphériques , et ils ont quelques faces planes : leur tissu est
« parfaitement plein et compacte , et leur cassure vitreuse
« Les uns sont d'un verre blanc et transparent , qui paroît

---

(1) Klaproth a trouvé les principes suivans, dans une variété compacte et dans une variété tendre :

	Marek. dure.	*Marek. tendre.*
Silice	81,00	77,70
Alumine	9,50	11,75
Chaux	0,33	0,50
Fer oxydé	0,60	1,25
Potasse	2,70	} 7,00
Soude	4,50	
Magnésie	4,50	
Eau	0,50	0,50 (B.)

« exempt de bulles ; leur volume n'excède pas celui d'une
« noisette.

« Les autres sont opaques et formés d'un émail bigarré de
« veines rouges et noires : ceux-ci ont jusqu'à la grosseur d'un
« petit œuf. Me trouvant à Irkoutsk, en 1785, je reçus de
« M. Bensing, ancien commandant d'Okhotsk, un assez grand
« nombre de ces globules, avec un échantillon du sable qui
« les contient.

« Si l'on vouloit juger par analogie, on pourroit dire que
« les boules de basalte ont été, dès le principe, formées par
« couches, telles qu'on les voit aujourd'hui ; car le tissu la-
« melleux des globules d'Okhotsk ne paroit nullement dû à
« aucun genre d'altération : leurs minces tuniques sont, jus-
« qu'au centre, d'un verre parfaitement intact. » (*Hist. nat.
des Minéraux*, t. 5, p. 294.)

J'ajouterai, relativement à ces petits globules nacrés et
feuilletés, qu'il n'y auroit sans doute aucune substance à laquelle pût mieux convenir la dénomination de *perl-stein*, car
rien ne ressemble mieux à une perle que ce minéral ; mais
puisque ce nom a déjà été donné, comme le dit Brochant,
tom. 1, p. 332, à une espèce de *porphyre* (volcanique) des
environs de Tokai, qui contient des globules d'obsidienne,
je pense qu'il conviendroit de donner exclusivement le nom
de *marikanite* à ces globules lamelleux, qui paroissent absolument propres à la colline de *Marikan* ; tandis que les globules
vitreux compactes semblent n'avoir rien qui les distingue des
luch–saphirs ou *globules vitreux* qui se rencontrent dans d'autres produits volcaniques. *V.* OBSIDIENNE. (PAT.)

MARELLA, MATRONARIA et MATRONELLA.
Noms italiens de la MATRICAIRE. (LN.)

MARÈNE. Poissons du genre SALMONE : la grande est le
salmo maræna, et la petite le *salmo maraenula*. (B.)

MARENGE. Nom vulgaire de la MÉSANGE CHARBON-
NIÈRE. (V.)

MARENGE BLEUE. *V.* MÉSANGE BLEUE. (V.)

MARENTACKEN. L'un des noms du GUY, en Allemagne. (LN.)

MARENTERIE, *Marenteria.* Arbrisseau de Madagascar
qui, selon Dupetit-Thouars, donne lieu à l'établissement
d'un genre dans la polyandrie pentandrie, et dans la famille
des ANONES.

Ce genre offre pour caractères : un calice à trois lobes ;

une corolle de six pétales, dont trois extérieurs plus grands
et étalés ; quatre à cinq baies légèrement pédicellées, ven-
trues, rudes, inégales, contenant plusieurs semences disposées sur un seul rang.

Decandolle réunit cet arbrisseau aux UNONES dans son
Regni vegetabilis systema naturale. (B.)

MARETON. C'est, en Brie, le CANARD MILLOUIN. (V.)

MARETORN. Le HOUX porte ce nom en Danemarck.
(LN.)

MARGA. Nom picard du FOU DE BASSAN. (V.)

MARGACZ. Les Russes appellent ainsi l'ANTILOPE
SAÏGA mâle, et la femelle SAÏGA. *V.* ce mot. (S.)

MARGAL. Nom américain de l'agave d'Amérique, duquel on tire une liqueur qui, par sa fermentation, devient
un vin appelé POULCRÉ, ensuite eau-de-vie ou vinaigre. (B.)

MARGAI. *V.* CHAT MARGAY. (S.)

MARGAIGNON. C'est l'ANGUILLE mâle ou une de ses
variétés. (B.)

MARGAL ou MARGAU. L'IVRAIE VIVACE porte ce
nom dans le midi de la France et en Espagne. (LN.)

MARGALBONESA. Nom du DATTIER NAIN, en Espagne. (LN.)

MARGARIDETS. Nom languedocien de la PAQUE-
RETTE, plante qui porte ce dernier nom, parce qu'elle fleurit
à Pâques, ou bien parce qu'elle croît dans les pâturages,
(*Pascua*). (LN.)

MARGARIDIER. C'est la CAMOMILLE DES CHAMPS.
(LN.)

MARGARITA. Nom latin de la PERLE. (DESM.)

MARGARITAIRE, *Margaritaria*. Plante de Surinam, dont
Linnæus a fait un genre, et qui est encore incomplètement
connue. Elle est dioïque, et les individus mâles sont si différens des individus femelles, qu'on peut difficilement croire
qu'ils appartiennent à une seule et même espèce. Les premiers ont les feuilles opposées, pétiolées, ovales, lisses,
entières, et les fleurs disposées en panicules composées. Les
secondes ont les feuilles alternes, et les fleurs axillaires et
solitaires.

Chaque fleur mâle offre : un calice persistant, petit, monophylle, tubuleux, à quatre dents ; quatre pétales arrondis,
attachés au calice ; huit étamines ; un ovaire supérieur, surmonté d'un style sétacé, à stigmate obtus. Chaque fleur femelle présente un calice plane, quadrifide ; une corolle
comme dans la fleur mâle ; un ovaire supérieur, globuleux,
surmonté de quatre à cinq styles filiformes, persistans, à
stigmates simples.

Le fruit consiste en quatre à cinq coques arrondies, bivalves, réunies ensemble, cartilagineuses, très-lisses, et renfermant des semences arillées, comprimées d'un côté. (B.)

MARGARITE. Synonyme d'Avicule. (B.)

MARGARZAHOC. *V*. Mangarsahoe. (S.)

MARGAU. *V*. Margal. (LN.)

MARGAUX. Nom usité parmi les marins, pour désigner les *fous* ou les *cormorans*. (V.)

MARGAY, *Felis tigrina*, Linn. C'est le nom d'une espèce de quadrupède du genre Chat, qui habite l'Amérique méridionale. (DESM.)

MARGÉE. *Oie* d'Islande, un peu plus grosse qu'un *canard*, et extraordinairement commune en Islande. C'est tout ce qu'Anderson nous apprend sur cette espèce, qui est probablement connue, mais que le laconisme du voyageur ne permet pas de reconnoître. (S.)

MARGERITELLE. Synonyme de petite Marguerite. (B.)

MARGINELLE, *Marginella*. Coquille univalve, ovale ou oblongue, lisse, à spire courte, à bord droit marginé en dehors, à base de l'ouverture à peine échancrée, avec des plis à la columelle.

Ce genre a été établi par Lamarck, aux dépens des *volutes* de Linnæus. Il a pour type la Volute chauve. (B.)

MARGOT. Nom vulgaire qui désigne la Pie en plusieurs cantons de la France. (V.)

MARGOTS DES NAVIGATEURS. *V*. Margaux. (S.)

MARGOUSIER. C'est l'Azedarach ailé. (LN.)

MARGRAVE, *Marcgravia*. Arbrisseau parasite qui s'attache aux arbres comme le lierre, et qui, après s'être élevé jusqu'à leur cime, donne naissance à des rameaux qui retombent vers la terre. Ses feuilles varient tellement relativement à l'âge, à la position, etc., qu'on les croiroit appartenir à des arbres différens. Il en est d'ovales, d'elliptiques, d'oblongues, de presque orbiculaires, d'échancrées en cœur, à la base et au sommet, de falciformes, de lancéolées, etc. Ces feuilles sont alternes, distiques, très-entières, ordinairement pointues, glabres, les jeunes munies de glandes dans leur contour. Les fleurs viennent aux sommités des rameaux, en ombelles simples, pédonculées, plus ou moins régulières et pendantes. Elles ont des pédoncules propres assez longs. Ceux de ces pédoncules les plus voisins du centre des ombelles, sont accompagnés de quatre à cinq corps utriculaires, arqués, oblongs, obtus, cylindriques, creux en dedans, ouverts près de leur base, assez ressemblans au pétale supérieur des aconits, qui quelquefois portent des fleurons et d'autres fois sont stériles. Brown observe que ces corps, dont l'usage essentiel est difficile à déterminer, sont disposés favorablement pour recevoir l'eau de la pluie qui tombe le long des branches.

Cet arbrisseau forme dans la polyandrie monogynie et dans la famille des guttifères, un genre qui a pour caractères : un calice persistant de six folioles, concaves, imbriquées, dont les deux extérieures sont plus grandes ; une corolle monopétale, coriace, épaisse, caduque, fermée par le haut, et s'élevant en manière de coiffe ; des étamines nombreuses, dont les filamens sont courts et les anthères grosses ; un ovaire supérieur ovale, surmonté d'un stigmate sessile, capité et persistant ; une baie coriace, globuleuse, multivalve, multiloculaire, et renfermant, dans chaque loge, des semences petites, nombreuses, rouges, luisantes, plongées dans une pulpe molle.

Cet arbrisseau croît naturellement dans les Antilles ; les habitans le nomment *Bois de Couilles*, à cause de la forme de ses utricules. Vahl en a fait connoître une seconde espèce originaire de Cayenne. (B.)

Ce genre a été consacré par Plumier à la mémoire de Georges Marcgrave, voyageur allemand qui publia une relation de son voyage au Brésil, dans laquelle il décrit une foule de plantes nouvelles. (LN.)

MARGRAVIACÉES. Famille de plantes proposée par Jussieu. Elle a pour type le genre MARGRAVE. (B.)

MARGUE-GUAPARIBA des Brasiliens. C'est une espèce de MANGLIER, *Rhizophora mangle*, L. (LN.)

MARGUERITE. Nom commun à plusieurs plantes de la famille des COMPOSÉES. (B.)

MARGUERITE BLEUE. *V.* GLOBULAIRE COMMUNE. (LN.)

MARGUERITE (GRANDE), nom vulgaire de la CHRYSANTHÈME DES PRÉS. (B.)

MARGUERITE JAUNE. C'est la CHRYSANTHÈME CORONAIRE. (B.)

MARGUERITE (PETITE). C'est la PAQUERETTE. (B.)

MARGUERITE (LA REINE). L'ASTÈRE de la Chine s'appelle généralement ainsi. (B.)

MARGUERITE DE SAINT-MICHEL. C'est l'ASTÈRE ANNUELLE. (B.)

MARGYROCARPE, *Margyrocarpus*. Plante frutescente du Chili, à feuilles pinnées, à folioles alternes, sessiles, subulées, et à fleurs axillaires et sessiles, qui forme un genre dans la diandrie monogynie, fort voisin des ANCISTRES, et qui offre pour caractères : un calice à quatre ou cinq divisions ; point de corolle ; deux étamines ; un ovaire inférieur surmonté d'un style à stigmate pelté ; un drupe arrondi, renfermant une noix à une seule loge.

Lamarck a décrit cette plante sous le nom de CAMARINE PINNÉE. (B.)

MARIA-CAPRA. Espèce de TRAQUET de l'île de Luçon. (S.)

MARIALVA, *Marialva*. Genre de Vandeli qui ne diffère pas du TOMOVITE et du BEAUHARNÉSIE. Il est de la famille des GUTTIFÈRES. (B.)

MARIANA et **MORJANA.** Nom du GAILLET BORÉAL. (LN.)

MARIBLE. Nom des MARRUBES, en Languedoc. (LN.)

MARIBOUSES. Nom que les habitans de Surinam donnent, suivant mademoiselle Mérian, à une espèce de *guêpe* très-incommode par ses piqûres aux hommes et aux animaux. Elle construit, pour ses petits, des nids où il y a beaucoup d'industrie. On voit par la figure qu'elle en donne, pl. 60, que c'est une espèce de *sphex*. (L.)

MARICA, *Marica*. Genre de plantes qui est le même que le CIPURE d'Aublet *V*. MARIQUE. (B.)

MARICA des Romains. *V*. IRIS. (LN.)

MARICOUPY. Plante dont on se sert à Cayenne pour couvrir les cases des nègres. On ignore à quel genre elle appartient. (B.)

MARIE GALANTE. Nom vulgaire, à la Guadeloupe, du QUINQUINA CORYMBIFÈRE. (B.)

MARIETA. C'est la LARMILLE, en Espagne. (LN.)

MARIGNAN. Nom de l'HOLOCENTRE SOGO (B.).

MARIGNAN. Synonyme d'AUBERGINE, dans le Midi. (LN.)

MARIGNIE, *Marignia*. Genre de plantes qui ne diffère pas du GOMART, et par suite du DAMMARE de Gærtner. (B.)

MARIGOLD. Nom anglais des SOUCIS. (LN.)

MARIGONIA. Espèce de GRENADILLE, qui croît aux Antilles. (B.)

MARIGOT. C'est ainsi que l'on nomme les MARES, dans nos colonies de l'Amérique. (S.)

MARI-IBA des Brasiliens. *V.* Manic. (ln.)

MARIKANITE. *V.* Marekanite. (pat.)

MARIKINA. (*Simia rosalia*) Petit Singe d'Amérique, qui appartient au genre Ouistiti. *Voyez* ce mot. (desm.)

MARILE, *Marila*. Genre de plantes établi par Swartz, dans la polyandrie monogynie, et dans la famille des gutti-fères. Il a pour caractères : un calice de cinq folioles ; une corolle de cinq pétales ; un grand nombre d'étamines, dont les filamens sont insérés au réceptacle ; un ovaire supérieur, surmonté d'un style simple : le fruit est une capsule à quatre loges, contenant un grand nombre de semences.

La seule espèce qui entre dans ce genre, se trouve dans les Antilles, où elle est connue sous le nom de *bois d'amande*.

(b.)

MARIMONDA (la). Les Indiens de l'Orénoque don-nent ce nom à l'Atèle Belzebuth, espèce de singe dont ils mangent la chair. (desm.)

MARINGOUINS. Nom spécialement donné, dans les îles de l'Amérique, à des insectes qui paroissent appartenir au genre des *cousins*, et qui, par leur multiplication excessive, les piqûres cruelles qu'ils font aux habitans de ces contrées, les suites dangereuses qui en résultent quelquefois, sont un fléau redoutable. Ils paroissent après le coucher du soleil et avant son lever ; volent en légions, dont le nombre est infini, annoncent leur présence par un bourdonnement, se posent sur la peau comme les *cousins*, se gorgent de sang, et laissent quelquefois dans la piqûre qu'ils ont faite, une partie de leur aiguillon, ce qui occasione des symptômes fâcheux. On se garantit de ces insectes en se frottant le corps avec de l'huile, du vernis de roucou, en allumant du feu, ou se ren-fermant exactement dans des tentes tissues de lin ou d'écor-ces d'arbres, et en suspendant son hamac le plus haut qu'il est possible ; ces animaux ne s'élèvent que peu en l'air.

Tous les pays marécageux ont leurs *maringouins*, ces in-sectes, nommés *cousins* en France, y pullulent beaucoup. *V.* Mousquites, Moustiques et Cousins. (l.)

MARIPA. Espèce de *palmier* qui croît à Cayenne, et qui est figuré dans Pison, sous le nom de *tucu*. Il semble devoir faire partie du genre Avoira ; mais il a les feuilles en éven-tail. On mange ses fruits, et on emploie ses feuilles à cou-vrir les maisons. (b.)

MARIPE, *Maripa*. Arbrisseau sarmenteux, à feuilles alternes, pétiolées, ovales, entières, et à fleurs blanches, disposées en grandes panicules lâches à l'extrémité des rameaux, accompagnées de bractées écailleuses, qui forme un genre dans la pentandrie monogynie.

Ce genre a pour caractères : un calice divisé profondément en cinq parties, et velu ; une corolle monopétale, régulière, composée d'un tube renflé à sa partie inférieure, ensuite rétréci, puis évasé et divisé en cinq lobes arrondis, obscurément crénelés ; cinq étamines ; un ovaire supérieur, ovale, surmonté d'un style simple, plus long que les étamines, et qui se termine en un stigmate en plateau convexe ; son fruit est à deux loges, dans chacune desquelles sont renfermées deux semences anguleuses.

Cet arbrisseau a été découvert par Aublet, sur le bord des rivières de la Guyane. Il a été depuis réuni aux Cabrillets.

(B.)

MARIPOSA. Le *mariposa* des oiseleurs est un Bengali. *V.* ce mot à l'article Fringille, tome XII, pag. 117. On donne aussi ce nom au Pape de la Louisiane. *V.* Passerinet et à divers *bouvreuils* étrangers. (V.)

MARIPOU. Nom que les naturels de la Guyane donnent à une espèce de Jambosier (*eugenia sinemariensis*, Aubl.). (LN.)

MARIQUE, *Marica.* Genre de plantes établi pour placer les Bermudiennes striées, Northiane et deux ou trois autres. Ses caractères sont : spathe d'une valve ; corolle divisée en six parties, dont l'une inférieure, est un peu plus petite ; capsule allongée, obtusément trigone, polysperme. Il ne diffère pas du Cipure. (B.)

MARISCON, *Mariscus.* Nom de l'une des cinq espèces de *juncus*, citées par Pline, et que l'on croit être le Jonc d'étang (*scirpus lacustris*), dont la tige foible et longue s'incline au moindre vent, et non pas le choin marisque qui est roide. Haller a fait de ce choin et du scirpe aciculaire un genre peu naturel ; aussi Linnæus ne le reconnut point : mais Gærtner, en le rétablissant, modifia les caractères et y rapporta le choin marisque. *V.* Marisque. (LN.)

MARISLE. La Linnée boréale porte ce nom en Danemarck et en Norwége. (LN.)

MARISMA Nom des Pourpiers de mer, en Espagne (*atriplex portulacoides* et *halimus*). (LN.)

MARISQUE, *Mariscus.* Genre de plantes établi par Haller, et rappelé par Gærtner pour placer quelques espèces de Choins, qui diffèrent des autres en ce qu'elles sont monoïques.

J'ai eu occasion d'observer en Amérique quelques plantes

qui appartiennent à ce nouveau genre, plantes que je dois publier dans mon *Agrostographie carolinienne*, et j'ai modifié de la manière suivante le caractère indiqué par Gærtner, et figuré pl. 2, n.º 2, de son ouvrage sur les fruits : balle calicinale de deux valves, l'une mâle et sessile, l'autre hermaphrodite et pédicellée ; balle florale d'une seule valve, contenant trois étamines dans les mâles, et un ovaire supérieur, ovale, surmonté d'un style filiforme, à stigmate trifide, et accompagné souvent de six aigrettes très-courtes à leur base, dans les hermaphrodites.

Ce genre contient trois espèces dans Gærtner ; savoir : le Cuoin marisque, le Killinge panicé et le Scirpe recourbé. Il sera augmenté du double par moi.

Willdenow, R. Brown et Kunth, qui l'ont adopté, y font entrer vingt-huit espèces, quelques-unes appartenant aux Killinges, et les autres tout-à-fait nouvelles. (B.)

MARITACA. C'est, dit-on, un quadrupède du Brésil, qui ressemble au *furet*, et se nourrit d'oiseaux et d'*ambre gris*. On dit aussi que l'odeur infecte qu'il répand est mortelle pour les autres animaux. Il faut probablement rapporter cet animal au genre des Moufettes. *V.* ce mot. (DESM.)

MARITAMBOUR. C'est la Grenadille ou Fleur de la passion. (LN.)

MARJOLAINE, *Majorana*. Plantes ligneuses du genre Origan (*V.* ce mot), dont on distingue deux espèces principales, la *vulgaire* et celle à *coquille*. La première est indigène de l'Europe, l'autre exotique.

La Marjolaine vulgaire, *Origanum majorana*, Linn. originaire de la Palestine et du midi de l'Europe, et même de la France, est cultivée dans les jardins pour son odeur agréable et pour ses usages, comme plante aromatique. Elle a des tiges hautes de douze à quinze pouces, grêles, ligneuses et rameuses. Ses feuilles sont opposées, petites, ovales, obtuses, très-entières, presque sessiles et douces au toucher. Les fleurs, blanches ou rougeâtres, naissent sur des épis courts, serrés, et disposés en corymbe à l'extrémité des rameaux ; elles paroissent au milieu de l'été.

Quoique cette marjolaine soit réputée annuelle, ses racines subsistent souvent dans les hivers doux, ou quand elles sont placées dans une serre ; mais elles périssent toujours la seconde année, même dans les pays chauds. On la multiplie par ses graines, qu'on sème à la fin de mars sur une plate-bande chaude.

Toutes les parties de la marjolaine ont une odeur aromatique agréable, et une saveur âcre et amère. On emploie dans la cuisine ses feuilles sèches pour assaisonner différens mets. On retire de la marjolaine un 64.ᵉ d'huile essentielle. Cette huile, en vieillissant, développe un sel volatil, huileux, solide, blanc, retenant l'odeur de la plante.

La *marjolaine à petites feuilles*, cultivée dans les jardins sous le nom de *marjolaine gentille*, est une variété de l'espèce que nous venons de décrire. Elle n'en diffère que par ses feuilles, qui sont plus petites et plus odorantes.

La MARJOLAINE A COQUILLE, *Origanum ægyptiacum*, Linn., est une plante vivace, originaire d'Afrique, qui a une tige d'environ un pied et demi de hauteur, garnie de feuilles rondes, épaisses, cotonneuses, creusées en forme de cuiller, semblables d'ailleurs à celles de la *marjolaine commune*, et ayant presque la même odeur. Les fleurs d'une couleur de chair pâle, sont disposées en épis ronds, et sortant de l'aisselle des feuilles portées sur un long pédoncule commun, ordinairement divisé en trois autres à son extrémité. Les bractées sont arrondies, épaises et blanchâtres.

Elles paroissent en juillet et août. Il faut élever cette plante dans des pots pour la serrer dans les gelées seulement. Elle aime une bonne terre légère. On la multiplie par boutures qu'on peut planter dans tous les mois de l'été. (D.)

MARJOLAINE BÂTARDE. On nomme ainsi, dans quelques parties des Alpes; le SABOT DE VÉNUS (*cypripedium calceolus*, Linn. (D.)

MARKÉE, *Markea*. (*V*. l'art. LAMARKÉE. . (DESM.)

MARK MUS. Nom danois du CAMPAGNOL. (DESM.)

MARKHOU. C'est la VIORNE-OBIER, en Allemagne. (LN.)

MARKWELZIDE. Nom du faux ébenier, *Cytisus laburnum*, en Allemagne. (LN.)

MARL. C'est l'AGROSTIDE DES BLÉS, *Agrostis spica venti*, L. (LN.)

MARLE. Nom vulgaire du MERLE COMMUN, aux environs de Niort et dans la Haute-Normandie. (V.)

MARLEN. L'un des noms allemands des LENTICULES, (*Lemna*). (LN.)

MARMARITES. L'un des noms de la FUMETERRE chez les anciens. (LN.)

MARMARITIS et AGLAOPHOTIS. Noms d'une herbe demeurée inconnue, et qui, suivant Démocrite et Pline qui le copie, croissoit en Arabie, dans les carrières de marbre, d'où elle a pris son nom de *marmaritis*. Les mages ou philosophes de la Perse se servoient de cette herbe quand ils vouloient conjurer les esprits. (LN.)

MARME ou MORME. Poisson du genre SPARE. (B.)

MARMEER. *V*. UMBRATS. (LN.)

MARMELDIER. Nom hollandais de la MARMOTTE. (DESM.)

MARMELEIRO. Nom du COGNASSIER, en Portugal. (LN.)

MARMELOS. Nom que les Portugais et les Espagnols donnent aux fruits du COGNASSIER, et qu'ils ont appliqué dans les Deux-Indes à des fruits qui ressemblent aux coins, par exemple, à ceux du CRATÆVA MARMELOS, L., le cydonia exotica de C. Bauhin. Mermelacta et membrilos ont la même signification. (LN.)

MARMENTA. Nom arabe de l'EPIAIRE GERMANIQUE, *Stachys germanica*, L. (LN.)

MARMITE DE SINGE. Nom vulgaire du QUATELÉ. (B.)

MARMOLIER, *Duroia*. Arbre à rameaux velus au sommet, à feuilles terminales, opposées, rapprochées, ovoïdes, très-entières, pubescentes en dessus, réticulées en dessous, et à fleurs sessiles, ramassées plusieurs ensemble à l'extrémité des rameaux, qui forme un genre dans l'hexandrie monogynie.

Ce genre a pour caractères: un calice supérieur, monophylle, cylindrique, étroit, tronqué et persistant; une corolle monopétale, à limbe à six divisions; six étamines à anthères presque sessiles sur le tube; un ovaire inférieur, surmonté d'un style terminé par deux stigmates; une pomme globuleuse, ombiliquée, brune, couverte de poils, et renfermant beaucoup de semences ovales, planes, entièrement glabres, disposées sur un double rang, et nichées dans une pulpe.

Le *marmolier eriopile* croît à Surinam; on mange ses fruits dont la saveur est fort agréable. Il n'est pas rare de voir avorter ses fleurs.

Ce genre qui avait été dédié par Linnæus, fils, à un médecin de Brunswick, nommé Duroi, a été depuis réuni aux GARDENES. (B.)

MARMONTAIN, MARMOTAINE, MARMOTAN. En vieux français, c'est la MARMOTTE. (DESM.)

MARMONTANA, MARMOTA, VAROZA. Noms italiens de la MARMOTTE. (DESM.)

MARMOR. Nom latin du MARBRE. *V*. ce mot. Il dérive du grec marmaros qui signifie *blanc* et *marbre*, et dérive lui-même d'un verbe grec qui signifie *briller*; en effet, le marbre blanc est susceptible de recevoir un poli brillant. Linnæus a désigné la dolomie par le nom de *marmor tardum*, marbre lent, parce qu'elle ne fait effervescence avec les acides qu'avec lenteur; et même il faut la chauffer pour que ce caractère se manifeste. Les anciens, sous le nom générique de *marmor*, ont classé les marbres, les albâtres, les porphyres et les granites, c'est-à-dire, toutes les substances minérales susceptibles d'être employées en grandes masses et de recevoir le poli. *V.* MARBRE. (LN.)

MARMOSA. *V.* MARMOSE, ci-après. (DESM.)

MARMOSE (*Didelphe*). Espèce de quadrupèdes marsupiaux et du genre des DIDELPHES, propre à l'Amérique méridionale. Au Brésil, on la nomme *marmosa*. (DESM.)

MARMOT. *V.* MARMOTTE. (DESM.)

MARMOT. Poisson du genre SPARE. (B.)

MARMOTTE, *Arctomys*, Gmelin, Schreb., Geoffr., Cuv., Lacép., Dumer., Tiedman., Illig.; *Mus*, Linn.; Pallas, *Glis*; Brisson, Erxleb. Genre de mammifères rongeurs claviculés, très-voisin de celui des rats, avec lequel il a été réuni pendant long-temps.

Le genre *arctomys* ou *marmotte* renferme les plus grandes espèces du genre *mus* de Linn. Il a été fondé par Gmelin, sur l'observation du nombre des dents molaires, qui n'est que de trois de chaque côté aux deux mâchoires chez les rats, tandis que chez les marmottes il est de cinq à la mâchoire supérieure, et de quatre seulement à l'inférieure. Ces molaires sont simples, c'est-à-dire, qu'elles ont des racines propres, et que leur couronne n'offre point de replis ou de rubans intérieurs d'émail : elle présente au contraire des saillies ou des tubercules mousses, dont un antérieur interne est le plus saillant. Les deux incisives inférieures sont comprimées et en coin, comme celles de la plupart des rongeurs du genre *rat* de Linnæus.

Les marmottes ont le corps épais et bas sur jambes; la tête forte et aplatie; la bouche sans abajoues; les yeux sont assez grands; les oreilles courtes et arrondies; les pattes robustes, celles de devant étant terminées par quatre doigts distincts, et un rudiment de pouce : et les postérieures par cinq doigts, tous armés d'ongles robustes, comprimés et crochus. La queue est médiocre ou courte et velue. Le corps est couvert de poils.

Les rongeurs les plus voisins des marmottes sont les *hamsters* et les *campagnols*. Mais les premiers qui ont leurs molaires à peu près de la même force , n'en ont que trois de chaque côté des mâchoires , et leur bouche est pourvue d'abajoues ; et les derniers chez lesquels il n'y a pas d'abajoues , ont leurs molaires formées de rubans émailleux , et dépourvues de racines proprement dites : de plus , ils ont les pieds plus longs et plus grêles.

La queue longue et écailleuse des rats proprement dits ; les piquans des échimys ; les pieds palmés des hydromys ; les grandes jambes de derrière des gerboises et des gerbilles ; la longue queue et les trois dents molaires des loirs; la petitesse des yeux , et la brièveté ou le manque absolu de queue des bathyergus et des rats-taupes , empêcheront aussi de confondre les marmottes avec aucun de ces rongeurs.

Quelques marmottes se tiennent constamment sur les chaînes de montagnes , immédiatement au-dessus de la région boisée , et y creusent des terriers en commun. D'autres , plus septentrionales , habitent à de moindres hauteurs. Les premières , en hiver, se renferment dans leurs tanières , en bouchent très - solidement l'orifice avec des pierres et de la terre gâchée , et s'endorment ensuite d'un sommeil léthargique , au milieu du foin qu'elles ont amassé pendant l'été. Elles vivent de substances végétales , et notamment d'herbes.

Une seule espèce fait des provisions de blé et d'autres grains.

Les mâles et les femelles se recherchent au printemps , en sortant de leur engourdissement; et les dernières mettent bas plusieurs fois chaque année , trois, quatre, cinq, six ou huit petits selon les espèces.

En domesticité, ces animaux s'accommodent de toute sorte de nourriture , et même peuvent manger de la viande crue ou cuite. Une petite espèce (le souslik) , paroît même faire la guerre aux souris et aux petits oiseaux.

Les marmottes s'apprivoisent facilement.

L'Europe et l'Asie renferment trois espèces bien distinctes : 1.º la marmotte des Alpes ou celle de notre pays ; 2.º le bobak ou marmotte de Pologne ; 3.º le souslik. Ces deux dernières paroissent répandues depuis les monts Crapack jusqu'à la mer Orientale , c'est-à-dire , jusqu'à la Chine et au Kamtschatka.

L'Amérique septentrionale a aussi plusieurs espèces de ce genre ; mais elles ont été moins observées que celles que nous venons de citer ; il n'existe même de figures que de deux de ces espèces : le *monax* et la *marmotte de Quebec*, de Pennant.

Quant aux espèces dont nous n'avons pas de figures, et sur lesquelles nous ne possédons que des renseignemens plus ou moins vagues, nous nous abstiendrons de les classer avec celles dont nous venons de parler, et nous nous contenterons d'en donner une simple indication.

Ces espèces douteuses sont : 1.º La MARMOTTE POUDRÉE (*Arctomys pruinosa*, Gmel.); *hoary marmot*, Pennant, *Hist. nat.*, page 398, n.º 61, qui est indiquée par ce dernier auteur comme particulière à l'Amérique septentrionale. Elle ressemble au monax. Son dos, ses flancs et son ventre sont couverts de poils durs, longs, cendrés à la base, noirs au milieu, blancs à la pointe, ce qui fait que le pelage semble comme poudré, ou légèrement couvert de neige ; le bout de son nez est noir ; ses oreilles sont ovales ; ses joues blanches ; le derrière de sa tête et ses ongles sont bruns.

2.º L'espèce de la MARMOTTE GUNDI (*Arctomys gundi*), Gmel., qui est établie d'après ce que dit le voyageur Rothmann, d'un animal voisin de la marmotte par ses formes, mais qui n'a que quatre doigts à chaque pied. Cet animal, observé en Afrique, dans le mont Atlas, est de la taille du lapin ; sa couleur est roussâtre ; ses oreilles sont très-courtes, mais très-largement ouvertes.

3.º Le MAULIN (*Mus maulinus*), de Molina, est aussi une espèce rapportée au genre des *marmottes*, mais qu'on ne sauroit y maintenir, jusqu'à ce qu'on ait des notions plus précises à son sujet ; car l'on sait que l'auteur de l'*Histoire naturelle du Chili*, ayant écrit son livre de mémoire, après son retour en Italie, ne mérite pas toujours une entière confiance. Son maulin seroit double en taille de la marmotte d'Europe, à laquelle il ressembleroit beaucoup, mais dont il différeroit essentiellement cependant, en ce que tous ses pieds seroient pentadactyles ; ses oreilles plus pointues, ses dents semblables pour le nombre et pour la disposition à celles des souris ; son museau seroit plus effilé, sa queue plus longue, ce qui, s'il en étoit véritablement ainsi, rapprocheroit plutôt cet animal des rats proprement dits, que des marmottes.

4.º Enfin, la MARMOTTE DE CIRCASSIE, ou *loir tscherkessien* (*glis tscherkessicus*), d'Erxleben, ou *rat des champs*, de Slabber, se creuse des terriers sur les rives du fleuve Terek, à l'occident de la mer Caspienne. Elle est de la taille du hamster ; sa queue est assez longue ; ses jambes de devant sont beaucoup plus courtes que celles de derrière ; son pelage est châtain ; ses poils sont longs, principalement sur le dos, etc. ; mais ces caractères sont insuffisans pour faire rapporter ce rongeur au genre des gerboises ; et il se pourroit même qu'il appartînt plutôt à celui des loirs, dont il a les pieds disproportionnés, et la queue allongée. S'il avoit des abajoues, il pourroit aussi être placé avec les hamsters ; mais c'est ce qu'il est impossible de décider, vu le peu de détails que nous possédons sur les caractères qui lui sont propres.

Première Espèce. — MARMOTTE BOBAK, (*Arctomys Bobac*, Gmel.) — MARMOTTE DE POLOGNE, Pallas, *Glires*, tab. 5; — BOBAK, *vel Szwiscz Rzaczinski, Polog.* —Schreber. *Saeugthiere*, tab. 219. — Le BOBAK, Buffon, tom. 8 pl. 13. — *Marmotta polognica*, Briss., *Reg. anim.*, pag. 165. — *Mus Arctomys*, Boddaert. *Elench. anim.*— *Mus marmotta*, Forster. *Act. anglor.*, tome 57. — *Voyez* pl. G. 13 de ce Dictionnaire.

Le bobak diffère de la marmotte des Alpes par une taille plus considérable, et par les couleurs du poil. Il est d'un gris moins brun, ou d'un jaune plus pâle. Un bel individu de cette espèce, qui fait partie de la collection du Muséum d'Histoire naturelle de Paris, peut avoir un pied neuf pouces de longueur ; tout son pelage est d'un gris fauve, avec la pointe des poils du dos et des flancs brune. Le dessus de sa tête est aussi plus foncé que le dos ; ses dents sont jaunes, et ses ongles très-longs et noirs. Du reste, le bobak a la plus grande ressemblance avec la marmotte, par ses formes générales et par son port. Cependant, cet animal ne vit pas comme elle sur la cime âpre des hautes montagnes ; il lui faut des expositions moins froides, des habitations qu'une douce chaleur puisse pénétrer. Il aime les lieux secs, et on le trouve communément dans les régions de la Pologne qu'arrose le Boristhène. De là son espèce se répand jusqu'au Kamtschatka ; mais il paroît qu'elle peut à peine exister au-delà du 55.e degré de latitude septentrionale, tandis qu'au contraire elle se porte très-loin vers le midi.

Les terriers que les bobaks creusent sont très - profonds ; ces animaux vivent en société de vingt, et même de quarante ; en automne, ils tapissent leur habitation d'une telle quantité de foin, qu'un seul terrier pourroit servir à la nourriture d'un cheval pendant une nuit. Pallas rapporte un fait, d'ailleurs attribué à la marmotte des Alpes (*V.* ci-après), mais auquel nous ne pouvons ajouter foi ; c'est que, pour conduire cette provision de foin, un bobak, couché sur le dos, en est chargé par ses compagnons, qui le traînent par la queue jusqu'au terrier.

Le bobak est un animal timide qui s'apprivoise aisément ; il ne se nourrit que de végétaux, qu'il porte à sa bouche avec ses pieds de devant, dont il se sert comme de mains. Sa chair, qui est un aliment des Cosaques et des Calmoucks, n'est pas fort bonne, surtout lorsqu'elle est chargée de graisse. Les Tartares mahométans n'en mangent jamais ; ils ont même, pour les bobaks, beaucoup de ménagemens ; les tuer, ainsi que les hirondelles et les pigeons, est un crime à leurs yeux.

Aux approches de l'automne, les bobaks s'engourdissent comme les marmottes des Alpes. Dans cette espèce, les femelles sont en bien plus grand nombre que les mâles.

Seconde Espèce. MARMOTTE proprement dite, ou MARMOTTE DES ALPES (*Mus montanus*, Mathiolle ; — *Mus alpinus*, Gesner, Jonston ; — *Marmotta alpina*, Briss., Règn. anim.— *Arctomys marmotta*, Gmel.—La MARMOTTE, Buff., tom. 8, pl. 28.—Schreber, *Saeugthière*, pl. 207. *V.* pl. G 13. de ce Dict. La *marmotte* est un quadrupède dont le corps trapu et garni de longs poils semble le rapprocher du *blaireau*, mais dont les dents, la forme des différentes parties de la bouche et l'organisation interne le font placer, sans aucun doute, dans la famille des *rats*. La *marmotte*, à l'âge adulte, a de longueur, mesurée depuis le bout du museau jusqu'à l'anus, environ un pied et demi ; son train de devant a près de cinq pouces de hauteur ; celui de derrière n'en a que quatre et demi ; la tête de cet animal ressemble assez, par la forme, à celle du *rat-d'eau* ou du *campagnol* ; son museau est gros et court comme celui du *lapin* ou du *lièvre* ; ses yeux, assez grands, ressemblent beaucoup à ceux du *loir* ; ses oreilles, comme tronquées, sont un peu plus courtes que celles des *rats* ; sa lèvre supérieure, qui est fendue en avant, porte de chaque côté une longue moustache bien fournie de soies, et qu'on peut comparer à celle des *chats* ; les membres antérieurs de la *marmotte* sont très-robustes, soutenus par de fortes clavicules, et terminés par quatre doigts armés d'ongles longs et pointus ; la queue est à peu près de la longueur de la tête ou du tiers environ de celle du corps, et cependant formée de vingt-deux vertèbres, très-courtes à la vérité ; l'animal tient cette queue le plus souvent dans une direction horizontale en arrière.

Le pelage de la *marmotte* a quelque analogie avec celui du *blaireau* ; sa couleur est d'un gris-noirâtre, plus ou moins foncé sur le corps, la tête et les flancs ; les poils sont assez rudes sur le dos ; mais ceux du ventre sont doux, roussâtres et touffus ; ils sont assez courts sur la tête, à l'exception de la place des joues, où ils sont beaucoup plus longs, gris à leur base, et terminés de blanchâtre ; la queue est garnie de longs poils très-touffus ; on remarque sous le corps une ligne nue, qui s'étend de la gorge à l'anus, et qui est produite par l'écartement à droite et à gauche des poils de cette partie.

A l'intérieur, la *marmotte* diffère peu des autres *rongeurs*.

Cet animal ne se trouve que dans les plus hautes montagnes de l'Europe et de l'Asie méridionale ; il préfère la région des glaces et des neiges à celle des pins et des sapins ; c'est là qu'il se retire vers le commencement de l'automne, pour n'en sortir qu'au printemps de l'année suivante. A l'aide des ongles robustes dont ses doigts sont armés, vers la fin du mois de septembre, il creuse son terrier du côté du sud, du sud-est et du sud-ouest, et dans les expositions les plus chaudes, mais toujours au-dessous de la région des neiges perpétuelles, et au-dessus de la limite des forêts de sapins et de mélèzes, ordinairement plus élevés que les bois de hêtres, c'est-à-dire, à une hauteur de 1560 à 1950 mètres (800 toises jusqu'à 1000 et au-delà), sur le penchant de la montagne ; ce terrier s'ouvre par une espèce de galerie, qui, à cinq ou six pieds de son entrée, se partage en deux branches, dont l'une conduit à une espèce de chambre ou caverne, ressemblant à un four de trois à six ou sept pieds de diamètre, suivant que la famille est de cinq à six ou de quinze à seize individus ; car il est reconnu que les *marmottes* se réunissent pour travailler en commun à la fouille nécessaire pour l'établissement de l'habitation, ainsi que le font les *castors* pour la construction de leurs huttes et de leurs digues, ainsi que le font les *lapins* pour creuser les terriers qui doivent leur servir de retraite. L'autre branche de la galerie, creusée par les *marmottes*, n'est qu'un simple cul-de-sac, qui renferme probablement les différens matériaux qui servent à boucher le terrier à l'approche de l'hiver, ainsi que nous le verrons plus bas. Le lieu du séjour des *marmottes* est non-seulement jonché, mais tapissé fort épais de mousse et de foin ; elles en font ample provision pendant l'été. On a raconté des *marmottes* et des animaux du même genre (*voyez* l'espèce du *Bobak*), « que les unes coupent l'herbe fraîche, que d'autres la ramassent, et que tour à tour elles servent de voiture pour la transporter au gîte ; l'une, dit-on, se couche sur le dos, se laisse charger de foin, étend ses pattes en haut pour servir de ridelles, et ensuite se laisse traîner par les autres, qui la tirent par la queue, et prennent garde en même temps que la voiture ne verse. C'est, à ce qu'on prétend, par ce frottement trop réitéré, qu'elles ont presque toutes le poil rongé sur le dos. » Buffon, d'après qui nous rapportons ce prétendu fait, ne semble pas persuadé de son authenticité : « Aussi, dit-il, on peut expliquer d'une autre façon la cause de la perte du poil de la partie supérieure du corps des *marmottes* ; c'est qu'habitant sous la terre, et s'occupant sans cesse à la creuser, cela seul suffit pour leur peler le dos. »

« Les *marmottes*, continue le même auteur, passent les trois quarts de leur vie dans leur habitation ; elles s'y retirent pendant l'orage, pendant la pluie, ou dès qu'il y a quelque danger ; elles n'en sortent même que pendant les plus beaux jours, et ne s'en éloignent guère ; l'une fait le guet, assise sur une roche élevée, tandis que les autres s'amusent à jouer sur le gazon, ou s'occupent à le couper, pour en faire du foin ; et, lorsque celle qui fait sentinelle, aperçoit un homme, un aigle, un chien, un loup, un renard, etc., elle avertit les autres par un coup de sifflet, et ne rentre elle-même que la dernière ; mais elles ne paroissent point redouter l'approche des chèvres et des chamois ou ysards. »

Les *marmottes* ont la voix et le murmure des petits chiens, lorsqu'elles jouent ou quand on les caresse ; mais, lorsqu'on les irrite ou qu'on les effraye, elles font entendre un son aigu et perçant, semblable à un coup de sifflet.

« Elles ne font pas de provisions pour l'hiver (1) ; il semble qu'elles devinent qu'elles seroient inutiles ; mais lorsqu'elles sentent les premières approches de la saison qui doit les engourdir, elles travaillent à fermer les portes de leur domicile, et elles le font avec tant de soin et de solidité, qu'il est plus aisé d'ouvrir la terre partout ailleurs que dans les endroits qu'elles ont murés. Elles sont alors très-grasses ; il y en a qui pèsent jusqu'à vingt livres ; elles le sont encore trois mois après ; mais peu à peu leur embonpoint diminue, et elles sont maigres sur la fin de l'hiver. Lorqu'on découvre leur retraite, on les trouve resserrées en boules, et fourrées dans le foin ; on les emporte tout engourdies ; on peut même les tuer sans qu'elles paroissent le sentir : on choisit les plus grasses pour les manger, et les plus jeunes pour les apprivoiser. Une chaleur graduée les ranime, comme les *loirs* ; et celles qu'on nourrit dans la maison, en les tenant dans des lieux chauds, ne s'engourdissent pas, et sont même aussi vives que dans les autres temps. » Buffon pensoit que le refroidissement du sang étoit la seule cause de la léthargie des marmottes ; mais Pallas avoit observé que les *bobaks*, qui ne diffèrent point de ces animaux sous ce rapport, conservoient une température à peu près égale, quel que fût le froid auquel il les exposât. M. Mangili a porté ses recherches sur les *marmottes*, ainsi que sur les *loirs*, et il attribue le sommeil

____

(1) Si ce n'est le foin dont elles mangent quand elles se réveillent.

de ces mammifères au défaut d'affluence du sang artériel au cerveau, produit par le petit diamètre des artères, et le grand diamètre des veines céphaliques : disposition qui, dit-il, les porte au sommeil, pendant la belle saison, et à la léthargie, lorsqu'à cette cause se joignent les deux circonstances de la température et de l'abstinence, qui tendent à diminuer encore l'affluence de ce même sang au cerveau, et conséquemment l'excitation et l'énergie des fibres de cet organe (1).

Les *marmottes* ne produisent qu'une seule fois par an, et les portées sont de trois ou quatre, et quelquefois de six petits ; aussi l'espèce n'en est ni nombreuse, ni très-abondante ; leur accroissement est prompt, et la durée de leur vie d'environ dix ans. Les jeunes *marmottes* s'éloignent peu du terrier avant le mois de juillet ; mais elles acquièrent promptement des forces, et suivent leurs père et mère dans les clapisses et moraines voisines du terrier. Apprivoisées, elles mangent presque tout ce qu'on leur offre, même de la viande crue ou cuite, et M. Mouton-Fontenille qui a fait cette remarque, a observé également qu'il y a des fruits auxquels elles ne touchent point, comme les raisins, les noix, etc.

Dans la première édition de ce Dictionnaire, nous avons dit, sur la foi de quelques naturalistes, qu'en buvant, les *marmottes* levoient la tête à chaque gorgée, à peu près comme font les poules, et nous avons ajouté qu'elles ne buvoient que fort rarement, ce qui paroissoit être une des causes qui les faisoient engraisser. M. Mouton-Fontenille a eu l'occasion de remarquer sur une *marmotte*, qu'il a conservée quelque temps, qu'elle étoit très-avide du lait, qu'elle buvoit en lapant comme les chiens, c'est-à-dire, en courbant sa langue en dessus, et qu'elle ne levoit jamais la tête en buvant. Cette *marmotte* buvoit beaucoup et urinoit abondamment.

On mange la chair des *marmottes* ; elle a une saveur fade et désagréable ; on sale la viande de ces animaux, et on l'apprête comme le porc frais ; mais elle conserve toujours son goût sauvage. Leur peau sert de fourrure ; son prix varie selon qu'elle est plus ou moins belle ; on l'emploie communément

---

(1) Les rédacteurs des *Annales du Muséum*, dans une note jointe au mémoire de M. Mangili, t. x, pag 464, remarquent que le moindre diamètre des artères devroit accélérer et non ralentir la circulation dans ces vaisseaux ; ils observent que c'est lorsque le sang auroit passé dans les veines, qu'il y circuleroit plus lentement, et ils rappellent qu'on a vu souvent, dans les préparations anatomiques, que le cerveau s'injectoit parfaitement, soit par les seules artères vertébrales, soit par les carotides internes : ce qui explique très-bien les fonctions des artères communicantes.

pour les bonnets des chasseurs aux chamois, et pour faire des colliers à sonnettes aux chevaux de poste. Les habitans des montagnes se servent de leur graisse fondue, comme d'un remède contre plusieurs maladies.

Troisième Espèce. — MARMOTTE SOUSLIK ou SOUSLIC — *Arctomys citillus*, Gmel. ; — *Mus noricus* agricola *subterr.*, — Schreb., *Saeugth.*, tab. 211 ; — le SOUSLIC, Buff., *Suppl.*, tom. 3, pl. 1 ; — ZIZEL, *Buff.*, tom. , pag. : le JEVRASCHKA des Cosaques, ou MARMOTTE DE SIBÉRIE, Buff., tom. , pag. ; — LAPIN D'ALLEMAGNE (*cuniculus germanus*, Briss., *Règne anim.*, pag. 147, n.° 6 ; — *Mus suslica*, Güldenstaedt, *Nov. Comm. acad. petrop.*, tom. 14, pars 1, p. 389-402.

Le *souslic* est à peu près de la taille de l'*écureuil* ; son corps est plus allongé, et ses jambes postérieures moins longues proportionnellement, disposées pour la marche et non pour grimper ; son poil est plus long, proportions gardées, que celui de la *marmotte*, à laquelle cet animal ressemble beaucoup, par la forme aplatie de sa tête, par ses molaires à tubercules aigus, par la brièveté de sa queue, et par l'absence des abajoues.

Le caractère le plus saillant du souslik consiste dans les couleurs de son pelage, qui est d'un brun clair tirant sur le fauve, parsemé de nombreuses petites taches blanches, arrondies sur le dos et les flancs, rapprochées les unes des autres, et disposées avec beaucoup d'uniformité, et d'un gris fauve uni, sous le ventre.

Quelquefois cependant le souslik est d'un jaune brunâtre uniforme, à l'exception de la nuque, qui est cendrée ; et la collection du Muséum d'Histoire naturelle de Paris renferme un individu, indiqué comme venant d'Autriche, dont le poil est ondé de gris et de fauve en dessus, sans taches rondes ; d'un gris-fauve sous le ventre et sur les pattes, et blanchâtre sous la gorge. Ses dents sont blanches.

Il se trouve en Russie, et aussi en Autriche et en Bohême. Il a un goût particulier pour la chair, et n'épargne pas même les individus de son espèce. Il aime, dit-on, beaucoup le sel, ce qui lui a fait donner par les Russes le nom de souslik, qui revient, dans leur langue, au mot de *friand* ; et à ce sujet, Buffon transcrit une notice qui lui a été fournie par R. Sanchez, médecin à la cour de Russie, selon laquelle les *sousliks* se prennent en grand nombre sur les barques chargées de sel, dans la rivière de Kama, qui descend de Solikamskie où sont les salines, et vient tomber dans le Volga, au dessus de la ville de Casan, au confluent de Teluschin. Le Volga, depuis Simbuski-Somtof, est couvert de ces bateaux de sel, et c'est dans les terres voisines de ces rivières, aussi bien que sur les bateaux, qu'on prend ces animaux.

Les sousliks se creusent des terriers sur les pentes des montagnes; ces terriers ont sept ou huit pieds de longueur; ils sont tortueux, et ont deux, trois, quatre ou cinq sorties. Ils y rassemblent différentes provisions: dans les terres labourées, ce sont des épis de froment, de la graine de lin, des pois, du chènevis, qu'ils mettent isolément l'un de l'autre dans des endroits préparés exprès, et séparés du lieu où ils font leur séjour habituel. Dans les campagnes incultes, ils se nourrissent d'herbes, de racines et de jeunes souris. Les femelles font à chaque portée trois à huit petits, lesquels naissent sans poils et les yeux fermés; la durée de la gestation est de vingt-cinq à trente jours.

Buffon a distingué le souslik du zizel. C'est au souslik à robe mouchetée de taches blanches, qu'il rapporte ce que nous venons de dire. Pour le zizel, il suit Agricola qui désigne cet animal sous le nom de *citellus seu mus noricus*, et qui lui attribue un pelage gris, plus ou moins cendré, et d'une teinte uniforme. Le *jevraschka* ou *marmotte de Sibérie* est encore, selon lui, une espèce distincte, caractérisée par son poil fauve, mêlé de gris sur le corps, et presque noir à l'extrémité de la queue; mais Pallas assure que ces trois animaux ne forment qu'une seule et même espèce. Cette espèce se répand non-seulement dans les contrées d'Europe que nous avons nommées, mais encore en Sibérie, au Kamtschatka, dans les îles Aléoutianes, etc.; et on la retrouve encore fort loin de l'empire de Russie, dans les parties méridionales de l'Asie, dans la Grande-Tartarie, en Perse, et jusque dans l'Inde; aussi n'est-il pas surprenant qu'étant commune à tant de climats, elle offre des différences nombreuses.

Les sousliks qui habitent dans les contrées situées entre le Volga et le lac Baïkal, surtout près de la ville de Samara, ont le dessus du corps gris-fauve, avec des ondes de blanc et de brun, et le dessous d'un blanc jaunâtre, avec les côtés de la tête et les quatre pieds fauves, et parmi ceux-ci, surtout dans les climats froids, on en trouve de blanchâtres ou de mouchetés de blanc. A Casan, ces animaux ont le pelage brun-fauve et marqué très-régulièrement de taches blanches (*souslik* de Buffon). Ceux des pays plus chauds, sont plus jaunâtres, et les ondes ou les taches blanches de leur dos et de leurs flancs sont moins distinctes.

En général, ces animaux habitent dans toutes sortes de terrains, pourvu qu'ils ne soient pas trop meubles. Ils vivent seuls dans leurs terriers, et les sexes mêmes ont des demeures séparées, hors le temps des amours. Les mâles se battent entre eux. Pendant l'hiver, ils s'engourdissent comme les *marmottes*, etc.

La chair du *souslik* passe pour être un bon mets parmi les peuples de la Sibérie, et pour un remède efficace contre la pousse des chevaux. Sa peau fournit une assez jolie fourrure.

Quatrième Espèce. MARMOTTE MONAX, *Arctomys monax*, Gm.

LE MONAX ou MARMOTTE DU CANADA, Buffon, suppl., tom. 3, pl. 28. — Schreber, *Saeugth*, tab. 208. — *Glis monax*, Erxleb.

Le *monax* a été décrit par Buffon, sur un dessin que lui avoit envoyé Collinson, et auquel aucune note n'étoit jointe. Il est de la grosseur du *lièvre*, mais il est plus trapu; son museau est plus allongé que celui de la *marmotte*; sa tête en général est moins couverte de poils; ses oreilles sont arrondies; ses ongles longs et aigus; son pelage est brunâtre, moins foncé sur les flancs que sur le dos; sa queue est longue, peu fournie de poils grossiers et d'un noir assez foncé.

Le *monax* se trouve dans les contrées les plus chaudes de l'Amérique septentrionale, telles que la Virginie, la Caroline, les îles Baham, et aussi dans les pays septentrionaux du Canada, si, comme le présume Buffon, on doit rapporter à son espèce l'animal dont parle Lahontan, et qu'il nomme *siffleur* d'après les Canadiens, parce qu'il siffle en effet à l'entrée de sa tanière, lorsque le temps est beau; mais cette note peut tout aussi bien convenir à l'espèce suivante qu'à celle-ci. Le monax se creuse des retraites tres-profondes dans les roches, et il passe l'hiver sous des arbres creux; l'on ne sait pas s'il s'engourdit dans cette saison.

Cinquième Espèce. MARMOTTE DE QUEBEC, *Arctomys empetra*, Gmel.; *Marmotta quebekana*, Penn., Syn., p. 270, tab. 24, fig. 2. — *Mus empetra*, Pallas, Glir., p. 75. — *Arctomys empetra*, Schreb., *Saeugthière*, tab. 210. — *Glis canadensis*, Erxleb.

Cette espèce, décrite par Pennant, sur un individu conservé dans la collection de Leyde, se trouve, dit-on, dans le Canada et dans toutes les autres parties de l'Amérique septentrionale. Elle ressemble beaucoup à la *marmotte*, par ses formes. Sa longueur est d'un pied environ, et sa queue n'a que deux pouces. Tout le dessus du corps est brun, avec l'extrémité des poils d'un gris-blanchâtre. Le dessous, ainsi que les membres, sont d'un roux-ferrugineux. La tête est d'un brun-noirâtre en dessus, avec les côtés blanchâtres. La queue est, jusqu'à la moitié, de la couleur du dos, et son extrémité est noirâtre. (DESM.)

MARMOTTE D'ALLEMAGNE, de Pennant. C'est le HAMSTER de Buffon. C'est aussi la MARMOTTE SOUSLIK. (DESM.)

MARMOTTE DES ALPES. *V.* MARMOTTE proprement dite. (DESM.)

MARMOTTE BATARDE D'AFRIQUE. Vosmaër donne ce nom au DAMAN. *V.* ce mot. (DESM.)

MARMOTTE DU CANADA, MARMOTTE DU MARYLAND ou MARMOTTE D'AMÉRIQUE. *V.* MARMOTTE MONAX. (DESM.)

MARMOTTE DU CAP. C'est le DAMAN. (DESM.)

MARMOTTE DE CIRCASSIE ou LOIR TSCHERS-SIEN (*Glis tscherkessicus*, Erxleb.). *V.* l'article des MARMOTTES, pag. 3o6.

MARMOTTE DE POLOGNE. *V.* MARMOTTE BOBAK.
(DESM.)

MARMOTTE DE STRASBOURG. Dénomination faussement appliquée par quelques naturalistes au HAMSTER.
(s)

MARMOTTE VOLANTE, Daubenton. C'est un chéiroptère du genre VESPERTILION. *V.* ce mot. (DESM.)

MARMOUTON. Dans quelques parties du midi de la France, c'est le nom du *bélier* ou mouton entier. (DESM.)

MARNAT. Espèce du genre SABOT, *Turbo punctatus*, L.
(B.)

MARNE (Brochant, Brong.; *Mergel*, Wern.; *Marl*, James.). Matières pierreuses ou terreuses, qui s'offrent à nos yeux sous l'apparence homogène, mais qui sont des mélanges de terres calcaires, argileuses et sablonneuses, en toutes proportions. « Les marnes, dit M. Brongniart, sont donc pour nous des minéraux homogènes, qui ont l'aspect terne de l'argile ou de la craie, très-peu de dureté, qui sont même souvent tendres ou friables, qui font une violente effervescence avec l'acide nitrique, se délayent difficilement dans l'eau, ne font qu'une pâte courte, n'acquièrent que peu de dureté au feu, et se fondent très-facilement. Elles se distinguent des argiles par ces caractères; elles diffèrent des pierres calcaires pures, parce qu'elles laissent un résidu assez considérable lorsqu'on les dissout dans l'acide nitrique.

Werner et presque tous les minéralogistes allemands et anglais divisent les marnes en *marne endurcie* ou *compacte* et en *marne terreuse*. Cette division a été adoptée par Patrin; mais ce naturaliste a placé parmi les marnes endurcies, des matières qui leur sont étrangères : par exemple, les argiles ou vackes qui accompagnent les basaltes, l'éléogénite ou calcaire d'eau douce, du Vivarais, d'OEningen, etc. Il place dans les marnes terreuses la terre à foulon d'Angleterre, qui est une véritable argile ; néanmoins, comme ce qu'il dit des marnes est présenté d'une manière très-instructive et fort intéressante, nous conservons son article sans rien y changer ; mais nous le ferons suivre de quelques observations qui le compléteront. (LN.)

Marne durcie ou pierreuse. — Elle est ordinairement disposée par couches minces, à peu près horizontales, superposées les unes aux autres ; quelquefois elle forme de longues suites de collines, mais jamais de grandes montagnes.

Sa couleur la plus ordinaire est un blanc-roussâtre, ou tirant tantôt sur le bleu, tantôt sur le rouge. Sa surface est mate ; sa cassure est terreuse, quelquefois conchoïde et un peu luisante, mais le plus souvent schisteuse.

Ses fragmens sont indéterminés et en forme de plaque. Elle offre quelquefois des formes plus ou moins régulières et qui sont ou des cubes, ou des parallélipipèdes, ou des prismes polyèdres, comme ceux qu'on observe dans les *ludus helmontii*, qui sont des concrétions marneuses. *V.* Concrétions et Ludus.

Deborn et quelques autres savans minéralogistes disent même qu'on en trouve qui affecte une forme octaèdre.

Les couches de *marne pierreuse*, au moins pour la plupart, paroissent être le dépôt marin le plus récent : c'est dans des couches de cette nature que se trouvent des restes ou des empreintes d'animaux et de végétaux, dont les formes sont les mêmes que celles de leurs analogues vivans, ce qui est une preuve certaine de leur peu d'antiquité : car, d'après l'observation d'une multitude de faits, il paroît, ainsi que l'a très-bien remarqué le savant Cuvier, que plus les couches pierreuses sont d'une formation ancienne, et plus les fossiles qu'elles renferment sont différens des espèces actuellement vivantes.

C'est dans ces couches récentes de *pierres marneuses* que se trouvent les *ichtyolithes* ou poissons fossiles du mont Bolca, à Vestena-Nova, près Vérone, où l'on a reconnu plusieurs espèces de poissons dont les analogues existent encore, outre un grand nombre de poissons inconnus.

C'est dans de semblables couches marneuses que sont les poissons, les végétaux et les insectes fossiles des environs d'OEningen, sur le bord du lac de Constance, où Saussure a reconnu parmi les végétaux, des feuilles de pommier, de poirier, de frêne, de noyer, etc., plusieurs insectes terrestres, et entre autres la *mante religieuse*; et il rapporte une lou-

que série de poissons de mer et de poissons d'eau douce que
renferment ces mêmes pierres, et dont la plupart sont bien
connus. Saussure a fait des observations semblables dans
les couches de *marne* des plâtrières d'Aix en Provence. On
voit dans tous les cabinets, les empreintes de reptiles et de
poissons qui se trouvent dans les couches *marneuses* de Pap-
penheim, en Franconie, et de plusieurs autres contrées
d'Allemagne.

C'est aussi dans des couches d'une *marne pierreuse* du Vivarais, que Faujas de Saint-Fond découvrit, à la fin du
siècle dernier, des empreintes de feuilles de châtaignier,
d'érable, de tremble, etc., et même celle d'un *hydrophile*,
insecte d'eau douce, actuellement vivant dans nos fontaines :
ce qui prouve, qu'à l'époque où la mer formoit ce dépôt
marneux, elle avoit son rivage près du local où se trouvent
ces corps organisés, que les rivières et les ruisseaux transpor-
toient jusqu'à leur embouchure dans l'Océan.

Et ce qu'il y a de fort remarquable, c'est que ces couches
de *marne* du Vivarais sont recouvertes par une masse de
lave basaltique de plusieurs centaines de pieds d'épaisseur ;
et partout où se trouvent des couches de pierres marneuses,
l'on est assuré de trouver dans le voisinage des traces d'anciens volcans, ce qui annonce la liaison la plus intime entre
les phénomènes volcaniques et l'existence de ces couches,
que je regarde elles-mêmes comme des éjections de volcans
sous-marins, qui ont été délayées et déposées par les eaux.

Il y a peu de contrées qui aient été aussi tourmentées que
l'Italie, par les volcans ; et c'est par la même raison sans
doute, qu'il y en a peu qui présentent une aussi grande
abondance de couches de *pierre marneuse*, que cette belle
partie de l'Europe.

Depuis le Véronais jusqu'à Naples, les produits volcaniques sont entremêlés ou recouverts de couches de *marne* plus
ou moins durcie ; la Toscane surtout en est couverte, et elles
s'étendent par-dessus l'Apennin, jusque dans le Bolonais ;
elles environnent les bases de la haute montagne volcanique
appelée *Monte-Traverso*, qui s'élève au milieu de cette chaîne,
entre Florence et Bologne. La montagne de lave de Radico-
fani, sur la route de Rome à Sienne, est pareillement entourée
de collines de *marne*, *au lieu de cendres volcaniques*, suivant la
remarque expresse de Ferber.

C'est dans ces sortes de collines marneuses que sont les
carrières des différentes pierres, connues sous le nom de *macigno*, de *pietra forte*, de *pietra serena* et de *bardellone*, dont
Florence et plusieurs autres villes sont bâties, et qui sont
toutes des pierres marneuses plus ou moins dures, et dans

lesquelles la terre calcaire et l'argile se trouvent dans toutes sortes de proportions, depuis le *bardellone*, qui est presque purement argileux, jusqu'à la *pietra forte*, qui est toute remplie de matière calcaire cristallisée.

Micheli a observé, dans des couches de *bardellone*, des empreintes de végétaux, comme Saussure, Faujas et Séguier en ont trouvé dans les couches marneuses de Vérone, d'OEningen et du Vivarais, et toujours par la même raison.

L'on observe aussi dans le *bardellone* de fort jolies *dendrites*, formées par des infiltrations d'oxyde de fer et de manganèse.

C'est le long des rives de l'Arno que sont les collines composées de *macigno* et autres pierres marneuses, où l'on trouve ces deux jolies variétés, connues sous le nom de *pierres de Florence*, dont les unes représentent des villes ruinées, et les autres des arbres et des buissons. *V*. PIERRE DE FLORENCE.

Les collines de *marne* des environs de Pise offrent une particularité remarquable : les couches où la *marne* est plus argileuse et moins durcie, renferment des concrétions pierreuses qui sont d'une grandeur et d'une forme peu communes. Ce sont des *pierres figurées marneuses*, dont la hauteur surpasse celle d'un homme ; elles ressemblent au corail ou à un arbre, par leurs branches qui sont terminées par des nœuds arrondis comme des pommes. Ces pierres ne sont cependant ni des arbres pétrifiés, ni des coraux, mais simplement des jeux de la nature. *V*. CONCRÉTIONS.

Toutes les couches *régulières* de pierres marneuses plus ou moins dures ou tendres, ont été formées par des dépôts marins, ainsi que l'a très-bien reconnu Ferber (*Lettr.* pag. 372). Elles sont donc au nombre des *couches secondaires* du globe, tout comme les couches purement calcaires qu'elles recouvrent assez souvent, et avec lesquelles on les voit même alterner quelquefois. Mais il n'en est pas de même de l'espèce suivante.

Marne terreuse. — Cette espèce, qui est la *marne proprement dite*, ce trésor précieux pour l'agriculture, et qu'on emploie à divers usages économiques, n'est point un dépôt immédiatement formé par la mer ; c'est, pour l'ordinaire, un *dépôt tertiaire*, formé par les eaux continentales, des débris d'anciennes couches calcaires et argileuses ; c'est quelquefois aussi le produit de la décomposition des laves et des basaltes.

Cette *marne terreuse* n'est point disposée par couches régulières, comme la précédente ; elle est en amas plus ou moins

considérables, dont l'épaisseur est fort sujette à varier, et qui
s'étendent quelquefois beaucoup en longueur, dans la direction des courans qui les ont formés; mais ils ont rarement
beaucoup d'étendue en largeur.

Les couches de *marne durcie* et *pierreuse* ne contiennent
que de la terre calcaire et de l'argile, avec un peu d'oxyde de
fer; mais les *marnes tertiaires* sont un mélange de diverses
sortes de terres, et peuvent varier à l'infini dans la proportion des matières dont elles sont composées. Dans les unes,
c'est la craie qui domine; dans d'autres, c'est l'argile ou
le limon qui est le résidu de la terre végétale entraînée par
les torrens; ailleurs, elles sont sablonneuses et mêlées de
graviers.

La couleur de la *marne* varie comme le mélange de ses élémens: celle où domine la terre calcaire est communément
blanchâtre; d'autres sont d'une couleur grise ou bleuâtre,
ou jaune ou brune, suivant les oxydes métalliques et autres
matières qu'elles contiennent.

La *marne*, en général, est très—avide d'humidité, et
quand on la plonge dans l'eau, elle produit un sifflement
qui dure quelques minutes; elle fait effervescence avec les
acides, en proportion de la quantité de matière calcaire
qui s'y trouve.

Exposée au feu, elle se durcit comme toutes les terres qui
contiennent de l'argile, et l'on trouve des *marnes* qui font
d'excellentes poteries. A la flamme du chalumeau, elle se con-
vertit en une scorie noirâtre, tellement boursouflée, qu'elle
peut surnager à l'eau.

La *marne* se délite facilement à l'air, et se divise d'abord
en fragmens cubiques ou rhomboïdaux, et enfin, en parcelles
très—menues, de formes irrégulières. On a remarqué qu'une
marne est d'autant plus propre à fertiliser les champs, qu'elle
est plus prompte à se déliter par l'action de l'atmosphère.

C'est cette propriété de fertiliser la terre, que la *marne* possède éminemment, qui doit la rendre précieuse à nos yeux.
Mais, pour qu'elle produise tous les bons effets dont elle est
susceptible, il faut que l'agriculteur éclairé choisisse avec soin
la qualité de *marne* qui convient à la nature des terres qu'il
veut bonifier. Si ces terres sont argileuses et fortes, il n'y pro-
duiroit presque aucune amélioration, s'il employoit une
marne qui fût elle-même très-abondante en argile; ses travaux
et ses frais tomberoient en pure perte. Il faut donc qu'il emploie une *marne* où domine la terre calcaire; et fût-elle un
peu sablonneuse, elle n'en vaudroit que mieux, en allé-
geant et diminuant par le sable qu'elle contient, la terre argileuse et tenace où on la mêleroit.

Si les terres qu'on veut *marner* sont au contraire maigres, légères, ou de nature crétacée, il convient de choisir une *marne* grasse et la plus abondante qu'il est possible en parties argileuses. Mais comme, pour l'ordinaire, ces sortes de *marnes* ne se délitent pas à l'air aussi promptement que les *marnes* plus calcaires, il convient de les laisser pendant une année exposées à l'air, en petits monceaux, pour qu'elles en reçoivent les modifications qui peuvent contribuer au but qu'on se propose.

C'est dans les ouvrages des plus habiles agronomes, qu'il faut apprendre la manière de *marner* les terres avantageusement, et surtout dans les écrits des auteurs qui ne se sont pas contentés de donner de belles théories de cabinet, mais qui, par de longues expériences faites en grand, ont pu se convaincre de l'utilité réelle des méthodes qu'ils ont employées. L'un des meilleurs livres que l'on puisse consulter à cet égard, c'est l'excellent *Cours d'Agriculture* de Rozier, où l'on trouve généralement les instructions les plus utiles sur la manière d'employer toutes sortes d'engrais, et notamment la *marne*, suivant la différente nature des terrains et le genre de culture auquel on les destine.

L'usage de *marner* les terres remonte à l'antiquité la plus reculée. Faujas de Saint-Fond, dans ses savantes notes sur les ouvrages de *Bernard de Palissy*, nous apprend que les Grecs, les Romains, les Gaulois nos aïeux, et les habitans de la Grande-Bretagne, employoient la *marne* avec le plus grand succès, pour fertiliser leurs terres.

Parmi les modernes, Bernard de Palissy est le premier qui ait donné un traité particulier de la *marne;* et ce qu'il y a de remarquable, c'est qu'il avoit très-bien reconnu le véritable *principe* de sa propriété fécondante; ce principe n'est ni l'eau, ni la matière terreuse; mais l'eau lui sert de véhicule, et la terre d'excipient. Il ajoute, que quand on jette la semence dans une terre *marnée*, cette semence s'approprie, non la substance grossière et terreuse de la *marne*, mais le *principe* fécondant qu'elle renferme. Et l'on ne voit pas sans étonnement qu'il ait déterminé d'une manière précise les propriétés de ce *principe fécondant*, qui sont exactement celles qui caractérisent l'*oxygène*.

Or, l'on sait aujourd'hui, par les observations et les expériences de Humboldt et de plusieurs autres savans, que les terres argileuses, surtout quand elles sont mêlées avec d'autres terres, comme dans la *marne*, et qu'elles sont humectées, attirent puissamment l'*oxygène* de l'atmosphère; et l'on sait en même temps que c'est l'oxygène qui est le grand principe de la vie et de la fécondité des végétaux.

Suivant Palissy, le principe contenu dans la *marne* est un cinquième élément, auquel il donne le nom d'*eau essencie*, *congélative* et *générative*. C'est une eau *subtile*, qui est renfermée dans l'eau commune, mais qui n'est point évaporable comme elle, et qui *se fixe* dans les corps qu'elle pénètre.

Quand une fois elle y est fixée, ces corps ne sont plus *combustibles*.

Quand elle est séparée de l'eau commune, elle forme des corps pierreux, et notamment le cristal de roche. (On sait que Lavoisier soupçonnoit lui-même que les terres, et conséquemment les pierres, n'étoient autre chose que l'oxygène fixé dans une base qui nous étoit inconnue.) *V.* MÉTAUX.

C'est, suivant Palissy, ce cinquième élément qui est la cause de la cohésion des corps.

Il est le principe et la cause de la *vitrification*. (On sait bien que pour vitrifier les métaux, il faut d'abord les combiner avec l'oxygène.)

Palissy insiste surtout beaucoup sur le *principe vitrifiant*, qui réside essentiellement dans ce cinquième élément; en un mot, il ne lui manquoit plus que de lui donner le nom d'*air vital*.

Quand il le désigne sous le nom d'*eau subtile*, contenue dans l'eau commune, on ne peut pas qualifier d'une manière plus précise l'*oxygène*, puisqu'il entre pour $\frac{85}{100}$ dans la composition de l'eau.

Buffon soutenoit que la *marne* n'avoit d'autre effet que de rendre, par son mélange, les terres trop fortes, plus meubles et plus légères, et de donner du corps aux terres naturellement sèches et maigres; il nioit durement qu'elle eût en effet les propriétés que lui attribuoit *Bernard de Palissy*; cependant les observations et les expériences les plus exactes des naturalistes modernes ont prouvé que c'étoit le bon Palissy qui avoit dévoilé le vrai secret de la nature.

Il est donc important de laisser la *marne* pendant un certain temps exposée au grand air, afin qu'elle se pénètre le plus complétement possible du grand principe de la fécondité.

Mais ce qui doit surtout rendre à jamais le nom de *Palissy* cher aux amis de l'agriculture, c'est que, non-seulement il a reconnu la véritable cause des propriétés de la *marne*, mais c'est qu'il a trouvé le moyen de découvrir à peu de frais ce trésor que la nature cache à nos yeux.

C'est rarement près de la surface du sol que se trouvent les bancs de *marne*: presque toujours ils sont enfouis sous des couches et des amas de matières étrangères d'une épaisseur considérable, où ils pourroient demeurer éternellement ignorés.

Pour les découvrir, Bernard de Palissy inventa la *tarière*. Il l'a décrite telle qu'on l'emploie encore aujourd'hui, et il a indiqué la meilleure manière d'en faire usage. L'antiquité reconnoissante eût érigé des autels à l'auteur d'une invention si précieuse pour l'agriculture.

Avec le secours de cette machine, d'autant plus admirable qu'elle est plus simple, on peut, presque sans frais et en peu de temps, connoître quelles sont les matières qui existent à plus de cent pieds sous terre ; et l'on découvre ainsi fort souvent la *marne* sous les champs mêmes qu'on veut fertiliser.

La *marne* est non-seulement un trésor pour les cultivateurs, elle est aussi de la plus grande utilité dans certaines manufactures. La *marne à foulon* surtout est d'une importance majeure pour les apprêts des draperies ; et les Anglais sont si jaloux de celles qu'ils possèdent en abondance, qu'ils en ont défendu l'exportation, sous les peines les plus rigoureuses.

Il peut paroître extraordinaire que la *marne à foulon*, qui est si savonneuse, si facilement soluble dans l'eau, soit en majeure partie composée de silice, qui s'y trouve sans doute dans un état fort différent de ce qu'elle est dans le quarz ; mais je dois faire observer que cette *marne à foulon* n'est point, comme la *marne commune*, un dépôt fluviatile ; elle a pu être formée de deux manières ; l'une est un produit immédiat des précipitations chimiques qui ont formé les grandes couches de glaise, dont elle n'est qu'une variété ; l'autre est le résultat de la décomposition des laves, qui s'opère tantôt par des vapeurs d'acide sulfurique, qui en forment des terres alumineuses, comme à la Solfatare de Pouzoles ; tantôt par des vapeurs aqueuses, comme dans celles qui ont été observées par M. Stanley, près des volcans d'Islande ; tantôt enfin par une désagrégation spontanée de leurs parties intégrantes que la nature opère par des moyens qui nous sont inconnus, comme on le voit dans les masses de *marne* qui se trouvent par rognons et par nids, dans les anciennes laves ou basaltes de Bohême, d'Auvergne, du Vivarais, d'Italie et de plusieurs autres contrées anciennement volcanisées. La terre *cimolée* et la terre de *lemnos* qu'on trouve dans les îles volcaniques de l'Archipel, sont aussi de la même nature.

D'après les analyses de Bergmann, ces sortes de *marnes* sont composées de silice, d'alumine, de chaux et de magnésie, de même que le basalte, les glaises et les ardoises secondaires : ces diverses substances ont en effet une origine commune, et ne diffèrent que par leur mode d'agrégation. *V.* Ardoise, Argile et Basalte. (PAT.)

On peut diviser les *marnes* en *marnes argileuses*, en *marnes calcaires*, en *marnes siliceuses* et en *marnes bitumineuses*. Chacune de ces sortes de *marnes* présente des variétés compactes, feuilletées ou terreuses. Mais ces divisions sont aussi arbitraires que celles de *marnes endurcies* et de *marnes terreuses*.

Les *marnes argileuses* sont celles qui se délayent dans l'eau plus ou moins facilement. La *marne argileuse compacte* est solide ; mais on peut aisément l'entamer avec l'ongle, ou la couper avec le couteau. On en trouve de grise tachetée entre les bancs de pierre à plâtre des environs de Paris. Il y en a de vert-pâle dans les carrières de pierres calcaires à Passy. La *marne argileuse feuilletée* est celle qui se divise en feuillets très-minces. Lorsqu'elle sort de la carrière elle est très-friable, mais elle durcit et devient solide en se desséchant ; elle est très-fusible et fait effervescence : on en trouve de grise, de brune, de jaunâtre, etc., dans les mêmes lieux que la précédente. La marne argileuse friable a une certaine avidité pour l'eau ; elle se gonfle et se délaye dans ce liquide : en se desséchant elle tombe en miettes. L'on place dans cette division la plupart des *marnes* qui servent à faire de la poterie. La *marne* verte, qu'on voit en bancs très-épais au-dessus de la formation gypseuse à Montmartre, Ménil-Montant et ailleurs, est une marne de cette espèce : on en fait de la faïence à Paris ; elle y sert aussi, sous le nom de *glaise*, pour le glaisage des bassins ; elle donne à la fusion un verre noir, et est composée de silice, 66 ; alumine, 19 ; chaux, 7.

Les *marnes calcaires* ne se délayent point dans l'eau et ne font pâte avec elle qu'après avoir été finement broyées, ou qu'après avoir été long-temps humectées. Elles ont quelquefois assez de solidité pour pouvoir servir à bâtir. L'action plus ou moins prolongée de l'air les délite ou les réduit en poussière fine : c'est ce qui fait que ces marnes sont préférées en agriculture. On les distingue en *marnes compactes* et en *marnes friables*. Les premières sont compactes ; elles forment quelquefois des bancs puissans qui présentent des retraits qui les divisent en prismes et en polyèdres d'un grand volume comme les basaltes. Quelquefois elles ne sont point divisées et présentent dans leur sein des cristallisations de gypse, des rognons de la même substance, de nombreuses empreintes de toutes sortes d'animaux marins. On en voit à Montmartre des exemples parfaitement caractérisés. Les *marnes* qui recouvrent immédiatement le système gypseux, ou qui en séparent les bancs, sont très-variées. La *marne* blanche s'y présente en bancs très-épais. Les *marnes friables* se distinguent des précédentes par leur fragilité même dans la carrière. Elles se rencontrent dans les mêmes circonstances que les *marnes* compactes qu'elles accompagnent assez souvent ainsi que les couches calcaires, et, comme toutes les *marnes* en général, elles ne se trouvent que dans les terrains secondaires.

Nous plaçons dans les *marnes calcaires*, la *marne* jaunâtre observée à Montmartre par MM. Desmarest et Prevost, et qui leur a présenté un singulier genre de retrait qu'on n'avoit pas encore remarqué dans la marne ni dans aucun autre minéral. Cette marne forme une couche d'un mètre de puissance qui fait partie de la masse inférieure de la formation gypseuse : elle est pétrie de coquilles qui n'y ont laissé que leurs empreintes, et qu'on reconnoît aisément pour les analogues des coquilles qu'on trouve dans notre pierre calcaire. Cette marne offre assez abondamment des retraits qui produisent des pyramides carrées, striées sur leurs faces parallèlement à leur base, laquelle adhère ou plutôt se continue dans la masse. Six pyramides semblables réunies par leurs sommets, forment un système complet, qu'on ne sauroit regarder comme une sorte de cristallisation régulière, parce que ces pyramides ont une structure qui prouve le contraire. Ces sytèmes, complets ou incomplets, sont indifféremment situés dans la couche ; ils se sont opérés à travers les groupes de cristaux de gypse qui sont très-abondans en cette même couche. Nous y avons vu des empreintes se partager entre deux pyramides contiguës ; en sorte qu'on ne sauroit révoquer en doute la certitude d'un retrait. Mais quelle cause a pu déterminer la formation de ces systèmes? Est-ce le desséchement de la matière dans les points où ils sont, ou bien sont-ils le résultat d'une pression exercée par les couches supérieures qui pèsent sur la *marne ?* Le premier cas n'est pas admissible; car, outre que l'on ignore s'il se forme dans l'intérieur de cette *marne* de nouveaux systèmes pareils, c'est que les morceaux qui restent exposés à l'air tombent en miettes ou se durcissent sans présenter de nouvelles pyramides. Le second cas a plus de vraisemblance depuis que l'architecte Rondelet a fait voir que la pression opérée sur les pierres y déterminoit une rupture qui, d'après M. Girard, suivroit des lois particulières. Rondelet a même obtenu avec la pierre calcaire des systèmes de pyramides analogues à ceux qui nous occupent. L'on sait que c'est par la forte pression, occasionée par un violent coup de marteau sur le grès de Montmorency, qu'on obtient des cônes remarquables par leur régularité. La cassure conchoïde est encore le résultat d'une pression qui s'exerce suivant une loi semblable.

Ce n'est pas seulement la *marne* jaunâtre, observée par MM.

Desmarest et Prevost à Montmartre et à la barrière de la
Chopinette , au fond de la formation gypseuse, qui offre ces
systèmes de six pyramides. Nous les avons reconnus aussi
avec ces Messieurs dans les bancs de *marnes* homogènes
sans cristaux de gypse , ni empreintes de fossiles, qui sur-
montent la formation gypseuse à la butte Chaumont , près
de Belleville ; mais ces systèmes y sont rares et incomplets. La seule pyramide entière que nous ayons observée
étoit remarquable par sa grandeur , car elle avoit à sa base
cinq pouces en carré. Cette pyramide étoit en outre beaucoup plus surbaissée. Les pyramides du banc inférieur
ont au plus deux pouces et demi de base , et leur hauteur est
au côté de leur base comme un est à deux : ici on détermine la
base au point où la pyramide se confond avec le reste de la
marne. Nous avons découvert de semblables systèmes à
Saint-Prix ; ils appartenoient aussi à des couches supérieures,
mais ils étoient en *marne* extrêmement dure et fort pesante ,
ce qui nous fit juger qu'elles contenoient très-probablement
de la strontiane sulfatée. Nous avons donné à M. Gillet Lau-
mont l'échantillon que nous avons recueilli. Rappelons encore
que de Born dit avoir observé dans les *marnes* des retraits en
octaèdres : auroit-il voulu parler de retraits analogues à ceux
qui nous occupent? c'est ce que nous ignorons.

Les *marnes siliceuses* sont celles qui contiennent beaucoup
de silice et à peine de l'alumine ; cependant elles se ra-
mollissent dans l'eau qui les délite d'abord, puis les délaye.
Elles deviennent dures et solides par la dessiccation.

La *marne feuilletée* de Montmartre , dans laquelle on trouve
cette variété de *silex*, qu'on a appelée *ménilite* , en est un
exemple. Les Allemands en font , avec Werner, une espèce
particulière sous le nom de *klebschiefer* ; les Anglais adoptent
cette espèce, et les minéralogistes français en ont fait une variété d'argile ; cependant elle ne contient presque point d'a-
lumine , comme le prouvent les deux analyses suivantes, dues
la première à Klaproth, et la seconde à Bucholz.

Silice	62,50	58,00
Alumine	00,75	5,00
Magnésie	8,00	6,10
Chaux	00,25	1,50
Carbone	00,75	0
Fer	4,00 et manganèse	9,00
Eau	0,00	19

Cette *marne* est brune lorsqu'elle sort de la carrière , très-
friable, et se délite très-aisément en feuillets minces ; elle

devient blanc-grisâtre ou jaunâtre à l'air et fort dure : elle est alors extrêmement happante à la langue, absorbe l'eau avec sifflement, et sa pesanteur spécifique est de 2,080. On ne l'a trouvée qu'aux environs de Paris, dans la deuxième masse de la formation gypseuse ; et elle y porte le nom de *foie*, sans doute à cause de la *ménilite* qu'elle contient et dont la couleur est le brun hépatique. On ne doit point la confondre avec le *polierschiefer* des Allemands, ou schiste à polir.

Les *marnes bitumineuses* sont celles qui répandent une odeur de bitume, soit lorsqu'on les frotte, soit lorsqu'on les expose au feu. Dissoutes dans les acides, elles laissent surnager la matière bitumineuse et déposer un résidu siliceux. Il y en a de *compactes*, de *feuilletées* et de *friables*. Les variétés compactes sont ordinairement gris-jaunâtre, très-dures et à cassure conchoïde ; elles passent à la pierre calcaire compacte. Elles sont souvent fissiles en grand, et dans leur sein on trouve des restes de corps organisés, et notamment des empreintes de poissons : par exemple, à Vérone, à Aix en Provence, à Cadix, à Aischtaed ou Sohlhofen. Il y en a aussi qui forment des bancs sans structure fissile et dont l'aspect est terreux. Ces marnes terreuses accompagnent généralement les *marnes bitumineuses feuilletées*. Celles-ci se divisent en feuillets aussi minces que du papier. Elles contiennent, mais moins abondamment, des empreintes de végétaux et de poissons : telle est la *marne* papyracée nommée *dysodile* par M. Cordier, regardée comme une houille, nous ne savons trop pourquoi, par des minéralogistes du premier mérite, et qui se trouve à Mélilli, auprès de Syracuse en Sicile, où elle porte le nom de *stercus diaboli*, à cause de l'extrême puanteur de bitume qu'elle exhale en brûlant. La *marne bitumineuse friable* n'est pas rare dans ces mêmes gisemens : nous citerons celle de Pont-du-Château près de Clermont qui est extrêmement friable et qui conserve sa structure feuilletée grossière. Entre ses feuillets ébauchés, on voit des lits minces ou plutôt des enduits de bitume brun. On trouve de semblables *marnes* auprès de Moulins, dans le département de l'Allier ; elles appartiennent à cette formation récente que l'on appelle *formation d'eau douce*. Il paroît que toutes les marnes bitumineuses doivent leur fétidité à un bitume animal, provenant des restes des animaux qui habitoient les lacs et les mers au fond desquels ces *marnes* se sont déposées. La poix d'Auvergne ne paroît être que ce bitume qui s'est écoulé de la marne et de la pierre calcaire qui le contenoient.

Les *marnes* passent à diverses espèces de calcaires, aux pierres argileuses, au schiste bitumineux, etc., en sorte que dans les ouvrages on les trouve souvent indiquées sous ces noms sans pouvoir les reconnoître. Il existe encore un grand nombre de variétés de *marnes* intermédiaires entre les quatre sortes que nous venons d'indiquer, et qui compliquent leur étude ; c'est ce qui arrive pour toutes les matières minérales en masse , qui ne sont que des mélanges de diverses substances sans proportions fixes.

La terre de Leutra , près de Jéna , à laquelle on a donné le nom de *leutrite* , et qui sert dans le pays pour amender les terres , paroît être une *marne. V.* LEUTRITE. (LN.)

MARNAGE. Marner les terres remonte à la plus haute antiquité. Les écrivains grecs et romains en parlent comme d'une pratique générale et d'un résultat extrêmement avantageux. Parmi les modernes , Bernard de Palissy, cet homme étonnant pour son siècle , a publié un ouvrage spécial sur le marnage ; et Olivier de Serres, le patriarche de l'agriculture française , en vante les effets et en conseille l'emploi. Tous les agronomes du dernier siècle se sont réunis à eux pour en étendre l'usage en France , en Angleterre , en Allemagne ; mais il s'en faut de beaucoup qu'on le fasse autant qu'il seroit à désirer pour l'avantage des cultivateurs; ce qu'on doit attribuer à la grande dépense à laquelle le marnage entraîne et dans quelques cantons , à la lenteur de son action , lenteur telle que c'est le détenteur du bail suivant qui en tire le plus de profit. Aussi dans plusieurs de ces cantons , les fermiers exigent-ils , par leur bail , que ce soit le propriétaire qui le fasse.

Ce n'est pas seulement sur les terres destinées aux céréales qu'on peut utilement répandre la marne , car ses effets sont aussi et même plus avantageux sur les prairies naturelles et artificielles , sur les pâturages , dans les chènevières, les jardins , etc.

On trouve de la marne presque partout , puisque la plus grande partie des argiles contient du calcaire et de la silice , que la plus grande partie du calcaire contient de l'argile et de la silice ; mais , comme il a été dit plus haut , on ne peut employer , avec économie , que celles de ces deux sortes de marnes qui sont susceptibles de se déliter à l'air, et de plus qui ne sont pas tellement au-dessous de la surface, ou tellement éloignées , qu'il faille faire de trop grands frais d'extraction ou de charrois pour pouvoir se les procurer ; car dans la véritablement bonne agriculture , la dépense doit être toujours proportionnée à la recette présumée.

L'expérience de tous les siècles et de tous les jours prouve que la marne est complétement infertile par elle-même ; que ce n'est que lorsqu'elle a été long-temps exposée à l'air, et mêlée avec de la terre végétale, qu'elle devient propre à augmenter les produits des récoltes. Il est une infinité de lieux, surtout dans les pays à couches calcaires, tertiaires où la marne se trouve seulement à quelques pouces au-dessous de la surface du sol et où la charrue en mêle avec la terre végétale. Là on évite, autant que possible, de faire des labours profonds, parce qu'on a remarqué que plus on introduisoit de cette marne dans la terre végétale, et plus cette dernière perdoit de sa fertilité. Ce fait sera expliqué plus bas.

Il est, sans doute, des marnes qui, comme certaines pierres calcaires, même de très-ancienne formation, la CRAIE, par exemple, conservent encore quelques parties animales, et qui, dans ce cas, agissent comme engrais.

L'acide carbonique et probablement les autres gaz de l'atmosphère, se fixent dans la marne pendant qu'elle se délite, et concourent probablement à son action sur la végétation; mais nous n'avons aucune observation positive à cet égard. Il résulte de cette action de la marne sur les gaz, que plus on la laisse long-temps exposée à l'air, et mieux elle doit remplir son objet; cependant un seul hiver suffit le plus souvent.

La marne variant sans fin dans ses proportions, doit varier également sans fin dans ses effets; et comme les terres labourables varient encore de même, il est absolument impossible de donner des règles générales sur son emploi. Je dois donc me contenter de répéter qu'il faut choisir la marne qui se délite le plus facilement à l'air, dont la composition est la plus opposée à la nature de la terre qu'on veut marner. Ainsi celle qui contient à peu près une égale quantité d'argile, de calcaire et de silice, est celle qui se délite le mieux. Ainsi il faut préférer celle qui est plus calcaire et plus siliceuse, lorsque le sol qu'on cultive est argileux; celle qui est plus argileuse, lorsqu'on veut la répandre sur des sols calcaires ou sablonneux : l'expérience locale peut seule fixer à cet égard la conduite des agriculteurs prudens; cependant il est des moyens de se guider par la théorie. Par exemple, les principes ci-dessus étant admis, on peut facilement faire l'analyse des terres et des marnes pour s'assurer des proportions de leurs mélanges, dans le but de juger de l'effet de ces derniers. À cet effet, on en fait sécher dans un four dont on a retiré le pain, on en prend un poids donné, deux onces par exemple, qu'on réduit en poudre, qu'on met dans un verre et sur laquelle on verse une quantité de bon vinaigre ou d'eau-forte, qui dissout la partie calcaire; l'acide décanté et le résidu séché, donne, par la perte qu'il a éprouvée, la quantité de calcaire qu'elle contenoit. On remet le résidu dans le verre avec trois ou quatre fois son volume d'eau,

et on l'agite quelque temps avec un bâton. La partie argileuse se suspend dans l'eau, et se transvase avec elle dans
un autre verre. On répète l'opération jusqu'à ce que l'eau
ne se trouble plus. Le sable reste au fond du premier
verre; on le fait sécher et on le pese. On fait sécher, et on
pese de même l'argile. Des opérations semblables sont faites
sur la terre des champs à marner, et on juge par les résultats, et de la nature de la marne à employer, et de la quantité qu'il faut en répandre.

Dans les cantons où on fait un grand emploi de la marne,
des hommes se consacrent exclusivement à son extraction,
et on en trouve toute l'année à acheter sur le bord des fosses.
Dans la plupart des autres, chaque propriétaire ou fermier
fait tirer, pour son compte, sur sa propriété ou sa ferme,
la quantité qui lui est nécessaire. C'est, en général, en
automne et en hiver que cette opération a lieu, soit qu'on
veuille employer de suite ses résultats, soit qu'on veuille
attendre qu'elle se soit délitée avant de la répandre, et ce
d'abord, parce que la délitation s'opère bien mieux pendant
l'hiver, à raison de l'humidité constante et de la gelée, ensuite, parce qu'alors la main-d'œuvre et les charrois sont à
meilleur compte. *V.* MARNIÈRE.

Je crois préférable de transporter la marne sur les champs
immédiatement après son extraction, parce qu'on l'y dissé-
mine en petits tas sur lesquels l'air agit plus facilement que
sur le gros qu'on est obligé d'établir au bord de la marnière,
et qu'il est de fait que les marnes qui ont échappé aux premières influences de l'air, se délitent ensuite beaucoup plus
difficilement, et même ne se délitent pas du tout.

Le même motif doit engager les cultivateurs à laisser, le
moins long-temps possible, les petits tas de marne en place,
et à les répandre également sur toute la surface des champs.
A la fin de l'hiver, les morceaux qui auront échappé à la
délitation, seront brisés avec une casse-motte (maillet à
long manche), et leurs fragmens dispersés. On enterrera
ensuite la marne par un labour, et on semera de l'avoine ou
de l'orge.

Il est des marnes qui, mises dans l'eau, se réduisent en
peu d'instans en bouillie. Il m'a paru que ce n'étoient pas les
meilleures. En effet, ce sont celles qui contiennent le moins
de calcaire et le plus de sable. Or, le sable n'agit que mécani-
quement.

Lorsque les marnes, en général, ne se délitent pas, on
peut les réduire en poudre sous des pilons ou des meules;
mais cette opération a rarement lieu, à raison de la dépense.
Réduire en chaux, par la calcination, celles qui sont très-cal-

caires, est économique et avantageux. On durcit, en les transformant en briques, celles qui sont très-argileuses en les exposant au feu.

Les effets de la marne ne se font guère sentir qu'à la seconde année, et quelquefois qu'à la troisième ou à la quatrième. Ils durent souvent pendant dix, douze, quinze ans et plus. On ne peut établir de calculs généraux à cet égard, par la raison citée plus haut. On ne peut pas même en établir pour telle localité, ou telle variété de marne, parce que l'état de l'atmosphère change tous les ans, et que c'est de lui que dépend le plus ou moins d'action de la marne.

Non-seulement la théorie, mais encore la pratique indiquent qu'il ne faut pas marner avec excès ou trop souvent; car on lit dans les ouvrages d'Arthur-Young, que les cultivateurs de Norfolk, qui ont jadis marné avec fureur, ne peuvent plus le faire avec avantage.

Mais quelle est la manière d'agir de la marne?

Depuis Bernard de Palissy qui a cherché à l'expliquer, jusqu'à nos jours, on a beaucoup varié d'opinion sur cette question.

J'ai établi dans le *Nouveau Cours d'Agriculture* en treize vol., imprimé chez Deterville, qu'on devoit distinguer deux séries d'effets dans l'action de la marne, savoir : les effets physiques et les effets chimiques, et qu'il falloit les classer parmi les AMENDEMENS, et non parmi les ENGRAIS, comme tant d'agriculteurs peu instruits l'ont fait.

La marne argileuse agit physiquement, en rendant plus compactes et plus susceptibles de retenir l'eau des pluies et les gaz provenant de la décomposition des substances organiques, les terres calcaires ou sablonneuses qui sont trop perméables, celles qu'on appelle terres légères.

La marne calcaire agit physiquement sur les terres argileuses, c'est-à-dire, trop compactes, en les rendant plus perméables aux eaux des pluies et aux racines des plantes.

Toutes deux agissent chimiquement sur les terres agraires, en rendant soluble, au moyen du calcaire qu'elles contiennent, une plus grande quantité de l'humus qui s'y trouve, et par-là en fournissant un aliment plus abondant aux plantes qu'on y cultive.

Pour bien comprendre ce dernier effet, il faut se reporter aux expériences de Th. de Saussure et de Braconnot ; expériences qui constatent : 1.º que les alkalis dissolvent l'humus en totalité, et que la chaux, le calcaire, en dissolvent une partie ; 2.º que les plantes végètent avec d'autant plus de vigueur qu'elles trouvent dans la terre plus d'humus en dissolution.

Ces derniers résultats s'appuient d'ailleurs sur une grande

quantité de faits qui sont restés inexpliqués jusqu'à ces derniers temps. Ces faits font voir pourquoi marner trop abondamment rend quelquefois un terrain infertile pendant un certain nombre d'années, et pourquoi les terrains crayeux de la
Champagne sont voués à une stérilité éternelle. Ils appren-
nent qu'il faut plutôt marner souvent qu'abondamment, moins
dans les sols pauvres que dans les sols riches; qu'il est toujours
avantageux de fumer fortement les terres maigres avant de
les marner; enfin que l'emploi de la chaux, qui agit chimiquement de la même manière que la marne, dont il ne faut
pas la centième partie, dont l'action est plus prompte et
plus forte, et dont on peut plus facilement calculer les effets
lui est toujours préférable, surtout dans les terres ni trop
fortes ni trop légères, c'est-à-dire, qui n'ont besoin ni de
sable, ni d'argile.

Les marnes très-ferrugineuses, de même que les marnes
magnésiennes, doivent être repoussées par les cultivateurs
comme plus infertiles que les autres. Cette qualité, elles la
doivent à l'oxyde de fer et à la magnésie qu'elles contiennent.

Une manière d'employer la marne, qui est peu connue,
mais dont l'expérience a constaté les avantages, c'est de la
stratifier avec de la terre végétale et des engrais, pour ne
l'employer que deux ou trois ans après, parce qu'alors la
presque totalité de l'humus contenu dans le mélange est dis-
soute et agit de suite. La dépense de l'opération et du transport est le seul motif qui puisse empêcher de l'employer partout; mais cela suffit pour qu'on ne le fasse presque nulle part.

Si la marne donne de la fertilité aux terres, elle nuit à la
qualité des produits de ces terres. J'ai observé que les bestiaux repoussoient l'herbe des prairies sur lesquelles on l'a-
voit répandue l'hiver précédent; et Arthur-Young a reconnu
que les pommes de terre cultivées dans une terre qui en
avoit reçu, étoient d'une saveur désagréable.

On peut conclure de ce que j'ai dit relativement aux marnes superficielles, qu'il arrive souvent que des terres sont naturellement marneuses et que ces terres sont peu fertiles. On
les appelle TERRES BLANCHES, TERRES MARNEUSES. Ce n'est
qu'en y exagérant les engrais qu'on peut les rendre produc-
tives. Elles offrent trois graves inconvéniens : 1.º leur blancheur repousse les rayons du soleil, ce qui les rend plus froides, et par suite plus tardives que les autres; 2.º les pluies
rendent leur surface dure comme une croûte, ce qui nuit au
développement des céréales, en comprimant le collet de leurs
racines et en s'opposant à l'introduction subséquente des eaux
pluviales, à l'action des gaz atmosphériques, etc.; 3.º le plus
souvent elles sont *déchaussantes*, c'est-à-dire, que les gelées

de l'hiver soulèvent les molécules de leur surface et mettent
à nu les racines des céréales, ce qui les fait périr. Des bois,
des prairies artificielles, des cultures d'été, sont ce qu'il convient le mieux d'introduire dans ces sortes de terres. (B.)

MARNIÈRE. Lieu d'où se tire la MARNE pour l'usage de
l'agriculture. La plupart des marnières sont formées par les
dépôts des anciennes mers ; mais il paroît qu'il y en a quelques-unes qui sont de formation très-moderne. *Voyez* AL-
LUVION.

Les marnières des pays granitiques, schisteux et calcaires de
transition, se distinguent des autres en ce qu'elles sont toujours en amas, et que l'argile ainsi que le sable quarzeux y do-
minent. *V.* TERRE A FOULON.

C'est dans les pays à couches calcaires que se rencontrent
les véritables marnières ; elles y sont beaucoup plus fréquentes
qu'on ne le croit généralement, mais souvent elles sont à une
grande profondeur.

Les marnes de ces derniers pays forment ordinairement
des lits peu épais, superposés les uns aux autres, de couleur
et de composition différente. Elles offrent souvent des débris
de quadrupèdes, de poissons, de coquilles, etc.

L'aspect général du pays peut guider, dans la recherche de
la marne, un cultivateur instruit en géologie ; mais, le plus
souvent, c'est par l'inspection des ravins, des déblais des
carrières, des puits, etc., qu'on s'assure de son existence. A
défaut de ces moyens, on peut employer la tarière inven-
tée par Bernard de Palissy, instrument qui va la chercher
à plus de cent pieds de profondeur, et qui devroit se trouver
dans chaque chef-lieu de canton, pour le service des cultivateurs. *Voy.* MARNE.

On n'exploite à ciel ouvert que les marnières les plus superficielles, et rarement. Dans ce cas, on approfondit peu les
fouilles, à raison de la dépense, ce qui occasione des pertes
assez importantes de terrain, pertes qu'on pourroit éviter
dans beaucoup de lieux, en remplissant les trous, de pierres
retirées des champs, et en recouvrant ces pierres de bonne
terre.

Quelquefois on exploite les marnières par galeries, per-
cées dans un coteau. Cette manière est la plus économique,
mais elle n'est pas praticable partout.

La manière la plus commune d'extraire la marne, est celle
par puits plus ou moins profonds, plus ou moins larges,
terminés par des galeries ; puits qu'on creuse dans les champs
mêmes, pour diminuer les frais, et qu'on comble lorsqu'on
n'en fait plus usage.

Les galeries des marnières sont sujettes à s'effondrer par

suite du délitement de leur toit et de leurs parois; ainsi, il faut ne s'y aventurer qu'après avoir reconnu l'état de ce toit et de ces parois. On doit les étayer de distance en distance, pour plus de sûreté, ne fût-ce qu'avec des perches d'aune ou de saule.

Les eaux gênent quelquefois dans l'extraction des marnes. La nécessité de diminuer les frais permet rarement de les détourner ou de les extraire. Ces eaux sont généralement mauvaises à boire, mais très-bonnes pour arroser.

Il est des lieux où se trouvent des marnières communes, c'est-à-dire, d'où tous les cultivateurs peuvent faire extraire de la marne gratuitement. Il seroit à désirer que ces lieux fussent plus multipliés. (B.)

MAROCHOS. Albert-le-Grand désigne ainsi le GUÊPIER. *V.* ce mot. (S.)

MAROCOAN. Nom brasilien de l'OCYPODE APPELANT. (B.)

MAROJO. C'est un CHÊNE, *Quercus œgylops*, en Espagne. (LN.)

MAROLY. C'est, suivant La Chenaye-des-Bois (*Dictionnaire des Animaux*), un oiseau fort extraordinaire, que les Persans appellent *pac*, et les habitans du cap de Coloche, de Frie, dans l'île de Zuatan, et les autres insulaires, *maroly*. Il est passager, vient d'Afrique, et son passage a lieu dans les mois de septembre et d'octobre. C'est un grand oiseau de proie de la taille de l'*aigle*; il a le bec crochu, deux espèces d'oreilles d'une énorme grandeur qui lui tombent sur la gorge, le sommet de la tête élevé en pointe de diamant, et enrichi de plumes de différentes couleurs, enfin les plumes de la tête et des oreilles d'une couleur tirant sur le noir. Sa nourriture consiste en poissons qu'il trouve morts sur le rivage de la mer, en serpens et en vipères.

La description de cet oiseau vraiment extraordinaire a sans doute été tirée de quelque conte persan, et je ne comprends pas trop comment M. Valmont de Bomare y a reconnu l'orfraie. (S.)

MARON, Dioscoride. *V.* MARUM. (LN.)

MARONC. C'est le MIMUSOPE A FEUILLES POINTUES. (B.)

MARONE de Dioscoride. C'est la même plante que son *chironia* ou *centaurium majus*, qu'on croit être une espèce de CENTAURÉE, *C. rhapontica*. (LN.)

MAROSCHKAS. Nom que porte la RONCE DES MARAIS (*Rubus chamæmorus*, Linn.), en Sibérie. (LN.)

MAROTOU. Nom vulgaire du MILAN, aux environs de Niort. (V.)

MAROTOU (Grand). Nom vulgaire du Souchet, aux environs de Niort. (v.)

MAROTTI. Arbre de l'Inde, qui a les feuilles alternes, ovales, dentées, fermes et luisantes, les fleurs portées sur de courts pétioles, et rassemblées plusieurs ensemble dans les aisselles des feuilles. Il paroît que ces fleurs ont un calice de cinq folioles; dix pétales, sur deux rangs, dont les inférieurs sont petits, rouges et veloutés, les extérieurs grands, concaves, roussâtres, velus; cinq étamines à filamens velus; un ovaire supérieur.

Le fruit consiste en un drupe presque sphérique, qui, sous une écorce roussâtre et scabre à l'extérieur, renferme un noyau épais, uniloculaire, revêtu intérieurement d'une pulpe blanche, et contenant une douzaine de semences anguleuses et irrégulières.

Le marotti est en fleur toute l'année. Ses semences fournissent une huile douce et employée à divers usages. (B.)

MAROUCHIN. Vouède de la plus mauvaise qualité. *V.* à l'article Pastel. (B.)

MAROUETTE. *Voyez*, pour les oiseaux décrits sous ce nom, l'article Porzan. (V.)

MAROUTE. Nom de la Camomille puante. (B.)

MARQUETTE. On appelle ainsi les Sèches employées à faire des amorces. (B.)

MARQUIAAS. Nom d'une espèce de Grenadille (*Passiflora laurifolia*), à Surinam. (LN.)

MARQUIS D'ANCRE, LIVRÉE D'ANCRE. Nom donné par quelques auteurs au Trichie a bandes de M. Fabricius. (L.)

MARQUISE. Grosse Poire d'automne, pyramidale, bien faite et jaunâtre. (LN.)

MARRACHÉMIN. Nom vulgaire du Marrube commun, aux environs d'Angers. (B.)

MARRAK. Nom de la *craie* ou d'une terre crayeuse, au Groënland. (LN.)

MARREIK, MARRETSCH et **MARREDDIK.** Trois noms allemands du Raifort, *Cochlearia armoriaca*, L. (LN.)

MARROCHEMIN. C'est le Marrube blanc, dans le Midi. (LN.)

MARRON ou **CIMARON**, de l'espagnol *Cimarrones*. Mot qui s'applique pareillement à tous les animaux échappés au joug de l'homme. Le *marron* est surtout le nègre qui s'est enfui de l'habitation de son maître, et qui se cache dans les bois, les cavernes, les montagnes, pour échapper aux rigou-

reux châtimens qu'on lui veut infliger. Le misérable végète tristement dans les lieux déserts , cherchant quelques
racines agrestes, quelques mauvais fruits , rebut des animaux sauvages , pour soutenir sa vie ; loin de son pays , de
sa famille , de ses amis , il demeure toujours en crainte
d'être découvert et tué par les blancs. Dans les colonies ,
les blancs vont, en effet, à la chasse des *nègres marrons* ou
fuyards , et les tuent à coups de fusil comme des bêtes. Si
ceux-ci reviennent à l'habitation demander leur grâce , on
leur fait subir une punition , et on les attache à une chaîne
qui les empêche de fuir désormais; les voilà , pour le reste
de leurs jours, à la merci d'un homme, qui, ayant tout pouvoir sur eux , est intéressé à multiplier leurs travaux , sans
qu'il leur en revienne le moindre profit : ils se trouvent encore
heureux lorsqu'on ne les accable pas de coups.

C'est un sort bien à plaindre que celui du nègre ! On
va le prendre dans son pays : ses propres compatriotes
le vendent pour quelques bouteilles d'eau-de-vie, pour une
barre de fer ou de la toile bleue et des verroteries : il est
acheté , marchandé comme du bétail ; on l'emmène sans se
soucier de ses cris ; on l'arrache des bras de ses enfans, de
sa femme , de sa mère ; on l'enchaîne , on le jette dans un
vaisseau à fond de cale. On prend aussi des femmes , de pauvres innocens qui ne viennent au monde que pour souffrir
l'esclavage et la misère. On les force à de pénibles travaux
sur une terre brûlante; on les frappe , et s'ils fuient , on
les poursuit pour les tuer. Quel mal ont-ils commis pour
être traités ainsi? Avant que nous allions leur porter des
fers , nous avoient-ils fait quelque insulte? Nous les mal-
traitons , ils sont sans défense contre nous , comme des or-
phelins; nous leur ôtons tout ; ils travaillent sans salaire ;
ils nous abandonnent tous les fruits qu'ils ont fait naître ; ils
souffrent et s'excèdent chaque jour pour nous , sans espérance de bonheur et de repos; et cependant nous les bat-
tons , nous les chargeons de travail comme des bêtes , nous
les forçons de s'enfuir ; nous leur faisons détester la vie. Ce
sont pourtant des hommes; le hasard pouvoit nous faire naître semblables à eux. Ne pouvons-nous pas tomber aussi
dans le malheur?

Pourquoi la vie a-t-elle été donnée à ces misérables?
Pourquoi tant de misères et d'amertumes aux uns, tandis que
d'autres regorgent de biens et de plaisirs? Le hasard distribue aveuglément la richesse et les rangs ; il laisse souvent
la vertu et le mérite dans l'infortune pour élever d'indignes
favoris.

Heureusement la traite des nègres est aujourd'hui presque

généralement abolie. On s'est perfectionné à cet égard:
on n'en veut plus qu'à la liberté des blancs eux-mêmes.
Étrange destinée! les hommes les plus puissans ne croient
pas pouvoir se passer d'esclaves. *Voy*. NÈGRE et HOMME.

(VIREY.)

MARRON. Épithète dont on accompagne, dans les colonies de l'Amérique, le nom des animaux sauvages, qui
sont ou que l'on croit de la même espèce que ceux que
l'on nourrit dans les habitations. Ainsi l'on dit CHIEN-MARRON, COCHON-MARRON, c'est-à-dire, fugitifs. (s.)

MARRON. Poisson du genre SPARE (*sparus chromis*, Linn.)

(B.)

MARRON ÉPINEUX. Coquille du genre des CAMES. (B.)

MARRON NOIR. AGARIC de grosseur moyenne dont le
chapeau est roux et les lames noires, et qu'on peut manger
sans risque. Il croît dans les bois en automne. Paulet l'a
figuré pl. 92 de son *Traité des Champignons*. (B.)

MARRON ROTI. Coquille du genre des SABOTS. (B.)

MARRON. Variété de CHÂTAIGNIER. (B.)

MARRONIER D'INDE, *Æsculus*, Linn. Ce bel arbre
que Tournefort a désigné sous le nom d'*hippocastanum vulgare*, originaire de l'Asie septentrionale, et parfaitement
naturalisé en Europe, a été apporté en Autriche en 1550,
en France en 1615, en Angleterre en 1633. L'époque de
son introduction parmi nous est transmise par une espèce
d'épitaphe inscrite dans le *Muséum d'Histoire naturelle*, sur
une coupe transversale du second des *marroniers d'Inde* cultivés à Paris. *Il fut planté au Jardin du Roi en 1656, il est mort
en 1767 : il a vécu 111 ans.*

Intéressant par sa forme pyramidale, par la richesse et
l'arrangement symétrique de ses fleurs, dont les bouquets
font autant de girandoles, le marronier d'Inde ne l'est pas
moins par l'épaisseur et l'agrément de son ombrage : il est
le premier arbre qui nous annonce le retour du printemps.
Ce qui doit surtout parler en sa faveur, c'est la facilité avec
laquelle il croît promptement dans les fonds les plus arides,
résiste aux froids de nos hivers, et donne dans le cercle de
quinze ans, au terrain qui en est planté, l'aspect d'une forêt touffue ; mais en même temps que le marronier d'Inde
frappe les yeux par la hauteur de sa tige, par la beauté de
son feuillage, on voit avec peine que son fruit, toujours abondant, n'a été, jusqu'à présent, d'aucune utilité, à cause de
son excessive amertume. Que de tentatives essayées pour
l'appliquer aux arts et à l'économie! Chacun s'est flatté
d'être parvenu à son but. Donnons ici le précis de ces tenta

tives, afin qu'à l'avenir on ne reproduise plus comme une nouveauté ce qui a été dit et proposé infructueusement tant de fois depuis à peu près un demi-siècle.

Le marronier d'Inde fait partie d'un genre de l'heptandrie monogynie, et de la famille des malpighiacées, dont les caractères consistent à avoir : un calice monophylle à cinq dents; une corolle de cinq pétales insérés au calice, inégaux, à limbe arrondi et ouvert ; sept étamines à filamens déclinés et inégaux; un ovaire supérieur, surmonté d'un style à stigmate simple ; une capsule arrondie, coriace, hérissée de pointes piquantes, à trois loges et à trois valves. (D.)

Il n'est pas douteux que le marronier d'Inde n'ait eu, comme les autres végétaux, ses partisans et ses détracteurs. D'abord, on a cru reconnoître, dans l'écorce de cet arbre, une vertu fébrifuge. Zanichelli, pharmacien à Venise, a publié une dissertation concernant les cures qu'il a opérées au moyen de cette écorce. Il la compare, d'après ses propres observations et l'analyse chimique qu'il en a faite, au quinquina. Coste et Willemet, dont la réputation est si justement méritée, ont confirmé l'opinion de ce pharmacien ; mais Zulatti assure que l'usage de ce remède a été suivi d'inconvéniens graves, peut-être parce qu'il aura été mal administré et dans des circonstances différentes; car c'est toujours l'à-propos qui constitue l'efficacité de la plupart des médicamens.

Tous les produits du marronier d'Inde étant caractérisés par une forte amertume, on avoit prétendu qu'aucun insecte n'osoit vivre à ses dépens ; cependant, on remarque que les hannetons ne respectent pas ses feuilles, et que plusieurs autres insectes lui font aussi la guerre. Dorthès nous a fait connoître les trois espèces de chenilles nuisibles à cet arbre, ainsi que les moyens qu'il étoit possible d'employer pour les détruire. Il s'agit d'attaquer leurs chrysalides. Les lieux où on les trouve le plus abondamment sont les joints des banquettes et les murs qui entourent les promenades plantées de marroniers d'Inde. Il faut, en hiver, les retirer, écraser les larves, et enduire les joints avec de bon mortier.

C'est spécialement sur le fruit du marronier d'Inde que l'attention s'est arrêtée. Les fleurs de cet arbre ayant un tissu extrêmement serré, résistent davantage aux trois fléaux des fleurs, la gelée, le vent et la pluie. Il fructifie donc assez constamment; comme certains poiriers, qui ont, ainsi que le marronier d'Inde, l'avantage de ne fleurir qu'après les gelées : de là l'origine de la récolte constamment sûre et abondante, et la source des efforts qui ont dirigé beaucoup

d'auteurs vers les moyens de donner à ce fruit une application utile.

Les uns en faisant macérer les marrons d'Inde après les
avoir fait broyer dans des lessives alcalines, et les exposant
ensuite à la cuisson pour en former une pâte susceptible
d'être donnée à manger aux oiseaux de basse-cour, se sont
flattés d'avoir trouvé de quoi suppléer les grains pour l'en-
tretien de la volaille ; mais il paroît que si, dans cet état, les
marrons d'Inde ne sont pas une nourriture malsaine, il s'en
faut bien qu'ils aient présenté trop peu de ressources dans leur
emploi, puisque cette proposition est demeurée sans effet ; à
peine le souvenir s'en est-il conservé dans les *Annales de
l'Économie domestique*. Et, en effet, les lotions et les macéra-
tions entraînant toujours de l'embarras et des frais, ne sau-
roient enlever en totalité le suc et le parenchyme dans
lesquels réside l'amertume ; l'unique changement que peuvent apporter ces opérations, c'est d'en diminuer l'intensité.

On avoit bien remarqué, depuis long-temps, que les bêtes
fauves, telles que le *cerf*, le *chevreuil*, la *biche*, le *lièvre*, le *lapin*,
venoient manger les marrons d'Inde sous les arbres : aussi,
dans quelques cantons où il régnoit une disette de fourrage, a-
t-on essayé d'accoutumer les chevaux et les moutons à s'en nourrir pendant l'hiver. Ce fruit, coupé et cuit, a donc été donné
à des bœufs dont l'engrais a réussi au point qu'on les a ven-
dus ensuite plus cher que ceux qui avoient été nourris à la
manière ordinaire ; leur suif étoit solide et abondant, et le
lait des vaches qui en avoient fait usage étoit gras et sans
amertume. Cependant, il faut convenir que, si jusqu'à présent nous ne savons pas positivement si les animaux qui
continueroient de manger de ce fruit, ne finiroient pas à la
longue par s'en dégoûter, nous sommes bien persuadés que,
mêlé en certaine proportion avec les fourrages ordinaires,
il deviendroit, à l'instar des amers, un puissant tonique capable de préserver les bestiaux des maladies qui résultent du
relâchement et de l'inertie des solides, ainsi que l'a si bien
observé M. Puymaurin, qui en a nourri ses moutons pendant un mois, sans que les mères brebis cessassent de donner
un lait de bonne qualité. M. Boos, envoyé à l'Ile-de-France par
Joseph II, en 1784, pour y faire une collection de végétaux,
a assuré à M. Cossigny, que son père avoit, au moyen des
marrons d'Inde, garanti ses bestiaux d'une épizootie qui
faisoit beaucoup de ravages dans la principauté de Bade ; et
Cretté de Palluel a prévenu, par l'usage de la chicorée sauvage, la maladie *rouge* dont les moutons sont si souvent attaqués au renouvellement de la saison. N'oublions pas de le

dire ici en passant : c'est dans les moyens prophylactiques que la médecine vétérinaire doit puiser ses secours ; une fois le troupeau affecté, il est rare souvent de pouvoir le sauver sans de grands sacrifices.

D'autres, croyant qu'il étoit possible à l'art d'enlever au marron d'Inde son amertume, se sont efforcés de l'appliquer à divers usages économiques. On l'a fait sécher et réduire en poudre, et avec cette poudre on en a préparé une colle très-vantée par les tabletiers et les relieurs. Cette proposition est peut-être la moins déraisonnable de celles qu'on ait faites pour donner à ce fruit un degré d'utilité réelle. Nous y reviendrons bientôt.

L'enveloppe ou péricarpe du marron d'Inde a été indiquée comme pouvant servir à la teinture en noir, et même dans les tanneries. Elle contient, à la vérité, une certaine quantité de tannin ; mais ce principe, si abondamment répandu dans les végétaux, est uni à tant de matiere extractive, qu'il ne fournit qu'un noir sale. Si on mêle sa décoction avec une dissolution de sulfate de fer, il est tellement empâté par cette matière, qu'il ne peut précipiter la dissolution de colle-forte ou gélatine. En cela, il diffère beaucoup de l'écorce de chêne, et, sous ce rapport, il ne sauroit lui être substitué avec avantage. Or, si, pour se procurer le tannin des deux enveloppes du marron d'Inde, il est nécessaire d'avoir recours à l'alcool, qui précipite très-bien la colle-forte, on conçoit qu'un pareil moyen est trop dispendieux, et, par conséquent, impraticable.

Mais une préparation très-vantée dans le temps où elle fut proposée, c'est surtout celle des *bougies de marrons d'Inde*, dont je crois avoir apprécié le mérite, en prouvant qu'elles n'étoient autre chose que du suif de mouton bien dépuré, et rendu solide par l'action de la substance amère et astrictive de ce fruit, qui, loin d'en augmenter la masse, opéroit sur elle un déchet de plus de moitié ; la matière huileuse et résineuse seule pouvoit y entrer, car la substance amilacée n'est pas de nature à se corporifier jamais avec les matières grasses: aussi le prix auquel ces prétendues bougies de marrons d'Inde revenoient, a fait bientôt évanouir toutes les espérances de fortune qu'on croyoit déjà réalisées.

Le marron d'Inde a été encore l'objet d'autres spéculations. On a pensé que, soumis à la fermentation, et ensuite à la distillation, il donneroit de l'alcool, qu'on pourroit employer ensuite dans la composition des vernis; mais s'il existe dans ce fruit une matière sucrée, elle n'y est pas très-abondante, puisqu'au lieu d'obtenir dans ces deux cas de l'alcool, Antoine, pharmacien distingué de l'hôpital militaire du Valde-Grâce, n'a eu , dans l'examen qu'il en a fait , qu'un acide acéteux , qui paroît exister dans ce fruit avant sa fermentation , et dont la seule infusion dans l'eau suffit pour en démontrer la présence dès qu'on se sert des réactifs nécessaires pour s'en assurer.

Dans un ouvrage allemand qui a pour titre : l'*Art de s'enrichir par l'Agriculture*, l'auteur propose de râper les marrons d'Inde dans l'eau, de les y laisser macérer pendant quelque temps, et de laver ensuite avec cette eau les étoffes de laine sur lesquelles elle produit l'effet d'un savon. On l'a même indiquée comme très-bonne pour rouir le chanvre ; mais soutenues par quelques effets apparens, ces vues d'utilité n'ont donné lieu à aucun travail suivi , à aucun résultat heureux. Il est vraisemblable que si la potasse qu'on retire du fruit après son incinération, y existoit toute formée , on pourroit, en la mettant en contact avec la matière huileuse, au moyen de l'ébullition dans l'eau , obtenir , par la voie humide , un véritable savon ; mais les expériences d'Antoine prouvent que cette combinaison ne sauroit avoir lieu , par la raison que dans l'extrait de marron d'Inde il existe en même temps beaucoup d'acide acéteux, qui s'empare de l'alcali, et forme une espèce de tartrite de potasse.

Enfin , beaucoup d'auteurs , persuadés que les marrons d'Inde étoient moins propres à servir d'aliment ou dans les arts , que de médicament , les ont envisagés sous ce dernier point de vue. Le docteur Antoine Jurra , médecin de Vienne, a fait beaucoup de recherches et d'expériences sur ce fruit, considéré relativement à l'art de guérir ; il l'a employé tantôt en fumigation ou comme sternutatoire , tantôt en qualité d'astringent ou d'antiépileptique ; les vétérinaires l'ont administré aux chevaux poussifs : mais on sait tout le cas qu'il faut faire de ces essais passagers , dont les résultats préconisés n'obtiennent jamais qu'une renommée éphémère.

La substance charnue et serrée des marrons d'Inde ayant été pour moi un indice de la présence de l'amidon , et persuadé, dans cette supposition, qu'il seroit possible d'extraire ce principe immédiat des végétaux des réseaux fibreux dans lesquels il étoit renfermé, je lui appliquai le procédé qu'emploient les Américains pour retirer du manioc une nourriture salubre , appelée *cassave* , avec l'intention ensuite d'en préparer du pain. Voici ce procédé.

Pain de marrons d'Inde , sans mélange de farine de grains. —Après avoir dépouillé les marrons d'Inde récens de leur écorce et de leurs membranes intérieures , je les ai divisés au moyen d'une râpe de fer blanc , et j'en ai formé une pâte d'une consistance molle , que j'ai enfermée dans un sac de

toile et soumise à la presse ; il en est sorti un suc visqueux,
épais, d'un blanc jaunâtre et d'une amertume insupportable :
le marc restant étoit blanc et très-sec ; je l'ai délayé dans une
quantité d'eau en le frottant entre les mains ; la liqueur laiteuse passée à travers un tamis de crin très serré, a été reçue dans un vase où il y avoit de l'eau. J'ai obtenu enfin par
le repos, par les lotions et par la décantation, une fécule
douce au toucher, et qui, desséchée à une chaleur modérée,
étoit blanche, sans odeur, sans saveur, ayant tous les caractères d'un véritable amidon, tandis que la partie fibreuse
restée sur le tamis conservoit opiniâtrément de l'amertume.
Cette amertume est tellement intense dans le fruit dont il
s'agit, que douze à quinze grains de sa poudre suffisent pour
la communiquer à une livre de farine de froment.

Pour panifier cet amidon, j'en ai pris quatre onces et pareille quantité de pommes de terre cuites et réduites par un
rouleau à l'état de pulpe ; j'en ai formé une pâte avec suffisante quantité d'eau chaude, dans laquelle se trouvoit délayée la dose ordinaire de levain de froment ; la pâte exposée dans un lieu tempéré, mise ensuite pendant une heure
au four, m'a donné un pain blanc, bien levé et de bonne
odeur. Différentes personnes à qui je l'ai fait goûter l'ont
trouvé bon, et n'y ont remarqué d'autre défaut que celui
d'être un peu fade, défaut que quelques grains de sel ont
bientôt corrigé.

Je ne cite ici que cette proportion, comme étant celle qui
m'a le mieux réussi ; on devine bien que pour l'atteindre j'ai
dû en essayer beaucoup d'autres, dont le plus grand nombre
a été infructueux ; les différentes fécules retirées des plantes
vénéneuses, dans lesquelles l'aliment est, comme on dit, à côté
du poison, traitées successivement de cette manière, m'ont
donné des pains également bons, et dans lesquels il n'a pas
été possible de distinguer le végétal d'où elles provenoient ;
si elles avoient quelques nuances dans leur saveur ou dans
leur couleur, elles étoient dues plutôt au plus ou au moins de
lavages que ces fécules avoient éprouvés, qu'à des différences
essentielles dans leurs parties constituantes.

Ce pain de marrons d'Inde, obtenu sans le concours d'aucune farine, à une époque critique où se trouvoient la plupart des états de l'Europe pour les subsistances, a fait assez
de sensation pour inspirer un certain intérêt. S. A. R. le
prince Ferdinand de Prusse m'adressa, peu de temps après
la publication que je fis de mon procédé, la recette d'un
gâteau de marrons d'Inde exécuté à Berlin sous ses yeux, et
qu'on avoit trouvé fort délicat. Cette recette consiste à mêler

l'amidon de ce fruit avec des œufs, du beurre, de l'écorce de citron, et de la levure de bière pour ferment.

Je ne rappellerai pas ici tout ce que j'ai écrit pour apprécier à sa juste valeur la ressource alimentaire que je proposois alors, et que j'étois bien éloigné de faire entrer en concurrence avec nos grains ; mais après avoir démontré qu'on pourroit, à la rigueur et sans aucun inconvénient, manger la fécule de marrons d'Inde sans le concours d'aucun mélange, en la délayant simplement dans de l'eau, dans du bouillon ou dans du lait, pour en faire une gelée, une bouillie, j'ajoutois que s'il étoit absolument impossible, à cause de son caractère gras, d'en faire de la poudre à poudrer, on pourroit du moins la consacrer à la préparation de l'empois et de la colle végétale, comme celle contenue dans les pommes de terre.

Tel étoit le tableau de nos connoissances sur le parti qu'il étoit possible de tirer des *marrons d'Inde*, lorsque Baumé a repris l'examen d'un objet que je n'avois traité que d'une manière générale, et comme faisant partie d'un travail sur un grand nombre de végétaux nourrissans, qui dans un temps de disette peuvent remplacer les alimens ordinaires. L'analyse que ce savant chimiste a faite de ce fruit, est la matière d'un mémoire particulier qu'il a publié ; nous nous bornerons à en présenter un léger extrait.

Pain de Marrons d'Inde avec mélange de farine.

Le travail de Baumé n'a eu pour but que de connoître la nature des parties constituantes du *marron d'Inde* ; et son motif, assurément bien louable, étoit de retirer de ce fruit une plus grande quantité d'aliment qu'on n'avoit pu encore en obtenir, en conservant ensemble la fécule et le parenchyme débarrassé de toute amertume : voici comme il a procédé.

Fondé sur ce que le foyer de l'amertume du *marron d'Inde* résidoit privitivement dans la matière extractive, pour l'en séparer, et ne rien perdre de la substance susceptible de nourrir, Baumé s'est servi de trois moyens : le premier consiste à prendre le fruit récent, à l'écorcer, à le râper, à le broyer, et à le réduire en pâte sur une pierre, comme pour faire le chocolat, avec cette différence que le broiement se fait à froid : le résultat est mis à infuser dans un bocal, avec de l'esprit-de-vin, à une douce chaleur pendant vingt - quatre heures, ce qu'on répète jusqu'à six fois, en changeant chaque fois d'esprit-de-vin. Le résidu décanté, séché au soleil, dans une étuve ou au four, étant tamisé, est en état de faire du pain.

Par le second moyen, c'est l'eau en grande quantité qu'on emploie au lieu de l'esprit-de-vin; on réduit les *marrons d'Inde* en pâte, on décante le précipité obtenu par le repos; on répète l'opération jusqu'à trois fois, ce qui dure environ trois jours, en observant les mêmes précautions que la première fois.

Enfin dans le troisième, les *marrons d'Inde* sont desséchés, réduits en poudre, et soumis, dans cet état, aux mêmes lavages que dans l'opération précédente; ils donnent également une matière dépouillée d'amertume.

Une livre de *marrons d'Inde* récens, traités avec de l'eau, rend,

Matières inutiles.	Écorce.	2 onces	4 gros.	
	Extrait.	3	1	6 grains.
	Humidité.	5	5	12
		11	3	
Matières utiles.	Amidon.	2 onces	5 gros.	
	Parenchyme.	2		
		4	5	

La farine de *marrons d'Inde*, en supposant qu'elle soit dépouillée de la totalité de son amertume par ces opérations, ce qui n'est pas facile, attendu que le parenchyme la conserve opiniâtrément, entre pour un tiers dans la composition du pain, suivant le procédé de Baumé, et les deux autres tiers consistent en levain et en farine de froment; ce procédé n'offre donc rien de particulier; on ne sauroit le comparer à celui qui s'exécute sans mélange de farine de froment, et qui suppose toujours une circonstance où l'on se trouveroit dénué de tous moyens de subsistance.

Nous ne nous permettrons aucune réflexion sur l'embarras et les dépenses qu'occasioneroit l'exécution du premier moyen; Baumé est trop éclairé pour ne l'avoir pas senti lui-même; aussi n'a-t-il employé l'alcool que comme un agent capable de lui faire mieux connoître la véritable nature des substances qui constituent les *marrons d'Inde*. D'ailleurs il conviendra avec nous, que quand bien même les opérations d'écorcer, de râper, de broyer, de délayer à grande eau, de décanter, d'exprimer, de sécher et de tamiser, n'exigeroient pas autant de soins, elles deviendroient impraticables une partie de l'année, attendu que dans la saison chaude une matière farineuse étendue dans beaucoup d'eau, et y séjournant trois jours au moins, doit viser à l'aigreur, et même à la putrescence, surtout lorsque, comme ce fruit, elle renforme le ferment le plus actif, je veux dire une matière végéto-animale analogue à celle du froment.

De pareils procédés pour dépouiller de son amertume la substance farineuse du *marron d'Inde*, sont faciles entre des mains habiles et dans les laboratoires, où on ne calcule pas toujours assez les embarras et les frais de leur exécution ; mais quand il s'agit de les livrer à l'économie domestique, tous les avantages qu'on s'en promettoit disparoissent. Ainsi, après avoir payé aux efforts de Baumé le juste tribut de gratitude qu'il mérite, pour s'être occupé d'un travail qui ne pouvoit avoir d'autre objet que l'utilité publique, j'ajouterai que si on ne vient pas à bout de trouver l'emploi de ce fruit sans être contraint de le monder de son écorce, de le mettre macérer dans l'eau pour le réduire encore à la moitié de son poids, il est bien à craindre qu'on ne dédaigne d'y avoir recours, et que ce nouveau moyen d'accroître nos ressources soit illusoire ; car, il faut en convenir, les procédés indiqués sont trop minutieux, consomment trop de temps, et donnent trop peu de produit, pour qu'il soit permis à ceux qui auroient la plus grande envie d'en tirer parti, de se livrer à un pareil travail, à moins cependant que des circonstances désastreuses ne forcent de tourner les regards vers ce supplément de nourriture. Alors il faut bien mettre tout à profit, quels que soient les obstacles, pour remplacer les alimens ordinaires.

Cependant si les temps d'abondance ne semblent pas les plus favorables pour déterminer l'emploi de quelques précautions contre les suites funestes de la famine, ils ont au moins, sur les temps de disette, l'avantage de faciliter à ceux qui s'en occupent le loisir et la tranquillité d'esprit nécessaires pour les créer. L'homme aux prises avec le besoin n'est capable d'aucune recherche heureuse ; si, lorsque les subsistances étoient en proportion des besoins, on n'eût pas cherché à familiariser le pauvre avec l'usage des pommes de terre, quel succès auroit obtenu la bienfaisance, qui, dans ces jours désastreux, n'avoit que cette ressource à lui offrir! N'attendons jamais à sentir le prix de ce qui nous manque, que quand il est impossible de se le procurer. (PARM.)

On peut multiplier le marronier par le semis de ses fruits, par marcottes, par boutures, par rejetons et par racines ; mais on n'emploie que le premier moyen, le seul qui remplisse parfaitement ce but.

Ordinairement, aussitôt que les marrons sont récoltés, on les réunit dans une fosse creusée dans une terre sèche, à deux pieds de profondeur, fosse où ils passent l'hiver dans une humidité suffisante et à l'abri des ravages des rats. Si on les serroit de suite, une partie germeroit avant l'hiver, et périroit dans cette saison ; et l'autre seroit dévorée par les animaux que je viens de nommer.

Au printemps on plante les marrons dans une terre fraîche et légère, à six pouces de distance les uns des autres. Le plant qu'ils ont produit se relève au printemps de l'année suivante pour être mis en pépinière, à deux pieds de distance en tous sens. Là, on arrête ses branches latérales en les coupant à deux ou trois pouces du tronc, afin que la branche terminale, la flèche, n'ait pas de rivales, et on donne un labour d'hiver et deux ou trois binages d'été. A quatre ans, la plupart des pieds sont assez forts pour être plantés définitivement.

On ne doit jamais couper la tête aux marroniers, soit dans les pépinières, soit en les plaçant à demeure.

Outre l'espèce mentionnée plus haut, on en connoît encore quatre autres, dont on a fait un genre sous le nom de PAVIE. *V.* ce mot.

Le PAVIE A FLEURS JAUNES a les feuilles de cinq folioles également dentelées, pubescentes sur leurs nervures, et la corolle de quatre pétales onguiculés. Il vient des montagnes de la Caroline du Nord. C'est un des plus grands et des plus gros arbres de l'Amérique. On le cultive en Europe dans les jardins d'agrément, où il fait un assez bel effet par sa figure généralement globuleuse, et ses fleurs jaunes et nombreuses.

Le PAVIE ROUGE a les feuilles composées de cinq folioles inégalement dentées : la corolle de quatre pétales, dont les onglets sont connivens et de la longueur du calice. Il croît dans les bois des parties méridionales de l'Amérique septentrionale, et s'élève rarement à plus de six pieds, ainsi que je m'en suis souvent convaincu dans ce pays. On le cultive fréquemment dans nos jardins d'agrément, où il fait un assez bel effet lorsqu'il est en fleur, mais où il ne donne jamais de bonnes graines. On le multiplie en le greffant sur le *marronier d'Inde proprement dit*, qui, comme plus grand et plus vigoureux, l'emporte presque toujours à la fin sur lui. Il est d'ailleurs sujet aux gelées.

Le PAVIE A PETITES FLEURS, *Æsculus macrostachya*, Michaux, a cinq folioles dentées, velues en dessous, les grappes des fleurs très-longues, très-garnies de petites fleurs blanches, à quatre pétales, et odorantes. Il croît naturellement dans la Floride, où il a été découvert par Michaux, et d'où il a été envoyé dans les jardins de Paris. C'est un arbuste de deux ou trois pieds de haut, qui se charge d'un grand nombre d'épis presque de la même grandeur, dont les fleurs se développent successivement pendant deux mois de l'année, et répandent une odeur foible, mais très-agréable. J'ai cultivé une grande quantité de pieds de cet arbre en Caroline, et je ne pouvois me lasser d'admirer leur beauté lorsqu'ils étoient en fleur, et qu'ils attiroient, par l'abondance de leur miel, des milliers de papillons, et d'autres insectes plus brillans les uns que les autres. On dit que son fruit est un excellent manger.

Le PAVIE DE LOCHIO a les feuilles composées de cinq folioles dentées; la corolle blanche de quatre pétales onguiculés; le fruit hérissé. On le cultive comme les précédens qui le surpassent en beauté. Il fait le partage entre les marroniers et les pavies. (B.)

MARRONIER. On donne ce nom au CHÂTAIGNIER CULTIVÉ, et à ses fruits, celui de *marrons*. (B.)

MARRONIER A FLEURS ROUGES. C'est le PAVIE A FLEURS ROUGES. *V.* ce mot et l'article précédent. (B.)

MAROQUIN. Peau de chèvre préparée d'une manière particulière; ce nom vient de *Maroc*, parce que c'est de ce pays que nous avons reçu en France les premiers *maroquins*. Ceux de Turquie sont très-beaux, et forment pour le Levant un objet important de commerce et d'échange. (S.)

MARRUBE, *Marrubium*. Genre de plantes de la didynamie gymnospernie et de la famille des labiées, qui a pour caractères: un calice monophylle, tubulé, à dix stries et à cinq ou dix dents, alternativement grandes et petites; une corolle monopétale, à tube cylindrique, à limbe partagé en deux lèvres, la supérieure droite, linéaire, bifide, l'inférieure réfléchie, plus large, à trois lobes; quatre étamines, dont deux plus courtes; un ovaire supérieur, à quatre divisions, duquel s'élève un style filiforme de la longueur des étamines et à stigmate bifide; quatre graines nues, un peu oblongues, situées au fond du calice, dont l'orifice est alors presque fermé par des poils.

Ce genre renferme des herbes vivaces, à feuilles simples, opposées, et à fleurs disposées par verticilles axillaires, accompagnées de bractées. On en compte une vingtaine d'espèces, la plupart indigènes à l'Europe, et répandant une odeur forte et aromatique, souvent désagréable, lorsqu'on froisse leurs feuilles. Il se divise en deux sections.

Dans la première, qui comprend les *marrubes*, dont le calice est à cinq dents, on doit principalement remarquer:

Le MARRUBE CUNÉIFORME, *Marrubium alyssum*, Linn., qui a les feuilles cunéiformes, inégalement crénelées au sommet, presque plissées, et les verticilles sans bractées. Il se trouve en Espagne.

Le Marrube de Crète qui a les feuilles inférieures ovales, les supérieures lancéolées, les bractées courtes, et les dents du calice droites. Il se trouve dans l'île de Candie.

Dans la seconde, qui comprend les *marrubes* dont le calice est à dix dents, il est particulièrement bon de connoître :

Le Marrube commun, *Marrubium vulgare*, Linn., qui a les feuilles ovales, rugueuses, crénelées ; les dents du calice longues et sétacées. Il est très-commun dans toute l'Europe, principalement sur le bord des chemins, autour des villages, dans les décombres. Il a une saveur amère et une odeur agréable, un peu éthérée. Il est cardiaque, stimulant, incisif, apéritif, emménagogue, anthelmintique et détersif. On l'emploie souvent en médecine, principalement infusé dans le vin blanc. Beaucoup de médecins le préfèrent en état de dessiccation pour l'asthme humoral et la suppression des lochies.

Le Marrube faux dictame a les feuilles en cœur arrondi, presque entières ; le bord du calice plane et velu ; la tige frutescente. Il croît dans l'île de Candie.

Le Marrube d'Espagne a les feuilles en cœur, crénelées, les bords du calice ouverts, et leurs dents aiguës. Il se trouve dans le midi de l'Europe. (b.)

MARRUBE AQUATIQUE. *V.* au mot Lycope. (b.)

MARRUBE BRUN. C'est l'Épiaire des marais. (ln.)

MARRUBE FAUX. C'est la Crapaudine de montagne.
(b.)

MARRUBE NOIR. *V.* au mot Ballote. (b.)

MARRUBIASTRUM. Thallius, Rivin, etc., ont donné ce nom à la Ballote (*Ballota nigra.*) Tournefort s'en est servi ensuite, pour désigner un genre peu naturel, et dont les espèces furent dispersées, par Linnæus, dans les genres Épiaire (*stachys*), Crapaudine (*sideritis*), et Agripaume (*leonurus*). Adanson les avoit rapportées aux genres *Galeopsis* et *Leria*. Moench conserve un genre *Marrubiastrum*, fondé sur les *Sideritis canariensis*, L. et *elegans*, Murray. M. Rafinesque Schmaltz propose d'appeler ce genre *Demostenia*
(ln.)

MARRUBIUM. « C'est, dit Pline, une herbe dont les médecins font un grand emploi, et qu'ils placent au premier rang. Les Grecs l'appellent *prasion*, *linostrophon*, *philopes* et *philocares*. Cette herbe est si commune, qu'elle n'a besoin d'aucune description. » Pline dit ensuite qu'elle est très-utile contre la morsure des serpens, et qu'on distingue deux sortes de marrube : savoir, le blanc et le noir ; mais, selon Castorus, la première est la meilleure : c'étoit le *prasion* des pharmaciens ; la seconde étoit le *ballote* des herboristes et le mélamprasion des Grecs. Dioscoride est d'accord avec Pline. Théophraste, qui florissoit long-temps avant ces deux naturalistes, indique également deux sortes de *prasion*, l'un à feuilles profondément découpées, et l'autre à feuilles presque entières. Les marrubes portoient encore, chez les anciens, les noms de *tripedilon*, *labeo*, *atirbesia*, *labonia*, *attereon*. Notre ballote noir (*ball. nigra*) est sans doute le *ballote* de Dioscoride, et le *marrubium nigrum* de Pline. Notre marrube commun pourroit bien être le *prasion* de Dioscoride, et le *marrubium album* mentionné par Pline.

On a décrit sous le nom de *marrubium*, l'AGRIPAUME *leonurus* (*cardiaca*), le LYCOPE d'Europe, des ÉPIAIRES (*stachys*), un PHLOMIS, des *marrubes*, des *lamiers*, des *crapaudines* (*sideritis*, etc.), qui sont toutes des plantes labiées. La plante dont Loureiro a fait son genre *coleus*, paroît être celle que Rumphius a figurée sous le nom de *marrubium*.

Le genre *marrubium* de Linnæus est formé du *pseudodictamnus* et du *marrubium* de Tournefort. Le caractère de ce dernier est d'avoir la lèvre supérieure de la corolle droite, et les feuilles ovales. Moench pense qu'il faut adopter ces genres de Tournefort. *V.* MARRUBE. (LN.)

MARRUCA. L'un des noms italiens de l'AUBÉPINE. (LN.)

MARS (*astronomie*). *V.* le mot PLANÈTE. (LIE.)

MARS. Nom donné par Geoffroy au *papillon ilia* de Fabricius ; ce mot est devenu depuis la désignation d'une petite famille, composée de cette espèce et de quelques autres analogues. Nous ferons connoître à l'article NYMPHALE toutes ces différentes sortes ou variétés de *mars*. (L.)

MARS. On appelle vulgairement ainsi dans les campagnes les graines céréales qu'on sème au printemps, telles qu'une variété de FROMENT, l'ORGE et l'AVOINE. Par extension, on donne aussi ce nom aux graines de VESCES, de POIS et autres plantes annuelles, qui se sèment à la même époque pour fourrage. (B.)

MARS (*Minéralogie*). Les anciens chimistes qui avoient consacré chaque métal à l'une des planètes, avoient donné au fer le nom de *mars*, et il est encore aujourd'hui désigné sous ce nom dans les livres de médecine : on appelle *safran de mars*, les oxydes de fer ; *vitriol de mars*, le sulfate de fer ; *teinture de mars*, un tartrite de fer et de potasse ; *boules de mars*, un mélange de tartre et de limaille de fer, etc. (PAT.)

MARSANE , *Marsana*. Genre de plantes établi par Sonnerat. C'est une espèce de MURRAI. (B.)

MARSDENIE , *Marsdenia*. Genre de plantes de la pentandrie monogynie et de la famille des APOCINÉES , établi par R. Brown, pour placer cinq arbrisseaux de la Nouvelle-Hollande, qui ont beaucoup de rapport avec les PERGULAIRES.

Les caractères de ce genre sont : corolle urcéolée à cinq découpures ; cinq écailles simples ; anthères surmontées d'une membrane ; deux follicules lisses ; semences aigrettées. On retire des feuilles d'une de ses espèces, par leur simple décoction, un indigo comparable à celui du commerce. (B.)

MARSEA. C'est ainsi qu'Adanson nomme le genre BACCHARIS, Linn. *V.* BACCHANTE. (LN.)

MARSEAU ou MARSAULT (*saule de mars*). C'est une espèce de SAULE. *V.* ce mot. (LN.)

MARSEICHE. Orge cultivé à deux rangs. (B.)

MARSEILLAISE. Variété de figues d'un très-bon goût. (LN.)

MARSELLE. C'est la VIORNE aux environs de Boulogne. (B.)

MARSETTE. C'est le PHLÉUM des prés. (LN.)

MARSHALLIA. Ce genre, établi par Schreber, est le même que le *persoonia* de Michaux, et que le *trattinickia* de Persoon. Il comprend plusieurs espèces d'ATHANASES. (LN.)

MARSHALLIE, *Marshallia*. Genre de plantes établi par Scopoli, dans la polyandrie trigynie. Il a pour caractères : un calice à sept dents ; une corolle de sept pétales , accompagnés d'autant de glandes intermédiaires ; un grand nombre d'étamines ; un ovaire surmonté de trois styles ; une capsule ligneuse à une loge et à plusieurs semences.

Une seule espèce compose ce genre. (B.)

MARSILE , *Lemma*. Genre de plantes cryptogames de la famille des fougères , qui avoit été confondu par Linnæus avec les SALVINIES , mais que les botanistes modernes en ont séparé. Il a pour caractères : un involucre ovoïde, pédicellé , transversalement multiloculaire ; des organes sexuels entassés confusément sur le même réceptacle , et contenus ensemble dans la même loge ; chaque fleur offrant des étamines nombreuses , vésiculaires , coniques , qui s'ouvrent transversalement , et trois à huit pistils , qui se changent en autant de péricarpes dans la maturité. Les semences sont ovales , menues et blanchâtres.

Ce genre contient deux ou trois espèces , dont une , la MARSILLE A QUATRE FEUILLES , est assez commune en Europe.

C'est une plante à souche rampante, cylindrique, qui produit d'un côté des faisceaux de racines, et de l'autre des faisceaux de pétioles, portant, à leur sommet, quatre folioles ovoïdes, obtuses, presque cunéiformes. Les pétioles sont roulés en spirale et très-velus ; les folioles plissées et également très-velues ; mais le tout devient glabre dans la vieillesse. Les globules ou coques, qui contiennent les organes de la fructification de cette plante, naissent entre les bases des pétioles ; ils sont pédonculés, ovales, latéralement comprimés, solitaires ou géminés ; leur intérieur est partagé en deux par une cloison délicate et membraneuse, et chaque partie subdivisée en sept ou huit loges inégales.

La *Marsile* croît le long des ruisseaux, des étangs et dans les lieux humides. On la retrouve en Asie et en Amérique. (B.)

MARSILÉACÉES. Famille de plantes qui a la MARSILE pour type ; on l'a aussi appelée des RHIZOSPERMES et des PILULARIÉES. (B.)

MARSIOURÉ. C'est l'HELLÉBORE FÉTIDE. (LN.)

MARSIPPOSPERME, *Marsippospermum*. Genre établi par Desvaux, aux dépens des JONCS ; celui à GRANDES FLEURS lui sert de type. Il ne paroît pas dans le cas d'être adopté. (B.)

MARSOPA. Nom du *Marsouin*, espèce du genre DAUPHIN, en Espagne. (DESM.)

MARSOT. *V.* MARSEAU. (LN.)

MARSOUIN ou TOUNIN (*Delphinus phocæna*), Linn. Mammifère cétacé de nos mers, décrit à l'article DAUPHIN, et figuré pl. D. 11 de ce Dictionnaire. (DESM.)

MARSOUIN BLANC. C'est le BÉLUGA, cétacé du genre DELPHINAPTÈRE de M. de Lacépède. *V.* à l'article DAUPHIN. (DESM.)

MARSOUIN JACOBITE. C'est le DAUPHIN DE COMMERSON de M. de Lacépède. *V.* ce mot. (DESM.)

MARSPITT. Nom gothlandais de l'HUITRIER. (V.)

MARSUPIAUX, *Marsupiales*. Famille de mammifères, placée à la suite des carnivores, et qui, par les caractères tirés du nombre et de la forme des dents de plusieurs des espèces qu'elle renferme, fait le passage de l'ordre des carnassiers à celui des rongeurs.

Le genre *didelphis* de Linnæus est le type de ce groupe de mammifères ; et celui des *boursous* de Vicq-d'Azyr l'est encore davantage, puisqu'il renferme non-seulement les didelphes véritables, mais aussi les phalangers. M. Cuvier en avoit composé primitivement son ordre des pédimanes, et ensuite il l'a établi en titre de famille, en y joignant de ses pèces placées d'abord parmi les rongeurs. M. de Blainville en a fait depuis peu une sous-classe de mammifères, sous le nom de *didelphes*, et il lui adjoint, mais comme anomaux, les genres échidné et ornithorinque dont M. Geoffroy a formé son ordre des monotrèmes. Illiger partage ces animaux en deux familles : l'une, celle des *marsupiaux* proprement dits, qu'il range dans son second ordre, et l'autre, celle des *sauteurs* (*saltatores*), qu'il place dans le troisième.

La dénomination de *marsupiaux* est donnée à ces animaux, parce que les femelles de la plupart d'entre eux ont sous le ventre un sac ou vaste repli de la peau (*marsupium abdominale*) dans lequel sont renfermées les mamelles, et où les petits sont placés immédiatement après leur naissance ; mais cette poche n'existant pas dans toutes les autres femelles, il s'ensuit que le nom de marsupiaux n'a pas une acception générale, et que celui d'*animaux à bourse*, qui a été également employé, et qui n'en est pour ainsi dire que la traduction, est absolument dans le même cas ; tandis qu'au contraire celui de *didelphes*, le plus anciennement appliqué à ces mammifères, convient parfaitement à toutes leurs espèces.

Quoi qu'il en soit, les marsupiaux sont les plus singuliers de tous les quadrupèdes connus. Ils n'ont de commun entre eux que les particularités qu'offre leur génération ; mais leurs organes de la locomotion et ceux de la digestion varient beaucoup, et d'une manière tellement graduée selon les genres, qu'on peut observer chez eux toutes les nuances entre les carnassiers proprement dits, et les vrais rongeurs, par les caractères que fournissent les dents. Leurs extrémités sont également modifiées, depuis celles qui sont destinées à fouir la terre, jusqu'à celles qui sont propres à grimper avec le plus de facilité, sur les arbres élevés.

La présence, dans les deux sexes, de deux os dits *marsupiaux*, placés en avant du pubis, affectant la forme d'une languette, dirigés en avant et servant d'appui à la poche des femelles, lorsqu'elle existe ; la matrice ouverte dans le fond du vagin, par deux orifices, lesquels sont formés de deux tubes recourbés ; le scrotum des mâles pendant en avant de la verge : tels sont les caractères généraux des marsupiaux.

Les dents varient en nombre. Certains genres et notamment les didelphes et les dasyures en ont plus qu'aucun autre dans la classe des mammifères. Les phascolomes n'en ont pas davantage que la plupart des rongeurs à l'ordre desquels ils appatiennent, si l'on n'a égard qu'à la dentition. Les incisives sont quelquefois en égale quantité aux deux mâchoires, mais le plus souvent en nombre inégal. Les didelphes et les isoodons en ont dix en haut et huit en bas ; les dasyures, huit supérieures et

six inférieures ; les péramèles, dix supérieures et six inférieures ; les phalangers, les phalangers volans, les kanguroos, les
potoroos et les koalas, six supérieures et seulement deux inférieures proclives ; les phascolomes n'en ont que deux à chaque
mâchoire ; du reste, elles varient par leur position. Les canines sont très-saillantes dans les didelphes, les dasyures, les
isoodons et les péramèles ; les inférieures sont à peine apparentes dans les phalangers proprement dits ; il n'y a que les supérieures dans la plupart des phalangers volans, les potoroos et
les koalas : les kanguroos et les phascolomes n'en ont point
du tout. Les molaires, en nombre variable, sont à couronne
hérissée de pointes aiguës dans les didelphes, les dasyures,
les péramèles et les isoodons ; et dans ces derniers, les antérieures sont simples et coniques comme les fausses molaires des carnassiers ; dans les phalangers, et les koalas leurs
tubercules sont plus mousses : il en est de même dans les
potoroos ; mais chez ceux-ci la première est longue, tranchante et dentelée ; celles des kanguroos sont à colines transverses, et poussent du fond de la mâchoire en avant, et en cela
se rapprochent de celles des éléphans. Les phascolomes les
ont de même forme.

Les pieds servent, chez les uns (les phascolomes), à
creuser la terre ; alors, il y a cinq doigts armés d'ongles
robustes, à ceux de devant, et quatre seulement à ceux
de derrière, avec un petit tubercule en place de pouce. Chez
d'autres (les kanguroos, les potoroos et les péramèles), les
postérieurs servent à exécuter des sauts rapides ; alors, ils
n'ont que quatre doigts, dont un (le second), très-fort,
beaucoup plus long que les autres, et muni d'un ongle presque aussi épais qu'un sabot, et les deux internes, petits et
réunis ; leur métatarse est fort long ainsi que tout le membre
anquel ils appartiennent ; tandis que les pattes de devant sont
fort courtes, et terminées par cinq doigts armés de griffes assez longues. Dans les phalangers qui sont éminemment grimpeurs, le pouce postérieur est très-séparé et sans ongle, les
deux doigts qui le suivent sont réunis par la peau, jusqu'à
la dernière phalange ; les doigts des pieds de devant diffèrent peu du commun de ceux des mammifères carnassiers ;
tandis que dans le koala, ces doigts de devant sont partagés en deux groupes pour saisir, le pouce et l'index d'un côté,
et les trois autres du côté opposé ; les quatre postérieurs
sont réunis deux à deux et très-distincts du pouce. Dans les
dasyures qui courent à terre comme les martes, les pieds
antérieurs sont à cinq doigts, et les postérieurs à quatre,
tous séparés et armés d'ongles crochus, le pouce de derrière
n'étant qu'un simple tubercule. Enfin, les didelphes qui grim-

pent aux arbres ont les doigts comme les dasyures , à cela près que leur pouce postérieur est distinct et sans ongle comme celui des phalangers; et les chironectes, qui nagent , ne diffèrent des didelphes qu'en ce que leurs pieds postérieurs sont palmés.

La queue est nulle dans les phascolomes ; elle consiste en un simple tubercule chez les koalas , et prend beaucoup de longueur dans tous les autres genres. Chez les didelphes , les chironectes et les phalangers proprement dits, elle est nue , écailleuse et prenante ; chez les kanguroos et les potoroos , elle est forte , triangulaire , conique , et concourt à la locomotion , avec les longues jambes postérieures. Les isoodons et les péramèles l'ont de même forme , mais beaucoup moins robuste. Enfin , les dasyures et surtout les phalangers volans ou PÉTAURISTES l'ont fort allongée et couverte de poils plus ou moins touffus. Plusieurs espèces de ce dernier genre ont ces poils distiques, comme ceux des écureuils.

Dans les pétauristes seulement , on trouve la peau des flancs étendue entre les pattes de devant et celles de derrière, et servant comme de parachute , ainsi que cela se voit dans les galéopithèques et les polatouches.

Les seules femelles des didelphes crabier , à oreilles bicolores , et quatre-œil , celles de tous les kanguroos , des péramèles, des isoodons, des potoroos, des phalangers, des pétauristes et des phascolomes , ont la poche ventrale dont nous avons parlé , et qui a donné lieu au nom général appliqué aux animaux de cette famille. Toutes les autres ont leurs mamelles visibles au dehors, lors de l'allaitement des petits , et quelques-unes (seulement du genre didelphe) ont , de chaque côté, le repli qui forme la poche, à peine sensible. Le nombre des mamelles varie et est surtout considérable dans les didelphes, chez lesquels on en voit une impaire et centrale dans certaines espèces. Le gland de la verge des mâles est toujours bifurqué, si l'on en excepte cependant celui des kanguroos et des potoroos.

La physionomie de ces animaux est en rapport avec leurs habitudes naturelles et leur genre de nourriture. Les didelphes et les dasyures ont la tête conique , les oreilles élevées, la gueule très-fendue et l'aspect des carnassiers. Les péramèles ressemblent plutôt à des rats ; les kanguroos aux longues jambes de derrière ont plus de rapports avec les lapins, et les phascolomes avec les marmottes.

Les uns, tels que les didelphes et les dasyures sont carnassiers, vivent d'œufs, de petits oiseaux ou de chair corrompue, et ne dédaignent pas les crustacés et les insectes ; d'autres , tels que les kanguroos et les phascolomes ont une nourriture purement végétale ; et il y a lieu de croire que les phalangers mangent également des fruits, des insectes et de petits animaux.

Tous ces mammifères sont particulièrement remarquables en ce que leurs petits naissent dans un état de développement fort peu avancé; qu'ils sont dépourvus de poils, à peine formés et presque sans mouvement, et qu'immédiatement après leur sortie du corps de leur mère, ils sont fixés aux mamelles, soit que celles-ci soient libres, ou renfermées dans la poche ventrale, pour ne s'en détacher que lorsqu'ils sont revêtus de poils, et quand leurs yeux sont ouverts, et qu'ils peuvent commencer à prendre d'autre nourriture que le lait. On ne sait encore comment ils sont placés dans la poche par les femelles. Dans les espèces sans poche et à queue prenante, les jeunes sont pendans sous le ventre de leur mère durant un certain temps; ensuite ils montent sur son dos et enroulent leur queue autour de la sienne pour se fixer. Chez le koala, qui n'a pour ainsi dire pas de queue, le petit se place également sur le dos de sa mère, et s'y cramponne avec ses mains.

Le nombre des petits est très-variable. Dans les didelphes on en compte jusqu'à dix et douze, et dans les kanguroos on n'en trouve ordinairement qu'un. Lorsqu'ils sont déjà assez développés, ils n'en continuent pas moins pendant quelque temps de se réfugier, au moindre danger, dans le sac où ils ont été allaités.

La plupart des marsupiaux vivent isolément; les uns se tiennent constamment sur les arbres (didelphes, phalangers, koalas); d'autres furètent continuellement dans les rochers des bords de la mer (dasyures); d'autres se tiennent blottis au fond de leurs terriers (phascolomes). Les kanguroos, animaux foibles et sans défense, vivent en troupes. Seuls, ils servent de nourriture à l'homme qu'ils évitent, le plus qu'ils peuvent, en exécutant des sauts très-considérables et très-vivement répétés. Leurs peaux fournissent les uniques vêtemens des habitans des contrées où on les trouve.

Un fait très-particulier, c'est que les marsupiaux n'ont encore été observés que dans l'Amérique méridionale, dans la Nouvelle-Hollande et dans quelques îles de l'Archipel indien. Les didelphes proprement dits ou sarigues, et les chironectes sont propres à la première de ces contrées; tous les autres, à l'exception des phalangers à queue nue et écailleuse, sont particuliers à la seconde, et ces derniers phalangers et une espèce de kanguroo, ont seulement été rencontrés dans les îles de l'archipel indien. Il est remarquable que tous les mammifères de la Nouvelle-Hollande, bien reconnus jusqu'à ce jour, le chien marron et les hydromys à ventre blanc et à ventre jaune exceptés, appartiennent à la famille des marsupiaux.

Ce continent comprend encore les ORNITHORHINQUES et les ÉCHIDNÉS qui ont aussi des os marsupiaux dans les deux sexes, mais dont les organes de la génération ont une conformation particulière, et chez lesquels on n'a point encore observé de mamelles. Ces animaux ont une telle analogie avec les marsupiaux, que M. de Blainville les place dans la même sous-classe, quoiqu'ils aient été séparés des autres mammifères par M. Geoffroy, pour former l'ordre qu'il appelle des MONOTRÈMES. *V.* ce mot.

Voyez aussi les articles DIDELPHE, DASYURE, CHIRONECTE, PÉRAMÈLE, ISOODON, PHALANGER, PÉTAURISTE, POTOROO, KANGUROO, KOALA et PHASCOLOME. (DESM.)

MARSUPIAUX (*Organisation*). On a pu voir à l'article des mœurs et des habitudes de ces animaux, quelle est la raison qui leur a valu ce nom, et pourquoi même il doit être regardé comme mauvais; car il est certain qu'il ne convient pas, il s'en faut de beaucoup, à toutes les espèces, puisqu'il en est un certain nombre qui n'offrent aucune trace de poche ou de bourse dans laquelle ils placeroient leurs petits encore à l'état de fœtus. Aussi celui de didelphe, qui veut dire double matrice, est-il beaucoup meilleur, en ce que ces animaux semblent tous avoir une double matrice, comme nous allons l'exposer avec plus de détails tout à l'heure; mais alors il sera peut-être bon de changer le nom de genre des espèces de l'Amérique, et de conserver celui de didelphe à tout le groupe de ces animaux.

La plupart des auteurs qui ont écrit sur la classification des animaux mammifères, ayant en général pris pour point de départ de leur disposition méthodique, le système dentaire ont été conduits nécessairement à morceler ce groupe et à le reporter parmi les carnassiers, les rongeurs et les édentés; mais en faisant attention à l'ensemble de l'organisation des mammifères pour y établir les groupes secondaires et tertiaires, j'ai cru devoir les réunir dans une seule section que je considère comme un sous-type, à cause de la nature des différences que ces animaux présentent dans plusieurs points de leur organisation, comme je vais l'exposer.

Les organes des sens ne me paroissent cependant offrir rien de bien particulier, ou bien ne présentent de modifications que celles que nous avons vu exister dans les mammifères monodelphes, et qui s'expliquent jusqu'à un certain point par la nature du milieu où l'animal étoit appelé à chercher sa nourriture.

Ainsi la peau est toujours couverte de véritables poils tout-à-fait semblables à ceux des autres mammifères, plus ou moins longs, suivant les espèces et même suivant les différentes parties du corps, et plus ou moins modifiés pour former les moustaches ou quelquefois de véritables piquans fort roides, fort durs, assez analogues à ceux du coëndou ou porc-épic à queue prenante; très-probablement alors les muscles peaussiers offrent quelque modification propre à redresser ces piquans, mais nous n'avons rien de positif à ce sujet.

Le siége du sens du goût n'a rien non plus qui soit, en aucune manière, propre à ce groupe: la surface de la langue pouvant être fort douce ou hérissée, jusqu'à un certain point, d'espèces de papilles dures.

Il en est de même de la membrane pituitaire, de la cavité olfactive et de ses cornets ou appendices.

Les yeux un peu variables en grandeur, presque dans les mêmes cas que pour les mammifères ordinaires, c'est-à-dire, plus petits, par exemple, lorsque l'animal doit vivre dans une espèce de terrier, ou mieux dans l'eau, ne me paroissent pas non plus offrir des différences bien capitales; il est cependant certain que les espèces aquatiques, comme l'ornithorhinque, ont un cristallin très-convexe; du reste, ils ont les caractères essentiels des mammifères dans la disposition de la paupière interne, dans celle des muscles droits et obliques, et enfin dans toutes les autres parties.

Il paroîtroit qu'il n'en seroit pas tout-à-fait de même de l'organe de l'ouïe, si nous regardons comme certain ce que dit M. Home, qu'il n'y a que deux osselets de l'ouïe dans l'ornithorhinque; quant à tous les autres didelphes, ils ont certainement les trois ou quatre, et cet appareil tout-à-fait semblable à celui des mammifères ordinaires, avec les mêmes modifications dans les mêmes circonstances, comme absence de conque quand l'animal est aquatique ou quand il vit sous terre.

Si nous ne trouvons réellement aucune différence bien importante dans les organes des sens, il n'en est pas de même de ceux de la locomotion, qui en offrent de véritablement remarquables surtout dans la partie passive ou dans le squelette; ce n'est cependant pas dans toutes ses parties, il s'en faut même de beaucoup. Ainsi la forme générale des vertèbres dans les différentes portions de la colonne vertébrale, celle de la tête ou du crâne, ne montrent rien qui ne se retrouve dans tous les mammifères; aussi y trouve-t-on tous les caractères classiques dans l'articulation de leur corps, dans la forme des apophyses articulaires et transverses. Les ver-

tèbres cervicales offrent à peu près les mêmes modifications
que dans les mammifères monodelphes, ainsi que l'articulation
du crâne. On trouve cependant, dans les deux espèces anomales de ce groupe, cette différence que les trous par où passent
les nerfs de la moelle épinière sont percés dans le milieu du
corps de chaque vertèbre à peu près comme dans les oiseaux,
et que les côtes ne s'articulent qu'avec le corps des vertèbres,
et point avec les apophyses transverses. Quoique la forme
générale du crâne soit certainement à peu près la même dans
tous les didelphes normaux, elle n'offre cependant rien qui
n'appartienne aux mammifères en général ; c'est pourquoi
nous n'entrerons dans aucun détail à ce sujet.

Les membres présentent plusieurs choses communes à tous
les animaux de ce groupe, et dont quelques-unes leur sont
tout-à-fait propres.

Ainsi dans les antérieurs, il y a constamment des clavicules
complètes qui offrent même quelque chose d'assez remarquable par la manière dont elles sont articulées avec la pièce
antérieure du sternum, et dans leur mode de jonction avec
l'acromion. Dans les espèces anomales, elles offrent encore
une disposition beaucoup plus singulière par la manière
dont elles sont comme doublées par des appendices latéraux
de la première pièce du sternum ; l'omoplate a donc toujours une apophyse acromion assez développée, mais point
d'apophyse coracoïde.

L'humérus offre comme un caractère constant, d'être dans
son condyle interne percé d'un trou pour le passage du nerf
médian, disposition qui se retrouve dans plusieurs autres mammifères, mais qui existe toujours dans ceux qui nous occupent.

Enfin, quoique la main soit sujette à varier, elle n'a jamais moins de quatre doigts avec un rudiment de pouce ;
en général, l'articulation huméro-cubito-radiale est asse*
perfectionnée.

Dans les membres postérieurs on remarque trois principaux points, qui me semblent essentiellement caractéristiques de ce groupe.

Le premier, le plus remarquable, tient à la présence
d'un os particulier qui ne se trouve dans aucun autre mammifère, même en rudiment; c'est celui qu'on désigne généralement sous le nom d'os marsupial, *os marsupiale, janitor mar-
supii*, parce qu'on le regarde comme l'os qui ouvre ou ferme
la bourse, ce qui n'est certainement pas, puisque plusieurs
espèces, entre autres celles du groupe des didelphes anomaux,
n'offrent aucune trace de ce dernier organe. C'est un os pair,
ordinairement aplati, un peu courbé sur lui-même en dehors, élargi et plus épais vers sa base, qui est attaché, mais

non articulé sur le bord antérieur du rebord du pubis assez près de sa symphyse, de manière à être assez rapproché de celui du côté opposé; il est renfermé, comme nous le verrons tout à l'heure, dans les parois mêmes des muscles de l'abdomen, et est plus ou moins grand, suivant les espèces. Il ne m'a pas paru que son développement fût, en aucune manière, proportionnel à celui du repli de la peau ou de la bourse.

C'est évidemment une pièce tout-à-fait nouvelle, dont on ne trouve aucun indice, ni chez les mammifères, ni chez les oiseaux, et qui sembleroit avoir un peu plus de rapports avec des os qui se trouvent à peu près placés de même dans certains reptiles, comme dans les crocodiles, mais qui me semblent cependant en différer considérablement, parce ceux-ci donnent insertion aux muscles de la cuisse, ce qui me fait penser que ce sont les os des îles, tandis que dans les marsupiaux ce ne sont que des fibres des muscles de l'abdomen qui s'y fixent. Aussi avouons-nous que, malgré toutes nos recherches, nous ne voyons encore dans le squelette des autres animaux vertébrés, rien qui puisse en être rapproché avec quelque succès.

Une autre disposition assez constante, mais d'une beaucoup moindre valeur, est la grande longueur de la symphyse pubienne, dans la formation de laquelle les os ischions entrent pour beaucoup.

Enfin le dernier point que nous avions annoncé, est que le péroné a acquis plus de développement que dans aucun autre mammifère : et surtout (car il devient quelquefois rudimentaire inférieurement) c'est que sa tête s'articule constamment avec le fémur, disposition qui n'a jamais lieu, que je sache du moins, dans aucun mammifère ordinaire, et qui se retrouve dans tous les oiseaux et les reptiles, c'est-à-dire, dans les vertébrés ovipares.

Dans les muscles ou dans les organes actifs de la locomotion, je n'ai pu, dans le peu d'espèces que j'ai disséquées, observer rien qui ne se retrouve dans les autres mammifères, avec les mêmes modifications dépendantes à peu près des mêmes raisons, si ce n'est dans les muscles de ce qu'on nomme la poche et des os marsupiaux.

On a pu voir dans la description des mœurs et des habitudes de ces animaux, qu'un certain nombre d'entre eux ont au-dessous de l'abdomen une poche plus ou moins profonde, formée par un véritable repli de la peau. Dans quelques espèces, comme dans le groupe des anomaux, il paroît qu'il n'y en a aucune apparence ; ce qui fait conclure, avec raison, à quelque modification dans l'éducation du jeune sujet :

dans un certain nombre d'autres, on n'en aperçoit, pour
ainsi dire, qu'un rudiment dans un pli qui se trouve de chaque côté de l'abdomen ; et enfin, dans le plus grand nombre,
ces plis, beaucoup plus grands, se sont courbés et réunis en
avant et en arrière, de manière à former une véritable poche,
ou mieux une bourse, dans le fond de laquelle sont les mamelons en nombre variable. Tout le repli cutané, composé par
conséquent d'un double derme, contient quelquefois dans
son épaisseur un muscle véritablement sphincter, mais qui
n'est qu'une simple modification du peaussier abdominal de
beaucoup de mammifères, et qui, par conséquent, n'a aucune adhérence réelle avec les muscles de l'abdomen. C'est ce
que j'ai observé dans une femelle de kanguroo, morte ayant
un petit dans sa poche, tandis que dans une femelle de didelphe ayant aussi eu certainement des petits, la poche ne m'a
offert aucune trace de muscles ; mais ce que l'une et l'autre
m'ont montré, c'est un petit muscle que je regarde comme
l'analogue du cremaster, qui, de l'épine antérieure de l'os des
îles, se porte en suivant la courbure de l'abdomen vers la
poche, dont il doit être considéré comme une sorte de dilatateur ; c'est celui que Tyson a nommé trochléateur. De ce
que nous venons de dire, c'est réellement le seul muscle qui
puisse agir sur la poche. Dans l'état ordinaire elle est entr'ouverte ; et ce n'est que dans certains cas, c'est-à-dire, lorsque l'animal effrayé emporte en fuyant ses petits, qu'il la
ferme plus ou moins complétement par l'action de son
sphincter.

Quant aux os dits marsupiaux, il est bien évident que ce
ne sont que des muscles de l'abdomen qui peuvent agir
sur eux, mais sans aucune action sur la poche qui en est
tout-à-fait indépendante. Voici la principale modification telle que je l'ai vue dans les didelphes proprement dits
et les kanguroos, seuls animaux de ce sous-type que j'aie
disséqués.

Les muscles grands obliques, ou obliques externes, sont
comme à l'ordinaire ; le petit oblique ou oblique interne
offre, au contraire, cela de remarquable, qu'on peut regarder
comme lui appartenant un faisceau musculaire qui, de tout
le bord interne de l'os marsupial, se porte vers la ligne
blanche : ses fibres dirigées d'arrière en avant et de dehors
en dedans, forment, avec celles du muscle du côté opposé,
une série de chevrons ouverts en arrière. En outre, le muscle
grand droit de l'abdomen, qui est également fort épais,
s'attache très-peu à la symphyse du pubis, et dans tout le
reste de sa largeur, il vient aussi de tout le bord interne et
concave de l'os marsupial. Enfin le muscle de la cuisse,

appelé pectiné prend aussi son insertion à la base externe de cet os, qui, je le répète, a ses mouvement tout-à-fait indépendans de ceux de la poche, et qui, par conséquent, est fort mal nommé.

Les organes de la digestion n'offrant rien qui soit réellement particulier à ces animaux, je me contenterai de faire l'observation que l'on trouve chez eux, quoiqu'ils soient en assez petit nombre, presque toutes les modifications du système dentaire que nous avons vu dans les mammifères monodelphes; et depuis les sarigues proprement dites, qui, de tous les mammifères, sont ceux qui ont le plus grand nombre de dents, jusqu'aux échidnés qui n'en ont aucune trace, il y a une dégradation si nuancée, et surtout parmi les espèces normales, qu'il est fort probable que tant qu'on ne les connoîtra pas mieux, on pourra difficilement établir de bons genres, au moins sous ce rapport.

Du reste, le canal intestinal peut offrir, d'après l'espèce de nourriture, les mêmes modifications, ou à peu près, que nous avons trouvées dans les mammifères monodelphes.

Les organes de la circulation, comme ceux de la respiration, du moins dans les espèces que j'ai observées, n'offrent rien d'anomal.

Il n'en est pas de même de ceux de la génération et de leur produit; c'est même ce qui fait le caractère le plus distinctif de ces animaux.

Dans le sexe femelle, l'ovaire ou partie caractéristique, a tous les rapports de structure, de forme et de position avec celui des mammifères ordinaires; il en est à peu près de même de la trompe de Fallope; mais c'est dans l'utérus que se trouve l'anomalie principale. En effet, quoique, dans chaque genre bien circonscrit, cette anomalie présente des différences assez considérables, il y a cependant quelque chose de commun. En général, on peut dire qu'il y a deux matrices presque distinctes, ou du moins que chaque trompe plus ou moins allongée, se termine dans une sorte de renflement que l'on peut comparer, avec assez de raison, aux cornes de l'utérus des autres mammifères, et surtout de celui des lapins. Ces deux utérus, au lieu de se terminer dans le vagin, le font dans un renflement ou poche plus ou moins considérable, quelquefois comme bifurquée en arrière et se prolongeant antérieurement en un canal plus ou moins allongé, mais aveugle, qui passe quelquefois au-dessus du canal de l'urètre comme dans les sarigues, et qui n'atteint pas jusque-là comme dans les kanguroos. Mais dans ces deux animaux, de chaque côté de la partie postérieure de la dilatation utérine, naît, par un orifice assez petit, un canal

libre dans le kanguroo, percé dans les parois mêmes de la dilatation dans les sarigues, cylindrique, allongé, se recourbant
en dehors, et qui vient se terminer par un orifice également
fort petit dans le fond du vagin, quelquefois en avant, et
d'autres fois en arrière de l'orifice du canal de l'urèthre,
mais toujours percé obliquement dans les parois du vagin. Du
reste, cet organe, plus ou moins allongé, cylindrique, se
porte directement en arrière et se termine constamment
dans une sorte de poche ou de cloaque où se voit également
en dessus l'orifice de l'anus. Le clitoris est toujours dans
la paroi inférieure de sa circonférence, et est sans aucune
adhérence avec les os ischions. D'après ce qu'en dit M. Home, la différence principale qu'offre l'ornithorhinque à ce
sujet, seroit de n'avoir que les deux matrices ou cornes qui
se termineroient largement et directement dans le vagin, qui
seroit ici à la fois le canal de l'urètre, sans qu'il y ait aucune trace des tubes latéraux.

Les mamelles, dans toutes les espèces de ce sous-type où
elles sont connues, sont un peu variables en nombre, mais
toujours abdominales et fort reculées en arrière ; les mamelons qui les terminent, rangés symétriquement de chaque
côté, sont toujours renfermés dans la poche dont il a été parlé
plus haut, du moins dans les espèces qui en sont pourvues ;
quant à celles qui n'ont pas cette poche et qui n'ont qu'un
pli latéral, les mamelles n'offrent rien de remarquable. Enfin, dans la section des anomaux, on admet assez généralement qu'il n'y en a pas, ce qui peut jusqu'à un certain point
se concevoir, comme nous le dirons plus bas.

Le sexe mâle, dans les animaux marsupiaux, offre aussi des
singularités assez remarquables, quoiqu'on y trouve toujours
à peu près les mêmes dispositions générales que dans les mammifères monodelphes. Les testicules dont la structure est la
même que dans ceux-ci, offrent cela de constant qu'ils sont
toujours extérieurs dans les espèces normales et placés dans
un scrotum arrondi qui est toujours bien en avant de la sortie
de la verge, et sous l'abdomen proprement dit; cela tient essentiellement à la disposition de celle-ci. Il résulte de cette
position des testicules, que leur canal excréteur qui forme de
même en sortant un épididyme, se porte en arrière au lieu
que ce soit en avant; du reste il s'ouvre comme à l'ordinaire dans le canal de l'urètre, mais bien avant qu'il ne
soit réuni au corps caverneux. La verge elle même offre une
disposition assez analogue à celle du vagin, c'est-à-dire,
qu'au lieu d'être extérieure et recourbée en avant, comme
cela a lieu dans la plus grande partie des mammifères ordinaires, elle est tout-à-fait dirigée en arrière et, dans l'état de

repos, entièrement intérieure, logée dans l'excavation formée par la symphyse du pubis au-dessous et dans la direction du rectum. Un autre caractère qui est propre à ces animaux, c'est qu'elle est pour ainsi dire suspendue dans les parties molles, les muscles ischio-caverneux ne s'attachent pas à l'ischion. Du reste, elle est toujours formée de deux corps caverneux, quelquefois réunis en un, au bord inférieur duquel se trouve la continuation du canal de l'urèthre; ce canal, au point de sa jonction avec la partie membraneuse qui est toujours fort longue, est quelquefois si étroit qu'on peut à peine le distinguer; mais ensuite il peut offrir, dans certaines parties de son étendue, une dilatation considérable, comme dans le kanguroo, par exemple. Du reste, enveloppé par un tissu caverneux plus ou moins épais, il se termine par un renflement ou gland de forme singulière, ordinairement bifurqué plus ou moins profondément, et quelquefois même partagé en quatre parties, comme dans les échidnés. Sa communication à l'extérieur est absolument semblable à ce qui a lieu pour les organes femelles, c'est-à-dire, qu'elle se fait à la partie inférieure d'une sorte de cloaque ou orifice commun aux organes de la génération et à l'anus.

Les individus mâles n'offrent jamais aucune trace de poche, ni même peut-être de mamelles; il se pourroit que la première fût remplacée par le scrotum; et en effet, le cremaster ou un muscle fort analogue, se porte à la poche des femelles.

D'après ce que nous venons de dire de l'organisation des deux sexes dans les animaux marsupiaux, et surtout de celle du sexe femelle, il est évident que le fœtus ne peut atteindre un grand développement dans l'intérieur de la matrice, puisqu'il est ensuite obligé de suivre le trajet des canaux de communication de l'une de ses poches avec le vagin; et c'est en effet ce qui a lieu, du moins pour les didelphes normaux; car nous devons tirer une conclusion toute contraire de la disposition qu'offrent les échidnés et l'ornithorinque. En effet, nous savons, d'après les observations de M. Barton, que dans le sarigue de Virginie, les jeunes ne restent dans l'utérus que pendant vingt-six jours et naissent extrêmement petits, puisque, dit-on, ils ne pèsent qu'un ou deux grains en naissant; mais alors l'autre partie de l'éducation dans les animaux mammifères, c'est-à-dire l'allaitement, est beaucoup plus prolongée. D'après cela le fœtus doit offrir quelques particularités d'organisation.

On pourroit d'abord concevoir qu'il n'auroit pas de placenta, c'est-à-dire, qu'il n'auroit pas besoin de cette communication vasculaire avec sa mère, qui se produit peu de temps après que l'ovule est descendu dans l'utérus; et en effet, dans les plus jeunes sujets que j'ai pu disséquer, l'un provenant d'un kanguroo, et l'autre d'un didelphe, quoique ce dernier eût à peine un pouce de long et que la grosseur proportionnelle de sa tête indiquât un âge très-peu avancé, je n'ai pu apercevoir aucune trace d'ombilic; aussi à l'intérieur n'ai-je trouvé aucun rudiment ou reste d'artères ombilicales, ni d'ouraque, ni de ligament suspenseur du foie, dans lequel, comme tout le monde sait, se trouve toujours la veine ombilicale. Sur le jeune sujet du kanguroo, je n'ai pu voir aucun reste de canal artériel, en un mot, aucun des indices de l'état de fœtus. Les capsules surrénales mêmes m'ont paru très-peu développées proportionnellement avec les reins dans le sarigue, et cependant dans le jeune individu de cette espèce, j'ai trouvé les testicules placés à l'intérieur et n'étant point encore descendus dans le scrotum. J'ai fait l'observation contraire que, dans l'un comme dans l'autre, et surtout dans ce dernier, la bouche, encore presque entièrement fermée, est seulement percée pour serrer le mamelon, de manière à pouvoir presque faire corps avec lui, que ce mamelon se prolonge jusque dans l'arrière-gorge de l'animal, et que les orifices des narines sont percés de petits trous ronds qui indiquent évidemment que la fonction de la respiration est en activité; et en effet, j'ai trouvé le poumon très-développé et beaucoup plus proportionnellement que le foie. Les individus que j'ai disséqués n'avoient cependant aucun organe des sens ouvert, et la peau étoit entièrement nue.

En sorte que je serois fort porté à croire que, dans les marsupiaux normaux, il seroit possible que le fœtus arrivé dans la corne de l'utérus, ne s'y attachât pas, et sortît par conséquent sans trace de cet appareil, qui est particulier à tous les animaux mammifères monodelphes.

Quant aux marsupiaux anomaux que plusieurs autres points de l'organisation tendent à éloigner encore davantage des autres pilifères, s'il se confirmoit que réellement ils n'ont pas de mamelles, il faudroit, au contraire, concevoir qu'ils sont arrivés à un degré beaucoup plus considérable de perfection dans l'utérus lui-même : ce qui se trouve assez bien en rapport avec la facilité avec laquelle chaque utérus communique avec le vagin.

Il est encore un autre point des mœurs des animaux didelphes que leur organisation devroit tendre à expliquer, mais à quoi elle n'est pas encore parvenue; c'est de savoir comment de si jeunes fœtus sont placés dans la poche extérieure, ou mieux attachés au mamelon. Quelques auteurs ont pensé qu'il y avoit communication entre l'utérus interne et cette poche ; mais personne n'a pu le démontrer , et cela n'offre aucune probabilité; d'autres ont dit que c'étoit la mère qui , au moyen de ses mains et surtout de ses pieds, les plaçoit elle-même; mais cela n'est peut-être pas beaucoup plus probable : enfin, une troisième opinion consiste à prouver que la poche peut aller , pour ainsi dire , au-devant de l'orifice du vagin , et par conséquent recevoir les petits qui en sortent ; mais , outre que les muscles de cette poche ne sont nullement disposés pour cela , nous avons déjà fait l'observation que plusieurs espèces n'ont pas de poche. Faudra-t-il donc croire que de si tendres animaux tout-à-fait informes , quand ils viennent au monde, seroient mis à terre , et qu'ensuite par instinct ils se dirigeroient vers les mamelles ; c'est une nouvelle manière de voir qui n'est peut-être pas plus admissible que les autres , car, d'après M. Barton, ces fœtus naissent sans forme d'animal et presque gélatineux : aussi pense-t-il que la femelle, couchée sur le dos , peut très-facilement approcher de la vulve chaque partie de la surface interne de la poche, et établir le contact immédiat entre chaque fœtus et chaque mamelon. Malgré cela le problème ne nous semble pas encore entièrement résolu. (BV.)

MARSWIN. Le MARSOUIN, en suédois. (DESM.)

MARSYPOCARPE , *Marsypocarpus*. Genre établi par Necker, pour placer le THLASPI BOURSE A PASTEUR. Il ne diffère pas de celui appelé CAPSELE par Ventenat. (B.)

MARTAGON. Nom donné autrefois à différentes espèces de *lis*, qui , comme le LIS MARTAGON, ont la corolle pendante , orangée , et à divisions réfléchies ; caractères cependant qui ne conviennent pas tous à la MÉDÉOLE de Virginie , qui est le *martagon pusillum* de Plukenet, Alm. t. 328 , f. 4. (LN.)

MARTAHUL. C'est, à Amboine, le nom d'une espèce de XYLOCARPE (*xylocarpus granatum*). *V.* CARAPA. (LN.)

MARTE , *Mustela* , Linn., Erxl., Schreb. , Lacép., Cuv. , Geoff. , Illig. Genre de mammifères carnassiers digitigrades, présentant les caractères suivans :

Six incisives à chaque mâchoire; à l'inférieure, la seconde, de chaque côté , rentrée en dedans de la bouche. Deux canines fortes en haut et en bas. Molaires tranchantes ; les antérieures ou fausses molaires coniques , comprimées, tantôt au nombre de deux en haut et trois en bas; tantôt au nombre de trois en haut et quatre en bas ; les carnassières ou grandes molaires trilobées , (avec un petit tubercule à l'intérieur , seulement dans quelques espèces) une seule dent tuberculeuse ou dernière molaire , à couronne mousse tant en

haut qu'en bas , ce qui sert à les distinguer des autres carnassiers digitigrades. Leur tête est petite ; leurs oreilles
externes sont courtes et arrondies, leurs moustaches fort
longues. Leur corps très-allongé et *vermiforme* les fait distinguer au premier abord. Leurs pieds sont fort courts et terminés par cinq doigts, armés d'ongles crochus et acérés ,
presque à demi rétractiles; leur queue est de médiocre longueur. Leur langue est douce ; ils n'ont point de poche près
de l'anus; ils marchent sur l'extrémité des doigts et ne posent
point le talon à terre en marchant ; la plupart répandent
une odeur infecte , qui est celle d'une matière particulière
sécretée par de petites glandes situées près de leur anus ;
leur pelage est , en général, fort doux au toucher , et se
compose de poils de deux sortes, un duvet près de la peau
et des soies roides et brillantes très – minces à leur point
d'attache avec la peau , ce qui leur permet de se diriger
dans divers sens. Ces animaux ont toute l'organisation
et les mœurs des carnassiers. Comme tous les plantigrades , ils sont dépourvus de *cœcum*. Leur corps très-allongé
offre un plus grand nombre de côtes que celui des carnassiers , etc.

Les martes forment un genre nombreux dont la plupart
des espèces habitent l'ancien continent , ou les contrées
les plus froides de l'Amérique septentrionale. Ce sont des
animaux très-cruels qui attaquent tous les petits quadrupèdes
et les oiseaux pour en sucer le sang. Leur forme allongée
donne à plusieurs la facilité de s'introduire dans les habitations des hommes pour détruire les volailles qu'on y élève , en les mettant d'abord toutes à mort avant de se re-
paître de leur sang ou de leur cervelle. Dans les campagnes ,
elles recherchent les nids des oiseaux pour en manger les œufs
ou dévorer les petits , etc. Une espèce vit de crustacés et
de grenouilles, une autre est l'ennemie déclarée des lapins.
Elles sont silencieuses et nocturnes, ne font pas de bruit en
marchant, et avancent par petits sauts très-vivement répétés.
Leur position ordinaire consiste à relever leur dos en arc.

Certaines espèces, telles que les martes proprement dites,
les fouines, etc. , sont moins carnassières que les autres.
Elles ont aussi les mâchoires plus longues , un nombre de
dents plus considérable , et plus de parties mousses à leurs
molaires. Leur poil est plus doux et plus fin que celui des
autres espèces qui sont particulièrement désignées sous le
nom de *putois*, à cause de l'odeur désagréable qu'elles répandent autour d'elles.

Une seule marte , qui habite l'Afrique méridionale , paroît pouvoir se creuser un terrier au moyen de ses ongles plus robustes et moins acérés que ceux des autres animaux du même genre.

Le genre des martes, fondé par Linnæus, a été adopté par tous les naturalistes ; mais certaines espèces en ont été distraites pour former des genres particuliers, notamment les mouffettes d'Amérique dont la dentition est fort semblable à celle des blaireaux, dont les ongles sont destinés à fouir et dont la queue est très-touffue, et les *loutres* qui ont le corps plus épais et les pieds palmés.

Plusieurs animaux, tels que le *grison* et le *taïra* d'Amérique, placés parmi les martes sous les noms de *mustela vittata* et *barbara*, ont dû être rapportés au genre des gloutons, attendu qu'ils sont plantigrades.

Les *mangoustes* et les *civettes*, très-rapprochées des martes, doivent cependant en être distinguées, non-seulement par leurs dents, mais encore parce qu'elles ont des poches à odeur ou bien de simples poches près de l'anus ; la queue presque aussi longue que le corps ; la langue munie de papilles cornées, etc. ; caractères que l'on ne remarque point dans les martes. De plus, les mangoustes ont les poils annelés de diverses couleurs, et les civettes ont des taches foncées et en forme de raies sur leur pelage, tandis que celui des martes offre le plus souvent des teintes générales et que les poils dont il est formé, n'ont point d'anneaux de couleurs variées.

Les fourrures des espèces de ce genre composent, pour ainsi dire, la base du commerce de pelleteries, et quelques-unes produisent des revenus très-considérables à plusieurs gouvernemens du Nord, et notamment à la Russie. La zibeline, l'hermine, la marte, sont les principales ; et l'on emploie encore la fouine et le putois. Ces fourrures sont chaudes, et se prêtent bien plus que celles de la plupart des animaux, à être couverties en vêtemens, parce que leurs poils sont doux et n'ont point de direction bien déterminée.

Outre les espèces dont nous allons faire l'histoire ci-après, il est fait mention, dans les Système d'Histoire naturelle, de plusieurs animaux incomplètement connus, mais que l'on a cru devoir ranger avec les martes. Les principaux d'entre eux sont : le Cuja et le Quiqui de Molina, etc. V. ces mots.

Iere DIVISION. —PUTOIS, *Putorius.* Caractères : *point de tubercule intérieur à la carnassière d'en bas ; tuberculeuse d'en haut plus longue que large ; deux fausses molaires supérieures et trois inférieures de chaque côté ; museau plus court et plus gros que celui des martes. Ongles acérés ; Animaux répandant une odeur fétide.*

Première Espèce. — **MARTE PUTOIS**, *Mustela putorius* ; Linn.
— Le Putois , Buffon , tom. 7, pl. 24. — Schreb , *Saeugth,*
tab. 131.

Les anciens l'ont dit , et on l'a beaucoup répété après eux,
rien n'est préférable à l'agriculture et à l'économie rurale.
En effet, sans parler de l'importance de ces arts nourriciers
pour la prospérité d'un pays, c'est dans leur exercice que
l'homme dont l'âme n'est point tourmentée par l'ambition
ou la cupidité, ni avilie par des passions basses ou rebutantes,
peut espérer trouver des jouissances douces et sans cesse
renaissantes : la conviction de travailler pour le bien général
tout en s'occupant de son propre intérêt, une vie laborieuse
et calme, la seule dont le bonheur daigne filer les jours. Cependant , il faut en convenir , et c'est une fatalité attachée à
tout ce qui respire sur la terre , des chagrins et des traverses
viennent quelquefois rompre désagréablement cette suite
heureuse d'instans de travail et de paix. Des fléaux qu'il n'est
pas donné à la prévoyance humaine d'écarter ni de modérer ;
des météores dévastateurs ravagent en un clin d'œil les campagnes chargées des trésors de l'abondance , et anéantissent
tout-à-coup l'espoir et la richesse du cultivateur. L'incons-
tance des saisons , la trop longue durée des chaleurs brû-
lantes de la canicule, les pluies immodérées, produisent aussi
des regrets pleins d'amertume : l'épizootie dépeuple les pâturages et les étables; des animaux malfaisans, tantôt en phalanges pressées comme une armée de conquérans barbares ,
envahissent le territoire de la fertilité, coupent, arrachent sur
leur passage , et le couvrent du voile lugubre de la désolation;
tantôt isolés, et marchant sans bruit et dans les ténèbres, bri-
gands guidés par la soif du sang et par la ruse , ils égorgent
en une nuit les foibles habitans de la basse-cour et du colom-
bier. Il faut avoir été exposé soi-même à ces malheurs, dont
les agronomes de cabinet , étranges précepteurs d'agriculture, ne tiennent aucun compte, et qu'ils ne font point entrer
dans leurs calculs trop souvent erronés, pour sentir combien
ces événemens sont douloureux , combien sont cuisantes les
peines qu'ils font naître dans l'âme du cultivateur.

Ces réflexions se sont présentées naturellement à mon esprit, lorsque ma plume s'apprêtoit à tracer l'histoire du plus
terrible ennemi que les oiseaux de basse-cour aient à redouter , de celui dont l'idée cause les plus vives inquiétudes à la
fermière, et la visite le plus de perte et de chagrins. Le *putois*,
plus rusé que la *fouine* , s'approche du lieu qu'il va changer
en un champ de carnage , avec plus de précaution et moins

de bruit. Il se glisse dans les poulaillers, monte aux volières, aux colombiers, coupe ou écrase la tête aux volailles, et les emporte une à une pour en faire magasin. S'il ne peut les emporter entières par le trou qui a suffi à son passage, il leur mange la cervelle et emporte les têtes. Les *lapins* deviennent également sa proie. Il n'est pas moins avide de miel que de sang, et dévastateur des basse-cours et garennes, il est aussi destructeur des ruches, surtout pendant l'hiver; en sorte que ce petit animal est vraiment un fléau pour l'économie champêtre. Cependant, de même qu'il est peu d'hommes méchans et cruels qui n'offrent quelque qualité digne d'éloges, ne fût ce que le courage ou l'adresse dans leurs entreprises désastreuses, peu de tyrans que, sous quelque rapport, l'on ne puisse louer sans adulation, ainsi le putois, en faisant la guerre aux taupes, aux rats et aux mulots, qu'il guette et surprend, paroît rendre quelque service aux habitans des campagnes, si d'un autre côté sa vie presque toute entière n'étoit employée à leur nuire.

Il s'éloigne peu des lieux habités; l'été il établit sa demeure et son magasin de chair sanglante dans les terriers des lapins, dans les trous de rochers, dans des creux d'arbres, sous des tas de pierres, d'où il ne sort guère que pendant la nuit, pour chercher dans les champs les nids des perdrix, des cailles, des alouettes. L'hiver il se réfugie au milieu des habitations champêtres, dans les décombres, dans les caves, dans les granges et les galetas. Il entre en amour au printemps; les mâles se battent pour la possession d'une femelle; dès qu'elle est pleine ils l'abandonnent. La portée est de cinq à six petits que la mère n'allaite pas long-temps, et qu'elle accoutume de bonne heure à sucer du sang et des œufs: elle ne les emmène à la campagne que vers la fin de l'été.

Ces animaux sont très-agiles et courent avec vitesse; outre leur cri, plus grave que celui de la *fouine*, ils font entendre comme elle un murmure sourd, une sorte de grognement semblable à celui de l'*écureuil*, et qu'ils répètent souvent lorsqu'on les irrite; ils répandent en même temps une odeur insupportable, produite par une matière blanche et onctueuse que contiennent deux vésicules placées près de l'anus. De cette odeur fétide est venue la dénomination latine de *putorius*, dérivée de *putor*, puanteur, d'où nous avons fait *putois*. Les gens de la campagne donnent aussi à cette espèce de quadrupèdes les noms de *puant* ou de *punaisot*.

Il y a peu de différence de grosseur entre le putois et la *fouine*. La longueur du premier est ordinairement de dix-sept pouces, et celle de sa queue de six. Son corps est très-allongé et porté sur des jambes fort courtes ; ses oreilles sont petites, larges et arrondies ; le sommet de sa tête est aplati et son museau pointu ; ses ongles sont moins longs que ceux de la *fouine* et de la *marte* ; le tour de la bouche et la pointe des oreilles sont de couleur blanche ; la queue, très-velue, est noire ; et le reste du pelage a une teinte noirâtre mêlée de jaune. Cette fourrure, quoique assez bonne, se vend à vil prix, parce qu'elle conserve toujours un peu de la mauvaise odeur de l'animal.

L'espèce de putois est propre aux climats tempérés de l'Europe, et elle évite également les pays trop froids et ceux qui sont exposés à une trop grande chaleur.

L'on trouve néanmoins en Russie et dans la Sibérie, un putois dont le poil est blanchâtre. Pallas pense que c'est une variété de l'espèce commune, dont la couleur foncée se sera éclaircie par la rigueur du climat de ces contrées septentrionales.

On prend les putois avec des espèces de traquenards en forme de souricière, dans lesquels on met pour appât une poule ou un pigeon. L'on emploie aussi à leur faire la chasse des bassets dressés à grimper au haut des granges. L'agaric les attire, dit-on, dans les pièges. (s.)

Seconde Espèce. — MARTE CHOROK, *Mustela sibirica*, Pallas, *Spicilegia zoologica*, 14, pl. 4, fig. 2. — CHOROK, Sonnini, éd. de Buff., t. 35, pag. 19. Schreb., *Saeugth.* pl. 135 B.

Cet animal, dont il existe une dépouille dans les galeries du Muséum d'Histoire naturelle de Paris, est absolument de la taille et de la forme du furet et du putois, et sa queue est dans la même proportion que celle de ces animaux. Les poils qui couvrent son corps sont longs et paroissent durs ; leur couleur est partout d'un jaune fauve très-pâle, surtout sous le ventre. Sur la tête cette couleur est plus foncée, et passe au brun près du museau, qui est entouré d'un cercle de poils blancs assez étroit.

Selon Pallas, la couleur fauve du corps est un peu plus claire, et plus lavée vers la tête, qui, d'ailleurs, ressemble à celle de notre animal ; il y a souvent des taches d'un beau blanc sous la gorge ; le dessous des pieds est très-velu et d'un gris argenté.

Le chorok vit dans les forêts les plus épaisses des montagnes de la Sibérie ; il se nourrit également de proie et de végétaux ; pendant l'hiver, il se rapproche assez souvent des habitations, et y commet des dégâts.

Troisième Espèce. — MARTE FURET, *Mustela furo*, Linn. — Le FURET, Buff., tom. 7, pl. 25 et 26. Voyez pl. D 28 de ce Dictionnaire.

Le furet est plus petit que le putois: mais il n'en diffère pour la forme qu'en ce qu'il a la tête moins large et le museau plus étroit et moins allongé.

La couleur du poil des furets varie comme dans les autres animaux domestiques. Il y a des furets qui ont, comme les *putois*, du blanc, du noir et du fauve plus ou moins foncé ; on leur donne le nom de *furets-putois*. Les autres (et c'est le plus grand nombre) sont d'un jaune de buis avec des teintes de blanc.

La femelle du furet est sensiblement plus petite que le mâle ; lorsqu'elle est en chaleur, elle le recherche ardemment, et l'on assure qu'elle meurt si elle ne trouve pas à se satisfaire ; aussi a-t-on soin de ne les pas séparer. On les élève dans des tonneaux ou dans des caisses, où on leur fait un lit d'étoupes ; ils dorment presque continuellement, et dès qu'ils s'éveillent, ils cherchent à manger : on les nourrit de son, de pain, de lait, etc. Ils produisent deux fois par an; les femelles portent six semaines; quelques-unes dévorent leurs petits presque aussitôt qu'elles ont mis bas, et alors elles deviennent en chaleur de nouveau et font trois portées, lesquelles sont ordinairement de cinq ou six, et quelquefois de sept, huit, et même neuf.

Cet animal, dit Buffon, est naturellement ennemi mortel du lapin : lorsqu'on présente un lapin, même mort, à un jeune furet qui n'en a jamais vu, il se jette dessus et le mord avec fureur ; s'il est vivant, il le prend par le cou, par le nez, et lui suce le sang. On se sert du furet pour la chasse des lapins. On le lâche dans leurs trous après l'avoir muselé, afin qu'il ne les tue pas dans le fond du terrier, et qu'il les oblige seulement à sortir et à se jeter dans le filet dont on couvre l'entrée. Si on laisse aller le furet sans muselière, on court risque de le perdre, parce qu'après avoir sucé le sang du lapin, il s'endort ; et la fumée qu'on fait dans le terrier, n'est pas toujours un moyen sûr pour le ramener, parce que souvent il y a plusieurs issues, et qu'un terrier communique à d'autres, dans lesquels le furet s'engage à mesure que la fumée le gagne. Les enfans se servent aussi du furet pour dénicher les oiseaux : il entre aisément dans les trous des arbres et des murailles, et il les apporte au dehors.

Le furet, très-commun en Espagne, y a été apporté d'Afrique. Cet animal, quoique facile à apprivoiser, et même

assez docile, ne laisse pas d'être fort colère ; il a une mauvaise odeur en tout temps , qui devient bien plus forte
lorsqu'il s'échauffe ou qu'on l'irrite. Il a les yeux vifs , le
regard enflammé, tous les mouvemens très-souples ; il est
en même temps si vigoureux , qu'il vient aisément à bout
d'un lapin, qui est trois ou quatre fois plus gros que lui.

(DESM.)

Quatrième Espèce. — MARTE PEROUASCA ou PUTOIS DE PO-
LOGNE. — *Mustela sarmatica*, Pallas , *Spicilegia zoologica*, 14 ,
pl. 4, fig. 1.(*Nouv. Comment. de l'acad. de Petersbourg*, tom. 14,
pl. 10.) —Schreber, *Saeugthière*, tab. 132.— Voyez pl. M 35
de ce Dictionnaire.

La vraie prononciation du nom russe de cet animal est
peregouzina. Rzaczynski l'a appelé *belette à ceinture*, à cause
des bandes dont son poil est rayé, et qui semblent lui former
autant de ceintures. D'autres lui ont donné le nom de *putois
de Pologne*. En effet, il approche beaucoup du putois ; mais
il en diffère néanmoins par la tête plus étroite , le corps plus
allongé, la queue plus longue, et le poil plus court. Il est
aussi un peu moins gros que le putois; sa longueur est de douze
pouces un quart, et celle de sa queue de six pouces et demi.
La forme de sa tête est triangulaire ; son nez , qui dépasse la
lèvre, est pointu; ses narines sont grandes , de même que
l'ouverture de la bouche, qui s'étend de chaque côté
jusqu'au-dessous des yeux ; il a de longues moustaches
à la lèvre supérieure ; les yeux petits , enfoncés et à iris
noir ; les oreilles droites , courtes , larges , arrondies et velues ; le cou court , et à peine moins épais que la tête et
le corps; celui-ci allongé et presque cylindrique ; les jambes près de trois fois moins longues que le corps; celles
de derrière ayant un peu plus de longueur que celles de devant ; les ongles aplatis, crochus , se terminant en pointe , et
plus longs aux pieds de devant ; la queue déliée et bien garnie de longs poils ; ceux du corps épais et peu fermes , d'un
demi-pouce au plus de longueur, et sans duvet à leur base.
Tous ces poils sont luisans; ils sont noirs sur la tête, blancs
autour de la bouche et des oreilles, sur le sommet de la tête
et sur le front , variés de brun et de jaune sur le corps. Les
taches jaunes blanchissent pendant l'hiver. Il y a une raie
blanche et oblique au-dessus des yeux, une autre longitudinale
et jaune de chaque côté de la tête , une autre enfin de la
même couleur sur chaque épaule ; le corps en dessous , de
même que les pieds, sont d'un noir très-foncé ; les poils à
l'origine de la queue sont cendrés à leur base , noirs dans le
milieu , et blanchâtres à leur pointe ; vers le bout de la

queue, ils sont cendrés, mais noirs à l'extrémité ; le nez est noir, et les ongles sont jaunâtres.

La langue est large, charnue, arrondie à son bout, couverte en dessus de nombreuses papilles, et peut à peine sortir hors de la bouche ; dix-sept côtes de chaque côté forment la charpente osseuse. Les testicules du mâle ne paroissent point au dehors, et le gland de sa verge est soutenu par un osselet. Douze mamelles, dont on voit à peine les mamelons, sont placées sur le ventre.

On trouve le *pérouasca* en Pologne, surtout en Volhinie et dans les déserts situés entre le Volga et le Tanaïs. Il est très-vorace, et il fait une guerre continuelle aux rats, aux loirs et aux oiseaux. C'est pendant la nuit qu'il se livre à ses sanglantes recherches ; le jour, il se tient caché, soit dans les terriers qu'il se creuse lui-même, soit dans ceux que d'autres animaux se sont pratiqués. Quoiqu'il ne monte qu'avec peine sur les arbres, il est d'une grande agilité. Son naturel est colère, il entre aisément en fureur : alors les poils de sa queue se hérissent ; il l'agite en tout sens comme les *chats* ; il pousse une sorte de frémissement aigu, et répand une très-mauvaise odeur, qu'il conserve, mais avec moins d'intensité, dans l'état ordinaire. Ce caractère de férocité ne se plie pas à la captivité ; le *pérouasca* ne s'apprivoise point, et son caractère farouche et indomptable ne l'abandonne jamais. Il s'accouple au printemps ; la femelle porte pendant deux mois, et elle met bas de quatre à huit petits, qui ont les yeux ouverts en naissant.

Le *pérouasca*, dont la vie est odieuse, puisqu'elle se passe dans l'exercice du carnage, devient utile après sa mort ; on lui fait la chasse pour sa peau, qui fournit une jolie fourrure. (s.)

Cinquième Espèce. — MARTE BELETTE, *Mustela vulgaris*, Linn. — La BELETTE, Buff., tom. 7, pl. 29, fig. 2. — *Mustela nivalis*, Schreber, *Saeugth.*, tab. 138.

L'on a quelquefois confondu ce petit animal avec l'*hermine* ; cependant on doit considérer l'*hermine* et la *belette*, comme formant deux espèces distinctes : la première est ordinairement un peu plus grande, rousse ou jaunâtre en été, blanche en hiver, avec le bout de la queue, qui est assez courte, toujours d'un noir foncé ; le bord des oreilles et l'extrémité des pieds sont blancs. La belette, dont la longueur varie entre six et neuf pouces, a le dos et les côtés du corps, la face extérieure des jambes jusqu'aux pieds, d'un fauve clair ; le bout de la queue d'un poil brun appro-

chant du noir, le reste étant de la même couleur que le dos,
à l'exception d'une teinte jaune qui s'étend en dessous jusqu'à la moitié de sa longueur. Le front jusqu'aux yeux et
les côtés de la mâchoire supérieure, ses bords exceptés,
sont d'un brun noirâtre; à l'angle extérieur de l'œil il y a
une tache blanche; les joues, le menton, le bord des
oreilles et les tarses sont blancs; le reste du corps, le côté
intérieur des cuisses et des jambes, sont d'un blanc lavé de
jaune de soufre.

La *belette* est également répandue dans les climats les plus
chauds et dans les climats les plus froids de notre continent;
et, ce qui est fort singulier, il est des pays qui se trouvent
entre ces deux températures, dans lesquels elle n'existe pas.
Quoi qu'il en soit, le vrai pays natal de ce petit animal, paroît être la partie septentrionale de l'ancien monde. Il est en
grand nombre en Suède, en Laponie, en Norwége, etc.
En Russie comme en Sibérie, ce quadrupède devient
tout blanc pendant l'hiver, et l'été, son poil est d'un brun
noirâtre.

Séba a décrit et figuré sous le nom de *mustela javanica*, ou
belette de Java, un animal dont le pelage est semblable à
celui du roselet, et dont la queue est également noire à sa
pointe, mais dont les joues et une tache en demi-cercle au
devant des yeux sont blanchâtres. A ces légères différences
près, cette marte ne diffère pas de l'hermine d'été; et nous
nous garderons de la considérer comme une espèce distincte,
d'autant plus que Séba est loin de donner une garantie suffisante sur l'habitation des animaux qu'il décrit, et dont il
publie des figures.

La *belette* diffère encore de l'*hermine* par la manière de
vivre; elle ne demeure pas, comme elle, dans les déserts et
dans les bois, au contraire, elle ne s'écarte guère des habitations; ainsi que tous les autres animaux du même genre,
elle fait la guerre aux volailles, aux *moineaux*, aux *levrauts*,
aux jeunes *lapins*, aux *rats*, aux *souris*, etc.

Lorsqu'une *belette* peut entrer dans un poulailler, elle
n'attaque pas les coqs ou les vieilles poules; elle choisit les
petits poussins, les tue par une seule blessure qu'elle leur fait à
la tête, et ensuite les emporte les uns après les autres; elle casse
aussi les œufs, et les suce avec une incroyable avidité. En
hiver, elle demeure ordinairement dans les greniers et dans
les granges; souvent même elle y reste au printemps pour y
faire ses petits dans le foin ou la paille; pendant tout ce temps,
elle fait la guerre avec plus de succès que le chat, aux rats et
aux souris, parce qu'ils ne peuvent lui échapper, et qu'elle
entre après eux dans leurs trous: elle grimpe aux colombiers,

prend les pigeons, les moineaux, etc. En été, elle va à quelque distance des maisons, surtout dans les lieux bas, autour des rivières, se cache dans les buissons pour attraper des oiseaux, et souvent s'établit dans le creux d'un vieux saule pour y faire ses petits : elle leur prépare un lit avec de l'herbe, de la paille, des feuilles, des étoupes : elle met bas au printemps ; les portées sont quelquefois de trois, et ordinairement de quatre ou cinq petits, qui naissent les yeux fermés aussi bien que ceux du *putois*, de la *marte*, de la *fouine*, etc. ; mais en peu de temps ils prennent assez d'accroissement et de force pour suivre leur mère à la chasse. Elle attrape les couleuvres, les rats d'eau, les taupes, les mulots, etc., parcourt les prairies, dévore les cailles et leurs œufs. Elle ne marche jamais d'un pas égal ; elle ne va qu'en bondissant par petits sauts inégaux et précipités ; et lorsqu'elle veut monter sur un arbre, elle fait un bond par lequel elle s'élève tout d'un coup à plusieurs pieds de hauteur : elle bondit de même lorsqu'elle veut attraper un oiseau.

Cet animal a, aussi bien que le *putois* et le *furet*, l'odeur si forte, qu'on ne peut le garder dans une chambre habitée ; il sent plus mauvais en été qu'en hiver ; et lorsqu'on le poursuit ou qu'on l'irrite, il infecte de loin. Il dort les trois quarts du jour, et va à la chasse pendant la nuit. Sa démarche est silencieuse ; il ne donne jamais de voix qu'on ne le frappe : son cri aigre et enroué exprime bien le ton de la colère.

Les belettes, d'un caractère farouche et colérique, s'apprivoisent difficilement ; l'on ne peut même y parvenir, si elles n'ont pas été prises très-jeunes. Dans l'état de domesticité, leurs sens se perfectionnent et leurs mœurs s'adoucissent par le châtiment. La belette devient susceptible d'amitié, de reconnoissance et de crainte ; elle s'attache à celui qui la nourrit, qu'elle reconnoît à l'odorat et à la simple vue. Elle est rusée et libertine à l'excès ; elle aime les caresses, le repos et le sommeil ; elle est gourmande et si vorace, qu'elle pèse jusqu'à un cinquième de plus après ses repas. Sa vue est perçante, son oreille bonne ; l'odorat est exquis, le sens du toucher est répandu dans tout le corps, et la flexibilité de ce petit corps, menu et long, favorise infiniment la bonté de ce sens en lui-même. Tous ces phénomènes tiennent à l'état des sens, qui sont achevés et parfaits. (DESM.)

On apprivoise les belettes en leur frottant, dit-on, les dents avec de l'ail. Leur morsure passe pour être venimeuse, et le remède est, dit-on encore, de couvrir la plaie avec la peau d'une belette desséchée, ou de la laver avec de l'huile dans laquelle on a laissé pourrir un de ces animaux.

L'odeur très-désagréable de la belette fait rejeter cet animal de nos tables ; sa fourrure, dans nos pays, n'a presque point de valeur, et si on lui déclare la guerre, ce n'est que dans la vue de détruire un ennemi qui fait lui-même une guerre cruelle aux oiseaux de basse-cour, et attaque souvent les lapins dans les garennes et le gibier dans les champs. Ce seroit néanmoins à tort que l'on considéreroit la belette comme un animal uniquement malfaisant ; toute sanguinaire qu'elle est, l'agriculture en reçoit des services qui ne sont pas sans importance ; l'on sait qu'elle dévore les rats et les souris ; mais ce que l'on ne sait pas peut-être assez généralement, c'est qu'elle a un goût de préférence pour les mulots, dont la multiplication est un grand fléau pour les moissons et les forêts. Soit que la somme des dégâts qu'elle commet l'emporte sur le bien qu'elle peut produire, soit qu'on n'ait pas fait attention au degré d'utilité que présente son existence, il est convenu de ne voir rien de bon en elle que sa propre destruction ; car l'on compte à présent pour rien, avec toute raison, les vertus médicales que les anciens médecins croyoient exister dans les différentes parties de ce quadrupède, et qui, si elles eussent été aussi vraies qu'elles sont erronées, et depuis long-temps abandonnées à l'ignorante crédulité, vaudroient à elles seules la pharmacie la mieux fournie, puisqu'il n'y a guère de maux qui n'y trouvassent un spécifique.

Chasse de la Belette. — On tue la belette à coups de fusil ; mais ce moyen de destruction est fort lent, peu efficace, et exige beaucoup de patience, la belette se laissant surprendre très-difficilement, et sa petite corpulence lui permettant de se cacher dans le plus petit trou.

Pour faire mourir les belettes, l'on fend par le milieu une poire ou une pomme bien mûre ; on la saupoudre intérieurement avec de la noix vomique réduite en poudre très-fine ; on rejoint les deux parties du fruit, et on le place dans les lieux que ces animaux ont coutume de fréquenter. On les fait sortir de leur retraite en y introduisant de la *rue* ; on les éloigne des poulaillers et des colombiers en y exposant un chat rôti dont elles ne souffrent pas l'odeur ; enfin, lorsqu'on prend une belette en vie, on lui coupe la queue et les testicules, si c'est un mâle, et après cette double opération, on le met en liberté ; son aspect suffit, dit-on, pour chasser tous les animaux de son espèce qui se trouvent dans les environs. Mais le moyen le plus assuré de détruire les belettes, est de leur tendre des piéges ; le meilleur est celui qu'on nomme *traquenard* ; l'on en fait de *simples* ou de *doubles*, ces derniers valent mieux. Tout le monde connoît ces sortes de trébuchets dont la construction est facile ; l'on en trouve la figure dans l'*Encyclopédie*, dans la *Maison rustique*, le *Dictionnaire économique* de Chomel, et plusieurs autres ouvrages de chasse et d'éco-

nomie rustique. On attache pour appât , en dedans du traquenard . une volaille ou des œufs , dont les belettes sont
très-friandes. (s.)

Sixième Espèce. — La Marte ou Belette d'Afrique (*Mustela africana* , Nob.). Espèce nouvelle.

Cette petite espèce de marte fait partie de la collection du
Muséum d'Histoire naturelle de Paris. Elle appartenoit
autrefois à celle de Lisbonne.

Elle a beaucoup de ressemblance avec la belette proprement dite; mais elle est plus grande. Elle a dix pouces environ de longueur , et sa queue n'en a guère que sept. Tout le
dessus de sa tête , de son cou et de son dos est d'un fauve
roussâtre. La partie externe des pattes de devant et les pattes
postérieures , presque entières , sont de la même couleur. Les
bords de la mâchoire supérieure , les joues jusqu'à la hauteur
du milieu des oreilles , la mâchoire inférieure , le dessous du
cou , le dedans des pattes antérieures , le ventre et la partie interne des cuisses , sont d'un jaune pâle , séparé bien nettement
de la couleur du dessus du corps. Le ventre présente dans son
milieu une ligne longitudinale d'un fauve roussâtre , assez
étroite ; la queue est aussi fauve ; les poils dont elle est recouverte sont beaucoup plus longs que ceux du corps , lesquels sont presque ras.

Cette belette est d'Afrique.

Septième Espèce. — Marte hermine (*Mustela Erminea* ,
Linn.) — L'Hermine , Buff. , tome 7 , pl. 29 , fig. 1. — Le
Roselet , ej. , t. id. , pl. 29 , fig. 2. — *Mustela erminea* , Schreb.
Saeugth. , tab. 137 A et 137 B. — *V.* pl. G 13 de ce Dictionn.

L'*hermine* se rapproche beaucoup de la *belette* par sa petite
taille . et par les couleurs dont son corps est orné ; cependant , elle est toujours un peu plus grande , et son poil , qui
varie de couleur suivant les saisons , n'est semblable à celui
de cet animal qu'en été ; encore existe-t-il un caractère excellent pour distinguer ces deux quadrupèdes : c'est que l'hermine a , dans tous les temps , l'extrémité de la queue terminée par un flocon de poils noirs , ce que l'on ne remarque
point dans la *belette*.

L'*hermine d'été* est d'un brun—marron pâle en dessus et
d'un blanc teinté de jaune en dessous : les doigts des quatre
pattes , ainsi que le bord des oreilles , sont d'un blanc fort net.
Ce dernier caractère la distingue de la *belette* , avec laquelle
elle présente de si grands rapports , qu'on la prendroit pour
le même animal , si la queue n'étoit terminée par un flocon
de poils noirs. Cette variété , produite par la saison , a fait

donner à l'hermine le nom de *belette à queue noire* ou de *roselet*. En hiver, l'hermine perd la couleur brun clair et jaunâtre de la *belette*, et devient entièrement blanche, à l'exception du bout de la queue, qui reste noir. Elle est généralement connue dans cet état sous le nom d'*hermine*.

Les hermines se trouvent dans toute l'Europe tempérée ; mais elles y sont plus rares que les *belettes*. Elles sont, au contraire, très-communes dans tout le Nord, surtout en Russie, en Norwége, en Sibérie, en Laponie. On les trouve aussi au Kamtschatka et aux États-Unis. Dans tous ces pays, elles sont rousses en été, et blanches en hiver. Elles se nourrissent d'écureuils gris et de différentes espèces de *rats*, surtout de *lemings*. Buffon rapporte les observations suivantes sur l'hermine de Norwége, d'après Pontoppidan : « Elle fait sa demeure dans des monceaux de pierres..... Elle prend les souris comme les chats, et emporte sa proie quand cela lui est possible. Elle aime particulièrement les œufs ; et lorsque la mer est calme, elle passe à la nage dans les îles voisines des côtes de Norwége, où elle trouve une grande quantité d'oiseaux de mer...... »

M. Lepechin, l'un des compagnons de Pallas dans ses voyages en Russie et au nord de l'Asie, a fait de bonnes observations sur les habitudes de l'*hermine* et de la *belette*, qu'il a rencontrées dans ces climats froids, où ces animaux sont beaucoup plus multipliés qu'ailleurs. « Ces deux petits quadrupèdes, dit-il, ont reçu de la nature un courage mêlé de fureur, et une agilité tout-à-fait particulière...... Nous les tenions dans des cages, ce qui nous a mis à portée de faire les observations suivantes : Pendant le jour, ces animaux sont fort tranquilles, et en passent une bonne partie à dormir ; mais, dès que le soir arrive, comme c'est le temps auquel ils sont dans l'habitude d'aller chercher leur curée, ils tentent tous les moyens imaginables de s'échapper de leur prison, et se mettent à mordre tout ce qui leur fait obstacle avec tant de véhémence, qu'ils sont en état de percer en peu de temps, avec leurs dents, un morceau de bois assez épais. Ils sont, outre cela, si goulus, qu'ils dévorent en un jour beaucoup au-delà de l'équivalent de tout leur corps. L'hermine est plus féroce que la *belette*... On a beau la nourrir long-temps, elle ne perd presque rien de son naturel. Elle vous arrache sa nourriture de la main par petits morceaux ; et lorsqu'on l'irrite, elle se jette avec acharnement sur l'objet qui la contrarie, avec un cri et un sifflement pareil à celui du moineau : ses yeux alors sont étincelans et rouges comme du sang. La voracité de ces animaux se manifeste surtout lorsqu'on les enferme dans des granges remplies de souris : y en eût-il un mille, elles les tueront toutes sans miséricorde. Aussi les paysans se gardent-ils bien de faire le moindre mal aux *hermines* et aux *belettes* qui vivent à la proximité de leurs meules de blé et de leurs greniers. Le courage et l'agilité de l'*hermine* sont tels, qu'elle ose attaquer les plus gros *rats* jusque dans leurs trous. » (*Traduction du Voyage de Pallas*, tom. 5, pag. 420 et suiv.)

La peau de l'*hermine d'hiver* est précieuse. Tout le monde connoît les fourrures faites avec la peau de cet animal. Elles sont bien plus belles et d'un blanc bien plus mat que celles du lapin blanc; mais elles jaunissent avec le temps, et même les hermines de notre pays ont toujours une légère teinte de jaune. Ces fourrures sont pour les Russes un article du commerce des pelleteries avec les Chinois; mais leur infidélité en a fait tomber le prix. Les hermines de qualité et de grandeur différente ne se vendent plus que vingt-cinq sous la pièce, depuis que les Chinois se sont aperçus de la fraude des Russes, qui les leur vendoient au poids, et cousoient des morceaux de plomb dans les pattes. Un sac, ou trois aunes de peaux d'hermines cousues ensemble, coûte 75 à 125 francs.

Huitième Espèce. — **Marte mink** (*Mustela lutreola.*) — Pallas, *Spicilegia Zoologica* 14, pl. 3. 1.—*Lutra minor*, Erxleb. —Mémoires de Stockholm, 1739, tab. 11.—**Turcubi** des Finlandais. — **Mœnk** des pelletiers d'Abo. — **Nœrs** des Prussiens.

Cette marte se trouve principalement en Finlande; mais on la rencontre aussi dans tout le nord et l'orient de l'Europe, depuis la mer Glaciale jusqu'à la mer Noire. Elle a dix-sept pouces, depuis le nez jusqu'au bout de la queue, et cette queue est longue de cinq pouces quatre lignes. Ses pieds ont les doigts joints ensemble jusqu'à moitié, par une membrane couverte d'un poil doux. Le pelage est d'un brun noirâtre; le tour des oreilles est plus clair; la lèvre supérieure et la mâchoire inférieure sont blanches.

Le duvet ou la bourre qui est sous le poil, est brun clair et noirâtre; mais le poil long est noir, épais au milieu, pointu à l'extrémité, mince et clair contre la peau.

Cet animal vit de poissons. On ne lui a trouvé dans l'estomac que des parties de test d'écrevisses. On le prend en automne auprès des rivières et des ruisseaux, vers le printemps auprès des torrens. C'est en ces deux saisons que sa peau est bonne. (DESM.)

II.ᵉ Division.—ZORILLES. Caractères : *museau court, molaire tuberculeuse d'en haut, assez large ; deux fausses molaires supérieures, trois en bas ; ongles des pieds de devant obtus, épais, propres à fouiller la terre.*

Neuvième Espèce. — **La Marte zorille ou Putois du Cap,** *Viverra zorilla,* Gmel., Schreb., *Saeugth.*, tab. 123. — **La Zorille**, Buff., t. 13. pl. 41. — *Blaireau du Cap*, Kolbe, Descript. du Cap, tom. 1, pag. 86.

Buffon, trompé par de fausses indications, avoit cru que cet animal étoit propre à l'Amérique ; c'est une méprise. La *zorille* est naturelle à l'Afrique, et se trouve principalement vers le Cap de Bonne-Espérance. D'Azara (*Quadrupèdes du Paraguay*) est tombé dans une autre erreur, lorsqu'il prétend que la zorille est un jeune *yagouré* ou **Moufette.**

Kolbe en a parlé sous le nom de *blaireau puant* ; mais il ressemble beaucoup plus au *putois* qu'au *blaireau* ; il est à peu près de la même figure et de la même grandeur ; il lui ressemble encore par les habitudes naturelles, et il répand une aussi mauvaise odeur que notre *putois*, mais que la chaleur du climat rend plus exaltée. Des bandes courtes, d'un blanc jaunâtre, s'étendent longitudinalement sur le fond de son corps ; ses cuisses et son ventre sont noirs, sans taches ni raies, et sa longue queue, qui est très-fournie, est variée de noir et de blanc. (s.)

Un individu de cette espèce qui fait partie de la collection du Muséum d'Histoire naturelle de Paris, a le corps en entier d'un brun foncé ; le dos rayé de quatre bandes blanches longitudinales, et le front marqué d'une tache blanche. Les oreilles ont des poils blancs sur leur contour ; la queue, très-touffue, est garnie de très-longs poils alternativement annelés de brun-noir et de blanc.

Les ongles de la zorille, surtout ceux des pattes de devant, au lieu d'être médiocres et aigus comme ceux des autres martes, sont très-forts et comprimés comme ceux des moufettes qui creusent la terre. Aussi est-il très-probable que cet animal a également un genre de vie souterrain.

III.ᵉ Division. — MARTES proprement dites, *Mustela.* **Caractères** : *un petit tubercule à la carnassière d'en bas ; une fausse molaire de plus en haut et en bas, que dans les putois ; museau un peu allongé ; ongles acérés.*

Dixième Espèce. — **Marte commune,** *Mustela martes,*

Linn. — La Marte, Buff., tom. 7, pl. 22. — Schreber, *Saeugth.*, tab. 130.

La *marte* a beaucoup de rapports avec la *fouine*. Cependant, elle est un peu plus grosse (sa longueur est d'un peu plus d'un pied et demi); elle a la tête plus courte, les jambes plus longues. Sa gorge présente, comme celle de la *fouine*, une tache de couleur plus claire que le reste du pelage; mais cette tache, au lieu d'être d'un assez beau blanc, est d'un jaune serin plus ou moins foncé; son poil est plus fin, plus fourni et moins sujet à tomber que celui de la *fouine*.

La marte diffère aussi de la *fouine* par ses habitudes. « Elle fuit également, dit Buffon, les pays habités et les lieux découverts; elle demeure au fond des forêts, ne se cache point dans les rochers, mais parcourt les bois et grimpe sur les arbres; elle vit de chasse, et détruit une prodigieuse quantité d'oiseaux, dont elle cherche les nids pour en sucer les œufs; elle prend les *écureuils*, les *mulots*, les *lérots*, etc. Elle mange aussi du miel comme la *fouine* et le *putois*.... Elle met bas au printemps; la portée n'est que de deux ou trois petits. Elle ne leur prépare point de lit; mais lorsqu'elle est prête à mettre bas, elle monte au nid de l'*écureuil*, l'en chasse et en élargit l'ouverture, s'en empare et y fait ses petits. Elle se sert aussi des anciens nids de ducs, de buses, et des trous de vieux arbres, dont elle déniche les pies et les autres oiseaux. Les petits naissent les yeux fermés.... La mère leur apporte bientôt des oiseaux, des œufs, et les mène ensuite à la chasse avec elle. »

Les martes se trouvent communément dans le nord de l'Europe, et, dit-on, dans l'Amérique septentrionale jusqu'à la baie d'Hudson. Buffon assure qu'il n'y en a point en Angleterre, parce qu'il n'y a pas de bois. Il y en a très-peu en France. On n'en trouve pas dans les pays chauds.

Lorsque la marte est poursuivie par les chiens, au lieu de gagner promptement son gîte comme la *fouine*, elle se fait suivre assez long-temps avant de grimper sur un arbre; elle ne se donne pas la peine de monter jusqu'au-dessus des branches, elle se tient sur la tige, et de là regarde passer les chiens.

Onzième Espèce. — Marte fouine, *Mustela foina*, Linn — La Fouine, Buff., tom. 7, pl. 18. — Schreber, *Saeugth.*, tabl. 129. *Voyez* pl. D. 25, fig. 3 de ce Dictionnaire.

La *fouine* est longue d'un pied quatre à cinq pouces, et sa hauteur n'est guère que de sept pouces aux jambes de devant, et de sept pouces et demi à celles de derrière. Elle ressemble beaucoup , pour la grandeur , la forme , le brun du corps et la tache de la gorge, à la marte ; mais celle-ci , qui a cette tache plus jaune , demeure dans les bois et ne s'en écarte pas, tandis que la fouine, qui l'a blanche , s'introduit dans les maisons.

« La fouine, dit Buffon, a la physionomie très-fine , l'œil vif, le saut très-léger, les membres souples, le corps flexible, tous les mouvemens très-prestes ; elle saute et bondit plutôt qu'elle ne marche ; elle grimpe aisément contre les murailles qui ne sont pas bien enduites , entre dans les colombiers, les poulaillers , etc., mange les œufs, les pigeons , les poules , etc., en tue quelquefois un grand nombre , et les porte à ses petits ; elle prend aussi les souris , les rats, les taupes, et même les oiseaux dans leurs nids. » Les fouines , dit-on, portent autant de temps que les chates. On trouve des petits depuis le printemps jusqu'en automne , ce qui doit faire présumer qu'elles produisent plus d'une fois par an ; les plus jeunes ne font que trois ou quatre petits, les plus âgées en font jusqu'à sept. Elles s'établissent pour mettre bas dans un magasin à foin , dans un trou de muraille , où elles poussent de la paille et des herbes ; quelquefois dans une fente de rocher ou dans un tronc d'arbre , où elles portent de la mousse ; et lorsqu'on les inquiète , elles déménagent, et transportent ailleurs leurs petits , qui grandissent assez vite , car au bout d'un an ils ont presque atteint leur grandeur naturelle. De cela , on peut inférer que ces animaux vivent huit ou dix ans. Ils ont une odeur de faux musc , qui n'est pas absolument désagréable. Les martes et les fouines , comme beaucoup d'autres animaux , ont près de l'anus des vésicules qui contiennent une matière fort odorante ; leur chair a un peu de cette odeur : cependant celle de la marte n'est pas mauvaise à manger ; celle de la fouine est beaucoup plus désagréable, et sa peau est aussi beaucoup moins estimée.

La fouine s'apprivoise jusqu'à un certain point , mais elle ne s'attache pas, et demeure toujours assez sauvage pour qu'on soit obligé de la tenir enchaînée ; elle fait la guerre aux chats ; elle se jette aussi sur les poules, dès qu'elle se trouve à leur portée. Elle mange de tout ce qu'on lui donne , à l'exception de la salade et des herbes ; elle aime beaucoup le miel, et préfère le chènevis à toutes les autres graines ; elle boit fréquemment ; elle dort quelquefois deux jours de suite , et est aussi quelquefois deux ou trois jours sans dormir ; avant son sommeil , elle se met en rond , cache sa tête , et l'enveloppe de sa queue.

La fouine est sujette aux vers ; l'on en trouve communément de blancs, très-longs, mais très-déliés, sur toute l'étendue de son corps, entre les muscles et les tégumens extérieurs. Redi en a compté sur une seule fouine deux cent cinquante tous vivans. La marte, le putois, ont aussi de ces vers sous la peau.

Douzième Espèce. — MARTE ZIBELINE ou ZIBELLINE , *Mustela zibellina*, Linn. ; Pallas , *Spicil. Zoolog.* XIV , tom. 3 , p. 2. — Schreber , *Saeugth.* , tab. 136.

Ce petit animal tient un rang distingué dans les registres du luxe, par la fourrure précieuse qu'il fournit , et qui l'emporte en finesse et en beauté sur toutes les autres. On la reconnoît à la propriété d'obéir également en quelque sens que l'on pousse son poil , au lieu que les autres poils , pris à rebours , font sentir quelque roideur par leur résistance. Plus la teinte brune de cette fourrure tire sur le noir , plus elle est estimée ; aussi quand les peaux n'ont pas naturellement cette nuance foncée qui les fait rechercher , l'art ou plutôt la fraude réussit souvent à leur en donner l'apparence ; mais la couleur d'emprunt passe bientôt par l'usage de la fourrure , et il ne reste plus qu'une peau commune et le regret de l'avoir payée chèrement. Ce n'est pas seulement dans le commerce de pelleteries en Europe , que l'on est exposé à être la dupe d'une pareille supercherie ; les Chinois, grands amateurs de fourrures , sont journellement trompés par leurs marchands , qui vont faire ce commerce sur les confins de leur empire et de la Russie ; ils n'y achètent presque jamais que les peaux d'une qualité inférieure , et ils les teignent si bien , qu'il est impossible de les distinguer de celles qui ne sont pas peintes.

Dans tout l'Orient, et particulièrement en Turquie , les pelisses de zibelines ou de *semour* , comme les Turcs les appellent , indiquent le plus haut degré de la magnificence ; elles tiennent lieu de galons et de riches broderies , et elles sont l'enseigne du pouvoir et de l'opulence.

Les Russes sont en possession du commerce des zibelines , et la grande quantité de fourrures qui se consomment en Europe , et surtout en Asie , le rend très-important ; mais le prix de ces peaux est triplé depuis une trentaine d'années : une seule vaut quelquefois jusqu'à 250 francs dans le lieu même où on fait la chasse aux zibelines. Les assortimens de pelleteries qui se tirent des provinces septentrionales de la Russie se font à Irkoutsk, capitale de la Sibérie ; on y expédie, pour la Chine, les zibelines de mauvaise couleur ; celles dont le poil est trop rare ou gâté , s'envoient à la grande foire d'Irbit , village de Sibérie , situé sur la rivière du même nom. Enfin, les plus belles sont réservées pour Moscow et pour Makaria, où les marchands grecs et arméniens s'empressent de les acheter.

Les zibelines de la Sibérie passent pour les plus précieuses; on estime, surtout, celles des environs de Vitinski et de Nershinsk. Les bords de la Witima, rivière qui sort d'un lac situé à l'est du Baïkal, et va se jeter dans la Léna, sont fameux par les zibelines que l'on y chasse. Elles abondent dans la partie des monts Altaïs que le froid rend inhabitables, ainsi que dans les montagnes de Saïan, au-delà de l'Enisséï, et surtout aux environs de l'Oï et des ruisseaux qui tombent dans la Touba; mais elles ne sont nulle part plus nombreuses qu'au Kamtschatka.

On a inventé différens stratagèmes pour prendre ou tuer les zibelines sans endommager leur peau. La guerre que depuis long-temps on fait à ces animaux, les a éloignés des lieux habités, et les chasseurs sont forcés de les aller chercher au fond des déserts, et par les froids les plus rudes; car ce n'est que pendant l'hiver que l'on peut se livrer avec fruit à la chasse des zibelines, leurs peaux n'étant presque d'aucune valeur en été.

Les chasseurs partent ordinairement à la fin du mois d'août; ils forment des compagnies qui sont quelquefois de quarante hommes, et se pourvoient de canots pour remonter les rivières, et de provisions pour trois ou quatre mois. Arrivés au lieu de la chasse, ils y bâtissent des cabanes, et se choisissent un chef expérimenté, qui les divise en plusieurs bandes, à chacune desquelles il nomme un chef particulier, et assigne le quartier où elle doit chasser, de même que l'endroit du rendez-vous. A mesure que l'on avance, les chasseurs écartent la neige et dressent des piéges, en creusant des fosses qu'ils entourent de pieux pointus, et qu'ils couvrent de petites planches pour empêcher la neige de les remplir; ils y laissent une entrée fort étroite, au-dessus de laquelle est placée une poutre qui n'est suspendue que par une planche mobile, et qui tombe aussitôt que la zibeline y touche pour prendre l'appât de viande ou de poisson qu'on lui a préparé. Les chasseurs continuent ainsi d'aller en avant et de tendre des piéges: ils renvoient de temps en temps en arrière quelques-uns d'entre eux pour chercher les provisions qu'ils ont enfouies, de distance en distance, pour les conserver. Ceux-ci, en revenant, visitent les piéges pour ôter les zibelines qui y sont prises, et les tendre de nouveau.

On prend encore les zibelines avec des filets. Pour cela, on suit leurs traces sur la neige: elle conduit à leur terrier, que l'on enfume afin de les forcer à en sortir. Le chasseur tient son filet tout prêt à les recevoir, et son chien pour les saisir : il les attend souvent aussi pendant deux ou trois jours. Si on voit les zibelines sur les arbres, on les tue à coups de flèches, dont la pointe est émoussée. La chasse étant finie, on regagne le rendez-vous général, et l'on rend compte au chef de la quantité d'animaux que l'on a prise, et des événemens de la chasse. En attendant l'époque du retour, qui est celle où les rivières deviennent navigables par le dégel, on prépare les peaux. Arrivés chez eux, les chasseurs qui sont chrétiens font, à l'église, offrande de quelques fourrures qui se nomment *zibelines de Dieu* ; ils payent avec d'autres leur tribu au fisc ; puis ils vendent le reste, et partagent entre eux les profits.

Pour suffire à tant de moyens de destruction, l'espèce de la zibeline n'est pas douée d'une grande fécondité ; aussi diminue-t-elle sensiblement. Les femelles mettent bas vers la fin de mars ou au commencement d'avril, et leur portée n'est que depuis trois jusqu'à cinq petits. Ces animaux habitent les bords des fleuves, les lieux ombragés et les bois les plus épais ; ils craignent de s'exposer au soleil. Ils vivent dans des trous en terre, ou dans des espèces de nids formés d'herbes sèches, de mousse et de rameaux, soit sur le haut des arbres, soit dans des creux d'arbres ou de rochers ; ils y restent environ douze heures, et ils emploient les douze autres heures du jour à chercher leur nourriture. Quand il tombe de la neige, ils passent quelquefois trois semaines sans sortir de leurs trous. L'hiver, ils se nourrissent d'*écureuils*, de *martes*, d'*hermines*, et surtout de *lièvres* ; ils attaquent aussi des oiseaux, et même, suivant quelques-uns, des poissons ; mais, dans la belle saison, ils préfèrent les fruits à la chair : ils sont particulièrement très-friands de ceux du *cormier*. Les chasseurs prétendent que cette dernière nourriture cause aux zibelines des démangeaisons qui les obligent à se frotter contre les arbres, ce qui rend leur peau défectueuse ; de sorte que dans les années où les fruits du *cormier* sont abondans, les chasseurs ont peine à se procurer des fourrures parfaites.

Les zibelines entrent en chaleur au mois de janvier. Elles répandent alors une odeur très-forte ; elles sont ardentes en amour, et les mâles se battent entre eux avec fureur pour la jouissance d'une femelle. Après l'accouplement, les femelles gardent leurs nids pendant quinze jours, et quand elles ont mis bas, elles allaitent leurs petits pendant cinq ou six semaines. Ce sont des animaux très-agiles, qui courent avec vitesse, et sautent lestement d'arbre en arbre. S'ils sont poursuivis, ils fuient long-temps en faisant mille détours avant de grimper sur les arbres, au lieu que la *marte* y monte dès qu'elle se sent menacée.

C'est à la *marte* que la *zibeline* ressemble le plus par les formes et l'habitude du corps ; elle est seulement un peu plus petite. Sa couleur la plus ordinaire est un fauve obscur, mêlé de brun foncé, avec du gris à la gorge et sur le devant de la tête et des oreilles. Cette couleur du corps, plus ou moins noirâtre, règle la valeur de la fourrure. Il y a des zibelines grises, dont la peau est de très-mauvaise qualité : de toutes blanches, qui sont fort rares, et quelques-unes qui ont sous le cou une tache blanche ou jaune. (s.)

Treizième Espèce. — MARTE VISON, *Mustela vison*, Linn., Gmel. — Schreber, *Saeugthiere*, tab. 127. — VISON, Buffon, tom. XIII, pl. 43.

Le vison est une marte de l'Amérique septentrionale, et notamment du Canada et des Etats-Unis, dont la fourrure très-brillante est brune, avec la petite pointe du menton blanche.

Ses formes sont celles de la fouine ; mais son cou est encore plus allongé que celui de cet animal ; sa queue est peu touffue et médiocrement longue. Le poil du corps est brun, teint de fauve, et laisse voir, par-dessous, un duvet très-doux, fort touffu, de couleur cendrée claire, depuis la racine jusqu'à la pointe qui a une teinte de fauve pâle. Les plus longs de ces poils ont environ un pouce ; ceux de la queue, qui sont noirs, n'ont guère plus de longueur. Les moustaches sont brunes et ont près de deux pouces ; les pieds sont garnis de poils.

Erxleben ne sépare point le *vison* du *pékan*, qui est néanmoins une espèce distincte. D'Azara est tombé dans une erreur plus grave, en rapportant le *vison* à *ses furets*, c'est-à-dire, au *grison* et au *taïra*, qui sont d'un genre différent (*V.* GLOUTON), et propres à l'Amérique méridionale, comme le vison l'est à l'Amérique du nord.

La peau du vison donne une belle fourrure, dont les Canadiens font grand cas, et qui est estimée dans le commerce de la pelleterie.

Quatorzième Espèce. — MARTE PÉKAN, *Mustela canadensis*, Gmel. — Le PÉKAN, Buffon, tom. XIII, pl. 42.

Cette espèce, qui nous vient des mêmes pays que la précédente, a la tête, le cou, les épaules et le dessus du dos mêlés de gris et de brun ; le nez, la croupe, la queue et les membres noirâtres ; et quelquefois, la gorge présente une tache blanche ; les doigts sont garnis de poils comme dans le vison.

L'individu décrit par Daubenton, avoit un pied et demi de longueur, et sa queue dix pouces. Cet animal avoit le poil ferme et luisant, et un duvet très-doux et fort touffu. Ce duvet étoit de couleur cendrée sur la plus grande partie de sa longueur depuis la racine ; la pointe étoit grise, avec quelques teintes de fauve ; le poil ferme avoit les mêmes couleurs que le duvet, excepté dans la partie qui se trouvoit au-delà du duvet ; cette partie étoit grise et noire, avec quelques teintes de couleur marron ; la pointe des plus longs poils étoit noire ; par ce mélange de couleurs l'animal étoit varié de gris et de fauve sur la tête, le cou, les épaules, le haut des jambes de devant et le dos ; aux côtés du corps, le gris dominoit sur le fauve, et la pointe des poils formoit, sur le cou, quelque apparence de bandes transversales noires ; à certains aspects, le noir étoit plus apparent que le gris sur la croupe ; le bas des jambes de devant, celles de derrière en entier, les quatre pieds et la queue étoient noirs, avec quelque mélange de brun ; il y avoit du blanc entre les jambes de devant, sur la poitrine et entre les jambes de derrière, sur le ventre.

Aux espèces décrites précédemment et qui se rapportent assez exactement aux divisions que nous avons déterminées, nous devons joindre les suivantes dont les caractères sont moins tranchés : 1.º la *marte marron* qui se rapproche des mangoustes par l'habitude générale de son corps, sa longue queue, ses poils roides et annelés, etc.; et 2.º la *marte Zorra* de M. de Humboldt, qui diffère des mangoustes et des civettes, en ce qu'elle n'a point de poche près de l'anus ; des gloutons, en ce qu'elle est digitigrade ; des martes proprement dites, en ce que ses dents incisives inférieures sont rangées sur une même ligne : et enfin des mouffettes en ce qu'elle ne répand point d'odeur infecte, et que sa queue est peu touffue.

Quinzième Espèce. — **MARTE MARRON**, *Mustela rufa*, Geoff., *espèce nouvelle, faisant partie de la collection du Muséum d'Histoire naturelle de Paris.*

Cette espèce s'éloigne, par son port et ses caractères généraux, des martes proprement dites, et se rapproche des mangoustes ; mais néanmoins elle n'a point les doigts à demi-palmés de ces dernières. Son pelage est d'un roux marron, plus foncé en dessus qu'en dessous ; sa queue est de la couleur du corps dans la plus grande partie de sa longueur ; mais sa pointe, ainsi que les pieds, sont bruns ; les

1. Janthine fragile.
2. Time écailleuse.
3. Lingule anatine.
4.5. Lymnée stagnale.
6. Mactre lisse.
7. Marteau vulgaire.
8. Modiole labré.
9. Mulette des peintres.
10. Mye des Sables.

grands poils sont, en général, annelés de roux-marron et de jaunâtre ; le feutre qui est à leur base est d'un roux pâle ; les dents incisives supérieures externes sont lobées, les inférieures correspondantes obtuses et coniques, et les deux intermédiaires sont les plus petites de toutes.

La patrie de cet animal, dont la dépouille provient de la collection du Stathouder, est inconnue.

Seizième Espèce. — MARTE ZORRA, *Mustela sinnensis*, Humboldt. — *Voyage dans l'Amérique méridionale. Recueil d'Observations zoologiques.*

Le zorra du Sinú ou du royaume de la Nouvelle-Grenade, a le corps moins vermiforme que celui des martes, et ressemble plutôt à celui des kinkajous. Il a deux pieds deux pouces environ de longueur et sept pouces de haut ; sa langue est lisse et très-pointue ; sa queue est de moitié plus courte que le corps et peu garnie de poils ; son pelage est d'un gris noirâtre uniforme, à l'exception du ventre et de l'intérieur des oreilles qui sont blancs ; celles-ci sont petites, droites et pointues.

Ce quadrupède se rencontre dans les régions chaudes de la Nouvelle-Grenade. M. de Humboldt l'a vu à Turbaco, près de Carthagène des Indes, et à l'embouchure du Rio-Sinú. Il chasse aux petits oiseaux, et fait entendre un cri qui ressemble à celui d'un poulet qui appelle sa mère. (DESM.)

MARTE DOMESTIQUE. On donne improprement ce nom à la fouine, puisqu'elle n'est pas plus domestique que le *renard* et le *putois*, qui, comme elle, s'approchent des maisons pour y trouver leur proie, et qu'elle n'a pas plus d'habitude, plus de communication avec l'homme que les autres animaux que nous appelons sauvages. (DESM.)

MARTEAU, *Zygæna*. Sous-genre proposé par Cuvier, aux dépens des SQUALES. Il a pour type celui de ce nom. La forme de sa tête le distingue suffisamment de tous les autres. Ce sous-genre rassemble cinq à six espèces. (B.)

MARTEAU, *Malleus*. Genre de coquilles établi par Lamarck. Il comprend des coquilles bivalves, irrégulières, libres, un peu bâillantes près des crochets, à valves égales, se fixant par un byssus, à charnière calleuse, sans dents, munie d'une fossette conique, posée obliquement sur le bord de chaque valve. *V.* pl. G. 14, où il est figuré.

Ce genre faisoit partie des HUITRES de Linnæus, mais en avoit été ôté par Bruguières, qui l'avoit compris dans ses HIRONDES (*avicula*). Lamarck, en précisant davantage ses caractères, l'a depuis séparé de ces derniers. Il est peu nombreux, car il ne contient que deux ou trois espèces ; mais la principale de ses espèces a été long-temps fort rare dans les cabinets, et par conséquent fort précieuse aux yeux des amateurs, et fort célèbre par son haut prix.

Le peu qu'on sait sur le *marteau* se trouve dans Rumphius, qui le premier l'a observé dans son pays natal. Il représente assez bien un T renversé, dont la queue seroit un peu courbée. Sa substance est fragile et lamellée ; sa couleur d'un rouge-noirâtre; sa charnière, qui occupe le point de réunion des trois bras, a une fossette oblique et conique, dans laquelle est logé le ligament, et à côté, de petites cavités, accompagnées de callosités. C'est vers cette partie que la coquille est un peu bâillante, et que l'animal qui l'habite, et qu'on ne connoît pas, fait sortir le byssus avec lequel il se fixe.

Le *marteau* est devenu commun dans les collections depuis qu'on a découvert une île dans le voisinage des Moluques, où il est extrêmement abondant, et d'où on en a apporté à différentes reprises des quantités considérables. On trouve quelquefois des perles dans l'intervalle de ses valves ; mais elles sont rarement d'un bel orient, et encore plus rarement grosses. (B.)

MARTEAU. Nom vulgaire du NARCISSE FAUX NARCISSE. (B.)

MARTEAU ou NIVEAU D'EAU DOUCE, *Libella fluvialis*. Nom donné par quelques anciens auteurs aux larves des *agrions*, qui ont la forme grossière d'un T. (L.)

MARTEAU D'EAU. C'est le nom que Duchesne a donné à la seconde espèce de *branchiopode*, celle qui a les cornes recourbées, parce que ses mouvemens sont rapides et instantanés, imitant les coups de marteau. Quelques naturalistes le regardent comme le mâle de la première espèce ; mais je ne puis être de leur avis, les ayant presque toujours trouvés dans des mares séparées. *V.* au mot BRANCHIOPODE. (B.)

MARTELET. Un des noms vulgaires du MARTINET. (V.)

MARTELÉS. Adanson appelle ainsi les HYDNES de Linnæus vulgairement URCHIN. *V.* ce dernier mot. (B.)

MARTELLINA. C'est en Italie l'IBÉRIDE A OMBELLE ou THLASPI ROSE DES JARDINS. (LN.)

MARTELOT. Un des noms vulgaires du TRAQUET. (V.)

MARTES. Nom latin de la MARTE. *V.* ce mot. (S.)

MARTEU. Le SQUALE MARTEAU, à Nice. (DESM.)

MARTIN ou MARTLET. Nom anglais de la MARTE. (DESM.)

MARTIN, *Acridotheres*, Vieill.; *Gracula, Turdus*, Lath: Genre de l'ordre des oiseaux SYLVAINS, de la tribu des ANISO-DACTYLES et de la famille des CHANTEURS (*V*. ces mots). *Caractères*: bec droit, tendu, convexe en dessus, comprimé latéralement, mandibule supérieure à pointe un peu déprimée, inclinée ou entière, ou échancrée; l'inférieure plus courte, droite; narines oblongues, couvertes d'une membrane; langue cartilagineuse, fourchue à la pointe; plusieurs parties de la tête ou seulement les orbites dénuées de plumes; les deuxième, troisième et quatrième rémiges les plus longues de toutes; quatre doigts, trois devant, un derrière, les extérieurs réunis à la base.

Les martins sont des oiseaux de l'Afrique et des Grandes-Indes, qui ont de l'analogie dans quelques attributs avec les *merles*, et seulement dans leurs habitudes, avec les *étourneaux*; mais ce qui les distingue particulièrement des premiers, c'est d'avoir un espace nu sur les côtés de la tête et le bec plus tendu et plus comprimé latéralement.

Le MARTIN proprement dit, *Acridotheres tristis*, Vieill.; *Gracula tristis*, Lath.; *Paradisea tristis*, Gm., pl. enl. 219. Cet oiseau a neuf pouces six lignes de longueur; le bec et les pieds jaunes; le haut de la tête couvert de plumes noires longues et étroites; derrière l'œil une peau nue, rougeâtre et de forme triangulaire; la gorge, le cou et le haut de la poitrine d'un noir grisâtre; le bas de cette partie, le dos, le croupion, les couvertures des ailes et celles du dessus de la queue d'un brun marron; le ventre et les couvertures inférieures de la queue blancs; les pennes moyennes des ailes, brunes; les grandes, noirâtres depuis leur extrémité jusqu'au milieu de leur longueur, et de là, blanches jusqu'à leur origine; la queue brune et toutes ses pennes latérales terminées de blanc. La femelle est pareille au mâle. Cette espèce est nombreuse dans l'Inde, et fait plusieurs pontes dans l'année. Elle donne à son nid une construction grossière, et l'attache dans les aisselles des feuilles du palmier-latanier ou sur d'autres arbres; quelquefois même elle le fait dans les greniers, lorsqu'elle peut s'y introduire. Les œufs sont ordinairement au nombre de quatre par chaque couvée.

Le jeune martin se familiarise promptement, et apprend facilement à parler. Il est doué du talent de l'imitation, au point qu'il contrefait de lui-même les divers cris de tous les animaux qu'il entend. Il les prononce avec un certain accent, et égaie son babil de gentillesses qui démentent autant l'épithète *tristis*, par laquelle les méthodistes le désignent, que son plumage et sa forme l'éloignent des oiseaux de *paradis*, avec lesquels d'autres l'ont allié.

L'histoire des martins semble être liée avec celle de

l'homme ; tantôt les lois les ont proscrits, tantôt elles en ont fait, pour ainsi dire, des êtres sacrés. D'un appétit très–glouton, les martins font une guerre cruelle à toute espèce d'insectes, qu'ils vont même chercher jusque sur le dos des bestiaux. A leur défaut, ils vivent de fruits et mangent même des petits quadrupèdes, tels que souris et rats ; mais les sauterelles n'ont pas d'ennemis plus redoutables, ce qui doit rendre ces oiseaux très–précieux pour les pays sujets à être ravagés par ces insectes. Cette qualité les fit désirer à l'île de Bourbon dans un temps où elle étoit accablée de ce fléau ; mais au moment qu'on s'en promettoit le plus grand avantage, ils furent proscrits, parce que les ayant vus fouiller dans les terres nouvellement ensemencées, on s'imagina qu'ils en vouloient aux grains. Deux heures après leur condamnation, l'espèce entière fut détruite, et avec elle la seule digue qu'on pouvoit opposer aux sauterelles ; celles-ci n'éprouvant plus d'obstacles, multiplièrent au point que le même peuple, qui, là comme ailleurs, ne voit jamais que le présent, regretta amèrement les proscrits : on fut donc forcé de les rappeler. Ils furent reçus avec des transports de joie ; on les mit sous la protection des lois, et les médecins, de leur côté, leur donnèrent une sauvegarde encore plus sacrée, en décidant que leur chair étoit une nourriture malsaine. Depuis leur retour, les martins ont beaucoup multiplié dans l'île, et ont entièrement détruit les sauterelles. Il en est résulté, selon Montbeillard, un nouvel inconvénient ; car ce fonds de subsistance leur ayant manqué tout d'un coup, et leur nombre augmentant toujours, ils ont été contraints de se jeter sur les fruits ; ils en sont venus même à déplanter les blés, le riz, le maïs, les fèves, et à pénétrer jusque dans les colombiers pour y tuer les jeunes pigeons et en faire leur proie. Cependant les lois qui les protégent ont toujours la même vigueur, à ce qu'on assure, ce qui prouveroit que Montbeillard a été mal informé, ainsi que le dit Latham d'après Duplessis, qui a demeuré plusieurs années à l'île de Bourbon depuis que le coopérateur de Buffon a écrit l'histoire des martins.

Le MARTIN A AILES NOIRES, *Gracula melanoptera*, Daudin, a beaucoup de rapports avec le précédent : n'en seroit-ce pas une variété? Il en diffère par la couleur blanche de son plumage, par la teinte jaunâtre qui colore la peau nue des côtés de sa tête, et par le noir de toutes les pennes des ailes et de la queue ; celle-ci est terminée de blanc.

Latham parle d'une variété dont la peau nue s'étend depuis les coins du bec jusque beaucoup au-delà des yeux ; tou le reste de la tête est couvert de plumes d'un noir verdâtre ; le devant du cou, la gorge et la poitrine sont ceu

drés; le reste du plumage est pareil à celui du MARTIN PRO-
PREMENT DIT.

Le MARTIN BRAME, *Acridotheres pagodarum*, Vieill.; *Turdus pagodarum*, Lath. On trouve cet oiseau au Malabar et au
Coromandel, où il est connu sous le nom de *povie* ou de *powe*,
selon Latham. Comme on le voit presque toujours sur les tours
des pagodes, les Européens lui ont donné celui de *brame*. On
le nourrit en cage à cause de son chant.

Les plumes de sa tête sont longues, étroites, pointues, noires et à reflets violets. Ces plumes forment une huppe, que l'oiseau redresse à volonté. Celles de la gorge, du cou, de la poitrine et du ventre sont longues, déliées, terminées en pointe,
et d'un jaune roussâtre (noires, selon Lath.), avec un trait
blanc et oblong sur chacune. Cette couleur couvre les jambes,
les plumes du dessous de la queue, et une partie des pennes;
tout le dessus du corps est gris; les pennes des ailes et de la
queue sont noires en dessus et brunes en dessous; le bec est
noir; l'iris bleu; les pieds et les ongles sont jaunes. Grosseur
de l'*étourneau*. Latham fait mention de plusieurs martin-bra-
mes dont le plumage est autrement varié; leur huppe est plus
longue; une peau nue entoure leurs yeux; le dos et les ailes
sont d'un gris-bleu; le cou en entier est, ainsi que le dessous
du corps, d'un roux brunâtre. D'autres ont le cou et la poitrine d'un roux plein; le dos, les ailes et la queue d'un gris
clair. Il est probable que ces dissemblances caractérisent les
sexes.

Le MARTIN DE GINGI, *Acridotheres ginginianus*, Vieill.; *Turdus ginginianus*, Lath. Cette espèce, découverte par Sonnerat
à la côte de Coromandel, est presque aussi grosse que la *grive*;
sa tête est ombragée d'une huppe composée de plumes longues, étroites et noires; une bande jaune, dénuée de plumes,
se fait remarquer depuis l'angle de la mandibule supérieure
jusqu'un peu au-delà de l'œil; le dos et le ventre sont teints
de gris, les couvertures des ailes, de verdâtre; les pennes ont
la moitié de leur longueur rousse et l'autre noire; une teinte
brune colore la queue, et une rousse la termine; l'iris est rouge;
le bec et les pieds sont d'un jaune d'orpin.

Le MARTIN GOULIN, *Acridotheres calous*, Vieill.; *Gracula calva*,
Lath., pl. enl. de Buffon n.º 200. *Goulin* ou *gulin* est le nom que
porte cet oiseau aux Philippines. Ou son plumage et sa taille
sont sujets à varier, ou les disparités que l'on remarque entre
plusieurs individus, sont les effets d'un âge plus ou moins
avancé. Des deux individus décrits par Montbeillard, le plus
grand est à peu près de la grosseur de notre *merle*: il a le
dessous du corps brun, varié de quelques taches blanches;
la peau nue qui environne les yeux couleur de chair; le bec

et les pieds noirs. Sur le plus petit, les parties chauves de la tête sont jaunes ainsi que les pieds, les ongles et la moitié antérieure du bec : le dessous du corps est d'un brun jaunâtre. Tous les deux ont le dessus du corps d'un gris clair argenté, rembruni sur les ailes et la queue ; les yeux entourés d'une peau nue, forment un ovale irrégulier, dont l'œil occupe le centre ; enfin, une ligne de plumes noirâtres sur le sommet de la tête, qui est absolument nue. Le goulin décrit par Joseph-Georges Caruel (*Trans. philosophiques*), a le bec, les ailes, la queue et les pieds noirs, et le reste du corps comme argenté ; enfin, Sonnerat a rapporté des Philippines un de ces oiseaux chauves, qui a près d'un pied de longueur totale ; il diffère encore des précédens, en ce que le dessous du corps est noir ; le gris, plus foncé sur le dos et les flancs, et plus clair sur le croupion : la peau nue est couleur de chair, mais cette peau, dit M. Poivre, tantôt de cette dernière teinte, tantôt jaune, se peint d'un rouge décidé lorsque l'oiseau est en colère. Ces martins sont des oiseaux chanteurs, grands babillards, et se familiarisent facilement ; aussi les habitans des Philippines en élèvent-ils dans leurs maisons ; ils nichent dans des trous d'arbres, et mangent les fruits du cotonnier.

Le MARTIN GRIS-DE-FER, *Acridotheres griseus*, Vieill. ; *Gracula grisea*, Daudin. Cet oiseau, de la taille du *martin-brame*, est aussi de passage dans le midi de l'Afrique. Comme lui il voyage en troupes nombreuses, ainsi que font nos *étourneaux*. Il a le dessus de la tête noir ; mais les plumes, quoique pointues et effilées, ne forment point une huppe : les joues sont de la même couleur ; la peau nue des côtés de la tête est d'une teinte orangée, et finit en pointe derrière l'œil ; la gorge, le cou et le dessus du corps sont d'un gris-de-fer nuancé, mais foiblement, de fauve sur le haut du cou, et d'une nuance plus foncée sur la nuque : on voit sur le milieu de la poitrine, dont les côtés sont pareils au dos, une bande longitudinale d'un fauve clair, et large d'un demi-pouce. Cette même couleur règne sur les couvertures des ailes et de la queue : les pennes alaires sont noires, et les dix premières marquées de blanc à leur naissance ; les moyennes ont leur bord extérieur à reflets brillans, verts et pourpres ; les couvertures supérieures de la queue sont, ainsi que les pennes, de la couleur des ailes ; les quatre latérales de chaque côté ont, à leur extrémité, une tache de fauve clair ; l'iris est d'un brun-rouge foncé, le bec d'un rouge vif ; les pieds et les ongles sont d'un jaune citron.

La femelle est plus petite que le mâle ; le noir de la tête, des ailes et de la queue est plus terne, et les pieds sont d'une teinte moins vive.

Le **Martin huppé de la Chine**, *Acridotheres cristatellus*, Vieill.; *Gracula cristatella*, Lath., pl. enl. de Buff., n.º 507, est un peu plus gros que le *merle ordinaire*. Sa longueur totale est de huit pouces et demi; les ailes pliées, s'étendent jusqu'à la moitié de la queue qui a deux pouces et demi de long, et dont les pennes sont à peu près égales entre elles; la tête, la gorge, le cou, le dos, le croupion, le scapulaires, la poitrine, le ventre, les côtés, les jambes, les couvertures du dessus et du dessous de la queue et des ailes, sont d'un noirâtre tirant un peu sur le bleu sombre; un petit paquet de plumes, plus longues que les autres, que l'oiseau redresse quand il veut en forme de huppe, est placé sur le front, immédiatement au-dessus de l'origine du demi-bec supérieur; les grandes plumes des ailes sont blanches depuis leur origine jusque vers la moitié de leur longueur, et d'un noirâtre bleu dans le reste, ainsi que les moyennes et les pennes de la queue; toutes les latérales sont terminées de blanc; l'iris est d'un bel orangé; le bec jaune; et le tarse d'une nuance plus sombre.

Cet oiseau, que les Chinois se plaisent à élever en cage, et qu'ils nourrissent de riz et d'insectes, apprend très-bien à siffler des airs et à articuler des paroles: on le transporte difficilement en vie de la Chine en Europe.

Le **Martin vieillard**, *Acridotheres malabaricus*, Vieill.; *Turdus malabaricus*, Lath. Les plumes de la tête et du cou de cet oiseau sont longues, déliées, d'un gris cendré, et marquées dans leur milieu d'une ligne blanche; la couleur et la forme de ces plumes représentant assez bien la chevelure de l'homme du vieil âge, a fait donner à ce martin le nom de *vieillard;* le dos, le croupion, les couvertures supérieures des ailes et la queue sont d'un gris cendré; les ailes noires; le dessous du corps est d'un brun-roux; les tarses sont noirs, ainsi que le bec, qui a du jaune vers le bout: longueur totale, environ huit pouces. On trouve cet oiseau à la côte de Malabar, où il porte le même nom que le *martin brame.*

Le **Porte-lambeaux** est classé, par M. Cuvier, dans le genre des **Martins**; en effet, si on n'a pas égard aux caroncules, qui ne sont que les attributs de l'oiseau avancé en âge, il a avec eux de très-grands rapports et suffisans pour les réunir; ainsi donc mon genre **Dilophe** peut être supprimé. (v.)

MARTIN DE L'AMÉRIQUE (GRAND). C'est, dans Edwards, le nom de l'**Hirondelle bleue** femelle. (v.)

MARTIN-CHASSEUR. Dénomination que M. Levaillant applique avec raison à plusieurs *martin-pêcheurs*, parce qu'ils se tiennent toujours dans les bois et les lieux secs et arides, où ils vivent d'insectes. Ils diffèrent de ceux-ci, non-seulement en ce qu'ils ne pêchent point, mais encore en ce que leurs plumes , bien loin d'êtres lissées , comme celles des véritables *martin-pêcheurs* , ont la souplesse et la douceur de celles des jacamars. Il en diffèrent encore par leur bec échancré et courbé à la pointe : caractères suffisans pour les isoler et les rapprocher des jacamars, comme l'a dit ce profond naturaliste. Ces oiseaux sont décrits dans le second paragraphe de la première section des *martin-pêcheurs*. Je leur ai conservé ce nom , quoiqu'il en donne une idée fausse , pour ne pas déranger la nomenclature reçue. (v.)

MARTIN - PÊCHEUR , ou ALCYON , *Alcedo* , Lath. Genre de l'ordre des oiseaux SYLVAINS et de la famille des PELMATODES. *V.* ces mots. *Caractères* : Bec long, gros à la base, trigone chez les uns, tétragone chez les autres; comprimé latéralement, droit, très-rarement échancré et incliné vers le bout, à bords très-légèrement dentelés vers la pointe ; narines situées près du capistrum, étroites, longitudinales ou oblongues à ouverture recouverte d'une membrane transparente; langue courte , déliée , en carré long à sa base , triangulaire dans le reste; pieds courts, placés un peu à l'arrière du corps; bas des jambes dénué de plumes; tarses arrondis et souvent sans écailles ; deux ou trois doigts devant , un derrière ; les extérieurs réunis presque jusqu'aux ongles, l'intérieur très-court; ongles courbés , comprimés sur les côtés et aigus ; l'intermédiaire dilaté sur son bord interne ; ailes courtes ; les quatre premières rémiges à peu près égales et les plus longues de toutes. Ce genre est divisé en deux sections, d'après le nombre des doigts , et la première l'est en plusieurs paragraphes, d'après les formes du bec. N'ayant pour guides dans un certain nombre de *martin-pêcheurs* , que leurs dépouilles ou leurs descriptions sans figures , je ne puis garantir, quoique je les aie tous isolés, que tous constituent des espèces particulières , et que, parmi ceux dont on a publié l'image , ou que je décris d'après nature , il ne s'en trouve pas qui ne soient que des femelles , et peut-être même des jeunes d'espèces déjà signalées. Une astérisque , comme je l'ai déjà fait , et comme je le ferai par la suite pour tous les oiseaux , indiquera ceux que je ne connois que par les descriptions des auteurs et des voyageurs.

La tribu des *martin-pêcheurs* est répandue sur tout le globe; mais les espèces sont plus nombreuses dans les climats chauds. On n'en trouve qu'une seule dans le nord de l'Europe , de même que dans l'Amérique septentrionale ; tandis que l'Afrique , les parties chaudes de l'Asie et du nouveau continent en possèdent un grand nombre. Presque tous ces oiseaux se tiennent au bord des eaux courantes ou stagnantes ; tous vivent isolés , quelquefois par couples , ra-

rement en familles, et jamais en troupes. Ils se posent de
préférence sur des branches sèches ou peu garnies de
feuilles, surtout sur celles qui s'avancent au-dessus de l'eau.
Leur principale nourriture consiste en poissons ; quelques
espèces ne vivent que d'insectes terrestres, et se tiennent éloi
gnées des lieux aquatiques, mais elles sont en très-petit nombre.
Comme les ichthyophages ne peuvent saisir leur proie qu'au
passage, ils doivent être doués d'une grande patience ; aussi
pour l'épier restent-ils immobiles, pendant des heures entières, sur une branche, sur une pierre, même sur le sol, et
aussitôt qu'ils aperçoivent un poisson, ils fondent dessus
avec la plus grande rapidité, en tombant d'à-plomb, la tête
en bas, dans l'eau où ils restent très-peu de temps ; si leur
capture est d'une grosseur qui ne leur permet pas de l'avaler
de suite, ils la portent à terre, contre laquelle ils la battent,
afin de la tuer, et ils la dépècent ensuite par morceaux. Les
martin-pêcheurs ne se trompent pas ordinairement sur la profondeur à laquelle ils doivent réduire leur chute dans l'eau ;
plus ils sont grands, plus grande est la hauteur d'où ils se
laissent tomber. Il est peu d'oiseaux de leur taille dont les
mouvemens soient aussi prompts ; au moment où ils volent
avec le plus de vélocité, ils s'arrêtent tout d'un coup, demeurent stationaires en l'air, et s'y soutiennent pendant
plusieurs secondes, en battant des ailes, pour attendre
que le poisson paroisse à leur portée ; leur corps, qui reste
immobile, a alors la partie postérieure, inclinée vers le
bas, et cette position prouve la force de leurs ailes, qu'ils
agitent dans un autre sens que la plupart des oiseaux : ces
mouvemens d'ailes peuvent se comparer à ceux des colibris,
quand ils cherchent leur nourriture dans le calice des fleurs.
Lorsque les *martin-pêcheurs* se posent à terre, ils ne marchent ni ne sautent, quoiqu'ils puissent prendre leur essor
depuis le sol.

Les Alcyons ichthyophages portent un plumage lustré,
sur lequel le bleu domine sous ses différentes nuances, et
tous se distinguent des autres oiseaux par leurs formes ; ils
ont le corps épais, très-compacte, la tête allongée, grosse,
couverte de plumes étroites, plus ou moins longues, et qui
forment vers l'occiput une espèce de huppe, souvent immobile et toujours dans une direction contraire à celle du bec ;
les ailes courtes, mais vigoureuses ; le vol rapide, très-bas,
long et horizontal, mais qu'ils élèvent facilement pour se
précipiter sur leur proie ; les pattes courtes et placées un peu
à l'arrière du corps ; le bas de la jambe nu, le tarse arrondi,
souvent sans écailles, assez robuste et très-court ; les doigts
antérieurs réunis, de manière qu'ils forment en dessous une

plante de pied, et qu'ils ne servent guère plus que s'il n'y avoit qu'un seul doigt plus gros.

Indépendamment des poissons dont les *martin-pêcheurs* rejettent par le bec les arêtes et les écailles qui se roulent dans leur estomac spacieux et lâche, comme celui de l'oiseau de proie, ils se nourrissent d'insectes diptères et tétraptères, particulièrement d'abeilles et de guêpes, qu'ils prennent au vol. Tous placent leur nid dans des trous, ordinairement sur les bords escarpés des eaux. Leur ponte est de quatre ou six œufs. Ils en font tout au plus deux dans les régions septentrionales.

A. Martin-pêcheurs tétradactyles.

§ I. *Bec droit, quadrangulaire.*

Le Martin-pêcheur proprement dit, *Alcedo ispida*, Lath. planche enluminée de Buffon, n.º 77. « Il semble, dit Buffon, que ce *martin-pêcheur* se soit échappé de ces climats où le soleil verse avec des flots de la lumière la plus pure, tous les trésors des plus riches couleurs. » Il est vrai que notre *alcyon*, peut disputer le prix de la beauté à ceux des tropiques. Les plumes de la tête et du dessus du cou ont de petites raies transversales pointillées d'aigue-marine sur un fond d'azur : un bleu clair brillant, et à divers reflets éclatans, domine sur le milieu du dos, le croupion et les couvertures de la queue ; un vert foncé règne sur les scapulaires et les petites couvertures alaires ; les autres plumes de l'aile, dont la plupart sont terminées ou ponctuées d'une teinte d'aigue-marine, offrent un joli mélange de vert et de bleu : on remarque trois taches entre les narines et les yeux ; l'une d'un roux vif, l'autre noire ; et la troisième d'un blanc-roux, qui s'étend sur les joues ; une belle couleur rouge de feu est répandue sur les parties inférieures, mais elle est plus ardente sur la poitrine que partout ailleurs ; les pennes de la queue et des ailes sont d'un bleu foncé en-dessus et brunes en-dessous ; le bec est noir ; la bouche couleur de safran ; les pieds sont rouges et les ongles noirâtres. Grosseur de l'*alouette* ; longueur totale, six pouces trois quarts.

Les femelles, ainsi que les jeunes, se font remarquer par des couleurs plus ternes ; sur les plumes de la tête de ceux-ci les raies sont noires ; le bleu du dos est mêlé d'un peu de noirâtre, celui de la queue et des ailes rembruni ; la poitrine est ombrée de brun, et le ventre blanchâtre ; une variété de cette espèce assez remarquable, est celle dont parle Sonnini dans son édition de Buffon ; elle est d'un noir profond et à reflets verts-dorés.

Du temps de Bélon, on désignoit cet oiseau par le nom de *martinet-pêcheur*, d'après son vol, qui ressemble à celui du *martinet*, lorsqu'il file très-près de terre et sur les eaux ; les anciens lui donnoient celui d'*alcyon*, qui lui convenoit mieux que tout autre, puisque l'histoire mythologique de cet oiseau est l'emblème de son histoire naturelle. Les Italiens l'appellent *piombino* (*petit plomb*), de son habitude de tomber d'à-plomb dans l'eau.

Des naturalistes ont parlé de deux espèces d'*alcyons* européens, et Bélon les distingue par les dénominations d'*alcyon vocal* et d'*alcyon muet* ; mais l'on a reconnu que le premier est la *rousserolle*, et le second le *martin-pêcheur* ; cependant il n'est pas muet, car il crie souvent en volant, et fait entendre d'une voix perçante, les syllabes *ki*, *ki*, *ki*, *ki*, d'où, selon Gesner, lui vient le nom latin d'*ispida* : on a voulu imiter un autre cri dans le nom de *tartarieu*, *tartariu*, qu'il porte dans plusieurs endroits : enfin, il a, dans le printemps, dit Buffon, un chant qu'on ne laisse pas d'entendre malgré le murmure des flots et le bruit des cascades.

Cet oiseau solitaire et triste, vit seul, si ce n'est dans le tems de la pariade ; étant d'un caractère sauvage et méfiant, il part de loin d'un vol rapide, file, suivant ordinairement les contours des ruisseaux, en rasant la surface de l'eau, et va se poser dans les endroits les plus abrités, sur une branche sèche de préférence, ce qui a fait dire à un auteur allemand, qu'il faisoit sécher le bois sur lequel il s'arrête. Ordinairement, il choisit celle qui s'avance sur l'eau ; il se pose aussi sur le gravier ou sur une pierre ; et, dès qu'il aperçoit un poisson, il fait un bond de douze à quinze pieds, et se laisse tomber d'à-plomb de cette hauteur. Il semble que cette manière de pêcher lui soit nécessaire, pour pouvoir saisir sa proie ; car, en hiver, lorsqu'il est forcé par les glaces et les eaux troubles de quitter les rivières, pour se retirer sur les ruisseaux d'eau vive, il s'arrête dans son vol, qui n'est ordinairement qu'à un pied de hauteur sur l'eau, s'élève et reste comme immobile à la hauteur de quinze à vingt pieds, d'où il plonge de la manière dite ci-dessus. S'il veut changer de place, il se rabaisse, continue de voler, s'arrête de nouveau, se relève, et s'abaisse encore ; il parcourt de cette manière des demi-lieues de chemin, pour chercher sa pâture : outre les insectes aquatiques, il prend aussi les terrestres, et souvent les abeilles, lorsqu'elles s'approchent des eaux, et il s'en nourrit.

Tous nos *martin-pêcheurs* ne nous quittent pas pendant l'hiver ; il en reste quelques-uns ; mais ce n'est pas toujours impunément que ceux-ci en bravent les rigueurs, car on en a trouvé de morts sur la glace, dans les temps où le froid est très-long.

Dès le mois de mars, les mâles recherchent vivement les femelles; c'est alors que ces oiseaux commencent à fréquenter les trous dans lesquels ils nichent; ces trous sont ordinairement ceux des rats d'eau ou des écrevisses; ils en maçonnent et rétrécissent l'ouverture, et les approfondissent même; il paroît qu'ils ne font point de nid, car on n'y trouve que de la poussière, de petites arêtes et des écailles de poisson; c'est sur ce lit que la femelle dépose six à neuf œufs, d'un blanc aussi pur et aussi luisant que l'ivoire; cependant ces oiseaux ne sont pas nombreux; ce qu'on attribue au genre de vie auquel ils sont assujettis, qui les fait souvent périr pendant la mauvaise saison.

Il est très-difficile de les élever, et presque impossible de les conserver au-delà de quelques mois; cependant, on prétend en avoir tenu en vie assez long-temps, dans une chambre, au milieu de laquelle étoit un bassin rempli d'eau, avec de petits poissons vivans; mais ils restent toujours sauvages. Leur chair n'est pas bonne à manger; elle a une odeur de faux musc; leur graisse est rougeâtre.

Notre *alcyon* est répandu en Europe, mais il est rare dans les parties boréales; il habite aussi l'Afrique et l'Asie, car on le trouve en Égypte, au Cap-de-Bonne-Espérance, et à la Chine, où il porte le nom de *tye-tzoy*. On lui fait la chasse de diverses manières; selon Olina, on le prend à la pointe du jour ou à la nuit tombante, avec un trébuchet tendu au bord de l'eau; on l'attrape aussi à la glu, aux raquettes, avec deux petits halliers de soie, pareils à ceux qu'on place aux buissons et qu'on nomme *pinsonnières*, et celui qui sert pour les *bec-figues*; on tend l'un en dessus et l'autre dessous, et on a surtout l'attention que ces filets soient tendus tout près de l'eau. La durée de la vie de notre *martin-pêcheur* est de quatre à cinq ans. On donne à cet oiseau desséché, la propriété de conserver les draps et autres étoffes de laine, d'éloigner les teignes, en le suspendant à cet effet dans les magasins; d'où lui viennent les dénominations d'*oiseau-teigne*, de *drapier* et de *garde-boutique*: on a dit que sa chair n'étoit jamais attaquée de corruption; mais ces vertus sont imaginaires, puisque les plumes du *martin-pêcheur*, desséchées, sont, comme celles des autres animaux, la pâture des teignes, et sa chair, la proie des anthrènes et des dermestes, qui vivent de cet aliment. Il y a peu de nations qui n'aient attribué à son cadavre des propriétés merveilleuses; les anciens croyoient qu'il repoussoit la foudre; que porté avec soi, il communiquoit les grâces et la beauté; qu'il donnoit la paix à la maison, le calme à la mer, rendoit la pêche abondante sur toutes les eaux; des auteurs ont donné ces idées superstitieuses comme des réalités ; mais ce qu'il y a de singulier, c'est que des idées à peu près pareilles se retrouvent chez les Tartares et les Ostiaques. *V. le Voyage en Sibérie*, par Gmelin, tom. 2, p. 112.

Le MARTIN-PÊCHEUR ALATLI, *Alcedo torquata*, Lath., fig. pl. enl. de Buffon. n.° 284. Buffon a abrégé le nom d'*achala-lactli* ou *michalalactli*, que cet oiseau porte, suivant Fernandès, dans son pays natal. Niéremberg l'a appelé *oiseau à collier*, à cause du blanc de la gorge, qui, s'étendant sur les côtés du cou, en fait le tour entier. Il a tout le dessus du corps gris bleuâtre, et le dessous d'un roux-marron, avec des plumes en forme d'écailles et grises sur la poitrine ; les plus grandes pennes des ailes noirâtres, coupées en dedans de larges dentelures blanches, et celles de la queue largement rayées de blanc. Cet oiseau a près de seize pouces de long ; on le voit aussi aux Antilles et à la Louisiane.

* Le MARTIN-PÊCHEUR DE L'AMAZONE, *Alcedo amazona*, Lath., a douze pouces de longueur ; le bec noir, avec du jaune à la base de sa moitié inférieure ; le dessus du corps d'un vert brillant ; le dessous blanc ; un demi-collier de cette couleur près la nuque ; les flancs variés de vert, ainsi que la poitrine ; les pennes des ailes tachetées de blanc ; les deux plumes intermédiaires de la queue vertes ; les autres de même couleur, mais plus foncées, et tachetées sur chaque côté de blanc ; les pieds noirs.

Cette espèce se trouve à la Guyane.

* Le MARTIN-PÊCHEUR D'APYE, *Alcedo venerata*, Lath. Cette espèce est en grande vénération parmi les habitans d'Apye, l'une des îles des Amis. Longueur totale, neuf pouces environ ; mandibules noires ; base de l'inférieure blanche ; dessus du corps d'un brun clair, mêlé, sur divers individus, de verdâtre, et sur d'autres, nuancé de vert-brillant ; trait au dessus des yeux d'un blanc-verdâtre ; couvertures, pennes des ailes et de la queue à tige de couleur marron, et à bordure verte ; queue arrondie à son extrémité ; pieds bruns.

* Le MARTIN-PÊCHEUR AZURÉ, *Alcedo azurea*, Lath. Ce bel oiseau des îles de Norfolk est de la taille du *martin-pêcheur* d'Europe, et a six pouces un quart de longueur ; un riche bleu foncé couvre le dessus du corps, des ailes et de la queue ; une couleur fauve forme un trait entre le bec et l'œil, est répandue sur tout le dessous du corps, et est coupée obliquement, sur les côtés du cou, par une longue raie blanche ; les pennes primaires des ailes sont brunes ; les pieds rouges ; le bec est noir et long de vingt lignes.

* Le Martin-pêcheur baboucard, *Ispida senegalensis*, Brisson, est regardé par Buffon et par Latham, comme une variété de notre *martin-pêcheur*. Le nom qu'on lui a conservé, est celui que lui donnent les Yolotes, peuples du royaume de Damel; il habite l'Afrique, près du Cap-Vert. Il diffère de notre *martin-pêcheur* en ce que le bleu de son dos est mêlé de fauve; que sa tête et son cou sont simplement pointillés de blanc, et que le bleu de son plumage est nuancé de vert.

* Le Martin-pêcheur a bec blanc, *Alcedo leucorhyncha*, Lath. C'est d'après Séba que l'on a décrit ce petit *martin-pêcheur*. Il a le bec blanc; le cou et la tête d'un rouge-bai, teint de pourpre; le dos, les scapulaires, le croupion et les couvertures de la queue d'un beau vert-brillant; les petites couvertures des ailes et les grandes les plus proches du corps, de la même couleur; les pennes cendrées; la poitrine et le ventre d'un jaune-clair; la queue bleue en dessus, cendrée en dessous. Longueur, quatre pouces et demi. Séba dit qu'il habite l'Amérique.

Le Martin-pêcheur du Bengale, *Alcedo bengalensis*, var. Lath. Buffon a réuni sous cette dénomination deux petits *martin-pêcheurs*, décrits et figurés par Edwards (pl. 1). Brisson en fait deux espèces, et les ornithologistes modernes regardent le plus petit comme une variété de l'autre. Le plus grand a quatre pouces et demi de longueur; le bec long de six lignes, et noir, avec une teinte de couleur de chair à la base de sa mandibule inférieure; le dessus du corps bleu d'aigue-marine; la tête rayée transversalement d'un bleu plus foncé; une strie rousse à travers les yeux, et qui se termine vers le cou; la gorge blanche; le dessous du corps roux; les couvertures supérieures des ailes pareilles au dos; et chaque plume terminée de bleu brillant; les pennes et celles de la queue brunes et bordées d'aigue-marine; les pieds rouges.

Le second ne diffère que par une taille un peu inférieure, et en ce que la ligne surcilière est divisée en deux taches, l'une auprès de la mandibule inférieure, et l'autre sur chaque oreille; enfin, les plumes de la tête et de la queue sont totalement brunes. Linnæus les regarde comme des variétés de notre *martin-pêcheur*; mais c'est plutôt une race particulière, dont l'un est le mâle et l'autre la femelle. Au reste, on les trouve tous les deux au Bengale. Latham fait mention d'un *martin-pêcheur de la Chine*, où il est nommé *tauou-yu-tchin*. Son plumage en dessus est d'un gris-verdâtre; il a sous les oreilles une tache blanche; le dessous du corps d'un rouge-terne; les pennes secondaires blanches, la queue noirâtre; le bec d'un rouge-brun; les pieds de couleur de plomb.

Nota que c'est d'après un dessin que cet auteur a décrit cet oiseau.

Le MARTIN-PÊCHEUR BLANC ET NOIR. *V.* MARTIN-PÊCHEUR PIE, page 409.

Le MARTIN-PÊCHEUR BLEU D'AMÉRIQUE. *V.* MARTIN-PÊCHEUR A BEC BLANC, page 400.

Le MARTIN-PÊCHEUR-BLEUÂTRE, *Alcedo cœrulescens*, Vieill., se trouve dans l'île de Timor. Il a le dessus de la tête, du cou, du corps et des ailes, varié de bleu clair très-pâle, et de blanc ; le *lorum*, la gorge, le devant du cou, le ventre et les parties postérieures de cette dernière couleur ; la poitrine du même bleu que le dos, ainsi qu'une bandelette qui part de la mandibule inférieure, descend sur les côtés de la gorge, et va se perdre dans le plastron de l'estomac ; le bec est noir et le tarse orangé. Taille du *martin-pêcheur du Bengale*.

Le MARTIN-PÊCHEUR BLEU ET BLANC, *Alcedo cyanoleuca*, Vieill., se trouve en Afrique, sur la côte d'Angole. Il a neuf pouces de longueur totale ; le bec rouge et terminé de noir ; les pieds et les petites couvertures supérieures de l'aile, de la dernière couleur, de même qu'un trait qui part de l'angle du bec, et passe sous l'œil ; la tête, le dessus du cou, le dos, les ailes et la queue sont d'un bleu d'aigue-marine ; le *lorum* et la gorge blancs, ainsi que les côtés du cou, la poitrine et le ventre, mais avec des raies et des taches effacées.

* Le MARTIN-PÊCHEUR BLEU-DE-CIEL, *Alcedo cyanea*, Vieill., se trouve au Paraguay. Il a seize pouces un quart de longueur totale ; le bec un peu plus épais que large, très-fort et long de deux pouces ; une tache blanche entre le bec et l'œil ; la gorge et une petite partie du devant du cou de la même couleur, qui s'étend aussi sur la nuque. Le sommet et les côtés de la tête, le reste du cou, le dos, le croupion, les couvertures supérieures des ailes et la moitié du côté extérieur des pennes les plus rapprochées du corps, ainsi que celles de la queue, d'un beau bleu-de-ciel, avec un trait noir longitudinal sur chaque plume. On remarque sur le milieu de celles des couvertures supérieures des ailes, une petite tache de la même teinte ; quelques marques blanches à l'extérieur des autres pennes alaires, sur un fond noir, et des raies interrompues de cette couleur, sur le fond blanc des barbes intérieures ; toutes, à l'exception des premières, sont blanches à l'extrémité ; les petites couvertures inférieures des ailes, la poitrine, les flancs et le ventre ont une couleur de tabac d'Espagne, très-rouge et très-vive, qu'un peu de blanc sépare du bleu-de-ciel de la partie antérieure du cou ; les

grandes plumes qui recouvrent l'aile en dessous, sont blanches ; le bas de la jambe et le tarse, d'un brun clair mêlé de
verdâtre. Les jeunes ne diffèrent des adultes qu'en ce qu'ils
ont un rouge foible mêlé au bleu-de-ciel du devant du cou.

M. de Azara décrit un autre individu, sous le nom de *martin-piscador celeste obscuro*, qui ne diffère du précédent
qu'en ce que la couleur bleue est plus foncée, que le bas-
ventre est blanc, et le croupion rayé, sur les côtés, de blanc
et de bleu-de-ciel ; en outre, il a un quart de pouce de plus
en longueur ; la queue et le vol un peu plus courts. C'est probablement, comme le pense Sonnini, une variété d'âge ou
de sexe, quoique M. de Azara le présente comme une espèce distincte de son *martin-piscador celeste*.

Le MARTIN-PÊCHEUR BLEU DE MADAGASCAR. *V.* MARTIN-
PÊCHEUR BLEU ET ROUX, page 4i5.

Le MARTIN-PÊCHEUR BLEU ET NOIR DU SÉNÉGAL, *Alcedo
senegalensis*, *var.* Lath., pl. enl. de Buffon, n.° 356. Quoique cet oiseau paroisse un peu plus gros que notre *martin-pêcheur*, il n'a guère que sept pouces de longueur ; un bleu foncé
couvre le dessus de la tête et du cou ; un roux fauve colore
toutes les parties inférieures, depuis la couleur blanche de la
gorge jusqu'à la queue qui est du même bleu que la tête,
ainsi que le dos et les pennes moyennes des ailes ; les autres
pennes et les couvertures sont noires ; les pieds rougeâtres ;
le bec est roux.

Le MARTIN-PÊCHEUR DU BRÉSIL. *Voy.* MARTIN-PÊCHEUR
GIP-GIP, page 4o5.

Le MARTIN-PÊCHEUR DU CAP DE BONNE-ESPÉRANCE. *V.*
MARTIN-PÊCHEUR A GROS-BEC, page 4i6.

Le MARTIN-PÊCHEUR DE CAYENNE. *V.* MARTIN-PÊCHEUR-
TAPARARA, page 4ii.

Le MARTIN-PÊCHEUR DE LA CHINE. *V.* ci-après MARTIN-
PÊCHEUR A COIFFE NOIRE, page 4i5.

Le MARTIN-PÊCHEUR A COLLIER DU BENGALE. *V.* MARTIN-
PÊCHEUR A FRONT JAUNE, page 4o4.

* Le MARTIN-PÊCHEUR A COLLIER BLANC, *Alcedo collaris*,
Lath. Nous devons la connoissance de ce *martin-pêcheur*
à Sonnerat, qui l'a trouvé aux Philippines. Sa taille est un
peu au dessous de celle du *merle* ; la tête, le dos, les ailes et
la queue sont d'un bleu nuancé de vert ; le dessous du corps
est blanc, et le cou entouré d'un petit collier de cette couleur ; le bec est noir avec une teinte jaunâtre à la base de sa
mandibule inférieure ; les pieds sont noirâtres.

* Le MARTIN-PÊCHEUR A COLLIER DES INDES, *Alcedo cœrulea*, Lath. La grosseur de cet oiseau excède celle de notre

alcyon; il a six pouces trois quarts de longueur; le bec gris à la base, et noirâtre vers sa pointe; une petite bande blanche de chaque côté de la tête, qui part de la mandibule supérieure, passe au-dessus des yeux, et s'étend jusque vers l'occiput; une tache roussâtre est un peu au-dessous de l'œil; toute la partie supérieure du corps, d'un très-beau bleu; le croupion, les couvertures supérieures des ailes et de la queue sont d'un vert éclatant; un collier blanc entoure le cou; la gorge est roussâtre; le devant du cou, le dessous du corps, les jambes, les couvertures du dessous des ailes et de la queue sont roux; les pennes alaires et caudales bleues en dessus et noirâtres en dessous; enfin, les pieds sont gris.

Le Martin-pêcheur de la côte du Malabar. *V.* Grand-Martin-pêcheur du Bengale, page 4oo.

* Le Martin-pêcheur égyptien, *Alcedo ægyptia*, Lath. Cet oiseau, donné pour un martin-pêcheur par Hasselquist, *Voyage dans le Levant*, part. 2, pag. 21, trad. franç., pourroit bien être d'une autre famille; car il a un cri qui ressemble au croassement du *corbeau*; il fait son nid sur les dattiers et les sycomores qui sont autour du Caire; il se nourrit de grenouilles et d'insectes qu'il trouve dans les champs, genre de vie et habitudes qui ne conviennent nullement au martin-pêcheur.

Voilà ce que j'ai dit dans la première édition de ce Dictionnaire. J'ai vu depuis, dans les observations de M. Saviguy, sur son *Système des oiseaux de l'Egypte et de Syrie*, que celui-ci n'est point un *martin-pêcheur*, et qu'il croit que c'est un *bihoreau*; en effet, l'indication de son cri, de son genre de vie, et même de son plumage, signalent bien le bihoreau encore sous son premier vêtement. Effectivement, ce prétendu alcyon est brun, et tacheté de roux en dessus; blanchâtre, avec des taches cendrées, en dessous; roussâtre sur la gorge; blanc sur les couvertures inférieures des ailes, dont les pennes sont noires et tachetées de blanc sur leur côté inférieur; la queue est d'un cendré clair; le tarse verdâtre, et les ongles sont noirs.

* Le Martin-pêcheur erooro, *Alcedo tuta*, Lath. C'est à l'île d'O-Taïti, sa patrie, que l'on nomme ainsi cet oiseau, dont le bec est noir en dessus et blanc en dessous, et dont le dessus du corps est d'un vert-olive; une strie blanche passe au-dessus de l'œil; un collier noir verdâtre entoure le cou; tout le dessous du corps est blanc; les pieds sont noirs. Longueur totale, huit pouces; grosseur du martin-pêcheur d'Europe.

Le Martin-pêcheur a front gris, *Alcedo cinerei-frons*, Vieill., a neuf pouces et demi de longueur; le front gris; la tête, le cou, le dos, le croupion, la queue et la poitrine d'un bleu d'aigue-marine, de même que le bord extérieur des pennes alaires, dont l'intérieur est brun, ainsi que leur extrémité; la gorge et le ventre sont blanchâtres; un trait noir traverse l'œil, et s'étend jusqu'à l'occiput; les couvertures des ailes et les plumes scapulaires sont noires; la mandibule supérieure est jaune, tachetée de rouge et de noir sur ses bords et à sa pointe; l'inférieure noire; l'iris rose; les pieds et les ongles sont bruns.

La femelle diffère du mâle en ce que la tête, le cou, le dos et la poitrine sont d'un gris bleuâtre; les scapulaires et les couvertures des ailes, brunes.

Cette espèce se trouve à Malimbe, et se plaît davantage sur les bords de la mer qu'ailleurs.

* Le MARTIN-PÊCHEUR A FRONT JAUNE, *Alcedo erithaca*, Lath. Cette espèce du Bengale, décrite d'après Albin, est de la taille de notre martin-pêcheur; le bec et les pieds sont rouges, ainsi que le dessus de la tête; les côtés, le front et le dessous du corps, jaunes; la gorge est blanche, et un collier de cette couleur entoure le cou; les couvertures inférieures et les pennes de la queue sont d'un cendré clair; le dos est d'un bleu foncé; le croupion et les couvertures supérieures de la queue sont de la couleur du sommet de la tête, qui a sur ses côtés deux bandes, l'une noire et l'autre bleue; les ailes sont d'un gris-de-fer obscur.

Mauduyt remarque que les couleurs de cet oiseau sont si peu conformes à ce qu'on a coutume de voir sur ceux de cette famille, surtout le rouge, le jaune et le gris des ailes, et que leur distribution est si bizarre, qu'il est tenté de croire qu'Albin a pris quelque oiseau factice, pour un martin-pê-cheur (*Encyclop. méthod.*). Buffon ne le donne aussi pour tel que conditionnellement, si, dit-il, on peut se confier davantage aux descriptions de cet auteur qu'à ses peintures. Latham lui donne une variété qui est figurée et décrite dans les genres de Pennant (*Red-headed Kings fischer*, *gen. of birds*, pl. 5), et dont les couleurs ont quelque analogie avec les siennes. Cet *alcyon* est un peu plus petit que le nôtre; il a le bec et les pieds rouges, une tache blanche près de la base de la mandibule supérieure; la tête et le haut du cou d'un rouge orangé; une ligne pourpre, terminée par une tache blanche et bordée de noir du côté intérieur, s'étend derrière l'œil; la gorge est blanche; le haut du dos d'un riche bleu; le milieu orangé; le bas, d'un pourpre clair; les couvertures des ailes sont noires et bordées de bleu; les primaires de la première teinte; la poitrine et le ventre d'un blanc jaunâtre. L'ornithologiste anglais lui trouve aussi quelque ressemblance avec le MARTIN-PÊCHEUR POURPRÉ. *V.* ci-après, page 410.

* Le Martin-pêcheur gip-gip, *Alcedo brasiliensis*, Lath.

Ce martin-pêcheur, du Brésil, doit son nom à son cri *gip-gip*, qui ressemble à celui du petit de la *poule-d'Inde*. Il est à peu près de la taille du nôtre ; la tête, le dessus du cou, le manteau, le croupion, les couvertures supérieures des ailes et de la queue sont d'un roussâtre mélangé de rouge-bai, de brun et de blanc ; le dessous du corps, depuis le bec jusqu'aux pennes caudales, est blanc ; ces pennes et celles des ailes sont roussâtres, avec des taches transversales blanches ; une bande brune part de la base du bec et passe à travers les yeux, qui sont noirs, ainsi que le bec, les pieds et les ongles.

Le grand Martin-pêcheur de Madagascar. *V.* Martin-pêcheur bleu et roux, page 415.

Le grand Martin-pêcheur de la Nouvelle-Guinée. *V.* Martin-pêcheur géant, page 418.

Le grand Martin-pêcheur du Sénégal. *V.* Martin-pêcheur a tête grise, page 418.

Le plus grand Martin-pêcheur. *V.* Martin-pêcheur géant, page 418.

Le Martin-pêcheur huppé, *Alcedo maxima*, *var.* Lath., pl. enl. de Buffon, n.° 679. Il a seize pouces de longueur ; le dessus du corps d'un gris noirâtre, parsemé de lignes blanches transversales ; la poitrine émaillée de ces deux couleurs et de roux ; la gorge blanche, avec des traits noirs sur les côtés ; le ventre d'un blanc pur ; les flancs et les couvertures du dessous de la queue, de teinte rousse. Latham fait de cet oiseau une variété de son *alcedo maxima*, dont le dessus du corps est d'une couleur de plomb foncée ; la gorge noire ainsi que le devant du cou ; le reste du dessous du corps, d'une teinte de sang foncée ; enfin, son plumage est généralement couvert de taches et de lignes blanches ; le bec et les pieds sont noirs.

La femelle diffère en ce que la gorge et le devant du cou sont d'un ferrugineux pâle, inclinant au noir, et que le reste du dessous du corps est blanc, avec des lignes transversales étroites et noires.

Ces martin-pêcheurs se trouvent en Afrique.

Le Martin-pêcheur huppé du Brésil. *V.* Martin-pêcheur-jaguacati-guacu, page 406.

Le Martin-pêcheur huppé du Cap de Bonne-Espérance. *V.* Martin-pêcheur pie, page 409.

Le Martin-pêcheur huppé de la Caroline, de Saint-Domingue, et de la Louisiane. *V.* Martin-pêcheur jaguacati, page 406.

* Le Martin-pêcheur des Indes, *Alcedo orientalis*, Lath. Cet oiseau a quatre pouces et demi de longueur; le dessus de la tête et la gorge d'un bleu éclatant; un trait de même couleur prend naissance à la base du bec, traverse les yeux et se termine vers la nuque; un autre, qui est blanc, passe au-dessus des yeux, au-dessous desquels on voit une tache roussâtre; un vert très-brillant domine sur le dessus du corps; les pennes des ailes sont noirâtres et bleues à l'extérieur; les parties inférieures rousses; les deux pennes intermédiaires de la queue, d'un vert brillant; les autres bordées de cette couleur à l'extérieur, sur un fond noirâtre; le bec et les pieds sont rouges.

Le Martin-pêcheur huppé du Mexique. *V.* Martin-pêcheur alatli, page 399.

Le Martin-pêcheur jaguacati, *Alcedo alcyon*, Lath., pl. enl. de Buff. 715, sous le nom de *martin-pêcheur de la Louisiane*. Cette espèce est répandue dans l'Amérique septentrionale, depuis Saint-Domingue jusqu'à la baie d'Hudson, et sur ses côtes occidentales; mais elle n'habite le Nord que pendant l'été, et s'y nourrit de poissons et de petits lézards.

Brisson a fait deux espèces du *martin-pêcheur huppé de la Caroline et de celui de Saint-Domingue*; Latham fait de l'un une variété de l'autre; Buffon les a réunis. Je le crois fondé. Ce *martin-pêcheur* a près de onze pouces de longueur; le bec noir; l'iris noisette; une tache blanche entre le bec et l'œil; la tête couverte de plumes longues et effilées d'un gris ardoisé foncé; le dessus du corps, les petites couvertures des ailes et les supérieures de la queue d'un bleu ardoisé; les grandes couvertures de l'aile de la même couleur, et terminées par des taches blanches; les pennes noirâtres avec des marques transversales blanches à l'intérieur et à leur extrémité; la queue pareille aux ailes; la gorge blanche, sur le bas de laquelle est une bande transversale d'un bleu ardoisé, bordée sur le haut de la poitrine d'un brun-roux, qui est aussi la teinte des flancs; le reste du dessous du corps et les couvertures inférieures de la queue sont blancs; les pieds noirs. La femelle diffère du mâle en ce que la bande transversale de la gorge est grise, plus étroite, et sans feston roux; la queue est moins chargée de gouttes blanches, et les flancs sont pareils au ventre. Les naturels de la baie d'Hudson le nomment *kiskeman* ou *kiskemanasue*.

Le Martin-pêcheur jaguacati-guacu, *alcedo guacu*, Vieill. Il a été donné par Buffon comme un individu de l'espèce précédente. Latham en fait une variété, et Brisson une espèce distincte. Quoiqu'il y ait de l'analogie dans le plumage de ces deux *martin-pêcheurs*, je crois que ce sont deux races distinctes, mais voisines. Le guacu est un peu plus petit, et son bec est plus long ; la tête, le dessus du cou et du corps, le croupion, les couvertures supérieures des ailes et de la queue sont ferrugineux, lustrés et cette couleur est coupée sur le cou par un collier blanc ; le dessous du corps est de cette dernière couleur; les pennes des ailes et de la queue sont pareilles au dos, avec des taches transversales blanches; les yeux, le bec et les pieds sont noirs.

On a conservé à ce *martin-pêcheur* son nom brasilien : les Portugais du Brésil l'appellent *papa piexe*.

Le MARTIN-PÊCHEUR DE JAVA. *Voy.* MARTIN-PÊCHEUR A TÊTE ET COU COULEUR DE PAILLE, page 417.

* Le MARTIN-PÊCHEUR KOATO-O-OO. Cet oiseau, que des navigateurs anglais ont trouvé aux îles des Amis, y porte ce nom. Il a le sommet de la tête et le dos d'un vert noirâtre ; les sourcils d'un blanc sale, et verdâtres ; un collier blanc ; les couvertures des ailes d'un vert pâle, avec un liseré jaunâtre ; les pennes alaires et caudales noires et bordées de bleu ; le dessous du corps blanc sale, avec un peu de jaune sur la poitrine ; le bas-ventre et le dessous de la queue d'un jaune clair ; le reste du plumage bleu d'aigue-marine. On rencontre aussi cet oiseau à la Nouvelle-Zélande, où il est connu sous le nom de *poopoo*, *whouroo roo*.

Latham en fait une variété du MARTIN-PÊCHEUR DES MERS DU SUD. *V*. ci-après.

Le MARTIN-PÊCHEUR DE LA LOUISIANE. *Voyez* MARTIN-PÊCHEUR JAGUACATI, page 406.

Le MARTIN-PÊCHEUR DE MADAGASCAR. *Voyez* MARTIN-PÊCHEUR ROUX, page 410.

Le MARTIN-PÊCHEUR DE MALIMBE. *V*. MARTIN-PÊCHEUR A FRONT GRIS, page 403.

*Le MARTIN-PÊCHEUR MATUITI, *Alcedo maculata*, Lath. Il a la taille de l'*étourneau* ; le bec rouge ; la mandibule supérieure un peu plus longue que l'inférieure et courbée à sa pointe; plumes de la tête, du dessus du cou, du dos, des ailes et de la queue, brunes et tachetées de blanc jaunâtre ; ces taches deviennent transversales sur les pennes alaires et caudales ; la gorge est jaune; les autres parties inférieures sont blanches et pointillées de brun ; les pieds d'un cendré sale. On le trouve au Brésil.

Le MARTIN-PÊCHEUR DE MER AUX AILES LONGUES, de M. de Azara, est la FRÉGATE figurée pl. enl. n.º 30, de l'*Histoire naturelle* de Buffon.

Le MARTIN-PÊCHEUR DES MERS DU SUD, *Alcedo sacra*, Lath., pl. G 16, n.º 2 de ce Dictionnaire. Cet *alcyon* est un peu plus gros que le nôtre, et a près de neuf pouces de longueur ; son bec est comprimé par les côtés, épais, long d'un

pouce trois quarts, d'une couleur de plomb en dessus et blanc
en dessous; un bleu-vert clair domine sur la tête, et sur
les parties supérieures du corps, mais il est plus foncé
sur les oreilles : un trait ferrugineux part des narines, passe
en dessus des yeux, et se termine sur l'occiput; au-dessous de
l'œil est une petite strie orangée, bordée d'une bande bleue
dans sa partie inférieure, et qui s'étend autant que la première ; les ailes et la queue sont noirâtres et bordées
de bleu à l'extérieur, de manière que, lorsqu'elles sont fermées, elles paroissent totalement de cette couleur ; les pieds
sont noirs ; le cou est en dessous d'une couleur blanche avec
un collier fauve.

Les variétés de cette espèce, décrites ci-après, se trouvent
dans les îles de la mer du Sud ; la première, ainsi que la précédente, à O-Taïti et dans les îles de la Société ; la seconde,
à Uliétéa ; la troisième et la quatrième, dans la Nouvelle-
Zélande ; la cinquième, aux îles Philippines.

Le *martin-pêcheur des îles de la Société* a au-dessus de l'œil
une bande blanche, inclinant au ferrugineux, et bordée d'un
bleu-noir en dessous, qui s'étend vers la nuque ; les plumes
des côtés de la poitrine et celles du cou, sont liserées de gris
cendré, et les joues noires; du reste, il ressemble au précédent.
Un autre individu totalement pareil, ne diffère qu'en ce que
le collier blanc a, dans son milieu, une petite ligne noire.

Le *martin-pêcheur d'Uliétéa* se distingue du premier par la
couleur noire verdâtre qui couvre le dessus de la tête ; par la
bande noire qui l'entoure ; par la teinte rousse du cou, de
la poitrine et du ventre, dont chaque plume est bordée de
noir ; par sa gorge blanche et par son dos et ses ailes, qui sont
pareilles à la tête.

Le *ghôtarré*, c'est ainsi qu'on appelle ce *martin-pêcheur* à la
Nouvelle-Zélande, a le dessus de la tête bleu, le reste noir;
la gorge et le collier blancs ; les sourcils, le haut du cou et le
ventre jaunâtres ; les ailes et la queue bleues ; les couvertures
inférieures de celle-ci, noires, et les pieds bruns.

On désigne les *martin-pêcheurs* à O-Taïti et aux îles des
Amis, par le nom de *koato-o-oo*. Tous sont regardés par les
insulaires de la mer du Sud, comme des oiseaux sacrés qu'il
n'est pas permis de tuer.

* Le MARTIN-PÊCHEUR MORDORÉ, *Alcedo rubescens*,
Vieill.. Il a les sourcils, la paupière inférieure, la gorge,
un demi-collier sur la nuque, la poitrine, le ventre,
les couvertures inférieures des ailes, et une grande partie des pennes en dessous, de couleur blanche ; les flancs

variés de taches rouges et noires; la tête, la partie postérieure et les côtés du cou, depuis le collier blanc, le
dos, le croupion, le bord extérieur des pennes alaires et
leurs couvertures, mordorés sous un aspect et d'un noirâtre
mêlé d'aigue-marine sous un autre, avec quelques taches et des
points blancs sur les couvertures; l'intérieur des pennes avec
des franges festonnées de blanc et de noirâtre; la queue de
la dernière teinte et tachée de blanc sur les quatre pennes
latérales de chaque côté; le bec noir. Longueur totale, douze
pouces trois lignes.

C'est le *martin-pescador obscure dorado* de M. de Azara, qui décrit un autre individu sous la dénomination de *garganta roxa*,
et qu'il présente, mais avec doute, comme une espèce distincte du précédent. Il est long d'onze pouces huit lignes, et
porte les mêmes couleurs, il n'en diffère qu'en ce que le
devant du cou a une teinte très-vive de tabac d'Espagne et
quelques points blancs, presque imperceptibles, sur les couvertures supérieures des ailes seulement. On trouve l'un
et l'autre au Paraguay.

* Le Martin-pêcheur de la Nouvelle-Guinée, *Alcedo
Novæ-Guineæ*, Lath., a tout le plumage noir, tacheté ou
rayé de blanc; les points de cette couleur que l'on voit sur
la tête, le dos et les couvertures des ailes, sont fort petits; ils
forment des mouches rondes et larges sur les pennes des ailes
et de la queue, et sont remplacés par des lignes longitudinales sur le cou et le ventre; on remarque de plus sur les côtés
du cou deux larges taches de la même couleur, l'une au-dessus
de l'autre, et séparées par un intervalle étroit, noir, et moucheté de blanc; la supérieure a la forme d'une larme, dont
l'extrémité est dirigée en haut; l'inférieure est ronde; le
bec, les pieds et l'iris sont noirâtres. Taille du *martin-pêcheur
géant*; peut-être appartient-il à la même section.

Le Petit Martin-pêcheur huppé des Philippines. *Voy.*
Martin-pêcheur Vintsi, page 414.

Le Petit Martin-pêcheur du Sénégal. *Voyez* Martin-
pêcheur a tête bleue, page 411.

Le Martin-pêcheur pie, *Alcedo rudis*, Lath., pl. enl.
de Buffon, n.º 62. Le blanc et le noir sont les deux seules
couleurs qui se voient sur le plumage de ce *martin-pêcheur
du Sénégal*; la première est pure sur le devant du cou jusqu'au bec, borde les plumes de la tête et du dessus du cou,
forme une strie sur les côtés de la première partie, et des
taches irrégulières sur le dos, les ailes, le dessous du corps
et la queue; la seconde occupe le reste du plumage, et
couvre le bec et les pieds. Longueur totale, onze pouces.

L'individu de la pl. enl. n.º 716, diffère en ce qu'il est plus petit de trois pouces, et qu'il a plus de noir dans son plumage. Celui-ci se trouve au Cap de Bonne-Espérance.

L'espèce des *martin-pêcheurs pies* est répandue dans toute l'Afrique ; on la trouve sur les bords du Nil, dans toute la longueur de l'Egypte : elle habite aussi la Natolie, la Chine, et d'autres parties de l'Asie.

Le MARTIN-PÊCHEUR DE PONDICHÉRY. *V.* ci-après.

Le MARTIN-PÊCHEUR POURPRÉ, *Alcedo purpurea*, Lath., pl. enl. de Buffon, n.º 778. C'est de tous les *martin-pêcheurs*, le plus joli et peut-être le plus riche en couleurs ; un roux aurore, nué de pourpre mêlé de bleu, lui couvre la tête, le croupion et la queue ; tout le dessous du corps est d'un roux doré sur un fond blanc ; le manteau est enrichi de bleu d'azur dans du noir velouté ; une tache d'un pourpre clair part de l'angle de l'œil, et se termine en arrière par un trait du bleu le plus vif ; la gorge est blanche, et le bec rouge ; taille du *martin-pêcheur roux*. Telle est la description que fait Buffon de ce bel *alcyon*, qui a été apporté de Pondichéry.

Le MARTIN-PÊCHEUR ROUX, *Alcedo madagascariensis*, Lath., pl. enl. de Buffon, n.º 778, fig. 1. Dessus du corps, depuis le bec jusqu'à la queue, d'un roux vif et éclatant ; pennes des ailes noires ; moyennes noirâtres et frangées du même roux ; dessous du corps blanc, teint de roux ; queue pareille aux ailes ; bec et pieds rouges. Longueur, à peu près cinq pouces. On le rencontre à Madagascar.

Le MARTIN-PÊCHEUR SACRÉ. *V.* MARTIN-PÊCHEUR DES MERS DU SUD.

Le MARTIN-PÊCHEUR DU SÉNÉGAL. *V.* MARTIN-PÊCHEUR BABOUCARD et MARTIN-PÊCHEUR BLEU et NOIR.

* Le MARTIN-PÊCHEUR DE SMYRNE, *Alcedo smyrnensis*, Lath. Il a huit pouces et demi de longueur ; le bec et les pieds rouges ; l'iris blanchâtre ; la tête, le cou et le dessous du corps d'une belle couleur marron, avec une bande transversale blanche sur la poitrine ; la gorge de cette couleur ; les petites couvertures des ailes d'un vert terne ; les grandes noirâtres, bordées et terminées de vert ; les pennes pareilles ; la queue noirâtre, excepté ses deux pennes intermédiaires qui sont d'un vert terne.

* Le MARTIN-PÊCHEUR DE SURINAM, *Alcedo surinamensis*, Lath. Fermin a fait connoître cette espèce dans sa *Description de Surinam* (vol. 2, pag. 181) ; elle est moins grande que le *merle* ; le sommet de la tête est d'un noir verdâtre varié de raies bleues ; le dessus du corps de cette dernière couleur,

avec des raies noirâtres sur le dos ; le haut de la gorge et le milieu du ventre sont d'un blanc mélangé de rouge ; les plumes de la poitrine rousses et terminées de bleu ; les parties inférieures d'un roux lavé de blanc ; la queue est d'un bleu sale ; les ailes sont d'un bleu verdâtre ; le bec est noir. Ce *martin-pêcheur* se trouve dans la Guyane. Il niche dans des trous au bord des eaux. Sa ponte est de cinq à six œufs.

* Le MARTIN-PÊCHEUR TAPARARA, *Alcedo cayanensis*, Lath. *Taparara* est le nom des alcyons, en langue garipone, appliqué par Buffon à cette espèce que l'on trouve à Cayenne. Grandeur de l'*étourneau* ; dessus de la tête, dos et épaules d'un beau bleu ; croupion bleu d'aigue-marine ; dessous du corps blanc ; pennes des ailes bleues en dehors, noires en dedans et en dessous ; pennes de la queue pareilles, excepté les deux intermédiaires, qui sont totalement bleues ; une bande transversale noire au dessus de l'occiput ; bec de cette couleur en dessus, rouge en dessous ; pieds de cette dernière teinte et ongles noirs.

Cette espèce n'est pas commune à la Guyane.

MARTIN-PÊCHEUR TACHETÉ, *Alcedo inda*, Lath., pl. 335 des oiseaux d'Edwards. Il a sept pouces de longueur ; le bec noirâtre, et orangé en dessous à la base ; une bande noire part des coins du bec, entoure et dépasse les yeux ; elle est bordée en dessus et en dessous d'orangé ; toutes les parties inférieures sont de cette couleur ; un collier noir et bordé de cendré blanchâtre est entre le cou et la poitrine ; le sommet de la tête, dont les côtés sont verts, est d'un noir verdâtre, de même que le dessus du corps, les ailes et la queue, mais celle-ci et les plumes du croupion ont des taches blanches sur leurs bords ; les pieds sont couleur de chair.

Cet oiseau a été apporté de Cayenne.

MARTIN-PÊCHEUR TACHETÉ DU BRÉSIL. *V.* MARTIN-PÊCHEUR MATUITUI, page 407.

MARTIN-PÊCHEUR DE TERNATE. *V.* MARTIN-PÊCHEUR A LONGS BRINS, page 417.

MARTIN-PÊCHEUR A TÊTE BLEUE, *Alcedo cœruleocephala*, Lath., pl. enl. de Buff. n.º 356. Cette espèce a quatre pouces de longueur, le dessus de la tête d'un bleu vif, ondé d'un bleu plus clair et verdoyant ; le dos et les couvertures des ailes d'un bleu d'outremer ; les pennes noirâtres ; la gorge blanche ; les parties postérieures, le dessous de l'œil, les pieds et le bec rouges.

Cet oiseau se trouve à Madagascar. Il a beaucoup d'analogie avec la variété du *martin-pêcheur bleu et noir*. Latham fait mention de deux autres ; l'une ne diffère que par une petite touffe blanche sur les côtés du cou, près les ailes ; l'autre a le dessus de la tête rayé de bleu et de noir, et chaque plume est bordée de roux ; le reste de la tête, le cou et la poitrine sont d'un jaune roux ; les pennes des ailes et de la queue d'un brun roussâtre ; le ventre est blanc ; du reste, il ressemble au *martin-pêcheur à tête bleue*.

Le MARTIN-PÊCHEUR TEU-ROU-JOU-LON, Cet oiseau habite les îles Célèbes. Il a le bec rouge ; la tête et le dos verts ; le ventre jaune ; la queue d'un beau bleu et la taille de l'*alouette*. Buffon en fait une variété du *martin-pêcheur à tête couleur de paille* ; mais celui-ci est presque du double plus grand, ce qui éloigne une pareille réunion.

Le MARTIN-PÊCHEUR TOUNZI, *Alcedo nutans*, Vieill. Sonnini, dans son édition de l'*Histoire Naturelle* de Buffon, donne cet oiseau pour une variété du *martin-pêcheur bleu et noir du Sénégal* ; en effet, il s'en rapproche par la couleur bleue du dessus de la tête, du dos et des petites couvertures des ailes, par sa gorge blanche et par le roux fauve des autres parties inférieures ; mais il en diffère en ce qu'il a trois pouces de moins ; en ce que les plumes bleues de la tête et du dessus de l'œil sont terminées par une raie transversale d'un bleu clair, et en ce que ses pennes sont brunes ; il a de plus une ligne rousse au dessous des yeux ; les joues couvertes d'un violet pourpré, qui s'avance jusque derrière la tête ; le bec blanchâtre à sa base et orangé à la pointe ; un collier roux sur le cou ; une tache blanche et rouge au dessus des oreilles ; une taille inférieure à celle de notre *alcyon*. Ces dissemblances me paroissent trop grandes pour ne pas croire que cet oiseau est d'une autre race. Ce joli petit *martin-pêcheur* est fort commun à Malimbe, dans le royaume de Congo et de Cacombo, où il se plaît près des rivages de la mer et sur le bord des ruisseaux ; il balance continuellement sa tête de droite à gauche, ce qui fait croire aux nègres qu'il leur indique le chemin ; ils ne lui font aucun mal, aussi n'est-il pas farouche ; ils l'appellent *tounzi*.

Le MARTIN-PÊCHEUR A VENTRE BLEU, *Alcedo cyanocentris*, Vieill. Il a le dessus de la tête d'un brun noirâtre à reflets bleus ; un petit collier de la dernière teinte sur le bas de l'occiput, lequel est bordé d'un marron foncé ; le dos et le croupion, d'un très-beau bleu d'outremer ; les grandes couvertures des ailes bleues à la base et vertes à l'extrémité ; les petites et les moyennes d'un noir-velouté ; l'aile bâtarde d'un vert de mer ; les dix premières pennes alaires blanches à leur origine et à l'intérieur, d'un vert d'aigue-marine à l'extérieur, et noires à leur pointe ; les autres vertes ; la queue bleue en dessus et noire en dessous ; la gorge et le devant du cou, d'un brun marron, lavé de violet sur la poitrine ; le ventre bleu, avec de foibles reflets verdâtres ; le bec et les pieds rouges ; taille du *martin-pêcheur à tête grise*. Il est de Java.

Le MARTIN-PÊCHEUR VERT, *Alcedo viridis*, Vieill. On le trouve au Paraguay. Un petit trait blanchâtre se fait remarquer sur le *lorum* ; la gorge est blanche ; cette couleur forme un collier sur la nuque ; la tête, le dessus du cou et du corps sont d'un vert très-sombre, ainsi que les couvertures des ailes, qui ont quelques petits points blancs et rares ; des rangées de taches arrondies et de cette même couleur sont semées sur le fond noirâtre des pennes de l'aile et de la queue, mais seulement sur le côté intérieur de ces dernières ; les trois latérales ont de plus une bande blanche, qui s'étend presque jusqu'à leur extrémité ; le devant du cou a une teinte très-vive de tabac d'Espagne, laquelle forme une pointe sous le bec ; les flancs et les jambes sont marbrés de blanc et de vert très-sombre ; la poitrine et le ventre blancs ; les plumes qui recouvrent la queue en dessus, de la même couleur, avec une tache noire et ovale au milieu de chacune ; les couvertures supérieures blanches, avec une bandelette noirâtre sur leur milieu ; le bec et les tarses noirs ; sa longueur totale est de près de huit pouces ; les jeunes ont le trait des côtés de la tête roussâtre ; la gorge et le devant du cou, d'un roux lavé de blanc ; une espèce de demi-collier, vers le milieu de cette partie, d'un vert obscur, veiné de roux blanchâtre. Sonnini rapproche ce *martin-pêcheur* de celui de l'*Amazone* (*Alcedo amazona*), comme une variété d'âge ou de sexe ; mais je ne puis partager son opinion, attendu que, outre des dissemblances dans leur plumage, celui de cet article a quatre pouces de moins que l'autre, ce qui me paroît suffisant pour indiquer deux espèces distinctes et séparées ; c'est le *martin-pescador verde obscuro* de M. de Azara.

Le MARTIN-PÊCHEUR VERT D'AMÉRIQUE. *V.* MARTIN-PÊCHEUR VERT et ORANGÉ, page 414.

Le MARTIN-PÊCHEUR VERT ET BLANC, *Alcedo americana*, Lath., pl. enlum. de Buff., n.° 591. Cette espèce, que l'on trouve à Cayenne, a sept pouces de longueur ; tout le dessus du corps lustré de vert sur un fond noirâtre, coupé sur les côtés de la tête par un trait qui part de l'œil, et descend sur le derrière du cou, et par quelques traits blancs sur les ailes ; le ventre est de cette couleur et varié de vert ; le devant du cou et la poitrine sont d'un beau roux dans le mâle, et blanc chez la femelle ; c'est le seul attribut qui la distingue ; le bec est noir, et les pieds sont rougeâtres.

Le PETIT MARTIN-PÊCHEUR VERT DE CAYENNE. *V.* MARTIN-PÊCHEUR VERT ET ORANGÉ.

en dessus sont de la même couleur que la tête et le haut du
cou ; les grandes plumes sont dans leur milieu bleuâtres et
noires , et d'un noir lavé à leur extrémité ; les plumes du
dos sont brunes ; le croupion et les couvertures supérieures
de la queue, d'un bleu de ciel brillant ; la queue est en dessous d'un bleu foncé ; les petites plumes des ailes sont couleur chamois en dessous , ainsi que les grandes qui sont
cendrées en dessus ; la gorge , le cou en devant , la poitrine, le ventre et les couvertures inférieures de la queue sont
blancs ; il y a sur le milieu de chaque plume un trait longitudinal brun ; entre le bas du cou en arrière et le haut du dos,
s'étendent des plumes semblables à celles du ventre, ce qui
forme en cet endroit un collier ; le bec est très-gros , et les
pieds sont petits. D'après cette description très-détaillée que
nous devons à Sonnerat, est-il certain que cet oiseau soit de
l'espèce du précédent ?

La seconde se trouve dans les îles de la mer du Sud. Longueur totale, neuf à dix pouces ; bec et pieds rouges ; tête et
dessus du corps d'un noir mélangé de ferrugineux ; plumes
du sommet de la tête plus longues que les autres ; ailes et
queue d'un bleu d'aigue-marine ; gorge et poitrine blanches,
avec une teinte d'un vert pâle sur cette dernière partie ; ventre d'un brun ferrugineux.

La troisième , dont on ignore le pays , a dix pouces de
longueur totale ; le bec rouge foncé ; la tête et le dessus du
corps d'un bleu de prusse ; les couvertures des ailes noires,
ainsi que les pennes, dont plusieurs sont blanches sur leur
côté interne ; le dessous du corps blanc , et un croissant de
cette couleur entre le dos et le cou ; les pieds sont noirs.

Le MARTIN-PÊCHEUR CRABIER, *Alcedo cancrophaga*, Lath.,
pl. enl. de Buffon , n.º 334. Si ce martin pêcheur est le
même que celui dont parle Forster, dans le *second Voyage*
du capitaine Cook , il se trouve non-seulement au Sénégal ,
mais encore au Cap-Vert , où il se nourrit de gros crabes de
terre rouges et bleus.

Il a un pied de longueur ; le dessus du corps et la queue d'un
bleu d'aigue-marine, ainsi que les bords extérieurs des pennes des ailes qui sont terminées de noir ; tout le dessous du
corps d'un fauve clair ; le bec et les pieds d'une couleur de
rouille foncée.

Le MARTIN-PÊCHEUR A GROS BEC , *Alcedo capensis*, Lath.,
pl. enl. de Buffon , n.º 590. La grosseur et l'épaisseur du
bec de ce martin-pêcheur le distinguent très-bien de ses
congénères ; ce bec est d'un rouge de cire d'Espagne ; un
gris clair est répandu sur la tête , un vert-d'eau sur le dos
et la queue , qui est grise en dessous ; un bleu d'aigue-ma-

rine sur les ailes, et un fauve terne et foible sur le dessous
du corps; les pieds et les ongles sont rouges. Longueur, quatorze pouces.

Cette espèce se trouve au Cap de Bonne-Espérance.

Le MARTIN-PÊCHEUR A LONGS BRINS, *Alcedo dea*, Lath.,
pl. G 16, fig. 2 de ce Dictionnaire. Les deux plumes effilées
du milieu de la queue ont une tige nue sur trois pouces de
longueur, et sont barbues à leur extrémité; un gros bleu
couvre le dessus de la tête et du cou; un brun-noir, bordé
de bleu, occupe le dos et les scapulaires; les couvertures
des ailes sont de cette dernière couleur, ainsi que les pennes
qui ont leur pointe et leurs bords noirs; un blanc rosé règne
sur le dessous du corps et le croupion; les deux pennes intermédiaires ont cinq pouces et demi et dépassent les autres de
quatre; elles sont roses à l'origine et à leur extrémité, et bleues
dans le reste; les autres pennes sont rosées à l'extérieur, et
brunes à l'intérieur; les pieds et les ongles rougeâtres; le bec
est d'une couleur orangée. La femelle, selon Seba, ne diffère qu'en ce que les deux filets sont d'un tiers moins longs.
On trouve cette espèce aux îles de Ternate et des Moluques.

Le MARTIN-PÊCHEUR A TÊTE ET COU COULEUR DE PAILLE,
Alcedo leucocephala, Lath., pl. enl. de Buffon, n.º 757, a
les ailes et la queue d'un bleu turquin foncé; de petits traits
noirs tracés sur le fond blanc du sommet de la tête; les pennes primaires brunes et frangées de bleu; le dos de couleur
d'aigue-marine; le cou et le devant du corps d'un blanc
teint de jaune paille; le bec rouge; les pieds bruns; les ongles noirâtres, et douze pouces de longueur. Cette espèce
habite l'île de Java.

Le MARTIN-PÊCHEUR A TÊTE VERTE, *Alcedo chlorocephala*,
Lath., pl. enl. de Buffon, n.º 783. Un bord noir entoure la
calotte verte qui couvre la tête de ce martin-pêcheur; ce
même vert règne sur le dos, se fond en bleu d'aigue-marine
sur les ailes et la queue dont les pennes sont noirâtres; la
gorge, le devant du cou et les autres parties inférieures du
corps sont d'une couleur blanche qui prend une nuance jaunâtre sur les jambes; le dessous de la queue, le bec et les
pieds sont noirs; longueur, neuf pouces.

On rencontre cette espèce dans l'île de Bornéo, l'une des
Moluques.

* Le MARTIN-PÊCHEUR VIOLET DE LA CÔTE DE COROMAN-
DEL, *Alcedo coromanda*, Lath., est de la grosseur du *merle*;
un lilas rougeâtre, changeant en violet, colore toutes les
parties supérieures ainsi que le côté extérieur des pennes
des ailes et de la queue, qui sont d'un roux jaunâtre

en dedans; une bande longitudinale blanche, lavée de bleu, est sur le croupion; les parties inférieures sont d'un roux clair; la gorge est blanche; l'iris, le bec et les pieds sont rougeâtres.

§ II. *Bec trigone; mandibule supérieure échancrée et inclinée vers le bout.*

Le Martin-pêcheur géant, *Alcedo gigantea*, Lath.; A. *fusca*, Linn., éd. 3, pl. enl. de Buffon, n.° 663, a seize pouces de longueur, et la grosseur du *choucas*; la mandibule supérieure est noire; l'inférieure orangée; les plumes du sommet de la tête, qui sont longues et étroites, forment une espèce de huppe qui est brune et rayée d'une teinte plus claire; un mélange de noirâtre et de blanc sale couvre les côtés de la tête au-dessus de l'œil, ainsi que l'occiput; les côtés du cou sont d'un brun foncé, le dessus du dos et les ailes d'un brun-olive; le croupion est d'un beau vert-bleu clair; il y a sur les couvertures supérieures des ailes une tache de cette couleur; les pennes ont leurs bords bleus, leur extrémité noire, et leur base de couleur blanche; celles de la queue sont d'un fauve roux traversé d'ondes noires et blanches à leur extrémité; le dessous du corps paroît lavé de bistre clair; il est, ainsi que le collier blanc qui entoure le cou, légèrement traversé de petites stries noirâtres; les pieds sont gris et les ongles noirs; quelques individus ont un peu de blanc sur le milieu de l'aile.

La femelle a les plumes de la tête courtes, le dessous du corps blanc, et les pieds bruns.

Ce martin-pêcheur a été découvert par Sonnerat à la Nouvelle Guinée; on le trouve aussi à la Nouvelle-Hollande, où il porte le nom de *googo-ne gang*. Il n'est pas nombreux et vit toujours isolé de ses semblables; il se nourrit d'insectes et de vers, et quelquefois de graines. Son cri ressemble à un éclat de rire; son vol est vif, mais court; son plumage nullement lustré. Cet oiseau s'éloigne des martin-pêcheurs, non-seulement par la forme de son bec, mais encore par ses habitudes et sa nourriture; on prétend même qu'il se tient éloigné des eaux. Ces différences ont donné lieu à M. Leach d'en faire un genre particulier, sous le nom d'*acelo*, auquel il a donné pour caractères: *rostrum crassum, tetragono-conicum, fauce ad oculos hiante, mandibula superior longior, apicem versus utrinque laté emarginata*, etc.

Le Martin-pêcheur a tête grise, *Alcedo senegalensis*, Lath., pl. enl. de Buffon, n.° 594. Grosseur de la *grive*; longueur, huit pouces et demi; tête et cou gris-bruns; une tache noire entre le bec et l'œil; gorge d'une teinte plus claire que la tête ; dessous du corps blanc ; manteau bleu d'aigue-marine; une bande noire sur les couvertures des ailes qui sont bordées de bleu, et une autre sur les grandes pennes dont l'origine est blanche, l'extérieur d'un bleu-vert et l'intérieur noir, ainsi que la queue; le dessus du bec rouge, le dessous noir; les pieds de cette couleur. Cette espèce se trouve au Sénégal, dans l'Arabie et dans d'autres parties de l'Afrique. M. Levaillant, qui l'a rencontrée dans le pays des Cafres, m'a assuré que la description qu'on vient de lire indique la femelle, ainsi que la planche citée ci-dessus. Le mâle a le dessus de la tête d'un brun mêlé de noir ; les petites couvertures des ailes et le manteau de la dernière couleur ; le ventre rayé longitudinalement de noir; le croupion, la queue et les grandes couvertures des ailes bleues; les pennes alaires de cette couleur et noires en dehors, jaunes en dedans. Cette espèce se tient continuellement dans les bois, ne se nourrit que d'insectes et niche dans des trous d'arbres. Je dois ces détails au profond ornithologiste cité ci-dessus, qui l'appelle *martin - chasseur*; mais le nom de *martin-pêcheur* ne peut convenir à un oiseau qui ne pêche point, et qui se tient constamment éloigné des eaux. Il en est de même des deux autres espèces de cette section; peut-être s'en trouve-t-il encore d'autres dans la précédente ; mais il faut les voir en nature pour les déterminer. Latham donne à cette espèce une variété qui, d'après sa demeure préférée, doit aussi porter le nom de *martin-chasseur.*

Cette variété a la tête et le cou d'un blanc sombre ; les ailes noires; une bande bleue sur le milieu de la poitrine ; le ventre ferrugineux, et quelques plumes de l'estomac terminées de jaunâtre ; les bords extérieurs des pennes alaires roux et blancs sur les unes, noirâtres sur les autres ; le dessus de la queue bleu, le dessous d'un brun noir; le bec et les pieds rouges. Ce martin-pêcheur se trouve à Saint-Yago ; il fait sa principale nourriture de crabes terrestres bleus, qui font une quantité de trous dans les terrains secs et brûlans. On le rencontre aussi dans l'Abyssinie.

Le **Martin-pêcheur vert de l'Australasie**, *Alcedo australasia*, Vieill., a des rapports dans son plumage avec le *martin-pêcheur à tête verte*; les plumes du front sont bordées de ferrugineux sur un fond vert qui est la couleur du sommet de la tête et du dos ; une bandelette ferrugineuse part des narines, passe au-dessus de l'œil, et occupe, en s'élargissant, toute la partie postérieure du cou et les côtés de la tête; elle est divisée par une ligne d'un bleu foncé, qui prend naissance à l'ouverture du bec et couvre les oreilles où elle se présente sous une teinte verdâtre; les pennes alaires et caudales sont bleues; les petites et les moyennes couvertures de l'aile, terminées d'une teinte de rouille; toutes les parties inférieures d'un blanc jaunâtre; le menton est d'un blanc plus pur; la poitrine et l'abdomen passent au jaune; le bec est noir en dessus, blanc en dessous; taille de notre martin-pêcheur.

B. MARTIN-PÊCHEURS TRIDACTYLES. *Deux doigts devant, un derrière, l'interne nul.*

Le MARTIN-PÊCHEUR A DOS BLEU, *Alcedo tribrachis*, Shaw., Mel. 16, pl. 681, est d'un bleu foncé en dessus et sur les joues; une bande de cette couleur descend sur les côtés de la gorge, du cou et de la poitrine; le milieu de ces diverses parties, les côtés de l'occiput et le dessous du corps sont ferrugineux; le bec est noir et le tarse orangé. On le trouve à Timor.

Le MARTIN-PÊCHEUR DE L'ÎLE DE LUÇON, *Alcedo tridactyla*, Lath., *Voyage de Sonnerat*, pl. 32. Une couleur lilas foncé teint le dessus de la tête et du corps; les ailes sont d'un bleu d'indigo sombre, entouré sur chaque plume par un bleu vif et éclatant; tout le dessous du corps est blanc; le bec et les pieds sont rougeâtres. Longueur totale, quatre pouces. On donne à cette espèce deux variétés, dont l'une est figurée pl. 2, f. 1, des *Spicilegia de Pallas*.

L'une a le dessus de la tête d'un ferrugineux teint de violet; une tache azurée sur les tempes, et au – dessous une ligne blanche; les plumes du milieu des scapulaires et les extrémités de celles des ailes, d'un bleu d'azur; les joues et le dessous du corps, d'un blanc jaunâtre; la gorge d'un blanc pur; les pennes alaires noires en dehors et ferrugineuses en dedans; les pennes caudales pareilles.

L'autre est d'un roux ferrugineux en dessus, ombré de violet sur le sommet de la tête, le croupion et à l'extrémité des plumes dorsales, ferrugineux sur la poitrine, et d'un blanc presque pur sur le ventre. Tous les deux ont le bec d'un blanc jaunâtre.

Une troisième, que j'ai vue en nature, a le bec et les pieds orangés; la tête, le dessus du cou et le croupion d'un violet terne; le front et toutes les parties inférieures d'un blanc jaunâtre; une tache blanchâtre sur les côtés de la nuque. Ne seroient-ce pas des variétés d'âge ou de sexe? Toutes se trouvent aux Indes. (v.)

MARTIN-PÊCHCARET. Nom provençal du MARTIN-PÊCHEUR. (V.)

MARTIN-SEC. POIRE d'automne moyenne, pyriforme-

pointue, d'un roux foncé d'un côté, et de l'autre d'un jaune
de coing. (LN.)

MARTIN-SIRE. Autre variété de Poire d'automne. Elle
est grosse, longue, lisse et verte. (LN.)

MARTINET, *Cypselus*, Gesner; *Hirundo*, Lath. Genre de
l'ordre des oiseaux SYLVAINS, de la tribu des ANISODACTY-
LES et de la famille des CHÉLIDONS. *V.* ces mots. *Caractères:*
bec petit et très-fendu, déprimé et trigone à la base, comprimé latéralement et étroit à la pointe; mandibule supérieure entaillée et courbée vers le bout, l'inférieure plus
courte et un peu retroussée à son extrémité; bouche ample;
narines larges, closes en arrière par une membrane, couvertes par les plumes du capistrum, ouvertes vers le milieu;
langue courte, large, cartilagineuse, bifide à la pointe;
tarses très-courts, à demi-vêtus; quatre doigts totalement séparés; le postérieur articulé sur le côté interne du tarse,
tourné en devant; ongles courts, étroits, très-arqués, acu-
minés, fort rétractiles; cou très-court; ailes longues; les
deux premières rémiges, les plus longues de toutes; dix
rectrices.

Les *martinets* sont de vrais oiseaux aériens. Jamais ils ne se
posent à terre d'eux-mêmes, et lorsqu'ils y tombent par accident, ils s'élèvent avec la plus grande difficulté sur un
terrain plat, et se traînent plutôt qu'ils ne marchent;
il leur est impossible de faire autrement, d'après la conformation de leurs pieds, car ils les ont fort courts, avec les
ongles très-crochus, et lorsqu'ils sont posés, le tarse porte
à terre jusqu'au talon, de manière qu'ils sont presque couchés sur le ventre. Il leur faut donc une élévation quelconque, pour mettre en jeu leurs longues ailes: une pierre, une
taupière leur suffit. « Et si tout le terrain étoit uni, dit
Buffon, et sans aucune inégalité, les plus légers des oiseaux
deviendroient les plus pesans des reptiles, et s'ils se trouvoient sur une surface dure et polie, ils seroient privés de
tout mouvement progressif, tout changement de place leur
seroit interdit. » Cependant, ils parviennent quelquefois à
s'envoler, mais ce n'est pas sans beaucoup d'agitation; car
Spallanzani, à qui l'on doit un grand nombre d'observations
nouvelles sur les *martinets* et les *hirondelles*, assure qu'ils y
parviennent en frappant d'abord subitement la terre de leurs
pieds, étendant leurs ailes et les battant l'une contre l'autre
ils se détachent du sol; déjà ils peuvent décrire un cercle
bas et peu étendu, puis un second plus grand et plus élevé,
puis un troisième, et les voilà devenus maîtres de l'air: mais,
ajoute cet observateur, s'ils s'abattent dans un lieu fourré,

Siciles, trad. franç., tom. 6.) Leurs petits sont excellens à manger ; mais la chair des adultes n'est rien moins qu'un bon morceau ; aussi les chasseurs disent ordinairement que ces oiseaux sont très-durs, soit à tuer, soit à manger.

M. Jules Delamotte, d'Abbeville, naturaliste très judicieux, que j'ai déjà eu occasion de citer à l'article MACAREUX, et qui a observé ces oiseaux en Suisse, m'écrit que les *martinets à ventre blanc* se trouvent non seulement dans les montagnes, mais encore dans des villes, qu'ils volent avec beaucoup plus de rapidité que les *martinets noirs*, et qu'ils se tiennent toujours très-haut dans les airs, si ce n'est dans les mauvais temps où ils s'abaissent sur les torrens. Ces oiseaux, ajoute-t-il, nichent, à Fribourg, sous les abavents des clochers de la cathédrale, et attachent leur nid le long d'un soliveau. Ce nid est très-petit, proportionnellement à la grosseur de l'oiseau, et composé de paille et de mousse liées ensemble, avec une matière gluante qui, lorsqu'elle est sèche, lui donne une consistance fort dure. Il a la forme de celui de l'*hirondelle salangane*. La ponte est de quatre à cinq œufs, blancs et allongés. Quand ces oiseaux se retirent dans leur gîte, ils le font d'emblée comme les chauve-souris, et lorsqu'il fait entièrement nuit. Le mâle et la femelle s'y tiennent blottis l'un contre l'autre, et sont alors si peu farouches, qu'il faut les toucher pour les faire partir. Leur cri est très foible, plaintif et assez doux.

Le MARTINET NOIR, *Cypselus apus*, Vieill.; *Hirundo apus*, Lath. — pl. G 16, fig. 3 de ce Dictionnaire, a sept pouces trois quarts de longueur ; la gorge d'un blanc cendré ; le reste du plumage noirâtre avec des reflets verts ; la teinte du dos et des couvertures inférieures de la queue plus foncée ; celles-ci s'étendent jusqu'au bout des deux pennes intermédiaires, qui sont les plus courtes ; les latérales sont les plus longues, et les autres vont en diminuant jusqu'à celles du milieu ; la queue est très-fourchue ; le bec est noir ; le tarse, de couleur de chair rembrunie, est recouvert de petites plumes noirâtres sur le devant et le côté intérieur.

Le mâle pèse davantage que la femelle, et ses pieds sont plus forts ; la plaque blanche de la gorge a plus d'étendue, et presque toutes les plumes blanches qui la composent ont la côte noire.

Les jeunes ont plus de poids que les vieux ; on a fait cette même remarque sur ceux de l'*hirondelle de fenêtre* et de *rivage*. Cette plus grande pesanteur est due à la graisse qui couvre tout le corps de ces jeunes oiseaux, tandis que les vieux en sont totalement privés ; mais, à mesure que les jeunes prennent de l'âge et de l'accroissement, cette graisse disparoît,

1. Martin pêcheur des Mers du Sud.
2. Martin pêcheur à longs brins.
3. Martinet noir.

et ils finissent par ne peser ni plus ni moins que leurs père et mère.

Les *martinets noirs* arrivent dans notre climat les derniers de tous les oiseaux de passage ; c'est ordinairement à la fin d'avril ou au commencement de mai. En Lombardie, on les voit dans les premiers jours d'avril, mais en petit nombre ; et ceux qui y restent ne se trouvent réunis qu'à la fin de ce mois ; les premiers venus sont des individus qui vont nicher dans des pays plus éloignés. Les domiciliés s'annoncent par de grands cris, entrent rarement deux dans le même trou ; et c'est toujours après avoir beaucoup voltigé auparavant. Il paroît certain, d'après de bonnes observations, qu'ils reviennent constamment aux mêmes gîtes, et il semble que les père et mère les transmettent à leurs enfans : s'ils les trouvent occupés par les *moineaux*, ils viennent à bout de se les faire rendre, même ils s'emparent de leur nid pour leur propre usage ; et s'épargnent la peine d'en faire un tout exprès ; mais ils donnent une nouvelle façon à ce nid, composé de divers matériaux, tels que brins de fil de chanvre, petits paquets de lin ou d'étoupes, de paille et de plumes qui en forment le tissu ; ils en revêtent l'intérieur de leur gluten, qui est semblable à un vernis dur, élastique, de couleur cendrée, et semi-transparent. Cette substance consiste en une humeur visqueuse, qui enduit constamment la gorge et le bec de ces oiseaux, et leur sert comme de glu pour attraper et retenir les insectes. Cette humeur pénètre le nid de toutes parts, lui donne de la consistance, et même de l'élasticité ; on peut le comprimer entre les mains, le rapetisser sans le rompre ; quand la compression cesse, il reprend sa première forme. Tous les nids ne sont pas composés des mêmes matériaux ; on trouve dans d'autres, de la mousse, des herbes, même des morceaux d'étoffes, enfin de tout ce qui peut se rencontrer dans les balayures des villes. Ne pouvant, d'après leur conformation, les ramasser à terre, l'on sait qu'ils pillent les nids d'*hirondelles* et de *moineaux*, lorsqu'ils ont besoin de matériaux ; qu'ils saisissent dans l'air ceux qui y sont portés par le vent, tels que les plumes, le coton des peupliers, etc. ; il est même possible qu'ils prennent la mousse avec leurs petites serres très-aiguës et très-fortes, sur le tronc des arbres, car ils s'y accrochent fort bien : ils nichent aussi dans les arbres creux. Lorsqu'on veut prendre ces oiseaux, il faut toujours les saisir par les ailes, attendu que leurs griffes sont si aiguës, qu'elles entrent dans la chair, et qu'il est très-difficile de leur faire lâcher prise : il en est de même s'ils s'accrochent aux vêtemens. D'autres placent leur nid sous le cintre d'un portail d'église, et lui donnent la forme régulière d'un nid en coupe, dont les matériaux sont plus ou moins entrelacés.

Lorsque les martinets ont pris possession d'un nid, on entend, pendant plusieurs jours et quelquefois la nuit, des cris plaintifs, et il paroît certain qu'on croit distinguer deux voix: on soupçonne que l'une est un chant d'amour, puisque Spallanzani, qui a vu le mâle couvrir la femelle, dit que dans ces deux momens ils jettent de petits cris, dont l'expression est toute différente de celle des cris plus allongés, plus forts, qu'ils poussent quelquefois dans le nid, et qui s'entendent au loin pendant le silence de la nuit. Outre ceux-ci, ils en ont d'autres, tels qu'un sifflement aigu dont les inflexions sont peu variées, et qu'ils font entendre en volant. Ces oiseaux, pendant leur séjour dans notre pays, ne font qu'une ponte; elle est de deux à quatre œufs, blancs, pointus, de forme très-allongée, et dont la coque est extrêmement fragile. On assure que la femelle a seule le soin de les couver; le mâle lui apporte sa nourriture et la dégorge dans son bec. Les petits, selon Buffon, sont presque muets, et ne demandent rien; mais Spallanzani assure que ces petits, qui naissent nus, ouvrent le bec pour recevoir leur nourriture, chaque fois que les père et mère entrent dans le nid, et qu'ils ont un cri, très-foible à la vérité, mais sensible et soutenu pendant quelques instans; et ils en font autant lorsqu'on touche du doigt leur petit bec. Les père et mère leur apportent à manger, quatre, cinq et même six fois par jour : leurs alimens sont des insectes, tels que les fourmis ailées, mouches, papillons, scarabées : ils mangent aussi les araignées; tous s'engloutissent entiers dans leur large gosier, car ces oiseaux ont le bec si peu fort, qu'ils ne peuvent s'en servir pour briser cette foible proie, ni même la serrer et l'assujettir. Les petits ne quittent le nid qu'au bout d'un mois, et une fois sortis, ils n'y reviennent plus; en cela, ils diffèrent des *hirondelles domestiques* et de *fenêtres*, qui y reviennent coucher pendant un certain temps; comme ceux-ci, ils sont toujours fort gras, et on les recherche en Italie pour être servis sur les meilleures tables; mais dès qu'ils avancent un peu en âge, leur chair devient dure et coriace. Ces oiseaux, jeunes et vieux, ont quantité de vermine, et leur insecte parasite est une espèce de mouche de forme oblongue, à ailes subulées, de diverses teintes orangées, ayant deux antennes filiformes, la tête plate, presque triangulaire, et le corps composé de neuf anneaux, hérissés de quelques poils rares *V*. ORNITHOMYIE.

Ces martinets paroissent craindre la chaleur, car on ne les voit pas dans le milieu du jour; ils sont alors dans leur trou; ce n'est que le matin et le soir qu'ils vont à la chasse et se plaisent à voltiger : ils sont souvent en troupes plus ou moins nombreuses, tantôt décrivant mille cercles dans les airs, tantôt filant le long d'une rue, en rangs serrés, ou tournant autour d'un grand édifice et criant tous à la fois ; c'est particulièrement le soir, au coucher du soleil, qu'ils se jouent ainsi ; dans d'autres instans, ils planent sans remuer les ailes, ou les agitent tout d'un coup d'un mouvement fréquent et précipité.

De tous les oiseaux qui n'habitent parmi nous que pendant l'été, les martinets disparoissent les premiers, ils nous quittent à la fin de juillet et dans les quinze premiers jours d'août. Dès le commencement de juillet, on aperçoit parmi eux un mouvement qui annonce le départ : leur nombre est plus considérable ; cette augmentation est due, dit-on, à des martinets étrangers qui fuient les grandes chaleurs des pays méridionaux. Ils tiennent des espèces d'assemblées, et après le coucher du soleil, ils se divisent par petits pelotons, s'élèvent au haut des airs en poussant de grands cris, et prennent un vol tout autre que leur vol d'amusement : on les entend encore long-temps après qu'on a cessé de les voir, et ils semblent se perdre du côté de la campagne, où ils vont sans doute passer la nuit dans les bois. Les domiciliés des villes s'assemblent bientôt après, et tous se mettent en route ; mais l'on ne sait où ils vont. Selon Buffon, à qui nous devons les détails précédens, ils passent dans des climats moins chauds ; ce qu'il y a de certain, c'est qu'ils ne s'engourdissent pas dans leur trou pendant l'hiver, comme l'ont prétendu les naturalistes du Nord, puisqu'ils disparoissent long-temps avant cette saison, et même avant la fin des grandes chaleurs. Quoique leur migration soit périodique et régulière, on en voit quelquefois des volées nombreuses dans le milieu de l'automne ; mais ils ne font que passer. Ces oiseaux, d'un vol rapide, ont la vue perçante, et suivant une expérience de Spallanzani, il est démontré qu'ils aperçoivent distinctement un objet de cinq lignes de diamètre, à la distance de trois cent quatre pieds.

Les martinets noirs sont non-seulement répandus dans l'Europe, mais, selon de Querhoënt, on en voit au Cap de Bonne-Espérance. La Pérouse en a trouvé, en juillet et août, au port des Français, à la côte nord-ouest de l'Amérique, de même qu'à la baie de Castries, sur la côte de Tartarie ; là, ils nichent dans les creux des rochers du bord de la mer ; Pallas en a rencontré un grand nombre au mois de mai sur les rives élevées de l'Irtisch, aux environs de Hanitz, où ils pratiquent dans le sable, des trous qu'ils percent en longueur, mais pas aussi profondément que les *hirondelles de rivage*. Est-il certain que ces oiseaux soient de vrais martinets et de l'espèce du nôtre? Je croirois que ceux dont parle le voyageur français sont ces grandes *hirondelles* de l'Amérique septentrionale, auxquelles on a donné le nom de *martinet*, et dont l'espèce est répandue dans toute cette partie du nouveau continent.

Chasse aux Martinets. — L'élévation et la rapidité du vol de ces oiseaux semblent présenter de la difficulté à celui qui veut les tirer ; mais comme, par un effet de cette rapidité, ils ne peuvent facilement se détourner de leur route, on doit en tirer parti pour les ajuster plus sûrement. Il suffit de se mettre à portée de le faire plus aisément; pour cela, il suffit de monter dans un clocher, sur un bastion, ou une tour élevée qu'ils fréquentent toujours de préférence, de les attendre, et de leur porter le coup lorsqu'on les voit venir directement à soi, ou bien lorsqu'ils sortent de leur trou ; on peut encore les ajuster plus à son aise dans une plaine ou dans un port de mer où l'on en voit beaucoup. Dans l'île de Zanthe, les enfans les pêchent dans l'air; car, comme le poisson dans l'eau, ils les prennent à la ligne ; pour cela, ils se mettent aux fenêtres d'une tour élevée, et se servent pour toute amorce d'une plume que ces oiseaux choisissent pour porter à leur nid. Spallanzani indique encore un moyen curieux et bien simple de faire approcher ces oiseaux, moyen qui ne réussit point à l'égard des autres *hirondelles*. Il consiste à agiter avec la main un mouchoir hors d'une fenêtre près de laquelle les martinets volent ; le jeu a plus d'effet si l'on fait voltiger le mouchoir au bout d'une perche. Alors ils s'élancent vers ce fantôme, et l'effleurant de leurs ailes, ils passent outre, emportés par l'impulsion de leur vol ; ou bien changeant de direction, ils fléchissent de côté ; le moment d'après ils y retournent, puis s'en éloignent de même, allant et venant continuellement à la rencontre de l'objet qui offusque leur vue. Les chasseurs pratiquent souvent cet artifice pour faire arriver les martinets à la portée de leurs armes ; quelquefois ils se contentent de jeter à plusieurs reprises un chapeau en l'air, ce qui leur réussit également (*ibid.*). Mais toutes ces chasses ne tendent qu'à une destruction inutile de ces animaux bienfaisans, puisque leur chair, comme je l'ai dit, ne vaut rien dès qu'ils sortent du nid. Bien loin de leur faire la chasse, on doit plutôt regretter que ces grands destructeurs d'insectes nuisibles ne restent pas plus long-temps sous notre climat.

Le PETIT MARTINET. *V.* HIRONDELLE A CROUPION BLANC OU DE FENÊTRE.

Le PETIT MARTINET NOIR. *V.* PETITE HIRONDELLE NOIRE.

Le MARTINET DE SAINT-DOMINGUE. *V.* PETITE HIRONDELLE NOIRE.

Le MARTINET VÉLOCIFÈRE. Ce que j'ai dit à l'article du mar-

tinet à croupion blanc , s'applique aussi à celui-ci. *V.* Hiron-
DELLE VÉLOCIFÈRE. (V.)

MARTINET-PÊCHEUR. C'est , dans Belon , le Mar-
TIN-PÊCHEUR. *V.* ce mot. (V.)

MARTINETA PESCADOR. C'est ainsi que les Espagnols du Mexique appellent le *héron tobactli.* (V.)

MARTINEZE , *Martinezia.* Genre de plantes de la monoécie hexandrie, et de la famille des palmiers, qui offre pour
caractères : une spathe universelle de six folioles lancéolées ,
s'enveloppant les unes sur les autres; un spadix rameux, simple, où les fleurs femelles se trouvent mêlées avec les mâles ;
un calice de trois folioles ovales ; une corolle de trois pétales
ovales et peu différens des folioles calicinales ; six étamines
dans les fleurs mâles ; un ovaire supérieur, ovale, surmonté
de trois stigmates sessiles dans les femelles ; un drupe globuleux, couronné par les stigmates, et contenant une seule noix
monosperme , uniloculaire , striée et très-dure.

Ce genre renferme cinq espéces , toutes originaires du Pérou. Il se rapproche infiniment de l'Oréodoxe. (B.)

MARTINOLLE. L'un des noms vulgaires de la Raine
VERTE , *Hyla arborea.* (DESM.)

MARTLAT , MARTLIN. Noms de l'Hirondelle de
RIVAGE , à Turin. (V.)

MARTLET. *V.* MARTIN. (DESM.)

MARTLOT, MARTLERA. Noms de l'Hirondelle de
FENÊTRES , à Turin. (V.)

MARTORA , MARTA , MARTURA. Noms divers de
la MARTE , en Italie. (DESM.)

MARTORELLO. L'un des noms italiens de la MARTE.
(DESM.)

MARTURA. L'un des noms de la MARTE proprement
dite, en Italie. (DESM.)

MARTYNIA. Ce genre de plantes a été dédié , par Linnæus , à J. Martyn , botaniste anglais, qui vivoit au commencement du dix-huitième siècle, et auteur de plusieurs bons ouvrages sur les plantes officinales et sur la botanique en général , etc. Ce genre est décrit à l'article CORNARET. Le *martynia perennis* est le type du genre *gloxinia* de Lhéritier, le même
que le *paliavana* de Vandelli ; et le *martynia annua* , celui du
proboscidea , Schmid. (LN.)

MARTYROLE. Nom que l'on donne , à Genève , au MAR-
TINET NOIR. (V.)

MARU. Nom arabe des MARRUBES. Dodoens appelle les
MELINETS (cerinthe) *maru-herba* ; et Prosper Alpin , MARU
DE CRÈTE , une espèce d'ORIGAN , *Orig. maru* , L. (LN.)

MARULION. Un des noms de la LAITUE, chez les anciens. (LN.)

MARUM. Nom de la GERMANDRÉE MARITIME.

On appelle aussi *marum mastic* le THYM MASTIC. (B.)

MARUM des anciens. C'est une espèce de THYM (*Thymus mastichina*). Le *marum* de Cortusus est une espèce de GERMANDRÉE qui en a conservé le nom (*Teucrium marum*). Plusieurs espèces de thym, de germandrées autres que les précédentes, et des origans, ont été décrits sous le nom de *marum.*

(LN.)

MARUM D'ÉGYPTE. C'est une SAUGE, *Salvia æthiopis*, Linn. (LN.)

MARURANG. Plante des Indes orientales, figurée par Rumphius (Amb. 4, tom. 43), et dont Adanson fait un genre particulier dans la troisième section de sa famille des cistes, qu'il place auprès du *callicarpa*, Linn., et qu'il caractérise ainsi : calice à cinq parties ; corolle à long tube et à limbe à cinq divisions ; cinq étamines ; baie uniloculaire ; trois à quatre semences; fleurs en épis et en corymbes terminaux; feuilles opposées. (LN.)

MARUWKI. Les Tartares Tungous donnent ce nom à l'ÉCUREUIL SUISSE. (DESM.)

MARVEILLETO. Nom d'une variété d'OLIVES, en Provence. (LN.)

MARZANA. Nom polonais de la GARANCE. (LN.)

MASARICO. Nom appliqué à l'IBIS CURUCAU. *V.* ce mot.

(V.)

MASARIDES, *Masarides.* Tribu (auparavant famille) d'insectes, de l'ordre des hyménoptères, famille des diploptères, et que je caractérise ainsi : un aiguillon dans les femelles ; ailes supérieures doublées longitudinalement dans le repos ; yeux en croissant ; antennes terminées en bouton ou en une massue très-obtuse et arrondie au bout, n'offrant que huit à dix articles bien distincts (1) ; les quatre palpes très-courts ; languette consistant en deux filets très-longs, avec la base molle en forme de tube cylindrique, les recevant dans la contraction et retirée alors dans la gaîne mentonale ; abdomen tronqué transversalement à sa base et paroissant comme sessile, en demi-ovale ou presque demi-cylindrique.

Les masarides ont de grands rapports avec les hyménoptères qui composoient anciennement le genre des guêpes, *vespa* ; mais ils en sont bien distincts à raison de leurs an-

____

(1) Celles des céfonites ont douze ou treize articles, selon les sexes; mais les derniers sont très-serrés et difficiles à distinguer.

tennes, de leur lèvre inférieure et de leur abdomen, dont la forme est presque semblable à celle de celui des *chrysis*. La plupart des espèces, telles que celles du genre *célonie*, ont même l'habitude de contracter leur corps en boule, ainsi que ces derniers hyménoptères. La tête des masarides est de la largeur du corselet et appliquée contre lui. Les yeux sont échancrés au côté interne. Le corselet est tronqué aux deux bouts et se termine, de chaque côté, par deux angles fort saillans; le segment antérieur se courbe et s'élargit de chaque côté, en manière d'épaulette, de même que dans les guêpiaires. Les ailes supérieures ont, à leur naissance, un tubercule en forme de cuilleron et assez grand; elles n'offrent que deux cellules cubitales, et diffèrent, à cet égard, de celles des insectes de la tribu précédente, où, à l'exception des espèces composant le genre *cérumie*, les ailes supérieures ont constamment trois cellules cubitales et le commencement d'une quatrième; la seconde, dans les masarides comme dans les guêpiaires, reçoit d'ailleurs les deux nervures récurrentes. Les pattes sont courtes.

Les masarides sont propres aux contrées méridionales de l'Europe et à l'Afrique; mais on ne connoît point leurs habitudes. Je soupçonne que leurs larves sont parasites.

Cette tribu est composée des genres MASARIS et CÉLONITE. (L.)

MASARINO. Les Portugais du Brésil appellent ainsi le COURICACA. (s.)

MASARIS, *Masaris*, Fab., Latr. Genre d'insectes, de l'ordre des hyménoptères, famille des diploptères, tribu des masarides, ayant pour caractères: un aiguillon dans les femelles; yeux échancrés; ailes supérieures doublées longitudinalement dans le repos; abdomen paroissant sessile, allongé; antennes aussi longues que la tête et le corselet, n'ayant que huit articles, dont le dernier en forme de massue.

Une espèce d'hyménoptère, voisine des guêpes, apportée de Barbarie par le célèbre botaniste Desfontaines, a présenté à Fabricius les caractères d'un genre propre, et qu'il a établi, dans son *Entomologie systematique*, sous le nom de *masaris*. Il lui a associé un autre hyménoptère que Rossi, dans sa *Faune étrusque*, a nommé *chrysis douleur*. Mais cette seconde espèce m'a paru devoir aussi former un autre genre, celui que j'appelle CÉLONITE, et tel a été ensuite le sentiment du premier de ces naturalistes, puisqu'il l'a adopté dans son *Système des piézates*. M. Jurine n'ayant pas connu l'insecte qui a servi de type au genre masaris, désigne sous ce nom nos célonites.

Le MASARIS VESPIFORME, *Masaris vespiformis*, Fab., pl.

G 17, 2 de cet Ouvrage, et représenté aussi par M. Antoine Coquebert, *Illust. icon. insect.*, dec. 2, tab. 13 (le mâle), diffère des célonites par les caractères suivans : les antennes, du moins celles du mâle, et dont je n'ai vu qu'un seul individu, sont plus longues. n'ont que huit articles ; le premier beaucoup plus long que le suivant et cylindrique ; le dernier est en forme de massue obconique et obtus ; le labre est triangulaire et plus long que large ; les mandibules ont quatre dents très-distinctes ; les palpes maxillaires ont quatre articles, ou un de plus que ceux des célonites ; les angles postérieurs du corselet ne se prolongent pas en une espèce de lame comprimée, comme ceux du corselet des célonites ; la cellule radiale des ailes supérieures est plus alongée et appendicée ; enfin l'abdomen est beaucoup plus long et presque demi-cylindrique.

Fabricius décrit ainsi cette espèce : le corps ressemble à celui d'une *guêpe*; les antennes sont noires, avec une ligne jaune interrompue ; la lèvre supérieure est échancrée, jaune, et foiblement bordée de noir; la tête est noire, avec une tache frontale, jaune, à quatre pointes, et le tour des yeux de cette couleur; le corselet est noir sur le dos, avec une tache au milieu jaune, échancrée en devant; ses bords et l'écusson sont jaunes : l'abdomen est très-noir, luisant, avec six grandes bandes jaunes et un aiguillon caché ; les pattes sont jaunes, avec la base des cuisses noire ; les ailes sont obscures. (L.)

MASASC. Variété du Chanvre, qu'on appelle aussi Bangue. (B.)

MASATO. Nom de la boisson que fabriquent les Péruviens avec la racine pilée et fermentée d'une espece d'Yucca. (B.)

MASCA. Nom vulgaire d'un poisson de Nice, que M. Risso appelle Murénophis sorcière. (DESM.)

MASCA DEI AMPLOA. C'est, aussi à Nice, le nom d'une espèce de poisson du genre Esoce, appelée *esoce boa* par M. Risso. (DESM.)

MASCAGNIN. Les minéralogistes allemands ont donné ce nom à l'*ammoniaque sulfatée native*, en l'honneur de Mascagni, qui l'a découverte sur les bords de quelques lacs en Toscane ; mais il y a tout lieu de croire que Mascagni ne jouira pas long-temps de cette juste récompense de sa découverte. Glauber et Seignette sont oubliés ; les sels qui portoient leurs noms ne sont plus que des *sulfates* et des *tartrites*. (PAT.)

MASCALOUF. C'est, en Abyssinie, le nom du Père noir. (S.)

MASCARET. *V.* Magaret et Mer. (PAT.)

MASCARILLE. On donne ne nom, dans quelques lieux, au champignon de couche, *agaricus edulis*, Linn. (B.)

MASCARIN. *V.* l'article PERROQUET. (V.)

MASCARON, *Mascarone.* Nom italien d'un crustacé, du genre DORIPPE, dont la carapace offre des saillies disposées de façon à figurer un masque. (DESM.)

MASCH. Nom arménien de la RONCE; elle est appelée MAKVALI en Géorgie. (LN.)

MASCULIN. *V.* MÂLE. (VIREY.)

MASDEVALLIE, *Masdevallia.* Plante du Pérou, qui forme un genre dans la gynandrie diandrie, et dans la famille des orchidées. Il offre pour caractères : une corolle monopétale, campanulée, trifide, à découpures ovales, corniculées, dont la supérieure est un peu plus courte; un nec taire de quatre folioles, dont les deux latérales sont en forme de mâchoires, l'inférieure pédicellée, ovale, entière, la supérieure, linéaire, courte et canaliculée; un opercule hémisphérique, concave, recouvrant l'étamine; une étamine à deux anthères, attachée à la lèvre supérieure du nectaire; un ovaire oblong, contourné, inférieur, adné à la lèvre supérieure du nectaire, et à stigmate concave; une capsule oblongue, uniloculaire, trivalve, renfermant un grand nombre de semences insérées à des réceptacles linéaires.

La *masdevallie* est figurée par Humboldt, Bonpland et Kunth, dans leur bel *Ouvrage sur les plantes de l'Amérique méridionale*, pl. 89.

Ses caractères se rapprochent de ceux de l'HUMBOLDTIE et des LIMODORES. (B.)

MASEH. *V.* LOUBYA. (LN.)

MASELBEERE. Un des noms de l'AIRELLE CANNEBERGE, en Allemagne. (LN.)

MASGNAPENNE. Racine d'une plante de Virginie, qui servoit aux sauvages à peindre en rouge leurs armes et leurs meubles. Est-ce celle de la SANGUINAIRE DU CANADA ou de l'HÉRITIÈRE TEIGNANTE? *V.* ces mots. (B.)

MASHOLDER. L'ÉRABLE et l'OBIER portent ce nom en Allemagne. (LN.)

MASIER. Adanson a ainsi appelé la plus grande espèce de *vers à tuyau* qu'il ait observée au Sénégal, espèce que Gmelin a mentionnée sous le nom de *serpula arenaria*, sans être assuré si c'étoit une *serpule* qui l'habitoit. *Voyez* au mot SERPULE. (B.)

MASITYPOS. Les Etrusques donnoient ce nom à l'*Anagallis*. (LN.)

MASLAC. Ce nom est celui de l'Opium, en Turquie. (ln.)

MASMOCRA. Nom arabe des Aristoloches. (ln.)

MASPETON de Théophraste, est rapporté par Adanson au *laserpitium. V.* ce mot. (ln.)

MASQUE. Réaumur et Geoffroy ont ainsi nommé l'espèce de calotte cornée qui recouvre la partie antérieure de la tête des larves et des nymphes des *libellules* et genres voisins. *V.* Libellule, Æshne, Agrion. (o.)

MASQUE, *Persona*. Genre de Coquilles, établi par Denys-Montfort, pour placer quelques espèces de Rochers de Linnæus, qui s'écartent des autres par leurs caractères. Ceux qu'il lui attribue sont : coquille libre, univalve, à spire élancée, variée ; ouverture dentée, grimacée ; columelle lisse, tranchante, dentée ; lèvre extérieure dentée en dedans, tranchante en dehors ; canal de la base, court et horizontal.

L'espèce qui sert de type à ce genre est vulgairement connue sous les noms de la *grimace*, la *vieille ridée*, la *bossue*. Elle a, au plus, trois pouces de long ; sa couleur est aurore et bleuâtre. On la trouve à quelque distance des côtes dans la Méditerranée et dans la mer des Indes. Dargenville l'a figurée *pl.* 9, H. (b.)

MASSAÇAH. Nom arabe et égyptien de la Chouette-effraie. (v.)

MASSACAN. Nom piémontais de plusieurs Fauvettes tachetées. (v.)

MASSACRE (*Vénerie*). Tête de *cerf*, de *daim* ou de *chevreuil*, séparée du corps et décharnée. *Sonner le* Massacre, c'est appeler, au son du cor, les chiens à la curée. (s.)

MASSAMAS. Nom que Sonnerat donne au Jujubier. (b.)

MASSAQUILA. Nom que les habitans de Cumana donnent au Micocoulier a feuilles cotonneuses (*celtis mollis*), Kunth. (b.)

MASSASAH. Nom donné, aux environs de Damiette, au Grand Plantain (*plantago major*, Linn.). (ln.)

MASSAVACURI. Palmier de l'Amérique méridionale, dont le tronc est hérissé d'épines, dont le fruit a un pouce de diamètre et est percé de trois trous. Il est possible qu'il appartienne au genre Bactris. (b.)

MASSE AU BEDEAU. Espèce de Buniade. *Voyez* ce mot. (b.)

MASSE D'EAU. *V.* au mot Massette. (b.)

MASSE A GUERRIER. On a donné ce nom à la Clavaire militaire. (b.)

MASSES DE FER NATIF, de Sibérie et d'autres
pays, qu'on suppose tombées du ciel. *V.* Globe de feu,
Fer natif et Pierres météoriques. (ln.)

MASSETTE, *Typha.* Genre de plantes de la monoécie
triandrie et de la famille des typhoïdes, qui offre pour caractères : un spadix terminal, ordinairement interrompu, et
portant supérieurement les fleurs mâles, et inférieurement
les femelles : les premières, composées d'un calice de trois
folioles linéaires, sétacées, et d'un seul filament chargé de
trois anthères oblongues, quadrangulaires, noirâtres et pendantes ; les secondes, formées par plusieurs poils, entourant
un ovaire élevé sur un pédicule sétiforme, surmonté d'un
style subulé, persistant, à stigmate simple ; une semence
ovale, acuminée, enveloppée d'une tunique membraneuse
très-mince.

Ce genre renferme cinq espèces : la plus commune, la
Massette a longues feuilles, a des racines rampantes,
garnies de fibres verticillées, qui donnent naissance à plusieurs tiges ; des hampes cylindriques, pleines de moelle, et
portant les fleurs à leur extrémité. Ses feuilles naissent
à la base de la tige, qu'elles embrassent par une gaîne
longue, scarieuse sur ses bords. Elles sont alternes, droites, fermes, épaisses, spongieuses, striées, légèrement convexes en dehors, et longues de plus d'une toise sur un demi-
pouce et plus de large. L'épi mâle se flétrit après la fécondation, puis l'épi femelle grossit, et présente à la maturité
des graines, un cylindre de près d'un pied de long. Les spathes qui entourent leurs bases tombent aussi à cette époque.

Cette plante est commune en Europe, en Asie et en Amérique, dans les étangs, les marais, le long des eaux croupis-
santes. Elle fleurit en été. Le bétail en mange les feuilles ; mais
on croit qu'elles lui nuisent. On dit l'infusion de ses racines
propre à remédier aux pertes utérines, à guérir les dyssen-
teries, les gonorrhées, les ulcères et l'épaississement du
sang. Dans quelques endroits, elles se confisent ainsi que
les jeunes pousses, pour l'usage de la table. Les feuilles
servent à faire des nattes, des paillassons, à rembour-
rer les chaises, et surtout à couvrir les maisons. Elles
sont fort propres à tous ces usages. Son pollen se ramasse
dans quelques lieux, et se substitue à celui du Lycopode,
pour les usages médicinaux, et pour les feux de l'Opéra.
Lebreton, en mêlant l'espèce de coton de l'épi femelle, avec
du poil de lièvre, en a fabriqué des chapeaux, et en les
incorporant avec du coton, en a fait faire des gants, des bas,

et même une pièce d'étoffe ; mais il est probable que si ce mélange a augmenté la quantité de ces tissus, il en a diminué la qualité. On s'en sert dans quelques endroits pour ouater, pour faire des coussins ou pour calfater les bateaux. Les oiseaux l'emploient fréquemment dans la confection de leurs nids. Cette matière est fort douce et brillante ; mais elle est courte et sans ressort. (B.)

MASSETTE, *Scolex*. Genre de vers intestins, qui a pour caractères : un corps oblong, très-contractile, à tête rétractile, munie de quatre suçoirs. *V*. pl. E 23 où il est figuré.

Ce genre, qui a été établi par Muller, est composé de deux espèces, trouvées par ce naturaliste dans les intestins de plusieurs espèces de poissons. Ce sont des animaux à peine visibles à l'œil nu, gélatineux, changeant de forme à chaque instant, mais dont la tête est toujours plus grosse que le reste du corps. Leurs quatre suçoirs sont également variables, et prennent quelquefois l'apparence de larges oreilles. Ces animaux vivent des humeurs qui abondent dans les intestins des poissons, et ne paroissent pas leur nuire, quel que soit leur nombre.

La MASSETTE DES PLIES a la tête et le cou demi-transparens, et le reste du corps de couleur souvent rouge. Elle se trouve dans les intestins des *plies*, des *soles*, des *saumons* et autres poissons.

La MASSETTE DE LA BAUDROI E se trouve dans les intestins de la baudroie, et n'est pas figurée. (B.)

MASSETTE A RESSORT. On a donné ce nom aux différentes espèces de CLATHRES. (B.)

MASSICOT. *V*. PLOMB OXYDÉ. (LN.)

MASSON. Nom d'une espèce de JUJUBIER (*Zizyphus œnoplia*, L.), au Bengale. (LN.)

MASSONE, *Massonia*. Genre de plantes de l'hexandrie monogynie et de la famille des liliacées, qui a pour caractères : une corolle monopétale, tubuleuse inférieurement, divisée dans le haut en deux limbes, l'extérieur partagé en six découpures profondes et ouvertes, l'intérieur plus court et surmonté de dents staminifères ; six étamines ; un ovaire supérieur, ovale, trigone, surmonté d'un style filiforme, droit ou légèrement courbé, et à stigmate simple ; une capsule trigone, obtuse, glabre, trivalve, triloculaire, polysperme, s'ouvrant longitudinalement par les angles, et contenant des semences glabres et arrondies.

Ce genre renferme douze plantes du Cap de Bonne-Espérance, à feuilles toutes radicales et à fleurs rassemblées en une sorte d'ombelle sur une hampe fort courte ou presque nulle.

La plus commune de ces espèces est la MASSONE A LARGES FEUILLES, qui a les feuilles presque rondes, étalées sur la terre, et les découpures de la corolle ouvertes. Elle est cultivée dans le jardin du Muséum, dans celui de Cels et de plusieurs amateurs de Paris, où elle fleurit quelquefois. C'est une plante fort remarquable. (B.)

MASSOT. Aux îles Baléares, on nomme ainsi, selon De la Roche, le LABRE TOURDE (*Labrus turdus*), fort commun parmi les rochers des rivages. (DESM.)

MASSUE D'HERCULE. Coquille du genre des ROCHERS, dont l'ouverture se prolonge en un long bec ou canal. Ainsi, les *murex cornutus* et *brandaris*, Linn., sont des *massues d'Hercule*. (B.)

MASSUE D'HERCULE. Sorte de CONCOMBRE qui doit ce nom à sa forme. (LN.)

MASSUE ÉPINEUSE ou GRANDE MASSUE D'HERCULE. C'est le ROCHER CORNU, *Murex cornutus*. (DESM.)

MASSUE DES SAUVAGES DE L'AMÉRIQUE. On a donné ce nom au MABOUYER, parce que ses racines servoient à faire des massues aux habitans naturels de l'Amérique. (B.)

MASSUGO. Nom d'un CISTE, en Provence. (LN.)

MASTACEMBLE, *Mastacembla*. Genre de poissons établi par Gronovius, ensuite réuni aux OPHIDIES par Linnæus, et depuis regardé, par Cuvier, comme devant constituer un sous-genre, qui, avec les MACROGNATHES de Lacepède, formeroit le genre RYNCHOBDELLE. Les caractères de ce sous-genre sont : mâchoires à peu près égales ; les nageoires dorsales et anales presque unies à la caudale. (B.)

MASTBAUM. Le SAPIN (*Pinus picea*) porte ce nom en Allemagne. (LN.)

MASTBUCHE. L'un des noms du HÊTRE, en Allemagne. (LN.)

MASTEICHE. Le CHÊNE à fruit pédonculé porte ce nom en Allemagne. (LN.)

MASTIC. Nom de la gomme-résine qui découle du LENTISQUE. Les Turcs la mâchent pour parfumer leur haleine, fortifier leurs gencives et blanchir leurs dents. *V.* au mot TÉRÉBINTHE. (B.)

MASTIC FRANÇAIS. C'est une espèce de THYM (*Th. mastichina*) qui exhale l'odeur du mastic. (LN.)

MASTIC DES INDES. Nom vulgaire du MOLLE. (B.)

MASTICHE de Pline et des anciens. *V.* LENTISCUS. (LN.)

MASTICHINA. Espèce de THYM qui est le *marum* de

Gesner, Dodonée, etc., et le type d'un genre de Boerhaave adopté par Adanson, mais qui diffère très-peu des *thyms*. (l.n.)

MASTIGE, *Mastigus*. Genre d'insectes, de l'ordre des coléoptères, section des pentamères, famille des clavicornes, tribu des palpeurs.

Ces coléoptères ont, au premier aperçu, une grande ressemblance avec les ptines, et c'est, en effet, à ce genre qu'on avoit d'abord rapporté la seule espèce qui fût alors connue (*Ptinus spinicornis*, Fab.). Mais ils en diffèrent essentiellement. Leurs antennes sont filiformes, longues, très-coudées ; les deux premiers articles et surtout le radical, étant très-allongés ; le terminal ou le onzième a une forme ovale-oblongue, mais les autres ont la figure d'un cône renversé ; le troisième et les suivans sont courts ; les mandibules sont robustes, terminées en une dent forte, arquée, très-aiguë, avec quelques dentelures au côté interne ; les palpes maxillaires sont grands, avancés, et finissent en une massue ovale, composée des deux derniers articles ; les palpes labiaux sont courts, de trois articles, dont le second le plus grand de tous, presque globuleux, et dont le troisième très-petit, conique et pointu : ces palpes finissent ainsi en manière d'alène. Les mâchoires sont divisées à leur extrémité en deux lobes, dont l'extérieur, presque coriace, semble être formé de deux articles, et dont l'interne est membraneux ; la languette est membraneuse, presque carrée, avec l'extrémité supérieure un peu plus large, prolongée en forme de dent à chaque angle, et offrant encore, dans l'intervalle, l'apparence de deux petites dents ; le menton est coriace, court, transversal, arrondi sur les côtés, qui se terminent au bord supérieur par une petite dent ou un angle prolongé ; les tarses sont composés de cinq articles cylindriques, entiers, avec deux petits crochets à l'extrémité du dernier ; la tête et le corselet sont plus étroits que les élytres ; la tête est dégagée, portée sur un petit cou et ovale ; le corselet a presque la figure d'un cœur tronqué postérieurement ; l'abdomen est ovalaire, enveloppé par les élytres qui sont soudées ; les pieds sont longs et grêles. M. le comte de Hoffmansegg avoit jugé, avec raison, que ces insectes formoient un genre propre, et lui avoit donné le nom de *mastigus* ; mais il n'en avoit point exposé les caractères. J'y ai suppléé dans le premier volume de mon *Genera crust. et insect*, tom. 1, pag. 280. On y trouvera la figure, tab. 8, fig. 5 de l'espèce suivante, qui m'a fourni ces observations.

MASTIGE PALPEUR, *Mastigus palpalis*. Cet insecte n'a que deux lignes et demie de longueur ; son corps est oblong et tout noir, uni et un peu soyeux ; la tête a, dans son milieu, une excavation transversale; les yeux sont ronds et assez grands; le corselet est convexe, un peu plus large que la tête à sa partie antérieure, et va en se rétrécissant; l'écusson est très-petit; les élytres sont finement pointillées; les pattes sont longues, avec les cuisses presque en massue; les jambes allongées, sans épines, et les tarses plus courts et filiformes. Cet insecte a été recueilli en Portugal par M. le comte de Hoffmansegg, et en Espagne par M. le baron Dejean. On le trouve sous les pierres et sous différens corps à la surface de la terre.

Le *pine spinicorne* de Fabricius, trouvé aux îles de Sandwich, paroît être du même genre. Il est d'un brun-marron, avec la tête et les pattes noirâtres: le corselet est presque cylindrique. *Voyez* l'Entomologie d'Olivier, tom. 2, n.º 17, pl. 1, fig. 5, *a b.* (L.)

MASTIGODE, *Mastigodes*. Genre établi par Zeder, pour placer quelques espèces de TRICHIURES et de TRICHOCÉPHALES, qui s'écartent des autres. Ses caractères sont: corps cylindrique, élastique, en forme de fouet, du côté de la queue, en massue à la partie antérieure.

Le TRICHOCÉPHALE de l'HOMME sert de type à ce genre. (B.)

MASTISSE. Nom anglais du DOGUE de forte race. (DESM).

MASTOCÉPHALE. Battara a donné ce nom aux AGARICS en forme de mamelle à leur sommet. (B.)

MASTODIES. M. Rafinesque Smaltz, dans son *précis des découvertes somiologiques*, donne ce nom nouveau aux MAMMIFÈRES. (DESM.)

MASTODOLOGIE. M. Latreille, dans le tom. 24 de la première édition de ce Dictionnaire, propose ce nom pour remplacer celui de MAMMALOGIE. (DESM.)

MASTODON. *V.* MASTODONTE. (DESM.)

MASTODONTE (*Mastodon*), Cuv. Genre de mammifères, dont toutes les espèces, qu'on ne trouve qu'à l'état fossile, se rapprochent des éléphans, et doivent prendre place avec eux dans la famille des pachydermes proboscidiens.

D'après l'examen des nombreux ossemens de mastodontes qu'on a recueillis jusqu'à ce jour, M. Cuvier a conclu que ces animaux avoient les pieds à cinq doigts courts, comme les éléphans; que leur nez se prolongeoit aussi en une longue trompe, et que leur mâchoire supérieure étoit également armée de deux longues défenses. La différence principale que ce savant naturaliste a remarquée entre ces deux genres, c'est que les molaires des mastodontes, au lieu

d'être à couronne plate dès leur sortie des gencives , et à
sommet marqué de nombreux rubans d'émail parallèles
entre eux ou en grandes losanges , comme celles des éléphans, avoient au contraire leur couronne hérissée de grosses
pointes coniques , qui ne s'usoient qu'avec l'âge , et qui
offroient, selon que leur détrition étoit plus ou moins
avancée, des disques plus ou moins larges , représentant
les coupes de ces pointes.

Ces molaires, selon M. Cuvier, comme celles des éléphans,
croissoient d'arrière en avant dans chaque mâchoire , et leur
couronne présentoit d'autant plus de paires de pointes ,
qu'elles appartenoient à de plus vieux individus.

Une espèce de ce genre est connue depuis fort long-temps ,
sous les noms d'*animal* de l'*Ohio*, et de *mammont*, ou *mammouth* des Anglo - Américains. Daubenton pensoit qu'elle
pouvoit être mitoyenne entre l'éléphant et l'hippopotame ;
et c'est à MM. Hunter, Peales et Cuvier seulement , qu'on
doit la connoissance de ses véritables caractères , qui la
rapprochent beaucoup du premier de ces animaux. Une seconde, dont les os ont été trouvés en France et en Amérique, a
été désignée sous la dénomination d'*animal de Simorre*. Trois
autres enfin , établies sur les différences de formes , et sur le
volume de leurs dents, ont été jointes aux premières par
M. Cuvier. Deux de celles-ci ont offert leurs débris sur le sol
de l'Amérique méridionale , et une troisième en France et
en Saxe.

Les ossemens de mastodontes se trouvent comme ceux des
éléphans de Sibérie , des rhinocéros , des hippopotames ,
toujours dans les terrains très-récens , et jamais dans les couches pierreuses en place. Ils peuvent donc , jusqu'à un certain
point , être considérés comme contemporains de ces mêmes
pachydermes fossiles. Leur plus grande espèce présente ,
dans les Etats-Unis d'Amérique , et surtout sur les rives du
fleuve Ohio , et aux environs de New-Yorck, une prodigieuse
quantité de ses débris , et quelques-unes de ses molaires ont
été rencontrées dans l'Asie septentrionale : les autres , ainsi
que nous l'avons dit , sont ou communs aux deux continens,
ou propres seulement au nouveau, et leurs débris sont beaucoup moins abondans.

Première Espèce. — LE GRAND MASTODONTE (*Mastodon giganteum*), Cuv., *Ann du Mus. d'Hist. nat.*, t. 8 , p. 401 et Rech.
sur les ossemens fossilés de Quadr. , t. 2. — Peales , *Account
of the skeleton of the mammouth et an historical disquisition on the
mammouth*. — ÉLÉPHANT CARNIVORE de quelques auteurs. —
Le PÈRE AUX BŒUFS des sauvages du Canada.—*V.* la figure de

plusieurs molaires dans Buffon, tome 12, et la pl. G. 37, fig. 4. de ce Dictionnaire.

Le grand mastodonte est, dit M. Cuvier, non-seulement le plus gros de tous les animaux fossiles, mais encore c'est le premier qui ait convaincu les naturalistes qu'il pouvoit y avoir des espèces détruites. Il égaloit l'éléphant, mais avec des proportions encore plus lourdes. Ses restes ont été trouvés en une multitude d'endroits différens de l'Amérique septentrionale, et notamment au lieu appelé *Big-bone-Strick*, ou *Great-bone-Lick*, à la gauche et au sud-est de l'*Ohio*, à quatre milles de ce fleuve, 36 milles au-dessus de l'embouchure de la rivière de Kentuckey, presque vis-à-vis celle de la rivière dite la grande *Miamis*. C'est un lieu enfoncé entre des collines, occupé par un marais d'eau salée, dont le fond est d'une vase noire et puante. Les os se trouvent dans la vase et dans les bords du marais, au plus à quatre pieds de profondeur. Les fameux squelettes que MM. Peales père et fils ont reformé presque en entier, et que l'on voit, l'un à Philadelphie, et l'autre à Londres, proviennent principalement des fouilles faites pour établir une marnière dans le voisinage de Newbourg, sur la rivière d'Hudson, dans l'État de New-Yorck, à soixante-sept milles de la capitale. Mais on a encore rencontré les ossemens de mastodontes dans une foule d'autres lieux, et notamment à Albany, dans l'État de New-Yorck, et près de la même rivière d'Hudson; sur plusieurs autres points des rives de l'Ohio, et toujours comme à *Great-bone-Lick*, dans un lieu salé et humide; sur les bords de la rivière des Grands-Osages, qui se jette dans le Missouri, peu au-dessus de son confluent, et toujours dans de semblables fondrières; sur la branche de la Tennésie, nommée Nord-Holston, derrière les Alleganys de la Caroline, par 36 degrés de latitude nord, aussi au milieu des marais salés; dans les alluvions du Mississipi, et à l'ouest de ce fleuve dans la Louisiane. Enfin, on en trouve encore au-delà des trois grandes chaînes des Alleganys, des North-Montains et des Montagnes Bleues, etc. Jusqu'à présent on n'en a pas déterré plus haut vers le nord, que le 43.ᵉ degré du côté du lac Eryé.

Le gisement le plus singulier des os de mastodontes est celui de Williamsburg en Virginie, à l'ouest des trois grandes chaînes. On y trouva à cinq pieds et demi de profondeur, sur un banc calcaire, de nombreux débris, au milieu desquels on recueillit une masse à demi broyée, de petites branches de gramen, de feuilles, etc., et le tout parut enveloppé dans une sorte de sac que l'on regarda comme l'estomac de l'animal; de sorte qu'on ne douta point que ce ne fussent les matières mêmes que cet individu avoit dévorées.

Aucun os, aucune dent, du grand mastodonte, n'a encore été rencontré dans l'Amérique méridionale.

Quant aux débris trouvés dans l'ancien continent, ils sont peu nombreux, et se réduisent à la molaire décrite par Buffon, et qui avoit été découverte dans la petite Tartarie, en creusant un fossé ; à celle que l'abbé Chappe a rapportée de Sibérie, et à celle des monts Ourals que Pallas figura dans les Actes de Pétersbourg, pour l'année 1777.

La couronne des molaires du grand mastodonte est en général rectangulaire, et un peu plus étroite en arrière dans les postérieures. Elle n'a que deux substances, l'osseuse et l'émailleuse, et non la corticale, qui existe dans les molaires des éléphans. Elle est hérissée de grosses pointes un peu en pyramides quadrangulaires, disposées par paire, et offrant par leur détrition, des rangées transversales de deux losanges chacune. On distingue de ces molaires à trois paires de pointes ou de losanges (et ces molaires sont presque carrées) ; d'autres, rectangulaires à huit pointes ; et de plus longues encore à dix pointes avec un talon impair. Les premières sont toujours les plus usées ; ce qui indique qu'elles sont antérieures ou qu'elles paroissent d'abord, et les dernières le sont le moins, ce qui apprend qu'elles sont placées le plus profondément dans les mâchoires. C'est d'ailleurs ce que l'observation directe confirme.

Quant au nombre de ces dents, il paroît être peu déterminé, comme celui des molaires de l'éléphant, à cause de la manière dont elles se succèdent selon M. Cuvier ; cependant, il ne peut y en avoir plus de deux à la fois de chaque côté des mâchoires, et à la fin même il seroit possible qu'il n'y en eût qu'une, comme dans les éléphans.

La mâchoire inférieure est très-semblable à celle de l'éléphant, par la forme des condyles, qui est celle commune aux animaux herbivores ; par le manque d'incisives et de canines, et parce qu'elle se termine en avant, en pointe creusée d'une espèce de canal ; mais cette pointe est beaucoup moins longue et moins aiguë que dans l'éléphant. L'angle postérieur de cette mâchoire se distingue aussi en ce qu'il est prononcé et non arrondi. La supérieure présente les deux lignes dentaires divergentes en avant, tandis que celles des éléphans vivans convergent plus ou moins, et que celles de l'éléphant fossile sont à peu près parallèles. La tête offre aussi de grandes cellules entre les deux lames du crâne ; mais on ne sauroit déterminer leur véritable hauteur, attendu qu'on n'a encore recueilli que des crânes incomplets de mastodontes.

Les défenses sont implantées dans l'os incisif comme celles des éléphans ; elles sont composées, comme ces dernières, d'un ivoire dont le grain présente des losanges curvilignes ; leur coupe est elliptique, tandis que celle des défenses d'éléphans est plus ou moins ronde ; leur courbure varie, et il paroît que leur direction à la sortie des alvéoles est un peu plus oblique en avant que dans l'éléphant. (M. Peales pense que leur convexité étoit en avant, comme cela existe dans les défenses du morse ; mais les raisons qu'il en donne ne paroissent pas péremptoires à M. Cuvier.) La brièveté du cou, la hauteur des jambes, et la grande ressemblance de la tête du mastodonte avec celle de l'éléphant, portent naturellement à lui accorder une trompe ; et il paroît même que l'on en a trouvé des débris dans quelques individus. M. Cuvier rapporte, d'après M. Barton, que des sauvages qui virent cinq squelettes de mastodontes en 1762, dirent qu'une des têtes avoit encore *un long nez, sous lequel étoit la bouche* ; et il cite encore Kalm, qui dit en parlant d'un squelette trouvé dans un marais du pays des Illinois, *que la forme du bec étoit encore reconnoissable, quoiqu'à moitié décomposé.*

Le restant du squelette a beaucoup de rapport avec celui de l'éléphant ; seulement celui-ci paroît avoir une vertèbre dorsale et une paire de côtes de plus. Les côtes sont autrement faites que celles de l'éléphant ; minces auprès du cartilage, elles sont épaisses et fortes vers le dos. L'avant-bras du mastodonte est plus long, et son bras plus court à proportion que ne le sont les mêmes parties dans l'éléphant ; le bassin est beaucoup plus déprimé à proportion de sa largeur, et son ouverture est beaucoup plus étroite.

M. Cuvier estime que la hauteur du mastodonte, mesurée au garrot, est de neuf pieds environ ; ce qui, dit-il, est fort éloigné des dimensions gigantesques qu'on se plaît ordinairement à attribuer à cet animal perdu ; et il paroît que proportionnellement à la hauteur, le mastodonte étoit plus allongé que l'éléphant.

D'après la forme des dents, M. Cuvier pense que cet animal se nourrissoit à peu près comme l'hippopotame et le sanglier, choisissant de préférence les racines et autres parties charnues des végétaux ; que cette sorte de nourriture devoit l'attirer vers les terrains mous et marécageux ; que néanmoins (d'après l'inspection des autres parties du corps) il n'étoit pas fait pour nager et vivre souvent dans les eaux comme l'hippopotame, mais que c'étoit un véritable animal terrestre. Ses ossemens communs dans tant de points de l'Amérique septentrionale sont mieux conservés, plus frais qu'aucun des autres fossiles connus ; mais néanmoins il n'y a pas la moindre preuve, le moindre témoignage authentique propre à faire croire qu'il y en ait encore, ni en Amérique ni ailleurs, aucun individu vivant. Le bon état de conservation semble offrir la preuve qu'ils sont aux lieux où on les trouve, à peu près depuis la mort de l'animal; et ceux de la rivière des Grands-Osages avoient cela de particulier, qu'ils étoient dans une situation verticale, comme si ces animaux s'étoient simplement enfoncés dans la vase. Enfin, on ne les a jamais trouvés entourés de coquillages et de zoophytes, qui puissent donner des indices d'un séjour ou d'un passage de la mer sur eux. Leur teinte rembrunie est due aux substances ferrugineuses dont ils paroissent pénétrés, et fournit la principale preuve de leur long séjour dans l'intérieur des terres.

Les Sauvages de l'Amérique septentrionale possèdent sur les mastodontes des traditions non moins absurdes que celles des Sibériens, relativement au mammouth ou éléphant fossile. Ainsi les Shavannais croient qu'ils ont existé en même temps que des hommes d'une taille proportionnée à la leur, et que les uns et les autres ont été foudroyés par le grand Être ; et les Virginiens disent que ces animaux, qu'ils supposent carnassiers, ayant détruit les daims et les cerfs, ont aussi été foudroyés pour ce crime, et que de tous, il n'est resté que le plus gros mâle qui, blessé au côté, s'est enfin retiré vers les grands lacs où il existe encore.

Seconde Espèce. — MASTODONTE A DENTS ÉTROITES (*Mastodon angustideus*, Cuv., *Ann. du Mus.*, tome 8, page 405, — *Ejusd.* Recherches sur les ossemens fossiles de quadrupèdes, tom. 2. — ANIMAL DE SIMORRE.

Les dents de cette espèce qui ont été confondues avec celles du grand mastodonte, ont été d'abord trouvées à Simorre, département du Gers, sur la rivière de Gimont ; puis on en a rencontré successivement en Italie, au monte Follonico, près de monte Pulciano ; en France, près de Trévoux, près de Sort non loin de Dax ; en Piémont, près d'Asti ; en Toscane, dans le Val-d'Arno; en Lombardie ; au Pérou (par Dombey et M. de Humboldt), et dans diverses parties de l'Amérique méridionale, telles que les environs de *Santa-Fé* et *Tierra firme.*

M. Cuvier ayant examiné toutes ces dents et en ayant eu encore plusieurs, soit en nature, soit en dessin, dont on n'a pu lui indiquer l'origine, s'est assuré que les animaux dont elles provenoient devoient appartenir au genre des mastodontes, et à une espèce différente de celle de l'Ohio,

La principale différence qui existe entre ces dents et celles du grand mastodonte, consiste en ce que les cônes de leur couronne sont sillonnées plus ou moins profondément, et tantôt terminés par plusieurs pointes, tantôt accompagnés d'autres cônes plus petits sur leurs côtés ou dans leurs intervalles; d'où il résulte que la mastication produit d'abord sur cette couronne plusieurs petits cercles, et ensuite des trèfles ou figures à trois lobes, mais jamais de losange. Ces trèfles ont quelquefois fait prendre ces dents pour des dents d'hippopotames; mais celles-ci n'ont jamais que quatre trèfles, tandis que les premières en ont ordinairement six ou dix. Les antérieures seules pourroient être confondues si les premières molaires de lait des hippopotames n'étoient simplement coniques, comprimées par les côtés, aiguës et presque tranchantes, et si celles de remplacement n'étoient aussi coniques, mais moins comprimées et marquées de deux sillons sur la surface externe seulement. Toutefois il paroît qu'elles sont susceptibles de remplacement de haut en bas, quoique toutes les autres, selon M. Cuvier, poussent du fond de la mâchoire en avant.

Les dents sont aussi comparativement plus longues et plus étroites que celles du grand mastodonte, ce qui a valu à cette espèce le nom que M. Cuvier lui a imposé.

Un fragment de mâchoire inférieure, rapporté du Pérou par Dombey, se termine en avant comme la mâchoire de l'éléphant et du grand mastodonte, et de même l'on n'y trouve ni incisives, ni canines.

Si l'on peut établir d'exactes proportions sur les dimensions de ces dents et des divers ossemens qu'on a recueillis, cette espèce étoit d'un tiers moindre que celle du grand mastodonte, et bien plus basse sur jambes.

Réaumur, qui a le premier parlé de l'*animal de Simorre*, nous apprend que ses dents et ses os reposent sur une terre blanchâtre, et sont recouverts et encroûtés d'un sable fin gris et quelquefois bleuâtre, mêlé de petites pierres, sur lequel est un autre lit de sable semblable à celui de rivière. Ces dents teintes par le fer deviennent, en les chauffant, d'un bleu assez beau mais inégal, se brisent en éclats, et ont reçu, dans le commerce, le nom de *turquoises occidentales*. Il est fâcheux, dit M. Cuvier, que ces prétendues turquoises n'aient pas acquis un prix suffisant pour faire continuer les fouilles: nous aurions aujourd'hui un plus grand nombre de parties de l'animal auquel elles appartiennent.

Les fragmens des environs de Dax ont été trouvés par Borda dans une couche vraiment marine, avec des mâchoires d'une espèce de dauphin, des glossopètres et des mâchoires de

poissons des genres diodon et tétraodon. La dent de Trévoux
a été rencontrée dans l'intérieur d'un monticule de sable;
celles que M. de Humboldt a trouvées au *Camp des Géans*,
près de Santa-Fé de Bogota, étoient à plus de treize cents
toises au-dessus du niveau de la mer; et celles de Dombey
étaient incrustées en plusieurs endroits d'un sable ferrugineux.

Troisième Espèce. — Petit Mastodonte, *Mastodon minor*,
Cuv., *Ann. du Mus.*, tom. 8, pag. 411. Recherches sur les
ossemens fossiles de quadrupèdes, tome 2.

A cette espèce appartiennent une dent trouvée autrefois
en Saxe, et envoyée, par le professeur Hugo, à Bernard
de Jussieu, et une autre dent, rencontrée à Montabusard,
près d'Orléans, dans un calcaire argileux rougeâtre, à dix-
huit pieds sous la surface du terrain et sur de la craie, avec
des ossemens de paléotherium et d'animaux différens.

Celles-ci ressemblent infiniment, par leurs proportions,
à celles de l'espèce précédente, mais quoiqu'appartenant à des
animaux adultes, elles sont d'un tiers moindre en volume,
ce qui fait supposer une dimension également trois fois plus petite dans l'animal entier. M. Cuvier faisant la remarque qu'il ne
connoît pas d'espèces sauvages où il y ait des différences de
taille aussi fortes, se détermine à la considérer comme appartenant à une espèce particulière.

Quatrième Espèce. — Mastodonte des Cordilières, Cuv.,
Ann. du Mus., tom. 8, pag. 411. — *Recherches sur les ossemens fossiles de quadrupèdes*, tom. 2.

Cette espèce est établie sur quelques dents trouvées dans
l'Amérique méridionale. L'une d'elles l'a été par M. de
Humboldt, près du volcan d'Imbabura, au royaume de Quito, à mille deux cents toises de hauteur; une seconde également rapportée par ce célèbre voyageur, provient de la
Cordilière de Chiquitos, entre Chichas et Tarija, près de
Santa-Crux de la Sierra, par quinze degrés de latitude australe; et une troisième a été aussi trouvée dans la même
province de Chiquitos.

Ces dents sont trop carrées pour n'être pas distinguées de
celles des deux espèces précédentes; elles ont les mêmes
proportions que celles à six pointes de l'Ohio et pourroient
être prises pour elles, sans ses figures de trèfles que l'on ne
peut confondre avec les losanges de ces dents.

Les plus grandes ont les mêmes proportions que leurs
correspondantes, c'est-à-dire, les intermédiaires, dans le
mastodonte de l'Ohio.

Cinquième Espèce. — MASTODONTE HUMBOLDTIEN , *Mastodon Humboldtii* , Cuv. , *Ann. du Mus.* , tom. 8 , pag. 412. — *Recherches sur les ossemens fossiles de quadrupèdes* , tom. 2,

Une seule dent, trouvée par M. Humboldt, près de la Conception du Chili, a servi à M. Cuvier pour l'établissement de cette espèce. Carrée comme celles de la précédente, elle a un tiers de moins et leur est, par conséquent, comme la petite dent de Saxe (troisième espèce) est à celle de Simorre (seconde espèce). Cette dent fort usée, mais bien conservée, est teinte en noir. (DESM.)

MASTOKI. Nom des AGARICS , au Japon. (LN.)

MASTOZOAIRES. Nom proposé par M. de Blainville (Prodrome) pour remplacer celui de MAMMIFÈRES. (DESM.)

MASTOZOOLOGIE. Ce mot, selon M. de Blainville, pourroit aussi remplacer celui de MAMMALOGIE. (DESM.)

MASTRUCO signifie CRESSON , en Portugal; il se dit *Mastuerzo*, en Espagne. (LN.)

MASTVISCH. Houttuyn désigne sous ce nom un *cétacé* que Erxleben rapporte au PHYSÉTÈRE- TURSIO. (DESM.)

MATA. *V*. MARA. (LN.)

MATABOY. Nom portugais de la RENONCULE SCÉLÉRATE. (LN.)

MATADON. Coquille du genre des PÉTONCLES (*arca senilis* , Gmelin), figurée par Adanson dans son ouvrage sur les coquilles. (B.)

MATAGA. Erxleben rapporte ce nom, je ne sais d'après quelle autorité, au CAMPAGNOL RAT D'EAU. (DESM.)

MATAGASSE. C'est ainsi que les Savoyards appellent l'ÉCORCHEUR *V*. l'article PIE-GRIÈCHE. (V.)

MATAPALO et SUAN. Près de Monpox, sur le fleuve de la Madeleine, en Amérique, on donne ces noms à une espèce de FIGUIER (*ficus elliptica* , Kunth.), selon MM. Humboldt et Bonpland. (LN.)

MATA-PALO. Synonyme de LIANE , dans les colonies espagnoles. (LN.)

MATAPOLLO. Nom espagnol du GAROU , *Daphne gnidium* , L. (LN.)

MATARRUBIA. Nom de l'YEUSE , en Espagne. (LN.)

MATAYBE, *Ephielis*. Arbre très-élevé , à feuilles alternes ailées sans impaire, et composées de quatre à huit folioles sessiles, opposées; à pétiole accompagné de deux stipules caduques; à fleurs très-petites, blanches, disposées en longues panicules axillaires et terminales, accompagnées de bractées.

Cet arbre forme, dans l'octandrie monogynie et dans la famille des Malpighiacées, un genre qui a pour caractères: un calice à cinq divisions; une corolle de cinq pétales garnis, à leur partie inférieure du côté interne, de deux petites folioles ou appendices hérissés de poils; huit étamines à filets velus et à anthères tétragones; un ovaire supérieur, arrondi, surmonté d'un stigmate obtus; une capsule ovale, oblongue, échancrée au sommet, sillonnée, uniloculaire, bivalve, et contenant deux semences réniformes.

Cet arbre se trouve sur le bord des rivière s, à la Guyane, où il a été observé par Aublet. (B.)

MATCHI *des Missions du haut Orénoque*. C'est l'Ouavapavi, espèce de *singe* du genre des Sapajous, décrite pour la première fois par M. de Humboldt, dans son recueil d'observations zoologiques. (DESM.)

MATE DES ESPAGNOLS. C'est le Réglisse d'Amérique (*abrus præcatorius*, L.). (LN.)

MATELÉE, *Hostea*. Plante à tige peu rameuse, à feuilles opposées, ovales, allongées, étroites, longuement acuminées, très-entières, avec des corps glanduleux à leur base, et des pétioles courts, également biglanduleux; à fleurs verdâtres, portées sur des grappes courtes et axillaires, qui forme un genre dans la pentandrie digynie et dans la famille des Apocinées.

Ce genre a pour caractères: un calice persistant à cinq découpures pointues; une corolle monopétale à tube très-court, et à limbe partagé en cinq lobes arrondis, qui se recouvrent d'un côté; cinq étamines, dont les anthères sont conniventes; deux ovaires ovales, surmontés chacun d'un style qui se termine par un stigmate renversé en dehors, et creusé en forme de bec d'aiguière; un long follicule pentagone, pointu, verruqueux, bivalve, partagé en deux loges par une cloison membraneuse, sur laquelle sont attachées un grand nombre de semences aplaties, crénelées sur leurs bords, et couchées les unes sur les autres. La *matelée* croît dans les marais de la Guyane; c'est une herbe vivace. (B.)

MATELOT. Nom vulgaire d'une coquille du genre Cône (*conus classiarius*). (DESM.)

MATELOT. Nom que porte, en Lorraine, l'Hirondelle de fenêtre. *V*. ce mot. (V.)

MATERAT. Un des noms vulgaires de la Mésange a longue queue. *V*. ce mot. (V.)

MATES. Nom donné, dans l'Inde, aux graines du Bon-
duc. (LN.)

MATETE. On donne ce nom, dans nos colonies, à une
préparation du *manioc* un peu plus délicate que les autres,
et qu'on donne aux esclaves malades. *V.* au mot Manioc et
au mot Médicinier. (B.)

MATGACH. Nom que les Tartares donnent au mâle de
l'Antilope saïga. (DESM.)

MA-TIEN-THAO. L'un des noms cochinchinois de la
Verveine officinale (*verbena officinalis*, Linn.) (LN.)

MATIÈRE. Substance qui compose tous les corps de la
nature, et qui possède des propriétés quelconques qui la
rendent susceptible de tomber sur nos sens. Nous connoissons quelques-unes de ces propriétés; mais elle en possède
probablement qui nous sont tout-à-fait inconnues. Le mot de
matière porte avec soi l'idée d'un corps lourd et grossier: cependant il est des substances auxquelles on donne le nom de
matière, telle que la *matière éthérée*, et qui sont d'une si inconcevable ténuité, qu'on diroit qu'elles tiennent le milieu entre
l'*esprit* et la *matière*. *V.* Ether. (PAT.)

MATIÈRE VERTE. Les physiciens modernes ont ainsi
nommé des filamens verts, disposés par plaques plus ou moins
étendues, qui se montrent au bout de quelques jours, surtout
pendant l'été, dans l'eau que l'on expose au soleil dans des
vases de verre.

Priestley, Senebier et Ingen-Housz ont successivement
fait sur la matière verte un grand nombre d'expériences, desquelles il résulte, principalement, qu'elle fournit, tant qu'elle
reste exposée au soleil, une émission considérable d'air pur
ou d'oxygène. Ces savans se sont beaucoup disputés sur la
nature de ces filamens; le second les classoit parmi les Conferves, et le dernier ne les regardoit pas comme appartenant au règne végétal. On peut voir dans le *Journal de Physique*, année 1781, tome 1, page 209, et année 1784, tome 2,
page 1, les raisons des uns et des autres. Aujourd'hui on sait,
d'une manière indubitable, que la *matière verte* est une plante
de la famille des Conferves, appartenant au genre Oscil-
laire, quoiqu'elle ne soit pourvue que d'un très-foible mouvement oscillatoire. On doit regretter que Vaucher, qui
nous a donné un si intéressant travail sur ce genre, se soit
contenté de la mentionner vaguement, et ne nous ait pas
fait connoître ses caractères spécifiques. *V.* au mot Oscil-
laire. (B.)

MATIN, *Canis mastinus*, Linn.; *Canis villaticus*. Race de
Chiens, grande et vigoureuse, à tête allongée, front aplati,

oreilles droites et demi-pendantes; taille longue et assez grosse, sans être épaisse; queue recourbée en haut; jambes longues et nerveuses; le poil assez court sur le corps, a plus de longueur aux parties inférieures et à la queue; sa couleur varie beaucoup chez les individus de cette race.

Si le *chien de berger* est le protecteur des moutons, le *mâtin* est le défenseur des fermes et des bestiaux qu'on y nourrit; sa taille, sa force, son aboiement, en imposent aux voleurs, et il ne craint pas de se mesurer avec les *loups*. Afin de lui donner plus d'avantage et empêcher ces animaux de le saisir par le cou, on lui attache, dans plusieurs pays, un large collier hérissé de longues pointes de fer. (s.)

MATISIE, *Matisia*. Arbre de trente à quarante pieds de haut, et à feuilles alternes, pétiolées en cœur, nervées, glabres, à fleurs rougeâtres, sortant trois ou quatre ensemble de l'écorce des rameaux, et portées chacune sur un pédoncule assez long, qui seul forme un genre dans la monadelphie pentandrie, et dans la famille des malvacées.

Ce genre, établi par Bonpland dans l'ouvrage intitulé *Plantes équinoxiales*, offre pour caractères : un calice persistant, monophylle, coriace, à deux ou cinq dents inégales; une corolle à cinq pétales ovales, inégaux, presque labiés, épais; cinq filets réunis par leur base, et portant chacun sur leur partie extérieure, une douzaine d'annelures; un ovaire supérieur à cinq angles, surmonté d'un style à stigmate anguleux; une baie ovale, velue, divisée en cinq loges renfermant chacune une semence.

Cet arbre est originaire du Pérou, et se trouve figuré *pl.* 2 et 3 de l'ouvrage précité. (b.)

MATO. On donne, dit-on, ce nom à un MANGOUSTAN D'AMÉRIQUE; mais les botanistes ne connoissent point d'arbres de ce genre dans cette partie du monde. (b.)

MATOU. Mâle de l'espèce du CHAT DOMESTIQUE. (s.)

MATOU. On a donné ce nom à un poisson, *Silurus catus*, Linn. *V.* PIMELODE. (b.)

MATOURI, *Vandelia*. Genre de plantes de la didynamie angiospermie, et de la famille des personnées, qui offre pour caractères : un calice à quatre découpures profondes, aiguës, velues et persistantes; une corolle monopétale, à tube courbe, à limbe partagé en deux lèvres; la supérieure relevée et bifide; l'inférieure partagée en trois lobes ovales, obtus, inclinés, celui du milieu plus long; quatre étamines, dont deux plus longues que le tube, et à anthères conniventes; un ovaire supérieur, ovale, chargé d'un style filiforme, et terminé par un stigmate à deux lames. Le fruit consiste en une capsule oblongue, bivalve, uniloculaire, au centre de laquelle est un placenta chargé d'un grand nombre de semences très-menues.

Ce genre renferme deux plantes à feuilles opposées, et à fleurs solitaires dans l'aisselle des rameaux.

L'une, le MATOURI DIFFUS, a les feuilles presque rondes et presque sessiles. Elle croît dans les îles voisines du golfe du Mexique, et a été connue de Linnæus.

L'autre, le MATOURI DES PRÉS, a les feuilles oblongues, aiguës, crénelées et pétiolées. Elle se trouve à la Guyane et est appelée *basilic sauvage* par les Créoles, à raison de la bonne odeur de ses feuilles. Elle est regardée par eux comme un bon vulnéraire. (B.)

MATRICAIRE, *Matricaria*. Genre de plantes de la syngénésie polygamie superflue, et de la famille des corymbifères, qui présente pour caractères : un calice commun hémisphérique, imbriqué d'écailles nombreuses dont les bords ne sont pas scarieux ; un réceptacle nu, légèrement convexe, portant dans son disque des fleurons hermaphrodites à cinq dents, et à sa circonférence des demi-fleurons femelles fertiles à trois dents ; plusieurs semences oblongues, dépourvues d'aigrettes.

Ce genre ne diffère des CHRYSANTHÈMES que parce que le bord des écailles du calice n'est pas membraneux. Ce caractère minutieux ne doit pas, en saine théorie, servir à séparer des plantes qui se conviennent d'ailleurs par tous les autres, et en conséquence, Haller, Scopoli et Lamarck les ont réunies ; mais comme on est encore dans l'usage de les distinguer, on en mentionnera ici les espèces. *V.* les mots PYRÈTHRE et BALSAMITE.

Les *matricaires* donc sont des plantes à feuilles alternes, et à fleurs terminales disposées en corymbes. On compte six à huit espèces, dont les plus remarquables, sont :

La MATRICAIRE OFFICINALE, qui a les feuilles pinnées ; les découpures pinnatifides, obtuses et profondément dentées. Elle se trouve dans les lieux incultes des parties méridionales de l'Europe. On la cultive, tant à cause de ses propriétés médicinales que pour la beauté de son port et de ses fleurs, qui doublent facilement. Elle est vivace ; son odeur est forte et pénétrante ; sa saveur amère. C'est principalement dans les maladies de matrice qu'on l'emploie, et c'est de cet usage que lui vient son nom. Elle est tonique, stomachique, anthelmintique, emménagogue et antihistérique. On fait prendre ses sommités infusées dans du vin blanc. On l'administre en poudre ou en extrait aqueux. On la donne aussi en lavement. On la prescrit surtout en cataplasme pour l'inflammation de la matrice, et les douleurs qui viennent après l'accouchement, dans le retardement des lochies, et dans les règles douloureuses de quelques femmes.

La culture de la matricaire, pour l'ornement des parterres, n'est point difficile, puisqu'il ne s'agit que de diviser, en automne, les vieux pieds, et planter le résultat de la division, le long des plate-bandes qu'on veut garnir. Il se forme bientôt des touffes de deux ou trois pieds de haut, et si garnies de fleurs pendant l'automne, qu'à peine peut-on voir les feuilles supérieures. Elle fournit plusieurs variétés, soit relativement aux feuilles, soit relativement aux fleurs. Celle à fleurs doubles, un peu rougeâtres, est sans contredit la plus agréable.

La MATRICAIRE CAMOMILLE a les feuilles bipinnées, et les découpures linéaires, bifides ou trifides ; le réceptacle conique, et les rayons très-ouverts. Elle est annuelle, et se trouve en Europe dans les champs. Quoique moins employée que la précédente, on en fait cependant très-fréquemment usage. Elle a une odeur légèrement aromatique, et une saveur mucilagineuse un peu amère. Ses fleurs donnent par la distillation, une eau bleue, qui a plus de réputation que de vertu ; mais la décoction de ses feuilles est carminative, utérine, discussive, anodine, antispasmodique, détersive, émolliente, et légèrement fébrifuge. On la préfère, comme moins active que la camomille, dans les cardialgies, les fortes coliques, les néphrétiques, la passion hypocondriaque et histérique, les vives douleurs de goutte, etc. Dans tous ces cas, non-seulement on l'administre à l'intérieur, mais encore à l'extérieur, en cataplasme.

La MATRICAIRE ODORANTE a les feuilles bipinnées ; les divisions linéaires et bifides ; le réceptacle conique, allongé, et les rayons recourbés. Elle est annuelle, et se trouve en Europe. Son odeur est plus forte et plus suave que celle des précédentes.

La MATRICAIRE ASTÉROÏDE de Linnæus, forme actuellement, avec une autre, le genre BOLTONE. *V.* ce mot. (B.)

MATRICALE. C'est la MATRICAIRE, en Italie. (LN.)

MATRICARIA. Cette plante des anciens doit son nom à ses vertus médicales ; c'est le *parthenion* des Grecs (*V.* ce mot), ou notre MATRICAIRE officinale (*M. parthenium*, L.). C. Bauhin place, sous le nom de *matricaria*, plusieurs plantes radiées des genres *achillea*, *anthemis* et *matricaria*. Le genre *matricaria* de Tournefort a pour type la *matricaire officinale*. Celui de Linnæus est formé du genre de Tournefort, plus, d'une partie du *chemæmelum*, aussi de Tournefort. Smith n'a pas adopté cette réunion ; car il renvoie au genre *pyrethrum* le *matricaria*. Ce renvoi a été approuvé par Willdenow dans son *Species*, qui ne présente dans le genre *matricaria* que trois espèces, dont le *matricaria chamomilla* est la plus importante. Haller et Scopoli avoient placé le chrysanthème des jardins (*chrysant. coronarium*) et la grande marguerite (*chrysanthemum leucanthemum*), dans le genre *matricaria* de Tournefort; ce qui ajoute à la confusion qui existe dans le classement de ces plantes. *V.* BOLTONE, LEUCANTHEMUM, MATRICAIRE et PARTHENION. (LN.)

MATRICE, *Uterus.* C'est un organe ou une poche concave, destinée à recevoir le jeune animal dans l'état d'embryon, et à lui fournir les humeurs qui le nourrissent. Selon cette définition, les seuls animaux vivipares vrais ont une *matrice;* et cet organe creux est un tissu vasculaire capable de fournir du sang et des humeurs pour la nourriture du fœtus, ce qui n'a pas lieu dans les oviductus tenant lieu de *matrice* chez les autres animaux, même les faux vivipares. Chez les ovipares il y a un ou deux oviductus dans lesquels les œufs séjournent plus ou moins de temps; et s'ils y éclosent, comme chez les vipères, les chiens de mer, et plusieurs autres espèces fausses vivipares, ils y sont isolés, ils ne reçoivent aucune nourriture de la mère, et forment un système à part. *Voyez* PLACENTA.

L'utérus est donc particulier aux seuls vivipares qui allaitent leurs petits, et l'on peut voir à l'article MAMELLES, que celles-ci sont pour ces jeunes animaux une matrice secondaire. L'oviductus des oiseaux, ceux des reptiles et serpens, des poissons, des mollusques et coquillages, des crustacés, des insectes et des vers, servent seulement de conduit pour faire pénétrer la semence du mâle jusqu'aux ovaires auxquels ils aboutissent, et de canal pour la sortie des œufs. *V.* OVIDUCTUS. Ces oviductus sont formés de membranes muqueuses, qui sécrètent cette humeur albumineuse, de laquelle sont entourés le jaune de l'œuf et son germe, pour servir de nourriture à l'embryon lorsqu'il se développera; ainsi cette sécrétion des oviductus les rapproche des fonctions de la véritable *matrice*. Il paroît prouvé d'ailleurs que la semence du mâle n'est pas fomentée dans la matrice, mais qu'elle passe aux ovaires pour y féconder l'embryon; ce dernier descend, des ovaires par les trompes de Fallope, dans l'utérus pour s'y accroître, s'y nourrir, s'y vivifier davantage, jusqu'à ce qu'il ait assez de vigueur pour exister indépendant, et par ses propres forces.

Dans la femme, la matrice est une espèce de bourse en forme de poire renversée et creuse, placée entre l'intestin rectum et la vessie, dans la région du bassin. Elle est longue d'environ trois pouces chez les femmes non enceintes, et

s'attache par des ligamens larges et par des ronds qui prennent naissance à ses côtés ; sa partie inférieure se termine en
bec ouvert par une fente, semblable à celle du gland de
l'homme et aboutissant dans le vagin ; à son fond elle porte
deux canaux ou tubes coniques, tortueux, qui ont à leur extrémité un pavillon comme celui d'une trompette, mais frangé et découpé ; ce sont les trompes de Fallope. Ce pavillon
vient embrasser, à l'instant de la fécondation, les ovaires
ou les testicules de la femme, et il en sort un germe qui descend par un de ces canaux dans l'utérus. (*Voy.* OVAIRE.) La
substance de ce viscère est composée de fibres musculaires
en différens sens, et entrelacées d'un nombre infini de vaisseaux sanguins tortueux, soit veineux, soit artériels, de nerfs,
de vaisseaux lymphatiques, d'un tissu celluleux considérable,
qui devient spongieux et sinueux dans la grossesse. Telles sont
les parties intérieures des organes sexuels de la femme. (*V.*
Haller, *Icones anatom.*, *fascic.* II ; et Caldani, *Ic. anat.*,
tab. 134 ; et quant aux parties externes de la génération de la
femme, Caldani, *ibid.*, *tab.* 133. La membrane de l'hymen,
si long-temps contestée, a été bien observée et figurée par
Haller, *Ic. anat.*, *fasc.* I ; Albinus, *Annotat. acad.*, *lib.* 4 ;
Santorini, *Tabul.* XVII ; et par J.-G. Tolberg, *Dissert. de
varietate hymenum.*

A l'égard de l'utérus contenant le fœtus, on peut consulter Will. Hunter, *Anatomia uteri humani gravidi, tabulis illus-
trata*, Lond. 1774, fol. max. ; et Soemmering, *Icones em-
bryonum humanorum*, Francof. ad Mœn. 1799 ; fol. Voyez
aussi Caldani, *tab.* 135-157.

Les parties externes sont premièrement la volve ou le *pu-
dendum*, au milieu de laquelle est l'ouverture longitudinale
entre deux rebords de la peau, qui descendent du pubis, et
se terminent vers l'anus ; ils sont renflés, graisseux, et couverts d'une légère villosité à l'extérieur. On réunit quelquefois
ces lèvres par une couture, dans quelques pays de l'Asie,
pour assurer la virginité des filles jusqu'à leur mariage ; à
cette époque il faut diviser ces parties. *Voyez* HOMME.

Dans l'intérieur des grandes lèvres, on observe inférieurement l'entrée du vagin, et au-dessus les petites lèvres ou
nymphes. Dans les Hottentotes ces nymphes sont extraordinairement allongées ; et c'est ce qui a donné lieu à la fable
du tablier de peau qu'on leur supposoit au pubis. Dans l'angle supérieur où elles se réunissent, se trouve une caron-
cule petite, rouge, en forme de gland et couverte en dessus
d'une espèce de prépuce : cette partie est le clitoris, de chaque côté duquel descendent les NYMPHES. (*Voyez* ce mot.)
Entre elles et sous le clitoris on observe, dans l'enfonce-

ment, l'orifice de l'urèthre : les urines sortent de la vessie par ce canal.

Tous les animaux vivipares surtout qui ont une matrice et qui s'accouplent, ont un clitoris, ou quelque partie qui ne remplit la fonction ; il est le siége principal du plaisir vénérien, et la nature l'a disposé pour exciter le sexe féminin à l'acte de la reproduction par l'attrait de la volupté. Le clitoris entre en érection comme la verge ; car il a un tissu vasculaire analogue à celui du corps caverneux des mâles ; il se gonfle, rougit, et devient quelquefois d'une grandeur remarquable dans certaines femmes, qui peuvent, dit-on, en abuser alors entre elles. Sapho et quelques autres ont, été accusées de ce vice : les anciens nommoient ces femmes *fricatrices*, τριβάδες. Il paroît, d'après Busbecque et d'autres voyageurs, que ce vice est fort fréquent dans les sérails orientaux. Le seul attouchement du clitoris en érection cause une impression si vive, que les organes sexuels, et même les autres parties du corps, se contractent spasmodiquement ; l'esprit en est tout transporté, de sorte que la femme peut difficilement y résister. Plusieurs orientaux, comme les Arabes, selon Avicenne et Albucasis, les Egyptiens au rapport d'Aëtius, amputoient cette partie aux jeunes filles pour les conserver chastes.

L'organisation intérieure du clitoris est presque entièrement semblable à celle de la verge de l'homme.

Les nymphes, ou ces deux parties rougeâtres qui descendent de chaque côté du clitoris, sont couvertes de papilles nerveuses qui les rendent très-sensibles, et leur font éprouver une sorte d'érection semblable à celle des mamelons du sein. Placées autour de l'urèthre, elles couvrent les lacunes de Graaf, qui sont de petits orifices glanduleux, qui sécrètent une humeur muqueuse pour lubréfier le vagin. A la partie inférieure de ce canal sont d'autres lacunes qui produisent la liqueur que les femmes répandent dans le coït.

L'orifice du vagin est formé d'une substance charnue dont le tissu est capable de se gonfler, de se rapprocher dans l'acte vénérien. Plus avant se rencontre, chez les vierges, cette membrane fameuse, qu'on regarde comme le signe de la virginité. La membrane de l'hymen ne se trouve pas seulement dans l'espèce humaine, mais aussi chez les mammifères ; c'est une espèce de pellicule charnue, rouge, dans laquelle rampent quelques vaisseaux sanguins ou petites veines, et qui ferme en partie l'orifice du vagin, à la hauteur de l'urèthre, mais laisse une ouverture vers son milieu pour la sortie des règles ; elle a la figure d'un croissant, dont les cornes sont longues et se touchent. Quoique des anatomistes en aient nié l'existence, et que Buffon lui-même ne l'ait pas admise, cependant elle se trouve réellement dans la plupart des personnes du sexe qui n'ont pas perdu leur virginité. On sait que la loi mosaïque, les usages de l'Orient, de l'Inde et même de toute l'Asie, exigent la présence de cette membrane dans la consommation du mariage; l'effusion du sang en est regardée comme la preuve. Lorsque cette membrane est déchirée, elle forme des caroncules myrtiformes, ou petites portions de chair, dont la figure a été comparée à celle des feuilles du myrte, arbrisseau consacré à Vénus. (*Voyez* HYMEN.)

Le vagin est un canal cylindrique qui se rend à l'orifice de la matrice, dont il embrasse le contour; il est un peu courbé et aplati dans sa longueur; sa substance est une membrane celluleuse et vasculaire, qui porte des plis ou des rides transversales. Ce canal peut se resserrer beaucoup dans le coït par une contraction spasmodique, et se dilater extrêmement dans l'accouchement pour la sortie du fœtus. Sa surface est presque toujours humectée d'une légère mucosité.

Telles sont les principales parties sexuelles dans la femme; elles varient chez les animaux, mais les formes générales s'y remarquent. Dans plusieurs quadrupèdes, l'utérus se divise en deux parties ou chambres; les vaisseaux qui s'y distribuent sont les artères spermatiques qui viennent de l'aorte, des hypogastriques, des hémorroïdales externes: elles s'anastomosent entre elles, et forment un lacis de communication. Les veines de ce viscère sont grandes, sans valvules, et se dilatent en sinus, surtout pendant la grossesse; ses nerfs sortent des divers plexus de l'intercostal, et de l'os sacrum.

De l'utérus considéré dans ses fonctions.

Si l'on examine le degré d'importance de chaque organe dans les êtres vivans, on pourra les classer en deux ordres: 1.º les organes qui ont rapport à l'individu et à sa conservation; 2.º les organes destinés à la propagation de l'espèce; or, puisque l'espèce est incomparablement plus essentielle dans la nature que l'individu, il s'ensuit que les organes reproducteurs sont plus importans que les organes nutritifs ou conservateurs; ceux-ci ne sont que des supplémens des premiers. L'essence de tout corps vivant, soit animal, soit végétal, consiste donc dans la vie de l'espèce qui réside dans les organes particulièrement affectés à cette vie. Le sexe femelle étant chargé, parmi tous les êtres, de la nutrition et de la conservation des germes, est encore plus nécessaire dans l'ordre de la nature que le sexe mâle; car les animaux sans organes sexuels visibles sont plutôt femelles que mâles, puisqu'ils se reproduisent d'eux-mêmes, comme les zoophytes.

Ces considérations démontrent que les parties sexuelles sont le centre des corps organisés ; que ceux-ci ne sont nés que pour engendrer, qu'ils doivent périr lorsque la fonction générative s'éteint en eux, et qu'ils existent plutôt pour l'espèce que pour eux-mêmes. Ainsi les femelles des animaux et des végétaux, la femme, sont créées pour leurs organes de génération, et non pas ceux-ci pour elles : *mulier propter uterum condita est.* Il paroît même que dans la formation des germes, la nature commence son ébauche par les parties sexuelles ; elle songe au maintien de l'espèce avant de s'intéresser aux individus.

La matrice est donc le centre de vie de la femme, la base fondamentale sur laquelle est établi tout l'édifice de son organisation. C'est par cette partie qu'elle existe principalement, et de là que sortent tous ses biens et ses maux, car il n'est pas une maladie, pas une seule affection dans le sexe féminin qui ne corresponde à cet organe principal. L'utérus a même une vie particulière à lui seul, une existence à part ; c'est, comme on l'a dit, un animal dans un autre animal ; il a ses besoins, ses désirs, ses maladies, sa manière particulière de vivre, ses caprices, ses goûts et ses habitudes. Loin d'obéir à la femme, c'est la femme qui obéit à ses volontés. La matrice répand ses influences dans toutes les parties du corps ; elle communique avec toutes ; quand elle est affectée, le corps entier en éprouve la secousse ; elle est le premier moteur ; il semble que la nature ait créé d'abord cet organe et lui ait subordonné tous les autres.

A l'époque de la puberté, qui, dans les diverses contrées de la terre, varie de dix à seize ans chez les femmes (*Voyez* aux articles Homme et Femelle), les forces vitales se portent principalement sur la matrice. Alors elle se réveille, s'accroît rapidement, se développe et acquiert presque tout à coup son ascendant sur les autres parties du corps. Souvent des secousses nerveuses accompagnent cette direction de la vitalité vers les parties sexuelles. On observe une singulière correspondance entre l'utérus et les mamelles ; c'est dans le même temps que s'opère leur développement ; toutes leurs affections se partagent, et la souffrance comme le plaisir leur sont communs. On peut juger de l'état de la matrice par celui des mamelles, car l'expérience prouve que les maladies qui attaquent ces dernières ont leur principal siége dans l'utérus ; tel est, par exemple, le cancer au sein, etc. *V.* le mot Mamelles.

C'est un caractère général de la puberté, de développer tout à coup les systèmes glanduleux et nerveux, et d'établir une nouvelle direction des forces vitales. Avant cette époque les forces de l'individu étoient employées à sa seule existence; mais à la puberté elles se portent principalement aux organes sexuels, et leur attribuent un surcroît de vie. Cette augmentation de la puissance vitale dans ces organes se marque par leur développement rapide ; aussi, chez toutes les femelles des animaux, la région où sont situés la matrice, l'ovaire et les autres organes analogues, est toujours plus grande que dans les mâles. Par exemple, la femme a le bassin plus large que l'homme, et en général le sexe femelle a les parties inférieures plus développées; chez les mâles on observe tout le contraire, parce que les forces vitales y prennent une direction vers la tête. (*V*. FEMELLE.)

L'une des principales fonctions de l'utérus dans la femme est la sécrétion du sang menstruel et le développement du fœtus. Nous parlerons des menstrues à leur article. Cette surabondance de vie qui se remarque dans la matrice, n'existe que pendant le temps de la plus grande vigueur de l'individu, depuis environ quatorze ans jusqu'à quarante-cinq ans chez la femme. Les animaux ayant communément une nourriture moins abondante, éprouvent des intermittences dans l'activité de leurs organes sexuels, des temps de rut et des époques de repos.

Comme la matrice communique avec le nerf grand sympathique dont elle reçoit des rameaux, et avec d'autres nerfs de la vie animale, elle propage par son moyen ses diverses affections dans toute l'économie vivante, et en reçoit par la même voie toutes les sensations particulières; ainsi le mamelon du sein lui transmet ses impressions ; diverses substances irritantes portées dans l'estomac influent sur elle; certaines odeurs qui frappent la membrane olfactive déterminent souvent des contractions subites à l'utérus ; la sensation même d'un baiser sur les lèvres s'étend jusqu'à cet organe. Il existe ainsi une foule de sympathies entre l'utérus et les diverses régions du corps. La migraine des femmes a souvent sa source dans la matrice; la couleur du visage, le tour des yeux, change suivant l'état de celle-ci; lorsque les règles sont suspendues, et que l'utérus se relâche par une espèce d'atonie, les pâles couleurs ou la chlorose se déclarent, l'estomac perd ses forces, le goût se déprave de telle sorte, qu'on a vu des femmes manger du plâtre, du charbon, de la cire à cacheter, etc. Cette irrégularité d'action nerveuse, à l'époque de la puberté, et avant que les forces vitales se soient développées dans la matrice, produit des effets singuliers chez les jeunes filles ; elles deviennent plus sensibles, plus délicates ; leur sein s'arrondit, leur peau s'adoucit, leurs contours se dessinent avec plus d'élégance ; elles ont plus de retenue devant les hommes, tous leurs mouvemens sont plus gracieux, elles s'étudient mieux à plaire, leur caractère reçoit une candeur naïve et une douce innocence qui charment les cœurs les plus insensibles. C'est alors que leur voix prend un timbre aussi doux que sonore, et que les modulations du chant reçoivent cet accent et cette mélodie si touchante, qui pénétrent l'âme d'une tendre mélancolie.

Toutes ces différences naissent de l'action de l'utérus sur l'économie animale ; elle augmente le ton de la fibre, développe le tissu cellulaire sous-cutané, et fait croître les poils du pubis, des aisselles ; elle avive le système nerveux, et détermine un afflux particulier du sang dans les parties sexuelles, à des époques déterminées.

Mais c'est surtout dans ces organes que se remarquent des effets singuliers, soit par la menstruation que nous examinons à l'article MENSTRUES, soit dans l'union sexuelle. Les organes entrent alors dans une turgescence, une rougeur et une tension considérables ; le clitoris se gonfle comme une verge, les muscles constricteurs du vagin se resserrent, son canal se raccourcit, la matrice s'entr'ouvre, s'approche de la verge pour en recevoir le sperme, et des glandes particulières sécrètent une humeur muqueuse et lymphatique. L'irritation que le sperme produit dans l'intérieur de la matrice, y détermine une exsudation d'une lymphe visqueuse et plastique, qui, enveloppant l'œuf ou l'embryon dans ses membranes, forme la membrane caduque de l'utérus, décrite par Hunter. Mais cette impression de la semence du mâle cause une espèce de saisissement qui agite tout le corps spasmodiquement et détermine la sueur. Ces phénomènes sont suivis, lorsque l'imprégnation est accomplie, du dégoût des alimens, de foiblesses d'estomac, de nausées, de vomissemens ; le visage se décolore et jaunit quelquefois, paroît livide et taché ; le caractère devient capricieux, très-susceptible de colère, de dépit ; le sein se gonfle et la grossesse se déclare. Tous ces symptômes annoncent le puissant empire de la matrice sur toute l'économie de la femme ; ils ne sont pas moindres chez les animaux, et la saveur seule de la chair de vache ou de brebis imprégnées par le mâle, indique très-bien ces changemens.

L'irrégularité de l'action nerveuse sur l'utérus produit les symptômes de l'hystérie, maladie si connue dans les villes sous le nom de *vapeurs*, et qui enfante un si grand nombre de maux. La migraine, la tristesse, la mauvaise humeur, les convulsions, l'extrême susceptibilité, les palpitations, les suffocations, les constrictions du pharynx, les anxiétés, la fièvre, les vomissemens, les troubles du bas-ventre, les défaillances, et mille autres accidens qui en sont la suite, émanent de la matrice.

Souvent les membranes muqueuses des organes sexuels de la femme transsudent une humeur appelée *flueur blanche*. C'est un véritable catarrhe de l'utérus, très-fréquent chez les personnes dont la vie est sédentaire, molle et oisive. L'irritation de la matrice produit souvent des hémorragies dangereuses : les lochies qui suivent l'accouchement et l'avortement, débarrassent le système utérin d'une grande quantité de sang dont la présence causeroit de grands ravages.

On peut aussi regarder comme un état de maladie, la nymphomanie ou l'extrême ardeur pour le coït, quoiqu'elle puisse être produite par un excès de santé. Le plus souvent une exaltation de l'influence nerveuse dans les organes génitaux en est la cause. Enfin, à l'époque de la conception et pendant la durée de la grossesse, la matrice jouit d'une surabondance de vie, et reçoit un afflux d'humeurs qui coopèrent à la nutrition du fœtus, et qui fortifient peu à peu sa foible existence.

On peut comparer l'action de l'utérus dans la conception, à celle de l'estomac dans la digestion. La fonction générative ressemble à la fonction nutritive ; les organes qui servent à l'une, sont analogues aux organes de l'autre. Leurs phénomènes sont du même ordre. L'accouchement est un vomissement de la matrice ; celle-ci est analogue à l'estomac ; la vulve l'est à la gorge (*Notez* que les affections de l'une se communiquent à l'autre par sympathie) ; le clitoris ou le gland de l'homme correspondent à la langue ; les nymphes aux lèvres de la bouche ; les testicules aux glandes parotides. La conception est une sorte de digestion ; l'érection, une espèce de faim des organes sexuels ; l'hystérie, une dépravation du goût et de l'appétit, un malacia de l'utérus, la menstruation, une indigestion ; les flueurs blanches et la gonorrhée simple sont un catarrhe, un rhume, une fluxion des parties naturelles ; le coït peut être considéré comme la déglutition d'un aliment qui est la semence, et les liqueurs de la femme sont comme le suc gastrique, etc.

La matrice ou l'utérus, chez les vrais vivipares qui allaitent leurs petits, ou les mammifères, fournit au jeune embryon du sang maternel et des humeurs nourricières pour sa croissance. Nous avons vu, en effet, que cette poche utérine étoit un lacis vasculaire. Lorsque l'œuf fécondé est descendu des ovaires dans la cavité utérine, les villosités de quelques parties de son chorion ou enveloppe extérieure, semblables à de petites racines, s'attachent à l'utérus, s'y abouchent aux ramifications veineuses, et ces oscules sucent, absorbent le sang et les humeurs pour les transmettre au fœtus, par le cordon ombilical. Les œufs de vrais vivipares (*Voy.* Œuf) ne contiennent pas suffisamment d'aliment pour nourrir le fœtus, il faut donc que la mère en fournisse; mais chez les ovipares, le jaune de l'œuf suffisant à la sustentation de l'embryon, la mère ne lui fournit plus rien, et s'il reste, ou éclôt même dans l'oviductus, comme chez les vipères, les squales milandres, les torpilles, les requins charcharias, etc., la mère ne sert que de protection, sans avoir besoin de donner de sa substance à ses petits dans son sein; aussi ces œufs ne sont pas adhérens à l'oviducte. *Voy.* OVIDUCTUS, Œuf, Ovaire et Génération. (VIREY.)

MATRICE ou **GANGUE DES MINÉRAUX.** *V.* Gangue et Filons. (PAT.)

MATRIELS, *Matrella.* Genre de graminée; c'est le même que celui appelé Zoysie. *V.* ce mot. (B.)

MATRISALVIA. Fabius Columna donne ce nom à quelques espèces de sauge, et particulièrement à la sclarée, à cause de ses vertus médicinales. (LN.)

MATRISYLVA. Tragus désigne par ce mot l'Hépatique étoilée (*asperula odorata*); mais c'est plus spécialement celui du Chèvrefeuille des bois, encore nommé à présent *madresella*, en Italie : cependant on le donne aussi à l'*androsemum*, espèce de Millepertuis. (LN.)

MATSA. Nom chinois d'un petit arbre qui croît dans la province de Quantong. C'est le *Dissolena verticillata*, Lour. (LN.)

MATSCH. L'un des noms tartares du Chat domestique. (DESM.)

MATSCHI. *V.* Machi. (DESM.)

MATSCHKA. Nom hongrois de la Chatte. Le Chat, dans la même langue, reçoit celui de *bak-mats hka*; les singes du genre des Guenons, celui de *matschka majom;* ce qui signifie *singe-chat.* (DESM.)

MATTA. Nom portugais de l'Hièble, sorte de Sureau. (LN.)

MATTA MENGIL. Nom indien du Zerumbet ou Gingembre sauvage. (LN.)

MATTA - UDANG. Nom malais d'une Liane grimpante, qui croît à Amboine, et qui paroît être une espèce d'Echites. (LN.)

MATTE. C'est un des noms du *thé du Paraguay. V.* au mot Psoralier. (B.)

MATTHIOLA. Ce genre a été créé par Plumier, en l'honneur de Pierre-André Matthiol, célèbre botaniste du quinzième siècle, auteur de plusieurs ouvrages sur la botanique, et entre autres d'un Commentaire sur les plantes de Dioscoride, plein de recherches instructives, écrit d'un style élégant; ses descriptions sont courtes, et ses figures, quoique en bois, sont très-fidèles. Ce genre de Plumier, adopté par Linnæus, a été réuni au *guettarda*, par Lamarck, Ventenat, etc., et à ce qu'il paroît avec raison : maintenant le nom de *matthiola* est celui d'un genre de crucifères. *V*. ci-après. (LN.)

MATTHIOLE, *Matthiola*. Genre de plante établi par Aiton, pour placer quelques espèces de GIROFLÉES.

Ses caractères sont : calice fermé; les filamens les plus longs, élargis au sommet; silique cylindrique ou comprimée, couronnée par le stigmate qui est bilobé.

La *giroflée* très–odorante sert de type à ce genre.

L'ancien genre *matthiola* de la famille des rubiacées est aujourd'hui réuni aux GUETTARDES. (B.)

MATTI. Sorte de TRUFFE de la Chine, qui a la forme d'une rave et le goût de la châtaigne. Elle est fort recherchée des gourmets. (B.)

MATTUSCHKÉE, *Mattuschkea*. Nom donné par Schreiber au genre établi par Aublet sous celui de PÉRAME. (B.)

MATUITI. Nom appliqué par Marcgrave à trois oiseaux bien différens; car l'un est un IBIS présumé, l'autre paroît être à Buffon un PLUVIER À COLLIER, et la troisième un MARTIN-PÊCHEUR. *V*. ce mot et IBIS. (V.)

MATUITUI DES RIVAGES. *V*. IBIS-MATUITUI. (V.)

MATURITÉ. État des fruits qui sont arrivés à leur développement complet. *V*. FRUIT. (D.)

MATUTE, *Matuta*, Fab. Genre de crustacés, de l'ordre des décapodes, famille des brachyures, tribu des nageurs, ayant pour caractères : tous les pieds, à l'exception des deux premiers ou des serres, terminés en nageoires; test déprimé, presque en forme de cœur tronqué en devant, avec les côtés arrondis antérieurement, dilatés en forme d'épine forte, saillans vers leur milieu, resserrés et convergens ensuite ou vers leur extrémité postérieure; yeux portés sur des pédicules assez longs et logés dans des fossettes transverses; antennes extérieures ou latérales beaucoup plus petites que les intermédiaires et insérées près de leur base extérieure; second article des pieds – mâchoires extérieurs triangulaire, allongé, pointu, prolongé jusqu'aux antennes ou jusque sous le chaperon; les derniers articles des mêmes pieds-mâchoires entièrement cachés par leurs articles précédens; cavité buccale terminée en pointe; pinces des serres épaisses, tuberculées, dentelées et presque en crête; espace pectoral compris entre les pattes, ovale; queue des mâles composée de cinq tablettes, dont celle du milieu plus longue; sept à celle de la femelle (Léach).

On voit par l'exposition de ces caractères, que les matutes

forment un genre très-distinct de celui des portunes et de tous
les autres de la même famille. Fabricius n'en mentionne que
deux espèces particulières , et qui sont aux mers des Indes orientales ; mais le Muséum d'Histoire naturelle en
possède quelques autres, et qui ont été recueillies sur les côtes de la Nouvelle-Hollande par feu Péron et M. Le Sueur.

MATUTE A FRONT ENTIER , *Matuta integrifrons*, Latr. ; *Cancer latipes* , Deg., *Insect.* , tom. 7 , pag. 425 , pl. 26 , fig. 4 , 5 ,
fem. ; Brown, *Jam.* 422, 6,7. D'après la figure que Degéer a
donnée de cette espèce, son chaperon a le bord antérieur entier , au lieu que dans la suivante avec laquelle elle a été confondue , le milieu de cette partie offre toujours deux dents
avancées et contiguës. Le test n'a qu'un pouce de long ; il est
blanchâtre , avec quelques raies d'un jaune pâle. Les deux
épines que l'on remarque sur la face antérieure des pinces
sont petites et paroissent être presque égales ; au-delà , est
une rangée de tubercules. Je présume qu'elle se trouve dans
les mers de l'Amérique.

MATUTE VAINQUEUR , *Matuta victor*, Fab. , Bosc ; Herbst ,
Canc., tab. 6 , fig. 44 ; pl. G 15 , 1 de cet ouvrage ; d'un tiers
environ plus grand que le précédent ; milieu du chaperon bi-
denté : corps blanchâtre , parsemé vaguement d'un très-grand
nombre de points rouges ; l'avant-dernier article de la seconde paire de pieds et le dernier des deux postérieurs lavés
de rougeâtre , avec des points d'un rouge plus foncé ; pinces
des serres ayant une épine très-forte sur leur côté extérieur,
près de sa base , avec une arête allant de là à la naissance de
l'index ; bord inférieur de ces pinces dentelé et uni-épineux
près du carpe ; second segment de la queue terminé par un
bord aigu et très-dentelé. Dans la mer Rouge et aux Indes
orientales.

Dans l'espèce nommée *planipes* par Fabricius (Herbst,
ibid , tab. 48 , fig. 6), les points rouges forment des lignes ondulées en divers sens. Elle se trouve sur les côtes de l'Ile de
France. (L.)

MATUTU. Nom du GOURA COURONNÉ, à Tomogui. (V.)

MATWEED. Nom anglais du *lygeum spartum. V.* SPARTE.
(L.N.)

MAU. Synonyme de MAUVE. (B.)

MAUBÉCHES. *Voyez* l'article TRINGA. (V.)

MAUCE. *V.* MOUETTE. (S.)

MAUCER. On donne ce nom à l'ELLÉBORE PIED DE GRIF-
FON , dans quelques cantons. (B.)

MAUCOCO. *V.* MAKI-MOCOCO. (DESM.)

MAUDUI. C'est le COQUELICOT. (L.N.)

MAUERSALZ. Suivant M. Beurard, ce nom est donné, en Allemagne, à la *magnésie sulfatée*, à la *soude carbonatée* et à la *potasse nitratée* naturelle. L'on nomme aussi la *magnésie sulfatée* MAUERSALPETER. (LN.)

MAUGHANIA, du nom de M. Rob. Maughan, naturaliste écossais, qui a publié plusieurs mémoires intéressans sur divers sujets de l'Histoire naturelle, et insérés dans les Mémoires de la Société Wernérienne d'Edimbourg. M. Jaume Saint-Hilaire nomme ainsi un genre de légumineuses où il ramène les *hedysarum strobiliforme* et *pulchellum*. Il avoit d'abord pensé que ce devoit être le genre *lourea* de Necker; mais il s'aperçut bientôt de son erreur. M. Desvaux, en reconnoissant l'exactitude de cette remarque, a jugé convenable d'appeler ce nouveau genre *ostrydium*, sans réfléchir, sans doute, à l'inconvénient de multiplier les noms pour un même objet. (LN.)

MAUHLIA. *V.* CRINOLLE, MASSONE et AGAPANTHE. (B.)

MAULIN, *Mus maulinus*, Molina, *Hist. nat. du Chili*; Linn., *Syt. nat.* « Cet animal, dit Molina, qui est le double plus gros que la *marmotte*, fut découvert pour la première fois, en 1764, dans un bois de la province de Maule (au Chili). Son poil ressemble à celui de la *marmotte*; mais il a les oreilles plus pointues; le museau plus allongé; des moustaches disposées en quatre rangs; cinq doigts à chaque patte, et la queue plus longue et mieux fournie de poils; les dents sont, pour le nombre et la disposition, égales à celles de la *souris*. Les *chiens* qui attaquèrent cet animal, eurent beaucoup de peine à s'en rendre maîtres, tant sa défense étoit vigoureuse. » Ce quadrupède, qui paroît appartenir au genre des MARMOTTES, dans l'ordre des RONGEURS, n'est cependant pas assez caractérisé pour qu'on puisse le ranger avec certitude à cette place. (DESM.)

MAUNÉIE, *Mauneia*. Arbrisseau de Madagascar, qui, selon Dupetit-Thouars, constitue seul un genre dans l'icosandrie monogynie.

Ce genre offre pour caractères : un calice à cinq lobes ; un ovaire supérieur, surmonté d'un style persistant à trois stigmates ; une baie ovale, contenant deux ou trois semences. (B.)

MAUNI. Nom des ROSES SAUVAGES, chez les Tartares Kourils. (LN.)

MAURANDIE, *Maurandia*. Nom donné par Jacquin au genre établi par Cavanilles sous celui d'USTÉRIE. (B.)

MAURANGATHO. Les Grecs modernes nomment ainsi, selon Forskaël, le *cnicus horridus*, espèce de CYNARO-

CÉPHALES , remarquable par le grand nombre d'épines dont elle est hérissée. (LN.)

MAURE. Nom spécifique d'une COULEUVRE. (B.)

MAURE (GUENON), *Simia maura* , Linn. *Voy.* GUENON. (DESM.)

MAURELLE. Nom du CROTON A TEINTURE. (B.)

MAURES. Race d'*hommes* basanés qui habitent la Mauritanie et l'Éthiopie. *V.* l'article de l'HOMME. (S.)

MAURETTE. Fruit de l'AIRELLE VULGAIRE. (B.)

MAURICE , *Mauritia.* Arbre de la famille des PALMIERS , presque dépourvu de feuilles , dont les rameaux sont anguleux , flexueux , glabres et composés d'entre-nœuds courts , allant en s'épaississant vers le haut , un peu recourbés , terminés par les gaînes des feuilles. Les articulations sont cyathiformes et à bords tranchans. Il sort des aisselles des rameaux , tout le long de la tige , des chatons sessiles , strobiliformes , très-ouverts , ovales , oblongs , disposés sur deux rangs et chargés de fleurs ferrugineuses. Ces fleurons sont tous mâles , et ont, à leur base , deux spathes grandes , droites et arquées en dedans en manière de faux.

Chaque fleur présente : un calice court, monophylle, tronqué , entier, trigône ; une corolle monopétale , à tube court et à limbe partagé en trois découpures lancéolées , presque liguées et canaliculées ; six étamines à filamens épais et courts , dont trois rapprochés et trois écartés.

Les fleurs femelles et les fruits n'ont pas été observés.

Cet arbre singulier croît dans les forêts de la Guyane , où il a été vu par Aublet. Les Guaranis établissent leur demeure entre ses feuilles pendant la saison des pluies , et se nourrissent , pendant le premier tiers de l'année , des pédoncules des fleurs mâles ; pendant le second tiers, de ses fruits ; et pendant le troisième, de la fécule qui se trouve entre les fibres de son tronc. (B.)

MAURICIE. Nom vulgaire d'une grande espèce de MOURELLIER , originaire de la Guadeloupe. (B.)

MAUROCENIA. Ce genre de Linnæus (*Hort. Cliff.*) a été réuni par lui-même à son *cassine.* Adanson a laissé à cette réunion le nom de *maurocenia. V.* CASSINE. (LN.)

MAURONE. Espèce d'ACIPENSÈRE qu'on pêche dans le Volga , et avec les œufs duquel on confectionne du *caviar.* (B.)

MAUS. Nom allemand du RAT. (DESM.)

MAUSART. Nom du RAMIER , en Picardie , selon Salerne. (S.)

MAUSEEICHHORNCHEN. Nom allemand du Loir.
(DESM.)

MAUSEKORN et **MAUSWEIZEN.** Noms des Ivraies, en Allemagne. (LN.)

MAUSEKOPH. Nom allemand de la Musaraigne.
(DESM.)

MAU-SOI-COT. Espèce de Pariétaire ainsi nommée en Cochinchine. Loureiro rapporte que cette herbe attire les vers qui s'engendrent dans la viande et que les naturels en font usage à l'effet d'en purger les animaux qui en sont attaqués. C'est le *parietaria Cochinchinensis* de Loureiro, qui est le *thuoc-gioi* des Chinois. (LN.)

MAUSSADE. Joblot donne ce nom à la Cypris-coquillière. *V.* au mot Cypris. (B.)

MAUSSANE. Nom vulgaire de la Viorne obier, dans les environs d'Angers. (B.)

MAUTE et **MAUTHERZ.** Les mineurs allemands donnent ces noms au minerai qui se trouve par nids ou rognons ou masses détachés ; c'est ce que les mineurs français appellent *minerai en grumeaux* , *mine en marons.* (LN.)

MAUVE. Nom vulgaire des Mouettes et des Goélands. *V.* Mouette. (V.)

MAUVE, *Malva* (*Monadelphie polyandrie.*) Genre de plantes de la famille des malvacées , qui a pour caractères : un calice double , l'extérieur à trois folioles (rarement plus ou moins), l'intérieur à cinq divisions ; une corolle de cinq pétales ouverts , rétrécis et cohérens à leur base , échancrés ou en cœur au sommet ; des étamines nombreuses , dont les filets , réunis inférieurement en cylindre , libres supérieurement et de diverse longueur, portent des anthères réniformes ou arrondies ; un style court, divisé au sommet en huit parties ou plus , terminées chacune par un stigmate , et un fruit composé de capsules égales en nombre aux stigmates , et rangées circulairement. Elles sont communément à une loge , et renferment une ou plusieurs semences réniformes. On compte plus de soixante espèces dans ce genre. La plupart sont des herbes annuelles ou vivaces ; il y a quelques arbrisseaux. Toutes ont les feuilles accompagnées de stipes , et les fleurs axillaires ou terminales. On peut diviser les *mauves* de plusieurs manières, soit par la forme de leurs feuilles entières ou découpées , soit par le nombre des folioles de leur calice , soit par celui des loges et semences que renferme chaque petite capsule. Linnæus a adopté la première division , et Lamarck les deux autres. Les seules espèces utiles ou intéressantes à connoître, sont :

La Mauve sauvage ou la grande Mauve , *Malva sylvestris.* Linn. , plante médicinale, commune en Europe le long des haies et des chemins , dans les lieux incultes et les décombres. Sa racine est vivace, et s'enfonce tellement dans la terre , qu'on a peine à l'en arracher. Elle pousse plusieurs tiges droites , remplies de moelle et velues , ainsi que la plupart des autres parties de la plante; ces tiges se garnissent de feuilles molles , que soutiennent de longs pétioles , et qui sont d'une forme arrondie , et découpées sur leurs bords en cinq ou sept lobes obtus et crénelés : les feuilles inférieures sont moins crénelées que celles du haut. Les fleurs naissent aux aisselles des feuilles, et s'ouvrent les unes après les autres, leur couleur est rougeâtre ou pupurine : (il y a une variété à fleurs blanches.) Le fruit est composé d'environ douze capsules mem braneuses et monospermes.

La Mauve a feuilles rondes ou la petite Mauve , *Malea rotundifolia* , Linn. Cette espèce a toutes ses parties plus petites que la précédente. Cependant sa racine plonge aussi dans la terre assez profondément. Elle donne naissance à des tiges cylindriques , couchées et rameuses , garnies de feuilles presque orbiculaires , à cinq lobes peu marqués , et de fleurs blanchâtres , à veines rouges. Les douze à quinze capsules, qui forment le fruit, sont roussâtres et couvertes , comme toute la plante , d'un duvet court. Elles ne contiennent qu'une semence.

Cette *mauve* croît dans les mêmes pays et dans les mêmes lieux que la précédente. On fait un fréquent usage , en médecine, de toutes les deux , principalement de leurs fleurs et de leurs racines. Elles ont à peu près les mêmes propriétés que les racines et les fleurs de guimauve.

La Mauve frisée , *Malva crispa* , Linn. C'est une plante annuelle , remarquable par les ondulations marginales de ses feuilles , qui les font paroître comme frisées. A ce caractère seul on peut aisément la reconnoître. Elle croît naturellement en Syrie. On la cultive , pour l'ornement , dans quelques jardins des environs de Paris.

La Mauve verticillée , *Malva verticillata* , Linn. Elle a deux sortes de feuilles ; les inférieures sont réniformes , les moyennes et les supérieures en cœur; toutes sont divisées en cinq lobes peu profonds et obtus. Les fleurs sont presque toutes sessiles et groupées, en assez grand nombre , aux aisselles des feuilles. Cette espèce est annuelle et originaire de la Chine.

La Mauve alcée, *Malva alcea*, Linn. Elle doit être citée pour la grandeur et la beauté de ses fleurs, de couleur de chair ou purpurine ; elles paroissent en juin et juillet ; des poils courts et en faisceaux, couvrent toutes les parties de cette plante ; elle est vivace, et croît naturellement en Europe dans les lieux secs et ombragés, et porte des feuilles découpées très-profondément, le plus souvent en cinq parties.

La Mauve musquée, *Malva moschata*, Linn. Elle est ainsi nommée à cause de l'agréable odeur de musc qu'exhalent ses fleurs roses. Elle se trouve dans les bois, et ressemble beaucoup à la précédente ; mais elle est plus basse ; ses feuilles radicales sont réniformes, et celles de la tige très-découpées. D'ailleurs, elle en diffère particulièrement par les poils solitaires et droits dont elle est munie, et qui sont insérés chacun sur un point saillant et coloré.

La Mauve du Pérou, *Malva peruviana*, Linn. Celle - ci a une tige droite et herbacée, des feuilles palmées à cinq ou sept lobes obtus, des fleurs disposées en grappes axillaires placées sur un seul côté des tiges, et des semences hérissées de pointes. Elle croît aux environs de Lima, dans les lieux humides. Elle est annuelle.

La Mauve effilée, *Malva virgata*, Mur., Lam. Elle a une tige frutescente et des rameaux grêles et effilés, garnis de feuilles étroites à leur base, découpées en trois lobes, qui sont incisés. Les fleurs sont solitaires sur leur pédoncule, et naissent aux aisselles des feuilles ; les onglets de la corolle sont blancs, et le limbe purpurin et rayé de lignes plus foncées. C'est une très-jolie *mauve*, qui peut être employée à orner les jardins. Elle croît naturellement au Cap de Bonne-Espérance, et doit être distinguée de la suivante, avec laquelle Linnæus l'avoit confondue, en les réunissant toutes deux sous le nom de *malva capensis*.

La Mauve glutineuse, *Malva glutinosa*, Linn., ainsi appelée parce que ses feuilles supérieures et les sommités de ses tiges sont glutineuses. Elle croît aussi au Cap de Bonne-Espérance. On la distingue de la précédente à ses poils séparés, plus ou moins abondans, qui garnissent les tiges, les pétioles, les pédoncules et les calices, et à ses feuilles plus grandes, moins découpées et légèrement cordiformes.

La Mauve élégante, *Malva abutiloides*, Linn., F. On trouve encore celle-ci au Cap. Elle est remarquable par le duvet laineux qui couvre toutes ses parties. Ses feuilles sont profondément laciniées et à découpures crénelées ; ses fleurs d'un jaune rougeâtre, et ses fruits composés de vingt-quatre capsules renfermant chacune trois semences.

On peut voir, dans la *Nouv. Encyclop.*, les noms et la description des autres espèces de mauves.

Les mauves se multiplient par leurs graines, qu'on sème
communément au printemps, sur une planche de terre commune. Les espèces originaires des pays chauds étant trop
tendres pour subsister en plein air dans nos climats pendant
l'hiver, on doit alors les abriter du froid. Pour cela, il faut
les élever dans des pots. Les espèces dures peuvent être trans-
plantées tout de suite en pleine terre, quand elles ont atteint
la hauteur de trois ou quatre pouces : on peut semer celles-ci
en automne.

On pourroit retirer de l'écorce de quelques mauves, comme
de celle de plusieurs autres plantes de la même famille, une
filasse propre à faire des cordes. (D.)

MAUVE EN ARBRE. C'est la KETMIE DES JARDINS. (B.)

MAUVE DES JUIFS. On a donné ce nom à la CORETTE.
(B.)

MAUVE ROSE. *V.* ALCÉE. (B.)

MAUVETTE ou **MOVIN.** C'est une espèce de GÉRA-
NIUM, *G. rotundifolium*. (LN.)

MAUVETTE BRULANTE. C'est l'ORCHIS BRULÉE,
Orch. ustulata, L. (LN.)

MAUVIARD. Nom vulgaire par lequel on signale, à
Rouen la GRIVE proprement dite. *V.* ce mot. (V.)

MAUVIETTE. Nom donné, dans divers endroits, à la
grive, au *mauvis* et à l'*alouette commune*, quand elle est grasse.
(V.)

MAUVIS. *V.* le genre MERLE, article des GRIVES. (V.)

MAUVIS DE LA CAROLINE. *V.* GRIVE ERRATIQUE. (V.)

MAUVISQUE, *Malvaviscus.* Arbrisseau à feuilles alternes,
pétiolées, cordiformes, inégalement dentées ou crénelées, pendantes, tomenteuses, souvent anguleuses vers leur base et
stipulées ; à fleurs grandes, d'un rouge très-vif, pédonculées, solitaires, axillaires, à pétales roulés en spirale, et ap-
pendiculés à leur base, qui a fait long-temps partie du genre
KETMIE, mais qui, dans ces derniers temps, a été établi en
titre de genre sous le nom ci-dessus, ou sous celui d'ACHANIE.

Ce genre a pour caractères : un calice double, l'intérieur
tubuleux, à cinq dents, à dix stries, l'extérieur à huit feuilles
linéaires, l'un et l'autre persistans ; une corolle de cinq pétales, munis de l'appendice déjà mentionné ; un tube colon-
niforme, tors en spirale, rouge, adhérent à l'onglet des pétales, terminé par cinq petites dents, et chargé de filamens

courts pendans, nombreux, auxquels sont suspendues des anthères didymes et réniformes ; un ovaire supérieur, arrondi,
surmonté par un style et terminé par dix stigmates velus ; baie
sphérique, charnue, succulente, glabre, à cinq angles, à
loges monospermes, et à semences triangulaires.

Le *mauvisque* croît naturellement dans les lieux pierreux
de la Jamaïque et du Mexique, et s'élève à la hauteur de dix
à douze pieds. On le cultive dans les jardins des curieux, où
il fait un très-bel effet lorsqu'il est en fleur ; mais ses pétales
ne se développent pas complétement. Il craint la gelée, et demande la serre-chaude, ou au moins une bonne orangerie pendant l'hiver. (B.)

MAUZ, *Mauze*. Noms arabes du BANANIER. Cette plante
est aussi appelée *maum*, *amousa* et *musa*, par les Arabes. (LN.)

MAUZENZAHNE. Ce nom, qui signifie *dent de rat*, est
celui que l'on donne, en Allemagne, à une variété de
chaux carbonatée en pyramide hexaèdre très-aiguë. (LN.)

MAVE ou MAWE. Nom que l'on donne, en Suède, dans
les îles du Gothland, à la MOUETTE CENDRÉE. (V.)

MAVEVE. Nom de l'ACOMAT A ÉPIS. (B.)

MAWO-POULLO. En grec moderne, c'est l'ÉTOUR-
NEAU. (V.)

MAXILLAIRE, *Maxillaria*. Genre de plantes de la gynandrie diandrie, et de la famille des orchidées, qui présente
pour caractères : une corolle retournée de cinq pétales ovales, lancéolés, dont les deux antérieurs plus aigus, le
supérieur concave, et les quatre autres recourbés en faux ;
un nectaire dont la lèvre inférieure est courbée, canaliculée,
obtusément trifide, presque éperonnée, dont la lèvre supérieure est linéaire, canaliculée et courbée ; un opercule hémisphérique, concave, biloculaire, couvrant l'étamine ;
une étamine solitaire, attachée à la lèvre supérieure du nectaire, à filet bifide et à deux anthères bipartites ; un ovaire
oblong, tordu, inférieur, à style adné à la lèvre supérieure
des nectaires, et à stigmate irrégulier ; une capsule oblongue,
hexagone, à angles alternes plus saillans, à deux valves et à
une seule loge.

Ce genre, qui se rapproche beaucoup des ORCHIS, tire
son nom de la forme de son nectaire, qui ressemble réellement à deux mâchoires ouvertes et vues de profil. Il renferme
seize espèces, toutes propres au Pérou, et que Swartz pense
devoir, peut-être, faire partie de son genre DENDROBION. (B.)

MAXON. Nom vulgaire du MUGIL. (B.)

MAXTALTON de Séba. C'est le MARGAY, quadrupède
du genre CHAT. (DESM.)

MAYA. La Petite Marguerite des champs reçoit ce nom en Espagne. (l.n.)

MAYAQUE, *Syena.* Genre de plantes de la triandrie monogynie, qui offre pour caractères : un calice de trois folioles ovales-oblongues et persistantes ; une corolle de trois pétales insérés au réceptacle ; trois étamines ; un ovaire arrondi, à style simple et à stigmate globuleux, persistant ; une capsule globuleuse, uniloculaire, trivalve, contenant six semences noires et striées.

Ce genre, appelé Biaslie par Vandeli, ne renferme qu'une seule espèce. C'est une petite plante semblable à une mousse, dont les tiges sont couchées, les feuilles capillaires, verticillées, et les fleurs axillaires. Elle se trouve sur le bord des eaux à la Guyane. (b.)

MAY BAOC. La Flagellaire des Indes porte ce nom en Cochinchine. (l.n.)

MAY-BAOC-BO-CAY. Autre espèce de *flagellaire* (*flagellaria repens*, Lour.) ainsi désignée en Cochinchine. (l.n.)

MAY DA. Nom qu'on donne, en Cochinchine, à une espèce de Rotang (*Calamus petræus*, Lour.) dont on fait des manches de piques. (l.n.)

MAY DANG. C'est, en Cochinchine, une espèce de Rotang (*Calamus amarus*, Lour.) dont les tiges, longues de soixante pieds, sont employées aux mêmes usages que celles du May nuoc. (l.n.)

MAY NUOC et **MAY RA.** Noms donnés, en Cochinchine, à une espèce de Rotang (*Calamus verus*, Lour.). Ses tiges ont plus de cent pieds de longueur ; divisées en lanières et privées de leur moelle, elles sont tordues en cordes qu'on emploie à retenir les ancres des navires, à lier les planches qui forment la couverture des maisons, et même les vaisseaux construits sans clous. On en tresse des ustensiles pour divers usages. (l.n.)

MAY SAONG. Nom cochinchinois d'une autre espèce de Rotang (*Calamus rudentum*, Lour.), qui sert à faire d'excellens cordages pour les navires, pour traîner des poids considérables et pour garrotter les éléphans indomptés. (l.n.)

MAY TAT. Nom donné, en Cochinchine, à un Rotang (*Calamus dioïcus*, Lour.). Ses tiges, de la grosseur d'une plume, et longues de vingt pieds, servent à faire de très-jolis ouvrages. (l.n.)

MAYENCHE, MAIENZE. Noms savoyards des Mésanges. (v.)

MAYENNE. Synonyme d'Aubergine. (l.n.)

MAYEPE, *Mayepea.* Arbrisseau à feuilles opposées, pétiolées, ovales-oblongues, terminées en pointe, et à fleurs disposées en petits corymbes axillaires et munis de bractées, qui forme un genre dans la tétrandrie monogynie.

Le caractère de ce genre est d'avoir : le calice petit, velu, partagé en quatre découpures; une corolle de quatre pétales, ovales, concaves, terminés chacun par un long filet; quatre étamines à anthères presque sessiles; un ovaire supérieur, ovale, surmonté d'un stigmate sessile, épais, concave et évasé; un drupe ovale, renfermant un noyau ligneux et monosperme.

Le *mayèpe* se trouve dans les forêts de le Guyane, où Aublet l'a observé. Ses fleurs sont blanches et répandent une odeur agréable ; ses fruits sont violets et amers.

Ce genre a été réuni depuis avec les CHIONANTHES, sous le nom de CHIONANTHE ÉPAISSE. (B.)

M. de Jussieu fait observer qu'on a réuni à tort ce genre au *cyrtanthus* de Schreber et au *chionanthus* ; en effet, si les caractères donnés par Aublet sont exacts, le *mayepea* en diffère par le nombre, et surtout par la position des étamines. (LN.)

MAYETA. Ce genre de plante, établi par Aublet, diffère à peine du *melastoma*, avec lequel les botanistes le réunissent actuellement. (LN.)

MAYNA d'Aublet. *V*. MAINE. (LN.)

MAYNETA et MÉTRA. Deux noms de FRAISIERS, en Espagne. (LN.)

MAYNOA. Nom du MAINATE, dans l'île de Java, selon Latham. *V*. ce mot. (V.)

MAYPOURI. *V*. TAPIR. (S.)

MAYS. *V*. MAÏS. (LN.)

MAYSE, MAYSZ, MEISE. Noms allemands des MÉSANGES. (V.)

MAYTEN, *Maytenus*. Arbre du Pérou, toujours vert, de moyenne grandeur, à feuilles à peine pétiolées, ovales-oblongues, dentées, les unes alternes et les autres opposées, à fleurs purpurines, très-petites, éparses sur les jeunes rameaux, et dont les parties de la fructification ne sont pas encore parfaitement connues. Il paroît cependant qu'il a le calice monophylle, à cinq lobes; la corolle polypétale; deux étamines; un style à stigmate simple ; une capsule ovale, bivalve, biloculaire, bisperme, et quelquefois trivalve, triloculaire et trisperme.

L'Héritier a placé cet arbre parmi les CÉLASTRES; d'autres auteurs le mettent parmi les SENACIERS.

La décoction des feuilles du *mayten* est le véritable antidote du LITRI. Les bestiaux sont si avides de ses feuilles,

qu'ils les préfèrent à tout autre fourrage, et qu'ils détrui-
roient l'espèce si les haies et les précipices ne mettoient les
jeunes arbres à l'abri de leur voracité. Son bois est dur, de
couleur orangée, avec des nuances de rouge et de vert. (B.)

MAZAME ou **MAÇAME.** Nom mexicain des animaux
du genre des cerfs. Accompagné de diverses épithètes, il sert
à désigner plusieurs animaux différens. Ainsi il paroît que le
quautlamazame de Hernandez doit être rapporté à notre quatorzième espèce de cerfs, le CHEVREUIL D'AMÉRIQUE de Buffon, ou le GOUAZOUPOUCOU de d'Azara; et le *Tememacame*
à notre quinzième espèce ou GOUAZOUPITA de d'Azara, ou
COASSOU de M. Frédéric Cuvier. Le *mazame* proprement dit
est notre dixième cerf ou CERF DE VIRGINIE, ou le cerf de
la Louisiane de M. Frédéric Cuvier. (DESM.)

MAZARD. On donne ce nom, dans la ci-devant Bourgogne, aux insectes qui mangent des BOURGEONS. (B.)

MAZARICO. L'un des noms italiens du MARTIN-PÊ-
CHEUR D'EUROPE. (V.)

MAZEUTOXERON. Nom donné par Labillardière au
genre de plantes appelé *correa* par Smith. *V.* CORREA. (B.)

MAZUS, *Mazus.* Plante annuelle de la Cochinchine, à
feuilles opposées, ovales, dentées, rugueuses, à fleurs d'un
blanc violâtre, longuement pédonculées, et disposées
en épis, qui, selon Loureiro, forme, dans la didynamie angiospermie et dans la famille des SCROPHULAIRES, un genre
voisin des GÉRARDES.

Ce genre offre pour caractères : un grand calice campanulé, pentagone, à cinq divisions lancéolées, presque égales;
une corolle bilabiée, à lèvre supérieure en voûte, bifide, et
à lèvre inférieure plus longue, à trois divisions arrondies, extérieurement sillonnée, et intérieurement tuberculée; quatre
étamines croisées par paire, dont deux plus courtes; un
ovaire supérieur, surmonté d'un style à stigmate spathulé
et bifide; une capsule presque ronde, comprimée, biloc-
laire, bivalve et polysperme.

Le *mazus* est la LINDERNE du Japon. Son bois est fort
estimé au Japon pour faire des meubles et des instrumens.
(B.)

MAZZACAVALLO. Le SOUCHET ODORANT reçoit ce
nom en Italie. (LN.)

MAZZARD. L'un des noms anglais du MERISIER (*prunus
avium*, Linn.). (LN.)

MBAGUARI. Nom que des naturels du Paraguay donnent à la CIGOGNE MAGUARI. *V.* ce mot. D'autres l'appellent
BAGUARI. (V.)

MBARACAYA. C'est, selon d'Azara, le nom que les Guaranis donnent au CHAT. Ils nomment aussi l'*ocelot*, *mbaracaya gouazou*; ce qui signifie GRAND CHAT. (DESM.)

MBATUITI. Nom appliqué aux PLUVIERS, dans l'Amérique méridionale. (VIEILL.)

MBIYUI. Nom que les Guaranis donnent à l'HIRONDELLE DOMESTIQUE DU PARAGUAY. (V.)

MBOPI. C'est le nom que les habitans du Paraguay donnent aux quadrupèdes de l'ordre des CHÉIROPTÈRES, ou, ce qui revient au même, à tous ceux qui portent le nom de CHAUVE-SOURIS. (DESM.)

MBOREBI. C'est, suivant d'Azara, le nom guarani du TAPIR. *V.* ce mot. (DESM.)

MÈ. Nom chinois des FROMENS (*triticum*). En Chine et en Cochichine, on préfère, pour la nourriture, le *riz* aux *fromens*, qui, comme les *orges*, n'y sont pas d'un grand rapport. (LN.)

MEADIA. Catesby, dans son Histoire Naturelle de la Caroline, donne ce nom a une jolie plante, qui a le port des primevères, et que Linnæus nomma DODECATHEON (douze dieux en grec), parce que ses fleurs, très-singulières dans leur forme, sont réunies au nombre d'une douzaine, à l'extrémité de la hampe. Le nom de *meadia* dérive de celui du docteur Mead, médecin écossais. Quelques botanistes l'ont conservé. *V.* GIROSELLE. (LN.)

MEADOW GRASS. Nom anglais des PATURINS. (LN.)

MEALY-TRÉE. Nom anglais de la MANCIENNE. (LN.)

MEANDRINE, *Meandrina*. Genre de polypiers pierreux, établi par Lamarck aux dépens des *madrépores* de Linnæus. Il offre pour caractère: une masse simple, subcrustacée, glomérulée, ou en boule, à superficie creusée par des sillons, ou ambulacres sinueux, dont les parois sont garnies de lames inégales, dentées, perpendiculaires aux crêtes des sillons. Son type est le *madrepora meandrites* de Linn. *V.* au mot MADRÉPORE. (B.)

MEANDRITE ou MEANDRINE FOSSILE. C'est un polypier pierreux, congloméré en forme de boule, dont la surface est creusée de sillons tortueux et dentelés; j'en ai beaucoup vu qui étoient convertis en agate, dans la riche collection de l'académie de Grodno en Lithuanie, qui avoit été formée par les soins de mon savant ami le professeur Gilibert. Ils avoient été trouvés dans les environs de cette ville, qui sont en général très-riches en productions marines fossiles. *Voyez* MÉANDRINE. (PAT.)

MEAPAN. C'est le nom syriaque du GRAND AIGLE, selon Guil. Tardif. (s.)

MEBBIA. Un père Zuchel, dans un voyage très-peu connu, à Congo et en Ethiopie, rapporte qu'il y a dans le royaume de Congo des *chiens* sauvages, appelés *mebbia*, ennemis mortels des autres quadrupèdes, ne différant pas beaucoup de nos chiens courans, et qui courent par troupes de trente et de quarante, quelquefois même en plus grand nombre. Ce passage du voyageur doit, selon toute apparence, se rapporter aux *chacals*, animaux qui cependant n'ont pas une grande ressemblance avec nos chiens courans. *V.* l'histoire du CHACAL, à l'article CHIEN. (s.)

MEBORIER. *Meborea*, Aubl. *Rhopium*, Willd. Arbrisseau à feuilles alternes, presque sessiles, ovales-acuminées, accompagnées de deux stipules petites et caduques, à fleurs roussâtres, disposées en petits paquets axillaires et en longues grappes terminales.

Cet arbrisseau forme un genre dans la gynandrie triandrie, qui a pour caractère : un calice persistant, monophylle, divisé en six découpures lancéolées, creusées chacune à leur base interne d'une fossette bordée d'un feuillet; point de corolle; trois étamines, dont les filets courts, larges à leur naissance, bifides au sommet, disposés horizontalement, faisant corps avec l'extrémité des styles, au-dessous des stigmates, portent, chacun, deux anthères ovales et didymes; un ovaire supérieur, trigone, surmonté de trois styles, adossés l'un contre l'autre, à stigmates simples; une capsule composée de six valves dispermes. Les semences sont noires et ovales.

Cet arbrisseau croît dans la Guyane, où il a été observé et dessiné par Aublet. (B.)

MECARDONIE, *Mecardonia*. Plante vivace du Pérou, qui seule constitue un genre dans la didynamie gymnospermie et dans la famille des scrophulaires; lequel présente pour caractères : calice de sept folioles; corolle à lèvre supérieure bifide, et inférieure trifide; capsule bivalve et uniloculaire.   (B.)

MECHAL-PIGAM. Nom chaldéen de la graine de la plante que les Hébreux appeloient BIZERI SALGAGEL, que quelques auteurs disent être la RUE. (LN.)

MECHANITIS, *Mechanitis*, Fab. Genre d'insectes lépidoptères, que je réunis à celui des HÉLICONIENS. *Voyez* ce mot. (L.)

MECHMECH. Nom arabe de l'ABRICOTIER (*Prunus armeniaca*, Linn.). (LN.)

MÉCHOACAN. Nom brasilien d'une espèce de LISERON dont la racine est employée en médecine comme purgative. On ne connoît pas encore complétement les caractères spécifiques du *méchoacan*, quoiqu'il soit figuré dans Marcgrave. Au reste, on n'en fait presque plus d'usage en Europe. On lui a substitué le JALAP, qui est aussi une espèce de *liseron*, et dont les propriétés sont plus actives.

On apppelle aussi *méchoachan du Canada*, le PHYTOLACA DÉCANDRE, parce que sa racine est semblable à celle du liseron du Brésil, et qu'elle purge comme elle. (B.)

MÉCHOACAN NOIR. C'est le JALAP (*Convolvulus jalapa*, L.). Le nom de *méchoacan* est celui d'une province américaine qui produit le véritable *méchoacan* appelé aussi *méchoacan blanc* et *scammonée d'Amérique*. *V*. MÉCHOACAN et LISERON. (LN.)

MÉCHON. C'est ainsi que l'on nomme à Saumur, les racines de l'ŒNANTHE PIMPINELLOÏDE, qu'on y mange comme celles de la GESSE TUBÉREUSE. (B.)

MÉCH, MICH et MÉCIATON. Selon Mentzelius, les Africains donnoient les deux premiers noms à l'*Aangollis*; et suivant Adanson, le second désignoit la même plante, chez les Romains. (LN.)

MÉCION de Dioscoride. Synonyme de MÉCON. *Voyez* ce mot. (LN.)

MÉCON. Les Grecs donnoient spécialement ce nom aux PAVOTS; ils l'étendoient aussi à quelques plantes de la même famille, et peut-être à des EUPHORBES. Leur *méconion* est l'extrait qu'ils obtenoient en pilant les feuilles et les capsules fraîches du pavot cultivé. Cette préparation porte encore ce même nom. *V*. PAPAVER, PAVOT et OPIUM. (LN.)

MÉCONA. L'un des noms grecs anciens de la NIGELLE CULTIVÉE, qui est le PAVOT NOIR des Romains, et le MELANTHIUM (*V*. ce mot.) de Théophraste et de Dioscoride. (LN.)

MECONION. *V*. MÉCON. C'étoit aussi, chez les Grecs, le nom d'une ANÉMONE. (LN.)

MECONITE. Pierre mentionnée par Pline, et qui rappeloit la graine du *pavot*. Elle nous est demeurée inconnue.
(LN.)

MÉCONITES. Petits fossiles d'une forme globulaire et cloisonnés, qui ont au plus la grosseur d'une graine de navette ou de pavot, et qui forment à eux seuls des couches calcaires puissantes. Quelques naturalistes les avoient pris autrefois pour des œufs de poissons pétrifiés, mais l'examen de leur structure démontre que cela n'est pas. Les diverses espèces de *méconites* rentrent dans les genres *mélonite*, *mélio-*

lite, etc. de Lamarck, c'est-à-dire dans la famille des numismales ou camérines. Les couches qu'elles forment appartiennent aux terrains secondaires d'une formation même assez récente. On a compris dans les pierres mécouites des pierres calcaires, uniquement formées de petites concrétions globulaires compactes ou à couches concentriques, qui se distinguent encore par leur volume inégal et leur forme différente. On les a appelées OOLITHE ; il y en a aussi de siliceuses.

Les *ammites* sont aussi des pierres analogues aux précédentes pour l'aspect, mais il paroît que ce sont des débris de têts coquilliers long-temps roulés par les vagues qui en firent une espèce de triage en les plaçant par rang de grosseur. Voilà pourquoi le volume de ces débris est le même dans chaque couche; ils se fossilisèrent ensuite : les côtes d'Afrique, de l'île de France, offrent des exemples de ce genre qui autorisent à croire à l'opinion que nous venons d'émettre. (L.N.)

MÉCONIUM. Ce mot, qui signifie primitivement le suc du pavot μήκων des Grecs, a été donné à une matière brunâtre, poisseuse à l'apparence, et qui farcit les intestins de l'enfant nouveau-né. Il rend cette matière qui ressemble à l'opium brut du commerce, au *meconium*.

On a voulu connoître la nature de l'excrément de l'enfant qui n'a point encore mangé. Selon Deleurye et Bordeu, cette matière a paru être un résidu de nature bilieuse, noir, colorant l'eau en jaune, l'alcool en brun, et donnant le dixième de son poids d'extrait alcoolique (Fourcroy, *Syst. des conn. chim.*, t. 10, p. 89). Bayen considéra le *meconium* comme un excrément laiteux. M. Bouillon-Lagrange a trouvé cette substance composée d'abord d'eau, 0,70 ; de matière analogue au mucus, 0,02 ; de *meconium* proprement dit, 0,28, se comportant comme une substance végétale, et ce qu'il y a de singulier, contenant souvent beaucoup de poils (*Bullet. de Pharmacie*, tom. 5, pag. 294, an 1813).

Le jeune enfant a-t-il avalé de l'eau albumineuse de l'amnios, et le *meconium* en est-il un résidu? Il est permis d'en douter, puisqu'on a vu des fœtus monstrueux, sans bouche, d'autres sans anus ouvert. Le *meconium* est-il un résidu de plusieurs excrétions internes, que les vaisseaux intestinaux auroient dégorgé dans le tube digestif? Mais d'où viennent ces poils ? On voit que la manière dont se forme le *meconium*, est encore un problème obscur en physiologie. (VIREY.)

MÉCONIUM ou MOECONIUM. On appelle ainsi, soit en Turquie, soit en Angleterre, l'extrait du PAVOT qui fournit l'opium. Cet extrait a les mêmes vertus que l'opium, mais à un plus foible degré. *V.* au mot PAVOT. (B.)

MÉCONOPSIS, *Meconopsis*. Genre de plantes, établi

pour placer le Pavot du pays de Galles, qui a le fruit d'une Argemone. *V.* ces deux mots. (b.)

MED. Nom du Cuivre en Bohême. Ce métal porte, en Russie, celui de Myed; en Pologne, celui de Miedz. (l.n.)

MEDAILLE. On donne ce nom à la Lunaire. (b.)

MEDAN. Nom de plusieurs espèces de Basilic (*Ocymum*), en Arabie, selon Forskaël. (l.n.)

MEDATA. C'est un des noms qu'on donnoit, selon Apulée, au *marrubium nigrum* des Latins, que l'on dit être notre *ballota nigra*, vulgairement appelée Marrube noire. (l.n.)

MEDDAD et JEFEYRY. Noms arabes d'une espèce de Julienne, *Hesperis acris*, Forsk., Delisle, *Ægypt.*, pl. 35, fig. 2. (l.n.)

MEDEA, (*fer hématite?*) Pierre noire veinée légèrement, qui lorsqu'on la frotte devient d'un jaune safran et a le goût du vin. La découverte en étoit attribuée à Médée. Cette dernière partie de la description de Pline détruit les soupçons que peut faire naître son commencement, et nous oblige à regarder cette pierre comme inconnue. (l.n.)

MÉDECINE VÉTÉRINAIRE. La médecine des animaux domestiques a été long-temps négligée en France, et abandonnée à la routine des gens les plus ignorans ou les plus charlatans, qui vendoient des recettes et des remèdes, sans connoître ni leurs effets, ni souvent même la maladie pour laquelle ils les ordonnoient. Dans les grandes villes seulement, quelques maréchaux plus instruits, et à même de voir des accidens et des maladies semblables se renouveler, étoient parvenus à avoir quelques idées plus justes sur celles des chevaux et sur les traitemens et remèdes qu'il convenoit le mieux d'y apporter : tel fut *Beaugrand*; mais cette routine qui n'étoit point éclairée par des études préliminaires et par une saine théorie, étoit encore bien insuffisante, et la source d'un grand nombre d'erreurs.

Solleysel, *De la Guerinière*, *Garsault* et les *Lafosse* père et fils, furent les premiers qui cherchèrent à poser des bases à la médecine des chevaux: mais ce fut *Bourgelat*, de Lyon, écuyer, qui, s'apercevant combien le manque de personnes instruites dans cette science étoit préjudiciable aux intérêts de la société, entreprit de tirer la médecine vétérinaire de l'oubli, en créant une nouvelle branche d'instruction publique. Il vit de suite que, quoique le cheval fût en France le plus cher et le plus précieux de tous nos animaux, les autres ne méritoient cependant pas moins de fixer l'attention, à cause de leur grande utilité, et à cause des malheurs énormes que quelquefois entraînoient les mortalités auxquelles ils étoient exposés; il vit aussi quels avantages résulteroient, si leur éducation,

généralement mauvaise, pouvoit être perfectionnée et dirigée par des hommes capables d'en raisonner sur des bases
fixes et vraies; il pensa que les mêmes personnes, qui devoient être chargées de les traiter quand ils seroient malades, devoient être en même temps instruites des moyens de
les améliorer et de les multiplier : tel fut le but qu'il se pro-
posa en établissant les écoles Vétérinaires. On voit que la
médecine des animaux n'étoit qu'une division de l'enseigne-
ment, et que la médecine des chevaux n'étoit qu'une sous-
division.

Ce fut en 1761 qu'il jeta les premiers fondemens de l'école
vétérinaire de Lyon, et le 1.er janvier 1762 qu'il ouvrit ses
cours; ce ne fut qu'en 1766 qu'il établit celle d'Alfort, près
Paris, sur le même modèle; depuis, ses institutions ont été
diversement modifiées; mais le but principal est toujours
resté le même : 1.º l'éducation des animaux domestiques; 2.º
l'étude et le traitement de leurs maladies.

Nous nous occuperons ici seulement de cette dernière
branche, qui est encore la plus difficile et la moins avancée,
malgré les progrès qu'elle a faits depuis l'institution des écoles.
En effet, s'il est souvent difficile, pour le médecin des hommes, de connoître l'affection de son malade, qui parle, qui
lui indique le genre de ses souffrances, l'endroit de la douleur,
qui peut lui récapituler toutes ses actions passées, toutes les
sensations qu'il a éprouvées; combien la même connoissance ne doit-elle pas être difficile pour le vétérinaire, dont
le malade, non-seulement ne parle point, mais encore est
bien souvent entouré de domestiques, qui sont la première
cause du mal, et qui ont ainsi grand intérêt à la cacher dans
la crainte des réprimandes ?

Une autre cause rend encore la médecine vétérinaire bien
difficile, c'est que le plus souvent, le vétérinaire n'est consulté que très-tard; l'homme, quand il est malade, tremble
pour lui-même, et rien ne lui coûte pour sa guérison; quand
son cheval ou son bœuf est malade, il ne tremble que pour sa
bourse. La crainte de dépenser quelque argent en visites, lui
fait différer d'appeler le secours du vétérinaire, et ce
n'est que quand la maladie prend un aspect dangereux, souvent même quand il est trop tard, que l'on a recours à ses
talens; souvent encore l'insouciance des domestiques et
celle des maîtres à les surveiller font négliger les soins
qu'il recommande. Enfin, l'homme qui est sur le point de
perdre un membre, regarde comme un sauveur le chirurgien qui, sans le lui rendre parfait, lui en conserve encore
l'usage; le vétérinaire n'a rien fait, si en conservant la
vie à l'animal, il ne le rend après l'accident capable des
mêmes services qu'il rendoit auparavant. Dans certaines

affections, le médecin et le chirurgien n'ont besoin que
de temps pour guérir; le vétérinaire, s'il ne guérit pas
promptement, ne fait rien, parce que le prix de la nourri-
riture de l'animal a bientôt égalé celui de sa valeur réelle. Si
donc les maladies des animaux domestiques sont en général
moins nombreuses que celles de l'homme, il est souvent plus
difficile d'en triompher.

Si nous voulions traiter à fond toutes les parties qui composent la médecine vétérinaire, nous serions bien vite emportés au-delà des bornes que nous prescrit le plan de cet
ouvrage. L'étiologie, la séméiotique, la nosologie, la thérapeutique, et l'examen de tous les moyens qu'elle emploie,
tels que les opérations chirurgicales, la ferrure et la matière médicale, sont autant de branches qui présentent un
intérêt différent, mais égal, et qui mériteroient toutes d'être
approfondies; mais, un plan qui coordonneroit toutes ces
différentes parties de la même science, seroit bien vaste,
et peut-être hors de nos connoissances actuelles. Nous nous
bornerons donc ici à donner une idée des maladies les plus
connues, et de celles qui enlèvent le plus d'animaux à la société, en adoptant dans leur description un ordre propre à
faciliter leur étude : mais quel ordre adopterons-nous?

Toutes les classifications de maladies adoptées par les
médecins, pour les affections de l'espèce humaine, ont présenté quelques inconvéniens, et il n'en est pas encore une
qui offre un cadre juste pour toutes; celles qui ont été adoptées
pour les maladies des animaux domestiques, sont donc encore bien plus loin du but; c'est donc parmi les premières qu'il
faut choisir, en prenant celle qui pourra le mieux encadrer,
pour ainsi dire, les maladies de nos animaux.

Quelques classifications sont fondées sur les causes des
maladies, mais le plus souvent il est impossible de bien
déterminer ces causes. Cette méthode a de plus l'inconvénient de réunir, dans la même classe, des maladies bien
différentes, parce que les causes présumées sont les mêmes,
tandis qu'elle sépare des maladies entièrement semblables, parce que leurs causes sont différentes.

Des auteurs ont pris pour base de classification les signes
et les symptômes par lesquels les maladies se manifestoient,
et ont rapproché les plus contraires, parce qu'elles avoient
un signe ou un symptôme commun. Ainsi, ils ont rapproché
les abcès, les loupes, les anévrismes, les tumeurs cancéreuses et toutes les autres espèces de tumeurs, quoique ces
maladies fussent bien différentes les unes des autres, et que
le traitement employé pour une pût souvent être mortel
pour l'autre.

Depuis que les maladies chroniques sont mieux connues,

quelques médecins ont cherché à établir une division fondée
sur le caractère aigu ou chronique des maladies ; mais cette
division a encore l'inconvénient de rassembler des maladies
très-différentes, et par conséquent de forcer à multiplier les
sous-divisions. Ce n'est pas encore néanmoins son plus grand
défaut ; c'est de ne pas offrir, dans beaucoup de cas, de caractères positifs pour distinguer la maladie aiguë de la maladie chronique, et pas de point fixe où l'on puisse dire avec
certitude, *cette maladie finit d'être aiguë et commence à être
chronique.*

La division des maladies en *internes* et *externes*, adoptée
plus communément, n'est guère plus avantageuse, et l'incertitude où l'on s'est trouvé à l'égard d'un grand nombre de
maladies qui peuvent être placées aussi bien au nombre des
maladies internes que des maladies externes, montre combien cette division est inexacte. Quoique la pathologie soit
encore, dans les écoles vétérinaires, divisée en pathologie
externe et en pathologie interne, l'on n'y a point adopté la
division des maladies en internes et externes. On la suit seulement dans le but de réunir et d'enseigner ensemble dans
un temps de l'année toutes les maladies dont le traitement a
pour base quelque opération de la main. Dans la vétérinaire,
jamais la chirurgie n'a été séparée de la médecine ; les maréchaux qui ont été les premiers praticiens, étoient bien plutôt
chirurgiens routiniers que médecins, et étoient incapables
de faire une telle distinction. Le fondateur des écoles vétérinaires et ses premiers disciples ne séparèrent point deux
branches si intimement liées ; ils furent toujours persuadés
que la chirurgie vétérinaire ne pouvoit être séparée de la médecine, sans que toutes deux ne souffrissent de cette séparation, et que la chirurgie, plus exacte, plus certaine dans
ses opérations et dans ses résultats, étoit une branche de la
vétérinaire qui devoit, pour ainsi dire, servir de degré pour
arriver jusqu'à l'autre.

Les auteurs qui ont écrit sur les maladies des animaux domestiques, les ont presque toutes classées d'après la considération des parties affectées ; mais ils ont seulement pris telle
ou telle région du corps, et en ont décrit les maladies sans
faire attention à la différence des organes et des tissus que
ces régions renfermoient ; et souvent, au lieu d'éclairer la
nature des maladies, ils ne l'ont rendue que plus obscure ; s'ils
avoient mieux connu l'anatomie, peut-être ne seroient-ils
point tombés dans cette erreur. Ils ont adopté cette méthode
de classification, parce que c'étoit la plus simple pour le
praticien, et celle qui paroissoit le plus immédiatement appliquée à la guérison de la maladie.

Maintenant que toute la machine du corps, que tous les organes, que tous les tissus qui le composent sont bien connus, l'on peut essayer de faire succéder à la méthode de classification des maladies par les parties affectées, une méthode fondée sur la distinction des divers appareils d'organes. C'est cette méthode que le professeur *Richérand* a adoptée dans sa Nosographie chirurgicale, et c'est d'après lui que nous chercherons à classer ici les maladies de nos animaux domestiques.

Cette méthode est loin de pouvoir servir à classer exactement toutes les maladies ; il en est un grand nombre que l'on ne connoît point encore assez bien, sur lesquelles les ouvrages d'art vétérinaire ne donnent pas encore assez de détails pour que l'on puisse leur assigner une place fixe parmi les maladies de tel ou tel système d'organes ; il en est même qui ne paroissent appartenir à aucun système d'organe en particulier, mais qui semblent être des affections générales à toute la machine ; telles sont les fièvres, parmi lesquelles se rangent les différentes épizooties graves qui ravagent de temps en temps quelques parties du globe. Je crois que ces maladies doivent toujours faire une classe à part.

En France, le cheval est, de tous les animaux domestiques, le plus cher, et celui par conséquent dont la vie individuelle est la plus précieuse ; c'est aussi lui qui est le plus exposé aux maladies de tous genres, à cause des travaux pénibles auxquels il est assujetti. Ses maladies, pour ces deux raisons, ont été plus étudiées et sont plus connues. En décrivant les maladies d'un système d'organes, nous commencerons donc par décrire les maladies du cheval ; nous passerons ensuite à celles des autres animaux qui pourront être rangées dans la même classe ; celles du bœuf viendront les premières ; celles du mouton les secondes, et après enfin celles du chien et du cochon, quand les maladies de ces animaux seront connues et pourront intéresser sous quelques rapports.

Il y a des genres d'affections qui peuvent attaquer tous les organes, tous les tissus, et sur lesquels il faudroit par conséquent revenir en parlant des maladies de chaque organe : telles sont l'inflammation et les plaies. Pour éviter les répétitions, il est avantageux de faire précéder la description des maladies de chaque système d'organes par la théorie de ces deux affections, et par la description des accidens les plus ordinaires qu'elles présentent. Ces affections formeront des prolégomènes ; leurs différences, suivant les organes affectés, viendront ensuite à l'article des maladies de ces organes.

La classification des maladies des animaux domestiques est

si difficile à cause des diverses espèces d'animaux, à cause de leurs constitutions différentes, et plus que tout cela, à cause de la difficulté de les bien étudier et du peu de connoissances que nous avons sur plusieurs d'entre elles, que les vétérinaires instruits n'ont pas encore osé entreprendre ce travail : nous ne prétendons point l'avoir entrepris. Afin de mettre un certain ordre dans la courte description des maladies, nous nous sommes servis d'un cadre déjà fait, dans lequel nous avons tâché de faire entrer des objets autres que ceux pour lesquels il étoit destiné, mais qui, cependant, avoient de l'analogie avec eux ; d'autres vétérinaires verront les défauts de cette tentative de classification, et pourront en tirer quelques idées pour une meilleure.

En décrivant les maladies d'un organe ou d'un appareil d'organe, nous commencerons, autant que possible, par les plus simples, et nous passerons successivement aux plus compliquées.

PROLÉGOMÈNES.

Ire Section. — *De l'état inflammatoire.* — Quand une partie extérieure du corps a reçu un coup, ou lorsque par quelque autre cause l'animal a ressenti une impression douloureuse sur cette partie, cet accident est souvent suivi d'une sorte de phénomènes inaccoutumés ; tels sont une sensibilité plus grande, souvent même de la douleur, un gonflement, une élévation de température, et enfin, sur quelques parties, de la rougeur. Cette série d'accidens constitue ce que l'on nomme l'*état inflammatoire*, l'*inflammation.* Toutes les parties du corps des animaux, excepté l'épiderme, les poils et la corne, peuvent en être affectées, peuvent s'*enflammer* en langage ordinaire.

Les symptômes qui caractérisent l'état inflammatoire sont les mêmes que ceux qui caractérisent la vie ; seulement ils sont portés au-delà de l'état ordinaire ; l'on peut donc définir l'inflammation une augmentation des propriétés vitales, *portée trop loin :* il est nécessaire d'ajouter cette dernière condition, parce que les propriétés de la vie peuvent être augmentées jusqu'à un certain point, sans qu'il y ait pour cela inflammation ; par exemple, une friction sur la peau produit une augmentation manifeste des propriétés vitales, détermine un peu de rougeur, une sensibilité plus vive, une augmentation de chaleur, même une légère tuméfaction, sans cependant produire d'inflammation.

Dans tous les cas d'inflammation, c'est toujours la sensibilité qui, la première, est mise en jeu ; c'est cette propriété que la nature a donnée à tous les animaux pour les prévenir de ce qui peut leur nuire, qui, en même temps, paroît chargée de mettre en jeu les ressorts propres à combattre les effets de ces agens nuisibles : c'est elle qui, excitée, suscite, dans les parties attaquées, cette augmentation de vie nécessaire pour balancer et annuler les causes de destruction, et qui, par conséquent, produit tous les phénomènes qui en sont la suite.

En effet, le gonflement, la chaleur et la rougeur ne sont que les suites de la contractilité augmentée elle-même en raison de l'accroissement de la sensibilité. Les fluides poussés plus fortement dans la partie irritée s'y accumulent et donnent lieu au gonflement; la chaleur s'augmente en raison de l'augmentation de la circulation; et enfin la rougeur, quand elle se manifeste, n'est due qu'au passage des molécules rouges du sang dans des vaisseaux où elles ne passoient point avant, et où elles manifestent alors leur couleur. Si même l'inflammation est très-forte, elles déchirent ces vaisseaux, s'épanchent dans le tissu même de l'organe; et une partie enflammée, ouverte alors, présente une substance d'une couleur semblable à celle de la rate ou du foie, suivant la nature de l'organe.

Une partie enflammée est donc une partie dans laquelle la vie organique se trouve en excès, et où toutes les fonctions qui en dépendent s'exécutent avec plus de rapidité que dans l'état naturel; aussi les sécrétions se trouvent-elles changées et offrent-elles de nouveaux produits : le tissu cellulaire sécrète le pus; les membranes séreuses, au lieu de sérosités, se couvrent de flocons blanchâtres; les membranes muqueuses, au lieu d'un mucus limpide, transparent, donnent un fluide blanc, opaque, visqueux, tout-à-fait différent, etc.

Les phénomènes qui caractérisent l'inflammation ne se développent pas dans toutes les parties par les mêmes causes, et souvent même les causes d'une inflammation sont tout-à-fait inconnues; ils ne se développent pas non plus avec la même promptitude dans tous les organes : ainsi la cause qui produira l'inflammation de la conjonctive ne produira rien sur la muqueuse du nez, et celle qui produira l'inflammation de la muqueuse du nez ne produira rien sur la conjonctive et sur la peau. Quant à la promptitude du développement, elle varie également : la conjonctive s'enflamme en quelques minutes; il faut des heures et des jours pour que les membranes muqueuses s'enflamment au même degré. Enfin les os et les tendons ont besoin de plusieurs jours pour s'enflammer, et dans les vieux animaux ce n'est quelquefois qu'au bout d'une couple de semaines que l'inflammation s'empare de ces parties.

Quand cet état a duré plus ou moins long-temps, selon l'intensité de la cause, selon l'organisation de la partie affectée, souvent selon la constitution de l'individu, une autre série de phénomènes succède à l'inflammation et la termine; mais cette terminaison n'est pas toujours la même, et, suivant les symptômes qu'elle présente, on dit qu'elle a lieu par *résolution*, *délitescence*, *suppuration*, *induration* et *gangrène*.

On dit qu'il y a *résolution*, lorsque les symptômes inflammatoires, parvenus à un certain point d'intensité, diminuent par degrés et finissent par s'éteindre tout-à-fait : pour que cette terminaison ait lieu, il faut que l'inflammation n'ait pas été assez violente pour occasioner la sortie du sang de ses canaux ordinaires. L'inflammation, pour ainsi dire, avorte. C'est la terminaison la plus heureuse, celle à laquelle doivent tendre tous les efforts du vétérinaire. Quand les symptômes, au lieu de disparoître graduellement, disparoissent brusquement, c'est la terminaison que l'on appelle *délitescence*. Dans ce cas, bientôt une autre partie plus ou moins éloignée ne tarde pas à s'enflammer ; pour que cette terminaison arrive, il faut qu'une irritation plus forte vienne attaquer une autre partie et détourner sur cette partie la réaction vitale qui commençoit à s'opérer sur la première ; dans le cas où l'inflammation se porte sur quelque organe plus important que celui qu'elle attaquoit primitivement, le vétérinaire doit employer tous ses moyens pour empêcher la maladie de suivre cette direction ; dans le cas inverse, il doit favoriser, autant que possible, son déplacement, en augmentant les causes d'irritation sur le point attaqué en dernier.

Les propriétés vitales d'une partie enflammée étant portées au-delà de leur état naturel par l'inflammation, il arrive, avons-nous dit, des changemens dans les sécrétions de ces mêmes parties : la matière sécrétée, quoique différente suivant les organes affectés, prend le nom de *pus*; cette terminaison est celle par *suppuration*. Le plus grand nombre des inflammations se termine ainsi, et c'est, pour ainsi dire, la terminaison naturelle de la maladie, celle qui est le résultat d'une réaction de la part de la partie affectée ; cette terminaison n'est cependant pas toujours avantageuse, et nous verrons des circonstances où il faut tâcher de la prévenir ; tel est le cas où un organe délicat, qui ne peut pas déposer à l'extérieur les produits de la suppuration, est affecté.

Quelquefois l'inflammation n'est, pour ainsi dire, pas

assez forte pour produire la suppuration, et l'est trop pour se terminer par résolution. Dans ce cas, l'irritation subsistant toujours, entretient dans la partie enflammée un abord plus considérable de fluides ; la nutrition de l'organe augmente, son tissu change, prend plus de densité, de volume; et quand l'irritation cesse, l'altération subsiste : c'est la terminaison par *induration*. Quand le tissu n'a point éprouvé de changement dans sa composition intime, qu'il n'a fait qu'augmenter de volume, ou seulement que des fluides n'ont fait que se placer dans son tissu sans l'altérer, l'induration se termine quelquefois à la longue par le mouvement de composition et de décomposition auquel tous les organes indistinctement sont sujets ; mais quand la texture intime de l'organe a été changée, la résolution ne s'opère plus, et la partie malade le reste toujours ; souvent même elle devient cause de maladies pour les parties voisines, entraîne leurs tissus dans la même dégénérescence, et donne lieu ainsi aux affections connues sous les noms de cancers, de squirrhes, de carcinomes.

L'inflammation se termine dans quelques cas par la mort de la partie ; c'est la terminaison par *gangrène* : cette terminaison a lieu dans les circonstances suivantes : 1.º quand la cause irritante a été assez forte pour désorganiser subitement les tissus attaqués ; 2.º quand l'inflammation est trop rapide et trop forte ; 3.º quand la structure des parties s'oppose au gonflement inflammatoire ; et 4.º quand les propriétés vitales de l'individu ne sont point assez fortes pour développer la réaction inflammatoire dans la partie irritée.

Dans le premier cas, la gangrène n'est pas la suite de l'inflammation, c'est la suite de l'irritation ; les parties sont mortes auparavant d'avoir eu le temps de s'enflammer. Dans le second, les fluides apportés avec trop de force dans l'organe enflammé déchirent les vaisseaux, détruisent la texture de l'organe et en produisent la mort. Dans le troisième cas où l'organe enflammé ne peut pas se prêter au gonflement inflammatoire, les fluides amenés par l'irritation occasionent la compression des nerfs qui se distribuent à l'organe, ou la sensibilité finit par s'éteindre et avec elle la vie. Enfin, dans le quatrième cas, la gangrène survient faute de la réaction vitale.

L'inflammation se présente si souvent dans les maladies des animaux, soit comme affection principale, soit comme affection secondaire ; elle exige des traitemens si différens, et il est si utile quelquefois de la produire pour s'en servir à la guérison d'autres maladies, qu'on ne sauroit trop approfondir sa nature. Pour mieux parvenir à ce but, on a distingué les différentes manières dont elle se comportoit, et la méthode de la considérer du professeur *Richerand* est, je pense, fort utile pour le praticien vétérinaire, celle qui lui indique le mieux la nature de la maladie et la méthode de traitement à adopter.

Ce professeur divise les inflammations en quatre classes:

Inflammations idiopathiques,

—— sympathiques,

—— spéciales,

—— gangreneuses.

Les premières, qui sont les plus communes, sont celles qui se développent sur l'organe même sur lequel la cause agit: ainsi un cheval reçoit un coup sur une partie quelconque du corps; cette partie quelque temps après devient douloureuse, se gonfle, montre tous les symptômes de l'inflammation; c'est une inflammation *idiopathique*. Un cheval sort d'une écurie chaude et passe dans une atmosphère très-froide, l'air irrite les membranes sur lesquelles il passe et l'animal gagne un catarrhe des muqueuses de la trachée et des bronches; c'est encore une inflammation *idiopathique*. La cause; l'air froid agit et produit l'inflammation sur le même organe. Si, dans ce même cas, ce sont les plèvres qui s'enflamment, ce n'est plus une inflammation idiopathique, c'est une inflammation *sympathique*; la cause agit sur le système cutané ou sur le système muqueux des voies aériennes, et c'est la plèvre qui n'a aucune communication avec ces organes qui s'enflamme. Un cheval en sueur, plongé dans de l'eau froide ou dans une atmosphère froide éprouve une angine à la suite de la transpiration arrêtée trop brusquement, voilà encore une inflammation *sympathique*. La cause de l'inflammation a agi sur la peau, et l'inflammation s'est manifestée sur les parties de l'arrière-bouche.

Les inflammations *spéciales* dépendent d'une cause particulière, *sui generis*, qui ne produit que ce genre d'inflammation; elles se distinguent surtout en ce qu'elles ne peuvent pas être combattues, ou en ce qu'elles ne peuvent l'être que par certains remèdes dont l'expérience a confirmé l'efficacité; telles sont les inflammations claveleuse, farcineuse, cancéreuse, et celles qui se développent dans une plaie par suite de l'introduction d'un venin ou d'un virus.

Enfin, les inflammations *gangreneuses* forment une série tout-à-fait à part et non moins distincte; elles sont caractérisées par des symptômes généraux de foiblesse dans l'économie, tandis que l'organe affecté donne tous les symptômes d'une inflammation violente: ainsi, tandis que le charbon produit sur une partie une sensibilité, une chaleur extrême, souvent le pouls est foible, petit et lent, et le charbon étend ses ravages jusqu'à ce que les propriétés vitales ranimées viennent opposer un cercle inflammatoire de bonne nature autour de l'inflammation gangreneuse, et pour ainsi dire poser une limite à ses progrès.

Cette distinction n'a pas seulement l'avantage de bien caractériser les inflammations, elle a encore celui d'indiquer de suite le genre de traitement qu'il convient d'employer, et qui est bien différent pour ces quatre genres d'affection; ainsi, dans les inflammations idiopathiques, si l'organe affecté ne remplit pas quelque fonction essentielle et dont l'interruption momentanée ne puisse pas mettre la vie de l'animal en danger, on laisse l'inflammation parcourir ses périodes, en se contentant de chercher à lui faire suivre une marche régulière : si au contraire elle se développe sur un organe important et délicat, sur le poumon par exemple, et si les symptômes sont assez alarmans pour faire craindre une terminaison funeste, on emploie des moyens plus actifs; l'on s'efforce d'en arrêter le cours, de la faire avorter pour ainsi dire. C'est la méthode que l'on appelle perturbatrice.

Dans les inflammations sympathiques, si l'organe sur lequel la cause agit, présente moins de danger que celui sympathiquement affecté, l'on cherche à rappeler l'inflammation sur l'organe irrité et à l'y fixer ; quand au contraire elle se développe sur un organe moins important que celui sur lequel la cause agit, on la laisse parcourir ses périodes pour en préserver un plus important.

Dans les inflammations spéciales, l'on est de suite certain des moyens à employer ; ainsi, dans l'inflammation qui attaque les parties situées immédiatement autour d'un cancer, on sait que tous les moyens n'empêcheront pas les parties enflammées de devenir cancéreuses, si l'on n'enlève pas préalablement la tumeur elle-même ; ainsi dans les inflammations locales qui suivent une blessure envenimée, on sait que les topiques, que les médicamens ne feront rien, si l'on ne trouve pas un moyen d'annuler le venin, de rendre son action nulle.

Dans les inflammations gangreneuses enfin, où la mort s'avance des parties attaquées vers les parties encore saines, faute d'une réaction vitale dans ces parties, c'est cette réaction qu'il faut susciter; donc, tandis que dans les inflammations idiopathiques et sympathiques on emploie tout ce qui peut diminuer les propriétés vitales, dans les inflammations gangreneuses au contraire, il faut employer tout ce qui peut les exciter, les réveiller, et même quelquefois les porter au-delà de leurs limites ordinaires.

IIe Section. *Plaies.* — On appelle plaie, toute solution de continuité faite aux parties du corps par une cause quelconque ; et on en distingue plusieurs variétés, suivant l'état où elles se trouvent, et la cause qui les a produites. Ainsi, on reconnoît des *plaies simples*, des *plaies qui suppurent*, des *contusions*, des *piqûres*, des *plaies d'armes à feu*, et des *plaies envenimées.*

1. *Plaies simples.* — La plaie simple n'est qu'une division, qu'une simple séparation des parties par un instrument tranchant ; le danger d'une plaie simple ne consiste que dans la nature des tissus coupés ; et quand ce ne sont pas des organes importans ou des vaisseaux considérables, il n'y en a aucun. Les deux bords de toute plaie simple doivent être réunis sur-le-champ, et maintenus agglutinés, jusqu'à ce qu'ils soient repris et cicatrisés. Quelquefois cette simple réunion opère la guérison dans l'espace de quelques jours ; c'est ce que l'on appelle réunion par première intention. Pour opérer cette réunion, il est nécessaire de nettoyer avec précaution les plaies simples, de les débarrasser du sang, et de tous les autres corps étrangers qui pourroient être répandus sur leur surface. Cette opération doit être exécutée de manière à ne point irriter la plaie, et à la laisser le moins de temps possible en contact avec l'air et le froid. On doit employer l'eau tiède, et encore mieux le vin.

Cette réunion, par première intention, est bien difficile dans les animaux ; on ne peut point les contraindre à une immobilité presque absolue, souvent nécessaire, pour que le contact des bords de la plaie soit continu, et presque toujours quelque accident vient empêcher la réunion. On doit néanmoins tenter l'opération, et la réussite couronnera quelquefois la tentative.

2. *Plaies qui suppurent.* — Le plus ordinairement il se passe un autre ordre de phénomènes ; les bords de la plaie irrités par le fait même de l'instrument tranchant, ensuite par la présence de l'air et des corps étrangers qui s'y introduisent, présentent tous les caractères qui dénotent une inflammation. C'est, en effet, une inflammation qui tend à se terminer par suppuration. La marche d'une plaie qui se guérit ainsi, présente trois périodes, qu'il convient de bien distinguer, pour ne pas la gêner par des soins mal entendus. La première est la période d'irritation ou d'inflammation, la seconde la période de suppuration, et enfin, la troisième celle de cicatrisation.

Au moment où un instrument tranchant fait une plaie, le sang en découle de tous côtés ; mais s'il n'y a point de gros vaisseaux entamés, l'hémorragie ne tarde pas à s'arrêter et la plaie à se couvrir d'une sérosité limpide jaunâtre : c'est l'instant qu'il faut saisir pour réunir les bords, et tâcher d'obtenir une réunion par première intention : si l'on ne peut pas y parvenir, les deux bords se gonflent, les parties environnantes se tuméfient, deviennent douloureuses, plus chaudes, en un mot, présentent tous les caractères de l'inflammation ; c'est la période d'inflammation.

Cet état dure plus ou moins de temps selon les espèces d'animaux, ensuite selon la constitution de l'individu, et enfin, selon la nature de l'organe ; quelquefois dès le troisième jour, quelquefois seulement au huitième ou neuvième, la plaie qui jusqu'alors n'avoit jeté qu'une sérosité jaunâtre, roussâtre, commence à se couvrir d'une matière plus blanche, plus consistante, plus grumeleuse, inodore quand elle est nouvellement sécrétée, et que l'on appelle *pus* ; la plaie est alors recouverte de végétations peu élevées, rougeâtres de formes irrégulières, qui sont les organes de cette sécrétion, et que l'on appelle bourgeons charnus. Ils sont produits par le développement momentané des lames du tissu cellulaire, dont les vaisseaux sont remplis des fluides attirés par l'irritation ; c'est la période de suppuration.

Les bourgeons charnus se vident bientôt par la suppuration des sucs dont ils sont gorgés, ils se resserrent, adhèrent les uns aux autres. Les bords de la plaie qui avoient été séparés par le gonflement inflammatoire, se rapprochent par le dégorgement qui est la suite de la suppuration ; la plaie diminue d'étendue à chaque instant, aux extrémités d'abord, et enfin disparoît quand le centre se réunit ; c'est la période de cicatrisation.

Quand il n'y a point eu perte de substance, c'est-à-dire, quand une partie de l'organe malade n'a pas été séparée du corps, la cicatrisation se fait quelquefois assez vite, et est très-peu apparente ; mais quand il y a eu perte de substance, et perte de la peau surtout, il arrive souvent que la cicatrisation ne se fait pas si vite, et que même la plaie ne se recouvre pas de peau. Voici alors ce qui arrive : les lames du tissu cellulaire, qui forment les bourgeons charnus, se vidant par la suppuration, forment une membrane particulière différente de la peau, et qui est intermédiaire entre ses bords ; elle sert à les réunir et à fermer la plaie. C'est cette membrane qui constitue la cicatrice ; elle est plus délicate que la peau, et plus sujette à s'irriter ; elle s'enlève par écailles, et se renouvelle assez souvent.

Nous avons vu que la suppuration étoit, pour ainsi dire, la marche régulière de l'inflammation, que c'étoit sa terminaison naturelle ; quand donc une plaie suppure, elle tend na-

turellement à sa cicatrisation , et tous les efforts doivent
tendre à amener ce résultat ; le traitement consiste à entretenir les propriétés vitales de la partie dans un état moyen
d'excitation. Trop élevées, elles retardent la marche , en
empêchant la suppuration , ou en l'entretenant; trop foibles ,
le travail suppuratoire ne se fait pas , et souvent la plaie ,
au lieu de diminuer, augmente. On mettra donc la plaie à
l'abri de tous les excitans extérieurs ; et si , ce qui est rare ,
l'inflammation languit , si les bourgeons charnus perdent
leurs couleurs vermeilles , s'ils deviennent blafards , le pus
séreux, on ranime alors la plaie par quelques applications
stimulantes , et par quelques fortifians à l'intérieur.

La saignée , une diète plus ou moins sévère , des cataplasmes émolliens , sont les moyens propres à modérer l'inflammation lorsqu'elle est trop vive.

Un accident vient quelquefois compliquer les effets de la
suppuration , et amener des suites funestes. Les bourgeons
charnus , qui , ainsi que nous l'avons dit des lames du tissu
cellulaire, sont pourvus , comme tous les organes formés de
ce tissu , de vaisseaux absorbans, proviennent aussi bien que
de vaisseaux exhalans ; quelquefois , et surtout dans le cas où
le pus séjourne trop long-temps sur la plaie , il arrive qu'il
est absorbé : une fièvre de mauvais caractère , plus ou moins
intense en est la suite; l'animal maigrit rapidement ; la plaie,
de couleur rose et vermeille qu'elle étoit , devient pâle ,
blafarde; la suppuration cesse , il n'en découle plus qu'une
sérosité au lieu de pus , et l'animal souvent meurt , si des
soins bien entendus ne sont apportés. On préviendra cet
accident en donnant un libre écoulement au pus , et avec
des pansemens soignés et répétés. Dans le chien , les plaies
qui suppurent n'exigent presque point de soins ; l'animal ,
en les léchant continuellement , les amène bientôt à cicatrisation.

L'inflammation du tissu cellulaire qui est très-commune,
et qui se termine le plus souvent par suppuration , offre bien
régulièrement tous les phénomènes d'une plaie qui suppure.
On appelle *phlegmon* ou *flegmon* cette inflammation; nous en
dirons un mot en particulier.

Phlegmon. — Le tissu cellulaire, garni d'une grande quantité de vaisseaux se gonfle rapidement , et presque toujours
la cause qui produit une irritation sur lui , produit sur le
champ son engorgement et une tumeur. Le phlegmon est
donc une tumeur avec tous les signes de l'inflammation ; le
plus souvent c'est une inflammation idiopathique , quelquefois c'est une inflammation symphatique. Dans ce dernier

cas, c'est la suite d'une autre maladie, c'est une crise qui s'opère, et qu'il faut presque toujours favoriser.

Quand c'est une inflammation idiopathique, et qu'on espère pouvoir la faire terminer par résolution, il faut employer des lotions d'eau froide, d'eau salée ou vinaigrée, une douce compression sur la tumeur, et une légère saignée si le phlegmon occupe une grande étendue, si l'animal est sanguin ou dans un état de pléthore apparent; c'est une terminaison que l'on doit chercher à obtenir quand la cause est encore récente, parce qu'elle entraîne moins d'accidens que la terminaison par suppuration, et que la guérison est toujours beaucoup plus prompte.

Le phlegmon se termine rarement par délitescence; cependant cette terminaison a lieu quelquefois; elle est presque toujours dangereuse, et l'on doit chercher à l'empêcher, en rappelant, sur la partie affectée, l'irritation première, par des frictions irritantes, par une chaleur élevée, par des scarifications même, au fond desquelles on introduit des substances irritantes et même caustiques.

La suppuration est la terminaison la plus ordinaire du phlegmon; elle s'annonce par la marche régulière des symptômes inflammatoires, par l'amollissement progressif de la tumeur, par l'exhalation cutanée plus abondante sur la tumeur, et enfin par la fluctuation sensible quand le dépôt est formé. A cette époque, les lames du tissu cellulaire qui entrent dans la composition de la peau s'écartent, la peau s'amincit petit à petit, se forme en pointe, et bientôt elle laisse échapper le pus accumulé. Des cataplasmes maturatifs, des lotions d'eau chaude, une douce chaleur entretenue sur la partie, la diète, un exercice léger et régulier, sont les seuls moyens à employer; peu à peu la suppuration débarrasse toutes les parties engorgées, la plaie se rétrécit, et enfin se ferme.

Le pus ordinairement se fait jour à la partie la plus basse, la plus déclive de l'abcès. Si l'on a à craindre qu'au lieu de se porter au dehors, il ne se porte intérieurement ou dans des parties où il pourroit occasioner des accidens consécutifs, il ne faut pas attendre que l'abcès se fasse issue; on lui en pratique une, soit avec le bistouri, soit avec une pointe de feu; de manière, autant que possible, que tout le pus puisse facilement s'écouler, et qu'il n'en séjourne pas dans la plaie. Dans quelques cas, il est bon de prévenir la formation de l'abcès, en incisant la tumeur, et en produisant ainsi un dégorgement dans la partie enflammée. Tels sont les phlegmons qui se développent autour des aponévroses; ces parties composées de fibres dures, au travers desquelles le pus ne peut se faire jour, l'empêchent de sortir; il se trace des routes dans le tissu cellulaire environnant, se porte sur des parties saines, et produit de nouveaux accidens presque toujours très-graves, tels que l'inflammation des parties sur lesquelles il se porte, des abcès nouveaux, des fistules, des caries, etc. Quand l'on craint donc la suppuration dans une partie à la suite d'un phlegmon, il faut, autant que possible, faire avorter l'inflammation, la faire terminer par résolution, sinon, ouvrir la tumeur auparavant la formation de l'abcès, pour l'empêcher de se former.

La terminaison par induration est assez commune dans le cheval, sur certaines parties du corps, telles que le garrot, le poitrail; elle paroît dépendre de l'organisation du tissu cellulaire de ces parties, et elle entraîne dans des accidens consécutifs très-graves, tels que des caries, des ulcères, des carcinomes, des fistules; elle est à craindre quand l'inflammation marche lentement et irrégulièrement. Les maturatifs, les frictions d'huiles essentielles, et une chaleur modérée, sont les moyens à employer pour amener la suppuration; enfin, si l'on ne peut y parvenir, et que la continuation des symptômes inflammatoires, leur irrégularité, et une certaine dureté dans la partie, indiquent la terminaison par induration, il faut ouvrir la tumeur avec le bistouri, enlever toutes les parties passées à l'état d'induration, et en faire une plaie simple, que l'on amène plus facilement à suppuration et à cicatrisation.

L'inflammation du tissu cellulaire se termine rarement par la gangrène; cependant cette terminaison arrive quelquefois dans deux cas: 1.º, quand l'inflammation attaque des parties qui ne peuvent pas se prêter au gonflement inflammatoire, parce qu'elles sont entourées de tissus inextensibles qui ne leur permettent pas de se gonfler; telles sont les portions de tissu cellulaire situées sous les aponévroses, surtout aux extrémités; des morceaux énormes de tissu cellulaire tombent alors en gangrène et sont enlevés par la suppuration. Il faut, pour prévenir ces accidens, et quelquefois de plus dangereux, débrider les parties qui forment l'obstacle, afin de permettre au gonflement inflammatoire de se développer, et à l'inflammation de parcourir régulièrement ses périodes. C'est d'autant plus nécessaire, que c'est le tissu cellulaire qui est, de tous les tissus, celui qui se prête le plus au gonflement inflammatoire, et qui acquiert le plus grand volume par l'abord des fluides.

Dans le second cas, la terminaison du phlegmon par gangrène, paroît tenir entièrement à la constitution du sujet; elle est très-rare heureusement, et elle place l'inflammation

dont elle est la suite, dans l'ordre des inflammations gangreneuses. Je ne l'ai encore vue que sur deux chevaux extrêmement gras , d'une complexion lymphatique , et qui depuis
quelque temps étoient à un très-bon régime , mais presque
sans exercice.

L'un boitoit d'un vieux mal , et on lui avoit passé un séton
sous la peau de l'épaule ; bientôt tout le trajet du séton enfla ,
devint douloureux , et la peau qui le recouvroit , d'une sensibilité extrême. Toute l'épaule se tuméfia : le doigt restoit
marqué comme sur une tumeur œdémateuse. Le battement
de l'artère étoit foible , petit. On fit des lotions d'eau-de-vie
camphrée , des frictions d'ammoniaque ; on administra ces
deux substances à l'intérieur ; enfin le troisième jour on sca-
rifia la tumeur et on y mit des pointes de feu, mais inutile-
ment ; le cheval mourut le quatrième jour. Le tissu cellulaire
sous-cutané de l'épaule étoit verdâtre ; une partie de celui situé à l'entrée de la poitrine, étoit dans le même état ; ses
cellules étoient pleines d'une sérosité jaunâtre , limpide et
luisante , etc.

Les mêmes symptômes se manifestèrent à la suite d'un
séton placé au haut de l'encolure d'un cheval attaqué de la
fluxion périodique ; mais l'on n'attendit pas si long-temps : le
deuxième jour , on fit des scarifications profondes et multipliées , des pointes de feu y furent introduites : en même
temps , les plus forts stimulans furent administrés à l'intérieur ; les propriétés vitales furent réveillées , une réaction
générale eut lieu, la suppuration s'établit dans les plaies, des
lambeaux de tissu cellulaire se détachèrent, des morceaux de
peau tombèrent également ; mais tout se cicatrisa avec des
soins , et l'animal reprit enfin ses travaux , malgré de larges
cicatrices à l'encolure.

3. *Contusions, Plaies contuses.* — L'on nomme ainsi toute
séparation superficielle et profonde , apparente ou non, qui
arrive sur une partie par le choc d'un corps. Ainsi, l'épaule
reçoit un coup , la peau n'en est pas déchirée parce qu'elle
est mobile et qu'elle a cédé à l'impression , mais les muscles
sous-jacens, qui sont fixes et plus fermes, ne cèdent point; leurs
fibres sont séparées ou distendues ou rompues , les vaisseaux
qui entrent dans leur compression déchirés , et le sang s'épanche dans la partie : voilà une contusion cachée. La peau
est-elle entamée , c'est une contusion apparente.

La contusion présente une foule de nuances, depuis le plus
léger degré d'une simple compression où la solution de continuité n'a intéressé que quelques vaisseaux capillaires , jusqu'au degré où les parties ont été désorganisées en entier par
le corps contondant. Ces nuances dépendent donc presque

entièrement de la manière dont ce dernier agit sur les parties, de son poids, de sa vitesse, de sa dureté, etc.

Dans le cas où la contusion a été très-légère, où il n'y a
eu que quelques petits vaisseaux rompus et peu de sang épanché, la contusion peut se terminer par résolution, et l'absorption des fluides épanchés s'opérer ; mais s'il y a séparation des parties, c'est en vain qu'on voudroit chercher à réunir
les lèvres de la plaie, et la suppuration est presque toujours
inévitable.

Quand la contusion n'est point trop forte, et que la peau
n'est point ou que peu entamée, l'on a remarqué que des
lotions résolutives et souvent renouvelées suffisoient pour
faire disparoître ces accidens. Mais si la douleur est vive, et
que des signes d'inflammation commencent à se manifester,
on doit substituer les lotions et les cataplasmes émolliens
aux lotions résolutives. Si même la contusion a été violente,
une saignée est toujours indiquée pour diminuer la réaction
inflammatoire, à moins de contre-indication extraordinaire.
C'est un moyen que la pratique avoit démontré très-bon,
et que la bonne théorie a confirmé ; il est indispensable de
l'employer toutes les fois qu'une grande partie de la peau
et que les chairs sous-jacentes ont souffert de la contusion ;
on ne met ensuite en usage ce même traitement que pour les
plaies qui suppurent.

Les contusions les plus ordinaires étant le résultat du choc
de quelques corps, et souvent de corps fragiles, il arrive que
des morceaux de ces corps restent dans les plaies, enfoncés
et cachés dans les chairs, où ils causent des douleurs continues et des accidens consécutifs qu'on ne sait à quoi attribuer. La première chose à faire, dans le cas de contusions
avec plaies, est donc de rechercher la cause de l'accident,
et si l'on a quelque espèce de doute, d'examiner avec soin si
quelques parties du corps contondant ne sont pas restées
dans les chairs. On a vu dans ces cas, la suppuration se prolonger indéfiniment jusqu'à la sortie du corps ; dans d'autres, la plaie se fermer et se rouvrir plus tard pour donner
issue à un nouvel amas de matières, et au corps qui en avoit
été cause.

Les contusions dans les animaux domestiques ont lieu sur
toutes les parties du corps ; mais il y a quelques endroits qui
en sont plus particulièrement affectés à cause du genre de
service auquel ces animaux sont employés : ainsi la nuque
du cheval, son garrot et son poitrail sont plus particulièrement exposés aux contusions ; comme ces maux sont assez
fréquens et qu'ils entraînent des suites graves, quelquefois

même qu'ils amènent ou nécessitent sa destruction, il est essentiel d'en parler à part.

a. Taupe. — On appelle taupe, une plaie contuse de la partie supérieure de la tête en arrière de la nuque; elle est toujours la suite de quelques coups, de quelques frottemens un peu forts ou réitérés. Elle commence par une tumeur phlegmoneuse, dégénère par le manque de soin en un ulcère fistuleux, et alors constitue ce qu'on appelle *la Taupe.* Elle est plus commune dans les gros chevaux attaqués de gale et de roux-vieux. Le prurit, suite de ces maladies, engage ces animaux à se frotter continuellement; ils se donnent des contusions; une tumeur phlegmoneuse, légère et peu douloureuse, s'établit dans cette partie composée d'aponévroses et de tendons peu irritables; le besoin de se gratter augmente de plus en plus; l'animal se frotte et se meurtrit continuellement; le phlegmon, au lieu de se terminer, devient plus profond; des déchiremens intérieurs s'opèrent; des dépôts de matière, ou séreuse, ou purulente, se forment, se font passage, ou nécessitent des ouvertures, et une plaie contuse des plus graves s'établit. Dans les chevaux plus fins, plus délicats et mieux soignés, elle est la suite de la pression d'une mauvaise têtière, ou de coups donnés sur cette partie, et elle devient rarement aussi dangereuse, parce que des soins mieux entendus sont donnés, et parce qu'il n'existe pas le prurit de la gale qui, si fréquent dans les chevaux de trait, les porte continuellement à se gratter.

La texture et la position de la partie attaquée sont les principales causes du danger. Cette partie composée d'aponévroses principalement, de tendons et d'un tissu cellulaire fibreux peu irritable, passe difficilement à l'état d'une suppuration louable; des bourgeons charnus ne s'y développent pas facilement; et souvent quand on croit ouvrir un abcès, on n'ouvre qu'une poche remplie d'un liquide séreux et roussâtre. Sa position ensuite empêche les liquides produits d'une sécrétion extraordinaire de s'échapper; ils restent dans la tumeur, dans des sinus, et y produisent toujours des accidens funestes, des caries des aponévroses, des tendons, et même des os.

Traitement. — La première indication à remplir est d'éloigner soigneusement toutes les causes de l'irritation; ensuite, si la peau n'est point entamée, et si l'on pense que les parties internes ne le soient également pas, de chercher à obtenir la résolution.

Si, au contraire, l'on pense que la contusion ait été violente, que les tissus intérieurs soient attaqués, déchirés, il faut de suite chercher à obtenir une bonne suppuration, sur-

veiller la formation de l'abcès, et aussitôt qu'il commence à
se faire pratiquer une ouverture, pour donner issue au pus.

Assez souvent et malheureusement le dépôt du pus ne se
forme pas superficiellement, mais profondément, et l'on n'a
la certitude de sa formation que quand il a déjà produit des
ravages assez considérables ; quelquefois, dans ce cas, sa formation s'annonce par la tristesse de l'animal, par une fièvre
plus ou moins forte, par la position basse de la tête, et une
espèce de nonchalance, de torpeur générale. Dans tous les
cas, aussitôt que quelques signes indiquent sa formation,
on ne doit plus attendre, et l'on doit, par une opération,
donner issue à la matière qui s'est formée.

L'animal abattu, on met la tête dans le plus grand degré
d'extension, afin que les muscles de la face supérieure de
l'encolure soient dans le relâchement. On pratique une incision sur la tumeur parallèle à la direction des tendons, et
on la fait pénétrer entre les interstices qu'ils présentent jusqu'au fond de l'abcès. On la pratique toujours sur le côté ;
dans le milieu l'on rencontreroit la corde du ligament cervical qu'il est indispensable de ménager, et ensuite la cicatrisation de la peau seroit beaucoup plus difficile dans cette
partie exposée à des mouvemens continuels. Quand l'on est
parvenu dans l'abcès, on y introduit le doigt, on juge de la
direction des sinus qu'il présente, et de quels côtés doivent
être pratiquées les contre-ouvertures. On doit les faire, autant que possible, dans les parties les plus déclives, et y
passer des sétons pour les empêcher de se refermer trop vite.
Quand l'on rencontre quelques caries des tendons et des ligamens, il faut les enlever avec le bistouri, si l'on peut ;
ce sont ces caries qui retardent et même qui empêchent la
cure : elles sont rarement arrêtées par la suppuration ; elles
gagnent de proche en proche, détruisent les tendons, attaquent les os, et finissent par la mort de l'individu. L'enlèvement avec le bistouri, est presque le seul praticable ; le
cautère est trop dangereux et trop difficile à manier dans des
parties qui approchent autant la colonne vertébrale. Aussi
quand le crâne ou les vertèbres sont attaquées, est-il presque impossible d'y porter remède.

Souvent, malgré les soins les mieux entendus, et au moment où l'on croit la cicatrisation sur le point de se faire,
quelques parties de la peau deviennent lardacées, bla-
fardes, calleuses, et le pus change de nature ; ces accidens
assez fréquens annoncent presque toujours quelques caries
qui ont échappé et dont il faut effectuer la séparation. La
carie enlevée, la plaie reprend bientôt sa première tendance
à la cicatrisation. Quand ces tissus lardacés ont pris de la

consistance , il est quelquefois impossible de les faire résoudre , de les faire suppurer ; c'est alors une vraie terminaison par induration ; c'est un corps nouveau qui s'organise , et qu'il est de toute nécessité d'enlever pour obtenir la guérison.

b. Mal de garrot. — Les plaies de cette partie du corps ne diffèrent des précédentes que par leur siége ; du reste , la marche est entièrement la même , les terminaisons pareilles , et le traitement aussi difficile : la seule différence , c'est que la plaie étant beaucoup plus éloignée de la colonne vertébrale , on peut employer le feu avec beaucoup plus de hardiesse et beaucoup plus de succès pour cautériser les caries des apophyses épineuses des vertèbres dorsales , et pour amener leur séparation du corps de ces vertèbres.

Ces deux genres d'affection sont en général la faute des propriétaires des animaux. Si dès le commencement du mal le vétérinaire étoit consulté , les accidens consécutifs n'arriveroient point ; mais le plus souvent c'est à des chevaux galeux , mal soignés , de peu de valeur qu'ils arrivent ; on consulte l'homme instruit quand le mal a fait des progrès énormes , quand il faut avoir recours à une opération extrêmement grave pour la réussite , et quand le temps qu'il faut attendre pour espérer la guérison , consume en frais de nourriture la valeur de l'animal : la médecine vétérinaire doit plutôt consister à prévenir les maladies graves qu'à les guérir , et beaucoup d'animaux qui pourroient rendre encore bien des services , périssent parce que les frais de leur guérison surpasseroient leur valeur , lorsqu'ils seroient rétablis.

c. Une autre partie du corps du cheval est encore exposée à un accident de même nature que ceux dont nous venons de parler , c'est le poitrail à l'endroit de la pointe du sternum. Dans les chevaux qui ont cette partie saillante et qui sont employés au trait , elle supporte tout l'effort que l'animal fait pour avancer : une contusion profonde s'effectue ; l'inflammation qui est d'abord peu forte , mais entretenue par une cause permanente , se termine presque toujours par induration , et quelquefois il se développe sur cette partie des tumeurs énormes que l'on a improprement appelées , à cause de leur position , *anticœurs.* Une personne vigilante préviendra facilement ces accidens en faisant traîner avec un collier , au lieu d'une bricole , ou en plaçant la bricole de manière à ce qu'elle ne porte pas sur l'endroit déjà blessé ; des résolutifs suffisent pour terminer la maladie quand elle est récente ; mais si elle est ancienne et si l'on ne peut pas espérer obtenir cette terminaison , on doit chercher à faire suppurer la tumeur en y développant même une inflammation

plus active ; on fait des onctions d'onguent stimulant , on y
applique l'onguent vésicatoire , même le feu : dans cette
partie l'on n'a point à craindre la suppuration , la matière accumulée tend à sortir au-dehors ; aussitôt que la fluctuation
annonce la formation du dépôt , on l'ouvre avec le bistouri ,
et s'il y a des endroits passés à l'état d'induration , on
y applique le cautère actuel ou on les enlève avec le bistouri : à ce degré , tous les efforts doivent tendre à faire
de la plaie une plaie simple , et à la conduire à une
bonne suppuration.

Cet accident ne devient dangereux que quand la pointe du
sternum vient à être attaquée ; cet os , à cause de sa nature
spongieuse , se carie facilement , et sa carie est très-difficile à
arrêter.

d. Éponge. — C'est une autre espèce d'affection particulière au cheval et qui peut aussi être rangée dans la classe des
contusions : elle arrive aux animaux qui se couchent en vache , c'est-à-dire , de manière que les éponges du fer portent sur la pointe du coude : l'espèce de contusion que le fer
produit sur cette partie pourvue d'un tissu cellulaire extrê-
mêment lâche , y occasione une tumeur molle , quelquefois
douloureuse , le plus souvent indolente , qui dans les commencemens disparoît , et reparoît quand la cause de l'irritation cesse ou se renouvelle , mais qui finit par être permanente et par prendre un certain degré de dureté.

Le principal moyen de guérison est de faire perdre à l'animal l'habitude de se coucher en vache , et de lui rogner les
éponges du fer , ensuite de frotter la tumeur avec les onguens
résolutifs et l'onguent mercuriel , ou enfin de l'enlever avec
le bistouri si l'on ne peut obtenir sa résolution. Cette affection , au reste , ne diminue que la valeur commerciale de l'a-
nimal , et ne lui ôte rien de sa valeur réelle.

e. Il en est de même du *capelet* ou *passe-campane* , c'est une
tumeur de même nature , qui est aussi la suite de quelques
contusions , mais qui se montre à la pointe du calcanéum :
le plus souvent c'est une difformité qui n'ôte rien de la valeur réelle de l'animal : dans quelques cas cependant ale
nuit ; c'est quand la contusion a été assez forte pour atteindre les tendons et même la pointe de l'os calcanéum. L'a-
nimal fatigue alors davantage en marchant , et quelquefois
boîte. Quand l'accident est récent , des résolutifs suffisent ;
quand il est ancien , les frictions d'onguent mercuriel et le feu
sont presque les seuls moyens à employer.

4. Piqûres. — Les piqûres sont des plaies étroites plus ou
moins profondes , faites par la pointe d'un instrument aigu,
tel qu'un clou, une aiguille, une épine, une épée.

Les accidens qui en sont la suite varient beaucoup ; quelquefois la piqûre se termine par la réunion par première intention, mais le plus souvent par suppuration ; dans ce cas, si la blessure est profonde , il peut en résulter les accidens les plus graves ; l'inflammation qui s'établit d'abord occasione des douleurs aiguës ; ensuite le pus qui s'accumule dans le fond de la plaie , sollicite, pour son écoulement et pour la cicatrisation de la plaie , les opérations les plus graves. Telles sont les piqûres qui pénètrent dans les aponévroses ; telles sont celles encore plus dangereuses qui pénètrent les sabots du cheval ou du bœuf jusqu'aux parties sous-jacentes très-sensibles, et qui ne peuvent ni céder au gonflement inflammatoire à cause de la résistance que leur oppose la corne, ni donner encore, par cette même raison , une issue au pus qu'elles sécrètent. Comme ces accidens sont toujours très – dangereux, nous y reviendrons, quand nous parlerons des maladies du système locomoteur. Le traitement des piqûres consiste à débrider le plus possible les parties affectées, afin de donner issue au sang, aux sérosités épanchées, et aussi de permettre au gonflement inflammatoire de se développer et de parcourir ses périodes.

5. *Plaies d'armes à feu.* — Les plaies d'armes à feu , dont les conséquences sont si terribles et qui exigent tant de soins, tant d'opérations graves et dangereuses dans la médecine humaine , sont souvent, à cause de leur gravité même , hors du pouvoir de la médecine et de la chirurgie vétérinaire. Comme elles mettent presque toujours l'animal hors de service pour un temps considérable , comme celles des extrémités les rendent le plus souvent impropres à presque tous les services , leur guérison deviendroit trop coûteuse , et les animaux sont sacrifiés : elles rentrent dans les domaines du vétérinaire, toutes les fois qu'elles sont peu graves , ou toutes les fois que l'animal, quoique blessé , peut encore travailler et gagner , comme l'on dit , sa subsistance.

Les plaies d'armes à feu que l'on peut traiter, se réduisent donc à des plaies peu considérables des extrémités, ou à l'introduction simple des balles dans les tissus musculaires, ou enfin à la fracture d'os, autres que ceux des extrémités, tels que ceux de la tête et du tronc. On sent bien que quand les os des extrémités sont brisés en esquilles, il n'y a plus d'effort à tenter ; la guérison devient trop longue et trop dispendieuse, et quelquefois impossible.

Le trou que fait une balle en entrant est léger , et cependant les dérangemens qu'elle produit sont toujours très-graves ; les tissus déchirés , tiraillés , quelquefois frappés d'un engourdissement voisin de la mort, ont d'abord de la peine à produire la réaction inflammatoire nécessaire à leur guérison, et ensuite quand elle se développe, elle s'accompagne des symptômes les plus graves, d'un gonflement considérable et d'une douleur violente.

La première indication à remplir, lors d'une blessure d'arme à feu, est de s'assurer si le corps est sorti de la plaie, et s'il ne l'est pas, d'employer tous les moyens propres à le faire sortir, à moins qu'il ne soit placé de manière à ne pouvoir être extirpé sans danger, ou à faire espérer que la suppuration consécutive opérera sa sortie.

Il faut ensuite donner issue aux fluides extravasés et épanchés qui peuvent s'amasser dans des sinus, et qui, en agissant à la manière de corps étrangers, ne feroient qu'aggraver le mal.

La troisième indication, et la plus importante peut-être, consiste à surveiller le gonflement inflammatoire, à lui permettre de s'opérer librement par des débridemens nécessaires. Il faut encore veiller à ce que le pus s'écoule facilement au-dehors, qu'il n'ait pas le temps, pour ainsi dire, de séjourner dans la plaie et de s'infiltrer dans les lames du tissu cellulaire environnant; cette dernière précaution est d'autant plus nécessaire que l'accident est plus proche des os spongieux dont les caries sont toujours très-longues à guérir, et souvent même très-difficiles.

Quand ces derniers ont été fracturés et qu'il y a des esquilles, il faut, si elles ne tiennent que peu, les enlever de suite, sinon attendre que la suppuration les détache, ou que l'inflammation opère leur réunion avec l'os; c'est dans ces cas surtout qu'il convient d'entretenir les plaies bien ouvertes pour faciliter leur sortie, pour empêcher le pus de séjourner et pour prévenir tous les accidens qui sont la suite de sa stagnation.

6. *Plaies envenimées.* — Ces plaies ne diffèrent des précédentes que parce que le corps vulnérant, en même temps qu'il forme la plaie, y dépose une matière vénéneuse, dont la présence occasione une inflammation particulière, de la nature de celles que nous avons appelées *spéciales.* Telles sont les plaies occasionées par la morsure d'une vipère, d'un chien enragé, par la piqûre d'une abeille, d'un instrument imprégné d'un virus quelconque.

Les symptômes qui caractérisent ce genre d'affection, varient suivant la nature du venin dont le corps vulnérant étoit imprégné. Ainsi, dans le cas d'une piqûre d'abeille, de scorpion, d'une morsure de vipère, etc., des signes d'une douleur subite et assez forte, suivant l'espèce des animaux, se manifestent, et une tuméfaction se développe tout à coup autour de la blessure; quand, au contraire, la plaie a été produite par un animal enragé, souvent il ne se manifeste aucun symptôme subit alarmant, et la plaie paroît d'abord suivre la marche ordinaire d'une plaie contuse qui suppure: mais au bout de plusieurs jours, on aperçoit des signes de malaise dans l'animal, la plaie devient douloureuse; quoique quelquefois déjà guérie, elle se rouvre, son aspect n'est pas bon; et le plus souvent une fièvre de mauvais caractère se développe et accompagne ces symptômes.

Le traitement prophylactique est dans ces sortes de plaies le plus utile: aussitôt donc qu'une plaie accidentelle est soupçonnée envenimée, il faut chercher à neutraliser le venin, pour l'empêcher d'agir: les caustiques sont les meilleurs moyens; le cautère actuel surtout par la promptitude avec laquelle il agit doit être préféré: un morceau de fer chauffé à blanc et introduit à plusieurs reprises au fond de tous les sinus de la plaie décompose le venin, et annule tous ses effets; une large escarre noire recouvre la plaie, tombe au bout de quelques jours, et fait place à une bonne suppuration; l'enlèvement total de la partie par l'instrument tranchant, est encore préférable, quand elle est une de celles dont la perte ne nuit en rien aux services de l'animal.

Dans le cas où le cautère actuel ne pourroit pas être appliqué sans danger, il faudroit employer le beurre d'antimoine liquide; c'est le caustique qui agit le plus promptement après le feu, et enfin, à son défaut, il faut se servir de tous ceux qui se trouvent le plus tôt sous la main.

Si, par malheur, l'on n'avoit pu prévenir les accidens, et si la lividité de la plaie, son gonflement douloureux, la nature de la sanie qui en découle, et enfin l'abattement de l'animal et son malaise général indiquoient les ravages du venin; il faudroit avoir recours aux plus forts stimulans administrés à grande dose: l'eau-de-vie, le quinquina, le camphre, l'ammoniaque sont les remèdes à employer intérieurement, tandis que, par un traitement extérieur appliqué à la nature de la plaie, on tâche de changer son aspect et de l'amener à une bonne suppuration.

Ces accidens sont très-rares en France, sur les animaux domestiques: et le poison de la vipère, qui est le plus dangereux ne peut faire périr nos grands animaux que dans le cas où les morsures du reptile sont multipliées, et près des organes des principales fonctions.

C'est presque seulement à l'égard des chiens mordus qu'il faut employer ces mesures sévères. Ces animaux très-difficiles à contenir, qui contractent plus facilement la rage que

tous les autres , et qui peuvent la répandre au loin, jusque
sur l'espèce humaine, doivent être le plus surveillés. Au moindre soupçon que la plaie est le résultat d'une morsure d'un
animal enragé, ils doivent être séparés, traités convenablement, et tenus à l'attache ou renfermés, jusqu'à ce que la maladie se soit déclarée, oujusqu'à ce qu'il n'y ait plus le moindre doute. Les herbivores mordus par des animaux enragés
contractent bien la rage, mais il n'y a point encore d'exemples bien constatés qu'ils l'aient communiquée à d'autres par
leurs morsures. L'excès de précaution dans ce cas n'est cependant pas un mal , en attendant que des expériences bien
faites aient constaté cette propriété de contracter la rage,
mais de ne point la communiquer.

Ire *CLASSE.*

Maladies de l'appareil locomoteur.

Ire Section. — *Maladies des muscles.* — *Lésions physiques.*

a. Après ce que nous avons dit des contusions, il nous reste
peu de chose à dire sur celle des muscles en particulier ; si
elle est légère, elle se termine par résolution ; plus forte,
l'inflammation survient et finit par une des terminaisons que
nous avons indiquées; enfin, quand la substance musculaire
est réduite en une espèce de bouillie par la force de la contusion , cette partie meurt, un cercle inflammatoire sépare
les parties environnantes, la suppuration s'établit, entraîne
avec le pus toutes les parties mortes , et finit par une cicatrice.

b. Si le muscle est entièrement coupé, la contractilité extrêmement forte de ces organes excitée par la blessure,
rend le rapprochement des deux bords du muscle coupé et
leur réunion très difficiles. On doit néanmoins dans ce
cas, chercher tous les moyens de l'opérer , mais bien
souvent l'on ne pourra point y parvenir ; et si l'accident
est arrivé à un des muscles d'une extrémité, si le muscle est
considérable, l'animal restera boiteux ; heureux encore dans
ce cas, si l'on peut le rendre capable de faire quelques
services.

c. Il arrive, dans des efforts violens où la contraction des
muscles est portée à un degré extrême, que les fibres de ces
muscles se déchirent ; les accidens qui en résultent sont très-
graves : tels sont une douleur excessive, ensuite la suppuration, la formation d'abcès , et toujours la nécessité
d'interrompre les services de l'animal, jusqu'à l'entière guérison. Ces déchiremens musculaires , quand ils sont considérables, mettent presque toujours nos animaux hors de ser-

vice ; heureusement ils sont rares. Le plus souvent, dans les efforts violens , ce sont les tendons ou les ligamens articulaires qui souffrent ; et quoique ces accidens soient fâcheux, ils le sont cependant moins que le déchirement de la fibre musculaire.

Le traitement est simple : les applications émollientes et narcotiques, la saignée même dans le cas où l'accident seroit grave , et dans tout cas , l'ouverture des amas de sang épanché et des dépôts de pus , aussitôt qu'on soupçonne leur existence.

Ce qui est plus difficile que l'application du traitement , c'est de pouvoir distinguer l'accident. L'animal ne peut pas dire les sensations qu'il éprouve ; c'est donc à sa manière de marcher , à la douleur qu'il manifeste dans telle ou telle partie par la pression, et enfin par les signes commémoratifs, que l'on peut deviner l'accident.

L'écart n'est autre chose qu'un de ces accidens arrivé aux muscles qui attachent les membres au tronc. Beaucoup de traitemens différens ont été vantés et employés successivement , pour guérir les boiteries qui en résultent ; mais tous ces traitemens se réduisent à deux , quand on les analyse bien. L'emploi des émolliens , quand l'accident est récent et accompagné d'inflammation , et l'emploi d'excitans , d'irritans même capables de reproduire une forte inflammation dans les muscles affectés , quand la maladie est ancienne : ce dernier moyen, auquel sont dues toutes ces cures extraordinaires d'anciens écarts , est dangereux à employer , parce qu'il est difficile de prévoir jusqu'où s'étendra l'inflammation que l'on suscite , et qu'il a souvent été suivi d'accidens très-graves, et quelquefois de la mort des individus. Les stimulans doux et long-tems continués , ensuite le feu à l'extérieur , ne produisent que rarement ces cures merveilleuses; mais leur emploi est bien moins dangereux et plus constant dans le cas d'ancienneté de l'accident , ou de ces *boiteries* dites *de vieux mal*.

d. Le déplacement des muscles arrive quelquefois ; et comme il est très-difficile d'y remédier , il est souvent suivi des plus graves inconvéniens dans des animaux dont la principale valeur consiste dans l'intégrité du système musculaire.

Un cheval, la nuit en se grattant avec un pied de derrière , se prend ce pied dans la longe de son licol , et ne peut s'en débarrasser ; le lendemain matin , le palefrenier trouve le pied postérieur dans la longe du licol, l'encolure ployée, la tête placée contre l'épaule de ce côté, et le corps appuyé de l'autre côté contre le mur ; il débarrasse bien vite le pied pris dans la longe, et retenu dans cette position par l'éponge

du fer. Mais il fut bien étonné, quand, après avoir remis la
tête du cheval dans sa position naturelle, elle reprit presque
de suite la position qu'elle avoit contractée la nuit. La colonne vertébrale formoit une protubérance du côté gauche,
tandis que les muscles des faces inférieures et supérieures de
l'encolure déjetés du côté droit, formoient des masses inégales de ce côté. Pendant que l'on préparoit des attelles pour
retenir l'encolure dans une direction droite, une espèce de
contraction spasmodique s'empara des muscles déplacés, et
l'on ne put pas leur faire reprendre leur position première ;
le cheval mourut assez promptement avec des paralysies partielles et avec tous les symptômes caractéristiques d'une compression du canal rachidien.

Un autre cheval affecté du même accident, mais à un degré bien moins considérable et dont la cause étoit ignorée,
après avoir eu l'encolure tenue par un bandage, dans une
direction droite pendant long-temps, se trouva bien rétabli ;
mais il portoit néanmoins la tête toujours un peu plus d'un
côté que de l'autre.

Lésions vitales. — *a. Tétanos.* — C'est une contraction
spasmodique et permanente du système musculaire, et plus
particulièrement des muscles extenseurs. C'est une maladie
toujours très-grave, qui n'attaque d'abord que les muscles
d'une région, qui successivement gagne ceux d'une autre,
devient quelquefois générale, et finit le plus ordinairement
par la mort. Elle commence souvent par les muscles rele-
veurs de la mâchoire, s'étend aux muscles de l'encolure, du
dos, des extrémités ; l'animal ne peut plus marcher, il devient
roide, et enfin tombe d'une pièce pour ne plus se relever.

On nomme *trismus* le resserrement seul des mâchoires, et
opisthotonos la contraction générale des muscles du tronc. Le
trismus n'est souvent que le premier degré de l'opisthotonos.

Le tétanos commence par d'autres muscles que ceux des
mâchoires ; il suit néanmoins la même marche et est aussi
dangereux.

Les causes du tétanos sont les douleurs violentes et aiguës,
quelquefois le passage subit d'une atmosphère chaude dans
une atmosphère froide, les grandes plaies, et ce qui le produit
le plus souvent dans nos animaux domestiques, l'opération de
la castration.

Le traitement est assez difficile et doit varier suivant les
causes qui ont produit la maladie, quand on les connoît
toutefois. La première indication à remplir est de faire cesser la cause, ensuite les bains chauds, les saignées, les sétons, ou les antispasmodiques, selon les cas, et enfin l'administration de l'opium à forte dose. Cette substance, dont

l'emploi dans cette maladie nous a été enseigné par la médecine humaine, est le remède qui a le plus souvent réussi quand son administration a été encore possible. Mais que faire dans le cas de trismus? On introduit bien les liquides jusque dans l'arrière-bouche; mais les muscles du pharynx participant toujours de l'état de contraction spasmodique, ne font plus leurs fonctions; l'action d'avaler devient impossible, et on est alors réduit aux lavemens opiacés, aux bains ou lotions chaudes et émollientes, tous moyens presque inutiles quand ils ne sont pas accompagnés de l'action interne de l'opium. Presque toujours la maladie augmente, le tétanos devient général, et l'animal meurt quand les muscles de la respiration sont affectés et arrêtent cette fonction.

b. — La *paralysie* est, au contraire, la diminution ou l'abolition de la contractilité et de la sensibilité musculaire, ou de l'une des deux seulement, sans inflammation ni lésion du muscle, ni lésion de l'organe encéphalique.

Les causes de cet état sont le plus souvent inconnues; quelquefois il est dû à la section d'un vaisseau ou d'un nerf qui empêche l'organe de recevoir la quantité de sang nécessaire, ou l'influence cérébrale. Les parties paralysées diminuent souvent de volume, s'atrophient, et finissent par cesser totalement de remplir leurs fonctions. Cet accident arrive assez souvent dans les vieux chevaux de trait qui souffrent beaucoup de fatigues excessives et d'une nourriture malsaine souvent même donnée à regret, dans les animaux qui logent habituellement dans des lieux humides; elle arrive dans tous à la suite de coups violens et de compressions accidentelles des nerfs et des vaisseaux.

Quand l'affection est due à la section des nerfs ou des vaisseaux ou à leur destruction, les remèdes sont presque inutiles; il faut attendre que les fonctions des vaisseaux et des nerfs détruits soient suppléées par les fonctions de quelque autre, ce qui arrive quelquefois. Si la paralysie paroît être due à la diminution partielle de la sensibilité ou de la contractilité par des causes inconnues, il faut tâcher de réveiller ces propriétés: les vésicatoires, les sétons, les frictions irritantes, un degré de chaleur considérable sur la partie, le feu même appliqué en raies sont les moyens à employer extérieurement; tandis qu'une bonne nourriture et des médicamens stimulans viennent ranimer la circulation et l'influence nerveuse languissantes.

II.ᵉ Section. — *Maladies des tendons.* — *a.* Les tendons les plus forts et les plus longs, surtout ceux des extrémités, peuvent être ou rompus par une contraction trop violente et trop subite des muscles, ou coupés par quelques causes extérieures. Ces organes sont doués de peu de vie, et il est difficile de développer une inflammation nécessaire pour la réunion des parties ; mais, de plus encore, l'impossibilité où l'on se trouve de faire rester l'animal tranquille, pour que les extrémités coupées restent en contact, rend ces accidens presque toujours incurables, et oblige de se servir des animaux s'ils sont capables encore de rendre quelques services, ou de s'en défaire dans le cas contraire.

b. Il arrive souvent que les tendons, sans être rompus ou coupés, sont mis à nu par quelques plaies ; presque toujours alors la surface exposée au contact de l'air est frappée de mort, et il faut qu'une séparation s'effectue entre elle et entre les parties sous-jacentes ; une inflammation se développe dans les tendons ; des bourgeons charnus se montrent ; la lame frappée de mort détachée tombe avec la suppuration, et la plaie devient une plaie suppurante simple. Mais cette réaction salutaire ne s'opère pas souvent de suite, et ce n'est quelquefois qu'après plusieurs exfoliations successives qu'elle a lieu.

Le traitement est simple : il consiste à empêcher la plaie de se fermer trop vite, et à entretenir une inflammation modérée dans les parties, au moyen d'étoupes imbibées d'eau alcoolisée, ou sèches.

d. Le *javart simple* est une inflammation du tissu cellulaire sous-aponévrotique des extrémités ; il se termine toujours par suppuration, mais présente cela de particulier que la suppuration entraîne avec elle un bourbillon ou une petite portion de tissu cellulaire tombée en gangrène. De la propreté et quelques cataplasmes émolliens suffisent pour guérir ce javart.

e. Quelquefois il se forme plus profondément autour des gaînes des tendons, et devient alors plus douloureux, plus long à guérir, mais n'entraîne des conséquences fâcheuses que quand il est entièrement négligé ; il prend alors le nom de javart tendineux. Tant qu'il y a inflammation, l'on doit persister dans l'usage des émolliens et des maturatifs ; quand la suppuration est établie, on en vient à une petite opération qui consiste à frayer un libre cours à la matière par le moyen d'une ou plusieurs incisions dirigées selon les circonstances qui se présentent ; quand l'on craint que la suppuration n'attaque la gaîne des tendons, on la prévient en fendant le javart avec le bistouri, avant même que la suppuration soit établie. Les pansemens subséquens consistent à faire des injections d'eau tiède alcoolisée, à déterger les plaies et à les tenir propres et à l'abri des irritans extérieurs.

Ces javarts se montrent aussi dans le bœuf, mais ils sont

en général plus douloureux , plus longs à guérir ; du reste , le traitement est entièrement le même.

Cette maladie a quelque analogie avec le clou ou furoncle de l'homme ; il en vient presque toujours plusieurs à la suite les uns des autres, et quelquefois à plusieurs extrémités à la fois ; mais ils ne se montrent que sur les parties inférieures des membres , font souvent boiter les animaux très - fortement , empêchent de s'en servir pendant le temps de l'inflammation , et se guérissent assez facilement. Nous ne sommes pas sûrs qu'ils soient, comme le clou, une suite d'un embarras gastrique.

f. Entorses , Efforts. —Ce sont des tiraillemens , des distensions plus ou moins fortes , et quelquefois des déchiremens des ligamens qui entourent les articulations; ils ont pour causes les plus ordinaires, des faux-pas ; ils produisent des douleurs sourdes sans apparence de lésion, et qui ont quelquefois des suites dangereuses en occasionant la boiterie permanente de l'animal. Leur traitement est simple et consiste dans l'application des résolutifs lorsque l'accident est récent ; ensuite dans l'application des émolliens pour calmer la douleur , et enfin des stimulans les plus énergiques pour redonner du ton et de la force aux parties : quand la maladie passe à l'état chronique , la cautérisation devient le meilleur et souvent l'unique moyen de guérison.

g. Luxations de la rotule. — Elles sont rares dans nos animaux domestiques, malgré les efforts et les fatigues extrêmes auxquels ils sont fréquemment exposés. Le cheval cependant, quand il est encore jeune , quand les solides n'ont point acquis toute la force que leur donne l'âge mûr , est exposé aux luxations de la rotule ; cet os se déplace et coule sur le côté externe et au bas de la partie inférieure du fémur : cet accident arrive sans déchirement et presque sans douleur. Il est annoncé par le déplacement de la rotule d'abord , et ensuite par l'impossibilité où se trouve l'animal de fléchir le membre qu'il tient roide , sur lequel il ne peut s'appuyer et qu'il traîne après lui. La réduction de cette luxation s'opère en plaçant la main sur la face interne de l'articulation du fémur et du tibia ; en donnant une secousse un peu violente à la rotule , on la remet facilement à sa place : le membre reprend sa liberté de mouvemens. L'âge et l'exercice , en affermissant les ligamens , font disparoître cet accident. Dans le cas où il ne disparoît pas et où il empêche l'emploi de l'animal , on doit avoir recours au feu pour affermir et consolider ces parties.

h. Il arrive assez souvent, dans les exercices violens, que les mouvemens des articulations sont portés au-delà de leur extension naturelle ; tous les tissus qui environnent l'articulation sont tiraillés, distendus, une inflammation s'en empare, et la difficulté de forcer l'animal à se tenir en repos, entretient dans les parties malades une inflammation légère, qui empêche la résolution de s'opérer complétement; les articulations restent grosses, engorgées, et les mouvemens moins libres. Quelquefois ce sont les ligamens qui environnent l'articulation, qui souffrent le plus; d'autres fois, c'est la capsule synoviale articulaire; l'irritation qu'elle a éprouvée a augmenté la sécrétion de la synovie; la capsule boursoufle et nuit aux mouvemens de l'articulation.

Dans le cheval, les capsules synoviales qui environnent les tendons sont très-sujettes à ces distensions et à cette sécrétion extraordinaire de synovie; elles forment alors ce que l'on appelle des *mollettes*.

Ces différentes affections, en nuisant aux mouvemens des articulations, fatiguent l'animal et diminuent beaucoup sa valeur : quand elles ne sont pas poussées trop loin et qu'elles sont récentes on peut essayer de les guérir : c'est le feu qui seul peut parvenir à ce but quand on sait bien l'employer ; on met le cheval au vert pendant un certain temps ; cette nourriture relâchante amollit déjà tous les solides ; on applique ensuite le feu sur les parties malades ; on continue de laisser l'animal au vert ; l'inflammation se développe et est souvent suivie de la résolution. La liberté dont jouit l'animal dans le pâturage, l'exercice qu'il prend à sa fantaisie, tout favorise la résolution, qui s'effectue bien plus efficacement qu'à l'écurie et au régime sec.

III.ᵉ Section. —*Maladies des os.* – *a.* Les os sont composés, comme les autres organes du tissu cellulaire, de nerfs et de vaisseaux ; mais ils en diffèrent par une autre structure et par la substance saline inerte, qui se dépose dans leur tissu, et qui leur donne la solidité dont ils jouissent : cette différence de structure et d'organisation rend la marche de leurs maladies bien différente ; aussi toutes marchent - elles avec plus de lenteur, exigent - elles pour la guérison un espace de temps plus long, et que souvent le peu de valeur de l'animal empêche d'attendre. Dans les fractures des os des extrémités du cheval et du bœuf, presque toujours l'animal est sacrifié à cause de la longueur du temps nécessaire à la consolidation des fractures, et des soins et des précautions que la guérison exige.

b. Il n'en est pas de même pour les fractures de tous les os : les fractures des côtes sont souvent suivies de la guérison quand les organes pulmonaires ont conservé leur intégrité ; souvent même les bouts fracturés restent séparés, et l'animal n'en est pas moins propre à rendre les services qu'il rendoit auparavant ; le traitement consiste à laisser agir la nature, et seulement à ouvrir promptement les dépôts de liquide ou les abcès qui peuvent se former, afin d'empêcher leur ouverture et leur épanchement dans la poitrine.

c. Les fractures de l'os du sabot et de l'os de la couronne sont très-faciles à se guérir, à cause de la position de ces os. Celui du sabot surtout, contenu dans une boîte cornée, se consolide bien facilement, mais l'animal reste souvent boiteux. Quand l'on se doute que l'os de la couronne ou celui du sabot est fracturé, ce dont il est souvent très-difficile de s'assurer par le tact, surtout pour l'os du sabot, qu'il n'y a point de plaies à l'extérieur, il suffit d'envelopper le pied d'une charge de poix et de résine et d'une ligature qui tienne ces parties immobiles, de laisser le cheval à l'écurie ou libre dans un pâturage ; la consolidation s'opère bien vite, et souvent en moins de six semaines la cure est entièrement terminée.

d. Les fractures des os des parties supérieures sont bien plus dangereuses ; presque toujours elles sont compliquées, c'est-à-dire, que l'os est fracturé en plusieurs morceaux, et qu'il y a des esquilles ; les parties molles sont contuses, déchirées ; le maintien des abouts articulaires en contact pendant le temps nécessaire au développement des boutons charnus et à leur agglutination est presque impossible : aussi souvent ces accidens entraînent-ils la perte de l'animal. La guérison seroit cependant facile si l'on avoit quelques moyens de maintenir le membre immobile, et toutes les fois qu'on espère y parvenir, et que l'animal a quelque valeur, qu'il est jeune surtout, on doit l'essayer. Déjà plusieurs tentatives ont été suivies du succès.

e. La pointe de la hanche est sujette à se fracturer dans les chutes violentes auxquelles sont exposés nos animaux, sous les poids énormes qu'ils sont obligés de porter ou de traîner. Si la pointe seule de la hanche est fracturée, l'extrémité déplacée par la contraction des muscles énormes qui prennent leur attache à cette partie est portée plus en bas ; les deux abouts fracturés, au lieu de rester dans la situation convenable chevauchent, l'inflammation se développe sur ces surfaces en contact comme sur les abouts fracturés, et l'adhérence se fait dans toute la partie en contact. Dans ce cas une hanche reste plus basse que l'autre, et l'on dit que le cheval est éhanché ; quelquefois le cheval ne boite pas, mais c'est rare, et quoique souvent il soit aussi capable de rendre des services qu'il l'étoit auparavant, il conserve une allure plus gênée et plus difficile et qui le fatigue davantage.

L'on n'a point encore de bandage propre à maintenir la pointe de la hanche dans sa position naturelle, et tous les soins du vétérinaire doivent se borner à mettre l'animal dans le cas de se mouvoir le moins possible, ensuite à modérer la réaction vitale nécessaire, de manière à ce qu'elle ne soit ni trop forte ni trop foible, mais dans un juste milieu. Cette consolidation, le plus souvent, s'opère sans suppuration et sans formation d'abcès ni de dépôts.

f. Les fractures de la hanche ne sont pas toujours aussi simples. Quelquefois elles sont accompagnées de la fêlure ou de la fracture même du coxal; il est rare, dans ce cas, que l'animal puisse échapper, et presque toujours des dépôts profonds dans l'épaisseur des muscles, des épanchemens, des infiltrations dans le bassin, mettent fin à son existence sans que l'on puisse lui porter des secours efficaces.

g. La fracture de la rotule arrive quelquefois ; cet accident est toujours très-grave et met l'animal, quand il guérit, pour long-temps hors de service. L'accident le plus fâcheux et qui complique très-souvent cette affection, est l'atrophie dans laquelle tombent les muscles de la face antérieure du fémur (les fémoro-rotuliens), et à laquelle il est très-difficile de s'opposer. La douleur, suite de l'accident, force l'animal à tenir toujours sa jambe élevée du sol, et soit que les muscles dans cette position restent trop long-temps contractés, ou soit que leurs contractions cessent tout-à-fait, ils tombent dans une atrophie complète. On a vu dans ce cas, que la fibre musculaire étoit diminuée des trois quarts de son volume et étoit devenue blanche. Une forte boiterie est la suite inévitable d'un pareil accident.

h. Exostoses. — Nous avons dit que les os étoient composés des mêmes tissus que les autres parties du corps, seulement qu'ils en différoient par la présence des sels à base de chaux qui leur donnoient une autre texture, et qui faisoient suivre à leur maladie une marche différente ; c'est à cette texture qu'il faut attribuer les exostoses ou tumeurs dures et de même nature que l'os, que l'on remarque sur quelques-unes de leurs parties. Elles sont quelquefois symptomatiques, mais le plus souvent idiopathiques, et la suite de quelques coups. Les sels calcaires qui forment la base de ces tumeurs, empêchent leur résolution d'être facile, et rendent bien souvent l'application des topiques extérieurs inutile. Ordinairement ces tumeurs cessent de croître quand l'inflammation qui les a produites est passée ; mais on est quelquefois aussi obligé d'avoir recours au feu ; cet agent énergique, en développant une nouvelle inflammation dans le tissu de l'os malade, change son mode de nutrition, arrête cette croissance contre nature, et va quelquefois jusqu'à produire la résolution de la tumeur : on doit cependant essayer d'abord les frictions spiritueuses et vigoureuses, les frictions mercurielles, et mieux encore les compressions des corps durs, et long-temps continuées. L'on range parmi les exostoses, *les osselets*, *les suros* de toute espèce, *les formes*, et enfin, *les ognons*; mais ceux-ci sont des maladies particulières à cause de leur siége, et sur lesquelles nous reviendrons plus au long, a l'article des maladies du sabot.

Les suros, les osselets et les formes, ne sont dangereux qu'autant qu'ils affectent des parties essentielles aux mouvemens, telles que les articulations, ou qu'ils se trouvent situés sous des tendons ou des muscles dont ils gênent le mouvement. Aussi, combien voyons-nous d'animaux dont ils ne font que diminuer le prix seulement, sans rien diminuer de la valeur réelle, parce que, par leur position, ils ne nuisent en rien aux services de l'animal.

i. Carie. — L'exostose, venons-nous de dire, est une suite durable, mais peu funeste, de l'inflammation du tissu osseux; malheureusement il est une autre terminaison beaucoup plus dangereuse, c'est la carie très-fréquente dans les os d'un tissu spongieux. La partie de l'os irritée se tuméfie, mais au lieu de se durcir comme dans l'exostose, elle s'amollit dans un point, se décompose, laisse échapper un ichor d'une nature particulière, et bien reconnoissable surtout à l'odeur qu'il exhale. Cette décomposition de l'os gagne de proche en proche, si on ne parvient point à l'arrêter : c'est une espèce de terminaison par gangrène de l'inflammation du tissu osseux. Le feu appliqué au moyen d'un fer chauffé à blanc et introduit dans la carie, désorganise les tissus affectés, suscite dans ceux qui sont encore sains une réaction vitale et le développement d'une inflammation de bonne nature. Des bourgeons charnus s'élèvent du fond de la plaie : l'escarre produite par le feu est enlevée par la suppuration, et la cicatrisation de l'os s'opère : il vaut mieux dans ce cas brûler plus que moins, et ne pas craindre de remettre plusieurs fois le fer chauffé à blanc : toutes les fois que l'on peut craindre l'emploi du feu, il faut avoir recours à l'extirpation de la partie cariée par le bistouri ou la gouge, ou enfin aux poudres caustiques les plus énergiques, et en dernier lieu aux caustiques liquides.

k. Nécrose. — Quelquefois il arrive que la surface de l'os irritée est de suite frappée de mort, tandis que l'inflammation se développe dans les parties sous-jacentes. La lame morte se détache petit à petit des parties vivantes, et finit

par s'en séparer. Cet accident est annoncé par une fistule
qui laisse échapper du pus, ou des liquides puriformes,
jusqu'à ce que la partie morte de l'os soit totalement séparée
et portée au dehors ; il se fait remarquer plus particulièrement sur les os compactes et durs, et porte le nom de *nécrose*
ou de *carie sèche*. Les soins sont simples : il faut seulement
aider la séparation de la lame morte de l'os, en faciliter la
sortie et même l'effectuer, aussitôt qu'il est possible de le
faire, par des débridemens et des tractions opérées sur elle.

IVe Section. *Maladies du sabot et des parties qu'il contient.*
— Ces maladies, qui reconnoissent les mêmes causes que
toutes les autres espèces d'affections, méritent néanmoins de
faire un ordre à part, à cause de leur marche différente, et
surtout à cause du traitement qui diffère sous presque tous
les rapports.

1. *Javarts.* — Nous avons déjà dit ce que c'étoit que ces
affections. Elles se montrent sous la corne, comme autour des
tendons, et prennent alors le nom de *javarts encornés*; elles se
rencontrent aussi accompagnées de la carie du cartilage de
l'os du pied, et prennent le nom de *javarts cartilagineux*. Le javart encorné se change souvent en javart cartilagineux ; ils
sont tous deux reconnoissables à des fistules au biseau de la
couronne; le javart cartilagineux se distingue par la nature de
la matière qui découle, qui est chargée des débris du cartilage, et qui a l'odeur de la carie de cette partie.

Le javart encorné se guérit quelquefois de lui-même presque sans soin quand il est peu profond, et quand le pus trouve
un libre écoulement au-dehors; dans ce cas, une pointe de
feu, pour ouvrir la fistule et pour produire une inflammation de bonne nature, forme une escarre, qui tombe par la
suppuration, et qui est bientôt suivie de la cicatrisation. Le
plus souvent, le javart encorné n'est pas si simple ; la matière, au lieu de sortir, fuse sous la corne dans le tissu réticulaire, détache la corne, et complique la maladie. Pour
obtenir la guérison, il faut enlever alors toutes les parties de
la corne détachée, mettre bien à découvert tout le fond de
la plaie, et en faire une plaie simple proprement dite; on applique alors un fer convenable, et des pansemens peu fréquens, mais bien entendus avec des étoupes sèches ou imbibées d'eau et d'eau-de-vie, amènent petit à petit la régéné-
ration de la corne et la cicatrisation de la plaie.

2.e La guérison du javart cartilagineux est toujours beaucoup plus difficile et plus longue ; elle nécessite l'enlèvement
total du cartilage attaqué de carie ; quand on n'enlève que
la portion cariée, les parties que l'on laisse se carient à leur
tour, et nécessitent bientôt une nouvelle opération. Il faut

enlever d'abord tout le quartier du sabot; ensuite, l'on sépare et l'on soulève la peau qui recouvre le cartilage, en prenant bien garde de l'endommager, et l'on enlève avec la feuille de sauge le cartilage en plusieurs morceaux. Si l'os lui-même est carié, il faut enlever la partie cariée, soit avec la feuille de sauge, soit avec une gouge; enfin, il faut autant que possible extirper toutes les parties que la suppuration a désorganisées, et faire une plaie simple, en ménageant la peau et même les lambeaux, quand les fistules antérieures ou l'instrument en ont malheureusement produit quelques-uns. Dans l'opération, il faut prendre garde d'ouvrir la capsule synoviale articulaire sur laquelle est presque située la partie antérieure du cartilage. On y parvient facilement en tenant le pied dans son extension complète sur la jambe.

Quand l'opération est terminée, l'on repose la peau sur les parties mises à nu; l'on recouvre le quartier, dont on a enlevé la corne, d'étoupes imbibées d'eau alcoolisée; l'on enveloppe tout le pied d'étoupes, graduellement posées de manière à former une compression égale partout; on place la bande, on laisse relever l'animal.

Pour faire mieux tenir cet appareil, on a ferré le pied avant l'opération, avec un fer dont la branche est tronquée du côté à opérer; la branche opposée et celle tronquée servent à faire tenir la bande, et par conséquent l'appareil.

Avant de pratiquer l'opération, quand le cheval est abattu, il faut avoir le soin de placer une forte ligature dans le paturon, pour arrêter l'hémorragie, qui sans cette précaution rend beaucoup plus difficile et plus longue l'opération, et qui empêche presque toujours de bien poser l'appareil. On l'ôte avant de laisser relever le cheval.

La levée de l'appareil ne doit se faire que cinq ou six jours après l'opération; rien ne presse de la faire. Si seulement on croyoit s'apercevoir que la ligature fût trop serrée, on peut la desserrer; cet accident arrive quelquefois au moment du gonflement inflammatoire. Les pansemens suivans seront plus ou moins fréquens, selon que la matière sera plus abondante ou plus rare; il faut avoir soin, en les faisant, d'amincir la corne dans les endroits où elle pousse trop vite, et où elle peut causer des pincemens et des compressions toujours préjudiciables à la guérison.

3. *Seimes.* — Ce sont des fentes que l'on remarque dans la corne du sabot, selon la direction de ses fibres; la *soie* ou *seime en pied de bœuf* est celle qui s'établit en pince; elle ne diffère des autres que par sa position, et parce qu'elle attaque plus particulièrement les pieds rampins. En général, les seimes ne sont fréquentes que dans les pieds dont

la corne est sèche, cassante, et qui n'offrent pas cette espèce de gluten, qui paroît nécessaire à lier entre eux ses filamens. Ces accidens, quand ils ne sont que superficiels, c'est-à-dire, quand ils ne pénètrent pas toute l'épaisseur de la corne, ne sont pas dangereux et souvent ne font aucun tort à l'animal; mais, quand ils pénètrent jusqu'aux feuillets de la chair cannelée, ils produisent de la douleur, de la claudication même, et exigent pour leur guérison l'*opération dite de la seime.*

Cette opération consiste à enlever la corne des deux bords de la division, et à panser la plaie comme une plaie simple. Une nouvelle sécrétion de corne s'opère, et la seime disparoît (1). L'avalure qui se forme alors rétablit peu à peu le sabot dans son intégrité première. Pour prévenir le retour de pareils accidens, il faut, autant que possible, tenir toujours la corne grasse, empêcher les maréchaux d'enlever avec la râpe en ferrant cette espèce d'épiderme luisant qui recouvre la surface de la muraille, et dont l'enlèvement est une des causes présumables de la seime.

Quand la seime n'est que superficielle, on doit toujours craindre de la voir devenir profonde; et il arrive souvent, quand elle est guérie, d'en voir reparoître une autre à côté.

4. *Fourbure dans le sabot.* — C'est l'inflammation générale du tissu réticulaire du pied, manifestée par une chaleur considérable dans cette partie, et par une douleur qui force l'animal à s'appuyer sur les autres membres pour soulager le malade; si ce sont les pieds antérieurs qui sont affectés, l'animal place ses pieds postérieurs sous lui pour leur faire supporter le poids, et place les autres en avant; si ce sont les pieds postérieurs qui souffrent, il place les extrémités antérieures sous lui, de manière que la position seule du corps indique aussi bien cette maladie que tous les autres symptômes. Souvent il n'y a qu'un pied affecté; quand il y en a plusieurs, l'un est plus malade que l'autre. Cette inflammation du tissu réticulaire du pied se termine rarement par résolution, presque toujours c'est par une affection organique de ce même tissu réticulaire, et par la sécrétion lente d'une nouvelle corne mal organisée tout-à-fait différente; cette corne qui se forme sous l'ancienne la pousse en avant, fait relever sa partie inférieure de

---

(1) La muraille du sabot pousse de haut en bas. Quand il arrive quelque déformation à la corne, elle paroît descendre à mesure que la muraille pousse; c'est cette marche ou cette espèce de descente, que les maréchaux appellent *avalure.*

manière que cette partie, au lieu de décrire une ligne droite depuis la couronne jusqu'au bord inférieur, décrit souvent une ligne concave, toujours irrégulière, entre-coupée d'éminences et de dépressions. Pendant que cet effet a lieu, l'os du pied, de son côté, poussé en arrière par l'accumulation de cette nouvelle corne, se dévie de sa position naturelle ; sa face antérieure en pince devient presque perpendiculaire ; son bord inférieur s'abaisse, porte sur la sole et la rend bombée de concave qu'elle étoit. La maladie continuant toujours ses ravages, une séparation s'effectue bientôt en pince entre la sole et la muraille, laisse apercevoir un tissu caverneux, anfractueux, d'une substance cornée, toute particulière. Dans cet état, le pied est dit affecté d'une *fourmilière*. Malgré tous les soins, il ne résiste pas long-temps à la fatigue, et l'animal est bientôt hors d'état de servir.

Quand la fourbure commence, il faut faire avorter l'inflammation, et dans ce but employer la diète, l'eau blanche, les saignées générales, les résolutifs, même les astringens sur les pieds et sur les canons ; en même temps, on fait des frictions vigoureuses d'huile essentielle de lavande aux genoux ou aux jarrets, selon que ce sont les pieds antérieurs ou postérieurs qui sont affectés, pour y déterminer un point d'irritation et pour déplacer l'inflammation ; c'est ce genre de traitement qui réussit le mieux à empêcher les suites de la fourbure. Si les frictions d'essence de lavande ne suffisent pas pour produire l'engorgement des genoux et des jarrets, on y substitue les frictions d'essence de térébenthine.

Si, malgré ces soins, l'on ne peut faire avorter l'inflammation du tissu réticulaire, et que l'affection organique en soit la suite, la ferrure devient alors l'unique ressource, et des chevaux, quoique avec des pieds fourbus, rendent encore long-temps des services quand leurs fers sont bien appropriés à l'état de leurs pieds et qu'ils ne les gênent en aucune manière ; l'animal est, de temps en temps, sujet à boiter, exige quelques jours de repos, et ne devient tout-à-fait impropre à rendre des services que quand la désorganisation du sabot est poussée trop loin. (*V.* le mot FOURBURE dans la classe des fièvres.)

5. On appelle *fourchette échauffée* le suintement d'une humeur noirâtre, fétide, qui se fait dans la cavité de la fourchette, et *fourchette pourrie* cette affection quand elle est portée au point d'attaquer toute la fourchette, de soulever la corne par lames et de la désorganiser. La *fourchette échauffée* est une affection légère en apparence qui se guérit assez souvent, mais quelquefois qui ne guérit pas malgré tous les soins, et qui dégénère en *fourchette pourrie* encore plus rebelle. La

cause de ces maladies, dont l'une n'est sûrement qu'un degré de l'autre, est, selon M. Clark, vétérinaire anglais, le resserrement que le pied éprouve par la ferrure, et la mauvaise habitude d'abattre la fourchette en parant le pied, opération qui facilite encore le resserrement en enlevant le point d'appui des arcs-boutans. Ce vétérinaire regarde aussi le resserrement du pied comme la cause de la difficulté qu'on éprouve à guérir la fourchette pourrie, et il en donne des raisons assez plausibles (1). L'on doit toujours néanmoins tenter la guérison, et avec de la patience l'on en vient souvent à bout. Quand la fourchette n'est qu'échauffée, que l'animal ne boite pas, l'on introduit, dans la fente de la fourchette, des étoupes sèches ou bien des poudres dessiccatives; l'on tient le pied aussi propre que possible, et quelquefois le suintement cesse au bout d'un certain temps. Quand la maladie a fait plus de progrès, quand la fourchette est désorganisée, on en lève tous les lambeaux de corne, on met le fond de l'ulcère à découvert, on en fait une plaie simple; une corne nouvelle se forme, et la cicatrisation s'opère; dans cette guérison, presque toujours la fourchette perd sa cavité, et ne forme plus qu'une seule masse.

6. Le *crapaud* est une maladie qui commence par se manifester sur les côtés de la fourchette, à l'endroit de sa réunion avec les parties que les Anglais appellent les *barres*; il est donc bien facile de la distinguer de la *fourchette pourrie*. Elle est caractérisée par le suintement d'une humeur extrêmement fétide, par un boursouflement et une mollesse de la corne de ces parties, et surtout par des végétations cornées en forme de filamens, qui paroissent pousser dans sa substance. Des parties latérales de la fourchette la maladie s'étend au talon, sépare la corne de la sole, de la corne de la muraille, en produisant toujours le même genre d'altération, et gagne ainsi successivement jusqu'en pince. La muraille extérieurement paroît saine, seulement plus volumineuse que dans l'état naturel, et ce n'est qu'en soulevant le pied qu'on aperçoit tous les ravages de la maladie. Quand elle a fait de grands progrès, les filamens cornés poussent des racines qui s'implantent dans les parties tendineuses, qui passent à travers, et qui s'étendent jusque dans l'os du pied.

Quand on a laissé la maladie arriver à ce degré, il est rare que les soins du vétérinaire puissent être efficaces, et presque toujours alors la diminution de valeur que l'ani-

---

(1) Recherches sur la construction du sabot du cheval, et suite d'expériences sur les effets de la ferrure. — Paris; in-8.°, fig.; chez M.me Huzard, libraire, rue de l'Eperon, n.° 7.

mal a éprouvée empêche d'entreprendre un traitement long, dispendieux, toujours incertain; l'on se contente donc d'employer le cheval, en lui posant des fers convenables à l'état de ses pieds, c'est-à-dire, qui empêchent les parties malades de porter à terre, et qui le rendent ainsi capable de faire encore quelque service. A cette époque même, la guérison devient quelquefois dangereuse en supprimant un émonctoire ordinaire, auquel l'organisme est habitué, et qui est devenu, pour ainsi dire, nécessaire à la santé de l'individu.

Toutes les fois, cependant, que le cheval a de la valeur, qu'il est jeune, et que le mal n'a pas encore fait de trop grands progrès, il faut tenter la guérison; elle est longue, mais on peut l'obtenir avec de la patience et en prenant tous les soins nécessaires. Le procédé le plus efficace consiste à enlever avec le bistouri toute la corne détachée, ensuite toute celle qui végète par filamens, et autant que possible jusqu'à la racine de ces filamens. En un mot, on tâche de faire une plaie simple, en enlevant toute la corne malade, et tous les tisssus sous-jacens aussi malades. On ajoute un fer à dessoler, des éclisses, et on panse la plaie avec des étoupes sèches, ou imbibées d'eau alcoolisée. On fait une pression égale sur toute la plaie, et on laisse ce premier appareil, jusqu'à ce que la suppuration commence à s'établir, c'est-à-dire, cinq ou six jours. On l'enlève alors, et on examine l'apparence de la plaie; presque toujours elle est couverte de bourgeons charnus, dont les uns sont de bonne nature, tandis que les autres blanchâtres, livides, fongueux, indiquent un travail qui n'est pas celui d'une suppuration louable qui tend à la cicatrisation. Si l'on croit remarquer une nouvelle végétation de ces filamens de corne, il faut avoir de nouveau recours à l'instrument tranchant, sinon l'on se contente de couvrir les bourgeons charnus de mauvais aspect, de petits plumasseaux chargés d'égyptiac, tandis que l'on n'en place que de secs partout ailleurs.

L'égyptiac, par sa causticité, forme une petite escarre sous forme de pellicule mince que l'on enlève au pansement suivant en irritant la plaie le moins possible; on recouvre de nouveau d'égyptiac les parties de la plaie qui sont d'un mauvais aspect, jusqu'à ce qu'elle devienne entièrement belle. L'on renouvelle les pansemens tous les jours; on les rend moins fréquens quand la plaie tend à la cicatrisation. Si l'égyptiac n'est point assez caustique, on peut y ajouter du sulfate de cuivre, ou employer à sa place la poudre de Rousseau ou même le sublimé corrosif. On doit persister dans l'emploi de ces substances jusqu'à ce que toutes les chairs fongueuses soient détruites, et jusqu'à ce que toutes les parties qui avoient été affectées organiquement soient rongées.

Ce traitement n'est efficace qu'autant qu'il est bien suivi, bien entendu, et que le pied malade est soustrait à toutes les causes maladives, et surtout à l'humidité. La nourriture de l'animal, pendant tout le temps qu'il ne travaille pas, doit être modique, mais de la meilleure qualité ; il doit être promené, autant que possible, sur un terrain doux, sur une prairie, et dans les beaux jours seulement ; cette affection, qui paroît tenir plus à la constitution de l'individu qu'à toute autre cause extérieure, exige beaucoup de soins, de précautions hygiéniques, et surtout de persévérance dans le traitement, qui est long, quoique peu dispendieux, et qui souvent fatigue les propriétaires qui ne peuvent pas jouir de leurs animaux.

7. *Bleimes.* — Ce sont des echymoses qui se forment entre la sole de corne et la sole de chair, principalement en talons, et qui reconnoissent pour cause des contusions sur ces parties. Elles sont plus particulières à certains pieds mal conformés, ou mal ferrés. Quand la contusion n'est que légère et momentanée, la bleime n'a aucune suite, le pied est un peu douloureux, l'animal boite quand la place de la bleime porte, mais tous les accidens sont bientôt passés et le pied aussi sain qu'auparavant ; quand la contusion est violente ou continue, une inflammation de la partie contuse survient, la suppuration s'établit, la corne se soulève et des accidens très-graves en sont la suite si l'on n'y remédie promptement ; il faut dans ce cas amincir la corne jusqu'à l'abcès, mettre toutes les parties contuses à découvert, et traiter comme une plaie simple. Quand une grande partie de la sole est détachée, il vaut mieux pratiquer la dessolure ; l'opération, quoique grande, est plus simple et la guérison plus rapide.

8. Les *cerises* sont des excroissances rouges qui s'élèvent des plaies faites au sabot ; ce sont de véritables bourgeons charnus qui se forment rapidement sur ces plaies et qui se trouvent comprimés entre la nouvelle corne qui s'organise et l'ancienne ; on les fait disparoître, ou par la compression, ou en les enlevant par l'instrument tranchant, ou en ôtant le pincement qui les produit.

9. L'*ognon* est une exubérance de la sole des quartiers due à une tumeur de la face inférieure de l'os du pied. Elle est plus commune dans les pieds plats, et reconnoît pour cause des contusions de la sole qui se sont fait sentir jusqu'à l'os ; on ne peut guère y remédier que par une bonne ferrure, qui empêche les parties malades de toucher le sol en distribuant

le poids sur toutes celles qui sont saines. Un fer couvert et
bombé en proportion de la grosseur de l'ognon est le meilleur
moyen d'user l'animal.

10. La *sole battue et foulée* est une sole plus ou moins contuse par la marche du cheval sans fer, ou par un fer mal
ajusté, ce qui donne le plus souvent lieu à des bleimes. Quand
la cause occasionelle est enlevée, l'on doit chercher à empêcher l'inflammation de se développer, par l'application des
résolutifs; ainsi l'on place le pied malade dans l'eau froide
ou dans un cataplasme de suie de cheminée délayée avec une
dissolution de sulfate de fer, ou avec du vinaigre. On laisse
ensuite l'animal assez en repos pour que le pied se raffermisse
et se consolide avant de le serrer de nouveau.

11. *Sole échauffée et brûlée.* — Il arrive quelquefois que le
maréchal laisse poser le fer chaud trop long-temps sur la
corne, afin de l'amollir et d'avoir plus d'aisance à la parer.
Le calorique pénètre peu à peu à travers la corne morte jusqu'au tissu sensible. Cet accident fait boiter le cheval pendant quelques jours et se dissipe peu à peu; on le reconnoît
à la couleur de la corne et à l'aspect particulier de ses vaisseaux, qui sont plus distincts les uns des autres qu'ils ne sont
ordinairement, et qui dans ce cas laissent souvent échapper
une sérosité légère. Des cataplasmes émolliens, et surtout
quelques jours de repos, ont bientôt dissipé ces accidens.

Mais quand le calorique a pénétré en trop grande quantité, le tissu réticulaire est attaqué, la corne devient sèche et
se détache. Dans ce cas il peut se former un foyer purulent,
et l'enlèvement d'une partie de la corne, et même la dessolure, peuvent devenir nécessaires. Les pieds plats et com-
bles et ceux qui ont la sole très-mince, sont plus sujets que
les autres à ces sortes d'accidens. En même temps que l'on
panse les plaies, on a soin d'enduire l'ongle de substances
grasses et mucilagineuses, pour entretenir sa souplesse et faciliter son accroissement.

12. *Piqûres et Lésions du même genre.* — En parlant des
plaies en général, nous avons déjà vu que les piqûres étoient
les plus dangereuses; c'est le même cas pour les piqûres du
sabot, quand elles sont profondes et étroites surtout. Une
inflammation se développe au fond de la plaie, la suppuration s'y établit, le pus ne pouvant s'échapper parce que l'ouverture extérieure est fermée, soulève et détache le sabot.
D'autres fois le corps qui a occasioné la piqûre a pénétré
jusqu'aux tendons, même jusqu'à l'os, et a produit une lésion
de ces parties qui ne se guérissent que par exfoliations; ces
exfoliations ne peuvent sortir à cause de l'obstacle qu'y ap-

porte le sabot, et de-là des accidens consécutifs toujours graves.

Des clous que les chevaux rencontrent dans les rues, sont les causes les plus ordinaires de ces piqûres; des morceaux de verre, des morceaux de bois ou des *chicots*, comme on les appelle, les occasionent aussi fréquemment; enfin le maréchal lui-même, en brochant les clous, les enfonce quelquefois dans le vif. Quand il les retire aussitôt, on dit que le cheval a été piqué; et quand le clou est resté, que le pied a été encloué. Tous ces différens genres d'accidens peuvent être rangés dans la même classe, et présentent plus ou moins de dangers, suivant la profondeur à laquelle les corps vulnérans ont pénétré, suivant la grandeur des déchiremens qu'ils ont produits, et enfin selon les parties du pied qu'ils ont attaquées: ainsi ils sont toujours moins graves en talons qu'en pinces.

Ces accidens s'annoncent ordinairement par la douleur aussi subite que leur cause; quand l'animal vient donc à manifester tout à coup de la douleur dans le pied, le premier soin doit être de visiter cette partie, de la nettoyer et de s'assurer si c'est quelque corps qui l'a blessée; on extrait sur-le-champ ces corps, s'ils y sont restés; sinon on trouve la plaie qu'ils ont faite.

Quand le corps n'a fait que traverser la corne, l'accident n'est rien, l'animal après avoir boité quelques pas ne boîte plus, et il n'y a point de suites à redouter: cependant il est plus prudent de le laisser reposer quelque temps, afin de s'assurer s'il ne ressentira pas de la douleur en recommençant à marcher.

Si la douleur persiste quelques jours, il ne faut plus attendre, et crainte d'accidens plus graves l'on doit procéder de suite à une opération qui consiste à mettre le fond de la blessure à découvert; l'on enlève toute la corne qui l'environne; l'on coupe le tissu réticulaire, et l'on parvient ainsi jusqu'au fond, dont on s'efforce de faire une plaie simple. Le plus souvent l'on néglige de pratiquer cette opération, dans l'espérance que la plaie guérira et que l'on évitera ce grand délabrement toujours long à guérir; pendant ce temps, la suppuration s'établit, détache la corne, et l'on est obligé d'y recourir plus tard. Elle devient même alors beaucoup plus grave, par les désordres arrivés consécutivement, surtout si quelques parcelles du corps vulnérant sont restées dans la plaie.

Les clous ou chicots pénètrent quelquefois jusqu'à l'os, dans lequel ils s'implantent, et presque toujours alors une exfoliation de la partie de l'os attaquée est inévitable; il faut avoir soin dans ce cas que l'exfoliation puisse se faire facilement, et sortir de la plaie que l'on doit entretenir grande et libre jusqu'à ce que l'exfoliation soit tombée ; cette portion d'os devient corps étranger, et par sa présence, occasione de nouveaux désordres toujours de plus en plus dangereux.

Les blessures qui pénètrent jusque dans le tendon perforant ou jusqu'au petit sésamoïde, sont les plus graves et les plus longues à guérir ; elles nécessitent souvent, non-seulement la déssolure, mais encore l'extirpation partielle ou totale du coussinet plantaire ; elles exigent des ouvertures et des extractions de portions de l'expansion du tendon perforant, pour pouvoir mettre le fond de la blessure à découvert. Les pansemens de tous ces accidens sont simples ; ils consistent, le plus souvent dans l'application d'un fer léger fixé par quatre clous, et d'éclisses pour tenir les étoupes sur la plaie ; celles-ci doivent être ou sèches ou simplement imbibées d'eau alcoolisée, et être disposées de manière à faire une compression régulière sur toute la surface.

En résumé, dans toutes les piqûres et plaies profondes du sabot un peu graves, il faut faire brèche et pratiquer assez de délabrement pour mettre à découvert tout le mal, et panser de manière à prévenir les compressions irrégulières, à laisser sortir les exfoliations quand il doit s'en opérer, et à prévenir ainsi les fistules, les caries et les bourgeons charnus ou cerises, qui toujours aggravent le mal et retardent la guérison.

13. La maladie que dans les grosses bêtes à cornes on appelle *la limace*, *le limaçon*, *le fourchet*, *le piétain*, est un ulcère qui vient entre les deux onglons, qui attaque d'abord la peau, prend ensuite de l'étendue, de la profondeur, et parvient enfin jusqu'au ligament interdigité qu'il endommage plus ou moins. La douleur que ressent l'animal est forte ; il ne peut s'appuyer sur son pied ; il est triste, abattu, ne rumine point et maigrit.

La première indication à remplir est de calmer la douleur et d'ôter toutes les causes qui pourroient entretenir un point d'irritation dans la plaie. Ensuite si elle prend une belle apparence et qu'elle paroisse tendre à la cicatrisation, des pansemens réguliers avec des étoupes imbibées d'eau alcoolisée, suffisent et amènent promptement la guérison. Si au contraire, l'aspect de la plaie n'est pas beau, et surtout si le ligament est attaqué, il faut ranimer la plaie avec des substances détersives qui favorisent l'exfoliation du ligament ; quelquefois même une pointe de feu légèrement appliquée sur la partie malade du ligament, est un bon remède à employer ; si ce moyen ne réussit pas, il ne reste plus qu'à enlever avec le bistouri la portion malade. Cette opération, quand elle sépare le ligament en deux parties, rend souvent l'animal impropre au travail et aux marches de long cours.

14. L'*Engravée* est une espèce de contusion répétée de la corne de l'onglon, soit par la dureté du chemin, soit par des cailloux ou d'autres corps durs qui se sont logés entre les deux onglons. C'est une irritation d'abord légère et qui n'a de suite qu'autant que l'on force l'animal engravé à continuer ses travaux, mais qui peut aller jusqu'à produire l'inflammation de tout le pied et la chute entière des onglons. Le repos, les bains, les cataplasmes émolliens font disparoître bientôt cette affection; mais la cure n'est bien complète qu'autant que la corne a repris sa solidité première; jusqu'à cette époque, le pied est foible, et l'animal demande à être ménagé.

Cette maladie est la même dans les bêtes à laine, et exige les mêmes traitemens.

15. La *fourbure* est souvent la suite de l'engravée. Comme la fourbure de cheval, elle produit presque toujours des altérations plus ou moins grandes de la corne, si l'on ne parvient pas à changer l'inflammation de place en la portant sur les genoux et les jarrets : des frictions vigoureuses d'essence de lavande et d'essence de térébenthine, et l'immersion des pieds fourbus, dans la terre glaise liquéfiée avec du vinaigre et du sulfate de fer (couperose verte), sont les meilleurs moyens pour en triompher.

16. *Le crapaud du bœuf et piétain du mouton* est un ulcère caractérisé par le suintement d'une humeur séreuse, puriforme, fétide, à la face interne et inférieure de l'onglon, et qui finit par détacher et désorganiser toute la corne quand l'on n'y remédie point promptement. Le bœuf affecté reste couché, et le mouton marche sur les genoux; si plusieurs pieds sont attaqués à la fois, les animaux maigrissent, dépérissent; quelques-uns même meurent.

Le traitement consiste à couper, à enlever toutes les parties de corne désorganisées, et à panser les plaies qui en résultent avec des substances détersives, caustiques même, suivant l'état de la plaie, telles que l'égyptiac, l'eau de rabel, le sulfate de cuivre, etc.; dans le bœuf on applique facilement un appareil pour tenir toutes ces substances en contact avec la plaie; il n'en est pas de même pour le mouton; et si l'on n'a pas la précaution de prévenir la maladie, les soins deviennent trop grands à cause du nombre considérable de bêtes affectées, et l'on ne peut venir à bout de la guérison qu'avec des soins et une patience infinis. L'invasion s'annonce chez ces animaux par la boiterie, et par une petite tache blanche sur la sole de l'onglon, du côté interne : « Aussitôt qu'une

« bête boîte , dit M. Morel de Vindé , retournez-la , exa-
« minez le pied dont elle boîte , nettoyez-le soigneusement
« avec un instrument tranchant ; si ce nettoyage ne vous fait
« pas voir suffisamment la place blanche qui indique le lieu
« de l'abcès, parez le pied assez légèrement pour ne jamais al-
« ler jusqu'au vif, et amincissez la corne le moins possible ,
« mais seulement assez pour reconnoître la place blanche ,
« que l'usage fait d'ailleurs découvrir très-vite.... plongez
« les barbes d'une plume dans l'eau-forte.... puis passez-les
« sur la place blanche de la corne , une ou deux fois , d'un
« sens et de l'autre ; il s'élevera une légère fumée , et l'eau
« forte aura suffisamment pénétré.... remettez la bête sur
« pied , elle est guérie. »

17. *Fourchet.* — Le canal biflexe interdigité du mouton est
tapissé d'une membrane folliculaire qui souvent donne naissance à quelques poils : il arrive que l'humeur sébacée, en
s'accumulant dans ce canal , ou quelques autres corps en
s'y introduisant , tels que la boue , la poussière , la terre ,
produisent une inflammation du canal même ou des parties
qui l'environnent ; c'est ce que l'on appelle *fourchet ;* cette
maladie n'est grave qu'autant qu'on la néglige , ou que l'on
ne sait point pratiquer l'opération du fourchet. Elle consiste à
introduire la pointe d'un instrument tranchant dans le canal ; à le fendre supérieurement , ainsi que la peau à quelques lignes de hauteur au-dessus du canal , à séparer le
canal du tissu cellulaire qui l'enveloppe , et à l'extraire en
entier. La cause de l'inflammation cesse , et quelquefois le
mouton qui boitoit et souffroit beaucoup avant l'opération,
ne boîte presque plus après. On enveloppe le pied d'un
linge ou de filasse que l'on fixe sur la plaie , et quelques jours
après tout est guéri.

II.ᵉ CLASSE.

Maladies de l'appareil cutané.

1. Nous ne dirons rien des lésions physiques de la peau ,
elles entraînent peu de suites fâcheuses; nous renvoyons aux
notions générales des prolégomènes.

2. *Ebullition.* — Au printemps les jeunes chevaux, et quelquefois les vieux, lorsqu'ils mangent des fourrages nouveaux,
sont exposés à une éruption de petits boutons sensibles, douloureux même, qui se manifestent sur tout le corps, mais surtout aux épaules, aux côtés de la poitrine et à l'encolure.
Cet accident est peu grave ; l'animal est souvent aussi gai,
aussi bien portant qu'à l'ordinaire. Néanmoins , quand l'é-
ruption est considérable et qu'elle se fait sur presque tout le

corps, l'animal est un peu malade, et il exige quelques soins. Dans ce cas, on s'aperçoit qu'il est affecté d'un malaise général, que l'appétit n'est plus si vif, que la température de la peau est plus élevée, que les yeux et les naseaux sont plus rouges, que le pouls est plus fort, et que le travail fatigue l'animal beaucoup plus; l'éruption se fait le deuxième ou troisième jour. Une diminution dans la nourriture, du repos et un régime rafraîchissant ont bientôt fait disparaître tous ces symptômes; une petite saignée, quand ils sont un peu graves, détermine souvent l'éruption, ou la facilite : on doit s'en abstenir lorsqu'elle est commencée.

3. Quoique la *gale* soit, parmi les animaux domestiques, une maladie très-fréquente, très-connue, et quoiqu'il y ait une multitude de topiques pour la guérir, ce n'est cependant pas encore une des plus faciles; dans quelques cas, tous les remèdes externes sont bons avec du soin; dans quelques autres, tous sont mauvais : voyons donc les différences, et tâchons de les bien saisir.

Dans le cheval, nous distinguerons trois espèces de gale :

Gale par acares; gale organique; gale symptomatique.

A. La gale par acares est la moins dangereuse, surtout quand elle ne fait que commencer : des soins de propreté, des bains, des lotions ou des frictions avec quelques topiques, n'importe presque lesquels, suffisent pour la faire disparoître. Ce ne sont point des médicamens qu'il faut, c'est de l'*huile de bras*, et bientôt tout est passé.

Elle est caractérisée par des pustules très-petites, très-multipliées et très-rapprochées : le prurit qui les accompagne est extrême, et l'animal trouve une sensation fort agréable à se frotter; il réitère cette action jusqu'à excorier la peau, et quelquefois jusqu'à produire des phlegmons dans les endroits frottés. Les pustules de la gale, en se desséchant, fournissent des croûtes, ou plutôt une espèce de poussière écailleuse, que l'on enlève facilement avec une brosse; enfin, en examinant attentivement cette poussière au soleil, ou dans un endroit chaud, on distingue même à l'œil nu des petits corps transparens, luisans, qui se meuvent avec assez de vitesse, et qui ne sont autres que les acares de la gale. Nous avons déjà dit qu'avec de la propreté, on avoit bientôt tué tous ces animaux, et fait disparoître la maladie.

Ce qu'il y a de plus difficile, c'est d'empêcher l'animal de se gratter; quand il le peut faire, il commence doucement, finit par se gratter avec une espèce de fureur, et l'endroit qui étoit sur le point de la guérison, ou qui étoit même guéri, se trouve de nouveau excorié et contus; quand l'affection est ancienne, elle exige souvent plus que des soins;

elle requiert l'emploi d'un traitement un peu méthodique : ainsi, l'on est obligé d'assouplir la peau pendant quelques jours avec des émolliens, et ensuite d'y faire l'application de quelques topiques. Les topiques à base de soufre sont en général les meilleurs, ceux qui réussissent le plus efficacement. Quelques légers purgatifs sur la fin détournent les fluides que l'irritation de la gale appeloit vers la peau, servent à empêcher toutes métastases, et à compléter la guérison.

B. *Gale organique.* — Quand la gale a été négligée ; quand on a laissé à la maladie le temps de s'enraciner, le tissu de la peau continuellement irrité, surtout le tissu réticulaire, change de nature ; le tissu cellulaire sous-cutané lui-même, contus souvent par les frottemens répétés que l'animal provoque, éprouve une altération ; une véritable maladie organique cutanée succède à l'irritation primitive : c'est cette maladie que l'on appelle toujours gale, que j'ai nommée gale organique. C'est surtout sur l'encolure, dans la crinière et sur le garrot des chevaux de trait entiers, dont on ne prend presque point de soin, que l'on rencontre cette affection, et c'est elle qui prend le nom de *roux-vieux.* Quand elle n'est point encore trop ancienne, des soins bien entendus et une propreté extrême en triomphent quelquefois ; mais, quand le tissu de la peau a subi une véritable altération, on ne peut plus en triompher. Il ne faut plus que s'efforcer d'empêcher le mal de faire de nouveaux progrès. A cette époque, c'est presque même un émonctoire habituel, qu'il n'est pas sans danger de supprimer.

C. *Gale symptomatique.* — Sur les chevaux qui travaillent beaucoup, qui ont une mauvaise nourriture, et qui sont exposés à toutes les intempéries de l'atmosphère, l'on voit souvent se développer rapidement une espèce de gale, qui fait tomber leurs poils par plaques, et qui laisse voir à découvert le derme couvert d'une éruption écailleuse, farineuse, accompagnée d'un léger prurit ; le reste des poils est piqué, sec, en mauvais état. Cette espèce de gale est quelquefois épizootique dans les régimens, dans les parcs d'artillerie, et attaque en même temps un grand nombre d'animaux exposés aux mêmes influences ; cet état, en apparence si affreux, est heureusement facile à guérir, et il suffit souvent d'un meilleur régime, d'un changement de nourriture, d'une diminution dans les fatigues, pour voir les animaux reprendre leur énergie, voir les parties dénudées de poils se recouvrir, l'ancien et vilain poil tomber pour faire place à un nouveau beaucoup plus doux et plus vif en couleur ; un pansement de la main bien régulier est alors le meilleur remède.

Cette affection n'est pas, à proprement parler, la gale ; c'est un symptôme d'une foiblesse, d'une débilité générale dans tous les systèmes, principalement dans ceux de la circulation et de la digestion, et ce n'est que la complication avec l'affection organique de quelque viscère, qui en empêche la guérison. Quand les chevaux sont encore jeunes, quand la saison est favorable, leur abandon dans un bon pâturage les a souvent mieux guéris que tous les traitemens que l'on auroit pu employer.

D. *Gale du bœuf.* — La gale attaque rarement le bœuf ; elle cède assez facilement aux topiques et à la propreté. Elle paroît être de l'espèce de la gale par acares.

E. *Gale du mouton.* — On voit qu'une bête a la gale lorsqu'il y a des filamens de laine plus longs que les autres et qui se détachent facilement du corps ; l'animal se frotte alors contre les corps durs, les pierres, les arbres ; il se gratte avec les pieds et les dents ; mais le signe le moins équivoque, c'est lorsqu'en écartant les mèches de laine dans l'endroit où le mouton se gratte, on trouve cette laine comme rongée et parsemée de croûtes ou d'écailles qui résistent sous les doigts. La gale vient plus souvent sur le dos, la croupe et les flancs, mais on la trouve sur tout le corps ; c'est une gale par acares.

Ce qui paroît confirmer cette opinion, c'est que le traitement est entièrement local, et qu'outre les soins de propreté, elle n'exige pour sa guérison que quelques applications d'un topique irritant, n'importe lequel ; tous réussissent également quand ils sont bien employés ; telle est la cause du grand nombre de ceux que l'on entend vanter contre cette maladie. Quand un troupeau a la gale, le meilleur remède se trouve dans le berger s'il est bon ; son activité à chercher toutes les bêtes malades et à frotter les boutons ou places de gale est le meilleur pronostic de la cessation de la maladie (*Voyez* Instruction sur les bêtes à laine, par M. Tessier, in-8.e, fig. 1811).

F. *Gale des chiens.* — La ténacité de la gale des chiens est passée en proverbe, et en effet, c'est dans ces animaux qu'elle résiste le plus à tous les traitemens, soit que ceux employés ne suffisent pas, soit que leur mauvaise administration empêche leur réussite : la gale prise à temps se guérit néanmoins assez facilement ; ce n'est que des récidives ou de l'ancienneté de la maladie dont on ne triomphe qu'avec peine. L'on a trouvé des acares dans la gale du chien ; mais la fréquence de la ténacité de la maladie porte à croire que la peau de cet animal contracte facilement une affection organique à la suite de la gale par acares, ou même que l'on a appelé du même nom des maladies différentes. Ce qu'il y a

de positif, c'est que l'on peut distinguer au moins deux espèces de gale dans le chien, la *gale rouge* et la *rogne* ou *roux-
vieux*.

La gale rouge est caractérisée par une éruption miliaire
de petits boutons rougeâtres qui viennent indistinctement sur
toutes les parties du corps, et que l'on aperçoit bien sur les
parties dénuées de poils, par la couleur rouge-rose qu'ils
donnent à la peau. Ainsi, c'est aux plats des cuisses et des
avant-bras que l'on aperçoit la maladie d'abord, et ensuite
sous le ventre. La rogne ou le roux-vieux se montre sur le dos
plus particulièrement, par des écailles sèches, grisâtres, que
l'on remarque entre les poils, qui deviennent plus rudes, plus
gros et plus rares à mesure que la maladie est plus ancienne.

Quand la maladie est récente, quelques bains émolliens
et quelques frictions sèches, après avoir tondu l'animal, suffisent pour la guérir; mais quand elle est plus ancienne elle
exige l'emploi d'un traitement plus long. Ainsi l'on doit tenir le chien à un régime délayant, c'est-à-dire, le nourrir de
soupes peu épaisses, de lait, en médiocre quantité; lui
faire prendre d'abord des bains émolliens jusqu'à ce que la
peau soit bien assouplie, et ensuite les changer contre des
bains de dissolution de sulfure de potasse; l'on doit avoir bien
soin après le bain de sécher l'animal très-promptement et de
le tenir dans un lieu où il ne puisse pas se refroidir. Le meilleur moyen pour cela est de le bouchonner jusqu'à ce qu'il
soit sec. Entre les bains, l'on fait sur la peau des frictions de
quelque onguent à base de soufre, et l'on met une muserolle
à l'animal pour l'empêcher de se lécher, etc. M. Goyer, professeur à l'École royale vétérinaire de Lyon, emploie des
fumigations d'acide sulfureux, dans un appareil à peu près
semblable à ceux inventés pour administrer ces fumigations
aux hommes, et en obtient les résultats les plus satisfaisans.

Les maladies cutanées des chiens ne sont pas encore bien
décrites, et peut-être pas bien connues; différentes éruptions
sont regardées comme la gale, qui ne sont point cette maladie, et le roux-vieux est peut-être de ce nombre.

6. La *gale du lapin* est de l'espèce de la gale par acares,
puisqu'elle est très contagieuse. Elle arrête l'accroissement
des jeunes lapins, les fait maigrir, et enfin les fait tomber dans
le marasme et les tue. On sépare les sujets infectés et on ne
les nourrit qu'avec du regain, de l'orge grillée et des plantes
aromatiques; l'on se hâte de profiter de ceux que ce régime engraisse et on jette les autres. Le vrai préservatif de
cette maladie consiste dans la propreté et la salubrité
des loges.

4. *Dartres*. — Ce ne peut être que petit à petit et en rassemblant des matériaux sur les différentes maladies, qu'on pourra parvenir à en donner une classification assez exacte : les vétérinaires la demandent tous les jours ; tous les jours ils accusent les professeurs de la science de négligence, de paresse à cet égard ; ce seroit eux-mêmes qu'ils devroient accuser. Les professeurs, confinés dans leurs écoles, ne voient que certains genres de maladies, que les plus dangereuses. Ce n'est que dans des cas très-difficiles qu'on a recours à eux, et souvent ils sont fort instruits sur des cas très-épineux et très-rares, et ils n'ont que peu ou point de connoissance des maladies les plus communes. Les praticiens vétérinaires devroient s'accuser, de ne leur fournir aucuns renseignemens. Les dartres communes dans les animaux domestiques ne sont point décrites, et leur classification sera impossible tant qu'il n'y aura pas un grand nombre de bonnes observations sur leurs espèces.

Les dartres se distinguent des autres maladies de la peau, en ce que l'espace qu'elles occupent est circonscrit et séparé des parties encore saines par une ligne de démarcation bien sensible.

Jusqu'à présent on peut en distinguer deux espèces : 1.º dartres farineuses ; 2.º dartres ulcéreuses.

A. Les dartres farineuses se reconnoissent à une espèce de poussière grisâtre qui s'élève des parties attaquées lorsqu'on les frotte, et qui n'est autre que les lames de l'épiderme qui se renouvellent très-souvent. Elles se remarquent dans les chevaux principalement à la tête, sur les éminences osseuses, quelquefois sur d'autres parties du corps, à la queue, et font tomber les poils des parties qu'elles attaquent. Ce sont principalement les chevaux d'un tempérament ardent, je dirai bilieux, et qui ne font pas beaucoup d'exercice, qui en sont le plus affectés. Les chiens y sont aussi sujets ; ce sont les oreilles, le tour des yeux, les pointes des coudes, et les ischions sur lesquels on les remarque dans ces animaux. Un bon régime un peu rafraîchissant dans ces deux espèces et quelques onctions adoucissantes, paroissent être les meilleurs moyens de guérir cette affection qui, en général, n'est point dangereuse, et qui quelquefois vient et se passe sans causes apparentes.

B. Il n'en est pas de même des dartres de la seconde espèce, de celles dites ulcéreuses ; on les reconnoît aux altérations profondes qu'elles forment dans le tissu de la peau et à une espèce d'aréole autour de la partie ulcérée, qui la détache bien des autres parties saines ; ces dartres présentent, en général, différens aspects selon les genres d'animaux et même selon les individus ; elles sont très-rebelles, très-difficiles à guérir, et quand elles sont anciennes, ce sont des émonctoires dont la suppression entraîne quelquefois des dangers.

Quel traitement à fixer, quand on ne connoît pas bien ni la nature de la maladie, ni ses variétés, ni ses causes ! Il seroit dangereux d'en assigner un qui seroit bon dans un cas, mais qui seroit dangereux dans un autre. Le vétérinaire devra donc étudier, avec soin, l'animal affecté de dartres, son tempérament, sa situation, le genre de ses travaux, la manière dont ses différentes fonctions s'exécutent ; il se conduira, d'après les inductions qu'il tirera de cette étude, et il alliera sagement un traitement extérieur et intérieur.

c. Les chiens y sont plus exposés que tous les autres animaux, et c'est sur eux que l'on pourroit le mieux étudier les différentes variétés de cette affection. Elle paroît être due à un virus qui infecte la masse totale, et qui porte son action plus particulièrement sur la peau en revêtant plusieurs formes : ce virus ne paroît point contagieux.

5. *Claveau.* — Le claveau qui a reçu différens noms selon les pays, et dont les plus communs sont, *clavelée*, *clavin*, *gravelade*, *picotte*, *rougeole*, *petite vérole*, est une maladie particulière aux bêtes à laine, et l'une des plus redoutables qui affligent cette espèce d'animaux. C'est une maladie éminemment contagieuse, caractérisée par des boutons qui se montrent aux ars antérieurs et postérieurs, à la surface interne des avant-bras et des cuisses, au pourtour de la bouche, des yeux, et qui, dans quelques animaux, envahissent toute la surface du corps. Ces boutons sont élevés sur la peau, leur bord est bien marqué, bien distinct, et leur centre est aplati ; ils ont depuis la largeur d'une lentille jusqu'à celle d'une pièce de vingt sous ; leur forme est quelquefois irrégulière ; ils sont enfin, tantôt rassemblés sur quelque partie, tantôt en corde, et tantôt disséminés.

Le cours de la maladie peut être divisé en quatre périodes : celle d'invasion, celle de l'éruption boutonneuse, celle de suppuration, et celle de dessiccation. Enfin, la maladie, selon son intensité, a été divisée en deux espèces, le claveau bénin ou régulier, et le claveau malin ou irrégulier.

Si l'on suit bien attentivement les animaux, on voit que la période d'invasion est marquée par une fièvre peu intense qui persiste deux ou trois jours, qui rend les animaux tristes, lents, et leur fait perdre l'appétit ; dans le claveau bénin, cette fièvre cesse avec l'éruption boutonneuse qui est peu considérable, et qui est annoncée par des taches rouges qu'on aperçoit sur les parties nues ; bientôt ces rougeurs s'élèvent et forment les boutons ; l'animal reprend alors de la gaîté, de l'appétit, jusqu'au temps où un travail local amène les boutons à la suppuration ou à la sécrétion de la matière particulière du claveau, temps qui est de nouveau marqué par de l'abattement et du dégoût et qui dure trois ou quatre jours. L'exsiccation commencée, l'animal reprend de l'appétit, de la vivacité, et il n'est pas rare de le voir engraisser après la maladie, si la nourriture est un peu abondante et bonne.

Le claveau malin ou irrégulier s'écarte de cette marche en plusieurs points ; la période de l'invasion dure plus long-temps ; elle est plus orageuse : l'éruption ne fait point cesser la fièvre ; les pustules sont en général plus nombreuses, plus ramassées, plus grandes ; la peau est plus rouge ; son tissu s'épaissit, devient plus rude ; presque toutes les parties du corps, mais surtout la tête, s'engorgent, se boursouflent ; les paupières et les lèvres se ternissent ; le globe de l'œil ou des yeux s'ulcère, et l'animal devient borgne ou aveugle ; il s'établit aussi un flux abondant de salive, et un écoulement par les narines d'une humeur épaisse qui exhale une mauvaise odeur. La respiration devient gênée, sifflante, l'animal est bientôt incapable de marcher et il ne tarde pas à mourir ; cet instant est ordinairement précédé d'une diarrhée fétide, et du desséchement d'une partie des boutons sans suppuration.

Heureusement cette maladie ne sévit qu'une fois sur le même individu, et celui qui en a été attaqué en est pour jamais exempt. Mais la facilité de la contagion doit faire prendre les mesures les plus sévères pour en préserver les autres ; elle est telle que l'on a dit que la maladie n'étoit jamais spontanée, et qu'elle étoit toujours communiquée ; cependant la première fois qu'elle s'est montrée elle a dû être spontanée, et si elle a été une fois spontanée, il n'y a pas de raison pour qu'elle ne le soit pas une seconde.

L'analogie de la marche de cette affection avec la marche de la petite vérole dans l'homme, avoit fait croire que la vaccine pourroit préserver les moutons du claveau comme elle préservoit l'homme de la petite vérole. Cette conjecture a été renversée par l'expérience, et quoique le virus vaccin inoculé produise un léger travail local sur le mouton, ce travail n'est point le même que celui qu'il produit sur l'homme, et le mouton vacciné n'en contracte pas moins le claveau, soit par l'inoculation, soit par la cohabitation avec des animaux infectés. Cette analogie, entre le claveau et la petite vérole, n'a cependant pas été observée envain, puisque nous en avons tiré le meilleur moyen de combattre cette affection ; je veux dire l'*inoculation*.

Cette pratique, qui seroit la plus avantageuse pour combattre la petite vérole si la vaccine n'avoit point été découverte, a été essayée pour combattre le claveau, et elle a parfaitement rempli les espérances qu'elle avoit fait concevoir. En laissant à la maladie parcourir sa marche naturelle, des propriétaires ont perdu quelquefois les trois quarts, même davantage, de leurs troupeaux. Quand, par l'inoculation, on perd un dixième des bêtes inoculées, on peut regarder l'inoculation comme très-malheureuse, et le plus souvent on ne perd pas un vingtième, surtout quand on n'attend point que le claveau soit dans le troupeau, et que l'on prévient l'invasion par l'inoculation. Il est donc de l'intérêt de tout propriétaire, de tout fermier, quand le claveau règne dans son voisinage, et qu'il a à craindre la contagion, de la prévenir par l'inoculation.

On choisit, dans un troupeau infecté, des bêtes sur lesquelles la maladie parcourt régulièrement sa marche ; on saisit l'instant où les boutons sont blancs, argentés, et où ils sécrètent un liquide limpide, et au moyen d'une lancette à inoculer, ou d'une lancette simple, on introduit dans les parties dénudées de laine, sous l'épiderme seulement, la pointe imprégnée de la matière contagieuse.

C'est au plat des cuisses, un peu au-dessus de l'articulation tibio-fémorale, dans les brebis et moutons, qu'il est bon de pratiquer les piqûres ; dans les beliers il vaut mieux les pratiquer aux parties moyennes des avant-bras ; on n'a pas à craindre le frottement des testicules sur les pustules : une à chaque membre est bien suffisante ; on peut cependant en pratiquer jusqu'à deux.

Quelques jours après l'opération, plus tôt chez les jeunes bêtes que chez les vieilles, les effets de l'inoculation commencent à se manifester, et bientôt des boutons de claveau se montrent aux endroits inoculés. Ils sont en général plus rouges, plus gros et plus douloureux que les boutons du claveau naturel; cette éruption est aussi marquée par un mouvement fébrile assez apparent. Les boutons suivent à peu près la même marche que les boutons du claveau naturel ; à une certaine époque ils se recouvrent d'une couche, sous laquelle on trouve, quand on l'enlève, un fluide, tantôt limpide, tantôt plus épais, qui a la propriété de communiquer aussi le claveau ; après cette époque les pustules entrent en dessiccation: elles deviennent noirâtres, dures, forment un véritable escarre cutanée qui tombe quelquefois sans suppuration, mais le plus souvent avec une suppuration de véritable pus, qui n'est plus le virus du claveau.

Dans le claveau naturel irrégulier, il se développe quelquefois, sur les parties les plus couvertes de boutons, des tumeurs gangreneuses qui enlèvent quelques-uns des animaux : dans le claveau inoculé ces tumeurs sont plus fréquentes, et le peu d'animaux qui meurent ne périt presque toujours qu'à la suite de leur développement. C'est du 10.ᵉ au 12.ᵉ jour, et quelquefois plus tard, que la gangrène paroît : elle se montre sous deux aspects principaux ; chez les uns c'est une tumeur œdémateuse qui soulève les escarres, et qui, dans peu de temps, acquiert un volume assez considérable, et même gagne la face externe de la cuisse. Bientôt un point de la tumeur devient mou, violet, insensible, tout le reste prend le même aspect ; et si l'on ouvre la tumeur à cette époque, on voit le tissu cellulaire noirâtre, et plein d'une sérosité jaunâtre.

Dans les autres, l'escarre, au lieu d'être soulevée, est adhérente aux muscles de la cuisse ; la peau environnant l'escarre, au lieu de se tuméfier, se gerce, devient jaune, insensible, et ressemble dans cet état à un morceau de parchemin mouillé. Dans l'un et l'autre cas, les malades ont perdu l'appétit, ils ne peuvent plus marcher, la température générale du corps est augmentée, ils boivent plus qu'à l'ordinaire, la diarrhée survient, et ils périssent.

Le traitement du claveau naturel ou inoculé, doit consister à mettre les animaux sur une bonne litière bien fraîche, à les tenir dans des bergeries très-sèches, fraîches, sans être froides, et où l'on puisse renouveler l'air très-souvent ; à les sortir de la bergerie toutes les fois que le temps est beau et doux ; à leur diminuer un peu la nourriture, mais à la donner aussi bonne que possible ; enfin, pour les animaux les plus malades, et qui donnent encore de l'espoir, à leur administrer, matin et soir, un verre d'une infusion de plantes aromatiques aiguisée de moitié de vin, ou d'un huitième d'eau-de-vie. J'ai vu ce traitement simple, seulement un peu pénible quand le nombre des malades est considérable, sauver beaucoup d'animaux presque désespérés.

Quant aux tumeurs gangreneuses qui se développent à la suite de l'inoculation, il faut scarifier et panser avec des excitans, les huiles volatiles surtout, celles où la gangrène est manifeste. Celles qui ne font que donner des inquiétudes doivent être frictionnées légèrement avec un liniment volatil ; on administre en mêmetemps à l'intérieur le breuvage ci-dessus indiqué.

III.ᵉ *CLASSE.*

Maladies de l'appareil de la digestion.

I.ᵉʳᵉ Section. — *Maladies de la bouche et de l'œsophage.*

1. La fracture de l'os de la mâchoire inférieure arrive assez souvent dans le cheval, à la suite d'un coup de pied d'un autre cheval sur l'extrémité de cette mâchoire, ou d'une chute dans laquelle cette partie porte à terre. Elle s'opère à l'endroit où les deux branches du maxillaire sont le plus étroites avant leur réunion. Cette fracture qui au premier coup d'œil paroît très-dangereuse ne l'est cependant pas ; un bandage suffit pour la guérir. Il doit avoir pour base une attelle, dont l'extrémité inférieure sera en forme de gouttière, pour embrasser le menton et la lèvre inférieure, ensuite des montans de cuir pour l'attacher au-dessus de la tête et autour du nez, et des éclisses de chaque côté de la mâchoire pour la contenir immobile. Le cheval ne peut pas alors remuer la mâchoire, et on se trouve dans la nécessité de le nourrir avec de l'eau blanche sucrée ou miellée, que l'on injecte dans sa bouche au moyen d'une seringue, et des lavemens répétés de la même eau ; la formation du cal s'opère ordinairement en moins d'un mois. Le cheval maigrit, dépérit un peu, mais après il a bientôt repris son embonpoint et sa vigueur première.

Quand il y a quelques esquilles, il arrive souvent qu'elles agissent comme des corps étrangers ; qu'elles donnent lieu à des abcès, à des fistules, et qu'elles viennent retarder la guérison. Si dès l'instant de la fracture on peut les enlever, il faut le faire de suite ; si l'on ne peut pas, attendre le moment de leur chute, en la favorisant par des incisions et en empêchant les ouvertures de se fermer.

2. Les dents sont sujettes à se fracturer par suite de coups ou de chutes. Quand les bords de la cassure sont tranchans, ils blessent quelquefois les parties molles de la bouche ; on s'en aperçoit facilement à la douleur que l'animal éprouve et à sa difficulté de manger ; il suffit dans ces sortes de cas d'abattre l'animal, et de lui limer la dent ou même de l'arracher si l'on espère pouvoir en venir facilement à bout : les *surdents* et les *dents de loup* occasionent les mêmes accidens et requièrent le même traitement.

3. La carie des dents est rare ; mais quand elle fait souffrir l'animal, ou quand l'odeur de la bouche devient sensible il faut s'assurer de la dent cariée et l'extraire avec un fort davier.

4. *Lampas.* — C'est un gonflement presque toujours inflammatoire de la membrane muqueuse, qui recouvre la
voûte palatine et qui garnit la face interne des dents. Ce
gonflement est souvent assez considérable pour dépasser la
table des dents, pour empêcher l'animal de manger, et le
rendre réellement malade. Quelquefois il n'est que symptomatique et paroît dépendre d'une plénitude trop grande de
l'estomac et des intestins ; d'autres fois il est idiopathique,
produit par une irritation de la membrane buccale. Dans
l'un et l'autre cas, il cède presque toujours à quelques jours
de repos et de diète. Dans le premier, on peut employer
avec succès un ou deux légers purgatifs. Cette maladie est
très-commune dans les jeunes chevaux qui font leurs dents
molaires. On a encore l'habitude, dans quelques endroits,
d'ouvrir la membrane muqueuse avec de mauvais bistouris
ou avec la corne, ou même de la brûler ; si l'effusion du sang
peut dégorger momentanément la partie, l'irritation qui est
une suite inévitable de toutes ces opérations ne manque jamais de faire beaucoup plus de mal que la saignée n'a fait
de bien. C'est donc à tort qu'on emploie encore ces moyens

5. La bouche est exposée à avoir des ulcères ; ils sont le
plus souvent occasionés par des brins de fourrages, des barbes de graines qui entrent dans les ouvertures des canaux salivaires, et dans celles des follicules muqueux ; ils sont
reconnoissables à la douleur qu'ils causent à l'animal, à la
mauvaise odeur que la bouche exhale, et à leur aspect noirâtre : ils cèdent facilement à des gargarismes fortement
acidulés, à leur cautérisation partielle quand on peut employer ce moyen sans danger, au nettoiement de la plaie
avec un instrument rude, et à la privation des alimens qui
pourroient se loger dans la plaie et l'aggraver : bientôt
une bonne suppuration s'établit et les ulcères se cicatrisent.

6. Les plaies de la langue se cicatrisent très-rapidement,
une portion peut même en être retranchée accidentellement
sans qu'il en résulte d'inconvéniens ; l'hémorragie s'arrête
bientôt, et ce qui reste de l'organe remplit les fonctions de
l'organe entier.

7. *Lésions salivaires.* — Rarement les glandes parotides sont
affectées d'inflammation primitive : presque toujours ce sont
les parties environnantes, et surtout le tissu cellulaire lâche qui
les supporte, qui sont d'abord affectés. La suppuration est la
terminaison ordinaire de cette affection ; et l'induration qui
se manifeste quelquefois, résiste rarement à l'application de
cataplasmes chauds, émolliens, maturatifs, et même excitans. Si ces moyens ne réussissoient pas, on emploieroit sur

la glande les frictions spiritueuses, ensuite les frictions mercurielles; l'on peut même appliquer de forts vésicatoires;
enfin, si tout est inutile, on emploiera le cautère actuel
en raies sur la peau, de manière à faire pénétrer le calorique
le plus profondément possible. Rarement les indurations ré-
sisteront à tous ces moyens; elles se résoudront bientôt ou
suppureront.

8. Les fistules salivaires sont rares, mais il s'en rencontre
de temps en temps et elles sont assez difficiles à guérir. Le
traitement consiste à comprimer ou à lier le canal au-dessus
de la fistule assez fortement pour empêcher la salive de s'é-
chapper, ou à produire sur l'ouverture de la fistule une escarre sèche qui empêche la sortie de la salive, ou enfin,
à pratiquer une autre sortie à cette liqueur dans l'intérieur
de la bouche.

Le premier moyen est difficile dans les animaux domestiques, cependant on peut le tenter; le second est le plus en usage
et se pratique au moyen de la pierre infernale, ou de la poudre de
Rousseau ou mieux encore, au moyen d'une pointe de feu;
si la guérison ne s'effectue pas par la première opération,
il ne faut pas désespérer, une seconde ou une troisième
l'effectue, et des vétérinaires n'ont réussi qu'à la cinq
ou sixième. Le dernier moyen de guérison consiste à introduire supérieurement dans le canal salivaire, et par la fistule
un stylet, auquel on fait faire saillie dans l'intérieur de la
bouche et sur lequel on pratique une incision pour donner
passage à la salive de ce côté. Pour empêcher cette ouverture de se fermer, on y passe l'extrémité d'un petit séton,
dont on fait sortir l'autre extrémité par l'ouverture naturelle
du canal; on a ainsi un séton dont les deux extrémités sortent
dans la bouche; on cherche alors à cicatriser la plaie extérieure, et on en vient facilement à bout quand il n'y a point eu
de perte de substance considérable. Une fistule salivaire
s'établit à la face interne de la joue et remplace l'ouverture naturelle du canal.

Cette opération très-minutieuse, ne peut s'effectuer que
quand la fistule salivaire existe dans la portion du canal qui
rampe sur la joue; dans les cas contraires, il faut avoir recours aux autres moyens.

9. L'on rencontre quelquefois des calculs salivaires; tant
qu'ils n'incommodent point il vaut mieux les laisser; quand
ils incommodent on en fait l'extraction, et l'on guérit la
fistule qui en résulte par un des moyens que nous venons
d'indiquer.

10. *Angine.* — C'est l'inflammation de la muqueuse de
l'arrière-bouche caractérisée par la difficulté de respirer,

quelquefois d'avaler , par la rougeur et la chaleur de la muqueuse de la bouche , par la teinte plus rouge de la muqueuse
du nez , par l'empâtement de l'auge , et quand elle est extrêmement forte , par la rougeur et le larmoiement des yeux ,
et le gonflement extérieur de toute la région gutturale. Une
fièvre générale accompagne ces symptômes , et est forte en
raison de leur gravité.

Quand l'angine n'est point trop violente , le repos , la
diète , une douce température, des gargarismes amènent bientôt la résolution. Quand elle se manifeste avec des symptômes
plus violens , l'on enveloppe la tête de l'animal , l'arrière-
bouche surtout , d'une peau de mouton , et on lui fait prendre des fumigations émollientes : dès le trois ou quatrième
jour l'animal commence à jeter par les narines , et le dégorgement des membranes muqueuses s'opère ; on ne doit pas
alors tarder à substituer aux fumigations émollientes , des fumigations plus stimulantes. On y ajoute d'abord un peu de
vinaigre , et ensuite on les remplace par des fumigations de
plantes aromatiques : on remplace aussi les gargarismes par
l'administration de quelques bouteilles de vin miellé ou sucré
avec de la cassonade. Quelques jours de ce traitement ont
bientôt fait disparoître les restes de l'affection.

Si la difficulté de respirer alloit jusqu'à la suffocation , on
pratiqueroit , sans le moindre inconvénient l'opération de la
trachéotomie.

Quand elle est épizootique , l'angine est toujours plus
dangereuse. Elle se complique d'autres affections , de fièvres de mauvais caractère , de maladies de poitrine , et au
lieu d'être affection principale , elle n'est que maladie accessoire ; c'est alors qu'elle se termine quelquefois par gangrène.
La foiblesse et l'irrégularité du pouls , l'abattement des forces, tous les symptômes d'adynamie , la teinte blafarde de la
membrane muqueuse de la bouche , l'haleine d'une odeur
particulière fétide , accompagnent et indiquent cette terminaison. Le vin , les liqueurs spiritueuses , les poudres cordiales , le kina, conviennent éminemment ; les vésicatoires
autour de la gorge , ont aussi rendu quelque service.

11. Il arrive quelquefois que des alimens solides s'arrêtent
dans l'œsophage et en oblitèrent le canal; c'est surtout dans
les bœufs et les vaches que cet accident a lieu. On le reconnoît facilement quand le corps est arrêté dans la région cervicale de l'œsophage , à la grosseur que l'on voit ou que l'on
sent derrière la trachée-artère. Dans ce cas , il suffit le plus
souvent de déplacer le corps avec les mains , pour que le
seul mouvement contractile de l'œsophage le pousse jusque
dans l'estomac. Quand on ne peut pas réussir avec les mains,

l'on se sert d'une baguette de bois flexible de jonc ; l'on attache au bout une éponge ou tout autre corps qui ne puisse pas blesser l'œsophage ; l'on introduit cette espèce de sonde par la bouche dans le pharynx, et l'on pousse ainsi le corps jusque dans l'estomac, ou jusque dans le rumen, si c'est un bœuf. Cette opération est très-facile dans les grosses bêtes à cornes ; elle est plus difficile dans le cheval, que l'on est quelquefois obligé d'abattre pour opérer. Il faut avoir soin que le corps que l'on fixe au bout de la baguette soit bien lisse, bien attaché, qu'il ne soit pas trop gros. Des sondes de cuir, creuses, armées d'un morceau de plomb arrondi, et dans lesquelles on peut introduire un stylet de fort fil-de-fer pour les rendre plus dures, sont excellentes pour cette opération.

Quand le corps arrêté dans l'œsophage n'est pas très-dur, quand il est situé dans la portion cervicale et bien apparent, quelques praticiens prennent un billot de bois avec lequel ils poussent le corps, de manière à lui faire présenter une forte saillie de l'autre côté ; ensuite avec un maillet de bois ils l'écrasent dans l'œsophage même, et la déglutition s'en opère de suite ; cette opération offre quelques dangers, et ne doit être employée que quand l'introduction de la sonde n'a point réussi.

On reconnoît qu'un corps s'est arrêté dans la portion thoracique de l'œsophage, aux mouvemens de déglutition répétés de l'animal, à la manière dont il secoue la tête, à ses tremblemens, quelquefois à la gêne de la respiration et à ses mouvemens désordonnés : on doit avoir recours de suite à l'emploi de la sonde.

II.ᵉ Section. — *Maladies de l'Abdomen et des Viscères digestifs.*

1. Quand les plaies faites aux parois de l'abdomen n'attaquent point les viscères contenus dans la cavité, elles se cicatrisent assez promptement, quoique même le péritoine ait été affecté ; mais elles présentent cela de particulier, c'est que très-souvent les bords de la plaie se cicatrisent sans se réunir, et qu'il reste une ouverture, qui n'est fermée que par la peau, le tissu cellulaire sous-cutané et le péritoine. Quelquefois les viscères contenus dans la cavité, les intestins surtout, sortent par l'ouverture, et il y a ce que l'on appelle une *hernie.* Beaucoup de chevaux, de bœufs, de moutons, de chiens, ont de ces hernies sans en souffrir, et ce n'est que quand elles sont trop considérables qu'elles leur nuisent : il est cependant bon, dans les bœufs qui travaillent, et surtout dans les chevaux, de les soutenir par un bandage qui les empêche d'augmenter dans les efforts que ces animaux sont obligés de faire.

Dans le cas d'une plaie faite à l'abdomen, sans que les viscères intérieurs aient été atteints, il faut, autant que possible, chercher à prévenir la hernie : pour cet effet, l'on rapproche et l'on tient les bords de la plaie en contact au moyen de la suture enchevillée, et l'on applique ensuite un bandage qui environne le corps, et qui, en appuyant sur la plaie, soutient le poids des viscères de ce côté, et les empêche d'écarter les bords de l'ouverture. L'on doit aussi avoir soin, en opérant la suture enchevillée, de ne point faire traverser les aiguilles dans la cavité abdominale ; outre l'irritation que le passage des aiguilles à travers le péritoine ne manqueroit pas de produire sur cette membrane irritable, elles pourroient encore blesser et endommager les viscères ; il faut seulement qu'elles pénètrent les plans musculeux.

2. Dans les animaux domestiques que l'on ne peut point maîtriser facilement, ces opérations ne sont pas toujours possibles, et le vétérinaire voit périr de hernies des animaux dont il auroit pu promettre la guérison s'il avoit pu, par quelques moyens, fixer les appareils : aussi presque toujours, quand les viscères de l'abdomen sont attaqués, la blessure est-elle mortelle, et se voit-il réduit à abandonner les malades. Les soins et les procédés que l'on emploie pour de pareilles blessures dans les hommes, deviennent impraticables pour les animaux.

3. L'intestin, le grêle surtout, est exposé dans le cheval entier à sortir par l'anneau inguinal. Cet accident arrive plutôt dans les sujets où cet anneau est naturellement large ; mais il arrive aussi à la suite des efforts violens auxquels nous forçons souvent les animaux dans le travail : quand l'anneau est large et qu'il ne pince point l'intestin, l'animal ne ressent que peu de douleur et l'on ne s'aperçoit de la hernie que quand elle est considérable ; mais le plus souvent la portion herniée de l'intestin est comprimée par le resserrement de l'anneau, le cours des matières fécales est interrompu, et l'animal éprouve des douleurs d'autant plus vives que le resserrement est plus fort. Il se couche, se relève, s'agite, regarde son flanc ; le testicule du côté de la hernie est retiré en haut et placé contre l'anneau, l'autre est dans un mouvement continuel d'abaissement et d'élévation ; si, à ces signes, se joint une tumeur du côté où le testicule est constamment élevé, ou un simple empâtement qui empêche de bien reconnoître sa forme, on doit être sûr de l'existence de la hernie. Bientôt les souffrances augmentent, les coliques deviennent plus violentes, l'animal se couche plus souvent, se place plus fréquemment sur le dos, les jambes en l'air, et il cherche à garder cette position qui paroît lui donner

quelque soulagement en relâchant l'anneau. Il faut alors apporter de prompts secours en procédant à la réduction de la hernie ; une forte saignée, en calmant l'inflammation, a encore l'avantage de relâcher toutes les parties. On couche l'animal, on le fait tenir sur le dos par des aides, on élève le train postérieur de manière que tout le poids des intestins porte sur la poitrine, et on commence l'opération. On introduit un des bras dans le rectum, on cherche à saisir la portion de l'intestin qui est entrée dans l'anneau et à la retirer en dedans, en même temps que de l'autre main on essaye, en palpant doucement la tumeur herniaire, à la faire rentrer. Quelquefois on réussit.

Si l'on n'y parvient point et qu'il n'y ait plus d'espérance de pouvoir sauver l'animal, on le laisse reposer quelque temps, et ensuite on pratique l'opération suivante. On ouvre avec le bistouri et avec précaution la gaîne vaginale, pour ne pas blesser la portion d'intestin qui y est contenue ; l'on prend un bistouri boutonné à lame courbe et tranchante en dedans ; on fait glisser doucement la lame à plat entre l'intestin et l'anneau, et quand elle est parvenue dans l'abdomen on tourne son tranchant du côté de l'anneau, on l'incise et on l'agrandit ainsi. L'intestin rentre alors facilement. Pour empêcher sa sortie l'on pratique la castration de ce côté à testicule couvert, et l'on place le cassot le plus près de l'abdomen. On ne laisse relever le cheval que le plus tard possible ; on le place dans l'écurie, la croupe beaucoup plus haute que le garrot, et on le traite par le régime délayant pendant quelque temps. L'animal bien guéri, l'anneau est oblitéré et l'on n'a plus à craindre de récidive. Cette opération toute simple qu'elle paroisse, est difficile, demande beaucoup d'habileté et ne réussit pas souvent.

4. *Indigestions.* — Les petits dérangemens des fonctions de l'estomac dans les monodactyles sont peu apparens, et se passent sans qu'on les aperçoive : il n'en est pas de même des indigestions ; quoique rares, elles entraînent les suites les plus graves.

Le cheval qui a une indigestion porte la tête basse, il bâille fréquemment, sa peau est sèche et sa température moins élevée que dans l'état ordinaire ; l'animal cherche bientôt à appuyer sa tête, il pousse quelquefois les corps qui sont devant lui avec son front, d'autres fois il se recule au bout de sa longe ; ou bien il frappe la terre avec un des pieds de devant, et tourne la tête vers son flanc.

Dès le commencement de ces symptômes ou quand les signes commémoratifs indiquent la cause du mal, il faut administrer une bouteille de vin dans laquelle on aura mêlé un

verre de bonne eau-de-vie , et renouveler cette dose une
heure après la première administration ; à défaut de vin ,
l'on peut employer l'eau-de-vie ou l'alcool même , en les
étendant dans moitié ou dans trois quarts d'eau. Les infusions des plantes aromatiques sont aussi fort bonnes et plus
à portée de tout le monde ; quelques lavemens d'eau nitrée
ou fortement salée viendront provoquer des déjections et accélérer le rétablissement.

Les causes des indigestions sont , ou la trop grande quantité d'alimens , ou des alimens de mauvaise qualité qui
affoiblissent l'estomac et l'empêchent de faire ses fonctions ;
le son est de tous celui qui produit le plus souvent cet
accident. L'estomac , est trop chargé et affoibli par cette
nourriture ; il se déchire même quelquefois, ce qui occasione
rapidement la perte de l'animal.

5. *Vertige abdominal*. — Quand l'administration des substances que nous avons indiquées ne guérit point l'indigestion , les symptômes augmentent bientôt d'intensité , et elle
prend le nom de *vertige abdominal* ou *symptomatique* , à cause
des accidens qu'elle suscite. D'abord les sens deviennent
obtus, ils se perdent ensuite tout-à-fait , et bientôt des
mouvemens désordonnés se manifestent ; l'animal pousse
en avant avec le front ou la nuque , et avec violence ; il
frappe du pied ; il frappe sa tête à droite , à gauche , et
ne paroît pas sentir les coups ; il ne voit pas , n'entend
pas , ne sent pas le fouet.

Le traitement doit tendre à produire une évacuation
du canal intestinal ; ainsi les purgatifs en lavage, l'aloës
dans le vin , les dissolutions de sel de nitre et de sel commun, les extraits de gentiane étendus d'eau, les lavemens d'eau
salée ou nitrée doivent être employés. L'expérience nous a
prouvé que les purgatifs agissoient plus promptement quand
on les administroit sous forme liquide , et que c'étoit surtout
dans cette maladie qu'il convenoit de les administrer ainsi.

Quand l'animal guérit , la convalescence est longue et demande beaucoup de ménagemens ; elle est souvent accompagnée de tumeurs et de dépôts critiques qu'il faut toujours
favoriser.

5. *Indigestions des ruminans*. — Elles sont fréquentes et se
montrent avec des symptômes communs et des symptômes
particuliers. Les symptômes communs sont la cessation de
la rumination , la pesanteur de la tête , la météorisation , et
d'autres signes communs encore à d'autres maladies, tels que
la tristesse , la pesanteur et la lenteur de l'animal , la sécheresse du mufle, l'adhérence de la peau aux côtes , etc. Nous
parlerons bientôt des signes particuliers.

Chabert a divisé ces maladies en cinq espèces :

1.º Météorisation méphitique simple.

2.º Météorisation méphitique compliquée.

3.º Indigestion putride simple.

4.º Indigestion putride compliquée de la dureté de la panse.

5.º Indigestion par irritation de la panse.

A. La première et la seconde de ces affections ne sont simplement qu'un dégagement de gaz de la masse des alimens contenus dans le rumen ou la panse ; elles se reconnoissent à la distension énorme de la panse plus marquée au flanc gauche qu'au flanc droit et à la difficulté que l'animal éprouve à respirer ; la poitrine est si fortement rétrécie par la distension du diaphragme, que les poumons sont dans l'impossibilité de se dilater complétement, en sorte que l'animal est très-gêné dans sa respiration, et paroît quelquefois sur le point de suffoquer. Quand ces symptômes augmentent, la suffocation devient imminente, et s'annonce par l'engorgement des vaisseaux extérieurs de la tête, par l'embarras et la dureté du pouls, par la rougeur de la conjonctive, la sortie des yeux de leurs orbites, la dilatation des naseaux, la chaleur de la bouche remplie de bave épaisse, visqueuse, d'une mauvaise odeur, par des rots sonores et d'une odeur acide. A tous ces symptômes se joignent la voussure de l'épine dorsale en contre-haut et la saillie de la panse du côté gauche ; les extrémités se rapprochent, l'animal est extrêmement roide, enfin il se plaint, se couche, se débat et meurt, en rendant par la bouche et les naseaux une petite quantité des matières contenues dans la panse.

Les lésions que l'on observe à l'ouverture des cadavres indiquent toutes la mort par asphyxie.

B. La météorisation méphitique compliquée ne diffère de la première que par sa marche plus lente, et parce que le gaz, au lieu de rester dans le rumen, se trouve dans les quatre estomacs et les intestins, souvent dans le tissu cellulaire qui les environne et même jusque dans la cavité de l'abdomen.

Le traitement de ces deux genres d'affections est le même et assez simple ; quand le gonflement n'est pas extrême, quand l'animal ne menace pas de suffoquer, ce sont des breuvages alcalins qu'il faut administrer tels que l'eau de chaux, la lessive de cendres, l'eau de savon ; mais de tous, c'est l'ammoniaque (alcali volatil) étendue d'eau qui est le meilleur ; deux ou trois gros d'ammoniaque dans un litre d'eau pour les bœufs, et trente à quarante gouttes pour le mouton, dans un verre d'eau suffisent. L'administration de ce breuvage est quelquefois suivie de la diminution subite du volume de la panse ; quelquefois cette diminution n'est qu'insensible. On répète le breuvage de temps en temps , selon la gravité des symptômes. Quand, malgré l'administration de ces substances, le gonflement de la panse augmente, ou quand leur emploi ne peut être assez prompt pour empêcher la suffocation , on pratique alors la ponction de la panse avec le trois-quarts destiné à cet usage (1); on incise la peau sur le flanc gauche avec un bistouri, l'on place la canule du trois-quarts dans l'incision , et on l'y fixe avec la main gauche ; de la droite , on place l'instrument dans la canule , jusqu'à moitié , et un coup appliqué d'à-plomb sur le manche de l'instrument le fait entrer avec la canule jusque dans la panse. On laisse la canule , et on sort le trois-quarts ; le gaz sort aussitôt et fait cesser la suffocation. On laisse la canule jusqu'à ce que le plus possible de gaz se soit échappé. Si quelques parties d'aliment obstruent son canal , on le débouche avec une petite baguette ou une sonde que l'on y introduit.

Dans le cas où l'on n'auroit point de trois-quarts, on pratique la ponction avec un bistouri à longue lame ou avec un couteau bien affilé. Dans le cas même où le rumen est trop plein d'alimens et où l'on craint qu'ils s'épanchent dans l'abdomen par l'ouverture , on peut la faire assez grande pour y introduire une cuiller ou même la main , et en retirer une grande partie des alimens. On peut alors administrer les médicamens, dont nous avons parlé, par l'ouverture même de la panse , en prenant bien garde qu'ils ne tombent dans la cavité de l'abdomen.

Quand l'on n'a plus à craindre de récidive, on nettoie bien la plaie de tous les alimens , avec une éponge ou des étoupes imbibées de vin , de cidre ou de bière tiède , même d'eau-de-vie; on recouvre la plaie d'un large plumasseau enduit de térébenthine , et l'on fait une suture enchevillée aux parois de l'abdomen.

Après une opération aussi grave, la diète est de rigueur pour ne pas charger la panse d'alimens; les liquides dont une grande partie passe immédiatement dans le dernier estomac sont préférables, et doivent être employés presque seuls les premiers jours : ce n'est que quand l'ouverture de la panse commence à se fermer, qu'on doit donner un peu d'alimens solides. Le plus souvent, la panse dans l'endroit de

(1) Voyez la description et la figure de cet instrument dans les *Instructions et Observations sur les maladies des animaux domestiques*, 1792. tom. III. pag. 227.

la plaie adhère aux parois abdominales et se ferme avec elles.

Falère. — La maladie connue sous ce nom est particulière aux bêtes à laine, et ne se fait remarquer que dans les pays méridionaux de la France, particulièrement dans le Roussillon; il y a peu de mois de l'année où la falère n'enlève quelques bêtes. La marche de cette maladie est si rapide, qu'elle ne laisse pas le temps d'employer les remèdes : l'animal paroît jouir de la plus parfaite santé, il tombe tout à coup dans un état de stupeur, il porte la tête basse, il chancelle, trébuche; quelquefois il essaye d'uriner, il tombe sur les genoux, se relève pour tomber de nouveau; il ne voit plus, n'entend plus; de violentes convulsions agitent les yeux et la tête; il grince les dents; la respiration devient de plus en plus gênée, laborieuse, le ventre se tuméfie, de la bave sort par la bouche, des excrémens liquides et verdâtres s'échappent par l'anus, et l'animal ne tarde pas à expirer, quelquefois dans une heure de temps, le plus souvent au bout de deux heures, ou trois au plus.

L'ouverture des cadavres ne présente que les estomacs et les intestins remplis d'un gaz qui brûle en donnant une flamme blanchâtre et pétillante. Cette propriété du gaz, de brûler avec flamme, et la mort rapide qui est la suite de la maladie, ont fait penser que c'étoit du gaz hydrogène carboné, qui se dégageoit dans les intestins. La propriété éminemment délétère de ce gaz donne, au surplus, une probabilité assez forte de la rapidité de la mort de l'animal.

Comme les animaux qui meurent de cette maladie sont fort bons à manger, dans le Roussillon, les bergers, au lieu de traiter l'animal, le tuent de suite, et le vendent au boucher, ou le consomment. Cependant, quelques propriétaires ont déjà employé avec avantage la ponction du rumen, et l'introduction dans cet estomac de quelques breuvages stimulans. La falère, d'après tous ces symptômes, nous a paru devoir être rangée dans la section des indigestions méphitiques.

C. D. *Indigestion putride simple, et indigestion putride avec dureté de la panse.* — Ces deux indigestions ne sont que des variations, et ne diffèrent entre elles que par l'intensité des symptômes et par un symptôme de plus dans la dernière, la dureté de la panse.

Ce genre d'affection n'est point aussi subit que celui que nous venons de décrire; il se développe plus lentement, et permet toujours l'emploi des remèdes : il attaque néanmoins plus profondément les viscères et demande plus de soin dans le traitement. Il commence par des dérangemens dans l'appétit, qui cesse quelquefois, qui quelquefois aussi est dépravé; la rumination est irrégulière; les excrémens deviennent plus foncés en couleur, et d'une odeur plus forte et plus pénétrante; les rots sont plus fréquens, et d'une odeur d'œufs pourris; le mufle est sec, les yeux chassieux, le poil terne, la peau sèche, adhérente aux côtes, et l'épine dorsale plus sensible. Quand cette affection est portée au plus haut, la panse est météorisée; les déjections par l'anus sont supprimées; l'animal est foible, il se plaint, reste couché, sa respiration est très-laborieuse; sur la fin, il y a souvent dureté excessive de la panse; quelquefois emphysème partiel ou général, toujours anxiété extrême; l'animal ne tarde pas à succomber.

Le traitement de cette maladie doit avoir pour but de débarrasser les estomacs des alimens qu'ils contiennent, et de les fortifier ensuite par des substances un peu stimulantes, énergiques. Ainsi, on donnera d'abord des dissolutions de nitrate de potasse et de muriate de soude; trois ou quatre onces de l'une ou l'autre de ces substances dissoutes dans deux pintes d'eau, devront être administrées dans le jour, trois ou quatre fois. On les intercallera par l'administration d'une forte infusion de plantes amères. On s'arrangera de manière à donner en tout sept ou huit pintes par jour à l'animal. On supprimera les dissolutions de sel quand elles auront produit des évacuations, et on les remplacera par des infusions de plantes aromatiques aiguisées d'eau-de-vie; des alimens de très-bonne qualité, moitié secs, moitié verts, mais en petite quantité, devront être donnés pendant le traitement, et quelque temps encore après, avant de remettre l'animal à son régime ordinaire. Si la météorisation devenoit accidentellement assez forte pour faire craindre la suffocation, on auroit recours à la ponction, et l'on administreroit les médicamens par l'ouverture du flanc.

D. *Indigestion produite par irritation de la panse.* — Les signes qui indiquent ce genre d'affection sont la tristesse, le larmoiement, l'accélération du mouvement des flancs, le gonflement momentané du flanc gauche; tous ces signes augmentent d'intensité; les yeux deviennent saillans, rouges; le pouls est vite, petit, concentré; les mâchoires sont serrées l'une contre l'autre; les extrémités sont roides; il y a prostration des forces; l'animal est immobile, et paroît insensible; il chancelle et tombe; il se plaint, il mugit, sa bouche se remplit de bave; le pouls s'efface entièrement; les déjections qui avoient été supprimées pendant la maladie, qui dure de deux jusqu'à huit jours, reparaissent mais sanguinolentes, fétides, accompagnées d'épreintes cruelles; enfin, les convulsions surviennent et l'animal meurt.

Les meilleurs remèdes , dans un pareil cas, sont les mucilagineux ; cinq ou six pintes de lait seront administrées sur-le-champ, et ensuite une pinte de deux en deux heures, jusqu'à ce que les accidens soient cessés. Si on prévoit n'avoir pas assez de lait , on fait une décoction de plantes mucilagineuses , ou de graines de lin et de son, dans laquelle on mêle de l'huile d'olive. On donne cette décoction à la même dose que celle de lait. Quand les symptômes sont très-violens, une petite saignée , dès le commencement , ne peut qu'être fort avantageuse.

Ce genre d'indigestion est le plus souvent dû à la qualité vénéneuse des fourrages ; c'est pour empêcher leurs effets en calmant l'irritation, que les mucilagineux conviennent : ils doivent être employés à très-grande dose , non-seulement pour produire plus d'effet, mais encore pour débarrasser plus vite le canal intestinal de tout ce qu'il contient.

6. *Coliques* ou *Tranchées.* — Ce sont des affections du canal intestinal , souvent dangereuses, et toujours annoncées par des mouvemens violens et désordonnés. Les ruminans sont sujets aux indigestions , et les monodactyles plus exposés aux coliques.

Elles reconnoissent plusieurs causes, ont des signes peu différens et ont été divisées en plusieurs espèces. On reconnoît des *coliques venteuses*, *inflammatoires*, *stercorales*, *vermineuses*, *calculeuses*, *par étranglement de l'intestin*, et enfin *par invagination.*

A. *Coliques venteuses.* — Cette espèce est plus particulièrement caractérisée par le gonflement et la tension de l'abdomen ; elles sont le produit de gaz qui se forment dans une partie quelconque de l'intestin. Les malades se débattent, se couchent, se roulent, se relèvent; ils regardent fréquemment leurs flancs ; l'on entend des borborygmes ; le pouls est variable ; la respiration est très-accélérée ; les yeux sont saillans et rouges. Ces coliques sont quelquefois subites et ne viennent que d'un dégagement momentané de gaz dû souvent à l'affoiblissement des fonctions digestives : les organes débilités par une mauvaise nourriture , par des travaux trop considérables , ou par toute autre cause , n'élaborent plus bien les matières alimentaires ; elles fermentent, des gaz se dégagent , distendent l'intestin et produisent ces coliques.

Dans les commencemens de la maladie , ces coliques se passent assez vite ; l'animal se tourmente, s'agite ; les gaz changent de place avec bruit ; des flatulences se font entendre,

quelquefois elles sont précédées ou accompagnées de la sortie
des excrémens , et bientôt l'animal est tranquille : dans le
cas où les douleurs sont vives , un léger exercice et un bouchonnement un peu rude sur les côtes et les flancs facilitent
la sortie des gaz et avancent la guérison.

Quand la maladie est plus ancienne , ces coliques se montrent légères et paroissent n'avoir aucun danger ; elles se
passent , se remontrent quelques jours après , et continuent
ainsi , si l'on n'y fait point attention , jusqu'à ce que le canal
intestinal ne fasse plus ses fonctions , et que quelque indigestion violente ou quelque fièvre gastrique vienne mettre
fin en peu de temps , ou lentement , aux jours de l'a-
nimal.

Lorsqu'on s'apercevra donc qu'un animal est sujet à ces
coliques , que quelques vétérinaires ont assez justement appelées *coliques d'indigestion* , il faut diminuer le travail , changer la nourriture ; si elle n'est pas très-bonne , en donner une
meilleure en plus petite quantité , et ajouter au régime l'administration de quelque substance propre à réveiller les
forces digestives ; deux ou trois bouteilles de vin , ou de fort
cidre , ou de bonne bière , par jour ; l'administration de
quelque poudre amère , de gentiane ou d'aunée , dans du
miel ou dans de la farine d'orge , à la dose d'un quarteron
ou d'une demi-livre par jour , selon la taille de l'individu ,
pendant sept ou huit jours , le rétabliront petit à petit , et
feront cesser les accidens.

B. *Coliques inflammatoires* ou *tranchées rouges.* — Ces coliques s'annoncent toujours avec des signes alarmans ; elles
ont une marche très-rapide et tuent quelquefois en moins de
vingt-quatre heures ; elles débutent tout à coup ; l'animal
cesse de manger , commence à frapper du pied , regarde
son ventre ; il se couche , se relève , , se débat ; son ventre
devient douloureux , ses yeux rouges , sa respiration rapide ,
le sphincter de l'anus est agité d'un mouvement convulsif, il est
très-chaud , et l'artère dure, pleine et tendue. Ces convulsions
générales vont toujours en augmentant sans intermittence ;
des convulsions musculaires partielles se font remarquer ; des
sueurs froides et chaudes surviennent , et l'animal ne tarde pas
à périr, souvent après quelques momens d'un calme trompeur.

Ces symptômes annoncent une inflammation violente des
intestins , et le principal remède est la saignée ; elle est suivie presque toujours d'un mieux marqué , et doit être renouvelée plusieurs fois quand les signes d'inflammation reparoissent après avoir diminué à la suite d'une première. Dans ces
coliques , il vaut mieux pratiquer plusieurs saignées légères ,
à des intervalles différens , que d'en pratiquer une trop forte.

Il est arrivé plusieurs fois que les saignées vigoureuses, en portant un relâchement trop fort et trop subit dans les intestins, après une exaltation si intense des propriétés de la vie, en ont occasioné la gangrène. Des saignées légères, mais répétées d'heure en heure, ramènent peu à peu le mouvement circulatoire à son état naturel, et produisent plus sûrement la guérison. On doit aider leur action, par des lotions d'eau tiède sur l'abdomen, par l'administration d'un grand nombre de lavemens, et par quelques breuvages de décoction mucilagineuse, légèrement nitrée.

c. *Coliques stercorales.* — Elles ont pour cause l'accumulation d'une certaine quantité d'alimens dans une des poches du colon; ces alimens agglomérés en masse dure, ne peuvent plus changer de place, ils arrêtent le cours des matières fécales, produisent une inflammation dans l'endroit où ils sont arrêtés et finissent par causer la gangrène de l'intestin, et la mort, s'ils ne sont expulsés.

On reconnoît la colique stercorale dans les monodactyles aux signes suivans : les mouvemens désordonnés sont plus lents à s'établir que dans la colique inflammatoire ; ils sont moins intenses ; l'animal ne rend aucune flatulence, aucun excrément ; il regarde de temps en temps son flanc, se couche, se relève ; ses yeux sont enfoncés ; il ne prend pas garde à ce qui se passe autour de lui. Le ventre se météorise ; les sueurs partielles et froides surviennent, et l'animal ne tarde pas à mourir.

Ces coliques sont assez difficiles à guérir ; l'intestin irrité par la présence de la pelote, se contracte et se rétrécit après et avant, de manière à ce qu'elle ne peut plus changer de place. Tout doit tendre à la faire évacuer; ainsi si l'on croit que ce soit l'irritation produite par sa présence qui empêche sa sortie, il faut employer les émolliens et les adoucissans à forte dose; sinon il faut employer les purgatifs énergiques drastiques, l'aloès, la gomme gutte : si l'on a une superpurgation, on la traite après.

Les chiens qui ne prennent pas beaucoup d'exercice sont exposés à ce genre de coliques; ils deviennent tristes, ne mangent plus ; leur ventre devient douloureux, gonflé ; quelquefois en le tâtant, on sent la pelote; ils se couchent, se plaignent et meurent en général assez tranquillement, si l'on ne vient pas à leur secours. Les huileux en breuvage et en lavemens produisent presque toujours un résultat avantageux et font sortir peu à peu les matières durcies et accumulées. L'exercice au pas facilite aussi leur sortie.

d. *Coliques vermineuses.* — Ce genre de coliques, dans le cheval, est très-difficile à déterminer; les symptômes sont

si variables et durent quelquefois si peu ou sont si légers,
qu'il est difficile de les saisir : c'est l'état dans lequel se trouve
l'animal qui les éprouve, qui est le meilleur indice de leur
nature. Si l'on sait que l'animal a des vers, si son état l'indique, si sa peau est sèche, adhérente, si son appétit est variable, s'il lèche les murs, s'il aime à se frotter la queue,
et s'il la tient dans un mouvement continuel, s'il aime à se
frotter souvent la lèvre antérieure, on ne doutera pas que
les coliques qu'il éprouve, si elles ne montrent pas les caractères des variétés précédentes, ne soient des coliques
vermineuses.

On doit d'abord employer les calmans et les adoucissans,
les huileux, les décoctions de plantes mucilagineuses, dans
lesquelles on placera quelques têtes de pavots, etc. ; ensuite
il faut chercher à expulser les vers ou à les tuer dans le
canal intestinal. Toutes les substances fortement amères sont
de bons vermifuges ; la poudre de racine de fougère mâle, la
poudre de gentiane, d'aunée, la rhubarbe, les infusions de tanaisie, d'absinthe, de chicorée, l'huile empyreumatique, la
suie de cheminée, etc. On continue l'administration de ces
substances pendant un certain temps, et on les entremêle de
temps à autre de purgatifs : il est rare que ce traitement bien
suivi ne réussisse pas dans les monodactyles. Dans les jeunes
chevaux qui ont mangé du sec trop tôt, ou de mauvaise qualité, le changement de la nourriture sèche en nourriture verte,
produit quelquefois la disparition de ces vers.

Les chiens sont de tous les animaux les plus exposés aux
coliques vermineuses et aux affections de ce genre en général.
Le *ténia rubané* est celui que l'on rencontre le plus souvent dans
leurs intestins, et celui qui en fait périr un grand nombre de
jeunes. Les animaux affectés sont tristes, leur poil est terne,
hérissé, sec ; le bout du nez est sec, chaud ; la gueule est pâle.
Quand ces symptômes augmentent, la démarche devient gênée,
les chiens s'agitent, se tourmentent, poussent des cris plaintifs, des hurlemens ; ils mordent ce qu'ils rencontrent, errent
sans objet fixe ; ils mangent de la terre, de la paille, du bois,
et périssent presque toujours dans des convulsions plus ou
moins violentes qui les font croire enragés, et qui en font
assommer un grand nombre comme tels.

Les remèdes à employer pour le chien, sont un meilleur
régime, plus approprié à sa nature, la viande crue pour
nourriture, l'administration de purgatifs de temps en temps,
et de décoctions de plantes amères.

E. *Coliques calculeuses.* — Ces coliques sont encore plus difficiles à bien caractériser que les coliques vermineuses ; elles
se terminent ou par la sortie des calculs, ou par le déplace-

ment de ces corps, ou par l'obstruction du canal intestinal, et l'animal meurt avec toute l'apparence d'une colique stercorale. Le traitement est alors le même. Les pelottes de poils ou *Égagropiles*, que l'on trouve dans les ruminans surtout, produisent le même effet. Les signes qui les annoncent sont aussi douteux que ceux qui annoncent les calculs : le traitement des accidens qu'ils occasionent, est entièrement le même.

F. *Coliques par étranglement de l'intestin.* — Elles sont assez rares ; leurs symptômes sont les mêmes que ceux qui caractérisent la hernie inguinale. Quand on connoît la place de l'étranglement, c'est de le faire cesser, sinon d'employer les moyens que l'indication thérapeutique exige.

G. *Coliques par invagination de l'intestin.* — Ces coliques que l'on a crues très-rares dans les chevaux, se présentent, je pense, cependant assez communément, et j'en ai vu trois exemples en moins de six semaines, parmi les cadavres que l'on dépose journellement à la voierie de Montfaucon. Ces coliques ont les mêmes symptômes à peu près que les coliques inflammatoires, et elles conduisent à la mort avec la même rapidité. On emploie les mêmes remèdes, mais l'on ne fait que retarder un peu la mort.

7. *Du mal de Brout*, ou *Maladie de bois.* — Au printemps, les animaux qui vont pâturer dans les bois, mangent les jeunes pousses des arbres ; c'est cette nourriture qui leur donne le *mal de brout* ou *maladie de bois* : elle est commune aux monogastriques herbivores et aux ruminans.

Les signes communs qui l'annoncent, sont : la chaleur de la bouche, la soif, la constipation, la difficulté d'uriner ; la rougeur, l'épaississement et la rareté des urines ; la dureté, la vitesse et la force du pouls, la rougeur ou l'inflammation de la membrane pituitaire et de la conjonctive. Quand la maladie est plus avancée, le cheval n'a plus d'appétit, le bœuf ne rumine plus, l'air expiré devient très-chaud, les muqueuses très-rouges, les yeux larmoyans, rouges, enflés ; les déjections alvines deviennent rares, dures, elles sont couverte d'une matière glaireuse, teintes de sang, et d'une mauvaise odeur ; les animaux sont abattus, ils ont le poil hérissé, la peau sèche et dure, le ventre douloureux ; le pouls dur, fréquent et intermittent ; les flancs se retroussent : enfin, quand la maladie est à son comble, les frissons surviennent ; l'animal tremble, chancelle ; le pouls devient foible, presque insensible ; la température du corps baisse, la bouche se remplit de bave visqueuse, épaisse et fétide ; les ruminans éprouvent une sensibilité très-vive le long de l'épine du dos, et principalement sur le garrot. Il y a des évacuations, par l'anus, de matières liquides, purulentes, noirâtres, glaireuses, sanguinolentes, extrêmement fétides; l'animal jette aussi par les naseaux; les yeux s'enfoncent dans l'orbite; le flanc s'agite de plus en plus : l'animal se couche et meurt.

Cette affection a tous les signes d'une affection inflammatoire; c'est donc le régime appelé antiphlogistique qu'il convient d'employer; dès les premiers symptômes, il faut supprimer la nourriture, donner seulement aux animaux de l'eau blanchie avec de la farine, et leur faire prendre de temps en temps des breuvages mucilagineux, adoucissans; si la maladie se montre avec des symptômes un peu violens, on saignera à la jugulaire, on tirera deux litres de sang aux chevaux et aux bœufs, un quart de litre aux moutons; on réitérera cette opération, une fois, deux fois et même plus, selon le bien qu'elle produira, à des intervalles éloignés. Il vaut mieux pratiquer plusieurs légères saignées qu'une trop forte. Cette opération n'interdit point l'usage des breuvages et des lavemens qu'il faut au contraire administrer en plus grande quantité en raison de l'intensité de la maladie; pendant ce traitement l'on aura soin de tenir les animaux chaudement, de les bouchonner souvent et assez fortement. Ces frictions de la peau activent la circulation extérieure, diminuent le mouvement inflammatoire de l'intestin, et facilitent singulièrement l'évacuation alvine.

Au bout de quelques jours de ce traitement, quand les signes de l'inflammation aiguë commenceront à tomber, l'on aiguisera les boissons mucilagineuses en les mêlant d'infusions de plantes aromatiques amères, et l'on substituera, pétit à petit, ces boissons aux premières. A mesure que l'appétit reviendra l'on donnera une petite quantité d'alimens, mais de la meilleure qualité et surtout de ceux dont la digestion est la plus facile; tels que des légumes cuits à l'eau.

Enfin, quand la maladie a fait de trop grands progrès, quand l'inflammation n'a pu être calmée et n'a pu se terminer par résolution, une véritable suppuration s'établit sur toute la surface muqueuse de l'intestin qui a été enflammée; cet état est annoncé par les signes suivans; les excrémens ne sont plus des débris d'alimens, ils sont en petite quantité, composés de matières glaireuses, purulentes, d'espèces de débris de membranes, et exhalent une odeur fétide. Il faut bien se garder alors d'employer la saignée et les boissons mucilagineuses. On leur substitue les boissons légèrement stimulantes, les infusions de plantes aromatiques, auxquelles on mêle un peu de vin ou de l'alcool; on donne du vin chaud miellé; on administre des lavemens faits des mêmes infusions de plantes aromatiques; enfin, l'on fait prendre des bains de vapeurs aux animaux que l'on sèche ensuite par le bouchonnement et que l'on couvre de bonnes couvertures. Malgré ces soins, souvent les animaux succombent ; leur mort arrive bien plus rapidement quand l'inflammation, portée à un degré extrême, se termine par une gangrene. Pour pouvoir être sûr de triompher de la maladie, il faut pouvoir la prendre dans son commencement, et faire avorter, pour ainsi dire, l'inflammation.

Quelquefois elle se termine par des tumeurs et des dépôts critiques ; il faut toujours favoriser leur développement

8. *Diarrhée.* — Il y a des chevaux qui, sans éprouver de trop fortes fatigues et quoique bien nourris, rendent leurs excrémens beaucoup trop liquides ; qui se *vident*, pour me servir de l'expression usitée, et qui cependant ne paroissent pas malades; ils sont seulement efflanqués, suent facilement et sont incapables de fortes fatigues. Cet état, quoique peu dangereux, exige néanmoins une diminution de travail, le choix d'une bonne nourriture et l'administration pendant quelque temps de substances capables de donner du ton aux organes digestifs. On donnera par jour deux ou trois bouteilles de vin, ou de bière, ou de cidre, et pour nourriture des féveroles, de l'orge ou du froment. C'est la substance qui revient le mois cher qu'il faut employer. Ces diarrhées se remarquent le plus souvent dans des chevaux d'une mauvaise constitution et dans ceux qui ont été refaits après avoir souffert beaucoup par suite de fatigues, et par suite d'écarts de régime.

— Les lapins sont sujets aux indigestions. A l'époque du sevrage, si on les nourrit de choux et de laitues, on les voit souvent souffrir de la diarrhée, et il est rare qu'ils n'en périssent pas. Dès qu'on s'en aperçoit, il faut se hâter de les séparer des autres, de ne leur donner que des plantes sèches et du pain grillé. Les laitues, en trop grande quantité, leur causent ordinairement cette maladie, à moins qu'on n'y mêle du persil, du céleri et d'autres plantes stomachiques.

9. *Dyssenterie.* — Cette affection est aussi caractérisée par la sortie d'excrémens plus liquides que dans l'état de santé ; mais elle présente d'autres symptômes plus graves et bien différens; ainsi elle est accompagné d'une fièvre bien marqué, et de la perte de l'appetit, de plus la peau est sèche et adhérente, les flancs sont retroussés, les déjections peu abondantes, fréquentes, mêlées de stries de sang; elles sont rendues avec force et jetées à quelque distance; l'anus est chaud; rouge excorié; le rectum est chaud et rouge, et l'animal cherche à boire.

Les décoctions et breuvages mucilagineux, le lait à grande dose, les lavemens émolliens d'eau de son et de guimauve, sont les remèdes à employer; il faut y joindre la cessation des travaux, la diète, la promenade, un pansement de la main régulier et fréquent. Au bout d'un certain temps de ce traitement, quand les symptômes de l'irritation seront calmés, il sera bon de mêler à ces substances, d'autres un peu plus stimulantes; on changera les breuvages contre des infusions légères de plantes aromatiques, contre le vin miellé; on aiguisera les lavemens d'un peu de vinaigre ou d'eau-de-vie, et on commencera à donner des alimens de facile digestion en très-petite quantité; on augmentera à mesure que le mieux se manifestera.

Quelquefois la dyssenterie attaque une grande quantité d'animaux à la fois, soit chevaux, soit bêtes à cornes; elle est enzootique et reconnoît pour causes, les intempéries des saisons ou la mauvaise qualité des fourrages, des herbages ou des eaux.

Quelquefois aussi elle n'est que le symptôme d'autres maladies plus graves, de fièvres de mauvais caractère, par exemple; son traitement est alors subordonné à celui de la maladie principale.

10. *Péritonite.* — Dans une plaie de l'abdomen, après des coliques, après un part laborieux, après un arrêt subit de transpiration, il arrive quelquefois que le péritoine soit attaqué d'une inflammation générale ou partielle. Les caractères distinctifs de cette affection sont très-difficiles à saisir. Elle commence assez souvent par des frissons partiels; l'animal éprouve de temps en temps des coliques et en donne tous les symptômes; il se tourmente un peu, il regarde souvent son flanc, préfère quelque attitude; la peau est sèche; la température du corps en général est peu élevée, mais variable; les yeux sont enfoncés; l'artère dure, ses battemens prompts et petits; le ventre est douloureux; la respiration quelquefois gênée; l'animal se plaint. Si au bout d'un certain temps ces symptômes ne se calment pas, le pronostic devient fâcheux; l'habitude du corps devient plus gênée, plus douloureuse; les membres et les oreilles deviennent froids et chauds alternativement, des mouvemens convulsifs se remarquent dans les muscles du tronc; des sueurs froides partielles se déclarent, le pouls s'efface petit à petit; l'animal se plaint davantage, il s'agite, il se couche et se relève souvent, et enfin il expire après quelques momens de tranquillité.

Cette affection est presque toujours aiguë, et, dans son commencement surtout, nécessite le régime appelé antiphlogistique, les saignées petites et répétées, les breuvages et les lavemens émolliens, adoucissans : quand les douleurs sont trop vives, l'application autour du ventre d'une couverture trempée dans l'eau chaude et entretenue à une haute température en l'arrosant souvent avec de l'eau nouvelle ; l'application d'une couverture bien sèche et chaude, quand on ôte celle qui étoit mouillée, enfin l'usage des sétons aux fesses, sont les moyens à employer. Dans quelques cas on peut mêler quelques calmans aux breuvages émolliens, tels que huit ou dix grammes de teinture de Sydenham ou de laudanum, ou un ou deux décagrammes d'opium ou de camphre dissous dans l'eau-de vie, pour calmer un peu la violence des douleurs.

La péritonite se termine le plus ordinairement par la résolution, quelquefois par la suppuration ou par la gangrène, quelquefois aussi par une hydropisie du bas-ventre : la résolution se manifeste par un mieux marqué et par la diminution graduée des symptômes ; la gangrène, par l'exaltation et la marche rapide de tous les symptômes inflammatoires, et ensuite par leur cessation subite et par la mort de l'animal ; la terminaison par hydropisie se montre par une stagnation dans les symptômes qui ne semblent ni diminuer ni augmenter ; bientôt les symptômes d'inflammation disparoissent, mais les animaux ne s'en portent pas mieux ; leurs flancs s'agitent ; il se forme des œdèmes sous le ventre ; ils sont maigres, lents, et ils dépérissent petit à petit. Dans ce cas, les toniques, surtout les préparations de fer et celles qui agissent sur les reins et qui poussent aux urines, doivent être employés à grande dose. Les symptômes qui caractérisent la suppuration sont plus difficiles à saisir, et ce n'est qu'en ouvrant des cadavres qu'on trouve d'anciennes adhérences du péritoine qui font juger que cette terminaison a eu lieu.

La péritonite est fréquente sur le cheval et sur le chien, et la terminaison par hydropisie fréquente sur ce dernier animal : les autres animaux sont beaucoup moins exposés à cette affection.

11. *Hépatite.* — Les affections des principaux viscères, leur inflammation aiguë surtout, ayant des symptômes communs, il est assez difficile de les distinguer ; ainsi l'inflammation du foie dans le commencement se confond souvent avec les inflammations de poitrine, et ce n'est que quand la maladie est bien déclarée, quand l'on remarque la teinte jaunâtre des membranes muqueuses qui presque toujours accompagne cette maladie, que l'on devient certain de son espèce. Outre ce symptôme, l'appétit est languissant ; la bouche est pâteuse, chaude ; les yeux sont ternes, abattus ; la tête est

lourde ; il y a constipation et les déjections deviennent plus
dures, prennent une couleur beaucoup plus foncée. En pres-
sant sur l'hypocondre droit, l'animal ressent de la douleur ;
les urines sont rares, et chargées.

Rarement cette affection est mortelle chez les animaux domestiques ; il faut qu'elle ait été bien négligée ou bien mal
traitée ; le plus souvent elle se termine par résolution, quelquefois par un état chronique. Elle n'est dangereuse que
quand elle est la suite de la lésion physique du foie.

Les causes les plus ordinaires de cette affection, sont : la
mauvaise qualité des alimens et le passage trop subit d'un
travail fort à un trop long repos, et du repos, à un travail
trop fort, ou la présence de calculs biliaires.

Quand les symptômes marchent avec trop de force, que le
pouls est dur, petit, concentré, il faut débuter par la saignée, dans tous les cas mettre l'animal à la diète, lui
donner de l'eau blanchie avec de la farine et lui administrer
des breuvages amers et légèrement purgatifs. Ainsi des po-
tions d'extrait de gentiane étendu d'eau, l'émétique à petite
dose et à grand lavage, les infusions de séné, le miel délayé
dans l'eau pour breuvage, doivent être administrés et combinés de manière à obtenir des évacuations légères et continues ; l'aloès et les sels purgatifs ne doivent être employés
que quand ces premiers moyens ne suffisent pas pour obtenir des évacuations, et toujours avec une grande prudence. Il
faut bien craindre d'augmenter l'irritation du viscère.

Si l'hépatite passoit à l'état chronique, ce que l'on reconnoît à la permanence des symptômes sans augmentation d'intensité, à la permanence de la teinte jaune des membranes
muqueuses et à l'état de langueur où est l'animal, il faudroit avoir recours aux stomachiques amères : les poudres
de gentiane et d'aunée en bols ou délayées dans du vin
ou dans l'alcool très-aqueux, les fortes infusions de plantes aromatiques doivent être mises en usage, et à assez fortes
doses pour produire une action marquée. L'ictère demeure
quelquefois encore après la disparition des signes maladifs ;
un léger exercice, une bonne nourriture, en un mot, un bon
régime le dissipe peu à peu.

III.e SECTION. — *Maladies des organes urinaires.* — Il paroî-
tra peut-être surprenant de voir les maladies des organes urinaires former la troisième section des maladies des organes
digestifs ; mais d'un côté les nombreuses sympathies qui existent entre ces organes, et de l'autre les fonctions des reins
qui sont destinés à séparer de la masse du corps la trop
grande quantité des fluides que l'action des organes digestifs
y a introduits, enfin leur position dans la même cavité, m'ont

engagé à en faire une troisième section des maladies de cet appareil.

1. *Néphrite* — Les reins, comme tous les autres organes parenchymateux, sont sujets à l'inflammation. Elle se manifeste par les signes suivans : douleur dans la région des reins, rétraction fréquente et alternative des testicules, gêne dans le train de derrière ; l'urine devient rare, trouble, sanguinolente ; elle se supprime tout-à-fait, et quoique le malade éprouve de fréquentes envies d'uriner, et qu'il se campe souvent, il ne rend alors que quelques gouttes glaireuses, qui sont le produit de la sécrétion de la membrane muqueuse de l'urètre ; l'intestin rectum est chaud, et la main introduite dans sa cavité ne rencontre que difficilement la vessie qui est vide. Si l'inflammation ne s'apaise pas, les symptômes augmentent ; l'animal frappe la terre avec les pieds ; il se tourmente, regarde ses flancs ; des sueurs générales ou partielles surviennent après quelques jours ; elles manifestent une odeur urineuse, et le pouls qui jusqu'à cette époque avoit été dur, petit, accéléré, devient mou, plus lent, s'efface, et l'animal ne tarde pas à succomber.

Cette affection très-grave dans le cheval, et qui le conduit fréquemment à la mort, doit être combattue vigoureusement, aussitôt qu'on la reconnoît, par le régime antiphlogistique ; des saignées fortes et répétées ; des breuvages délayans ; des lavemens nombreux, émolliens ; des sachets d'avoine ou d'orge bouillie appliqués sur les reins, doivent être mis aussitôt en usage.

2. *Pissement de sang.* — La néphrite est plus commune dans les ruminans, que dans les autres animaux domestiques ; heureusement elle est bien moins dangereuse. Elle se caractérise plus particulièrement par *le pissement de sang* : Aussi, les bergers et les bouviers l'appellent-ils de ce nom. Les jeunes pousses de chênes et d'arbres, et les plantes âcres des pâturages, sont les causes fréquentes de cet accident ; les grandes chaleurs y contribuent aussi. Le repos, la diète, une saignée, quand les symptômes sont graves, cinq ou six pots d'une décoction d'oseille dans du lait, par jour, pour un bœuf, ont bientôt calmé les accidens ; un litre par jour de la même décoction suffit pour un mouton. On laisse l'animal dehors à la fraîche ; et s'il fait trop chaud, l'on peut même, pour le bœuf seulement, mettre sur le dos, un drap mouillé que l'on a soin d'humecter d'eau pendant la chaleur du jour.

3. *Cystite.* — L'inflammation de la vessie, très-dangereuse, est heureusement rare. Elle s'accompagne presque toujours de l'inflammation du col de la vessie, et un des

symptômes qui la font reconnoître est la plénitude de l'organe, que l'on sent fort bien, en introduisant le bras dans le rectum, et en le cherchant. Ce symptôme est accompagné d'envies fréquentes d'uriner, de l'expulsion d'une petite quantité d'urine, de coliques légères; en outre le pouls est dur, fréquent et petit.

Le traitement à employer est le même que celui que l'on met en usage pour la néphrite: il faut, de plus, chercher à vider la vessie, en introduisant la main dans le rectum, et en faisant une douce pression sur l'organe; on attend, pour pratiquer cette opération, que la saignée ait produit un relâchement général dans toute l'économie; et il est rare qu'on n'en vienne pas à bout. Il faut avoir soin seulement de laisser un peu d'urine dans la vessie; son expulsion complète occasione un relâchement trop considérable dans l'organe, et peut en amener la gangrène ou la paralysie. Les breuvages adoucissans, et les lavemens émolliens que l'on doit employer, tant qu'il subsiste de l'inflammation, augmentent la sécrétion des urines, et mettent le vétérinaire dans la nécessité de pratiquer plusieurs fois l'évacuation des urines dans le cours de la maladie.

Quand l'on reconnoît que la plénitude de la vessie est due à un calcul qui irrite le col de l'organe, ou qui empêche l'écoulement des urines, et quand on ne peut pas la vider en exerçant une pression sur ses parois, il faut nécessairement recourir à l'opération de la lithotomie, soit pour extraire le calcul, soit pour vider la vessie. Le réservoir trop plein finiroit par se déchirer, et l'urine épanchée dans l'abdomen, ne tarderoit pas à produire une péritonite et la mort. Dans les jumens et les vaches, il n'y a point d'opération à pratiquer; l'on introduit la sonde creuse de gomme élastique par le méat urinaire.

4. La *paralysie* de la vessie, très-rare en général, se montre dans le cheval, dans une circonstance particulière; c'est dans les longues courses où on ne lui permet pas de s'arrêter pour uriner; la vessie surchargée d'une trop grande quantité d'urine, perd presque subitement sa faculté contractile, entraîne en même temps la paralysie de l'arriéremain; l'animal au milieu de sa course commence à être peu solide sur ses jambes, il ne tarde pas à tomber et ne peut se relever; les seules extrémités antérieures font leur service; et tandis qu'elles soutiennent la partie antérieure du corps, la partie postérieure reste traînante sur le sol. Cet accident n'est pas extrêmement dangereux; l'on doit chercher, et l'on parvient assez facilement à vider la vessie, en introduisant le bras dans le rectum. L'on ré-

veille ensuite son action par des lavemens et des breuvages
un peu stimulans ; elle reprend peu à peu ses fonctions ; et
en même temps le train postérieur son action ; il suffit de la
vider les trois ou quatre premiers jours : au bout de ce
temps elle commence à se vider seule ; l'animal ne tarde
pas à se lever ; un bon régime le rétablit bientôt.

IV.ᵉ *CLASSE.*

Maladies de l'appareil reproducteur.

I.ᵉ SECTION. — *Maladies des organes reproducteurs mâles.*

1.º L'*hématocèle* est un engorgement des bourses avec épanchement de sang dans le tissu cellulaire, à la suite de quelques coups. Quand le testicule n'est point affecté, et qu'il
n'y a pas une forte inflammation des bourses, quelques cataplasmes astringens, ou même quelques scarifications peu
profondes, suffisent pour procurer l'absorption ou la sortie
du sang épanché, et amener la guérison.

2. L'*hydrocèle* consiste dans un amas de sérosité, dans la
cavité de la tunique vaginale ; c'est une hydropisie véritable
de cette tunique ; le cheval est de tous les animaux domestiques ; le plus exposé à cette affection. Quand elle est simple,
non compliquée de maladie du testicule ou de la tunique vaginale on la reconnoît à une tumeur molle indolente, et à une
fluctuation que l'on sent en avant du cordon. Quand l'hydrocèle est peu considérable, on ne s'en aperçoit souvent pas, et il ne demande aucun soin ; c'est le cas le
plus fréquent : ce n'est que quand il a acquis un volume un
peu fort, qu'il gêne l'animal, et que l'on s'en aperçoit. Le
meilleur moyen de le guérir est de pratiquer la castration ;
il n'y auroit que dans le cas où l'on voudroit conserver l'animal pour la reproduction, qu'il faudroit avoir recours à une
autre méthode, celle d'évacuer le liquide contenu, et ensuite
d'opérer l'adhérence de toutes les surfaces de la poche, afin
de rendre une nouvelle accumulation impossible. On parviendroit facilement à ce but, en injectant dans la poche,
après l'évacuation du liquide, de l'eau-de-vie échauffée ;
cette opération, dite de l'hydrocèle, est la plus avantageuse
dans l'homme ; elle seroit aussi la plus avantageuse dans le
cheval.

3. Les *plaies* des testicules sont extrêmement rares, et elles
se terminent le plus souvent par la suppuration : cette terminaison peu grave pour l'animal employé seulement aux travaux, le devient extrêmement pour celui que nous destinons
à la reproduction. Presque toujours la suppuration détruit
l'organe, le fait tomber dans l'atrophie, et l'animal devient

impropre à la reproduction si l'un et l'autre testicule sont affectés.

4. L'*Inflammation* de ces organes, à la suite de quelques coups ou par toute autre cause, n'est pas moins dangereuse. Le tissu extrêmement délicat du testicule ne résiste que difficilement à l'engorgement inflammatoire, et la terminaison la plus ordinaire de l'inflammation est une suppuration qui détruit tout l'organe, ou une induration qui passe bientôt à l'état de squirrhe, et qui produit le sarcocèle. Aussitôt donc que l'on s'aperçoit de l'inflammation de l'un ou de l'autre de ces organes, il faut la combattre par le régime antiphlogistique le plus sévère, et faire supporter les cataplasmes émolliens, par un bandage exprès et destiné en même temps à supporter le poids des testicules, pour empêcher le tiraillement des cordons.

5. L'*Induration* du testicule, comme nous venons de le dire, est la terminaison fréquente de l'inflammation de l'organe. Il devient plus gros, plus dur, et plus sensible quand on y touche : des cataplasmes résolutifs et légèrement astringens, et surtout un suspensoir doivent être employés, et pendant long-temps : quelquefois l'induration cesse petit à petit par ce moyen, et le testicule reprend sa forme et son premier état.

6. *Sarcocèle.* Quelquefois aussi le testicule, au lieu de reprendre son état ordinaire, augmente de volume ; son organisation a été alors changée par l'inflammation : c'est une véritable maladie organique. Il devient fibreux d'abord, ensuite il se change dans certains points en une bouillie grisâtre, homogène, et souvent passe à l'état cancéreux. La marche de cette affection est quelquefois assez rapide ; le plus souvent elle est lente et donne le temps d'user l'animal. Mais quand le sarcocèle gêne les mouvemens de locomotion, ou quand on a peur qu'il ne dégénère en cancer et qu'il ne fasse périr l'animal, il faut avoir recours à l'opération de la castration ; c'est le seul moyen sûr de guérison. Souvent le cordon spermatique participe de la maladie ; il faut alors le couper au-dessus de la partie affectée, sinon on risque de voir la partie du cordon qui reste, devenir à son tour le siége d'un squirrhe ou d'un cancer, qui par son accroissement nécessite bientôt la perte de l'animal.

7. Le dartos et le tissu cellulaire qui entre dans sa formation, sont sujets, à la suite d'une inflammation, à rester durs et d'un volume beaucoup plus considérable : il ne faut pas confondre le squirrhe ou le cancer du testicule avec cette dernière affection, qui produit au contraire presque toujours son atrophie : la castration, en amenant la suppuration de tout

cet engorgement, suffit souvent pour le fondre en entier, et rendre l'animal à ses travaux. On ne rencontre pas cette affection des enveloppes des testicules dans les autres animaux; elle paroît particulière aux chevaux, et a été souvent prise pour un squirrhe ou un cancer des testicules.

8. Dans les chevaux hongres, le pénis diminue de volume en grosseur et en longueur, et il arrive souvent même qu'il ne sort plus du fourreau pour uriner. L'humeur sébacée que le fourreau sécrète s'accumule dans les replis de la peau, acquiert des qualités âcres et irritantes par son séjour; l'extrémité du pénis s'enflamme, et il arrive quelquefois que l'animal ne peut plus uriner : le remède est de laver les parties pour les débarrasser des matières sébacées qui les gênent, et quand il y a un peu d'inflammation, de les lotionner avec des décoctions de plantes émollientes : cet accident arrive aussi, mais bien plus rarement, dans les chevaux entiers.

9. Dans le mouton, l'extrémité du pénis, que l'on appelle *boutri*, est sujette à s'ulcérer; la laine environnante imbibée d'urine, salie par le fumier, la crotte, etc., irritant le pénis, il s'enflamme, suppure, et la continuation de la cause empêche la plaie de se cicatriser, et augmente l'ulcère de plus en plus. Cette maladie n'est point dangereuse, heureusement; elle cesse presque toujours lors du parc, après la tonte : rarement la plaie gagne les parois de l'abdomen. Pour faciliter la guérison, il faut couper la laine autour du pénis, et renouveler souvent la litière des bergeries.

10. *Paraphymosis*. Le pénis est extrêmement sensible, et il suffit d'une cause légère pour produire son inflammation. De tous les animaux, le cheval entier est le plus exposé à cet accident. Des coups de fouet ou de bâton sur la verge, quand le cheval est en érection; des coups de pieds, quand il veut saillir une jument sont la cause la plus fréquente de cet accident : le pénis enfle alors; son propre poids augmente, et sa grosseur l'empêche de rentrer dans le fourreau : un suspensoir, des cataplasmes émolliens, et le régime diététique doivent être employés pour amener la résolution. Malgré ces moyens, le pénis, au lieu de diminuer, augmente souvent encore de volume; le tissu lâche et caverneux de cet organe se prête facilement à l'abord des fluides, et rend leur retour très-difficile, surtout dans l'extrémité antérieure. Cette partie enfle et acquiert souvent une grosseur considérable. Pour faciliter le dégorgement, on est obligé de faire des scarifications sur les parties gonflées; l'on ne doit pas craindre de les faire trop fortes; quand les parties sont revenues à leur état naturel, ces scarifications paroissent extrêmement petites.

Malgré tous les moyens, l'engorgement subsiste quelquefois, le pénis pend hors du fourreau, ballotte entre les jambes, nuit aux mouvemens, et est extrêmement incommode. Il ne reste alors d'autre ressource que l'amputation ; si au-dessus de la partie tuméfiée le pénis est bien sain, on peut et enlever d'un seul coup toute la partie tuméfiée ; ce qui reste rentre dans le fourreau ; l'hémorragie survient ; elle dure deux ou trois jours ; une légère suppuration s'établit, la cicatrisation s'opère petit à petit, et l'animal est bientôt guéri ; si l'hémorragie devenoit trop considérable, on la combattroit par tous les moyens usités en pareil cas. Des bains d'eau froide , des lotion d'eau froide sur les reins , de la glace pilée appliquée sur ces parties ; une saignée à la jugulaire , etc. Si l'on ne veut pas avoir à craindre les suites de l'hémorragie qui est inévitable par cette opération , on pratique la suivante : on introduit une canule métallique dans le canal de l'urètre , et on lie le pénis avec une ficelle au-dessus de l'endroit malade ; on serre tous les jours la ligature davantage , et on fait soutenir le pénis par un suspensoir jusqu'à ce que la partie à amputer se sépare du reste : ces deux genres d'opération ont bien réussi également.

11. Une autre circonstance nécessite encore quelquefois l'amputation de la verge ; c'est quand l'extrémité ou la tête du pénis est couverte de verrues , de poireaux qui entraînent le membre par leur poids, ou qui laissent suinter une humeur d'une odeur désagréable. L'opération est toujours la même.

12. Les taureaux sont exposés , par des accouplemens trop fréquens , à contracter une espèce de blennorrhagie du canal de l'urètre ; on ne s'en aperçoit que quand l'écoulement du mucus ou du pus a lieu ; il sort goutte à goutte du pénis , et est d'une couleur blanchâtre ; cette maladie ne paroît pas fatiguer beaucoup l'animal : elle est contagieuse se communique facilement aux vaches que l'animal affecté peut saillir ; et elle s'annonce chez elles par l'écoulement par la vulve d'un mucus blanchâtre peu abondant, qui s'agglutine et se sèche à la partie inférieure de l'ouverture, et qui quelquefois en découle goutte à goutte. C'est un véritable catarrhe du canal de l'urètre du mâle et de la membrane muqueuse du vagin de la femelle. Les lotions émollientes et la diète , quand il est récent, doivent être mises en usage; plus tard quand il est passé à l'état chronique , on doit substituer les lotions toniques , et l'administration de quelques breuvages ou bols diurétiques-toniques.

II.ᵉ Section. — *Maladies des organes reproducteurs de la femelle.* — 1. La descente de la matrice dans le vagin arrive quelquefois dans la jument, mais plus souvent dans la vache ; c'est toujours à la suite d'un part laborieux. La main introduite dans la vulve rencontre immédiatement l'orifice de l'utérus ; ce léger déplacement n'occasione souvent aucun dérangement dans la santé, et même n'empêche pas l'accouplement et la conception d'avoir lieu ; le moment du coït replace les organes dans leur position, et la plénitude qui s'en suit, en entraînant la matrice dans l'abdomen, la remet petit à petit en place.

2. Il n'en est pas ainsi quand il y a *renversement du vagin* et que l'orifice de la matrice sort au-dehors entraînant avec lui le vagin dont on voit la membrane muqueuse à découvert ; cet accident, rare dans la jument, est fréquent dans la vache à la suite d'un part difficile ; non-seulement la bête devient impropre à la reproduction, mais des accidens consécutifs mettent souvent sa vie en danger : il faut y remédier de suite. On trempe la main dans l'huile, et on repousse doucement l'utérus dans la cavité pelvienne, en introduisant la main dans le vagin à mesure que l'on repousse l'organe à sa place. Quand cela est fait, on le maintient dans sa position au moyen d'un tampon que l'on introduit dans le vagin et que l'on y laisse quelque temps, en ayant soin de le renouveler souvent et de le tenir en place par un bandage appliqué sur la croupe de la bête : pour cela, l'on se sert d'un harnois de cheval, et on fait soutenir le tampon par le reculoir. Ce tampon doit être un morceau de bois lisse, entouré d'étoupes, et trempé dans la cire fondue pour l'empêcher d'être imbibé des urines et des mucosités du vagin. L'on a soin en même temps, pour aider le replacement de l'utérus, de mettre les extrémités antérieures beaucoup plus basses que les postérieures, afin que la croupe soit plus haute que le garrot, et que les viscères de l'abdomen se portent en avant.

3. *Renversement de matrice* — Quand le fœtus se présente mal pour sortir et quand l'utérus ne peut pas s'en débarrasser facilement, on a, dans beaucoup d'endroits, pour les vaches sur tout, la mauvaise habitude de le saisir par les parties qui se présentent au col de la matrice, et de le tirer de force jusqu'à ce qu'il sorte. Cette mauvaise méthode, outre le désavantage de contondre, d'irriter, de produire même des déchiremens dans la matrice et le vagin, a encore celui d'amener souvent le fond de la matrice jusqu'à l'ouverture de cette poche, de le tirer dehors cette ouverture, et enfin d'amener tout l'organe en dehors ; il sort alors hors du vagin, pend sur les fesses, et présente la face libre de sa membrane muqueuse parsemée des cotyledons qui la recouvrent.

Quand le fond de la matrice ne fait que se présenter hors

de l'orifice dans le vagin, une légère pression de la main suffit pour le faire rentrer et pour le remettre en place ; il n'en est pas de même quand tout le corps de la matrice est dehors, le replacement devient bien plus difficile et plus dangereux ; s'il n'y a point contre-indication, on pratique une ou deux saignées ; on lave la surface muqueuse avec du vin chaud pour la débarrasser de tous les caillots de sang et des ordures qui la couvrent, et tandis qu'un aide tient la queue, qu'un autre soulève la matrice à la hauteur de la croupe, on procède au replacement, en commençant par les parties qui touchent à la vulve et qui sont sorties en dernier lieu. Avant de procéder, il faut avoir en le soin d'élever beaucoup la croupe afin de porter les viscères de l'abdomen vers le diaphragme, et afin que leur poids ne vienne pas empêcher le replacement. On termine l'opération par l'application d'un tampon qui fait l'office de pessaire. Cette opération entreprise à temps et bien faite réussit presque toujours. Le meilleur parti à tirer de l'animal est de l'engraisser, si c'est une vache ; dans les jumens, l'accident est plus rare, mais presque toujours mortel.

4. *Polypes.* — Dans les chiennes, des polypes se développent assez souvent sur la membrane muqueuse du vagin et sur celle de l'utérus ; ils augmentent sans qu'on s'en aperçoive jusqu'au moment où ils sortent par la vulve, ou jusqu'à celui ou ils laissent suinter une sanie puriforme qui coule par cette ouverture. On parvient quelquefois à les faire disparoître en les amputant lorsqu'on peut les couper à leur base, même d'un seul coup de bistouri, et en cautérisant l'ouverture des vaisseaux qui laissent échapper trop de sang. Si on ne peut pas atteindre leur base et qu'on ne fasse qu'en couper une partie, celle qui reste végète avec plus de force qu'auparavant, et a bientôt reproduit les mêmes accidens.

5. *Part.* — Au moment où le fœtus est arrivé au terme prescrit par la nature pour sa sortie de l'utérus, cet organe entre en contraction ; les muscles inférieurs de l'abdomen y entrent également, et ces deux actions simultanées suffisent pour effectuer le part ou l'accouchement dans le plus grand nombre de cas, mais pas dans tous ; ainsi dans quelques femelles un état de foiblesse générale empêche les contractions d'être assez fortes et les rend de nul effet ; dans d'autres, au contraire, elles sont trop énergiques, trop vigoureuses, et le col de la matrice, au lieu de se dilater, se resserrant, se contractant, ferme le passage aux produits de la conception. Dans le premier cas les substances toniques stimulantes, en breuvages surtout, suffisent pour redonner le ton nécessaire et pour opérer le part ; dans le second beaucoup plus rare, une saignée, que

l'on peut répéter si l'on voit que la première , en produisant un bon effet , n'a pas réussi complétement , diminue cet orgasme surnaturel , et le part s'opère sans autre secours.

6. *Fœtus volumineux.* — Quelquefois le part est empêché , parce que le volume du fœtus est trop considérable pour la largeur du bassin , ou parce que le jeune sujet a une mauvaise position dans l'utérus. Si , après la sortie d'une portion des membranes et des eaux , le jeune animal se présente bien ; si son museau et ses deux pattes antérieures paroissent à l'orifice , et que malgré des efforts opérés pour le tirer dehors et répétés à plusieurs reprises , le part ne peut s'opérer , c'est que le jeune sujet est trop gros , et il faut le sacrifier à la sûreté de la mère ; d'ailleurs il est presque toujours tué par les efforts multipliés de la mère et ceux mal entendus des personnes qui soignent les animaux et qui veulent toujours opérer la délivrance. Dans un cas pareil , le vétérinaire arme sa main d'un bistouri courbe sur tranchant et à pointe mousse ; il tient la lame entre l'index et le médius , le manche dans le creux de la main et le long du bras , et il introduit sa main ainsi armée dans la cavité de l'utérus. Il fend le crâne du petit sujet par le milieu de la tête , retire l'instrument , comprime alors la tête du fœtus entre ses doigts , la rétrécit , et en la tirant ensuite à lui effectue le part ; si cette opération ne suffisoit point , il seroit forcé d'introduire de nouveau le bistouri et d'enlever successivement les membres antérieurs et enfin la tête par morceaux. Dans la brebis et la chienne , le forceps peut être mis en usage avec avantage ; dans les gros animaux où l'on peut introduire la main dans la cavité de l'utérus , l'emploi de cet instrument est inutile.

7. Quand le petit sujet a une mauvaise position qui empêche sa sortie , on cherche à le replacer avec la main , à ramener le museau à l'orifice de l'utérus et à placer les pieds antérieurs de front avec lui ; quand on peut y parvenir , il est rare que le part ne s'effectue pas alors sans difficulté ; quelquefois les pieds de derrière sortent les premiers et la partie postérieure du corps les suit , mais les jambes antérieures arrêtent la sortie ; dans ce cas il est difficile de faire rentrer le fœtus en entier ; on le fait rentrer un peu , on saisit les jambes de devant , on les applique contre le corps , et on les fait sortir ; les épaules et la tête suivent alors immédiatement. Il est une grande variété de positions que le fœtus prend et qui empêchent sa sortie ; l'opération se reduit à reconnoître d'abord la position , ensuite à remettre le fœtus dans celle qui l i est naturelle , s'il est possible , sinon à aider la sortie dans celle qu'il a prise ; quand tous les efforts sont infructueux , on l'extrait par morceaux.

8. Quelquefois après l'expulsion du fœtus, le délivre reste dans la matrice, dans la vache surtout, attaché aux cotylédons qui garnissent la face interne de cet organe ; si une légère traction ou un poids que l'on y attache ne suffisent pas pour le faire sortir au bout de quelques heures, on introduit alors le bras dans la matrice et l'on détache doucement le placenta de tous les cotylédons ; cette opération assez facile, quand le fœtus est venu à terme, est bien plus difficile quand un avortement s'est fait long-temps avant le terme du part. Il vaut mieux la pratiquer de suite, pour ne pas donner au col de la matrice le temps de se resserrer et de fermer l'ouverture.

9. *Maladies des mamelles.* — A. Les vaches laitières que l'on destine à être vendues, restent assez souvent un jour, quelquefois davantage, sans être débarrassées de leur lait, afin que l'organe mammaire paroisse très-développé ; les marchands lient même les trayons afin que le lait ne puisse sortir spontanément des mamelles, ce qui arrive souvent quand elles sont trop pleines. Cette pratique produit des engorgemens des mamelles, dont le plus grand nombre disparoît après que l'on a trait les vaches, mais dont quelques-uns subsistent, et dont quelques autres se terminent par inflammation. Dans le cas où ils subsistent sans douleur, la partie de la mamelle reste dure, engorgée, et ne donne pas de lait ; des frictions sur la partie engorgée faites avec un liniment volatil, et l'action de débarrasser souvent la mamelle du lait, sont les seuls moyens à mettre en usage ; quelquefois ils réussissent ; quelquefois un point d'induration subsiste dans la mamelle sans produire d'autre accident qu'une diminution dans la quantité du lait.

B. Dans quelques circonstances, les parties engorgées s'enflamment, et la tumeur prend l'aspect d'une tumeur inflammatoire ; le traitement rentre alors dans celui des tumeurs de cette nature ; l'affection se termine le plus ordinairement par suppuration ; dans un cas pareil, il faut attendre que le pus se fasse jour, et n'ouvrir l'abcès que quand il n'y a que les tégumens à percer ; il faut aussi toujours avoir le soin de traire la vache ; cette opération produit un dégorgement salutaire et une espèce de dérivation qui diminue les accidens. Le lait doit être jeté.

c. Ces engorgemens dans la brebis sont très-dangereux ; l'inflammation s'en empare et la gangrène y succède avec une rapidité qui empêche souvent les secours d'être efficaces. Cette affection est connue par les bergers sous le nom d'*araignée*. Les frictions faites avec le liniment volatil sont doublement avantageuses en facilitant la résolution et en s'opposant à la terminaison par gangrène.

D. Dans les chiennes, ces engorgemens se terminent souvent par induration et dégénèrent en squirrhe ; les tumeurs augmentent de volume petit à petit, sans que l'animal paroisse beaucoup souffrir, si ce n'est de la gêne que le volume de la tumeur occasione ; rarement elles passent à la dégénérescence cancéreuse. Le moyen de prévenir l'augmentation de la tumeur ou sa dégénérescence en cancer, est de l'enlever avec le bistouri, après avoir toutefois essayé tous les moyens possibles d'en obtenir la résolution. L'hémorragie n'est point à craindre, et l'animal en se léchant fréquemment amène bientôt la cicatrisation.

V.ᵉ *CLASSE.*

Maladies de l'appareil respiratoire.

1. Les lésions physiques qui surviennent à cet appareil d'organes, sont peu nombreuses : A. Celles des orifices externes des fosses nasales sont peu dangereuses, et ne présentent rien de particulier : B. Il n'en est pas de même de celles qui attaquent leur intérieur : une plaie qui pénètre jusque dans les fosses nasales, occasione des lésions dans les sinus, dans les cornets, et l'on a vu quelquefois l'accident faciliter le développement d'une maladie plus redoutable, je veux dire la morve. L'on ne doit donc pas, dans ces sortes de cas, quelque légers qu'ils paroissent, négliger d'employer les moyens de produire la guérison le plus promptement possible ; et si l'on emploie les lotions et les topiques, on doit éviter deux inconvéniens, celui de trop relâcher la membrane muqueuse, et celui de trop l'irriter ; l'un ou l'autre est également dangereux.

C. Les plaies qui pénètrent dans la trachée-artère, sont peu dangereuses quand elles ne sont pas trop étendues ; le conduit se cicatrise et se ferme promptement ; le seul accident qui peut en résulter, est que la substance qui remplace le cartilage ne soit trop épaisse, qu'elle ne fasse saillie dans l'intérieur de la trachée, et qu'elle n'occasione un rétrécissement de ce canal. L'animal éprouve alors une légère gêne de la respiration, quand cette fonction s'accélère. Quelques variétés de *cornage* dans le cheval, sont dues à cet accident.

D. Les blessures de la poitrine ne sont en général graves, qu'autant que les poumons sont attaqués ; et dans ce dernier cas, la maladie n'est plus au pouvoir du vétérinaire ; la guérison dépend entièrement de la nature de l'accident. Dans les plaies qui n'attaquent que la cavité thoracique, tous les soins particuliers doivent tendre à empêcher les épanchemens, soit de sang, soit d'air, soit de pus, dans la cavité de la poitrine.

2. *Catarrhes des voies aériennes.* — Un changement trop subit de température, soit du chaud au froid, soit du froid au chaud,

une transpiration abondante subitement arrêtée, produisent souvent une inflammation de la membrane muqueuse, du nez, et des voies aériennes : c'est le catarrhe nasal ou pulmonaire, selon que l'inflammation attaque la muqueuse du nez ou la muqueuse de la trachée et des bronches : le plus souvent, elle est commune à toutes ces parties.

A. *Catarrhe nasal.* — Cette affection est quelquefois très-légère, et manifeste à peine son existence. Quand elle est plus intense, elle se caractérise par les signes suivans : tête plus basse, ébrouemens fréquens; rougeur de la membrane nasale, sécrétion muqueuse des narines plus abondante et bien apparente.

Le plus ordinairement cette affection se termine par résolution, quelquefois cependant, par suppuration; ce genre de terminaison est annoncé par l'écoulement par les narines, d'une matière blanchâtre-grumeleuse. C'est cette terminaison que quelques auteurs ont appelée la *morfondure* du cheval. On peut la prévoir quand tous les symptômes sont intenses et accompagnés d'un état fébrile plus ou moins fort.

Le traitement de cette affection doit consister à placer l'animal dans une température uniforme, à lui donner de bons alimens et quelques breuvages adoucissans et en même temps légèrement stimulans; le vin et le miel, la cassonade dans le vin doivent être préférés. Si la maladie est intense, on doit supprimer presque tous les alimens, n'administrer que quelques breuvages, et faire respirer à l'animal des fumigations acidulées qui facilitent la suppuration et le dégorgement de la membrane muqueuse.

Cette affection est commune aux didactyles, et on l'appelle vulgairement morve dans les bêtes à laine : ces dernières y sont surtout exposées à cause de la chaleur des étables dans lesquelles on les renferme et où on ne leur donne pas assez d'air, et desquelles on les fait sortir tout à coup par le froid et l'humidité. Pour le bœuf, l'on emploie le même traitement que pour le cheval : l'on n'en emploie point pour le mouton; il y auroit cependant moyen de prévenir la maladie, en aérant davantage les bergeries pour tenir leur température au même degré que celle de l'atmosphère. L'on préviendroit ainsi, non-seulement le catarrhe nasal, mais bien des affections de poitrine qui enlèvent beaucoup de ces animaux.

B. *Catarrhe pulmonaire.* — Il s'annonce par des symptômes plus graves : non-seulement la membrane muqueuse des naseaux est rouge, mais l'air expiré est chaud; la respiration est laborieuse, le pouls plein et dur, la peau plus chaude; et ce qui distingue plus particulièrement l'affection, est la toux, qui d'abord sèche et peu fréquente, devient ensuite grasse et fréquente. Par la suite, l'animal jette aussi par les naseaux, une humeur floconneuse, mêlée d'air, et plus abondante lorsqu'il a toussé.

Le traitement doit se borner, dans le commencement, à la diète et aux breuvages d'eau blanche ; l'on doit ensuite avoir recours à l'administration d'électuaires adoucissans, de poudre de réglisse et de kermés, et enfin au bout de quelque temps, quand les symptômes d'irritation inflammatoire sont un peu calmés, à l'administration de breuvages et de bols ou d'électuaires plus stimulans. En général, l'inflammation des membranes muqueuses des voies aériennes, n'exige pas un long emploi des contre-stimulans.

3. *Gourme.* — Avant de passer aux affections du poumon, il faut parler d'une maladie qui, quoique générale d'abord à toute l'économie, se termine le plus souvent par une affection de la membrane muqueuse des narines, du larynx, des poches gutturales, en général de toutes les parties de l'arrière-bouche : je veux parler de *la gourme.*

Le cheval paroît originaire de pays chauds et secs ; et c'est encore dans ceux-là seuls que l'on en trouve à l'état de liberté, soit dans l'ancien, soit dans le nouveau continent. C'est dans des pays où les herbes sont petites, mais savoureuses, qu'ils demeurent de préférence ; et s'ils n'y acquièrent pas ces masses musculaires et cette taille énorme que l'on trouve dans quelques-unes de nos races de chevaux domestiques, ils n'y prennent point en même temps une constitution lymphatique qui paroît être celle de tous nos jeunes chevaux, et que nos climats plus humides et surtout que la nourriture peu succulente et relâchante que nous leur fournissons abondamment dans la première partie de leur vie, contribuent tant à leur donner.

Mais cette nourriture ne dure pas toujours : à l'époque où l'animal commence à avoir assez de force pour rendre des services, l'homme s'en empare ; et la nourriture, de relâchante qu'elle étoit d'abord, est changée souvent subitement contre une nourriture fortement stimulante : si l'on ajoute à cette première cause de maladies, la révolution qui s'opère naturellement aussi à cette époque dans l'économie animale, où la prédominance des fluides cesse, et où les solides acquièrent plus d'énergie, on ne sera pas étonné de voir quelques maladies graves se développer. Celle que l'on appelle la *gourme* est la plus fréquente, et beaucoup de nos jeunes chevaux en sont attaqués le plus communément depuis deux jusqu'à cinq ans, quelquefois, mais rarement, avant ou après cette époque. Dans l'Espagne où les chevaux, dès le jeune age, commencent à manger de l'orge et de la paille hachée, et où ils n'éprouvent pas ce changement subit de régime, cette maladie est beaucoup moins commune ; elle n'existe point en Afrique, et elle est presque inconnue dans quelques provinces de la Russie, où les chevaux ne mangent presque jamais que des herbes et point de grains.

Toutes les fois que cette affection parcourt ses diverses périodes avec régularité, et qu'elle se termine bien, l'animal recouvre une santé robuste ; et dans les pays d'éleves, le cheval qui a bien jeté sa gourme, acquiert une valeur plus considérable. Au contraire, quand la marche de la maladie est irrégulière et arrêtée par des complications, la santé de l'animal souvent ne s'affermit que difficilement, et il arrive quelquefois que des maladies graves se développent plus tard, et souvent se terminent par la mort.

Ce n'est donc pas sans quelque raison, que la plupart des personnes qui ont suivi cette maladie, et qui ont cherché à la décrire, lui ont donné l'épithète de dépuratoire; il n'y a point là de dépuration du sang, mais il y a une cause commune qui agit sur tous les individus de la même manière, à peu près à la même époque de leur vie, et qui, quand elle a produit son effet, laisse le plus grand nombre dans une bonne santé, tandis que quelques individus mal constitués en sont grièvement affectés, et que quelques autres y succombent.

A. Souvent le début est insensible : pesanteur de tête, dégoût, fièvre légère, ensuite rougeur de la pituitaire et de la conjonctive, empâtement de la tête, l'auge s'emplit, se tuméfie ; bientôt flux par les naseaux ; ce flux augmente ; il devient blanc, grumeleux, tombe par floccons : à cette époque, l'animal recouvre l'appétit, et la gaîté commence à reparoître; l'empâtement de l'auge diminue; le flux diminue, cesse peu à peu et disparoît au bout d'une vingtaine de jours.

D'autres fois, l'écoulement par les naseaux est peu considérable, mais l'auge augmente de volume de plus en plus ; il se forme, sous la ganache, un abcès volumineux qui se fait jour à travers les tégumens, et laisse couler une grande quantité de pus. La suppuration continue pendant plus ou moins de temps, la plaie se referme petit à petit, et l'animal est bientôt guéri. Quelquefois enfin, l'animal jette par les naseaux, et néanmoins il se forme en même temps un abcès sous la ganache. Cette affection, quand elle suit cette marche a pour crise, comme on le voit, une inflammation des membranes muqueuses, du nez, du larynx, et des parties situées autour de l'arrière-bouche : inflammation qui se termine par suppuration.

Cette marche de la maladie est la plus avantageuse, et l'animal, sur lequel elle a eu lieu, jouit bientôt d'une santé florissante ; une température uniforme, l'administration d'une nourriture saine et de quelques breuvages adoucissans, sont les seuls soins à donner. C'est cette variété de gourme qui a reçu le nom de *bénigne*.

B. Les symptômes inflammatoires ne sont pas toujours aussi simples : il arrive qu'ils sont très-intenses, et qu'on a de la peine, dans le commencement, à distinguer la maladie, d'une affection inflammatoire de poitrine. L'animal est abattu, sa tête est pesante, sa température plus élevée, sa respiration difficile, l'air expiré chaud; les flancs battent fortement; la bouche est chaude et laisse écouler une bave visqueuse; les muqueuses du nez et de l'œil sont rouges, le pouls accéléré; fort, la peau chaude; le poil terne et piqué, etc.; l'âge du sujet, l'engorgement qui se manifeste sous la ganache et les signes commémoratifs sont les seuls caractères auxquels on reconnoît la gourme au milieu de cette apparence inflammatoire. La diète d'alimens solides, l'eau blanchie avec de la farine d'orge, des breuvages miellés ou sucrés, la promenade quand le temps le permet, une température douce, deux sétons au poitrail et le pansement de la main sont les moyens curatifs qui doivent être employés. Quand les signes inflammatoires sont très-intenses, une petite saignée peut faire du bien, mais c'est un moyen extrêmement dangereux qu'il ne faut employer que très rarement; dès que le flux a commencé, ou que l'engorgement sous la ganache a indiqué un commencement d'abcès, il doit être proscrit. Cette variété de gourme, qui ne se distingue de la précédente que par l'intensité des symptômes, est la *gourme inflammatoire* de quelques vétérinaires. Elle se termine par suppuration, et quelquefois la quantité de matière qui sort par les naseaux ou par l'abcès de dessous la ganache est énorme.

C. Une troisième variété de gourme se montre souvent sur les chevaux qui ont souffert et que l'on a employés trop jeunes aux travaux domestiques. Elle se manifeste avec des symptômes de foiblesse bien marqués pendant que les narines et l'arrière-bouche paroissent être le siège d'une inflammation commençante. Cette variété de gourme se distingue par son début irrégulier, ses intermittences; la nature du pouls, tantôt mou, lent, petit, tantôt fort, accéléré; par l'état gêné de la respiration; par la couleur peu foncée des membranes muqueuses du nez et de l'œil, par une espèce d'infiltration de la ganache. Les signes commémoratifs et le tempérament lymphatique de l'animal viennent encore faire juger cette variété de la gourme : c'est la *gourme asthénique*.

Dans ce dernier cas, le traitement doit tendre à ranimer les propriétés vitales, et à donner à l'économie la force d'établir le travail local qui constitue la crise. L'animal doit être couvert, tenu dans une bonne température; la nourriture doit être légère, mais bonne; et il doit recevoir, outre cela, des bols composés de poudre cordiale et de miel, des breuvages de vin vieux miellé, des extraits de genièvre ou de gentiane dans le vin, des infusions de plantes aromatiques aiguisées d'eau-de-vie, des fumigations de plantes aromatiques, etc.; il faut, par tous les moyens possibles, soutenir les forces générales pour les mettre en équilibre avec le travail local qui cherche à s'établir. L'on aura une certitude de l'efficacité du traitement, quand la suppuration s'annoncera par le flux par les naseaux, ou par un abcès sous l'auge, ce sera une indication de continuer le même traitement.

Cette variété de gourme est la plus dangereuse; souvent elle ne parcourt ses périodes qu'imparfaitement, et laisse l'animal dans un état peu stable de santé, exposé à ces maladies dites chroniques, dont les commencemens sont souvent cachés et contre lesquels la science a encore peu de moyens efficaces de guérison; telles sont la fluxion périodique, les eaux aux jambes, la morve, etc.

Ⅱ. Quand le jetage par les naseaux cesse, ou quand la suppuration de l'auge est arrêtée, il succède souvent à cet accident, une inflammation des poumons qui se termine par suppuration; des congestions de matière puriforme, quelquefois assez considérables, se font dans l'un ou l'autre lobe, et l'animal paroît recouvrer la santé. Mais plus ou moins temps après, selon le régime qu'on lui fait suivre, une inflammation violente de la poitrine l'enlève rapidement, et l'on trouve, à l'ouverture, les signes d'une péripneumonie intense, avec un ou plusieurs de ces abcès qui ont désorganisé la substance pulmonaire qui les avoisine. C'est une variété de l'affection connue sous le nom de *vieille courbature* (1).

4. *Péripneumonie.* — L'inflammation du poumon est bien souvent compliquée de l'inflammation de la plèvre; cependant il arrive quelquefois que ces deux affections existent l'une sans l'autre.

La péripneumonie s'annonce dans le cheval d'abord par des intermittences de chaud et de froid, par l'irrégularité du pouls, par la gêne de la respiration, par la douleur que l'animal manifeste quand on empêche la dilatation du thorax, par une toux douloureuse et répétée, par la chaleur de l'air expiré, par la chaleur de la bouche, par les plaintes qu'il fait entendre lorsqu'on cherche à lui élever la tête. Si, à cette

____

(1) Pour empêcher les jeunes chevaux, que l'on veut vendre, de jeter, on a l'habitude de les saigner; cette opération arrête le jetage. L'animal paroît reprendre une bonne santé; mais un mois, ou six semaines après, il est enlevé par ce genre d'affection.

époque, les symptômes ne diminuent pas, le pronostic devient fâcheux ; la difficulté de la respiration s'accroît ; l'inspiration devient grande, prolongée ; l'expiration courte, interrompue, difficile ; l'animal ne se couche plus ; le pouls est variable, tantôt fort développé, et fréquent, tantôt mou, déprimé et inégal.

Plusieurs terminaisons suivent l'inflammation des poumons ; telles sont la résolution, la suffocation, la gangrène, la suppuration et l'induration.

La résolution s'annonce par une diminution graduée dans les symptômes inflammatoires. La toux devient plus fréquente, plus facile, et s'accompagne d'un léger jetage par les naseaux ; la respiration redevient plus libre, la peau reprend sa souplesse ; le pouls redevient régulier, mais plein et développé sans être dur ; les urines sont abondantes, chargées ; les excrémens plus liquides ; la toux cesse peu à peu, et douze ou quinze jours après l'invasion, l'animal paroît guéri.

Dans les péripneumonies intenses, il arrive quelquefois que le poumon, trop plein des liquides que l'irritation y appelle, ne peut plus exécuter ses fonctions ; dans ce cas, la gêne de la respiration est extrême ; un râlement se fait entendre, et si quelque changement ne survient pas promptement, l'animal est bientôt mort : c'est une véritable asphyxie, et l'ouverture des cadavres en donne la preuve ; d'autres fois, le tissu du poumon, envahi par cet abord considérable de fluides, en est détruit, désorganisé, et pour ainsi dire tué : c'est la terminaison par gangrène ; elle s'annonce par la cessation presque subite des symptômes de l'inflammation qui sont remplacés par une débilité extrême, par l'effacement du pouls ; l'haleine devient froide, fétide, et l'animal ne tarde pas à périr.

Nous avons dit, dans les prolégomènes, que la terminaison la plus ordinaire de l'inflammation étoit la sécrétion dans l'organe affecté, d'une matière que l'on appeloit pus, et que ce travail avoit été appelé suppuration : cette terminaison est malheureusement trop commune dans la péripneumonie : elle s'annonce par la diminution des symptômes inflammatoires, et néanmoins par une prolongation de la maladie, par un pouls mou, irrégulier, par une toux sèche et foible, par une respiration irrégulière, et quelquefois par une soif plus ou moins intense.

Quand la suppuration est générale dans tout le poumon, le tissu pulmonaire se détruit en partie, et l'animal est bientôt enlevé. Souvent, au contraire, la suppuration n'est que partielle et ne s'établit que dans quelques points du poumon ; il se forme alors de petits dépôts, et l'animal reprend peu à peu son état apparent de santé ; la partie la plus liquide de la matière suppurée disparoît bientôt , et il n'en reste que la partie la plus solide sous forme de concrétions blanchâtres, quelquefois assez dures. L'animal ainsi affecté n'est jamais aussi bien portant qu'avant; il devient sujet aux affections de poitrine, et finit tôt ou tard par quelque péripneumonie nouvelle : c'est cet état qui constitue ce que l'on appelle vulgairement la *vieille courbature.*

Dans quelques cas et plus particulièrement dans le chien et le mouton, l'inflammation du poumon change le mode de nutrition de l'organe : le tissu qui est léger, mou, élastique, devient lourd, dur, résistant. Au lieu d'offrir une trame celluleuse, lamelleuse, il présente une substance grenue qui se casse facilement, et qui a les plus grands rapports avec la substance du foie : c'est la terminaison par induration que l'on a nommée aussi hépatisation, à cause de la ressemblance que l'organe pulmonaire acquiert avec le foie. Cette terminaison n'est pas moins funeste que la précédente, et l'animal ne tarde pas à périr ; elle est caractérisée par la tournure chronique que prend la maladie, et par la difficulté de respirer qui va toujours en augmentant.

Le traitement doit toujours tendre à produire la résolution, toute autre terminaison rendant l'animal impropre aux services pour lesquels nous le gardons. C'est donc une méthode perturbatrice qu'il faut employer; et pour peu que la maladie présente d'intensité, c'est par la saignée qu'il faut débuter dans les sujets forts et adultes ; on ne doit craindre de l'employer que dans les jeunes chevaux qui n'ont pas encore acquis tout leur développement. On applique des sétons sous la poitrine , et l'on tient l'animal à l'eau blanche, aux boissons adoucissantes ; on fait des fumigations émollientes sous les narines ; enfin l'on peut ajouter à ce traitement l'administration de quelques décagrammes de kermès ou de sulfure d'antimoine en poudre et en bols. Ce traitement ne doit pas être long-temps continué , il débiliteroit trop l'animal , rendroit sa convalescence trop longue, et l'exposeroit, dans les commencemens, à des rechutes dangereuses. Il faut, au bout de quelques jours , plus ou moins , selon les symptômes, supprimer l'emploi des boissons et des bols adoucissans, et lui substituer celui des boissons et des bols légèrement stimulans ; si l'on vient à craindre que la maladie ne prenne une marche chronique , on place de larges vésicatoires sur les côtés de la poitrine, et l'on emploie à l'intérieur les excitans énergiques, tels que le quinquina, le vin, la cannelle, le camphre, etc.

5. *Pleurésie.* — L'inflammation commençante de la plèvre

est bien difficile à distinguer de l'inflammation du poumon, les
symptômes sont presque les mêmes : elle débute aussi par des
intermittences de chaud et de froid, par l'irrégularité du pouls
par la gêne de la respiration, par la chaleur de l'air expiré,
par la sécheresse de la bouche, par l'état de la peau, mais
quand elle est bien déclarée, elle en diffère par quelques
symptômes plus faciles à saisir : ainsi la toux, est sèche et rare
sans jettage par les nazeaux ; l'inspiration est courte entre-
coupée et douloureuse l'expiration lente et prolongée ; l'animal manifeste une douleur assez forte lorsqu'on touche l'un
ou l'autre des côtés de la poitrine, suivant que l'un ou l'autre
est affecté ou que l'un l'est plus que l'autre, et le pouls est
dur, plein et accéléré.

Plus les symptômes sont intenses, plus la maladie marche
vers une prompte terminaison. Quelquefois des sueurs abondantes, des urines copieuses, viennent y mettre fin au
troisième ou quatrième jour ; mais cette terminaison avantageuse n'est pas commune, et si l'inflammation n'est pas arrêtée dans son commencement, elle amène les accidens
les plus graves. La plèvre enflammée augmente de volume ;
sa surface libre sécrète une matière blanchâtre, albumineuse, qui est le véritable pus des membranes séreuses ; les
surfaces libres contractent des adhérences entre elles, et
c'est à l'inflammation de ces membranes qu'on doit rapporter les nombreuses adhérences qu'on trouve à l'ouverture des cadavres, entre la plèvre pulmonaire et les plèvres
costale et diaphragmatique ; d'autres fois l'exhalation de la
membrane enflammée augmente, et l'absorption n'étant
plus en rapport, un liquide séreux roussâtre s'amasse dans
le sac des plèvres ; il gêne la respiration ; le battement des
flancs augmente ; les narines se dilatent ; l'animal écarte les
jambes antérieures. En appliquant l'oreille contre le thorax, l'on entend le bruit que fait le liquide ; il se forme un
œdème sous la poitrine. Le liquide épanché dans le sac de la
plèvre, contient des portions blanchâtres membraniformes,
qui sont détachées de la surface de la plèvre, et qui sont des
produits de la suppuration de cette membrane. Quand la
pleurésie a été très-intense, et que la mort a été prompte,
au lieu d'une sérosité roussâtre, l'on trouve quelquefois un
liquide sanguin ; c'est une véritable exhalation de sang qui
s'est faite, et qui a déterminé la mort du malade.

La terminaison par gangrène est rare ; elle se remarque
quelquefois quand la pleurésie est accompagnée de la peri-
pneumonie.

Les causes les plus ordinaires de la pleurésie sont des ar-
rêts de transpiration, et quand elle ne fait que commencer,

et que l'on est sûr de la cause, on peut l'arrêter en rétablissant promptement les fonctions de la peau. On fait prendre à l'animal quelque substance stimulante qui excite les fonctions de la peau ; on le couvre en outre d'une couverture chaude, ou mieux on le bouchonne vigoureusement. Dans ce cas, les substances liquides chaudes sont les meilleures à employer intérieurement ; telles sont, le vin chaud ; la thériaque à petite dose délayée dans le vin, ou dans la bierre, ou dans le cidre chauds ; les infusions de plantes aromatiques, de fleurs de sureau, etc.

Si l'on a laissé à l'inflammation le temps de s'établir, ce moyen deviendroit dangereux ; le traitement devroit être alors tout contraire : dans la pleurésie, comme dans la péripneumonie, toute terminaison autre que la résolution est dangereuse ; c'est donc toujours vers ce but que doivent tendre toutes les méthodes de traitement. L'inflammation paroît-elle trop forte, trop active ? il faut la modérer par la saignée, par les breuvages émolliens, adoucissans. Paroît-elle être trop lente, trop peu active, et vouloir prendre le caractère d'une inflammation chronique et lente ? c'est alors qu'il faut réveiller les propriétés de la vie, les mettre pour ainsi dire sur un ton plus haut, pour obtenir une résolution favorable. Les vésicatoires sur les parties latérales du thorax, le vin, le miel, des bols de poudres cordiales, aromatiques, des extraits amers, de quinquina, d'aunée, de gentiane, etc.

Pleuropéripneumonie. — C'est la réunion de la pleurésie et de la péripneumonie ; c'est le cas qui se rencontre peut-être le plus souvent ; il s'annonce du reste par les symptômes communs et particuliers des deux maladies ; les régles générales du traitement sont les mêmes.

VI.ᵉ CLASSE.

Maladies de l'appareil circulatoire.

1. De tous les organes de la circulation, les veines sont le plus exposées à être blessées. Heureusement ce genre d'accident n'est pas très-dangereux : l'hémorragie n'est point aussi à craindre que celle des artères ; elle n'est pas d'abord aussi forte, et ensuite le fluide qui s'en écoule est moins précieux, et les moyens de l'arrêter plus faciles. Il suffit souvent d'une légère compression pour y réussir, et pour amener la cicatrisation de la plaie du vaisseau, sans produire son oblitération. Ce n'est que pour les veines du plus gros calibre, et quand leur section est complète, que l'on est obligé d'avoir recours à la ligature ; dans ce cas encore, ou dans celui où l'oblitération du vaisseau auroit lieu à la suite de la compression, les anastomoses entre les veines sont

si fréquentes, que la circulation n'en éprouve aucun retard ; les veines latérales suppléant le vaisseau oblitéré, pour le retour du sang au cœur.

Lors donc qu'un sang noir sort en assez grande quantité d'une plaie, et vous instruit de la blessure d'une veine, si par la place de la blessure vous êtes sûr que ce ne soit pas une grosse veine, il suffit, pour faire cesser l'hémorragie, de serrer un peu l'appareil qui recouvre la blessure ; rarement vous serez obligé de chercher le vaisseau coupé pour en faire la ligature.

2. Il arrive quelquefois, à la suite d'une saignée, que le sang s'épanche dans le tissu cellulaire voisin, et qu'il y forme une tumeur que l'on nomme *trombus*. Cet accident peut devenir dangereux, surtout si c'est à la veine jugulaire qu'il arrive, et si l'on n'y porte aucune attention ; le sang extravasé dans le tissu cellulaire, altère, par sa présence continuelle, le mode de nutrition de ce tissu ; il devient dur, peu sensible ; la suppuration ne peut s'en emparer qu'avec peine, et la résolution est très difficile : de plus, la veine jugulaire située au milieu de ce tissu, rend son enlèvement avec le bistouri extrêmement hasardeux.

Quand le trombus est nouveau, pour arrêter ses progrès, il faut employer, la compression de la veine, s'il est possible, et les lotions d'eau froide astringente sur la tumeur. Le froid a l'avantage de coaguler le sang dans les premières cellules du tissu lamineux, et d'empêcher son épanchement dans les cellules plus éloignées. Quand le trombus est ancien, que la tumeur est dure, on emploie tous les moyens de l'amollir et de la faire suppurer ; si l'on reconnoît que la veine soit oblitérée dans son trajet à travers la tumeur, et que l'on n'ait plus à craindre l'hémorragie, on ouvre le tissu nouveau ; pour faire agir plus efficacement les substances que l'on met en usage, on passe un séton à travers, enfin, on y applique le cautère actuel. Si ces moyens, long-temps et sagement employés, n'ont point réussi, il ne reste plus que l'opération d'enlever la tumeur avec le bistouri, en pratiquant la ligature de la veine à son entrée dans la tumeur et à sa sortie ; cette opération qui paroît avoir été pratiquée souvent par les anciens hippiatres, l'est peu maintenant, à cause de son danger, et par ce que le trombus, bien traité dans son commencement, fait peu de progrès, et nuit peu au service de l'animal quand il n'est que léger, et qu'il n'est point fistuleux.

3. Les artères, comme les veines, sont exposées à être blessées, et à laisser échapper le fluide qu'elles charrient : mais leurs lésions sont beaucoup plus graves. Le sang arté-

riel est beaucoup plus précieux que le sang veineux, et son effusion beaucoup plus promptement mortelle ; la compression est encore plus difficile à exercer sur les artères plus profondes, et dont le tissu est plus résistant ; enfin, l'ouverture faite à l'artère tend sans cesse à s'agrandir par la rétraction des fibres qui entrent dans la structure des parois du vaisseau. La ligature des artères d'un certain calibre est donc le seul moyen à mettre en usage pour arrêter l'hémorragie ; quand les artères sont très-petites, l'irritation qui suit leur section, suffit pour produire la contraction des orifices coupés, et la cessation de l'hémorragie ; il faut néanmoins, toutes les fois que, dans le cours d'une opération ou d'un pansement, le sang jaillit d'une artère, en faire la ligature, dans la crainte d'être obligé de lever l'appareil pour la faire plus tard, ce qui est toujours difficile et d'autant plus hasardeux que la ligature a été plus retardée.

4. Les anévrismes des artères sont assez rares dans les animaux domestiques, et l'on en a peu d'exemples. Quelquefois, cependant, à l'ouverture d'animaux morts presque subitement, on a trouvé des dilatations anévrismales de l'aorte, dont la rupture avoit été la cause de la mort. Nous n'avons encore aucun signe certain qui indique positivement dans l'animal vivant ce genre de lésions.

5. On trouve aussi quelquefois, à l'ouverture des vieux chevaux, des portions d'artères ossifiées ; aucun signe n'indique cette lésion, qui n'est au reste nullement dangereuse, puisqu'on ne la trouve que dans les vieux chevaux, dans ceux qui ont rendu le plus de services.

6. Le cœur, comme toutes les autres parties du corps, peut être blessé, mais toutes ses blessures ne sont pas promptement mortelles ; il n'y a que celles qui, en pénétrant dans une des cavités du cœur, fournissent au sang une voie pour s'épancher, ou qui affoiblissent tellement ses parois, que la rupture des cavités s'effectue ensuite par le seul mouvement de contraction, ou de dilatation de l'organe. Plusieurs ouvertures de cadavres ont fait voir des cicatrices d'anciennes blessures du cœur, qui étoient parfaitement guéries.

7. Les anévrismes, soit passifs, soit actifs du cœur, sont, comme les anévrismes des artères, assez rares ; cependant ils existent ; et l'on en trouve de temps en temps : peut-être en trouveroit-on davantage, si on laissoit à nos animaux domestiques parcourir la période ordinaire de leur vie ; mais les travaux forcés, les mauvais traitemens, la mauvaise nourriture, font bientôt disparoître ceux que quelques vices organiques rendent impropres aux services ordinaires. On achète l'animal pour travailler ; tant pis pour lui s'il

n'est pas capable de le faire ; il faut qu'il travaille ou qu'il meure; celui que l'on destine à la boucherie, est mangé auparavant que ces affections aient eu le temps de se développer, et de laisser des traces apparentes.

8. Dans quelques animaux, on a trouvé des commencemens de l'ossification des valvules du cœur; mais nous n'avons pas plus de signes pour distinguer ces affections sur l'animal vivant, que nous n'en avons pour reconnoître les anévrismes, soit des artères, soit du cœur. L'anatomie pathologique, et des observations bien exactes, nous amèneront peut-être, petit à petit, à des résultats plus certains.

VII.ᵉ *CLASSE.*

Maladies de l'appareil de la vision.

Autant les maladies des yeux sont bien connues et bien décrites en médecine humaine, autant elles le sont peu en médecine vétérinaire.

1. Les paupières comme toutes les autres parties du corps sont exposées aux contusions et aux solutions de continuité. Le traitement de ces genres d'affections est le même; il est seulement bien plus difficile d'y adapter des appareils et d'y maintenir des topiques, quand on veut en employer.

2. L'ulcération des cartilages des paupières se fait voir quelquefois dans les chevaux et dans les chiens : elle est difficile à guérir, exige souvent l'enlèvement total par le bistouri de la partie ulcérée, et encore quelquefois ne guérit pas.

3. La troisième paupière ou la membrane clignotante est susceptible d'augmenter de volume, et forme alors une tumeur irrégulière, tantôt indolente, tantôt douloureuse, plus ou moins dure, qui recouvre en partie le globe de l'œil et empêche la vision. Quand les émolliens, les résolutifs, et même les astringens, employés selon les caractères que présente l'engorgement, ont été sans effet, et qu'il gêne la vision, on est réduit à en faire l'enlèvement avec l'instrument tranchant, pour rendre à l'animal l'exercice de cette fonction. Ce gonflement ordinairement de nature cancéreuse nécessite l'enlèvement total des parties malades, pour que les parties restantes ne végètent pas de nouveau comme auparavant.

4. *Ophthalmie.* — Cette maladie est assez fréquente dans les animaux; elle s'annonce par la sensibilité plus grande de l'œil affecté, par la tuméfaction des paupières, par la rou-

geur de la conjonctive, par un écoulement de larmes hors de l'œil ; l'organe est en outre plus fermé que l'autre et paroît plus petit. Elle reconnoît pour cause l'introduction dans l'œil de corps étrangers irritans.

Dans la période d'invasion, on cherche à calmer l'inflammation en préservant l'œil du contact de la lumière et de l'air, en le couvrant de cataplasmes émolliens, et enfin, en employant même la diète et la saignée, si l'intensité des symptômes ou de la cause faisoit craindre une terminaison funeste. L'inflammation de la conjonctive, comme l'inflammation de toutes les autres membranes muqueuses, passe assez facilement à l'état chronique par l'emploi continu des émolliens ; il est donc bon de ne pas les employer trop long-temps, et de leur substituer de légers résolutifs.

Quand l'ophthalmie est simple, c'est-à-dire, le résultat de l'irritation pure et simple de la conjonctive, le traitement local suffit presque toujours. Il n'en est pas de même quand la maladie est symptomatique ; c'est la maladie principale qu'il faut s'attacher à traiter et l'ophthalmie disparoît toujours avec la maladie dont elle n'est qu'un symptôme ; ainsi, dans des fièvres d'un mauvais caractère où on la remarque assez souvent, on la voit disparoître quand ces maladies disparoissent elles-mêmes.

Les jeunes femelles des lapins éprouvent souvent, à la fin de l'allaitement, une ophthalmie qui les fait périr assez promptement : c'est ordinairement dû à la malpropreté des loges ; on arrêtera les progrès du mal en les transportant dans une loge aérée, bien propre et remplie d'une litière de paille fraîche.

5. *L'inflammation générale du globe de l'œil* arrive à la suite de coups violens portés sur cet organe, et elle entraîne les suites les plus graves : c'est la suppuration qui est la terminaison la plus ordinaire de ces inflammations ; elle amène un trouble plus ou moins grand dans toutes les parties, et souvent leur destruction totale. Tous les moyens les plus propres à empêcher l'inflammation de se développer doivent être mis promptement en usage, et encore, malgré leur prompte administration, l'œil est-il presque toujours perdu.

6. *Fluxion lunatique* ou mieux *fluxion périodique.* — Cette maladie particulière aux monodactyles, très-commune et fort grave, a été nommée par quelques personnes fluxion lunatique, parce qu'on s'étoit imaginé qu'elle paroissoit aux changemens de lune plutôt qu'à toute autre époque : on y a substitué le mot périodique, pour indiquer qu'elle a plusieurs accès, sans les préciser. Plus les accès se renouvellent, plus ils deviennent graves et plus ils laissent de traces profondes.

jusqu'au moment enfin où ils amènent la perte totale de la
vue. La marche constante et assez régulière de chaque accès
a fait diviser sa durée en trois époques.

Première époque. — Il est difficile alors de distinguer la
fluxion périodique d'une ophthalmie ordinaire un peu forte.
Larmoiement de l'œil, rougeur de la conjonctive, tuméfaction des paupières, sensibilité et chaleur plus marquée
des parties environnantes de l'œil qui reste presque constamment demi-fermé : tels sont les symptômes qui la caractérisent.

Deuxième époque. — L'inflammation paroît diminuer un peu
d'intensité, les symptômes concomitans se dissipent ; mais
l'humeur aqueuse, qui étoit trouble, et qui rendoit la vision
obtuse, commence à reprendre sa transparence : on aperçoit, dans la chambre antérieure, une espèce de nuage blanchâtre flottant, qui se précipite et se condense dans sa partie
inférieure ; quelquefois il passe à travers la pupille, et
communique dans la chambre postérieure.

Troisième époque. — L'œil redevient malade, le nuage flottant disparoît, et l'humeur aqueuse perd de nouveau et subitement sa transparence ; mais, après cette espèce de mouvement fébrile, l'humeur aqueuse reprend petit à petit sa
transparence, et l'œil ses facultés primitives.

Dans les premiers accès, l'œil reprend sa transparence
entière ; mais, à mesure qu'ils se renouvellent, le cristallin perd un peu de sa transparence, il devient terne blanchâtre, et enfin, met obstacle au passage de la lumière.
Quelquefois, il n'y a qu'un œil affecté ; d'autres fois, ils le
sont tous les deux ; le plus souvent, ils le sont l'un après
l'autre, et se perdent successivement.

Les causes de cette affection sont encore bien peu connues ; et, dans quelques contrées de la France, beaucoup
de poulains deviennent borgnes et aveugles de très-bonne
heure, par le fait de cette maladie. C'est aux vétérinaires
qui habitent ces contrées à étudier l'affection avec soin, et à
tâcher d'en découvrir les causes : la société royale et centrale
d'agriculture, persuadée qu'il seroit très-avantageux de les
trouver, a proposé, dans une de ses séances annuelles,
un prix de 1200 francs à l'auteur du meilleur mémoire sur
*les causes de la cécité ou de la perte de la vue dans les chevaux,
et sur les moyens de la prévenir* : ce prix est encore à remporter.

Le traitement a été quelquefois, mais rarement suivi de
succès ; il n'a fait le plus souvent que retarder la perte de
la vue. Il consiste, dans la première époque de l'accès, à
placer des sétons à la partie supérieure de l'encolure, à
mettre l'animal à la diète, à le saigner même, si les symp-

tômes sont forts, à entretenir le ventre libre par des lavemens et par de légers purgatifs, et enfin à appliquer, sur
les yeux malades, des cataplasmes émolliens. Dans la seconde époque, diète moins sévère, bons alimens de facile
mastication et de facile digestion, remplacement des cataplasmes émolliens par des topiques légèrement fortifians et
astringens. Dans la troisième, continuation de ces mêmes
moyens, fatigue modérée et régulière, bon régime.

7. La *Cataracte*, dans les animaux, comme dans l'homme,
consiste dans l'opacité du cristallin et dans celle de sa capsule : l'examen de l'œil présente derrière la pupille, quand la
maladie est avancée, une tache blanchâtre, marbrée, et sur
laquelle les bords frangés de l'iris et les grains de suie sont
bien apercevables. Cette maladie arrive souvent à la suite
de la fluxion périodique; c'est presque toujours la terminaison de cette affection; le cristallin offre une variété
d'altérations qui n'ont pu jusqu'ici indiquer la nature de la
maladie : on a cherché à remédier à cet accident par l'opération de la cataracte; elle a été pratiquée par plusieurs
vétérinaires, notamment par M. Valet, vétérinaire militaire, et elle a assez bien réussi, soit par l'extraction du
cristallin, soit par l'abaissement; mais malheureusement les
animaux qui ont recouvré la vue par ce moyen, ne l'ont pas
recouvrée très-bonne, et une mauvaise vue dans un cheval,
en le rendant peureux, ombrageux, le rend encore plus dangereux qu'il n'étoit étant aveugle; on a donc été obligé d'y
renoncer : une remarque que l'on a faite déjà depuis long-
temps, c'est que les chevaux ombrageux avoient presque
toujours une mauvaise vue, et qu'à mesure que la vue se perdoit complétement ou revenoit dans son intégrité, ce défaut
disparaissoit.

8. Une autre cause produit les mêmes effets que la cataracte, c'est l'opacité de l'humeur vitrée; cette humeur, limpide dans son état naturel, est susceptible de perdre sa transparence, sans que l'on connoisse les causes de cet accident;
une teinte d'un vert pâle dans le fond du globe de l'œil, l'affoiblissement de la vue de l'animal, et enfin la perte totale de
cette fonction, sont les seuls signes qui indiquent cette affection, contre laquelle nous n'avons pas encore de méthode
de traitement établie sur des bases bien fixes.

9. Une troisième cause enfin donne lieu aux mêmes accidens; c'est la diminution de sensibilité de la rétine. Cette
membrane, dans quelques cas, perd la propriété d'être excitée
par les rayons lumineux, et la vision se fait mal, quoique
l'œil jouisse de toute sa transparence. Cette affection est
annoncée par la dilatation presque constante de la pupille,

qui, exposée à une lumière forte et subite, ne se rétrécit point comme dans un œil qui jouit de toutes ses facultés. L'affection augmente insensiblement et la vision se perd peu à peu. Dans le commencement de la maladie, il faut chercher à réveiller cette sensibilité de la rétine par des frictions sur les orbites et autour des paupières avec le liniment volatil et les substances stimulantes; la teinture de cantharides, de larges vésicatoires sur les joues ont quelquefois produit de bons effets; mais malheureusement ces moyens sont le plus souvent inutiles quand la maladie commence; ils le sont toujours quand la vue est entièrement perdue.

VIII.ᵉ CLASSE

Maladies de l'Appareil de l'audition.

Ces maladies ont jusqu'à présent été négligées par les vétérinaires. Les animaux ne pouvant rendre compte des sensations qu'ils éprouvent, on ne s'aperçoit de la lésion de cet appareil que quand il est presque perdu, et l'incertitude de la nature de la lésion, et plus encore le peu de valeur de l'animal, empêchent alors d'essayer des remèdes. L'on connoît néanmoins deux affections du conduit auditif externe.

1. La surface interne de la conque de l'oreille est sujette, dans les chiens et dans les chevaux, à devenir le siége d'abcès assez considérables; c'est ordinairement entre la peau qui couvre le cartilage du côté interne, et entre ce cartilage, que ces abcès se forment; la peau de la conque devient rouge, sensible, se soulève, et l'on ne tarde pas à sentir la fluctuation sous cette peau : le poids de l'abcès de ce côté force l'animal, surtout le chien, à tenir la tête penchée. Si l'on n'ouvre pas l'abcès, il s'ouvre de lui-même, et il en sort une matière rougeâtre entièrement semblable à de la lie de vin un peu épaisse. La peau alors se cicatrise, mais un nouveau dépôt se forme, et il n'est pas rare d'en voir se former jusqu'à trois et quatre fois de suite. Pour prévenir cet accident et accélérer la guérison, il faut ouvrir l'abcès, aussitôt qu'il y a fluctuation, par une large incision; et quand il est vidé, on y introduit des étoupes ou sèches ou imbibées d'alcool aqueux, pour les rendre plus douces. On renouvelle tous les jours cette étoupe, jusqu'à ce que des boutons charnus, de bonne nature, s'élèvent du fond de la plaie, donnent un véritable pus blanchâtre, et fassent présumer la cicatrisation prochaine. Dans les chiens, il faut tenir la tête enveloppée, afin qu'en la secouant ils n'enveniment pas la plaie et ne retardent pas la guérison.

2. Les chiens sont encore exposés à un écoulement par les

oreilles, d'une humeur grise, fétide, qui paroît être dû à une affection chronique de la membrane muqueuse du conduit auditif externe : cet écoulement peu apparent, peu prononcé dans les commencemens, est néanmoins fort grave par la difficulté qu'on éprouve pour le faire cesser, et oblige à se défaire d'un grand nombre de chiens qu'il rend très-incommodes. C'est presque toujours par l'odeur désagréable de la matière qui coule des oreilles, qu'on est prévenu de la maladie, et alors il est déjà bien tard pour y porter remède ; néaumoins, on doit essayer les moyens suivans, qui jusqu'à présent ont paru réussir le mieux : on place un séton à l'encolure ou derrière l'oreille malade, et on entortille la tête de l'animal, d'un bonnet propre à faire tenir sur son oreille des cataplasmes émolliens. Au bout de quelques jours, quand le séton a bien pris, l'on substitue aux cataplasmes émolliens, des lotions légèrement fortifiantes et enfin résolutives. C'est ordinairement du coton que l'on trempe dans quelque liqueur résolutive, et que l'on maintient dans l'oreille, au moyen du bandage même. On doit en même - temps, aider leur effet, par une nourriture peu abondante, mais bonne et légèrement purgative ; de la manne dans du lait, du sirop de nerprun également dans du lait, des lavemens qui contiennent un peu de sel ordinaire ou de sulfate de soude en dissolution, conviennent le mieux. Ces moyens sont très-difficiles à employer avec cette sorte d'animaux ; et il arrive souvent qu'on se lasse de les mettre en usage, avant qu'ils aient produit leur effet ; quelquefois aussi, quand l'affection est trop invétérée, ils n'en produisent aucun. Quand le chien devient vieux, l'affection se complique d'autres maladies, et rarement l'animal finit tranquillement : il devient sourd, aveugle, et paralysé de quelques parties du corps.

IX.ᵉ *CLASSE.*

Maladies de l'appareil nerveux.

I.ʳᵉ SECTION. — *Lésions mécaniques.* — Ces lésions des nerfs sont toujours dangereuses, mais toutes ne le sont pas également ; ainsi :

1. La compression lente n'entraîne qu'à la longue le dérangement total des fonctions que le nerf remplit, et presque toujours on rétablit la fonction en faisant cesser la compression du nerf, à moins qu'elle n'ait duré assez long-temps pour avoir détruit ou affecté profondément son tissu.

2. Une compression forte et subite d'un nerf engourdit et paralyse momentanément le mouvement et les fonctions des parties auxquelles le nerf se distribue ; mais le plus souvent

cette affection n'est que momentanée comme la cause, et les fonctions suspendues se rétablissent à mesure que les effets de la commotion se dissipent. Ce n'est que quand la compression a été assez forte pour opérer une section partielle ou complète du nerf, que ses fonctions restent en partie ou en totalité perdues ; encore n'est-ce que dans le cas où il n'y a aucune ramification d'un autre nerf qui puisse remplir les fonctions du nerf coupé.

3. Les commotions du cerveau et de la moelle épinière, à cause de la structure délicate de ces organes et à cause des fonctions importantes qu'ils remplissent, sont presque toujours funestes : elles sont la suite de chutes et de coups ; malheureusement les animaux ne peuvent rendre compte de ce qu'ils éprouvent, et le diagnostic de ces affections est très-difficile. Les signes les plus constans sont : une torpeur ou un engourdissement général et subit après l'accident, et ensuite le retour graduel à l'état ordinaire de santé, si la commotion n'a pas été forte, ou le prolongement des symptômes, si elle a produit des accidens.

Dans toute commotion de l'organe cérébral ou du prolongement rachidien, il faut d'abord chercher à tirer le système nerveux de l'état d'engourdissement et de stupeur dans lequel l'ébranlement l'a plongé : ce sont les stimulans énergiques, et qui agissent en même-temps le plus promptement, qui doivent être employés. Cette première indication remplie, il reste à prévenir l'inflammation consécutive de ces organes ou de tout autre qui pourroit être affecté consécutivement ; et pour cela, il faut avoir recours à la saignée et aux évacuans. Il est difficile de prescrire strictement les cas où il faut user préférablement de l'un ou de l'autre de ces moyens ; c'est un bon et sain jugement qui est le meilleur guide du vétérinaire auprès de l'animal malade. Malgré les soins, néanmoins il arrive souvent que l'organe cérébral ou ses membranes s'enflamment, et qu'une série d'accidens viennent mettre fin aux services et à la vie de l'animal.

4. Les compressions du cerveau et de la moelle allongée sont encore plus dangereuses que les commotions quand on ne peut pas y remédier ; elles entraînent divers accidens, dont les paralysies partielles sont les plus fréquens, et auxquels on ne peut remédier qu'en faisant cesser la cause qui les produit : heureusement, ces accidens sont très-rares.

IIème Section. — *Névroses.* 1. *Mal de feu, Mal d'Espagne,* ou mieux *Vertige idiopathique.* — Cette maladie est particulière aux monodactyles. C'est une inflammation, des membranes du cerveau, ou de l'organe cérébral lui-même, ou des unes et de l'autre à la fois : voici les signes

auxquels on la reconnoît. Quelquefois, la tête est lourde; l'animal l'appuie ou sur sa longe, ou sur l'auge, ou
contre la muraille; quand il marche, il la porte basse, la
frappe contre tous les corps qu'il rencontre, jusqu'à ce qu'il
en trouve un contre lequel il puisse l'appuyer; sa marche
est chancelante; ses yeux ouverts, saillans et privés de la
faculté visuelle; d'autres fois, il porte la tête haute en arrière,
et il tire sur sa longe. Tantôt il est presque immobile à la
même place; tantôt il entre dans des convulsions violentes,
frappe sa tête avec force contre ce qui l'entoure sans paroître sentir les coups qu'il se donne; il frappe des pieds de
devant, s'élève sur ceux de derrière, se renverse, se débat, et quelquefois se tue dans ces accès.

Traitement. — Une résolution simple est bien difficile à obtenir; c'est la seule terminaison qu'il faille cependant chercher: des saignées promptes et copieuses, des vésicatoires
aux tempes, des sétons aux fesses et à l'encolure, des lotions
d'eau très-froide sur la tête: l'application de la glace pilée,
sur cette partie, sont les moyens qui, bien combinés, ont
quelquefois réussi. Si l'on est assez heureux pour obtenir la
résolution, il faut, pendant quelque temps, faire suivre un
régime hygiénique très-sévère et un peu évacuant, pour ne
point voir les accidens se renouveler.

2. *Apoplexie ou coup de sang.* — Cette maladie est assez
rare dans nos animaux domestiques; cependant elle se fait
remarquer de temps en temps; et comme elle est déterminée
presque toujours par des causes qui agissent fortement, presque toujours aussi elle est mortelle, et laisse peu de moyens
d'y remédier: il faut donc chercher plutôt à la prévenir.

L'ouverture des cadavres des animaux qui en meurent présente des épanchemens *sanguins* ou *séreux* dans les cavités du
cerveau, et les symptômes qui précèdent l'un ou l'autre de
ces épanchemens sont un peu différens. Ces raisons ont été
la cause de la distinction que l'on a faite de la maladie en
apoplexie sanguine et en *apoplexie séreuse;* cependant nous
sommes portés à croire que c'est la même maladie; que l'une
n'est qu'une modification moins forte de l'autre, ou une différence qui tient le plus souvent au tempérament, à l'organisation des animaux attaqués. En effet, les épanchemens sanguins se remarquent dans les animaux très-forts, très-vigou-
reux, très-excitables, et les épanchemens séreux dans ceux
dont le tempérament est mou ou lymphatique, et très-souvent
dans les bêtes à laine.

Les causes de cette maladie sont la pléthore et tout ce qui
peut l'occasioner, comme un long repos, une nourriture
trop abondante, succulente et échauffante, la chaleur et le

manque d'air des étables ou des écuries, et enfin plus que tout cela, des travaux trop forts dans les grandes chaleurs et à la suite des repas. Elle est quelquefois encore occasionée par des coups ou des chutes sur la tête, et par l'oubli des saignées annuelles ou de précaution qu'on est, dans beaucoup d'endroits, dans l'usage de faire aux animaux au printemps.

Les signes qui précèdent l'apoplexie sanguine sont les suivants : les yeux sont rouges, enflammés, les vaisseaux sanguins engorgés, le battement du cœur est fort et fréquent ; le pouls est plein et dur ; la respiration laborieuse, sonore ; les naseaux dilatés, l'habitude du corps plus chaude que dans l'état naturel ; enfin, quand l'irruption se fait, l'animal perd ses sens ; il tombe ; ses flancs battent avec force et violence ; ses yeux deviennent gros, saillans, s'emplissent de sérosité ; il se débat et expire bientôt. Le cheval et le bœuf sont plus souvent atteints de cette apoplexie. L'apoplexie séreuse est précédée de l'étourdissement ou d'une espèce d'assoupissement ; les sens sont peu excitables ; la marche est pesante, irrégulière, embarrassée ; la bouche se remplit de bave ; l'animal porte la tête de côté ; enfin il tombe, mais il ne meurt pas quelquefois de suite ; il traîne plusieurs jours sur la litière, se relève de temps à autre, et finit en se débattant.

Quand les signes de l'apoplexie se manifestent, il faut chercher les causes qui pourroient la déterminer, et les faire cesser sur-le-champ ; on aura ensuite recours à la diète, aux boissons abondantes et délayantes d'eau blanche légèrement vinaigrée ou de décoction d'oseille, aux saignées même qu'on fera médiocres et qu'on répétera en raison de la force des animaux : on administrera quelques purgatifs en breuvage ou en lavement ; des sétons passés aux fesses ne sont pas inutiles par le point d'irritation et de suppuration qu'ils produisent dans une partie différente. Enfin, quand l'accès se manifestera, quoiqu'il soit bien tard pour y remédier, on pratiquera de fortes saignées ; on appliquera des sétons aux fesses avec un fer chaud, on donnera des lavemens irritans et purgatifs, on fera fondre de la glace sur la tête de l'animal ; et si on parvient par ce moyen à le sauver, il faut qu'un régime bien entendu, surtout dans les commencemens, prévienne une rechute qui ne manqueroit pas d'être mortelle.

Quand l'animal manifeste les symptômes précurseurs d'une apoplexie séreuse, il est plus facile de le sauver ; un changement de régime suffit souvent ; peu de nourriture, mais de bonne qualité, un exercice peu fatigant, un ou deux sétons, et quelques breuvages légèrement stimulans et cordiaux sont les soins à pratiquer. Si, malheureusement, on ne peut prévenir l'attaque, il faut employer les mêmes moyens que pour l'apoplexie sanguine.

3. *Epilepsie.* — Cette affection est caractérisée comme dans l'homme par des accès de convulsions qui se répètent à des époques plus ou moins éloignées, et qui sont d'autant plus forts et plus fréquens que la maladie est plus ancienne.

Elle se remarque dans presque tous les animaux : c'est néanmoins le chien qui y est le plus exposé ; elle se déclare assez subitement ; l'animal éprouve un tremblement général : il ne voit plus, n'entend plus, ne sent plus ; il tombe, il a des convulsions générales de tout le corps, ou seulement partielles ; il roidit ses membres, il bave, écume ; il pousse des plaintes, quelquefois des hurlemens. L'accès dure plus ou moins de temps, ensuite les convulsions cessent ; l'animal se relève, il a l'air hébété, souffrant ; petit à petit ces symptômes disparoissent, et l'animal ne paroît plus malade jusqu'à un nouvel accès. L'ouverture des cadavres n'a encore rien appris. Les causes, excepté celles de l'hérédité, ne sont pas connues, et le traitement est extrêmement incertain ; il n'est encore basé sur rien. Heureusement cette maladie est fort rare. On administre, dans ce moment, pour traiter cette maladie en médecine humaine, le nitrate d'argent. On pourroit faire des expériences sur des chiens affectés.

4. *Immobilité.* — C'est une affection spasmodique dont on n'a des exemples que dans le cheval, et qui a quelques légères analogies avec la maladie appelée *catalepsie* dans l'homme.

On ne s'aperçoit ordinairement de la maladie que quand elle est déjà un peu ancienne et à la difficulté que l'animal éprouve à reculer quand il a fait de l'exercice. L'animal, non échauffé, recule souvent assez bien ; au bout d'un exercice plus ou moins prolongé et fort, cette difficulté de reculer se prononce, enfin quand l'animal est fatigué, elle devient extrême ; au lieu de se porter en arrière, il lève la tête, la tourne de côté ; ses jambes sont roides, il ne les fléchit point. S'il parvient à en porter une un peu en arrière, c'est d'une seule pièce, sans la fléchir et en lui faisant labourer la terre ; enfin si on lui croise les jambes antérieures, il les laisse dans l'attitude où on les lui a mises, et il reste ainsi sans bouger des laps de temps assez considérables. Quand l'accès est porté à cette intensité, l'animal a un *facies* particulier ; ses yeux sont fixes et la vision obtuse ; les oreilles sont immobiles, droites en arrière, et l'animal n'entend point ; les coups ne l'émeuvent que très-peu, il reste immobile, et ce n'est qu'avec difficulté qu'on le fait changer de place.

Quand la maladie a augmenté, les symptômes sont plus forts et entremêlés de temps en temps d'accès convulsifs dans lesquels l'animal tremble, se débat, secoue la tête avec violence, et souvent s'abat ; cette convulsion passée, il retombe dans son état premier d'immobilité. C'est toujours après l'exercice que les symptômes sont les plus forts. Il vient enfin une époque où le cheval dépérit, et où la fréquence des accès l'empêche de rendre des services, et force à le sacrifier.

Je ne sais point s'il y a des exemples bien constatés de guérisons d'immobilité ; mais un bon régime hygiénique et l'administration de temps en temps de quelques bons cordiaux, diminuent la fréquence et l'intensité des accidens, et mettent l'animal en état de rendre plus long-temps des services.

5. La *Rage.* — C'est encore une affection spasmodique, mais commune à presque tous les animaux domestiques, et aux chiens plus qu'à tous les autres. Elle est tantôt spontanée dans cette espèce d'animaux, mais le plus souvent elle est communiquée : chez les herbivores elle n'est que communiquée. Les carnivores la propagent assez facilement aux autres animaux en les mordant. Il n'y a pas encore d'exemple que des herbivores l'aient communiquée par leurs morsures.

Le chien affecté est d'abord triste, abattu ; il reste tapi dans un coin, grogne souvent, sans cause apparente ; le plus ordinairement il refuse les alimens, la boisson, ou en prend en petite quantité : après deux ou trois jours de cet état, les symptômes augmentent, l'animal quitte sa demeure accoutumée ; il erre, mais sa démarche est lente, incertaine, mal assurée ; le poil est hérissé, l'œil hagard, fixe ; la tête est basse, la gueule béante, pleine d'une bave écumeuse ; la langue est pendante, la queue serrée entre les jambes ; à cette époque, il éprouve par intervalles des convulsions, il se jette sur les animaux qu'il rencontre, il les mord, et continue après son chemin. Quelquefois aussi, il éprouve des convulsions à l'aspect de l'eau, des autres liquides et des corps polis ; il se jette sur ces derniers, il les mord avec fureur, et les quitte ensuite. Bientôt les forces s'épuisent, l'animal ne peut plus que se traîner, les accès se multiplient et se suivent, et il périt au milieu des convulsions.

Le cheval devenu enragé par suite de la morsure d'un carnivore, est triste, abattu : il a peu d'appétit ; mais dans les instans de l'accès, il frappe des pieds de devant ; ses

yeux deviennent rouges , animés ; il se livre à des mouvemens désordonnés , mord les corps environnans , se mord
souvent lui-même ; il bave , a quelquefois les liquides en
aversion ; quelquefois il boit jusqu'à l'instant de périr.

Dans le bœuf , l'accès est marqué par les signes suivans ;
il pousse des beuglemens plaintifs , sourds ; il a les yeux
rouges , hagards ; il cherche à frapper avec ses cornes , à
se jeter sur les animaux , et les personnes qu'il rencontre ;
il a des mouvemens désordonnés , mord quelquefois , mais
rarement.

Le mouton enragé , soit mâle , soit femelle , a aussi des
mouvemens convulsifs , mais d'un autre genre ; l'animal
affecté monte sur les autres , comme s'il étoit en chaleur ; il
tourmente ainsi le troupeau , jusqu'à ce que l'épuisement
des forces vienne mettre un terme à ses courses , et
l'obliger à rester en place , où il meurt au milieu de légères
convulsions.

Le traitement de la rage a été long-temps en recettes; mais
le grand nombre de ces recettes et leur discordance
montrent bien évidemment combien peu il faut y ajouter
foi : le plus grand nombre des animaux attaqués de la rage ,
ne le devenant que par suite de morsures d'animaux enragés , c'est par contagion que la maladie est communiquée ;
c'est cette contagion qu'il faut empêcher , en détruisant
la matière contagieuse : voici ce qu'il faut faire ; D'abord :
bien laver sur - le-champ la blessure , et la presser en
différens sens , pour en faire sortir le sang et la bave qui
peuvent y être restés ; ensuite cautériser bien rigoureuse-
ment avec les caustiques , ou mieux encore avec un fer
chauffé à blanc, toutes les parties de la plaie , de manière à
produire une large escare. Si la plaie a des sinus , il faut
y introduire les caustiques ou le fer , afin de ne point laisser
la plus petite place intacte. Il faut que le virus contagieux soit
détruit partout , et il vaut mieux cautériser trop que trop
peu. On peut joindre à ce traitement totalement local, l'administration à l'intérieur de quelques substances cordiales
stimulantes.

Quant à l'animal attaqué spontanément de la rage , et
quant à celui que les moyens indiqués n'ont pu garantir de la
rage communiquée, l'intérêt public et particulier exigent sa
destruction ; à moins qu'on ne puisse le placer dans un endroit d'où il n'y ait pas le moindre danger de le voir
s'échapper.

6. *Maladie des chiens.* — Cette affection particulière aux
chiens, et pour la guérison de laquelle il a été publié
tant de recettes et de remèdes, si différens et si discordans par

leur composition et par leurs propriétés, n'est pas encore bien décrite, et ses caractères ne sont pas encore bien déterminés : c'est un véritable *Protée* qui se montre sous diverses formes, sous quelques-unes desquelles il est quelquefois très-difficile de la reconnoître. Les symptômes nerveux dont elle s'accompagne presque toujours, me l'ont fait ranger dans la classe des névroses.

Le plus souvent elle se montre comme un catarrhe nasal, avec des accès de fièvre ; d'abord perte d'appétit, tristesse, ensuite pesanteur de tête, yeux rouges, gueule chaude, sécheresse du nez ; enfin, écoulement par les naseaux d'une humeur qui s'y attache ; et en obstrue en partie les ouvertures : d'autres fois, au lieu d'un catarrhe nasal, c'est une ophthalmie qui succède aux premiers symptômes, les yeux sont rouges, larmoyans, ils deviennent bientôt chassieux, les humeurs sont troubles, une espèce de petit ulcère se fait voir sur le milieu de la cornée lucide ; cet ulcère augmente, la cornée se perce, l'humeur aqueuse s'écoule, et l'œil se perd.

D'autres fois une espèce de coma annonce la maladie ; l'animal est triste, paresseux ; il est presque continuellement couché ; ses sens sont obtus par intervalles ; de temps en temps on remarque des frissons, ou une chaleur très-forte de la peau, enfin des soubresauts dans les tendons et les muscles. Quelquefois, enfin, les chiens sont agités de mouvemens convulsifs irréguliers ; ils sont inquiets, font voir tous les signes d'une douleur aiguë ; ils poussent des cris plaintifs, se mettent à courir sans cause apparente, mordent pour ainsi dire convulsivement, ce qui les fait souvent croire enragés et tuer comme tels. La plupart de ces espèces de rages mal connues, et appelées *rages mues*, doivent être rangées dans cette variété de la maladie.

La durée varie beaucoup suivant les divers individus ; quelques-uns périssent promptement dans quelques accès ; ceux dans lesquels la maladie s'annonce comme un catarrhe, ou comme une ophthalmie, vivent plus long-temps ; ils languissent, dépérissent peu à peu ; des mouvemens irréguliers convulsifs ont lieu dans quelques parties musculaires, et l'animal ne périt qu'au bout d'un certain temps. D'autres fois il se rétablit, et ne conserve que le mouvement convulsif des muscles ; c'est l'affection connue sous le nom de *danse de* St. *Guy*. La moitié des animaux affectés périt.

Traitement. — On le fait consister le plus ordinairement dans quelques drogues accréditées, dont l'effet est de purger ou de faire vomir l'animal : cette méthode totalement empirique réussit quelquefois, et l'on a vu de jeunes chiens, chez lesquels la maladie commençoit à se manifester, guérir ainsi par des superpurgations ou des vomissemens répétés : c'est une affection guérie par une autre : le plus souvent, au contraire, ce moyen employé à contre-temps a rendu les accidens plus graves, la maladie plus rebelle, et a avancé la mort. Loin d'exiger un traitement empirique, cette maladie requiert les soins les plus entendus, et ce n'est que par une juste application des moyens thérapeutiques aux différens symptômes qu'elle présente, que l'on parvient à en triompher ; les émolliens, quand elle s'annonce par l'inflammation de la membrane nasale ou de la conjonctive ; les légers vomitifs et les purgatifs doux, quand elle se complique de symptômes d'embarras gastique ; les calmans, quand elle est accompagnée d'accès convulsifs ; enfin, les excitans et les cordiaux, quand elle paroît prendre une marche chronique : tels sont les moyens qu'il convient de combiner, ou de mettre successivement en usage.

X.ᵉ CLASSE.

Fièvres.

Les dérangemens dans l'équilibre des fonctions connus sous le nom de *fièvres* pourroient, peut-être en partie, suivant leurs symptômes, être classés dans les affections de l'appareil nerveux, de l'appareil circulatoire et de l'appareil digestif ; mais les fièvres forment une série de maladies si différentes de toutes les autres, et qui se rapprochent tellement entre elles par des caractères particuliers, qu'elles ne peuvent guère être séparées ; d'ailleurs l'étude en devient plus simple et plus facile, quand elles sont toutes rassemblées. Malheureusement il n'existe encore que très-peu d'observations sur ce genre de maladies des animaux domestiques : l'on en peut donner deux raisons assez plausibles : la première, c'est qu'elles sont beaucoup moins communes parmi les animaux que parmi les hommes, la seconde c'est que leurs symptômes divers sont très-difficiles à saisir au milieu des complications dont elles s'accompagnent. Nous parlerons de quelques-unes des plus dangereuses et des mieux connues, sans les classer.

1. *Fièvre inflammatoire simple. Fourbure.* — Cette affection est commune au cheval, au bœuf et au chien, et elle débute dans ces trois animaux par des caractères à peu près semblables. Grande lassitude, pesanteur de tête, perte de l'appétit, température de la peau plus élevée, chaleur de l'air expiré plus grande, pouls plus fort, plus fréquent, plus vite, rougeur des membranes muqueuses, larmoiement ; dans le

chien , halètement sans cause ; dans le bœuf , sécheresse
du mufle et chaleur des oreilles et des cornes. Elle reconnoît
pour cause , des fatigues trop fortes, des alimens trop stimulans ; quelquefois dans le cheval , un repos trop prolongé.
Cette maladie, d'abord générale à toute l'économie , se termine souvent par résolution , mais dégénère aussi en affection locale, et se change en affection inflammatoire, soit des
poumons , soit de quelques parties musculaires , soit enfin ,
et le plus souvent dans le cheval , en inflammation du tissu
réticulaire du sabot : dans ce dernier cas , on dit en termes
vulgaires , que la fourbure est tombée dans les sabots. Quelquefois encore elle se change en fièvres gastriques.

Prise dès son commencement , cette maladie cède assez
facilement aux saignées , à la diète , au repos et aux délayans si elle est venue par excès de fatigues , et à un léger
exercice au pas , quand elle est venue à la suite d'un trop
long repos : mais si l'on attend que la fièvre ait changé de
caractère , ou qu'elle se soit transformée en inflammation
locale , elle devient beaucoup plus rebelle , surtout quand
c'est sur le tissu réticulaire du pied qu'elle se fixe. (Voyez
fourbure , dans la classe de l'appareil locomoteur.)

2. Les *fièvres gastriques* , les *fièvres muqueuses* , les *fièvres
adynamiques* , les *fièvres ataxiques* , se remarquent encore , les
premières surtout , sur nos animaux domestiques ; mais leur
histoire est encore trop enveloppée de ténèbres pour que nous
osions essayer d'en retracer les différentes variétés , leurs
symptômes et leurs traitemens.

3. *Peste des bêtes à cornes.* — Une maladie épizootique terrible par les ravages qu'elle a faits en France et en Europe,
à plusieurs époques , et dernièrement en 1814 , 1815 et 1816 ,
trouve tout naturellement place dans la classe des fièvres ,
c'est la maladie connue sous les noms d'*épizootie contagieuse du
gros bétail*, de *fièvre bilioso-nerveuse*, de *typhus*, de *peste du gros
bétail.*

Comme presque toutes les épizooties contagieuses , et je
dirai comme un grand nombre de ces épidémies contagieuses
qui de temps à autre ont ravagé quelques contrées de la terre ,
le *typhus du gros bétail* s'est toujours manifesté dans les commencemens avec une intensité et une rapidité qui laissoient
à peine le temps aux malheureux cultivateurs de reconnoître
la maladie de leurs bestiaux ; aujourd'hui ils s'apercevoient
qu'ils étoient malades , et quelquefois le lendemain , mais souvent le troisième jour ils les trouvoient morts ; il en est de
même pour la rapidité de la contagion , et telle étable qui
étoit un jour en bonne santé , étoit complétement atteinte
le lendemain.

Mais la maladie ne marche point toujours avec la même rapidité et la même fureur. Quand il y a déjà quelque temps qu'elle dure dans un pays, les animaux qu'elle attaque résistent avec plus d'énergie, la contagion les atteint aussi moins vite; et il n'est pas rare de voir les animaux d'une même étable successivement attaqués de proche en proche, tandis que dans les commencemens, ils l'étoient tous subitement et simultanément : il semble que la maladie perde peu à peu de sa force. C'est cette différence très-remarquable dans son intensité, suivant qu'elle commence ou qu'elle règne depuis long-temps, qui lui a fait assigner des caractères très-différens par les auteurs qui ne l'ont pas suivie dans toutes ses périodes; c'est cette différence encore qui a fait que beaucoup de personnes ont dit que les traitemens étoient entièrement inutiles, qu'ils ne faisoient qu'ajouter aux pertes des propriétaires; tandis que d'autres les ont regardés comme très-avantageux, et leur ont attribué un grand nombre de guérisons que la nature seule peut-être opéroit. La variété des traitemens employés contre cette affection, les remèdes entièrement opposés dans leurs effets et également vantés, sont bien une preuve de ce que j'avance.

Symptômes. — Lors de l'invasion de la maladie dans une contrée, à peine a-t-on le temps de saisir quelques symptômes caractéristiques, qu'il y en a déjà quelques-uns qui font pressentir une fin funeste; il y en a néanmoins qui la dénotent aux yeux attentifs. Ainsi elle débute par une espèce d'excitation générale; l'animal paroît plus gai; ses mouvemens sont plus vifs, plus prompts; ses yeux sont un peu plus brillans, plus humides; sa respiration plus accélérée. Cette première période n'est pas de longue durée; une autre série de symptômes succède et conduit rapidement l'animal à la mort. Au bout de quelques heures du premier état, il est triste, abattu; quelques frissons se manifestent, l'appétit et la rumination cessent, les paupières se boursouflent un peu, les larmes augmentent, les oreilles et les cornes sont chaudes, la température de la peau est augmentée, le pouls très-irrégulier, le mufle sec; les naseaux se dilatent, ils sont plus rouges, les déjections deviennent rares, le lait diminue et tarit dans les vaches; enfin des tremblemens musculaires partiels se manifestent; une diarrhée fétide succède à la constipation; l'air expiré devient froid, les oreilles et les cornes froides; l'animal se plaint, il jette par les yeux et par les naseaux une matière visqueuse épaisse, il jette par la bouche, et enfin expire le troisième ou quatrième jour en se plaignant et en se tourmentant un peu. L'ouverture du cadavre ne présente rien de remarquable; quelquefois seulement, quelques légères traces d'inflammation sur des parties de la membrane muqueuse des estomacs ou des intestins. Très-peu d'animaux dans ces commencemens échappent à la mort, et à peine le vétérinaire a-t-il le temps de reconnoître la gravité du mal, qu'ils ne sont déjà plus.

Quand il y a quelque temps que la maladie exerce ses ravages, ces symptômes deviennent plus apparens, plus marqués, parce que les malades vivent plus long-temps et qu'il en échappe un plus grand nombre.

Ainsi, l'on s'aperçoit qu'il y a des momens de la journée où ces animaux se portent mieux, et d'autres où ils sont beaucoup plus mal, qu'ainsi la maladie a des redoublemens; les yeux deviennent mornes, la respiration gênée; les animaux ne bougent presque plus; ils sont presque insensibles; leurs flancs se creusent; les mouvemens de la respiration sont souvent entrecoupés, comme par le contre-temps qui dénote la pousse chez les chevaux; enfin les forces s'abattent de plus en plus; une bave visqueuse fétide coule de la bouche et des naseaux, la chassie devient plus abondante, les larmes coulent sur les joues, des emphysèmes se développent à l'encolure, sur le dos et les reins; le tissu cellulaire sous-cutané à ces places est crépitant, l'épine dorsale est très-sensible, voussée, les extrémités sont rapprochées, le cou est roide, les mâchoires se resserrent, les dents font entendre un grincement désagréable, les tremblemens musculaires partiels sont fort longs et intermittens; enfin l'animal tombe, prend une position, n'en désiste pas, et meurt sans bouger, mais en se plaignant fortement; peu éprouvent des convulsions. Chez quelques bêtes, l'épiderme au bout de quelques jours de maladie se soulève, se détache par plaques: c'est en général un bon signe, et un grand nombre des bêtes qui échappent ont cette éruption. Tels sont les principaux symptômes de cette maladie; ce sont en général les sujets jeunes, gras et vigoureux, que l'épizootie attaque les premiers et qu'elle fait périr le plus promptement; quant à la durée de la maladie, elle est très-inconstante, et peut varier depuis quatre jusqu'à vingt jours, et même davantage; c'est donc à tort que l'on a cherché à spécifier les époques de l'apparition de tels ou tels symptômes, époques qui varient sur tous les individus et qui dépendent de leur constitution et d'une foule de circonstances qu'il ne nous est souvent pas possible de saisir. Cette maladie n'est pas sans rechute, elle a attaqué dans plusieurs circonstances des individus à des époques peu éloignées, et a fait périr des animaux qu'elle avoit épargnés une première fois.

Enfin, quand l'épizootie est presque terminée dans une contrée, qu'elle ne se montre plus que de temps à autre comme les lueurs d'un incendie qui s'éteint, elle se complique d'autres maladies, présente des symptômes différens, au milieu desquels il est quelquefois fort difficile de la reconnoître; ainsi elle se montre sous l'aspect d'une dyssenterie, sous l'aspect d'une fluxion de poitrine accompagnée de fièvre de mauvais caractère, sous l'aspect d'un catarrhe des muqueuses de la respiration, sous les formes d'une ébullition générale; quelquefois les symptômes sont peu marqués et l'animal paroît peu malade, mais un emphysème sous-cutané se développe, devient général, toute la peau se soulève, les formes de l'animal disparoissent, et il périt quand cet emphysème gagne le tissu cellulaire de l'abdomen et de la poitrine. A cette époque de cessation de l'épizootie dans une contrée, un grand nombre d'animaux guérit de la maladie; il semble aussi que la contagion ait perdu beaucoup de son intensité, et il faut presque le contact immédiat d'un animal sain et d'un animal malade pour donner la maladie au premier.

Traitement. — Les opinions ont été beaucoup partagées sur les moyens à employer dans les cas où cette maladie ravage un pays: les uns ont voulu que l'on traitât les animaux malades et que l'on cessât de pratiquer l'assommement; les autres ont demandé l'assommement et proscrit tous les traitemens. La question est bien décidée aujourd'hui. D'après la marche de la maladie, on peut dire qu'elle a trois périodes: celle d'invasion dans une contrée, celle d'incubation, et enfin celle de terminaison. Dans la période d'invasion, les animaux sont à peine reconnus malades qu'ils périssent, et que si l'on peut leur administrer des médicamens, ils n'ont pas le temps de produire d'effets; de plus, presque tous les animaux attaqués périssent. Les soins de traitement sont donc tout-à-fait inutiles, dispendieux même : bien plus, ils font négliger les précautions d'isolement, et servent ainsi souvent à propager la maladie. Pourquoi, quand cette maladie n'a encore qu'un foyer de contagion, ne pas l'éteindre de suite par l'abattage et l'enfouissement des animaux infectés? Pourquoi, dans la crainte de faire périr quelques animaux qui pourroient échapper à la maladie, risquer d'infecter toute une contrée? Pourquoi, pour l'intérêt d'un particulier, risquer d'en ruiner plusieurs milliers? Il n'y a donc pas de doute que l'assommement et l'enfouissement des animaux attaqués ne soient nécessaires dans ce cas : c'est un des moyens, avec les mesures d'un isolement sévère, d'empêcher la maladie de faire des progrès, et il faut l'employer : l'épizootie dernière nous en a fourni bien des exemples.

Il n'en est pas ainsi quand il n'a pas été possible d'arrêter la maladie, quand elle règne dans toute une contrée, et qu'il y

a des foyers de contagion partout ; l'assommement devient
alors une mauvaise méthode , et il prive la société de quelques
animaux qui échapperoient à la mort et qui lui rendroient encore des services d'autant plus utiles qu'ils deviennent plus
rares. On augmente donc ainsi la somme des maux de l'épizootie. C'est dans ce cas qu'une méthode de traitement simple pourroit être de quelque utilité en sauvant des animaux.
Examinons donc si nous avons à notre disposition une méthode de traitement assez peu dispendieuse pour qu'il y ait
réellement plus d'avantage à traiter les animaux qu'à les abandonner aux soins de la nature.

D'abord , si l'on veut traiter méthodiquement la maladie
quand elle est dans une contrée , où trouvera-t-on des médicamens, quels que soient ceux que l'on emploieroit , en suffisante quantité pour les donner à des milliers d'animaux tels
que les ruminans, qui en exigent des quantités considérables ? Ensuite la valeur des animaux que le traitement et non
la nature elle-même sauveroit , compenseroit-elle les frais
perdus que l'on feroit pour les animaux qu'ils n'empêcheroient
pas de périr, et pour ceux que la nature auroit sauvés elle-
même ? Non , elle ne l'égaleroit pas; d'ailleurs tous les vétérinaires bons observateurs qui ont bien suivi et bien examiné
la maladie, sont convenus que les traitemens, quelque différens qu'ils aient été, n'ont servi presque à rien , et que la
nature a sauvé autant d'animaux que la science. Les traitemens dans ce cas sont donc encore coûteux, et ils ne doivent
être tentés que quand les particuliers veulent se résoudre à
en faire les sacrifice.

Quand la maladie cesse dans une contrée , quand son
intensité est passée, c'est alors qu'elle rentre dans le
domaine de la science vétérinaire, et que des soins bien entendus sauvent des animaux, qui, abandonnés à la nature , auroient succombé.

Tel est le résultat que l'expérience de trois années de souffrance ne nous a malheureusement que trop confirmé ; c'est
donc dans les mesures administratives, dans l'isolement sévère et le plus complet possible des animaux malades, et
même des hommes qui les soignent, que les moyens d'arrêter ces affreuses maladies doivent être cherché, et non dans
dans des moyens de guérison dispendieux et sans résultats
fixes.

L'*inoculation* de la maladie que l'on a tentée plusieurs fois ,
paroît ne pas avoir été plus avantageuse que le traitement,
et elle a suivi la même marche que l'affection ; très-meur-
trière dans les commencemens de l'invasion , elle a diminué
d'intensité à mesure que la maladie diminuoit et s'éteignoit ;

et ce n'est que dans les derniers temps que, comme le traitement, elle a paru produire de bons effets ; c'est encore là une des raisons qui ont rendu les écrivains d'opinions si différentes sur ses bons et mauvais effets.

4. Fièvre charbonneuse. Peste charbonneuse. — On l'a appelée ainsi, parce qu'elle est souvent accompagnée de tumeurs auxquelles on a donné le nom de tumeurs charbonneuses, quoique elles différassent essentiellement du vrai charbon ou pustule maligne. Ces tumeurs se développent rapidement sur toutes les parties du corps, mais principalement sur les parties inférieures de la poitrine et de l'abdomen, sur celles de la génération et aux parties supérieures des membres, en général dans les endroits où le tissu cellulaire est le plus lâche et le plus abondant ; elles sont molles, comme œdémateuses, l'impression du doigt y reste facilement ; elles sont quelquefois fort douloureuses, mais quelquefois aussi peu ou même point ; elles sont circonscrites ; quand il y en a plusieurs, presque toujours elles communiquent par des espèces de cordons. Si on plonge un instrument dans leur intérieur, il s'en échappe une sérosité jaunâtre, transparente, et le tissu cellulaire distendu par ce liquide, a l'apparence d'une gélatine peu prise. Ces tumeurs ne sont qu'un des symptômes de la maladie : voici ceux qui la précèdent et l'accompagnent.

L'invasion a lieu souvent d'une manière extrêmement subite et violente ; d'autres fois elle est moins prompte ; mais, en général, la fièvre est tout-à-coup très-prononcée, le pouls fréquent, tantôt assez fort et intermittent, tantôt foible et régulier ; la bouche de l'animal est sèche, la soif est vive, l'haleine chaude et souvent fétide, la respiration est accélérée, les mouvemens du flanc agités, les yeux sont jaunâtres, le regard est inquiet, quelquefois farouche ; l'animal porte souvent sa tête vers un des côtés du tronc, se couche, se relève, et donne tous les autres signes d'un malaise général intense ; alors il se manifeste, plus tôt ou plus tard, des tumeurs comme celles que nous venons d'indiquer ; elles sont souvent précédées ou accompagnées de convulsions, et si elles sont suivies de métastases ou de délitescence, elles sont bientôt aussi suivies de la mort. Quelquefois l'animal meurt avant le développement des tumeurs ; mais si la maladie se prolonge, il est bien rare qu'il n'en paroisse pas quelques-unes ; enfin, dans tous les cas, la maladie se prononce presque toujours du neuvième au onzième jour, et à cette époque elle est ou terminée par la mort, ou décidée vers la guérison.

Ce genre de fièvre est contagieux. Il s'en faut bien, cependant, qu'il le soit au même degré que le typhus contagieux des bêtes à cornes : il ne l'est presque que par contact immédiat ; mais aussi, tandis que le typhus contagieux ne l'est que pour les animaux de même espèce, la fièvre charbonneuse l'est pour toutes, et passe souvent de l'une à l'autre, heureusement avec difficulté aux hommes ; et ce n'est qu'en ouvrant des cadavres, ou en introduisant leurs mains dans l'intérieur du corps de ces animaux, qu'on a vu quelques personnes contracter des affections de même nature.

— Les chevaux, les bœufs, les moutons et les cochons sont, parmi les animaux domestiques, ceux qui y sont le plus exposés, et elle se montre dans toutes ces différentes espèces, avec des caractères bien différens. Nous avons donné les caractères généraux qui la dénotent dans tous ; nous ne nous arrêterons pas à ceux qui l'indiquent chez ces diverses espèces en particulier. Les observations pratiques ne sont pas encore assez multipliées, et nous craindrions de commettre des erreurs graves et d'y entraîner nos lecteurs.

Le traitement qui convient en général à cette sorte de fièvre, est le traitement tonique et excitant, à l'intérieur. A l'extérieur on fait des frictions d'eau-de-vie camphrée sur les tumeurs, on les ouvre avec le bistouri, et on y introduit des pointes de feu. Cependant il peut arriver quelques circonstances particulières ou individuelles, ou quelques complications de la maladie, qui exigent la méthode antiphlogistique ; et elle paroît avoir déjà produit de bons effets dans le début de quelques fièvres charbonneuses. C'est donc d'après les symptômes et d'après les différentes indications qui se présentent, que le praticien doit baser son traitement.

La contagion de ces affections n'est pas assez rapide pour faire adopter les mesures sévères qu'il est nécessaire d'employer contre le typhus contagieux du gros bétail. La simple précaution de séparer les animaux malades des animaux sains, suffit pour arrêter ces maladies qui se sont toujours bornées à quelques contrées, et qui encore étoient dues peut-être autant à des causes générales qui exerçoient la même influence sur tous les animaux, qu'à la contagion. Leur marche, beaucoup moins rapide, permet encore d'employer avec avantage un traitement, et à l'homme instruit, de rendre des services certains.

XI.ᵉ *CLASSE.*

Maladies soupçonnées organiques.

L'anatomie pathologique a fait, depuis peu, de grands progrès en médecine humaine, et a jeté un très-grand jour sur ces sortes de maladies, qui se terminent par un changement dans la structure intime des organes. Les vétérinaires ont encore profité de ces découvertes de la médecine humaine, et ils connoissent maintenant un peu mieux quelques maladies, dont la nature s'étoit dérobée long-temps à toutes leurs recherches. Malheureusement, l'envie de faire rapporter entre elles les maladies des hommes et des animaux, la facilité de leur trouver quelque analogie; le plaisir que l'amour-propre trouve dans ces espèces de découvertes, qui semblent rapprocher davantage le vétérinaire du médecin, font saisir trop avidement ces espèces de ressemblance, cachent les différences, et au lieu de conduire l'homme dans la route de l'observation pure et simple des faits, le détournent souvent dans celle des hypothèses et de l'erreur.

a. Morve. — A combien d'hypothèses fondées sur des analogies plus ou moins erronées, l'affection des monodactyles connue sous le nom de *morve*, n'a-t-elle pas donné naissance? Elle a été successivement comparée à une affection cancéreuse de la membrane muqueuse des narines, au catarrhe chronique de cette même membrane, à l'affection syphilitique, et enfin, tout récemment, à la phthisie tuberculeuse de l'homme. Sans nous arrêter à considérer si ces analogies sont fondées ou non, nous donnerons les signes auxquels on peut reconnoître qu'un animal est affecté de cette maladie; nous dirons un mot des lésions les plus ordinaires que présente l'ouverture des cadavres, et nous laisserons à des observations bien faites par des esprits sains, et seulement amis de la vérité, à nous dévoiler la nature de la maladie, et à nous indiquer la place qu'elle doit occuper dans la classe des maladies organiques.

Comme les symptômes auxquels on reconnoît cette affection sont très-différens, suivant le degré de la maladie, suivant l'individu, et selon d'autres circonstances qu'il est encore bien difficile d'assigner, on a divisé les symptômes en trois séries, dont la dernière est celle qui caractérise la maladie parvenue au dernier degré.

Première série. — Ecoulement, par un naseau seulement, d'une humeur blanchâtre et fluide, qui n'est bien sensible que lorsque l'animal a été exercé pendant quelque temps.

Engorgement mou des glandes de la ganache, du côté du naseau par lequel l'écoulement a lieu.

Teinte pâle ou violacée de la membrane muqueuse du naseau du même côté.

Enfin, bon état apparent de l'animal avec les symptômes précédens, et durée de ces symptômes au-delà du terme ordinaire d'un catarrhe simple.

Deuxième série. — Epaississement et couleur jaunâtre ou

verdâtre du flux , sa viscosité , son adhérence aux bords de l'ouverture du naseau.

Dureté des ganglions engorgés sous la ganache ; leur sensibilité et leur insensibilité alternatives.

Froncement et retroussement de la partie supérieure du bord de l'orifice du naseau , par lequel l'écoulement a lieu.

Couleur pâle ou plombée de la membrane muqueuse du naseau.

Quelquefois écoulement établi par les deux naseaux à la fois , et plus fort d'un côté que de l'autre.

Troisième série. — Ulcères chancreux qui corrodent la membrane interne du nez , soit d'un seul côté , soit des deux.

Couleur grisâtre de la matière qui flue par le naseau , et quelquefois striés de sang qui la colorent en rouge.

Hémorragies qui ont lieu par l'un ou l'autre naseau.

Chassie des yeux ou de l'œil qui répond au naseau qui jette , ou à celui qui jette le plus, lorsque le flux a lieu par les deux.

Boursouflement et soulèvement des os du nez et du chanfrein.

Enfin , quand la maladie est portée au dernier degré , dégoût , abattement , toux , enflure des jambes et retroussement des flancs.

Dans le fait , ces séries ne sont pas distinctes et séparées par une ligne de démarcation bien sensible ; on les a établies seulement pour montrer les différens aspects sous lesquels la maladie se présente , et pour la facilité de son diagnostic : il est en effet d'autant plus important de la distinguer des autres affections , dans lesquelles il y a jetage par les naseaux , et engorgement sous la ganache , qu'aucun traitement employé n'est encore parvenu à en triompher , quand elle étoit bien déclarée , et que contagieuse jusqu'à présent, comme il paroît qu'elle l'est , elle peut produire des ravages parmi des chevaux rassemblés, en se communiquant successivement de l'un à l'autre.

Le cheval morveux vit quelquefois très-long temps , même en travaillant très-fortement ; mais s'il ne lui arrive pas d'accident, une époque vient où la maladie , qui jusqu'alors paroissoit n'avoir exercé ses ravages que sur la membrane muqueuse des naseaux et des sinus , paroît sévir sur toute l'économie. L'animal devient triste , dégoûté , sans appétit , sans force ; une fièvre hectique s'en empare , et le conduit plus ou moins promptement au marasme et à la mort.

A l'ouverture , on trouve la membrane muqueuse des naseaux , jusqu'au larynx , celle qui tapisse les cornets et les sinus couvertes de chancres, entièrement désorganisées dans

différens points de leur étendue, la cloison cartilagineuse
du nez, les os eux - mêmes, souvent boursouflés et
couverts d'ulcérations, d'autres fois, amincis et même percés.
Les ganglions lymphatiques de dessous la ganache sont
engorgés, quelquefois durs, quelquefois mous, abce-
dés au centre, et contenant alors une matière blanchâtre
puriforme. Quand l'affection est récente, ceux de dessous la
ganache sont les seuls affectés ; mais quand elle est plus
ancienne, et quand l'animal y a succombé, une grande
partie de ceux du corps participent de cet état.

L'affection peut marcher assez rapidement vers sa terminaison, et l'animal peut périr peu de temps après avoir
commencé à jeter par les naseaux. Quelquefois aussi il vit
des années avec tous les signes de la maladie, au deuxième
et au troisième degré, et néanmoins avec tous les signes extérieurs d'une bonne santé.

L'on a regardé cette maladie comme héréditaire, et il y a
déjà des faits rapportés pour et contre cette opinion : sans être
sûr par moi-même si elle l'est, je ne conseillerois pas
d'employer à la reproduction, des animaux soit mâles soit
femelles, attaqués de cette maladie : quand même l'affection ne seroit point héréditaire, des animaux affectés de la
morve sont dans l'état de maladie, et il est reconnu que
les animaux bien sains doivent être employés seuls à la
reproduction, si l'on veut avoir une race forte, vigoureuse,
capable enfin de supporter les plus grandes fatigues.

Jusqu'à présent la morve a passé pour contagieuse ; elle
est regardée comme telle par un grand nombre de vétérinaires et d'hommes de chevaux, qui ont vu des exemples bien
frappans de la contagion de la maladie, et qui ont écrit sur
cette contagion. Cependant, d'autres vétérinaires prétendent
qu'elle n'est point contagieuse, qu'il n'y a point encore d'expériences positives qui le prouvent. En attendant que cette
dernière opinion ait quelque fondement, il est bon de se
mettre en garde contre la contagion, et d'avoir soin de ne
laisser communiquer les animaux morveux avec les animaux
sains, que le moins possible ; il faut surtout empêcher ces
derniers, d'aller lécher la matière qui coule des naseaux des
chevaux morveux.

Quant à la curabilité de la morve, je crois être fondé à
dire avec un de nos célèbres vétérinaires, *Chabert*, que la
morve est curable dans quelques cas, et dans son commencement seulement. Cependant, le prix du traitement, son
incertitude, les précautions qu'il faut prendre pour empêcher l'animal de communiquer avec les autres, doivent

rendre petit le nombre des animaux pour lesquels on peut risquer d'entreprendre la guérison. Quand le cheval est encore jeune, on peut essayer un traitement, basé sur les indications qui se présentent. Si au bout de trois semaines, un mois au plus, l'affection n'est point terminée, elle aura pris un caractère ou qui indiquera le parti à prendre, ou qui ôtera toute espérance de guérison.

b. Farcin. — On appelle en général du nom de farcin, dans le cheval, une affection qui se manifeste par des boutons assez grands, plus ou moins nombreux et pédonculés, que l'on remarque sous le tissu de la peau, mais adhérens au tissu cutané même, et indifféremment situés sur toutes les parties du corps. Quelques auteurs le croient contagieux, d'autres nient sa contagion : les uns le regardent comme facile à guérir, les autres comme inguérissable ; les uns comme la même maladie que la morve, les autres comme une affection toute différente. Que conclure d'une discordance si marquée dans les opinions ? que la maladie n'est point encore bien connue, et que l'on a confondu ensemble des affections différentes, ou des variétés, ou même des degrés divers de la même maladie. Espérons, cependant, que nous la connoîtrons bientôt mieux ; la bonne observation et l'anatomie pathologique nous conduiront petit à petit à des données plus exactes. En attendant, je vais dire un mot des éruptions, qui portent le nom de *farcin*, et qui, différentes entre elles, sont peut-être la cause du peu d'accord qui existe entre les auteurs qui ont écrit sur cette maladie.

Première espèce. — Boutons assez gros, rares, séparés les uns des autres, peu sensibles, placés sur des éminences musculaires et dans leurs interstices, sous la peau à laquelle ils adhèrent, et plus particulièrement sur le tronc.

L'animal ainsi affecté, paroît jouir d'une bonne santé ; il travaille, il boit, il mange, il fait toutes ses fonctions comme à l'ordinaire ; les boutons restent dans leur état de dureté, sans abcéder, sans changer de nature, et cela fort long-temps ; quelquefois enfin une crise survient et les fait disparoître ou abcéder. Cette espèce n'est point regardée comme contagieuse et il suffit souvent, pour la faire disparoître, d'enlever les boutons avec le fer, le feu ou les caustiques ; la plaie se cicatrise et il n'y paroît bientôt plus.

Seconde espèce. — Les boutons de même nature que ceux de la première espèce sont rapprochés ; ils suivent le trajet des veines et par conséquent des lymphatiques ; ainsi on les remarque plus particulièrement le long de la thoracique externe, de la maxillaire, des veines qui viennent des parties inférieures des membres et qui rampent à leur face interne. Ils viennent néanmoins aussi sur les autres parties du corps ; ils sont à la file, et paroissent se tenir par leurs pédoncules, de manière qu'ils forment des espèces de chapelets. Leur apparition est précédée d'une fièvre plus ou moins forte, d'un malaise général que souvent l'on n'aperçoit point, et qui cesse au moment de l'éruption. Ces boutons sont très-difficiles à venir à suppuration ; il faut souvent les ouvrir ou les brûler pour les amener à cet état ; et souvent même quand on ne les enlève pas en entier, ils laissent suinter une humeur particulière qui n'est point du pus, qui n'amène pas la fonte du bouton et la cicatrisation de la plaie : on est donc obligé souvent, pour les faire disparoître, de les détruire entièrement, heureux quand leur proximité des vaisseaux veineux ne fait pas craindre une hémorragie dangereuse.

Le traitement qui réussit le mieux dans cette espèce de farcin, est l'administration à l'intérieur des préparations sulfureuses et antimoniales combinées avec les amers et les fortifians, et à l'extérieur l'application du feu sur les boutons de farcin ; le feu est bien préférable au bistouri et au caustique par le ton, l'énergie qu'il communique aux parties, et par suite à toute l'économie. Quelquefois le traitement réussit, quelquefois il ne réussit point, surtout quand ce sont les jambes qui sont attaquées. L'apparition des boutons est suivie de l'enflure des extrémités ; cette enflure subsiste souvent malgré tous les moyens employés pour la faire disparoître, et est d'autant plus rebelle que le cheval reste sans exercice, et qu'elle est plus ancienne.

Troisième espèce. — Les boutons de cette espèce sont différens ; au lieu d'être sous le tissu cutané, ils sont immédiatement dans la peau : ils ne sont pas si gros, point pédonculés, ils abcèdent facilement, c'est-à-dire, qu'ils s'ouvrent vite, qu'ils laissent suinter une humeur particulière qui ne ressemble point à du pus, et ce suintement n'amène point la cicatrisation comme dans une plaie qui suppure ; ils sont d'une couleur rougeâtre, assez nombreux, distribués irrégulièrement sur tout le corps, en masse ou à la file ; du reste, l'animal ne paroît point malade ; toutes les fonctions, excepté celles de la peau, paroissent se bien exécuter, et il finit par une fièvre hectique, et épuisé par les déperditions occasionées par les nombreux boutons en suintement. L'ouverture des cadavres ne présente quelquefois rien ; le plus souvent on trouve les ganglions lymphatiques tuméfiés, jaunâtres et mollasses. Cette espèce de farcin est très-rebelle, elle résiste à presque tous les moyens employés ; le traitement à suivre est le même que celui indiqué pour la seconde espèce: elle paroît être facilement contagieuse et exige l'isolement de l'animal malade.

e. Eaux aux jambes. — Cette affection commence le plus souvent à la face postérieure de la couronne du paturon et du boulet; elle s'étend ensuite beaucoup plus haut, jusqu'au-dessus du genou et du jarret, et est beaucoup plus commune aux extrémités postérieures qu'aux extrémités antérieures. Elle s'annonce par un engorgement très-douloureux de ces parties, et par le hérissement des poils qui les recouvrent. Au bout de quelques jours de cet état, il s'établit un suintement d'une humeur séreuse, limpide, mais qui, par suite, devient âcre, fétide, grisâtre, sanieuse et puriforme. Les ulcères qui donnent lieu à ce suintement, d'abord petits, légers, s'élargissent, prennent de la profondeur; on les remarque surtout dans les plis du paturon où ils forment ce que l'on appelle des crevasses; la douleur disparoît alors en grande partie; l'engorgement diminue, mais non complétement; le suintement continue à se faire, et petit à petit la maladie passe à l'état chronique, si quelques circonstances particulières n'amènent point sa guérison.

Quelquefois la maladie reste long-temps stationnaire dans cet état sans faire de progrès bien marqués; souvent aussi elle en fait; elle s'étend au-dessus des boulets jusqu'aux genoux ou aux jarrets; toute la partie inférieure de l'extrémité enfle, s'engorge, devient dure et douloureuse; la peau elle-même participe de cet engorgement; son tissu devient plus épais, plus rouge, plus dur; il finit enfin par se désorganiser et donner naissance aux excroissances charnues que l'on appelle *fics*, *poireaux*, *grapes*. C'est plus particulièrement proche du sabot que ces excroissances ont lieu: il s'en ressent lui-même fortement, il perd ses formes; sa corne devient mollasse, tendre, et au bout d'un temps plus ou moins long, l'animal se trouve impropre à tous les services et sans espoir de guérison.

Les eaux aux jambes n'affectent que rarement un seul membre; elles attaquent, soit les deux postérieurs, soit les deux antérieurs, quelquefois tous les quatre. Dans certains animaux elles sont opiniâtres, rebelles à tous les traitemens, et ne cèdent un instant que pour reparoître ensuite; dans quelques-uns, au contraire, elles cèdent facilement aux traitemens employés et ne reparoissent point; dans quelques animaux enfin, elles reviennent chaque hiver après être disparues avec le retour de la belle saison.

Quand les eaux sont nouvelles et quand l'animal est jeune, cette affection est peu grave et ne résiste pas à l'emploi des émolliens d'abord, et ensuite à la propreté et aux lotions fréquentes de vin chaud, surtout si l'on y joint en même temps la précaution de diminuer la nourriture et de la mélanger, par moitié, de vert; c'est souvent le passage trop subit de la nourriture verte et fraîche à une nourriture sèche et trop stimulante, qui fait naître la maladie dans les jeunes animaux; dans ceux plus avancés en âge, elle exige souvent plus de soins; l'application d'un ou de deux sétons pour remplacer l'espèce d'émonctoire formé par l'écoulement des eaux; l'administration à l'intérieur de quelques médicamens diurétiques et diaphorétiques, et enfin l'application sur les crevasses, de substances légèrement astringentes et même répercussives. Quand l'écoulement vient à cesser, il est bon de donner quelques purgatifs à l'animal et d'en prolonger les effets autant que possible. On doit toujours craindre que quelques métastases funestes ne s'opèrent à l'intérieur, et chercher, par ces moyens, à les détourner sur le canal intestinal. Quand les plaies et les crevasses sont bien guéries, l'application du feu sur les extrémités qui ont été malades, est un bon moyen et peut-être le seul efficace pour empêcher une rechute.

Les vieilles eaux aux jambes, celles qui sont invétérées, celles dont l'écoulement est abondant et très-fétide, doivent être regardées comme incurables. La suppression de leur écoulement est très-difficile, et amène d'ailleurs indubitablement d'autres maladies toujours plus dangereuses : on est réduit à se servir de l'animal et à l'user, tel qu'il est, ou jusqu'à ce que des progrès ultérieurs du mal le mettent tout-à-fait hors d'usage.

Si l'on dissèque l'extrémité d'un cheval que les eaux aux jambes ont affecté long-temps, surtout une de celles que la maladie rend quelquefois d'un volume énorme, l'on trouve le tissu cellulaire sous-cutané, celui qui enveloppe les tendons et les articulations, dur, épais, criant souvent sous le tranchant de l'instrument, laissant échapper une humeur limpide, d'une belle couleur jaune; l'on trouve une partie de ce tissu, lardacé blanchâtre, jaunâtre; dans d'autres places, il est ramolli, d'une teinte brune ou noirâtre; enfin, l'on y trouve des foyers de matière purulente, ou d'une espèce de bouillie, au milieu de laquelle on voit des portions fibreuses, libres ou adhérentes. Sur les fics ou poireaux, la peau elle-même a disparu, l'on n'en trouve plus que des rudimens : il y a un véritable changement dans la structure intime des tissus.

d. Pourriture du mouton. — Presque partout les bêtes à laine sont regardées comme des animaux qu'il suffit de nourrir assez pour les empêcher de mourir de faim : cette manière de penser fait que ces animaux, après avoir été nourris assez bien pendant la saison de l'année où ils trouvent des herbes abondantes aux champs, le sont fort mal quand ces champs dépouillés ne leur offrent plus pour alimens que quelques plantes sans sucs, remplies seulement de leur eau de végétation et sans saveur aucune. Quelque peu de mauvais fourrages secs devient alors leur nourriture pour remplacer celle que les champs leur refusent, et bien souvent encore des troupeaux sont privés de cette ressource. Qu'arrive-t-il de là ? Pendant le long espace que dure la privation d'alimens bons et assez abondans, l'économie animale, privée des sucs nourriciers, réparateurs des déperditions, dont elle auroit besoin plus que dans toute autre saison pour résister à l'action débilitante du froid et de l'humidité, souffre et s'affoiblit ; la circulation languit, les membranes muqueuses deviennent pâles, décolorées ; les pulsations des artères moins fortes et moins fréquentes ; les muscles moins rouges, moins contractiles ; la vigueur des animaux diminue ; la teinte rose de la peau disparoît ; la laine mal nourrie ne tient plus sur le corps, tombe d'elle-même ou s'arrache facilement ; les vaisseaux absorbans, privés d'énergie, n'exécutent leurs fonctions qu'imparfaitement, et les fluides séreux exhalés restent dans les cavités, s'infiltrent même dans le tissu cellulaire et produisent les hydropisies de poitrine, du bas-ventre, du péricarde, du tissu cellulaire (la bouteille) etc., en un mot, tous les symptômes de la maladie, connue dans les moutons sous le nom de *pourriture ;* ce n'est pas tout ; les vers intestins qui en général se développent plus particulièrement sur les sujets affoiblis, viennent alors augmenter le mal, et l'on en trouve dans différens viscères, tels que dans les poumons (*echinococcus veterinorum*) ; dans le foie (*distoma hepaticum* ou douves, *echinococcus veterinorum*) ; dans le cerveau (*cœnurus cerebralis*) ; dans les bronches (*strongylus filaria*) ; dans tout le canal intestinal et l'estomac (*strongylus contortus*) ; dans les intestins grêles (*strongylus fili collis* et *tænia expansa*) ; dans le cœcum (*trichocephalus affinis*) ; et dans le péritoine (*cysticercus tenuicollis*).

Le mal augmente de plus en plus, et si des médicamens ou ce qui est plutôt possible, si de bons alimens et un bon régime ne viennent pas combattre la maladie, l'animal tombe bientôt dans une asthénie ou dans un épuisement total, caractérisé assez bien par le terme vulgaire de *pourriture*, et dont il n'est plus possible de le faire revenir.

La mauvaise nourriture est bien la principale cause de la pourriture, mais le froid humide des hivers, l'air malsain que respirent les animaux dans des étables humides, souvent presque hermétiquement fermées, où on les entasse pour leur donner plus de chaleur, et où l'air est toujours chargé de la transpiration cutanée et pulmonaire, et encore les changemens brusques de température auxquels ils sont exposés en sortant de ces étables, ne contribuent pas peu à augmenter les influences nuisibles d'une mauvaise nourriture long-temps continuée.

Le plus souvent, les causes de la pourriture n'influent pas assez fortement pour faire périr les animaux dans le cours d'un hiver ; ils y résistent, et la bonne saison, en leur procurant une meilleure nourriture, vient réparer une partie des ravages que la maladie a faits pendant un hiver, et donner des forces aux animaux pour résister au suivant. Mais si dans l'intervalle de deux hivers, l'année est humide, et si les végétaux n'acquièrent point cette saveur et cette espèce d'arome que leur donnent les années sèches, alors la pourriture exerce ses ravages : et si malheureusement deux années semblables se succèdent, ce ne sont plus des individus seuls qui périssent, ce sont les troupeaux entiers qui disparoissent, et dont la perte cause la désolation et souvent la ruine de l'imprévoyant habitant des campagnes.

Traitement. — Les animaux que nous élevons en troupes nombreuses ne peuvent pas être traités comme ceux dont nous n'avons qu'un petit nombre ; le temps seroit trop court, et les médicamens bientôt épuisés. C'est donc à l'emploi de substances qui se trouvent en grande quantité, et à des soins hygiéniques, plutôt qu'à des médicamens, qu'on doit avoir recours. Dans un troupeau affecté de pourriture, on commence par séparer les bêtes qui ne paroissent point encore malades, de celles qui le sont ; on met les bêtes non malades au meilleur régime possible, et dans les localités les plus saines : c'est indispensable, si l'on veut arrêter la maladie. Pour les bêtes malades, outre l'éloignement de toutes les causes maladives et un bon régime, on pourra administrer les substances suivantes, parmi lesquelles chacun choisira celles qui seront le plus à sa portée, et les moins chères.

Le vin est la première ; on en fera avaler un petit verre à chaque animal, le matin. Le bon cidre, la bière, peuvent remplacer le vin ; les fortes infusions de plantes aromatiques, les poudres de tanaisie, de germandrée, d'absinthe, de plantes amères stomachiques, mêlées avec de l'avoine ou du son, en un mot toutes les substances stimulantes, soit solides, soit liquides, capables d'activer la circulation, seront employées avec avantage.

Malgré tous les soins et toutes les substances employées,

il faut s'attendre à perdre beaucoup des animaux malades : l'équilibre général de l'économie, profondément dérangé, ne se rétablit pas facilement, et les propriétés vitales trop diminuées, ne peuvent plus revenir au point d'où elles sont descendues. Dans certains cas, les vers sont tellement multipliés dans les organes, dans le foie surtout, qu'ils entraînent en peu de temps et malgré tous les soins, l'animal à la mort.

e. Sang de rate, Maladie rouge, Maladie de Sologne, Maladie du sang. — Dans les troupeaux qui ont le plus souffert de la pourriture, et dans ceux qui ont été le plus exposés aux influences qui produisent cette maladie, sans avoir néanmoins perdu beaucoup d'animaux, la maladie appelée des différens noms que je viens de citer se déclare tout à coup et enlève une grande partie de ceux qui restent. C'est le plus souvent dans les premiers jours du printemps, lorsque les herbes reparoissent, et lorsque les animaux commencent à se refaire du mauvais régime de l'hiver, que la maladie se déclare.

Les animaux cessent de manger, de marcher ; ils baissent la tête et tombent ; ils battent considérablement du flanc ; ils bavent ; quelquefois ils rendent du sang par le nez ; ils se débattent, et meurent souvent dans un court espace de temps ; d'autres fois ils traînent plusieurs jours.

C'est dans les animaux qui paroissent les mieux portans, et qui se refont le plus promptement des privations de l'hiver, que la marche de la maladie est le plus rapide, et le plus promptement mortelle. Le plus grand nombre des animaux est attaqué dans l'espace de quelques jours ; quelquefois aussi la maladie se développe successivement, et les fait périr petit à petit. Quand on ouvre les animaux morts, on trouve des épanchemens sanguins dans quelques viscères ; le plus souvent, c'est dans la rate, ensuite dans le foie et dans les poumons, et quelquefois dans la membrane muqueuse des intestins : il semble que ces organes affoiblis par la mauvaise nourriture et par toutes les autres causes qui produisent la pourriture, ne peuvent plus résister à l'affluence du sang et à ses propriétés plus stimulantes. Quand une meilleure nourriture vient ranimer la circulation, rendre les mouvemens du cœur plus forts, plus prompts, et par suite augmenter l'énergie de tout le système circulatoire, et des capillaires en particulier, le tissu de l'organe ne résiste plus à l'affluence du sang, il se déchire, et l'animal meurt par suite de l'interruption des fonctions que l'organe remplissoit.

Quelques agriculteurs ont traité comme deux maladies différentes, la maladie du sang et la maladie de Sologne, M. Tessier entre autres ; mais un passage de cet auteur, à l'article de la maladie de Sologne, paroît faire croire qu'il les soupçonne lui-même de semblable nature. *Cette maladie, dit-il, est-elle une affection particulière ? Doit-elle se rapporter au sang ou à la pourriture, ou bien est-elle une combinaison des deux ? Il est certain qu'il y a des symptômes et des signes qui feroient croire que c'est la maladie du sang, et d'autres, que c'est la pourriture, etc.* (1).

Quel traitement peut-on employer pour cette maladie ? Il n'y en a point ; l'animal qui en est affecté est presque toujours perdu ; si une première chute ne le tue pas, une seconde le fait. C'est donc aux moyens de la prévenir qu'il faut avoir recours, non point individuellement, mais pour tout le troupeau que l'on craint de voir affecté : on diminuera un peu sa nourriture ordinaire ; on le laissera moins long-temps dans les pâturages : s'ils sont trop abondans, trop stimulans surtout, on n'y laissera plus aller le troupeau : on se gardera de l'y conduire dans les grandes chaleurs, et de le pousser trop vite en le conduisant. Toutes les causes enfin qui accélèrent la circulation, sont celles qui précipitent l'instant de l'irruption sanguine dans un viscère, et qu'il faut éviter.

Le meilleur moyen de prévenir cette maladie seroit de tenir les animaux toujours à un régime bien suivi, et de ne les point faire passer successivement d'une nourriture assez abondante à une mauvaise nourriture, et ensuite de celle-ci à la première. Un mode de culture bien entendu mettroit les habitans des campagnes à même de remplir cette condition, et leur épargneroit bien des pertes. Les bêtes qui, dans un troupeau affecté de cette maladie, ont échappé à ses atteintes, doivent être engraissées promptement et livrées à la boucherie, si l'on ne veut pas risquer de les voir attaquées plus tard de la même maladie, ou plus sûrement de la pourriture.

Il ne faut pas confondre cette maladie avec l'apoplexie ou coup de sang, qui tue de temps en temps quelques bêtes, dans les troupeaux les mieux tenus.

f. Ladrerie. — C'est une maladie particulière au porc, qui a beaucoup de ressemblance avec la pourriture du mouton, et qui reconnoît pour causes les mêmes erreurs de régime ; c'est une véritable cachexie qui se complique d'affections ver-

---

(1) Instruction sur les bêtes à laine, et particulièrement sur la race des mérinos, etc., publiée par ordre de S. E. le Ministre de l'intérieur ; seconde édition, augmentée. Paris 1811 ; in 8.°, page 284.

mineuses : les signes extérieurs qui la font distinguer sont l'insensibilité , la densité , l'épaisseur de la peau , la foiblesse ou la débilité générale du cochon , et surtout la présence d'une plus ou moins grande quantité de vésicules ou petites tumeurs blanchâtres et saillantes , aux parties latérales et inférieures de la base de la langue : c'est à ce dernier caractère que les *langueyeurs* (experts dans les foires et dans les marchés , pour porter un diagnostic sur la santé du porc) reconnoissent la ladrerie : mais la maladie a fait alors de tels progrès , que ce n'est bien souvent que le signe de plus grands désordres à l'intérieur. Enfin , quand la maladie est parvenue au dernier degré , on remarque la paralysie postérieure du tronc , la chute des soies ; leur bulbe est sanguinolent ; les déjections sont putrides ; le corps lui-même exhale une mauvaise odeur ; le tissu cellulaire se soulève dans certaines places ; enfin , des tumeurs se montrent aux ars et à l'abdomen , les extrémités enflent , et la mort ne tarde pas à mettre fin à toute cette série de symptômes.

Les vésicules blanchâtres que l'on remarque à la base de la langue , et qui forment le principal signe des pathognomoniques de la maladie , sont regardées comme hydatides (*cysticercus cellulosæ*. Rudolph.); ce qui rend cette conjecture très-probable , c'est que l'ouverture cadavérique en fait voir une quantité considérable dans les cavités splanchniques ; et surtout dans le tissu cellulaire sous-scapulaire.

La chair du cochon ladre n'est point insalubre , elle est fade seulement , et il n'y auroit que sa consommation journalière , et sans autre nourriture , qui pourroit produire quelque maladie. Elle est très-difficile à conserver , et n'est point ou très-peu salifiable.

L'on a prétendu que la ladrerie étoit héréditaire ; ce n'est point encore bien prouvé ; il paroît seulement que les productions d'animaux ladres contractent beaucoup plus facilement la maladie.

Nous avons dit que c'étoit dans un mauvais régime qu'il falloit rechercher les causes principales de la ladrerie ; c'est donc dans un bon régime qu'il faudra chercher les moyens de la combattre ; plus on s'y prendra de bonne heure , plus on sera sûr de réussir ; si l'on s'y prend trop tard , on ne fera plus que prolonger la vie de l'animal , sans apparence de le guérir. Il n'est pas possible de rétablir les organes lésés profondément. C'est donc à prévenir plutôt qu'à guérir le mal que tous les efforts doivent tendre : les toits à porcs seront vastes , aérés , bien propres ; une litière fraîche y sera renouvelée souvent. On donnera de l'exercice à l'animal , on le laissera se vautrer dans les mares , dans les bourbiers ; on aura soin seulement de lui donner de l'eau propre et vive , s'il est possible , où il puisse se laver. C'est un préjugé de croire que le cochon aime la mal-propreté ; il aime à se vautrer dans la fange , il est vrai , mais c'est par besoin , c'est pour tenir sa peau fraîche , et la préserver de l'action dessiccative de l'air ; il se baigne quelque temps après , et s'approprie le mieux qu'il peut. Enfin , il faut donner des alimens aussi bons que possible , et avoir le soin de ne pas faire passer trop brusquement les cochons d'une nourriture médiocre à une nourriture abondante , et d'une nourriture abondante à une nourriture médiocre.

g. Phthisie tuberculeuse. — Cette affection , assez commune dans nos animaux domestiques , a toujours été confondue avec d'autres maladies : on appelle de ce nom une affection particulière qui se reconnoît , lors de l'ouverture des cadavres , à la présence , dans le tissu des organes , d'une matière blanchâtre plus ou moins épaisse , quelquefois même assez dure au toucher , dont l'accumulation détruit petit à petit l'organe , et finit par causer l'interruption de ses fonctions et la mort de l'individu. Quelle est la cause de cette sécrétion? Nous l'ignorons ; nous n'en connoissons que les effets funestes.

Les amas de matière blanchâtre constituent ce qu'on appelle les tubercules. Ils sont de différentes grosseurs , et on en trouve dans tous les organes , mais spécialement dans les viscères parenchymateux. Toujours un organe est plus spécialement attaqué que les autres. Quand c'est le poumon qui est le plus affecté , la maladie prend le nom de *phthisie pulmonaire*. C'est le cas le plus fréquent.

Cette affection n'est pas encore bien connue , et dernièrement elle a été décrite comme étant la même maladie que la morve , et le farcin du cheval , la pourriture du mouton et la ladrerie du cochon. Il suffira de comparer ces maladies diverses avec ce que nous connoissons de la phthisie tuberculeuse , pour voir les différences.

1.º Dans les chevaux , la phthisie tuberculeuse suit deux marches bien différentes. Dans les uns , elle paroît provenir de l'hérédité ; ils sont toujours malades , peu forts , ils n'ont que des momens courts de bonne santé , souvent même ils sont mal conformés ; ils arrivent ainsi jusqu'à quatre ans , ou cinq ans au plus , jettent mal leur gourme , et périssent , pour la plupart , à cet âge : les uns avec les caractères d'une maladie de poitrine , les autres avec les caractères d'une maladie de foie ou de l'abdomen , selon que c'est le premier de ces organes qui est principalement affecté , ou selon que c'est l'un de ceux qui sont contenus dans le bas-ventre. A l'ouverture des cadavres, on trouve les organes en partie tuberculeux, et ensuite les traces d'une inflammation violente de tout le reste de l'organe spécialement affecté. L'affection tuberculeuse du poumon constitue une des maladies diverses qu'on a appelées du nom de *vieille courbature.*

Dans d'autres chevaux, au contraire, et c'est le plus petit nombre, elle paroît être la suite ou une dégénération de l'inflammation de l'organe affecté, une véritable terminaison par suppuration. Ainsi, un animal qui a joui d'une bonne santé jusqu'au moment où il a été attaqué d'une péripneumonie, ne peut plus recouvrer sa santé première à la suite de cette affection; il n'est ni positivement malade, ni positivement bien portant; une nouvelle péripneumonie se déclare, il meurt, et à l'ouverture on trouve des tubercules dans les poumons. N'est-il pas présumable que ces tubercules sont des points de suppuration qui se sont établis à la suite de la première inflammation du poumon?

Quoiqu'il en soit de cette explication, il est malheureusement trop vrai que nous n'avons aucun moyen de guérir cette affection. Elle fait périr l'animal d'autant plus vite, qu'on le ménage moins, et que c'est un organe plus essentiel à la vie qui est spécialement affecté. Elle fait périr bien plus vite l'animal affecté de phthisie tuberculeuse pulmonaire, que celui qui est atteint de phthisie tuberculeuse du foie, de la rate, oudu mésentère. On traite l'animal, on remplit les diverses indications momentanées qui se présentent, et on ne fait que retarder un peu sa mort.

2.º Dans les bêtes à cornes, la phthisie tuberculeuse se fixe spécialement sur les poumons; elle est connue sous les noms de *péripneumonie chronique*, de *phthisie pulmonaire* et de *pommelière.*

Elle se montre sur les mâles et les femelles; mais c'est spécialement sur ces dernières, et surtout sur celles destinées à donner du lait, qu'elle exerce le plus de ravages. Aussi, tous les ans, les nourrisseurs des environs de Paris, et ceux des pays où l'on élève un grand nombre de bêtes à cornes, éprouvent-ils quelques pertes? Les circonstances dans lesquelles on place ces animaux pour leur faire donner le plus de lait possible, paroissent être favorables au développement de la maladie. Heureusement que l'on tire un parti plus avantageux des vaches que des chevaux.

Comme les vaches laitières ne sont pas soumises aux mêmes travaux que ces derniers, la maladie parcourt sur elles tranquillement ses périodes, et l'on voit arriver petit à petit ces animaux au dernier degré de la phthisie. La maigreur générale et une petite toux sèche, rauque, peu forte, particulière, sont les seuls signes caractéristiques dans le commencement. A une époque plus avancée, la sécrétion du lait diminue, et les vaches engraissent : mais quelque temps après, le lait tarit, la respiration devient plus gênée, la maigreur survient ; l'animal a des momens alternatifs de bien et de mal, la toux devient plus fréquente, plus petite ; enfin, le dégoût, la tristesse, une maigreur extrême, des frissons, la sensibilité de la poitrine, la cessation de la rumination, et des convulsions précèdent et annoncent la mort. Ces symptômes ne marchent point avec rapidité, c'est petit à petit qu'ils deviennent de plus en plus graves, et que la vie s'éteint dans les animaux malades.

Les nourrisseurs qui connoissent par expérience cette marche de la maladie, qui savent que presque tous leurs animaux en ont le germe au bout de quelque temps du régime qu'ils leur font suivre, et qui, en outre, trouveroient du désavantage à avoir une vache qui ne donneroit que peu de lait, saisissent l'instant où l'animal a de la propension à s'engraisser, ils favorisent son engraissement et le vendent ensuite. Leurs pertes sont ainsi peu fréquentes en comparaison du nombre des animaux affectés.

Dans les campagnes la maladie est beaucoup moins fréquente ; mais comme les habitans n'en connoissent pas aussi bien les suites, elle y arrive plus souvent au dernier degré. A l'ouverture des animaux, on trouve les poumons compactes, pesans, changés presque entièrement en une substance blanchâtre, crétacée, qui exhale souvent une mauvaise odeur, et qui n'a plus la moindre analogie avec la substance pulmonaire.

Quel remède à employer contre cette maladie? Il n'y en a pas d'autre que celui que les nourrisseurs des environs de Paris mettent en usage ; aussitôt qu'on soupçonne son existence dans un individu, il faut donc l'engraisser. Il y auroit bien quelques moyens à employer pour empêcher le développement de l'affection. Ce seroit de ne pas tenir les animaux dans des étables extrêmement chaudes, et dont l'air est toujours chargé de la transpiration pulmonaire et cutanée ; ce seroit de donner de l'exercice aux bêtes : mais ces moyens qui seroient bons pour leur santé, diminueroient l'abondance de la sécrétion du lait, et nuiroient aux intérêts du nourrisseur : il aime mieux engraisser la bête quand elle commence à être malade, et en acheter une nouvelle *fraîche-vêlée* qui lui donne une grande quantité de lait, et qui ne lui coûte souvent pas plus cher que celle dont il se défait.

Cette affection paroît héréditaire ; il faut donc se garder d'employer, à la reproduction, les animaux qui en ont le germe.

La phthisie pulmonaire attaque aussi les moutons et les chiens, mais plus rarement. Sur les premiers, elle constitue une des maladies que les bergers désignent en disant que l'animal est *poussif*. (HUZARD.)

TABLE

Des matières de l'article Médecine vétérinaire.

IV.e CLASSE.

Maladies de l'appareil reproducteur.

FIN DU DIX-NEUVIÈME VOLUME.